PHYSICS IN TWI
FOR
SENIOR SECONDARY SCHOOLS

KOFI OTENG-GYANG

NHOMA YI MU NSƐM

Introduction 12
Preface 13
Nnianim ne Aseda... 14
1. Nsusuwde ahorow bi 15
   Nhyɛnmu 17
   Akontaa ho Nimdeɛ ahorow bi : soro pawa, skwɛɛ ntin, kiwb nti 18
   Lains Nteanteaa 20
   Lains a Aponpono 21
   Lains Nteanteaa Abien Nhyiamu ana Angle 21
   Lains Nteanteaa Abiɛsa Nhyiamu ana Ahinasa /Trayangle 23
   Lains Nteanteaa Anan Nhyiamu ana Ahinanan 23
   Lains Nteanteaa Pii Nhyiamu ana Poligon 25
   Ohunu : Sɛɛkel ne ohunutenten 25
   Nsɛmmisa 26
2. Sɛnea Yesusuw Angles, Ani Tɛtrɛtɛ ne Volum 27
   Yunits ho Nkontaabu 28
   Sɛnea yesusuw angles ne lains 29
   Pitagoras mmara 30
   Trigonometri 31
   Sɛnea yesusuw sɛɛkel tebea 32
   Sɛnea yesusuw ani ntrɛwmu (trayangle, ahinanan, sɛɛkel) 33
   Sɛnea yesusuw volum (ahinanan-adaka, sfiɛ, silinda) 35
   Nsɛmmisa 37
3. Kwandodow ne Spiid 39
   Akwantu-bi-tenten, Kwan-bi-dodow ana kwandodow 39
   Bere ana Taem 41
   Spiid 41
   Sɛnea yɛde akontaa hwehwɛ spiid 44
   Sɛnea yɛde graf hwehwɛ spiid 44
   Nsɛmmisa 47
4. Ntetewmu ne Velositi 48
   Skalar ne Vektor.. 48
   Kwandodow ne Ntetewmu mu nsonsonoe 49
   Velositi ne Ntetewmu 51
   Resultant: sɛnea yɛde Vektors keka bobɔ mu fa 52
   Poligon kwan a yɛfa so de hwehwɛ resultant 53
   Adaka (paralelogram) kwan a yɛfa so de kyerɛ resultant 54
   Komponent: sɛnea yɛde vektors keka ho 54
   Adaka kwan a yɛfa so de hwehwɛ komponent 56
   Nsɛmmisa 57
5. Aselerashin a Ɛnam Kwan Teateaa so 60

Aselerashin Nkyerɛase, ne yunits ne n'anikyerɛbea	60
Ekuashins a ɛkeka ntetewmu, velositi ne aselerashin bobɔ mu	63
Sɛnea yɛde graf hwehwɛ velositi ne aselerashin	65
Asase so aselerashin a efi graviti	66
Ɔsram so aselerashin a efi graviti	67
Progyektil (ana ade a wɔtow kɔ soro)	67
Angle a obi tow otuo ne kwantenten a aboba no twa ntotoho	69
Aselerashin a ɛde ade bi de kɔ soro na ɛsan de ba fa	70
Nsɛmmisa	70

6. Newton Mmara 72

Inershia	74
Mass	74
Mmuduru	74
Fɔɔso	75
Mfikyiri Fɔɔso	75
Mpemanim Fɔɔso	75
Hena ne Isak Newton?	76
Newton mmara a edi kan	77
Newton mmara a ɛto so abien	80
Graviti	82
Mmuduru gyina graviti so	83
Mass ne mmuduru ntotoho	83
Newton mmara a ɛto so abiɛsa	84
Nsɛmmisa	85

7. Fɔɔsos Ahorow 86

Planɛts ne Wim Nsase ahorow	86
Yɛn Owia yi, ne Planɛts ne yɛn Asase Yaa	88
Ayɔnkodɔ Fɔɔso a ɛtwetwe planɛts ne amansan graviti	89
Jolli ɔyɛkyerɛ a ɔde susuw Ayɔnkodɔ Fɔɔso dodow	89
Ayɔnkodɔ Fɔɔso ne Amansan Graviti (G) dodow ekuashin	90
Fɔɔsos a wopiapia ana wɔtwetwe nneɛma	91
Normal Fɔɔso, Mmuduru Fɔɔso	91
Fɔɔso a ɛne bepɔw bi yɛ tratraa na ɛtwe adesoa bi foro bepɔw no	92
Fɔɔsos a epia adesoa bi a ɛda asase tratraa bi so de kɔ anim	94
Fɔɔsos abien a wodi nhwɛanim na wopiapia adesoa bi	94
Fɔɔso a efi angle bi twe asase tratraa so adesoa – Komponent Fɔɔso	95
Fɔɔso a ɛne asase yɛ tratraa na epia adesoa bi a ɛda bepɔw so	96
Twerɛwho Fɔɔso ne Twiwfam Fɔɔso	96
Kinetik Twiwfam Fɔɔso koefishient	97
Gyinafaako Twiwfam Fɔɔso koefishient	98
Nsɛmmisa	98

8. Ahoɔden, Pawa 100
Ahoɔden 100
Ahoɔden ne Adwuma sesɛ 101
Ahoɔden ahorow a ɛwɔ wiase no bi 101
Ahoɔden ahorow a ɛfa mfiri ho 101
Kinetik ahoɔden 101
Hintawsoro ahoɔden ana Potenshial ahoɔden 102
Kinetik ahoɔden ne Potenshial ahoɔden ntotoho 103
Wiase ahoɔden korabea mmara 103
Pawa 103
Nsɛmmisa 105

9. Adwuma 106
Adwuma nkyerɛkyerɛmu 106
Adwuma a yenya fi fɔɔso a epia ade bi a ɛda asase tratraa so mu 107
Adwuma a yenya fi Fɔɔsos a wɔyeyɛ nnwuma de tiatia wɔn ho mu 108
Adwuma a Fɔɔso bi a efi angle bi de twe asase tratraa so adesoa bi 108
Adwuma a Fɔɔso bi a ɛne asase yɛ tratraa de pia bepɔw so adesoa bi ... 109
Adwuma a Fɔɔso bi a ɛne bepɔw bi yɛ tratraa yɛ 110
Nsɛmmisa 110

10. Momentum ne Impulse 112
Momentum 112
Momentum ho mfaso 113
Impulse 113
Lastik Nhyiamu ne Kinetik ahoɔden 114
Nsɛmmisa 115

11. Mashins 116
Antweri mashins 116
Siisɔɔ ana Leva mashins 117
Abonnua ne Wɛɛgye mashins 117
Skroo mashins 118
Whiil (Taye) ne Aksel (axel) mashins 118
Pule mashins 119
Mashins botae ne Mashins Mfaso 120
Nsɛmmisa 120

12. Densiti, Spesifik Graviti ne Lastik Nsusuw 122
Densiti 123
Spesifik graviti 124
Presha 125
Lastik tebea: Lastik Fɔɔso ne Hooke mmara 126
Tenshin ne Kompreshin 128
Strɛss 129
Strain 130

Modulus : Sɛnea strɛss ne strain ma nneɛma sesa fa 131
Tenten Modulus, Lastik Modulus, Young Lastik Modulus (YLM) 131
Volum Modulus 132
Kyea-Tebea Modulus 133
Nsɛmmisa 135

13. Nsu a egyina faako, Gyinafaako likwids 136
Fɔɔso a epia ade bi a ɛda nsu mu fi ase kɔ soro - Akimedes mmara 136
Presha a ɛwɔ Gyinafaako likwids mu 140
Atmosfiɛ Presha 141
Nsu Presha, Likwids Presha, Hidrostatik Presha 143
Paskal Mmara 144
Nsɛmmisa 146

14. Likwids a Ɛsen 148
Likwids ne Nsu Hwie-Ahoɔhare 148
Hwie-Ahoɔhare fi paips a wɔn dayamita nnyɛ pɛ mu 151
Viskositi: sɛnea likwids bi mu piw fa 151
Poiseuille mmara 153
Bernoulli mmara 154
Toricelli mmara 155
Reynolds numba 156
Nsɛmmisa 157

15. Mframa mmara- Gas mmara 158
Suban-Pa Mframa mmara 159
Mframa kinetik adesua- mu-nokwasɛm ana tiɔri mmara 159
Mole ne Kilomole 160
Mframa mmara a yɛde bu ho nkontaa (Gas mmara) 161
Boyle mmara 161
Charles mmara 162
Gay-Lussak mmara 163
Mframa mmara nkabom 163
Avogadro mmara 164
Suban-Pa Mframa mmara 164
Nsɛmmisa 165

ƐLƐKTRISITI NE MAGNETISIM
16. Ɛlɛktrisiti ne Kyaagye 167
Ɛlɛktrisiti nkyerɛkyerɛmu 167
Gyinafaako ɛlɛktrisiti (ɛlɛktrostatiks, statik ɛlɛktrisiti) 168
Ɛlɛktrisiti a ɛsen (ɛlɛktrik karent) 168
Atom tebea ne ne suban 169
Kyaagye ho mmara 173
Kyaagye nntumi nnyera mmara 173
Koulomb mmara 174

Konduktas	175
Konduktas bɔne ne Insuletas	175
Semi konduktas	175
Supa konduktas	176
Sɛnea yenya kyaagye fa...	176
Ntwi-twiwho kyaagye (frikshin kyaagye) nya	176
Ntareho kyaagye (kontakt kyaagye) nya	177
Twiw-bɛn ho kyaagye (indɔkshin kyaagye) nya	177
Nsɛmmisa	180
17. Elɛtrostatiks / Elɛktrik Kyaagye Fɔɔso Nhyehyɛe	**181**
Elɛktrik Kyaagye Fɔɔso Nhyehyɛe	181
Elɛktrik Kyaagye Fɔɔso Nhyehyɛe anoden yunits	182
Elɛktrik Kyaagye Fɔɔsos Nhyehyɛe abien a ehyia	183
Elɛktrik Kyaagye Fɔɔsos Nhyehyɛe wɔ nnaka ne nneɛma mu	184
Elɛktrik Potenshial Ahoɔden (Joule) ne Elɛktrik Potenshial (Voltage)	185
Sɛnea Yɛkora Elɛktrik kyaagye ahoɔden (kapasitor)	187
Nea ɛma kapasitor kyaagye yɛ bebree	189
Kapasitor ho mfaso	190
Gyenerata a ɛkora kyaagye - van de Graaf gyenerata	190
Nsɛmmisa	191
18. Elɛktrik Karent ana kyaagye a ɛsen	**192**
Sɛnea yenya ɛlɛktrisiti fa	192
Elɛktrisiti karent yɛ abien AC ne DC	193
Karent	193
Voltage, Elɛktrik Potenshial – Elɛktromotif Fɔɔso	195
Resistans	196
Elɛktrikal sɛɛkuyit	197
Nsɛmmisa	199
19. Ohm mmara ne Pawa	**200**
Ohm mmara	199
Voltmita susuw voltage, ammita susuw karent	201
So ɛlɛktrisiti betumi akum obi ana?	202
DC ne AC ɛlɛktrisiti ho nsɛm	203
Sɛnea yɛsesa DC kɔ AC mu	204
Elɛktrik Pawa	205
20. Nnidiso (ana series) ɛlɛktrik sɛɛkuyit nhyehyɛe, Battere Ɛmf	**207**
Karent, resistans ne voltage nsusuw wɔ nnidiso sɛɛkuyit mu	207
Sɛnea yɛhyehyɛ ammita ne voltmita wɔ ɛlɛktrik sɛɛkuyit mu	210
Battere mu Voltage (Ɛmf), resistans ne karent anikyerɛbea.	210
Nsɛmmisa	215
21. Nhwɛanim (paralɛl) sɛɛkuyit Nhyehyɛe ne Resistans nsiananmu	**216**
Nhwɛanim ɛlɛktrik sɛɛkuyit nhyehyɛe (paralɛl sɛɛkuyit)	216

Voltage, Karent ne Resistans nsusuw wɔ nhwɛanim sɛɛkuyit mu 217
Nsɛmmisa 222
22. Pawa, Resistans ne Resistiviti 223
Resistans mashins, reostat 223
Adwuma 223
Pawa 224
Waya mu Resistans dodow gyina nneɛma bi so 225
Resistiviti nkyerɛase 226
Resistiviti ne Tempirekya nkitaho 226
Nsɛmmisa 227
23. Magnets ne Magnetisim 228
Magnets fibea 228
Magnet Fɔɔso nkyerɛase ne ne Fibea 229
Magnet ano ana Magnet Pols 230
Magnetisim fibea 231
Magnet Fɔɔso Nhyehyɛe 232
Magnet domain 233
Sɛnea yɛyɛ magnets 233
Ɛlɛktrik Karent tumi ma Magnet Fɔɔso Nhyehyɛe 234
Ɛlɛktromagnets ne wɔn yɛbea... 235
Magnet Fɔɔso Nhyehyɛe wɔ kyaagye biara a ɛsen so 236
Magnet Fɔɔso Nhyehyɛe wɔ waya a karent nam mu so 236
Fɔɔso a epia karent waya no anoden ne n'anikyerɛbea 237
Sɛnea yɛyɛ ɛlɛktrik mitas de susuw karent ne voltage 227
Sɛnea yɛyɛ galvanomitas, ammitas ne voltmitas 238
Sɛnea yɛyɛ ɛlɛktrik motos 239
Nsɛmmisa 241
24. Magnet ma yenya ɛlɛktrisiti/ɛlɛktromagnetik indukshin 242
Sɛnea magnet ma yɛnya ɛlɛktrisiti / ɛlɛktromagnetik indukshin 242
Faraday Mmara a ɛfa ɛlɛktromagnetik indukshin ho 244
Sɛnea yenya ɛlɛktrisiti fi magnets mu 246
Ɛlɛktromagnets ho mfaso 247
Nsɛmmisa 247
25. Transformas 249
Transformas suban ne wɔn tebea 249
Transforma dwumadi 250
Soro-kɔ voltage transformas 250
Fam-ba voltage transformas 251
Transforma Pawa 252
Sɛnea yebu transformas voltage, karent ne pawa ho nkontaa 252
26: ƆHYEW AHOƆDEN
Ade ana matta wɔ tebea anan 255

Ɔhyew tumi sesa ade bi tebea 257
Tempirekya ahorow a nneɛma sesa 258
Ɔhyew nkyerɛase 258
Sɛnea yesusuw ɔhyew tebea ana Tempirekya 260
    -Selsius ana Sentigrade tempirekya skeel.... 261
     -Kelvin tempirekya skeel 261
    -Farenheit tempirekya skeel 262
Sɛnea yɛsesa Tempirekya skeel baako de kɔ fofro mu 262
Sɛnea yɛyɛ tɛmometas 264
Nsɛmmisa 265

27: Ɔhyew dodow 267
Ɔhyew yunits 268
Spesifik ɔhyew ana spesifik ɔhyew tumi 269
Ɔhyew dodow akontaabu 271
Adeden nan-bere ahintaw hyew (latent heat of fusion) 272
Nsu- mframa-yɛbere ahintaw hyew (latent heat of vaporization) 274
Sɛnea yebu ahintaw hyew ho nkontaa 275
Sɛnea Ɔhyew sesa nneɛma 277
Nsu-wew (evaporation) 277
Sublimashin 278
Kondensashin 279
Wim kondensashin ne Wim nsufɔkye 279
Ade-huru 280
Ade-huru tempirekya ba fam bere biara a presha ba fam 283
Ɔhyew nntumi nnyera mmara 284
Nsɛmmisa 284

28: Ɔhyew akwantu 286
Ɔhyew yɛ dɛn na etu kwan? 287
Ɔhyew kondukshin 287
Ɔhyew konvexhin 288
Ɔhyew radiashin 291
    -Weivlenf ne frekwensi 293
    -Radiant ahoɔden 294
    -Radiant ahoɔden kyere (absopshin) ne ne pam (reflekshin) 295
Nsɛmmisa 299

29: Ɔhyew expanshin: ɔhyew ma nneɛma yɛ atenten 300
Ɔhyew ma nneɛma yeyɛ atenten: tenten-yɛ koefishient 300
Ekuashin a yɛde susuw ade bi tenten bere a tempirekya sesa 303
Ɔhyew ma nneɛma nya ntrɛwmu; ani tɛtrɛtɛ koefishient 304
Ɔhyew ma nneɛma volum sesa; volum ntrɛwmu koefishient 306
Nsɛmmisa 309

30: Ɔhyew akwantu ne nsesae - Termodinamiks 1 310

Tempirekya ho nimdeɛ nkaebɔ	310
Ademude ahoɔden (internal energy)	312
Tɛrmodainamiks mmara a edi kan	312
Mekanikal ahoɔden a ɛma ɔhyew ahoɔden	315
Adwuma a ade bi yɛ	317
Isovolum ana konstant volum adeyɛ	317
Isotermal ana konstant tempirekya adeyɛ	318
Adiabatik ana konstant ɔhyew adeyɛ	318
Kompreshin ne expanshin	319
Piston-silinda dwumadi	320
Wim mframa ne termodinamiks	322
Nsɛmmisa	325
31: Ɔhyew akwantu nsesae – Termodinamiks 2, Entropi	327
Nhyɛnmu	327
Ɔhyew engyins ne ɔhyew mashins	329
Karnot ne Ɔhyew engyin mfaso	333
Ɛntropi	335
Nsɛmmisa	336
32: Hann Tebea	339
Ɛlɛktromagnetik weivs	339
Hann weivlenf ne frekwensi	341
Hann nkyerɛase	345
Hann suban yɛ patikils ne weivs	345
Emukrenn nneɛma ne Emuasiw nneɛma	345
Sunsuma	346
Owia eklipse	346
Ɔsram eklipse	347
Nsɛmmisa	348
33: Sɛnea Hann ma yenya kɔlas ahorow	349
Hann ɛlɛktromagnetik spɛktrum	349
Glaas prisim ne hann	351
Hann reflekshin	352
Ade biara atoms tebea na wɔreflekte hann	352
Sɛnea yehu kɔlas wɔ akanea mu	354
Sɛnea hann fa glaas mu – transmishin	355
Owia hann frekwensis hyerɛn tebea – radiashin graf	356
Mfiase nkekaho kɔlas	357
Sɛnea hann kɔlas frafra – anuanom kɔlas	357
Penti kɔlas ne hann kɔlas – anuanom kɔlas	359
Nsɛmmisa	360
34: Hann Reflekshin	362
Hann a efi beae bi kɔ baabi foforo	362

Fermat mmara a ɛfa hann reis ho ... 363
Ahwehwɛ mu insident (nsiso) ne reflekted (mfimu) reis ... 363
Hann reflekshin mmara ... 365
Ahwehwɛ ahorow ne hann reis suban ... 367
Ahwehwɛ tratraa ne mu Mfoni ... 367
Mpuamu ahwehwɛ ne mu Mfoni ... 368
Sɛnea yɛdrɔɔ ahwehwɛ mu hann reis ma yenya mfoni ... 370
        Konvex ahwehwɛ ... 371
        Konkav ahwehwɛ ... 371
Mpuamu ahwehwɛ ekuashin ... 372
Mpuamu ahwehwɛ mu mfoni tenten ne ne kɛse ... 374
Nsɛmmisa ... 375

35: Hann Refrakshin ... 376
Hann spiid a ɛde tu kwan ... 376
Refrakshin ... 377
Refraktiv index ... 378
Ntotoho refraktiv index ... 379
Snell mmara ... 380
Nea enti a yenya refrakshin ... 382
Hann fitaa nkyekyɛmu ana Hann dispershin ... 384
Ade nhyɛmu reflekshin ne kritikal angle ... 385
Optikal fibɛrs ... 387
Sɛnea yebu kritikal angle ho nkontaa ... 388
Nsɛmmisa ... 389

36: Lens Ntrantraa ... 390
Lens suban ne tebea ... 390
Konvex lens ana reis nhyiamu lens ... 393
Konvex lens mfoni ... 395
Konkav lens ana reis mpaapaamu lens ... 395
Konkav lens mfoni ... 397
Lenses ntrantraa ne wɔn mu mfoni ... 397
Mmara a yɛde bu lens ho nkontaa ... 398
Lens ntrantraa ekuashin ... 399
Lens Pawa ... 400
Lenses ntrantraa pii a akeka abobɔ mu ho nkontaa ... 400
Nsɛmmisa ... 401

37: Optikal Instruments ne Optikal Mashins ... 403
Konvex lens anasɛ magnifikashin glaas ... 404
Onipa Aniwa (Miopia, Hiperopia, Astigmatisim) ... 406
Onipa aniwa ne magnifikashin glaas ... 410
Foto kamera ... 412
Binokulas ... 414

Teleskops	416
Mikroskops	420
Optikal mikroskop	420
Ɛlɛktron mikroskop	422
Nsɛmmisa	423
38: Hann Weivs ne wɔn suban	423
Huygens mmara a ɛkyerɛ sɛ hann yɛ weivs	424
Difrakshin - hann weivs nkyeakyea	425
Ntɛfiɛrɛns - hann weivs a wonntu anamɔnkoro	428
Polarisashin	432
Nsɛmmisa	435
39: Hann Patikils : Akanea ahorow ne wɔn suban	436
Atom tebea ne Bohr atom planɛt tebea ho nimdeɛ	436
Ahoɔden a atoms tumi kyere ne akanea a wɔma	438
Kanea kɔlas ahorow a kemikals ma yenya	439
Element biara kanea-yikyerɛ spektrum (emission spectrum)	439
Kanea a fluoresent tuubs ma yenya	440
Kanea a tungsten waya filamɛnt bɔlb ma yenya	440
Absopshin spektrum	441
Fluoresens	442
Fosforesens	444
Laser	445
Kanea basabasa	445
Kanea Monokromatik	445
Lasers yɛ Nhyehyɛɛ koro kanea	445
Lasers ho mfaso	447
Nsɛmmisa	447
NNIAKYIRI-nsusuwde, yunits, konstants	450
Wiase elements nyinaa a egyina atomik numba so	452
Wiase elements nhyehyɛɛ a efi A kosi Z	454
Nsɛmfua kyerɛbea kratafa	458

INTRODUCTION

It is unthinkable to ask the English to learn science in French. Nor the Chinese to learn science in German. The English study in English, the French study in French. This makes sense. To learn in one's mother tongue is the surest way to understand quickly, easily, assimilate fast and acquire the capacity to adapt new knowledge into improving one's social and economic life. Why then are Africans forced to learn everything in colonial languages that are completely alien to them, ie. English, French, or Portuguese?

After 50-60 years of such experimentation, the results are disastrous, for we realize that African science and technology has not made the necessary impact to change the lives of the ordinary African.

The end result is mass ignorance, leading to poverty in the midst of enormous wealth.

To remedy ths situation, scientific and technological knowledge must be taken to the masses in a language that they can understand. The engineer, the nurse, the doctor, the farmer the technician, the mechanic, including the watch repairer, the computer repairer, the radio set repairer, the refrigerator repairer, the tractor repairer, everyone must be able to work from books in their own languages. Children must learn science and technology concepts from scratch in their own local, indigenous languages, be they Twi, Yoruba, Ibo, Hausa, Nzema, Ewe, Dagbani, etc..

This is the focus of these books. To democratize scientific and technological knowledge so that the majority of Africans can use these modern concepts to build the necessary infra-structure and machinery needed to improve their lives and those of the communities in which they live.

Dr. Kofi Oteng Gyang, O.D, Ph.D
2014.

PREFACE

It is a commonly held notion that there are many forms of energy in the universe. However, the only known forms to date are mechanics, heat, sound, electricity and magnetism. Physics is the study of these different forms of energy. In this first of a series of science, business and technology books in African languages (other series will follow), we shall start with mechanics, the basic concepts of which are fundamental to the study and understanding of the other energy forms. Then we shall go on to discuss the other forms of energy required for study at the senior secondary school level.

Mechanics is the study of forces and their effects on matter. The subject has two main divisions, namely Statics and Dynamics. Statics is the study of forces that keep a body in equilibrium, while dynamics is the study of motion and the forces that keep a body in motion. It is in the light of this latter definition that some say that physics is the study of motion. They say that before any thing can move it needs some force to push it. Science tells us that when a force pushes an object over a distance, it does work. However, nothing can do work, unless it has energy. And it is machines that provide the supplemental energy that helps us to make work easier. Therefore, the study of physics is about motion, forces, energy, work and machines. Knowledge of the concepts of physics and their applications enable us to make machines, which in turn facilitate our work and increase production.

In fact, it can be said that every civilization depends on the mastery of the concepts of Physics and their applications. Any nation that repudiates Physics can hardly hope to improve the lot of its citizens. This is why it is important that every citizen of this nation be helped to develop a deeper understanding of the universal laws of physics required to manufacture the much needed machinery that will help us in our daily work. And this is why we have started these efforts to bring scientific and technical knowledge to the ordinary Ghanaian in his own language.

As promised earlier, further translations of scientific and technical texts into other African languages will follow, for we intend to democratize scientific and technical knowledge that is necessary to improve our living standards and help make Africa great and strong.

Michael Kwabla Olongo. B.Sc (Hons) Physics.
Former Senior Physics Master, Presbyterian Boys' Secondary School, Legon. Ghana.
Wisconsin. USA. June 2010.

NNIANIM NE ASEDA

Ɛnnɛ da yi, wiase ahoɔden ahorow a yenim no yɛ mekaniks, ɔhyew, hann, dede, ɛlɛktrisiti ne magnetisim ahoɔden. Nimdeɛ a ɛfa saa ahoɔden ahorow yi ho no din de *Fisiks.* Yɛn dwumadi a edi kan yi fa saa wiase ahoɔden ahorow yi ho. Yɛde mekaniks adesua na ebedi kan efisɛ mekaniks nimdeɛ ne ntin kɛse a ahoɔden ahorow no nyinaa gyina so.

Mekaniks adesua yɛ nimdeɛ a ɛfa fɔɔsos ho ne ɔkwan a saa fɔɔsos yi fa so de sesa nneɛma. Saa adesua yi mu wɔ nkyɛmu abien: gyinafaako (statiks) fɔɔsos ne akwantu (dinamiks) fɔɔsos. Gyinafaako fɔɔsos yɛ fɔɔsos a ɛma ade bi gyina faako pim a ɛnsesa ne gyinabea; akwantu fɔɔsos yɛ fɔɔsos a yehu bere a ade bi retu kwan. Eyi nti, ɛma ebinom kyerɛ sɛ Fisiks yɛ akwantu ho nimdeɛ. Wɔkyerɛ sɛ, ansa na ade bi betu kwan no, ehia Fɔɔso bi a ebepia no. Sayense kyerɛ sɛ Fɔɔso biara a epia ade bi ma etu kwan no yɛ adwuma. Ade biara nso rentumi nnyɛ adwuma gye sɛ ɛwɔ ahoɔden. Mashin na etumi de ahoɔden foforo boa ɔdasani ma ne dwumadi yɛ mmerɛw. Ne saa nti, Fisiks adesua fa nneɛma akwantu, fɔɔsos, ahoɔden, adwuma ne mashins mu nimdeɛ ho.

Fisiks nyansa bue adasamma ani, ma wotumi yeyɛ mashins ahorow ma wonya ahode bebree. Yebetumi aka se: "Ɔman biara mu nkɔso, anibuei ne ahonya gyina Fisiks nimdeɛ so." Ɔman biara a ne mu nnipa akwati Fisiks no nni nkɔso ne anibuei papa biara.   Ne saa nti, ehia sɛ yɛn man yi mu nnipa nyinaa tumi te Fisiks ase yiye, na wɔatumi anya nimdeɛ a ɛfata de ayeyɛ mashins nketewa ne akɛse de aboa yɛn dwumadi. Eyi nti na yɛde Fisiks nimdeɛ aba Twi kasa mu yi.

Ɔkenkanfo behu sɛ yɛde nsɛmfua ne akyerɛwde foforo pii akeka yɛn kasa yi ho ama kasa no anya nkɔanim. Yɛnyeraa kwan yɛ. Kasa yi yɛ yɛn de. Yɛwɔ ho kwan sɛ yɛde nimdeɛ biara a ehia ka yɛn kasa yi ho. Mmere sesa; amanne nso sesa.

Botae titiriw a Tete Baselfo a wodii kan kyerɛw kasa yi de sii wɔn anim no ne sɛ wɔbɛkyerɛ anyamesom. Ɛnnɛ da yi, yɛn botae ne sɛ yɛbɛkyerɛ sayense ne tɛknologyi mu nimdeɛ a ɛbɛma yɛn man anya nkɔso papa. Ɛsono otuo a wɔde kum opurow, ne nea wɔde kum gyata.. Yenim sɛ yɛn kasa dɛdɛ yi bɛkɔ so anya nsesae ne nkɔso pa, ama yɛatumi de akyerɛkyerɛ yɛn mma ne yɛn nenanom sayense ne tɛknologyi mu nyansa a ehia na yɛde apagyaw yɛn man, ama yɛanya anuonyam ne asetra pa.

Yɛda yɛn Nenanom, yɛn Agyanom ne yɛn Nanom adikanfo ase. Yɛsan da Fisiks Ɔkyerɛkyerɛfo Panyin Owura Michael Kwabla Olongo, Ɔpanyin Ogyiri Kwafo ne ne yere, Owura Paa Kwasi Imbeah ne Awuraa Ama Dede Larbi a wɔboaa dwumadi yi ma edii pim no nso ase yiye. Yɛsan da Kasahorow mmerante ne mmabaa a wɔaboa de Twi kasa akɔ wiase komputas ahorow so no nyinaa nso ase yiye. Mpanyin se: "Esie ne kagya nni aseda."

Dr. Oteng Gyang

TIFA 1: NSUSUWDE AHOROW BI

Nkyerɛkyerɛmu

Twi	Brɔfo
Abasam	yard

(kwandodow a ɛda ɔpanyin bi nsa a watrɛw mu fi ne nsateaa ano kosi ne koko so mfininfini; yaad)

Adaka /Geometri adaka   geometrical figure, box

(geometri ne trigonometri nkyerɛade ahorow bi; etumi nso yɛ biribi a wɔde nnua ana nnade abobɔ ahyia na yɛde nneɛma gugu mu)

Adakakyea ahinanan (paralelogram)   paralelogram

(lains nteanteaa anan a wɔasuso wɔn ho wɔn ho mu sɛ adaka, na wɔn angles anan no mu biara nnyɛ aduokron digris, paralelogram)

Adakakyea ahinanum (pentagon)   pentagon

(lains nteanteaa anum a wɔasuso wɔn ho wɔn ho mu akeka abɔ mu sɛ adaka, pentagon)

Adakakyea ahinasia (hexagon)   hexagon

(lains nteanteaa asia a wɔasuso wɔn ho wɔn ho mu akeka abɔ mu sɛ adaka, hexagon)

Adakakyea ahinason (heptagon)   heptagon

(lains nteanteaa asɔn a wɔasuso wɔn ho wɔn ho mu akeka abɔ mu sɛ adaka, heptagon)

Adakakyea ahinawotwe (oktagon)   octagon

(lains nteanteaa awotwe a wɔasuso wɔn ho wɔn ho mu akeka abɔ mu sɛ adaka, oktagon)

Adakakyea ahinakron (nonagon)   nonagon

(lains nteanteaa akron a wɔasuso wɔn ho wɔn ho mu akeka abɔ mu sɛ adaka, nonagon)

Adakakyea ahinadu (dekagon)   decagon

(lains nteanteaa du a wɔasuso wɔn ho wɔn ho mu akeka abɔ mu sɛ adaka, dekagon)

Adakatea ahinanan (rektangle, skwɛɛ)   rectangle, square,

(rektangle, skwɛɛ, lains nteanteaa anan a wɔasuso wɔn ho mu sɛ adaka na wɔn angles no biara yɛ 90 digri angle, aduokron digri adakateaa)

Ahinasa (trayangle)   triangle

(trayangle; eyi yɛ lains nteanteaa abiɛsa a wɔasuso wɔn ho wɔn ho mu sɛ adaka na wɔn angles digri dodow yɛ 180)

Akyea   curved, bent

(ade bi a ɛnyɛ teateaa)

Akyeakyea   curved, bent in several places

(ade bi a ɛnyɛ teateaa wɔ ne mu mmeae pii)

Angle   angle

(lains abien bi a wohyia no ntrɛwmu nsusuw wɔ faako a wohyia no)

Bere (taem): time
(sekonds, simma, dɔnhwerew ana mfe dodow a yɛde yɛ biribi ana yɛde kyerɛ obi nna dodow a wadi wɔ asase so. Yebu bere wɔ afe, ɔsram, nnawɔtwe, da, dɔnhwerew, simma, sekond ne nea ɛkeka ho mu)

Dayamita diameter
(lain teateaa bi a ɛkyɛ sɛɛkel bi mu abien pɛpɛɛpɛ. Ne fa yɛ radius)

Digri degree
(angle nkyekyɛmu, digris nntumi mmoro 360 so)

Dɔnhwerew (h): hour
(simma aduosia, ana dapɛn nkyɛmu aduonu anan mu kyɛfa baako)

Fut (f) : foot
(ɔnamɔn, eyi yɛ nsateakwaa dumien)

Hipotenus: hypotenuse
(lain a ɛka ntareho lain ne nhwɛanim lain bɔ mu wɔ 90 digri trayangle biara mu)

Kilomita: kilometer
(mitas apem)

Lain line
(ade bi a ɛka mmeae abien bi bɔ mu na ɛkyerɛ kwandodow a ɛda mmeae abien bi ntam)

Lain asorɔkye wavy line, wave
(lain a aponpono na ne mponponoe no mu dɔ)

Lain a akyeakyea curved line, wavy line
(lain a ɛnyɛ teateaa na mmom aponpono)

Lain teateaa straight line
(kwandodow tiatia koraa a ɛda mmeae abien bi ntam)

Mael mile
(kwansin, kwandodow bi a ne tenten yɛ kilomita baako osiwiei asia (1.6 km) anasɛ 1760 yaads [1760 abasam] anasɛ 5280 anamɔn.

Mita meter (m)
(kilomita nkyɛmu apem mu kyɛfa baako)

Nhwɛanim lain opposite line (triangle)
(lain bi a ɛne angle bi di nhwɛanim)

Nsateaakwaa: inch
(inkyi, eyi yɛ ɔnamɔn baako a wɔakyɛ mu dumien mu kyɛfa baako ana 2.54 sentimitas)

Nta-angle trayangle isosceles triangle
(trayangle a ne angles abien bi dodow yɛ pɛpɛɛpɛ, yetumi nso frɛ no nta-lain trayangle)

Nta-lain trayangle isosceles triangle
(trayangle a ne lains abien bi tenten yɛ pɛpɛɛpɛ, nta-angle trayangle)

Ntareho lain: adjacent line
(lain bi a ɛtare angle bi ho pɛɛ)

Ohunu   **zero, circle**
(nsɛnkyerɛnne a ɛka se ebi nni hɔ ana hwee nni hɔ; sɛɛkel)

Ohunutenten   **oblong**
(ohunu a emu twe tenten wɔ mu kyɛfa bi)

Ɔnamɔn: **foot**
(fut, eyi yɛ nsateaakwaa dumien)

Ɔwɔ lain   **wavy line**
(lain a emu aponpono te sɛ ɔwɔ)

Radius   **radius**
(lain teateaa a efi sɛɛkel biara senta kɔka saa sɛɛkel no ɔfasu no. Ne mmɔso abien yɛ sɛɛkel no dayamita)

Sekond: **second (s)**
(simma nkyekyɛmu aduosia mu kyɛfa baako)

Sekumferens   **circumference**
(dodow bi a ɛkyerɛ sɛɛkel biara ɔfasu no tenten)

Senta   **center**
(sɛɛkel biara mfinimfini pɔtee)

Sɛɛkel   **circle**
(ohunu anasɛ nkɔntɔnkrɔn bi a ne radius no yɛ pɛ wɔ baabiara)

Simma: **minute**
(dɔnhwerew nkyekyɛmu aduosia mu kyɛfa baako)

Yaad   **yard**
(abasam tenten, nsateakwaa 36, inkyi 36, fut abiɛsa, anamɔn abiɛsa)

Yɛyɛ-pɛ trayangle   **equilateral trayangle**
(trayangle a ne lains abiɛsa no mu biara tenten yɛ pɛpɛɛpɛ na ne angles abiɛsa no nso mu biara dodow yɛ pɛpɛɛpɛ)

NHYƐNMU

    Bɛyɛ mfe mpem anum ni no, Abibiman mu nnipa a wɔtraa Misraem ne Nubia [ɛnnɛ da Sudan] nsase so no de sayense ho adesua bubuu wɔn aman maa wɔn asetra mu nyaa nkɔso papa yiye. Mesopotamiafo, Grikifo ne Romafo bɛtoaa saa nimdeɛ yi so, piapiaa sayense nimdeɛ de kɔɔ anim ara yiye. Bɛyɛ mfe apem ne akyi yi no, yɛn nenanom a wɔtraa tete amanpɔn Ghana, Songhai ne Mali mu yeyɛɛ sukuupɔn ahorow wɔ Timbuktu ne Gao a emu sayense ne nkontaa nimdeɛ hyetaa wiase baabiara. Aborɔfo ne Arabiafo pii besuasuaa ade wɔ yɛn nenanom Ghanafo sukuupɔn yi mu, faa saa nimdeɛ yi bi kokɔɔ wɔn aman mu.

    Nanso, esiane sɛ saa Abrɔfo nkaakyifo yi kyerɛw wɔn abakɔsɛm no, na Abibiman de ayerayera no nti, Abrɔfo agyigye sayense ne tɛknɔlɔgyi din ahorow yi mu pii abobɔ so, afa sɛ wɔn de. Abibifo nntumi nnhu nea ɛyɛ abibiman fibae, ne nea ɛyɛ nkaakyifo yi fibae. Ne saa nti, abrɔfo abakɔsɛm kyerɛ sɛ saa sayense nsɛmfua yi pii fi Griki ne Latin kasa mu, a wɔnnka nea efi Misraem, Nubia, Ghana, Mali ne Songhai no ho asɛm biara.

Ɛnnɛ da yi, sɛnea ɛbɛyɛ na wiase sayensefo nyinaa atumi aka kasa koro, atete wɔn ho ase no nti, sayensefo ahyehyɛ mmara a ɛfa sayense dwumadi ho. Amansan sayense mmara kyerɛ afifide, nnɔbae ne mmoadoma nyinaa din wɔ Latin kasa mu. Ɛno nti, sayense kyerɛ kɛmistri ne fisiks nsɛmfua pii te sɛ ebia atom, valensi, neutron, ɛlɛktron ne nea ɛkeka ho wɔ kan tete kasa ahorow a ɛyɛ Griki ne Latin mu. Eyi ama amansan mu nnɛmafo pii nso te sɛ Rushiafo, Zulufo, Kyainafo, Engiresifo, Frɛnkyefo ne Amerikafo nyinaa de saa nsɛmnsɛm yi afrafra wɔn kasa ahorow mu. Saa ara nso na, esiane sɛ Twi di amansan mmara so no nti, yɛn Twi kasa yi nso afa saa sayense Latin ne Griki din yi bi de kyerɛkyerɛ sayense mu nimdeɛ. Ɛnsɛ sɛ Ɔkenkanfo biara dwen ho sɛ saa nsɛmfua yi nnyɛ Twi. Ɛyɛ sayense Twi a ehia sɛ yetumi te ase, na yɛde di dwuma pa, boa yɛn man.

Nea edi kan no, Fisiks nimdeɛ hia sɛ yetumi tete akontaa mmara ahorow bi ase yiye. Saa nimdeɛ yi wɔ hɔ fi tete a Akanfo pii nim, nanso yɛnnkyerɛwee ho nsɛm pii wɔ Twi mu yɛ. Ne saa nti, yɛbɛtrɛtrɛw saa nimdeɛ yi mu, apɛsɛpɛsɛw mu ama obiara ate ase yiye ansa na yɛafi yɛn Fisiks adesua no ase.

AKONTAA HO NIMDEƐ AHOROW BI
Nkekaho +
Eyi yɛ nsɛnkyerɛnne a ɛma yɛde ade bi ka biribi foforo ho. Yɛnfa no sɛ Adwoa wɔ akutu abien; Ama nso wɔ akutu dubaako. Sɛ yɛka bobɔ mu a, akutu dodow ahe na yenya?
Yetumi twa saa akontaa yi sin kyerɛw no sɛ: 2 + 11 = 13.
Nsɛnkyerɛnne [=] no kyerɛ sɛ 'ne mmuae yɛ'. Ne saa nti, 2 + 11 = 13 kyerɛ sɛ abien nkekaho dubaako mmuae yɛ dumiɛnsa.

Nyifim: −
Eyi yɛ nsɛnkyerɛnne a ɛma yetumi de yi ade bi fi foforo mu. Sɛ Abena wɔ sika sidi ahannu na oyi sidi aduonum fi mu a, ɛka ahe? Yɛkyerɛw no sɛ: 200 − 50 = 150
Ɛkyerɛ sɛ ahannu nyifim aduonum mmuae yɛ ɔha aduonum.

Mmɔho ana Taems: X
Eyi yɛ nsɛnkyerɛnne a ɛma nneɛma abien bi yɛ mmɔho. Yetumi nso de twa nkekaho pii tiae. Yɛnfa no sɛ nnipa baasɔn mu biara kura sika sidi abien. Sidi dodow ahe na wɔwɔ?
Yetumi kyerɛw no: 2 + 2 + 2 + 2 + 2 + 2 + 2 = 14
Yetumi de mmɔho twa no sin sɛ abien mmɔho asɔn a yɛkyerɛw no: 2 X 7 = 14
Eyi kyerɛ sɛ abien mmɔho asɔn mmuae yɛ dunnan anasɛ abien taems asɔn yɛ dunnan.

Nkyɛmu, Nkyekyɛmu : a/b ana a:b ana $\frac{a}{b}$
Eyi yɛ nsɛnkyerɛnne a ɛma yɛde ade bi kyɛ biribi foforo mu. Yɛnfa no sɛ mmofra baasa rekyɛ akutu dunwɔtwe mu pɛpɛɛpɛ. Ahe na wɔn mu biara benya?

Yɛkyerɛw no sɛ:

$18/3 = 6$ ana $\dfrac{18}{3} = 6$ ana $18 \div 3 = 6$

Ɛkyerɛ sɛ dunwɔtwe nkyɛmu abiɛsa yɛ asia.

Soro pawa nkekaho

Sɛ numba bi ne saa numba no ara nya mmɔho a, yetumi de 'soro pawa' kyerɛ saa mmɔho no. Yɛnfa no sɛ, yɛwɔ mmɔho ahorow a edidi so yi: $3 \times 3 = 4$.

Yetumi kyerɛw no sɛ: 3^2 a ɛyɛ abiɛsa soro pawa abien.

Sɛ yɛwɔ abien mmɔho abien saa ara mpɛn anan a, yɛkyerɛw no sɛ: $2 \times 2 \times 2 \times 2 = 16$. Yetumi twa no tiae kyerɛw no sɛ: 2^4 a ɛyɛ abien soro pawa anan.

Saa ara nso na sɛ yɛwɔ: $2\times2\times2\times2\times2\times2\times2\times2\times2\times2 = 1024$. Yetumi kyerɛw no 2^{10} ana abien soro pawa du.

Ne saa nti, $10 \times 10 \times 10$ yɛ 1000 ana 10^3 a ɛyɛ du soro pawa abiɛsa. Sɛ yɛde lɛtɛ bi te sɛ "t" gyina hɔ ma numba bi, na ɛne ne saa "t" no san yɛ mmɔho mpɛn pii a, yetumi kyerɛw no sɛ "t" no soro pawa numba dodow a ɛne ne ho yɛ mmɔho no. Mfatoho a edi so yi kyerɛ mu bio:

.... t^3 yɛ t soro pawa abiɛsa anasɛ $t \times t \times t$.

Mfatoho ahorow bi nso na edidi so yi:

$10^0 = 1$ = baako   = du soro pawa ohunu
$10^1 = 10$ = du   = du (soro pawa baako)
$10^2 = 100$ = ɔha   = du soro pawa abien
$10^3 = 1000$ = apem   = du soro pawa abiɛsa
$10^6 = 1000\,000$ = ɔpepem   = du soro pawa asia
$10^9 = 1000\,000\,000$ = ɔpepepem = du soro pawa akron
$10^{12} = 1000\,000\,000\,000$ = ɔpepe-pepem = du soro pawa dummien

Soro Pawa nyifim

Sɛ numba bi ne numba baako (1) di nkyekyɛmu a, yetumi de 'soro nyifim pawa' kyerɛ saa nkyekyɛmu no. Ne saa nti, yetumi kyerɛ baako nkyɛmu abien sɛ: ½ ana 2^{-1}

Kae sɛ ½ ne $\dfrac{1}{2}$ ne 2^{-1} nyinaa yɛ ade koro.

Yɛnfa no sɛ, yɛwɔ mmɔho ahorow a edidi so yi:

$\dfrac{1}{2} \times \dfrac{1}{2}$ Yetumi kyerɛw no sɛ: $= 2^{-1} \times 2^{-1} = ¼$ ana $\dfrac{1}{4}$ ana 4^{-1}

Mfatoho ahorow bi nso na edidi so yi:

$2^{-1} \times 2^{-1} \times 2^{-1} \times 2^{-1} = \dfrac{1}{16} = 16^{-1} = 0.0625$

Yetumi san kyerɛw no sɛ: 2^{-4} a ɛyɛ abien soro pawa nyifim anan.

Saa ara nso na:

$2^{-1} \times 2^{-1} \times 2^{-1} \times 2^{-1} \times 2^{-1} \times 2^{-1} \times 2^{-1} \times 2^{-1} \times 2^{-1} \times 2^{-1} = 2^{-10}$ a ɛyɛ abien soro pawa nyifim du ana $\frac{1}{1024}$ = 0.0009765.

Yetumi nso ka se:

$\frac{1}{10} \times \frac{1}{10} \times \frac{1}{10} = \frac{1}{1000}$ ana 10^{-3} ana du soro pawa nyifim abiɛsa.

..... t^{-3} yɛ t soro pawa nyifim abiɛsa anasɛ $1/t \times 1/t \times 1/t = \frac{1}{t} \times \frac{1}{t} \times \frac{1}{t}$

$10^{-1} = 1/10$ = 0.1 = du soro pawa nyifim baako
$10^{-2} = 1/100$ = 0.01 = du soro pawa nyifim abien
$10^{-3} = 1/1000$ = 0.001 = du soro pawa nyifim abiɛsa
$10^{-6} = 1/1 000 000$ = 0.000 001 = du soro pawa nyifim asia

Skwɛɛ ntin

Yɛde eyi kyerɛ numba bi a ne soro pawa yɛ fa [baako nkyɛmu abien]. Akron skwɛɛ ntin yɛ 3. $[9^{1/2} = 3]$

Kiwb ntin

Yɛde eyi kyerɛ numba bi a ne soro pawa yɛ baako nkyɛmu abiɛsa. Awotwe kiwb ntin yɛ 2 $[8^{1/3} = 2]$

LAINS NTEANTEAA

Lain teateaa kyerɛ kwandodow mu tiatia koraa a ɛda mmeae abien bi ntam. Ɛnnɛ da yi, sayense susuw lain tenten ana tiatia wɔ milimita, sentimita, mita anasɛ kilomita mu.

Tetefo bi nso susuw lain tenten ana tiatia wɔ nsateakwaa, anamɔn ne mael mu. Ɛnnɛ da yi, sayense adesua ayi saa mael, anamɔn ne nsateakwaa yi afi sayense akontaabu mu.

Kakra a edi so yi kyerɛ lains yunits wɔ nsusuw ahorow bi mu. Kae sɛ, yetumi sesa yunit baako de kɔ yunit foforo mu.

1 Kilomita = 1000 mitas (m)   1 mita = 10 desimita (dm)
1 desimita = 10 sentimita (cm)   1 sentimita = 10 milimita (mm)
1 mita = 39.37 nsateakwaa (in)   1 nsateakwaa = 2.54 sentimita (cm)
1 mita = 3.28 anamɔn /fut (ft)   1 ɔnamɔn = 0.305 mita (m)

1 kilomita = 0.62 mael   1 mael = 1.61 kilomita (km)

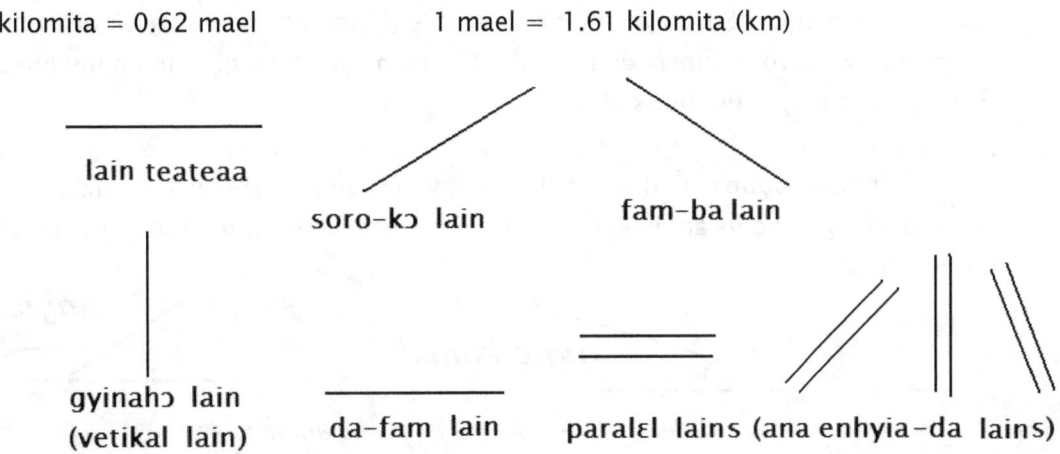

Adekyerɛ 1-1: Lains nteanteaa ahorow

LAINS A APOMPONO

Ɛnyɛ lains nyinaa na ɛyɛ nteanteaa. Ebi tumi kyeakyea, poapoa, kɔ soro ba fam sɛnea yehu wɔ Adekyerɛ 1-2 so no. Lains ahorow bi nso ne ɔwɔ lain ne siw-atifi lain. Sayense taa frɛ asorɔkye lain no sɛ weiv lain. Asorɔkye lain mu dɔ sen ɔwɔ lain.

ɔwɔ lain ana asorɔkye lain (weiv lain)   Siw-atifi lain

Adekyerɛ 1-2: Lains a apompono.

LAINS NTEANTEAA ABIEN NHYIAMU (ANGLE)

Sɛ lains nteanteaa abien hyia a, yenya ANGLE wɔ baabi a wɔka bɔ mu no. Ne saa nti, angle yɛ kɔtɔkro a lains nteanteaa abien bi a ehyia no yɛ. Yɛde digri na ɛkyerɛ angle ana saa nhyiae yi ntrɛwmu. Sɛ lains nhyiae no mu trɛw yiye a, ne digri numba no wɔ soro. Sɛ ntrɛwmu no yɛ ketewa nso a, ne digri numba no wɔ fam. Saa angles yi bi na yehu wɔ Adekyerɛ 1-3 so no.

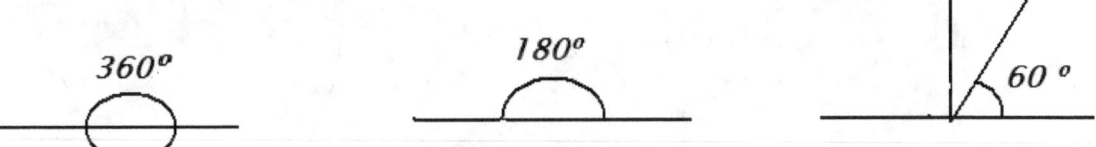

360 digri angle   180 (ɔha-aduowɔtwe) digri angle   60 (aduosia) digri angle

Adekyerɛ 1-3: Lains nteanteaa abien hyia yɛ angle. (Hwehwɛ baabi a 360 digri ne 180 digri lains no hyia.)

Angles ahorow tumi ma yɛn digris pii a emu kɛse koraa no yɛ 360°. Sɛ obi san lain teateaa to hɔ a, ɛma yɛn digris 360. Saa lain no soro ne ase tratraa no mu biara ma yɛn digri 180, a ɛyɛ 360 nkyɛmu abien. Digri agyinamude yɛ º ana ohunu ketewa a ɛwɔ soro. Aduosia digri yɛ 60º. Sɛ yɛsan kyɛ 180 digri lain no mu abien pɛpɛɛpɛ a, ɛma yɛn 90 digris abien.

Sɛ yɛkyɛ aduokron digri angle mu a, yenya angles nketewa. Angle a ɛso sen aduokron digris no yɛ **angle kɛse**. Angle a ɛyɛ ketewa sen aduokron digris no yɛ **angle kuma**.

Adekyerɛ 1-4 Angle kuma ne angle kɛse.

Yetumi san kyekyɛ saa digris yi mu ma yenya digris pii a efi digri baako (1º) kosi digris ahassa aduosia (360º).

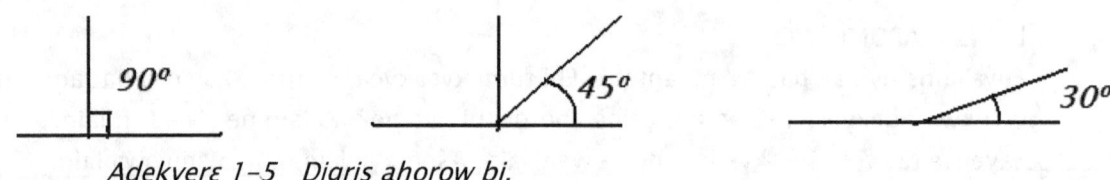

Adekyerɛ 1-5 Digris ahorow bi.

Yɛde PROTRAKTA na esusuw digri bi dodow. Protrakta yɛ plastik emukrenn ade bi a ɛte sɛ sɛɛkel ana sɛɛkel-fa, na ɛwɔ nkyekyɛmu 360 ana 180, na ne nkyekyɛmu biara yɛ digri baako.

Sɛ angle bi so sen 180 digris a, yɛde 360 digri Protrakta na esusuw. Yetumi nso de sɛɛkel-fa protrakta no yɛ nsusuw abien, na yɛaka nsusuw dodow no abɔ mu.

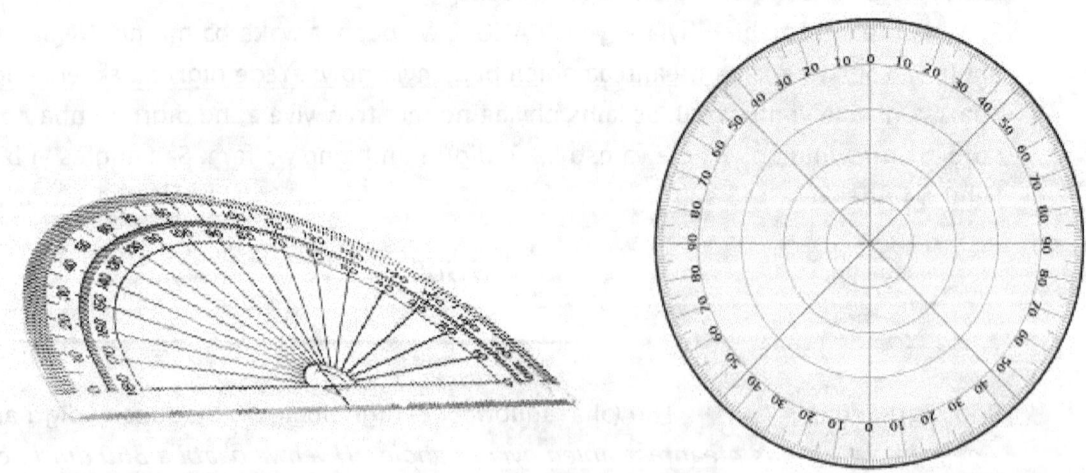

Adekyerɛ 1-6: Protrakta na yɛde susuw digri.

LAINS NTEANTEAA ABIƐSA NHYIAMU (AHINASA/ TRAYANGLE)

Sɛ lains nteanteaa abiɛsa hyia, na wɔde nkabom susosuso wɔn ho mu a, yenya AHINASA ana TRAYANGLE. Trayangles ahorow bi na yehu wɔ Adekyerɛ 1-7 so no.

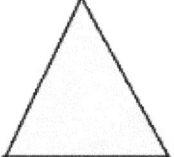 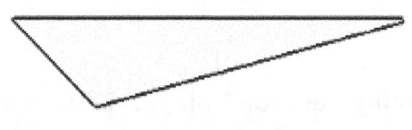 

Adekyerɛ 1-7 Ahinasa anasɛ trayangles ahorow bi.

Trayangle biara di mmara abiɛsa bi so. Saa mmara yi kyerɛ sɛ:
 1. trayangle biara wɔ lains abiɛsa
 2. trayangle biara wɔ angles abiɛsa
 3. trayangle biara angles abiɛsa no dodow nkabom yɛ 180 digris.

Mpɛn pii no, ahinasa lains ana angles abiɛsa no mu biara nnyɛ pɛ. Ɛtɔ da bi nso a, lains ana angles no mu bi yɛ pɛ. Sɛ ahinasa bi lains abien yɛ pɛpɛɛpɛ a, edi so sɛ saa ahinasa no angles abien bi nso yɛ pɛpɛɛpɛ. Yɛfrɛ saa ahinasa yi **nta-lain trayangle** ana **nta-angle trayangle**.

Sɛ ahinasa no lains abiɛsa no nyinaa yɛ pɛpɛɛpɛ nso a, edi so sɛ angles abiɛsa no nyinaa yɛ pɛ (a emu biara yɛ 60 digris;180 nkyɛmu abiɛsa pɛpɛɛpɛ). Yɛfrɛ saa trayangle yi **yɛyɛ-pɛ trayangle**. Bio nso, sɛ ahinasa no angle baako yɛ aduokron digris a, yɛfrɛ no **aduokron digri trayangle.**

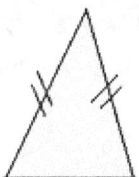 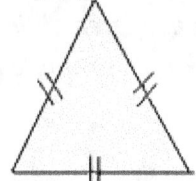 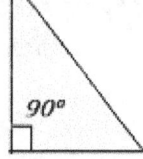

Adekyerɛ 1-8 Trayangles ahorow: (benkum) Nta-lain ana Nta-angle trayangle (mfinimfini) Yɛyɛ-pɛ trayangle (nifa) Aduokron digri trayangle

> Ahinasa ana trayangle BIARA DIGRIS DODOW YƐ 180 DIGRIS

LAINS NTEANTEAA ANAN NHYIAMU ANA AHINANAN

Sɛ lains nteanteaa anan hyia keka bobɔ mu, susosuso wɔn ho mu a, yenya AHINANAN. Ahinanan gu ahorow pii. Sɛ ahinanan no lains anan no nyinaa gyinagyina hɔ pintinn, yeyɛ aduokron digris a, yɛfrɛ no **ahinanan adakateaa**.

Sɛ ahinanan no lains anan no nyinaa nnyɛ aduokron digris pɛpɛɛpɛ de a, yɛfrɛ no **ahinanan adakakyea**. Ahinanan adakatea ne ahinanan adakakyea dodow yi mu nso gu ahorow.

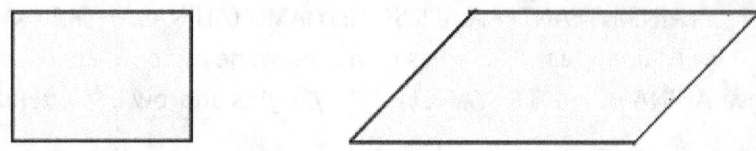

Adekyerɛ 1- 9: (Benkum) Ahinanan adakateaa ne (nifa) ahinanan adakakyea.

Ahinanan adakateaa: skwɛɛ, rektangle

Ahinanan adakateaa mu gu ahorow abien. Eyinom ne:
1. skwɛɛ ana yɛyɛ-pɛ ahinanan adakateaa
2. rektangle, nta-lain ahinanan adakateaa

Skwɛɛ, yɛyɛ-pɛ ahinanan adakateaa

Sɛ ahinanan no lains anan no nyinaa atenten yɛ pɛ, na angles anan no nyinaa yɛ aduokron digris a, yɛfrɛ no yɛyɛ-pɛ ahinanan adakateaa ana skwɛɛ.

Rektangle, nta-lain ahinanan adakateaa

Sɛ ahinanan adakateaa no mu lains abien a ɛkyerɛ ne tenten no yɛ pɛ, na abien a ɛkyerɛ ne tiatia no nso yɛ pɛ, na wɔn mu biara yɛ aduokron digris a yɛfrɛ no nta-lain ahinanan adakateaa ana rektangle.

Adekyerɛ 1-10: Ahinanan adakatea ahorow bi (nifa) Skwɛɛ (yɛyɛ-pɛ ahinanan adakatea) ne (benkum) rektangle (nta-lain ahinanan adakateaa).

Ahinanan Adakakyea (paralelogram, trapezium)

Sɛ ahinanan bi angles anan no nyinaa nnyɛ digris aduokron de a, yenya ahinanan adakakyea. Saa ahinanan adakakyea yi mu gu ahorow abien. Eyinom ne:
1: nta-lain ahinanan adakakyea [paralelogram]
2. yɛnyɛ-pɛ ahinanan adakakyea [trapezium]

Nta-lains ahinanan adakakyea

Sɛ ahinanan no lains no mu abien a ɛkyerɛ tenten no yɛ pɛ, na abien a ɛkyerɛ ne tiatia no nso yɛ pɛ nanso wɔnyɛ aduokron digris a, yɛfrɛ no **nta-lain ahinanan adakakyea** ana **paralelogram**.

Yɛnnyɛ-pɛ ahinanan adakakyea

Sɛ ahinanan lains ana angles no mu biara nnyɛ pɛ a, yɛfrɛ no **yɛnnyɛ-pɛ ahinanan** ana **trapezium**. Ahinanan biara digris nkabom dodow yɛ 360 digris.

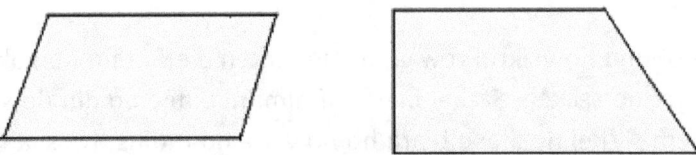

Adekyerɛ 1-11: Ahinanan adakakyea ahorow (Benkum) Nta-lains ahinanan adakakyea (paralelogram); (nifa) Yɛnnyɛ-pɛ ahinanan (trapezium).

AHINANAN BIARA DIGRIS NKABOM DODOW YƐ 360 DIGRIS

LAINS NTEANTEAA PII NHYIAMU ANA POLIGON

Lains nteanteaa pii tumi hyiahyia, susosuso wɔn ho mu. Sɛ lains nteanteaa pii (bɛyɛ anum ana ne mmoroso) susosuso wɔn ho wɔn ho mu, keka bobɔ mu a, yɛka se ɛyɛ poligon.

Lains nteanteaa anum ma yɛn ahinanum, ana pentagon. Lains asia ma yɛn ahinasia ana hexagon. Adekyerɛ 1-12 ma yehu saa poligons yi bi, ne wɔn din ahorow. Saa din yi fi latin kasa a sayense agye ato mu, na amansan nyinaa afɛm de akeka wɔn kasa ho. Sayense Twi nso afa bi aka ne ho, sɛnea obiara betumi ate ase.

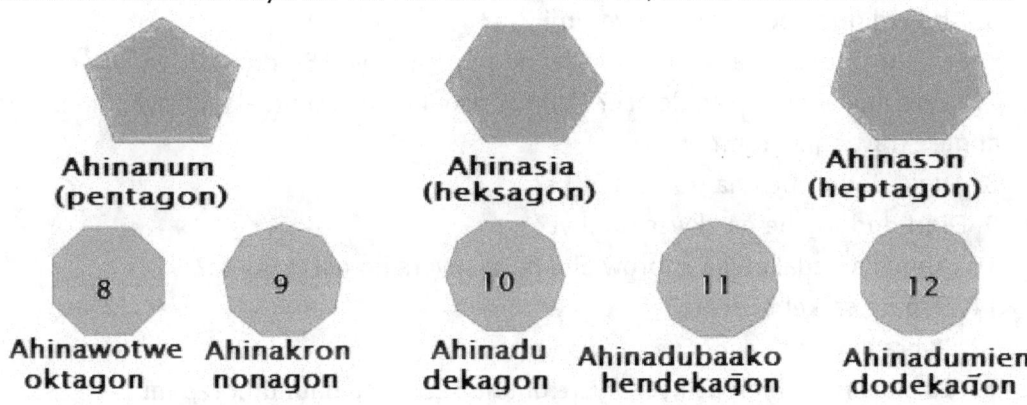

Adekyerɛ 1-12: Poligons ahorow

OHUNU : SƐƐKEL NE OHUNU-TENTEN

Lain bi nso tumi twa kɔntɔnkrɔn san behyia wɔ ne mfiase bio. Eyi ma ɛyɛ den sɛ yebehu baabi pɔtee a lain no nhyɛase wɔ. Yɛfrɛ saa lain a etwa kɔntɔnkrɔn san behyia yi ohunu ana sɛɛkel. Ebi na yɛayi adi wɔ Adekyerɛ 1-13 so no.

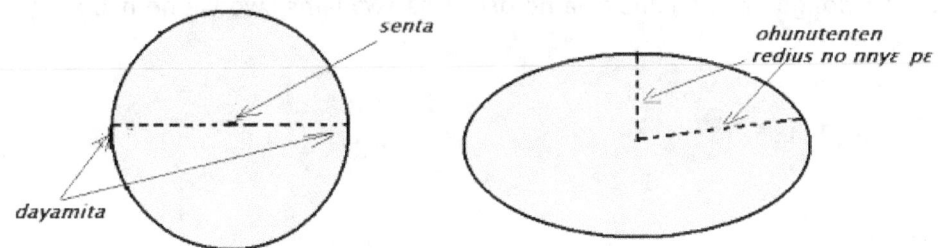

Adekyerɛ 1-13: Sɛɛkel ne ohunutenten. Ohunutenten biara nni radius ana dayamita pɔtee.

Sɛ ohunu no yɛ krokrowaa, na ne tenten a efi ntam no kɔka ɔfasu biara ho no yɛ pɛ a, yɛfrɛ no **sɛɛkel**. Sɛɛkel biara mfinimfini pɔtee no din de **senta**. Fi sɛɛkel no senta kɔpem sɛɛkel no ɔfasu biara ho no yɛfrɛ no **radius**. Ne saa nti, sɛɛkel pɔtee biara radius tenten yɛ pɛpɛɛpɛ.

Lain a etwa sɛɛkel biara mu abien pɛpɛɛpɛ no yɛ **dayamita**. Ne saa nti, sɛɛkel biara dayamita tenten yɛ sɛɛkel no radius mmɔho abien. Yɛfrɛ sɛɛkel ana ohunutenten biara ɔfasu no tenten sɛ ne **sekumferens**.

Sɛ ohunu bi mu twe tenten sen ne tiatia mu a, yɛfrɛ no ohunutenten. Kae sɛ ohunutenten radius nnyɛ pɛ; ne dayamita nso nnyɛ pɛ.

NSƐMMISA
1. Dɛn ne lain? Lains dodow ahe na wonim?
2. Dɛn ne angle? Lains ahe na etumi yɛ angle?
3. Dɛn ne angle kuma?
4. Dɛn ne angle kɛse?
5. Angle digris dodow ahe na yetumi nya?
6. Sɛ lains abiɛsa hyia, susosuso wɔn ho mu ma wɔyɛ 180 digris a, yenya dɛn?
7. Kyerɛ nta-lains trayangle ase? Dɛn nsonsonoe na ɛwɔ nta-lain trayangle ne nta-angle trayangle ntam?
8. Angle dodow bɛn na trayangles yɛ?
9. Digri dodow ahe na skwɛɛ tumi yɛ?
10. Ahinanan adakateaa ahorow ahe na yɛakyerɛ ho nsɛm wɔ ha?
11. Dɛn ne sɛɛkel bi senta?
12. Kyerɛ dayamita ase? Ɛne radius yɛ pɛ ana?
13. Fa ɔkasamu abien pɛ kyerɛkyerɛ ohunu sɛɛkel ne ohunutenten mu.
14. Kyerɛ lains nteanteaa anan a wohyia, susosuso wɔn ho mu no din?
15. Dɛn nsonsonoe na ɛdeda skwɛɛ ne paralelogram mu?
16. Dɛn nsonsonoe na ɛda trapezium ne paralelogram mu?
17. Kyerɛ trapezium din foforo a wonim.
18. Kyerɛ skwɛɛ din foforo a wonim.
19. Dɛn ne poligon?
20. Yɛfrɛ poligon a ɛwɔ lains asia no dɛn? Nea ɛwɔ lains awotwe no nso ɛ?

TI FA 2: SƐNEA YƐSUSUW ANGLES, ANI TƐTRƐTƐ NE VOLUM

Nkyerɛkyerɛmu

Twi	Brɔfo

Algebra algebra
(akontaa mu kyɛfa bi a wɔde agyinamude bi te sɛ lɛtɛs gyina hɔ ma dodow bi anasɛ kuw bi mu dodow biara, na etumi ma yɛde yeyɛ ntotoho.

Ani tɛtrɛtɛ (hwɛ asase hahraa) surface area
(beae bi trɛwbea ne ne tenten dodow ho nsusuw)

Fam-tenten length
(Ade bi tenten wɔ fam ana asase tratraa so)

Geometri Geometry
(akontaa mu nimdeɛ a ɛfa nsase nsusuw ho, na ɛboa ma yɛde kyerɛ mmeae, angles, anim tɛtrɛɛ, lains ne nkyeamu ahorow. Saa din yi fi Grikifo kasa "Geo' (asase) ne "metrein" (nsusuw) mu.

Kiwb cube
[adaka bi a ne tenten, tiatia ne ntrɛwmu yɛ pɛ]

Kiwbik mita [m³] cubic meter
[volum nsusuw yunit, ɛyɛ mita x mita x mita]

Kos (hwɛ kosinus, kosine) cos
(kosine a wɔatwa no tiae)

Kosine (kos) Cosine, Cosinus (Cos)
(angle bi ntareho lain no tenten nkyɛmu hipotenus lain no tenten)

Kosinus cosine, cosinus
(angle bi ntareho lain no tenten nkyɛmu hipotenus lain no tenten. Yɛsan frɛ no Kosine ana kos.

Ne dodow yɛ: Kos α (angle bi) : <u>angle no ntareho lain no tenten</u>
                                   Hipotenus lain no tenten

Nhwɛanim lain opposite line
(lain bi a ɛne angle bi di nhwɛanim)

Ntareho lain adjacent line
(lain bi a ɛtare angle bi ho pɛɛ)

Sfiɛ sphere
[ade krokrowaa bi a ne radius dodow yɛ pɛ wɔ ne kyɛfa nyinaa mu)

Silinda cylinder
[paip ana kuruwa tenten bi a ano ayɛ sɛɛkel]

Sine, Sin, Sinus Sine, Sinus, Sin
(hwɛ sinus, ne tiae yɛ Sin)

Sinus, Sin, Sine Sine, Sinus, Sin
(angle bi nhwɛanim lain tenten nkyɛmu hipotenus lain tenten).

Ne dodow yɛ: Sin α (angle bi)   : angle no nhwɛanim lain no tenten
                                  Hipotenus lain no tenten.
Yetumi nso frɛ no sine)
Soro-tenten   height
(ade bi tenten a yesusuw fi fam kɔ soro)

Tangent: tangent
(angle bi nhwɛanim lain tenten nkyɛmu ntareho lain tenten dodow).
   Tan α (angle bi):   angle no nhwɛanim lain no tenten
                       angle no ntareho lain no tenten
Trigonometri   trigonometry
[eyi yɛ akontaa bi a ɛfa trayangles biara lains ne angles nkitaho ho, na yɛde nya nimdeɛ bi a yɛde yeyɛ asase tɛtrɛɛ dodow nsusuw ne po so akwantu ho nnwuma.

YUNITS HO NKONTAABU

Sɛ yebu nkontaa wɔ sayense mu a, yɛde nkyerɛade bi bata numbas a yenya no ho de kyerɛ nsusuwde ko a ɛyɛ, sɛ ebia tenten, mmuduru ana ahoɔden. Yɛfrɛ saa nkyerɛade yi **yunits**. Saa yunits yi bi ne kilogram (kg), mita (m), sekonds (s), milimita (mm) ne nea ɛkeka ho. Saa yunits yi mu biara ho nkontaa bi te sɛ nyifim, nkekaho, nkyekyɛmu ne taems di algyebra mmara kwan so. Saa algyebra mmara kwan yi bi na yehu wɔ ha yi.

1. Yetumi de yunits yɛ mmɔho. Eyi ma yenya saa yunit no soro pawa nkɔso. Sekond taems sekond ma yɛn sekonds soro pawa abien.
   $5s \times 3s = 15 s^2$ ---> s x s ---> s^2
   Sekond soro pawa abien taems sekond ma yɛn sekond soro pawa abiɛsa.
   $5s^2 \times 3s$ ma yɛn $15s^3$.
2. Sɛ yɛde yunit bi ka saa yunit no ara ho a, yenya mmuae wɔ saa yunit no ara mu a ɛnsesa.
   $5s + 2s = 7s$
3. Yunits pɔtee bi nkyekyɛmu twitwa wɔn ho mu (kilogram mitas soro pawa abiɛsa mmɔho kilogram nkyɛmu mita soro pawa abiɛsa twitwa mu ma ɛka kilogram pɛ).
   $3m^3 \times 450 \text{ kg}/m^3 = 1350 \text{ kg}.$ ($m^3 \times \frac{kg}{m^3}$ ---> kg)
4. Yunits pɔtee bi tumi di mmɔho keka bobɔ mu, twitwa wɔn ho mu nso.
   $\underline{m}.kg \times \underline{m^2} = \underline{m^3}$
   $kg^3 kg^2$
5. $m \times kg + mkg^2$ ... ɛnyɛ yiye
   Yunits a wɔwɔ soro pawa a ɛsono no nntumi nnka mmɔ mu. Yebetumi de kg aka kg ho, anasɛ kg^2 aka kg^2 ho, nanso yenntumi mmfa kg nnka kg^2 ho mma ɛnnyɛ yiye.
   $m \times kg + mkg^2$ ... ɛnyɛ yiye

Mfatoho foforo bi nso na edidi so yi.
6. 3s **x** 4 km/s² = 12 km.s ---> s **x** km/s² ------> s Km
7. mm **x** mm = mm²
8. 5 s **x** 18 km/s = 90 s. Km/s = 90 km
9. 12 m² + 4 m² = 16 m²

SƐNEA YESUSUW ANGLES NE LAINS

Yetumi de rula susuw lain biara tenten wɔ nhoma so. Saa ara nso na yetumi de protrakta susuw angle bi dodow. Nanso, ɛnyɛ lains ne angles nyinaa na yetumi kyerɛ wɔ nhoma so. Ne saa nti, sayense ama yɛn akontaa akwan bi a yetumi de kyerɛ lains ne angles dodow a enhia mpo sɛ yɛde rula ne protrakta toto ho. Yɛbɛhwɛ saa nimdeɛ yi bi.

Aduokron digri trayangle

Yɛbɛkae sɛ aduokron digri trayangle biara wɔ angle baako a ɛyɛ 90 digris. Esiane sɛ trayangle biara angles dodow yɛ 180° no nti, angles abien a aka no nso dodow yɛ 90 digris (180° -90° =90°)

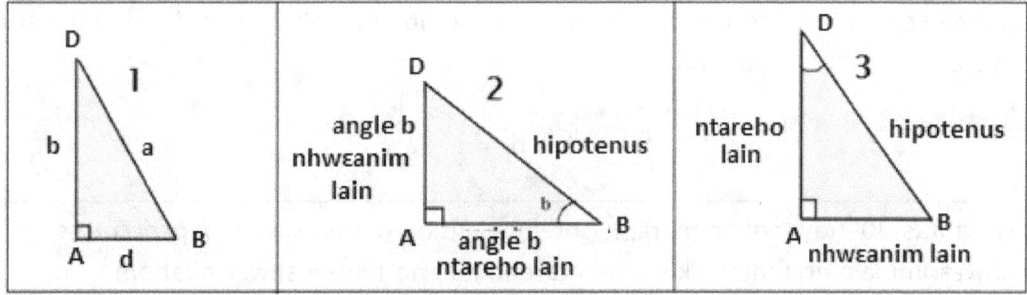

Adekyerɛ 2-1 Aduokron digri ahinasa ana trayangle

Sayense mmara hia sɛ lains ne angles biara nya din. Ne saa nti, yɛde akyerɛwde akɛse (A,B,D) gyina hɔ ma trayangle biara twɔtwɔw sɛnea yehu wɔ Adekyerɛ 2-1 (1) so no. Ne saa nti, ABD akyerɛwde yi mu biara kyerɛ angle bi. Saa ara nso na lain a ɛhwɛ angle biara anim pefee no nso kura saa angle no din wɔ akyerɛwde ketewaa mu (a, b, d). Yetumi nso frɛ saa lains yi AB, BD ne AD. Lain "a" ana [BD] a ɛhwɛ aduokron digri anim no din de **hipotenus**. Saa din yi fi tete Grikifo bere so a ɛnnɛ da yi, ɔman biara agye ato mu.

Sɛ yɛfa angle B a, yenim dedaw sɛ lain a ɛhwɛ saa angle yi anim no yɛ lain b. Esiane sɛ ɛhwɛ angle B anim no nti, ɛyɛ **nhwɛanim lain ma angle B**. Ne saa nti, yɛfrɛ no **nhwɛanim lain** (Adekyerɛ 2-1 (2).

Lain a aka no tare angle B ho. Ne saa nti, ɛyɛ angle B **ntareho lain**.

Sɛ yɛfa angle D a ɛwɔ Adekyerɛ 2-1 (3) so no a, yehu sɛ ne ntareho lain ne nhwɛanim lain no asesa. Angle D no **nhwɛanim lain** yɛ lain AB. Esiane sɛ lain a ɛtare angle D no ho no yɛ lain AD no nti, yɛfrɛ no sɛ angle D **ntareho lain**.

Yɛbɛkae sɛ nsesae a yɛyɛɛ yi mu biara nnsesa hipotenus no; ɛwɔ nea ɛwɔ no ara.

PITAGORAS MMARA A ƐFA 90 DIGRI TRAYANGLE BIARA HO

Pitagoras yɛ sayenseni bi a osuaa trayangle ho nsɛm pii ma otumi kyerɛɛ sɛ aduokron digri trayangle lains abien no ne wɔn hipotenus di nkitaho pɔtee bi. Eyi ma ɔde too adi sɛ: **90 digri trayangle biara ntareho lain no tenten skwɛɛ ne nhwɛanim lain no tenten skwɛɛ nkabom yɛ pɛpɛɛpɛ sɛ hipotenus lain no tenten skwɛɛ.**

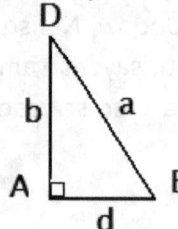

Adekyerɛ 2-2: Pitagoras mmara nkyerɛase

Yɛkyerɛw saa mmara yi: $\qquad a^2 = b^2 + d^2$

Esiane sɛ numba bi soro pawa abien yɛ saa numba no ankasa mmɔho no nti, yetumi kyerɛw Pitagoras mmara no sɛ:

$$b \times b + d \times d = a \times a$$

Pitagoras 90° trayangle mmara: hipotenus lain no tenten skwɛɛ yɛ pɛpɛɛpɛ sɛ nhwɛanim lain no tenten skwɛɛ ne ntareho lain no tenten skwɛɛ nkabom.
$$a^2 = b^2 + d^2$$

Mfatoho.

Asɛmmisa: Aduokron digri trayangle bi lains abien no mu baako yɛ 3 mitas; ɛna nea ɛka no nso yɛ 4 mitas. Kyerɛ hipotenus no tenten.

Mmuae:

Yɛnfa no sɛ saa trayangle no na edi so yi:

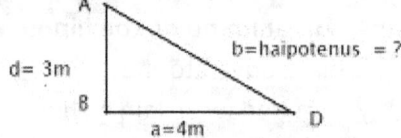

Pitagoras mmara kyerɛ sɛ:

$$d^2 + a^2 = b^2$$
$$\text{.. ana} \quad 3^2 + 4^2 = b^2$$
$$(3 \times 3) + (4 \times 4) = b^2$$
$$9 + 16 = b^2$$
$$25 = b^2$$
$$b = 5$$

Eyi kyerɛ sɛ hipotenus no tenten yɛ 5 mitas.

TRIGONOMETRI

Trignometri nimdeɛ tumi kyerɛ 90 digri trayangle biara angles a aka no dodow, ne lains a ɛkeka wɔn bobɔ mu no nyinaa atenten. Yɛnfa no sɛ yɛwɔ trayangle FGH bi a ne mpɔw abiɛsa no yɛ F, G ne H, na ne angle F no nso dodow yɛ α digris (grikifo lɛtɛ α no din de alfa). Yetumi kyerɛw eyi sɛ:

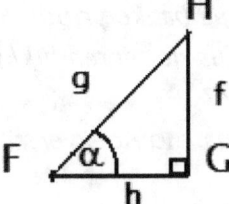

Adekyerɛ 2-3: Aduokron digri trayangle FGH

Angle α = angle HFG = angle F

Yenim dedaw sɛ lain a ɛne angle α di nhwɛanim no yɛ lain HG. Yɛfrɛ saa lain yi angle α nhwɛanim lain. Yetumi kyerɛw no sɛ:

Lain f = angle α nhwɛanim lain   anasɛ   nhwɛanim lain = HG

Yenim dedaw sɛ lain a ɛtare angle α ho no yɛ lain FG. Esiane sɛ saa lain yi tare angle α no ho no nti, yɛfrɛ no angle α ntareho lain, anasɛ ntareho lain kɛkɛ. Yɛkyerɛw no sɛ:

Lain h = angle α ntareho lain (anasɛ ntareho lain kɛkɛ) = FG

Grikifo na wɔde din hipotenus maa lain a ɛka saa lains abien FG ne HG bɔ mu no.

Trigonometri nimdeɛ kyerɛ lains ne angles yi nyinaa dodow sɛnea edidi so yi:

$$\text{Sine ana Sin } \alpha = \frac{\text{nhwɛanim lain no tenten}}{\text{hipotenus lain no tenten}} = \frac{f}{g}$$

$$\text{Kosine ana Kos } \alpha = \frac{\text{ntareho lain no tenten}}{\text{hipotenus lain no tenten}} = \frac{h}{g}$$

$$\text{Tangent ana Tan } \alpha = \frac{\text{nhwɛanim lain no tenten}}{\text{ntareho lain no tenten}} = \frac{f}{h}$$

Yetwitwa saa nkyɛrade yi tiatia sɛ:

$\sin \alpha = \frac{f}{g}$ anasɛ $f = g \sin \alpha$

$\cos \alpha = \frac{h}{g}$ anasɛ $h = g \cos \alpha$

Tan α = f/h   anasɛ f = h tan α

Sɛ yenim angle α dodow wɔ digri mu a, yetumi hwɛ trigonometri nhoma mu hu ne sin, kos ana tan dodow. Ne saa nti, sɛ yenim lain baako tenten, ne angle baako a, yetumi kyerɛ lains a aka no atenten ne angles a aka no nso dodow.

Mfatoho....... Asɛmmisa
1. Aduokron digri trayangle bi angle baako yɛ 60°. Saa angle no nhwɛanim lain no tenten yɛ 6 mitas. [i] Kyerɛ hipotenus no tenten [ii] kyerɛ ntareho lain no tenten [iii] angle baako a aka no dodow yɛ ahe?
Mmuae: Fa no sɛ saa trayangle yi na ɛwɔ Adekyerɛ 2-4 so no.

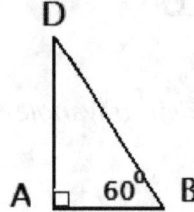

Adekyerɛ 2-4: Trayangle a ɛfa asɛmmisa #1 yi ho.

[i] Sin 60° = nhwɛanim lain   = 6
              Hipotenus   [BD]

[BD] = 6   = 6   = 6.9 m
        Sin 60°   0.87

Hipotenus no tenten yɛ 6.9 mitas

[ii] Tan 60° = nhwɛanim lain   = 6
               Ntareho lain   [AB]

[AB] = 6   = 6   = 3.47 m
       Tan 60°   1.73

Ntareho lain no tenten yɛ 3.5 mitas
[ana Pitagoras mmara kyerɛ sɛ [AB]2 + AD2 = BD]2
[6]² + [AB]² = [6.9]²   a ɛma yɛn
[AB]² = 47.99 –36 = 11.99
[AB] = 3.46 mitas]
[iii] esiane sɛ trayangle biara angles dodow yɛ 180° no nti, angle D a aka no dodow yɛ:
Angle D = 180° –90° – 60° = 30°.

SƐNEA YESUSUW SƐƐKEL TEBEA

Ohunu kɛse a ɛwɔ Adekyerɛ 2-5 so no din de **sɛɛkel**. Yenim sɛ sɛɛkel biara ntam pɔtee no yɛ ne senta. Lain a efi sɛɛkel no senta kosi ɔfasu no ho baabiara no yɛ ne radius. Ne saa nti, sɛɛkel pɔtee biara radius yɛ pɛ. Lain a etwa sɛɛkel no mu abien pɛpɛɛpɛ no yɛ ne dayamita a ɛsan yɛ sɛɛkel no radius mmɔho abien. Sɛɛkel biara ɔfasu no tenten dodow yɛ ne sekumferens.

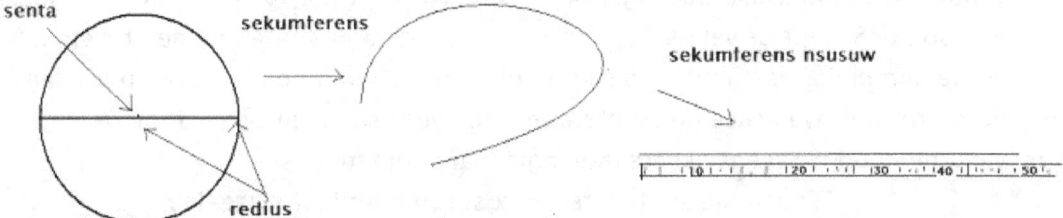

Adekyerɛ 2-5: Sɛɛkel nsusuw (radius dayamita, sekumferens)

Akontaa mmara a yɛde susuw sɛɛkel biara ho nsɛm no bi yɛ ekuashins. Akontaa ekuashins ma yetumi twitwa nsɛm pii ntiantia, de agyinamude bi sisi hɔ ma wɔn. Saa agyinamude yi bi ne nea edidi so yi:

-radius: r
-dayamita: D

Ekuashins a yɛde kyerɛkyerɛ saa nsusuw yi bi ne nea edidi so yi:
[i] radius biara mmɔho abien ne dayamita no yɛ pɛ
Dayamita = 2 x radius anasɛ D = 2 r
Yɛfrɛ saa D = 2r yi EKUASHIN.
[ii] sɛɛkel biara sekumferens dodow yɛ abien taems **pi** taems radius
Sekumferens = 2 x r x π   = 2π r

Pi (π) yɛ grikifo lɛtɛ bi a ne dodow yɛ 3.14. Ɛyɛ sɛɛkel biara ho akontaabu nkyerɛade. Saa dodow yi nnsesa da. Yebehyia pi (π) berebiara a yɛyɛ nkontaa a ɛfa sɛɛkel ho.

SƐNEA YESUSUW ANI TƐTRƐTƐ (ani ntrɛwmu, ani ntrɛwmu tɛtrɛtɛ)

Yɛnfa no sɛ Agya Mensa akɔtɔ asase bi a ntɔmmɛ abiɛsa ana anan sisi so sɛnea yɛakyerɛ wɔ Adekyerɛ 2-6 so no. Ehia sɛ ohu saa asase yi kɛse ana ketewa. Saa nsusuw a ɛfa biribi tratraa kɛse dodow ho yi yɛ **ani tɛtrɛtɛ** ana **ani ntrɛwmu tɛtrɛtɛ** ana **ani ntrɛwmu**. Yesusuw ani tɛtrɛtɛ wɔ mita skwɛɛ, sentimita skwɛɛ, mita skwɛɛ ne kilomita skwɛɛ ne nea ɛkeka ho mu.

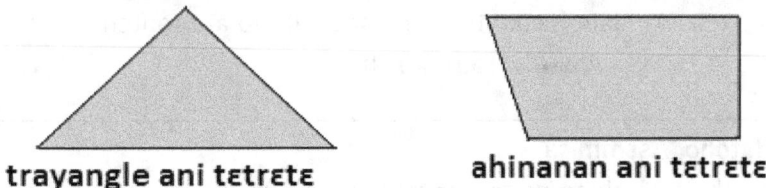

trayangle ani tɛtrɛtɛ   **ahinanan ani tɛtrɛtɛ**

Adekyerɛ 2-6: Ade bi hahraa asekyerɛ = anim tɛtrɛɛ = anim ntrɛwmu

Tetefo bi susuw ani tɛtrɛtɛ wɔ ekra (acre), hama, ɔnamɔn ne abasam mpo mu. Yɛbɛhwɛ mmara a yɛde susuw beae bi ani tɛtrɛtɛ kɛse tebea.

Trayangle ani tɛtrɛtɛ dodow anasɛ ani ntrɛwmu

Yɛnfa no sɛ yɛwɔ asase trayangle bi a ntɔmmɛ abiɛsa sisi so sɛnea yehu wɔ Adekyerɛ 2-7 so no. Sɛ yɛpɛ sɛ yehu asase no kɛse a, yebehia ne tenten ne ne ntrɛwmu. Sɛ yetwa lain bi fi asase no soro besi fam pim, ma saa lain no ne asase no ase lain no yɛ 90 digris a, yenya asase no **sorotenten**. Afei, yetumi susuw **ase-lain** no tenten ma yehu ne dodow. Sayense kyerɛ trayangle biara ani tɛtrɛtɛ sɛ:

Trayangle ani tɛtrɛtɛ : ½ x sorotenten lain x ase-lain

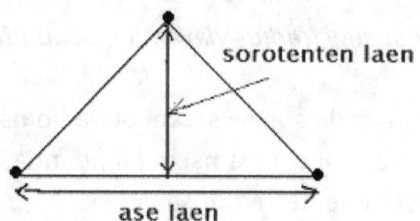

Adekyerɛ 2-7: Trayangle bi ani ntrɛwmu (hahraa dodow) ho nsusuw

Ne saa nti: **Trayangle ani tɛtrɛtɛ (A) = ½ soro-tenten lain x ase-lain tenten**

Rektangle ana skwɛɛ ani tɛtrɛtɛ anasɛ ani ntrɛwmu

Ɔkwan a yɛfa so kyerɛ rektangle ana skwɛɛ biara ani tɛtrɛtɛ dodow yɛ baako. Rektangle ana skwɛɛ biara ani tɛtrɛtɛ yɛ ne lain tenten no mmɔho lain tiatia, nanso, esiane sɛ skwɛɛ biara lains anan no nyinaa yɛ pɛ no nti, skwɛɛ ani tɛtrɛtɛ yɛ ne lain baako bi mmɔho saa lain no bio.

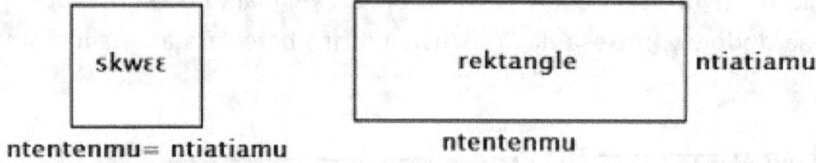

Adekyerɛ 2-8: Rektangle ne skwɛɛ ani ntrɛwmu nsusuw

Rektangle ani tɛtrɛɛ (A) = lain tenten (L_{tenten}) x lain tiatia (L_{tiae})

$A_{rektangle} = L_{tenten} \times L_{tiatia}$

Skwɛɛ ani tɛtrɛɛ (A): lain baako tenten x saa lain no ara tenten

$A_{skwɛɛ}$ = **Lain x Lain**

Mfatoho Asɛmmisa:
1. Adakatea bi lains abien no tenten yɛ 5 m ne 7 m. Kyerɛ n'ani ntrɛwmu ana ne tɛtrɛtɛ.
Mmuae: Adakateaa no ani tɛtrɛtɛ = 5m x 7m = 35m².
2. Skwɛɛ bi lain baako tenten yɛ 6m. So ebetumi ahyɛ baabi a ɛyɛ 35 m² pɛpɛɛpɛ ana?

Mmuae: Skwɛɛ no ani ntrɛwmu yɛ 6m x 6m = 36m². Ɛrentumi nhyɛ baabi a ɛyɛ 35m² efisɛ ɛso sen no.

Sɛɛkel ani tɛtrɛtɛ nsusuw

Sayense ama yɛn fɔmula bi a yɛfa so de susuw sɛɛkel biara dodow. Saa fɔmula yi yɛ 3.14 taems sɛɛkel no radius (r) taems ne radius (r) bio. Saa numba 3.14 yi yɛ numba bi a Grikifo nkontaabufo akyerɛ sɛ ɛho hia wɔ sɛɛkel biara ho nkontaa mu. Saa numba 3.14 yi agyinamude yɛ Grikifo lɛtɛ bi yɛfrɛ no pi [π].

Sɛɛkel ani tɛtrɛtɛ (A $_{sɛɛkel}$) = π x r x r   ana   π x r² = π r² = 3.14 r²

SƐNEA YESUSUW VOLUM

Volum yɛ nsusuw bi a yɛde kyerɛ nneɛma bi te sɛ nsu ana mframa dodow ana ɔbo bi kɛse-tebea. Volum nsusuw biara mu wɔ kyɛfa abiɛsa a ɛfa ade ko no tenten, tiatia ne ne trɛw tebea ho. Sɛ yɛhwehwɛ ɔdan bi volum a, ehia sɛ yehu ne soro-tenten, ne fam tenten ne sɛnea emu trɛw fa. Saa nsusuwde abiɛsa yi mmɔho na ɛma yɛn ɔdan no volum. Ne saa nti, volum units yɛ tenten yunits x tenten yunits x tenten yunits.

Esiane sɛ saa yunits yi nyinaa yɛ baako [mita, sentimita, kilomita] no nti, yenya volum yunits wɔ yunit no soro pawa abiɛsa mu [kiwbik mita [m³], kiwbik sentimita [cm³] ana kiwbik kilomita [km³] ne nea ɛkeka ho mu. Momma yɛnfa mfatoho a edidi so yi nkyerɛkyerɛ volum mu.

Trayangle volum nsusuw

Yehu trayangle-dan bi wɔ Adekyerɛ 2-9 so. Sɛnea yehu no, saa trayangle-dan yi mu wɔ kyɛfa abiɛsa. Eyi yɛ ne soro-tenten (S-tenten) ne fam tenten (F-tenten) ne ne fam trɛw (F-trɛw). Mmara a yɛde kyerɛ saa dan yi volum no yɛ:

Volum trayangle-dan (V$_t$) = ½ x Soro-tenten x ase tiatia-mu x ntrɛw-mu
= ½ x (S $_{tenten}$) x (Ase $_{tiatia-mu}$) x (N$_{ntrɛw-mu}$)

Kae sɛ [½ x ase ntrɛwmu x soro-tenten] yɛ trayangle no ani tɛtrɛɛ nsusuw. Ne saa nti, dan no volum yɛ trayangle no ani tɛtrɛtɛ x n'ase-tenten).

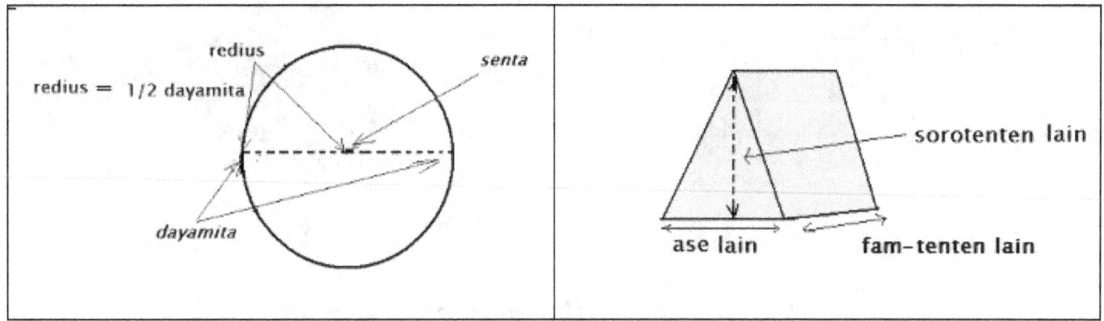

Adekyerɛ 2-9 : (Benkum) Sɛɛkel ani tɛtrɛtɛ (Nifa): Trayangle dan bi volum nsusuw

Mfatoho asɛmmisa:

> Trayangle dan bi tenten yɛ 3m. Emu trɛw yɛ 6m na ne fam tenten yɛ 10m. Kyerɛ ɔdan no mu volum. Ɔdan no mu volum yɛ soro-tenten x fam tenten x emu-ntrɛwmu
> Volum = 3m x 6m x 10m = 180 m³

Adaka volum nsusuw (rektangle adaka, skwɛɛ adaka = kiwb)
Rektangle adaka biara soro-tenten (a) ne ntrɛwmu (b) ne ne ntiaemu (d) nnyɛ pɛ (Adekyerɛ 2-10)

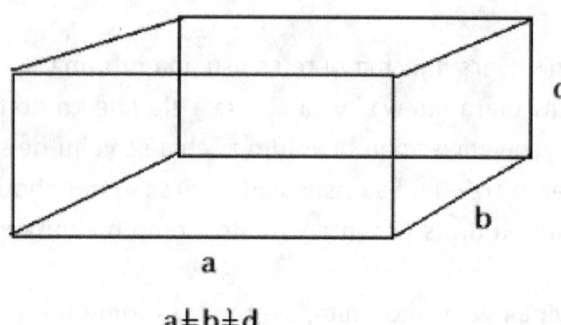 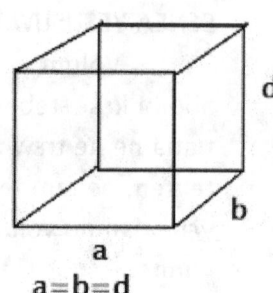

Adekyerɛ 2-10: Rektangle adaka ne kiwb adaka

Sɛ adaka bi soro-tenten (a), ne ntrɛwmu (b) ne ne ntiaemu (d) nyinaa yɛ pɛ a, yɛka se adaka no yɛ **KIWB**. Adekyerɛ 2-10 ma yehu saa kiwb yi bi.

Ekuashin a yɛde kyerɛ saa nnaka yi volum no sesɛ. Yɛkyerɛ no sɛ:

Volum adaka = soro tenten x ntiaemu x ntrɛwmu (fam tenten) = a x b x d.
Esiane sɛ baabiara tenten yunits yɛ pɛ no nti, adaka volum yɛ ne tenten dodow soro pawa abiɛsa (mita³, milimita³, kilomita³).

Sfiɛ [ana ɔbo krokrowaa] volum nsusuw
Yɛfrɛ ɔbo krokrowaa bi a ne radius yɛ pɛ no sɛ sfiɛ. Fɔmula a yɛde kyerɛ sfiɛ biara volum no yɛ **4/3 π taems radius no soro pawa abiɛsa**.

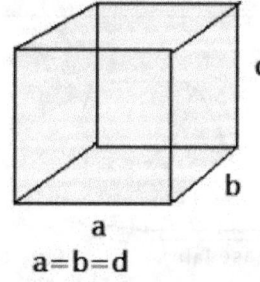 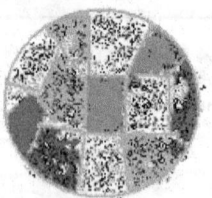

Adekyerɛ 2-11: Adaka volum nsusuw ne sfiɛ.

Yɛkyerɛw no sɛnea edi so yi: Sfiɛ volum = $\dfrac{4}{3} \pi r^3$

Silinda volum nsusuw

Silinda yɛ paip tenten bi a ano ayɛ sɛɛkel. Sɛ paip no dayamita yɛ pɛ wɔ mu baabiara a, yesusuw silinda no volum sɛ silinda no tenten [t] taems ano baako anim tɛtrɛɛ π r² a r yɛ ano no radius]. Eyi ma yɛn: **Silinda volum nsusuw = π x r² x t**

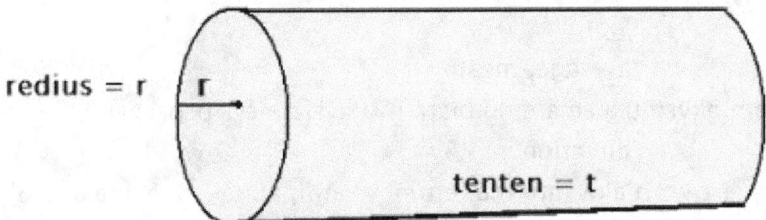

Adekyerɛ 2-10 : Silinda volum nsusuw

NSƐMMISA

1. Dɛn ne aduɔkron digri trayangle? Kyerɛ ne lains abiɛsa no nyinaa din.
2. Kyerɛ w'adamfo bi a ɔnkɔɔ sukuu da dekode a wɔfrɛ no hipotenus.
3. Sin 90 digris dodow yɛ ahe? Kosine 90 digris dodow yɛ ahe?
4. Sɛ angle bi Sin dodow yɛ 0.67 a, kyerɛ angle no digris dodow.
5. Sɛ angle bi Kosine dodow yɛ 0.33 a, kyerɛ saa angle no digris dodow.
6. Trayangle bi ani tɛtrɛtɛ yɛ 2.3 m². N'ase lain no yɛ 0.5 m. Kyerɛ ne sorotenten.
7. Wo Nana kokoofuw bi a ɛyɛ rektangle tenten yɛ 3km. Ne ntrɛwmu yɛ 1.2km. Kyerɛ asase no hahraa dodow ana n'ani tɛtrɛtɛ.
8. Wo Papa wɔ asase bi a ɛyɛ skwɛɛ a ne fa yɛ 1.2km. Wo Nana nso wɔ asase bi a ɛyɛ rektangle na ne tenten yɛ 1.2km na ne ntrɛwmu yɛ 0.5km. Wo Nana se n'asase no yɛ kɛse sen wo Papa de no. Ɛyɛ nokware ana?
9. Obi se volum ne anim tɛtrɛɛ yɛ ade koro. Ɛyɛ nokware ana?
10. Nsu ahyɛ silinda bi a ne tenten yɛ 50 sentimitas mu ma tɛnn. Silinda no ano radius yɛ 0.4 sentimitas. Kyerɛ nsu no volum dodow.
11. Dɛn koraa ne pi? Ne dodow yɛ ahe? Ɛho mfaso nso ɛ?
12. Wo Tikya de sika mfuturu ahyɛ adaka bi a ne tenten yɛ 15 sentimitas, ntrɛwmu 12 sentimitas, ntiatiamu 0.8 sentimitas mu ma tɛnn. Sika mfuturu foforo hyɛ bɔɔl krokowaa bi a ne radius yɛ 5 sentimitas pɛ mu. Kyerɛ sika mfuturu abien yi nea ɛdɔɔso sen ne yɔnko?

TIFA 3: KWANDODOW NE SPIID

Nkyerɛkyerɛmu

Twi	Brɔfo

Adantam — average, mean
[dodow pii bi nkabom nkyɛmu a ɛma emu biara nya kyɛfa a ɛyɛ pɛpɛɛpɛ]

Anikyerɛbea: — direction
[baabi a ade bi ani kyerɛ wɔ n'akwantu mu; etumi yɛ atifi, apuei, atɔe ana anafo]

Bere — time
[sekond, simma ana dɔnhwerew a yɛde yɛ biribi; nnafua, ɔsram ana mfe a obi adi wɔ asase so ana baabi. Yetumi susuw bere wɔ sekond, simma, dɔnhwerew, dapɛn, nnawɔtwe, ɔbosom ne afe mu]

Dafam akses, — horizontal axis, X-axis
[eyi yɛ graf lain a ɛda fam teateaa no; yɛsan frɛ no X-akses

Dɔnhwerew — hour (h)
[bere nsusuw bi a ɛyɛ simma aduosia]

Gyinahɔ akses — vertical axis, Y-axis
[graf lain teateaa a egyina hɔ pintinn no; yɛsan frɛ no Y-akses)

Kwandodow — distance
[beae bi tenten dodow; mmeae abien bi ntam kwan tenten nsusuw; akwantu tenten ho nsusuw]

Mael — mile
[kwandodow nsusuw a ɛyɛ 1.6 kilomitas, 1760 yaads, 5280 anamɔn]

Mita — meter
[kwandodow nsusuw a ɛyɛ 1000 milimitas, 100 sentimitas ana kilomita baako nkyɛmu apem mu kyɛfa baako]

Nsateakwaa — inch
[tenten nsusuwde bi a ne dodow yɛ 2.54 sentimitas, inkyi]

Sekond — second
[bere nsusuw bi a ɛbɛn bere a yɛde bu anikyew ho; 60 sekonds yɛ simma baako]

Simma — minute
[bere nsusuw; 60 simma yɛ dɔnhwerew baako]

Spiid — speed
(akwantu bi ntɛm ho nsusuw; ɛkyerɛ ade bi ahoɔhare)

Spiid adantam — average speed, mean speed
[ade bi akwantu kwandodow ahorow nkabom a wɔde bere dodow a ade ko no de tuu kwan no akyɛ mu]

Spiid mpofirim — instantaneous speed
[ade bi akwantu ntɛm wɔ bere pɔtee bi mu)

AKWANTU-BI-TENTEN ANA KWANTENTEN ANA KWANDODOW

Sɛ obi refi Nkran (N) akɔ Kumase (K) a, obetumi afa Aburi, Koforidua ne Nkɔkɔɔ akosi Kumase. Obetumi nso afa Nsawam akosi Koforidua, Nkɔkɔɔ na wakodu Kumase. Baabi a ɔbɛfa akɔ no, bɛma ɔkwan no tenten nsusuw asesa. Yɛfrɛ saa ɔkwan a obi twa de fi baabi kosi beae foforo bi no sɛ kwan-no-tenten ana kwan-no-tenten dodow. Sayense twa saa din yi tiae yɛ no **kwandodow** ana **kwantenten**. Yɛde agyinamude, **d**, besi hɔ ama kwandodow.

```
Nkran ._____ _____. Kumase
      <---------------d------------>
              Kwandodow = d
```

Kae sɛ ɔkwan a saa onipa no bɛfa so no nnyɛ teateaa. Edu baabi a, ɔkwan no ani kyerɛ apuei; edu baabi foforo nso a, ɔkwan no ani kyerɛ atifi. Ne saa nti, kwandodow mmfa anikyerɛbea ho hwee. Nea ɛkyerɛ ara ne ɔkwan no tenten dodow ho nsusuw.

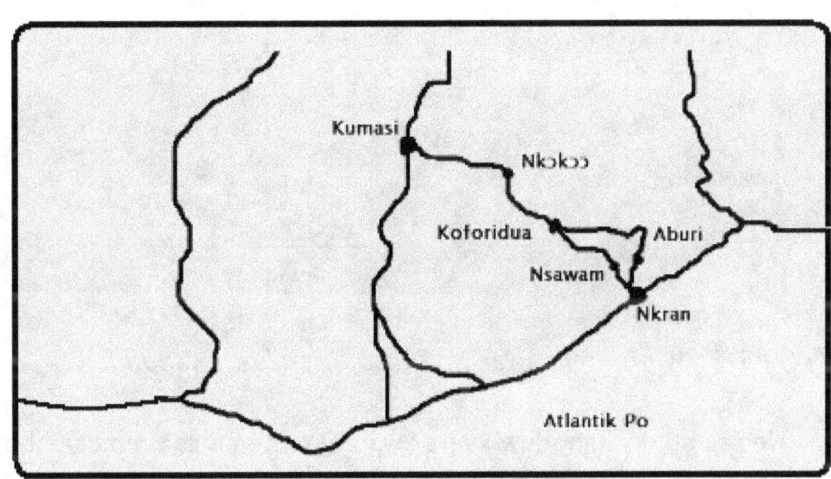

Adekyerɛ 3-1: Ghana anafo ne mu nkurow bi.

Yesusuw kwandodow wɔ kilomita (k), mita (m), sentimita (cm) ana milimita (mm) mu. Sɛ yɛfa no sɛ efi Nkran, kɔfa Nsawam ne Nkɔkɔɔ kosi Kumase kwandodow yɛ kilomita ahannu aduosɔn a, yɛkyerɛw no:

Nkran-Kumase kwandodow (d) = 270 kilomitas = 270 km

Yɛnfa no sɛ Adekyerɛ 3-2 a edi so yi kyerɛ kwandodow a ɛdeda Ghanaman nkurow ahorow bi ntam wɔ kilomitas mu fi Nkran kosi Kumase.

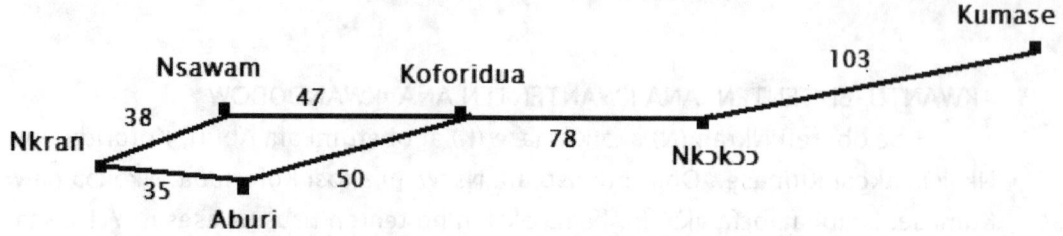

Adekyerɛ 3-2: Yɛnfa no sɛ eyi yɛ Kwandodow a ɛdeda Ghana nkurow bi ntam wɔ kilomitas mu (saa nsusuw yi nnyɛ pɛpɛɛpɛ sɛnea ɛte; yɛde kyerɛkyerɛ nsɛm yi mu kɛkɛ)

Yɛde rula ne hama na esusuw kwandodow. Ɛnnɛ da yi, satelits ahorow a ɛwowɔ wim no nso tumi susuw kwandodow wɔ mmeae bi a onipa dasani mpo mfaa ne nan nsii hɔ da.

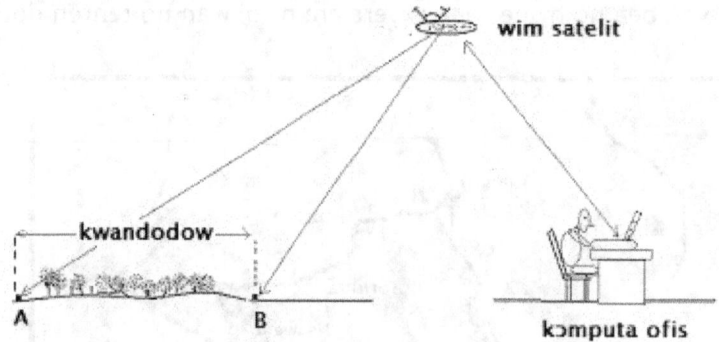

Adekyerɛ 3-3: Wim satelit kwan a yɛfa so de susuw kwandodow.

Ne saa nti, kwandodow kyerɛ kwan bi tenten a ɛda mmeae abien bi ntam. Kan tete adikanfo faa Engiresifo akwan so de yɛɛ kwandodow ho nsusuw wɔ mael, anamɔn (fut) ne nsateaakwaa (inkyi) mu. Ɛnnɛ da yi, sayense fa metrik kwan so na ɛyɛ kwandodow ho nsusuw, san de bu nkontaa ahorow nyinaa.

Saa metrik kwan yi susuw kwandodow wɔ kilomita, mita, sentimita ne nea ɛkeka ho mu. Metrik nsusuw gyina nsusuw nkyekyɛmu du so. Metrik nsusuw yi bi dodow na edi so yi:

10 milimitas (mm)	=	1 sentimita (cm)
10 sentimitas	=	1 desimita (dm)
10 desimitas	=	1 mita (m)
10 mitas	=	1 dekamita (dam)
1000 mitas	=	1 kilomita (km)

BERE ANA TAEM

Simma ana dɔnhwerew dodow a obi di wɔ n'akwantu mu no din de "bere" ana "taem". Yesusuw bere wɔ dɔnhwerew (h), simma (sim) ne sekond (s) mu. Sɛ afiri bi de dɔnhwerew abiɛsa fi Nkran kodu Kumase a, yɛfrɛ saa dɔnhwerew abiɛsa no "bere" ana "taem" a afiri no de tuu saa kwan no. Dɔnhwerew agyinamude yɛ "h". Ne saa nti, yɛkyerɛw akwantu bi bere no sɛ:

Nkran–Kumase : Bere = 3h.

Yɛde wɔɔkye na esusuw bere. Bere nsusuw yi bi na edi so yi:

60 sekonds	= 1 simma
60 simma	= 1 dɔnhwerew
24 dɔnhwerew	= dafua
8 nnafua	= nnawɔtwe
7 nnafua	= nnansɔn
40 nnafua	= adaduanan
365 nnafua	= afe

 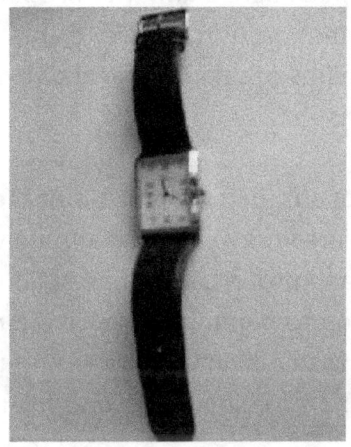

Adekyerɛ 3-4: Yɛde wɔɔkye na esusuw bere ana taem (mfonini Dr. Oteng Gyang).

SPIID

Spiid yɛ akwantu bi ntɛm-yɛ anasɛ ade bi ahoɔhare ho nsusuw. Yɛnfa no sɛ obi ka afiri bi a ɛde dɔnhwerew abiɛsa (3h) tu kwan fi Nkran kɔ Kumase a kwandodow no yɛ kilomita ahannu aduosɔn (270). Yetumi bu akontaa bi de kyerɛ akwantu no ntɛm-yɛ, anasɛ spiid a ɔde tuu kwan no sɛnea edi so yi:

$$\text{Spiid} = \frac{\text{kwandodow}}{\text{Bere dodow}} = \frac{270 \text{ km}}{3 \text{ h}} = 90 \text{ km/h}$$

Eyi kyerɛ sɛ dɔnhwerew biara no, afiri no twa kwan aduɔkron kilomitas.

Spiid yunits

Esiane sɛ spiid yɛ akwantu bi **kwandodow** a yɛde **bere** akyɛ mu no nti, yesusuw spiid wɔ kilomita nkyɛmu dɔnhwerew, kilomita nkyɛmu sekond ana sentimita nkyɛmu sekond, ne nea ɛkeka ho mu.

Yetumi de asɛmfua **'pɛɛ'** nso gyina hɔ ma nkyɛmu. Ne saa nti, yetumi ka **kilomita pɛɛ dɔnhwerew, kilomita pɛɛ sekond** ana **sentimita pɛɛ sekond** ne nea ɛkeka ho. Asɛmfua 'pɛɛ' no kyerɛ nkyɛmu bi dodow.

Yetumi de nsɛnkyerɛnne "/" nso tumi gyina hɔ ma "nkyɛmu" anasɛ "pɛɛ". Esiane sɛ yenim dedaw sɛ kilomita agyinamude yɛ km, na dɔnhwerew agyinamude yɛ 'h' no nti, yetumi kyerɛw aduɔkron kilomitas pɛɛ dɔnhwerew no sɛ **90 km/h**.

Mfiri ahorow pii de spidomita na esusuw spiid.

Nea yɛde ayɛ mfatoho yi kyerɛ yɛn sɛ, akwantu spiid no yɛ aduɔkron kilomitas pɛɛ dɔnhwerew. Eyi kyerɛ sɛ dɔnhwerew biara no, onipa no tumi de afiri no twa kwan aduɔkron kilomitas. Bere a akwantu bi spiid rekɔ soro no (te sɛ ebia 120 kilomitas pɛɛ dɔnhwerew no), na afiri no rekɔ ntɛmntɛm. Saa ara nso na spiid a ɛwɔ fam no (te sɛ ebia 25 kilomitas pɛɛ dɔnhwerew no) kyerɛ sɛ afiri no rekɔ brɛoo.

Adantam Spiid

Sɛ obi ka afiri bi fi Nkran kɔ Kumase a, ɔrenntumi mma afiri no spiid nyɛ pɛpɛɛpɛ bere biara wɔ kwan so. Sɛ afiri no wɔ Nkran kurom a, ne spiid no wɔ fam. Sɛ afiri no du Nkran kurotia baabi a, ne spiid no tumi kɔ soro; kyerɛ sɛ ɛkɔ ntɛmntɛm. Sɛ edu kurow foforo bi mu bio a, ofirikafo no ma afiri no spiid san ba fam bio, na afiri no ankɔfa asiane bi amma fie. Sɛ afiri no du nkurow ahorow bi mu mpo a, etumi gyina twɛn kakra ma ebinom totɔ nneɛma nneɛma bi a wohia ansa na wɔatoa akwantu no so.

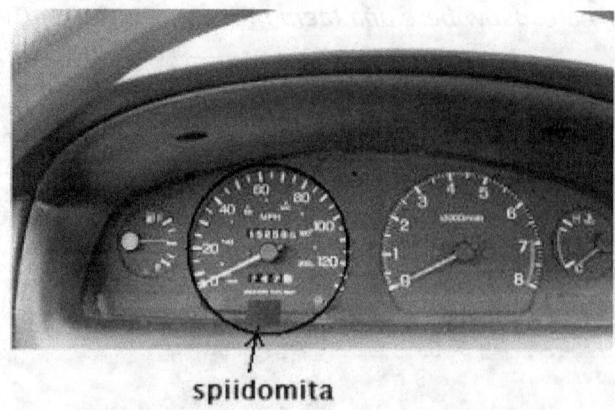

Adekyerɛ 3-5: Afiri spidomita. Eyi na ɛkyerɛ afiri spiid bere biara.

Ne saa nti, sɛ yɛka se afiri bi de dɔnhwerew abiɛsa na efii Nkran kɔɔ Kumase a, spiid akontaa a yenya no yɛ ne spiid adantam. Ɛyi yɛ akwantu no kwandodow a yɛde bere a edii wɔ ɔkwan so no akyɛ mu.

Yebu saa spiid adantam yi ho akontaa sɛnea edi so yi:

$$\text{Spiid adantam} = \frac{\text{kwandodow ahorow no nyinaa tenten}}{\text{bere ahorow no dodow}} = \frac{d}{h}$$

Momma yɛnfa mfatoho a edi so yi nkyerɛkyerɛ saa nimdeɛ yi mu. Yɛnfa no sɛ afiri bi a ɛrekɔ Kumase no fii Nkran anɔpa nnɔnwɔtwe (8.00am). Eduu Nsawam no na wɔabɔ nnɔnwɔtwe ne fa (8:30am). Eduu Koforidua anɔpa nnɔnkron (9.00am). Eduu Nkɔkɔɔ no, na nnɔnkron abɔ apa ho simma aduonum (9.50am). Wɔbɔɔ nnɔndu-baako pɛpɛɛpɛ no, na egyina Kumase asafo aguadibea. Eyi kyerɛ sɛ ɛde dɔnhwerew abiɛsa na ekoduu Kumase. Yɛakyerɛ saa afiri yi ho akwantu nsɛm wɔ Adekyerɛ 3-6 so.

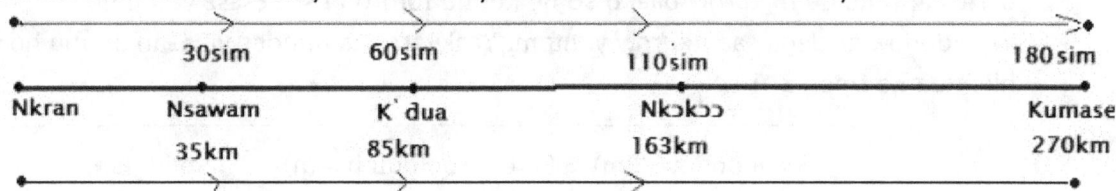

Adekyerɛ 3-6: Afiri bi a efii Nkran kɔɔ Kumase ho akontaa.

Obi betumi abisa se: 'so afiri no spiid sesae wɔ kwan so ana?" Anasɛ, spiid bɛn na afiri no de koduu Kumase? Ɛhe fa koraa na afiri no kɔɔ ntɛmntɛm? Ɛhe fa nso na ɛkɔɔ brɛoo koraa? So yebetumi akyerɛ afiri no spiid adantam a ɛde tuu kwan fii Nkran kɔɔ Kumase no ana? Sɛ daakye bi, mepɛ sɛ mekɔ Kumase na mekɔforo saa afiri yi anɔpa nnɔnwɔtwe a, bere bɛn na medu Nkɔkɔɔ?

Saa asɛmmisa yi nyinaa kyerɛ sɛ, bere biara a obi ka spiid ho asɛm no, ɛsɛsɛ ɛkyerɛkyerɛ mu ma yehu spiid ko a ɔreka ho asɛm. Momma yɛnfa nkyekyerɛmu a edi so yi nkyerɛ saa spiid ahorow yi mu. Yɛakyerɛkyerɛ kwandodow a ɛdeda Nkran ne saa Nkurow yi nyinaa ntam wɔ Adekyerɛ 3-7 so. Yɛasan akyerɛ bere a afiri no de fii kurow biara so de koduu kurow foforo bi so wɔ Adekyerɛ 3-7 yi so de aka ho. Yebetumi afa akwan abien bi so de ahwehwɛ saa afiri yi spiid ahorow yi mu, na yɛde abuabua saa nsɛmmisa yi nyinaa.

Saa akwan yi yɛ:
1. Akontaa kwan ne
2. Graf kwan

Yɛbɛhwɛ sɛnea yɛfa saa akwan abien yi so de kyerɛkyerɛ spiid ho nimdeɛ.

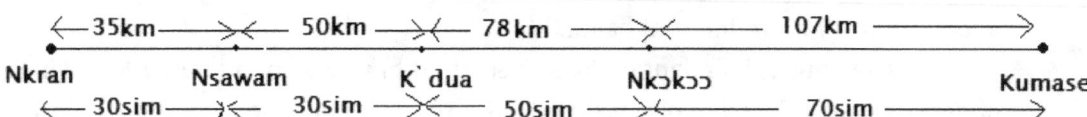

Adekyerɛ 3-7: Afiri a efii Nkran kɔɔ Kumase no bere a edii wɔ nkurow ahorow no ntam.

SƐNEA YƐDE AKONTAA HWEHWƐ SPIID HO NIMDEƐ

Esiane sɛ yenim akwantu no nyinaa kwandodow, na yenim bere dodow nso a afiri no de koduu Kumase no nti, yebetumi akyerɛ adantam spiid no sɛnea edi so yi:

Adantam spiid = 270km/3h = 90km/h.

Nanso, so saa mmuae yi kyerɛ yɛn nea ɛkɔɔ so bere biara wɔ afiri no akwantu mu no ho nsɛm ana? So afiri no kɔɔ spiid 90km/h bere biara anasɛ ɛkɔɔ ntɛmntɛm wɔ baabi sen baabi foforo? Ɛhe na afiri no kɔɔ brɛoo koraa? Ɛhe nso na ɛkɔɔ ntɛmntɛm?

Ansa na yebetumi ama saa nsɛmmisa yi ho mmuae no, ɛsɛsɛ yetumi kyerɛ bere a afiri no de fii kurow baako so de koduu foforo bi so. Ɛsɛsɛ yɛsan hu kwandodow a ɛdeda saa nkurow yi ntam. Yɛakyerɛ saa nimdeɛ yi, asan abubu ho nkontaa wɔ Ɔpon 3-1 so.

	Kwandodow (km)	Bere a ɛde duu hɔ (h)	Spiid (km/h)	
Nkran	0	0.0		0.0
Nsawam	35	0.5	35/0.5 =	70.0
Koforidua	50	0.5	50/0.5 =	100.0
Nkɔkɔɔ	78	0.83	78/0.83 =	94.0
Kumase	107	1.17	107/1.17=	91.5

Ɔpon 3-1: Afiri bi spiid a ɛde tuu kwan fii Nkran koduu Kumase.

Esiane sɛ yɛpɛ sɛ yebu spiid wɔ kilomita pɛɛ dɔnhwerew mu no nti, yɛasesa simma ahorow no nyinaa akɔ dɔnhwerew mu. Afei, nea ehia ara ne sɛ, yɛde bere a afiri no dii wɔ nkurow abien bi ntam no kyekyɛ kwandodow a ɛdeda saa nkurow no ntam no mu, na ama yɛanya afiri no spiid a ɛde fii mfiase kurow bi mu de koduu awiei kurow bi mu no ho mmuae. Yɛakyerɛ saa akontaa yi nyinaa wɔ Ɔpon 3-1 so.

Sɛ yɛhwɛ saa mmuae yi a, yehu sɛ spiid no sesa mpɛn pii. Fi Nkran kosi Nsawam no, afiri no spiid yɛ 70 kilomitas pɛɛ dɔnhwerew. Fi Nkran kosi Koforidua no, afiri no spiid yɛ 100 km/h. Spiid a ɛde fi Nkɔkɔɔ koduu Kumase no yɛ 91.5km/h. Saa mmuae yi ma yehu sɛ bere a afiri no kɔɔ brɛoo koraa no yɛ bere a efii Nkran koduu Nsawam.

Bere a ɛkɔɔ ntɛmntɛm koraa no yɛ bere a efii Nsawam kɔɔ Koforidua. Afiri no Nkran-Kumase spiid adantam dodow wɔ spiid ntɛmntɛm (100 km/h) no ne spiid brɛoo (70km/h) no mfinimfini baabi.

Ne saa nti, spiid adantam kyerɛ yɛn spiid bi a ɛwɔ spiid ahorow no nyinaa mfinimfini baabi. Ɛma yɛn nimdeɛ pɔtee bi a ɛda spiid ahorow no nyinaa mfinimfini.

SƐNEA YƐDE GRAF HWEHWƐ SPIID HO NIMDEƐ

Yebetumi nso de **GRAF** akyerɛ afiri no akwantu nsesae ho nsɛm. Graf yɛ ɔyɛkyerɛ bi a ɛma nneɛma abien bi yɛ ntotoho kyerɛkyerɛ wɔn nsesae.

Graf biara wɔ lains abien a wohyia wɔ mfinimfini. Lain baako a efi soro ba fam no yɛ *Y-akses (y-axis)*. Esiane sɛ saa lain yi gyina hɔ pintinn no nti, yetumi frɛ no sɛ **gyinahɔ akses**. Lain a efi benkum kɔ nifa so no yɛ *X-akses (x-axis);* esiane sɛ saa lain yi da fam no nti, yetumi frɛ no **dafam akses (dafam axis)**.

Din **akses (axis)** no yɛ grikifo nsɛmfua bi a egyina hɔ ma saa graf lains abien yi mu biara. Yɛkyekyɛ akses lains abien yi mu de kyerɛ nneɛma abien a ɛreyɛ ntotoho no nsesae. Sɛ yɛka afiri yi akwantu ho nsɛm a, saa graf yi kyerɛ ntotoho a ɛda kwandodow a afiri no kɔɔ no, ne bere a afiri no de tuu saa kwan no mu no ntam. Saa graf no na edi so yi wɔ Adekyerɛ 3-8 mu no.

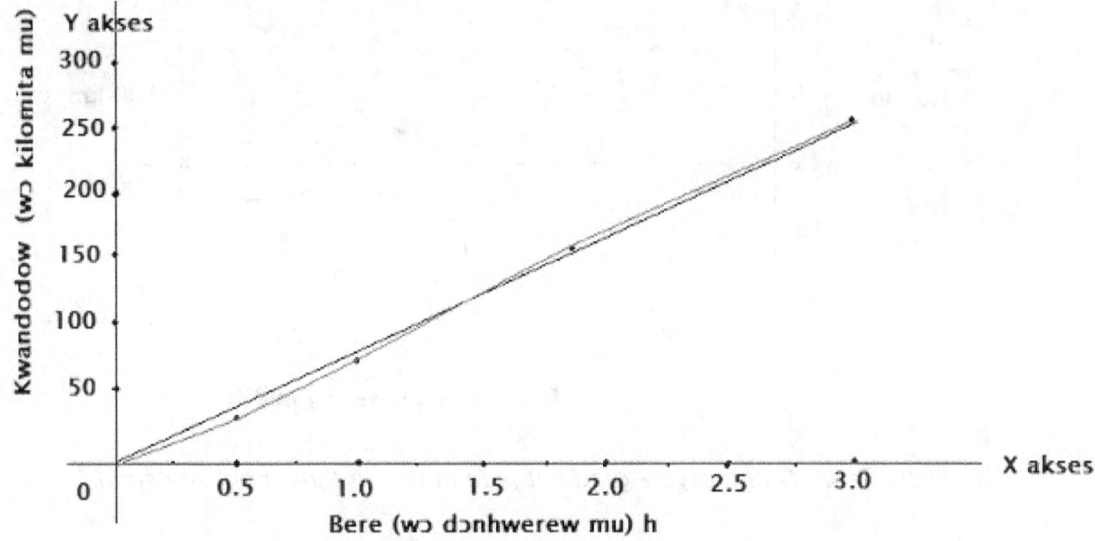

Adekyerɛ 3-8: Graf a yɛde kyerɛ afiri bi akwantu kwandodow ne ne bere ntotoho.

Yehu kilomita dodow a afiri no twaa wɔ *Y-akses* no so. Dɔnhwerew dodow nso a afiri no de tuu kwan no wɔ *X-akses* no so. Yɛakyekyɛ akses abien no mu pɛpɛɛpɛ ama kilomita ne dɔnhwerew ahorow no.

Afei, yɛde osiwiei akyerɛkyerɛ kilomita ne dɔnhwerew nkitaho a wodi, bere ko a afiri no retu kwan no mu. Eyi kyerɛ sɛ, dɔnhwerew fa (0.5h) akyi no, na afiri no atwa kwan 35km. Yɛde osiwiei asi baabi a dɔnhwerew 0.5 (fi dafam akses no so) no ne 35km (wɔ gyinahɔ akses no so) hyia wɔ graf no so, de akyerɛ wɔn ntotoho. Saa ara na yɛayɛ ama bere biara ne kwandodow biara a yɛwɔ ho nimdeɛ no nso.

Eyi ma yɛn osiwiei anan a edidi so na ayɛ teateaa. Eyi akyi no, sɛ yɛde lain teateaa bi keka saa osiwiei ahorow yi nyinaa bobɔ mu a, yetumi nya GRAF lain bi a ɛkyerɛ saa akwantu yi kwandodow ne bere ntotoho. Saa graf lain teateaa yi akyea kakra. Yɛfrɛ saa graf lain yi **nkyeamu tebea (ana ne kyeabea)** no ho nsusuw sɛ **GRADIENT**. Yesusuw saa gradient ana lain no nkyeamu tebea sɛ Y-akses no tenten a yɛde ne X-akses tenten no akyɛ mu. Yɛakyerɛ saa nsusuw yi wɔ Adekyerɛ 3-5 so.

Saa gradient yi di kwandodow ne bere nkyɛmu nsesae ho adanse. Ne saa nti, gradient no kyerɛ **spiid adantam** a afiri no de fii Nkran kɔɔ Kumase. Nsusuwho a yɛyɛ fi saa graf yi so no kyerɛ yɛn sɛ:

Gradient = adantam spiid = $\dfrac{\text{kilomita dodow bi [km]}}{\text{dɔnhwerew dodow [h]}} = \dfrac{100 \text{ km}}{1.1 \text{ h}} = 90$

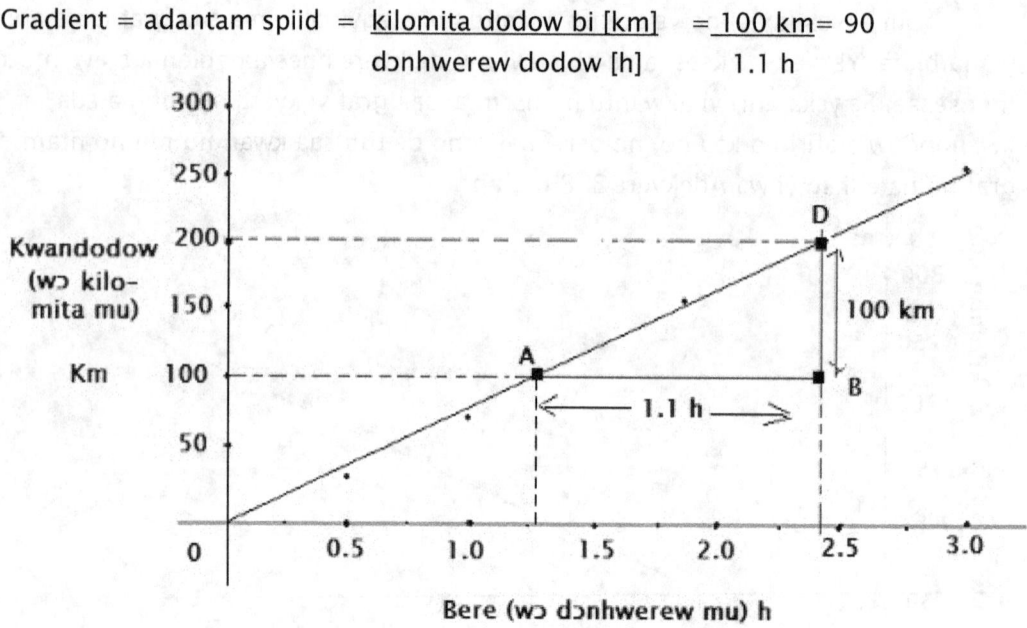

Adekyerɛ 3-9: Graf a ɛkyerɛ gradient [adantam spiid] ne mpofirim spiid.

Saa GRAF nimdeɛ yi ma yɛn adantam spiid a edi mu yiye, efisɛ ɛde numbas no nyinaa na ebu n'akontaa.

Mpofirim spiid

Saa Graf yi nso tumi kyerɛ yɛn **mpofirim spiid**. Mpofirim spiid yɛ afiri no spiid bere pɔtee bi. Ɛsɛsɛ saa bere yi yɛ bere ketewaa bi koraa, efisɛ spiid no sesa ntɛmntɛm. Yetumi fa bere pɔtee bi wɔ **X-akses** no so, di akyi foro soro wɔ graf no so hwehwɛ gradient no wɔ graf lain no so nya mpofirim spiid saa bere no. Yetumi nso hwɛ spiidomita no so ma ɛkyerɛ yɛn afiri bi mpofirim spiid bere biara.

NSƐMMISA

1. Yaa Manu anya kaar foforo. Ɔde dɔnhwerew anan (4h) na efii Nkran kɔɔ Asɛm-sɛ-bɛ kurow mu a kwandodow no yɛ 360 kilomita. Kyerɛ n'adantam spiid a ɔde tuu kwan no.

Mmuae: Adantam Spiid = kwandodow/bere

$= \dfrac{360 \text{ km}}{4 \text{ h}} = 90$ kilomita/dɔnhwerew

Adantam spiid a ɔde tuu kwan no yɛ 90 kilomitas pɛɛ dɔnhwerew.

2. Ofrikafo bi sii mu fii Nkran anɔpa 8.00 koduu Koforidua 9.12 anɔpa. N'adantam spiid a ɔde kɔɔ no yɛ 70 km/h. Kyerɛ kwandodow a ɛda Nkran ne Koforidua ntam.

$$\text{Spiid} = \frac{\text{kwandodow}}{\text{Bere}}$$

$$70 \text{ km/h} = \frac{\text{kwandodow}}{1h\ 12\ simma} = \frac{\text{kwandodow}}{1.20\ h}$$

Kwandodow = 70 km/h × 1.20 h = 84 km.

3. Abofra bi de simma anum (5simma) tuu amirika 1000 mitas. Kyerɛ ne spiid wɔ mitas pɛɛ sekond mu.

Mmuae: Spiid = kwandodow/bere
Kwandodow = 1000 mitas
Bere = 5 simma = 5 × 60 sekonds = 300 sekonds
Spiid = $\frac{1000\ mitas}{300\ sekonds}$ = 3.33 mitas/sekond

4. Sesa afiri bi spiid a ɛyɛ 0.200 cm pɛɛ sekond kɔ kilomita pɛɛ afe mu.
   (mmuae: 63.1 km/afe)

5. Ama Sɛɛwaa ka afiri bi a ɛde dɔnhwerew fa twa kwandodow 10km. Kyerɛ n'adantam spiid?   (mmuae: 5.56m/s)

6. Afiri bi de sekonds a edidi so yi twa kwandodow a yɛakyerɛ wɔ Ɔpon yi so. Yɛ graf fa kyerɛ n'adantam spiid. Kyerɛ ne mpofirim spiid wɔ sekonds 10 bere mu..

Kwandodow (m)	3	6	9	12	15
Bere (s)	6	12	18	24	30

(mmuae: 0.50 m/s; 0.50m/s)

TIFA 4: NTETEWMU NE VELOSITI

Nkyerɛkyerɛmu

Twi	Brɔfo
Komponent	

    –gyinahɔ komponent (vetikal komponent) vertical component
[fɔɔso bi nsiananmu a ɛnam y-akses so]

    –dafam komponent (paralɛl komponent)   parallel component
[fɔɔso bi nsiananmu a ɛnam x-akses no so]

Ntetewmu   displacement
[mmeae abien bi ntam kwan a yenim n'anikyerɛbea, kwandodow bi a yenim anikyerɛbea]

Resultant   resultant
[vektors abien ana pii bi nsiananmu]

Skalar dodow   scalar quantity
 [dodow bi a enni anikyerɛbea pɔtee biara]

Vektor dodow   vector quantity
[dodow bi a ehia sɛ yɛkyerɛ n'anikyerɛbea]

Velositi   velocity
[akwantu bi ntɛm-yɛ ho nsusuw a yenim n'anikyerɛbea]

    –adantam   velositi   mean velocity, average velocity
[ɛkyerɛ ntetewmu dodow a yɛde akwantu bere nyinaa akyɛ mu]

    –mpofirim   velositi   instantaneous velocity
[ntetewmu nkyɛmu bere pɔtee ketewa bi]

Wiase anikyerɛbea nkyerɛade   Cardinal points
Eyi yɛ nkyerɛade bi a ɛma yehu wiase atifi, anafo, apuei ne atɔe.

SKALAR NE VEKTOR HO NSƐM

Sayense hia sɛ yesusuw ade biara dodow. Nanso dodow gu ahorow abien. Dodow bi wɔ hɔ a ne ntease nnhia sɛ yehu baabi a ade ko no ani kyerɛ. Ebi ne mfe dodow a obi adi, abofra bi tenten a ɔyɛ, bere dodow a obi de twɛn ne yɔnko bi, nsu bi tempirekya, nsafufu densiti ana nsu volum dodow a ɛwɔ ahina bi mu. Yɛfrɛ dodow biara a yetumi ka ho nsɛm te ase, na ennhia sɛ yɛbɛka n'anikyerɛbea aka ho no sɛ **skalar dodow**.

    Dodow foforo bi nso wɔ hɔ a, bere biara a yɛka ho nsɛm no, ehia sɛ yɛkyerɛ baabi a ani kyerɛ. Sɛ afiri bi si Kumase na baako nso si Nkran, na yɛpɛ sɛ yefi Kumase kɔforo nea ɛwɔ Nkran no a, ɛsɛsɛ yehu baabi pɔtee (apuei, atɔe, atifi ana anafo) a mfiri abien no mu biara si, ne kwan a ɛda wɔn ntam. Fisiks mmara kyerɛ sɛ dodow biara a yɛkyerɛ, na ehia sɛ yɛde anikyerɛbea bata ho no, yɛ **vektor dodow**.
Fisiks mmara kyerɛ sɛ vektor dodow biara sesa bere biara a baabi a n'anikyerɛbea no nso sesa. Vektor dodow yi bi ne fɔɔso, adwuma, velositi ne ntetewmu a ɛda mmeae abien bi ntam.

SKALAR DODOW= biribi a yenim ne DODOW
VEKTOR DODOW= biribi a ehia sɛ yehu ne DODOW + ANIKYERƐBEA

Ɔpon 4-1 kyerɛ saa skalar ne vektor dodowde yi bi. Mpɛn pii no, yɛde akyerɛwde a emu piw na ɛkyerɛ sɛ biribi yɛ vektor dodow-ade. Yetumi nso de peaw bi to vektor agyinamude no atifi de hyɛ no nsonsonoe. Ne saa nti, yɛkyerɛ velositi a ɛyɛ vektor dodow-ade no sɛ V ana $\vec{V}$.

Skalar dodowde	Vektor dodowde
Densiti	Ntetewmu
Spiid	Velositi
Kwandodow	Aselerashin
Bere	Fɔɔso
Asikire dodow wɔ adaka bi mu	Momentum

Ɔpon 4-1: Skalar ne vektor dodowde ahorow bi

KWANDODOW NE NTETEWMU MU NSONSONOE

Yɛnfa no sɛ ntatea bi nantew fi baabi, A kɔ beae foforo, B sɛnea yehu wɔ Adekyerɛ 4-1 so no. Yebetumi asusuw n'akwantu no tenten. Yebetumi de asaawa ato saa lain a akyekyea no ho asusuw, na yɛde saa asaawa no asan ato rula bi ho ahu ne tenten nanso saa nsusuw yi mma yɛn nimdeɛ biara a ɛfa ntatea no baabi a efi ne baabi a ekoduu no ho; sɛ ɛyɛ atifi, anafo, atɔe ana apuei.

Sɛnea yɛaka dedaw no, yɛfrɛ saa ntatea yi akwantu no tenten sɛ kwandodow. Ne saa nti, kwandodow kyerɛ yɛn kwan a ntatea no atwa, nanso ɛnnkyerɛ yɛn sɛ efi atifi ana anafo na etuu saa kwan no, anasɛ mpo, akwantu no awiei gyinabea. Kwandodow yɛ **skalar dodow-ade** ana **skalar dodowde**. Saa mmuae yi ho nimdeɛ sua.

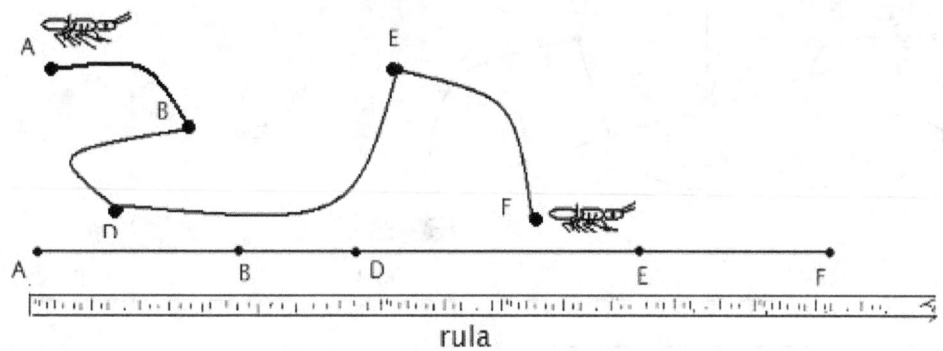

Adekyerɛ 4-1: Ntatea bi akwantu ne kwandodow nsusuw.

Sɛ yetumi kyerɛ baabi pɔtee a ntatea no fi, n'awiei gyinabea ne n'akwantu no tenten a, na yɛka **NTETEWMU** ho asɛm. Ne saa nti, ntetewmu yɛ akwantu bi dodow a yenim n'anikyerɛbea ka ho; ɛyɛ vektor dodowde.

Wiase anikyerɛbea nkyerɛade

Ansa na yɛbɛkyerɛ anikyerɛbea ase no, ɛsɛsɛ yɛdrɔɔ wiase nkyerɛade bi a ɛma yehu atifi, anafo, apuei ne atɔe. Yɛfrɛ saa nkyerɛade yi sɛ **wiase anikyerɛbea nkyerɛade**. Saa nkyerɛade yi yɛ lains abien (X ne Y) a yɛfrɛ wɔn akses. Ne saa nti, yɛwɔ X-akses a efi atɔe kɔ apuei, ne Y akses a efi anafo kɔ atifi. Saa lains abien yi nhyiabea yɛ ohunu; saa nhyiabea beae yi yɛ ade biara mfiase susuwbea. Esiane sɛ saa lains abien yi nhyiabea ma yɛn aduokron digris anan no nti, yenya 360 digris wɔ saa lains yi nhyiabea. Eyi ma yɛn anikyerɛbea nsusuw 360 digris a yetumi de kyerɛ ade biara gyinabea wɔ wiase yi mu.

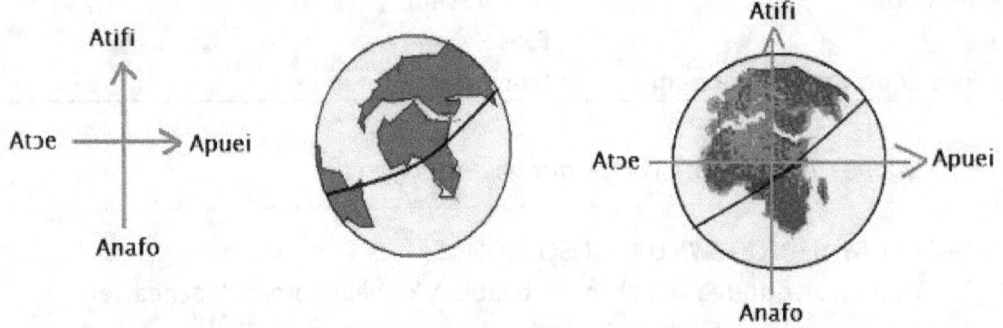

Adekyerɛ 4-2: Wiase anikyerɛbea nkyerɛade. Yɛn asase yi sɛn wim a akyea bɛyɛ 23 digris kɔ atɔe sɛnea yehu wɔ ha yi.

Afei a yenim saa wiase ankikyerɛbea nkyerɛade yi, yebetumi akyerɛ ntatea no fibea ne n'awiei gyinabea. Sɛ yɛdrɔɔ lain fi baabi a ntatea no fii n'akwantu no ase, de kosi n'akwantu no awiei gyinabea a, yetumi kyerɛ ntetewmu a ɛda mmeae abien no ntam. Yetumi nso kyerɛ saa mmeae abien yi mu biara gyinabea.

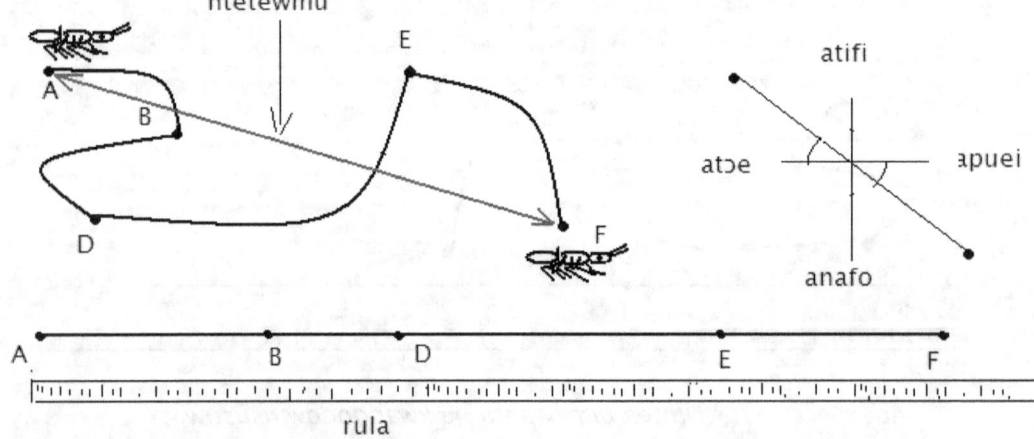

Adekyerɛ 4-3: Sɛnea yesusuw ntetewmu

Yesusuw angles a ɛdeda X-akses ne baabi a ade bi gyina no ntam ma ɛma yɛn nimdeɛ a ɛfa ade ko no gyinabea ho. Kae sɛ yɛn wiase asase yi yɛ krokrowaa a ɛsɛn wim na akyea bɛyɛ digris 23 wɔ ne X-akses no so (Adekyerɛ 4-2).

Yɛnfa no sɛ afiri bi de n'ani kyerɛɛ Atifi-Apuei 35 digri tuu kwan kilomita aduonu abien. Eyi yɛ ntetewmu dodowde, efisɛ yenim afiri no kwandodow ne n'anikyerɛbea. Yebetumi ahu baabi a afiri no awiei gyinabea wɔ pɔtee. Ne saa nti, eyi yɛ vektor dodowde. Yɛkyerɛw no:

Ntetewmu (d) = 22 kilomita Atifi Apuei.

Sɛ yɛpɛ sɛ yehu baabi pɔtee a afiri no awiei gyinabea wɔ a, ɛsɛsɛ yɛdrɔɔ lains abiɛsa bi te sɛnea yɛyɛ graf no:

1. Lain a edi kan no fi benkum kɔ nifa a ɛkyerɛ Apuei ne Atɔe (dafam akses ana x- akses).
2. Nea ɛto so abien no nso fi soro kɔ fam a egyina hɔ ma Atifi ne Anafo (gyinahɔ akses ana y-akses).
3. Nea ɛto so abiɛsa no nso yɛ lain teataa a efi akses abien no nhyiabea pim, na ɛne dafam akses no yɛ angle 35 digris. Yɛde protrakta na esusuw saa 35 digri angle yi. Saa lain teataa yi tenten yɛ 22km. Baabi a saa lain yi to twa (B) no ne afiri no awiei gyinabea.

Yɛfrɛ saa lain peaw yi mu biara sɛ **vektor** efisɛ etumi gyina hɔ ma vektor dodow bi. Ne saa nti, yɛkyerɛ **vektor** ase sɛ lain peaw bi a egyina hɔ ma vektor dodow pɔtee bi.

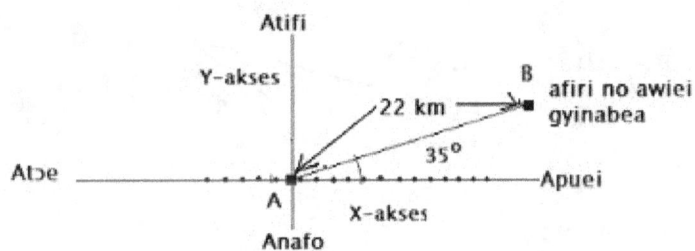

Adekyerɛ 4-4: Sɛnea yɛkyerɛ ntetewmu: 22 km 35° Atifi Apuei

Yɛkyerɛ saa ntetewmu yi sɛ: Ntetewmu = 22 kilomitas 35° Atifi Apuei.

VELOSITI NE NTETEWMU

Velositi ne ntetewmu yɛ anuanom te sɛnea spiid ne kwandodow yɛ anuanom no ara pɛ. Ntetewmu yɛ kwandodow a yenim n'anikyerɛbea. Saa ara velositi nso yɛ spiid a yenim n'anikyerɛbea. Yɛnfa no sɛ afiri bi afi baabi, A a yenim ne gyinabea akɔ baabi foforo, B a yenim ɛno nso gyinabea. Sɛ ntetewmu a ɛda A ne B ntam no yɛ d, na afiri no de bere [t] na etuu saa kwan no de a, yɛkyerɛ afiri no velositi [v] ase sɛ:

$$V = \frac{d}{t}$$

51

Sɛnea yehu no, velositi te sɛ spiid ara pɛ nanso yenim anikyerɛbea de ka ho. Ne saa nti, yɛkyerɛ velositi sɛ vektor dodowde.

Adantam velositi

Ɔkwan a yɛfaa so kyerɛɛ adantam spiid no, saa ara nso na yɛfa so bu adantam velositi ho akontaa. Kae sɛ, adantam velositi yɛ **ntetewmu** dodow a yɛde **bere** akyɛ mu.

Mpofirim velositi

Mpofirim velositi yɛ velositi bi a yenim wɔ bere ketewa pɔtee bi. Yɛnfa no sɛ gyata bi nam ɔkwan teateaa bi a ɛkyerɛ atifi so de ammirika dennen redi ɔtwe bi akyi. Yɛnfa no sɛ dua bi si wɔn kwan no so. Yetumi hu velositi a gyata no de twaa saa dua no ho a, etumi ma yɛn gyata no mpofirim velositi bere a otwaa saa dua no ho. Yetumi de graf kyerɛ adantam ne mpofirim velositi sɛnea yɛyɛ maa spiid no ara pɛ.

RESULTANT : SƐNEA YƐDE VEKTORS KEKA BOBƆ MU FA

Mpɛn pii no, afiri bi nntu kwankoro pɛ. Etu fi baabi kosi baabi foforo ma ɛsan fi hɔ kɔ baabi foforo. Ne saa nti, ɛtɔ da bi a, ehia sɛ yetumi hu kwan a yɛbɛfa so akeka saa akwantu ahorow yi nyinaa abobɔ mu. Yɛnfa no sɛ afiri bi tuu kwan fii baabi a yɛfrɛ no B, de n'ani kyerɛɛ Apuei pɔtee kosii baabi foforo a yɛfrɛ no F. Eduu F hɔ no, ɛsan de n'ani kyerɛɛ 45° wɔ Atifi-Apuei baabi foforo ma ekoduu baabi foforo S. Yɛde vektors abiɛsa akyerɛ saa ntetewmu yi wɔ Adekyerɛ 4-5 mu.

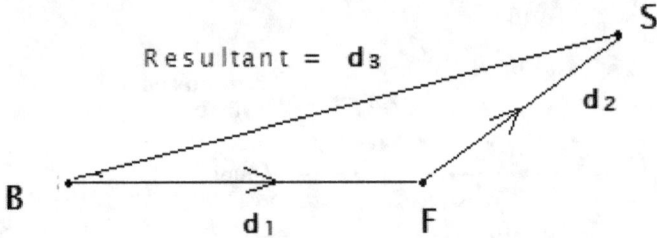

Adekyerɛ 4-5: Vektors abiɛsa a wɔboa resultant nhwehwɛe.

Yɛbɛfrɛ ntetewmu a edi kan a efi B kɔ F no **d₁**. Yɛbɛfrɛ ntetewmu a efi F kɔ S no **d₂**.

Ntetewmu a ɛda afiri no mfiase gyinabea, (B) ne afiri no awiei gyinabea (S) no yɛ B-S ana **d₃**. Yɛfrɛ saa ntetewmu B-S yi sɛ **RESULTANT**. Ne saa nti, resultant yɛ afiri no akwantu no nyinaa **NSIANANMU DODOW ne N'ANIKYERƐBEA**.

Sɛ yesusuw BS dodow ne n'anikyerɛbea a, yehu baabi pɔtee a afiri no wɔ: eyi ne afiri no akwantu no resultant. Ɛyɛ afiri no ntetewmu abien no nsiananmu dodow. Ne saa nti yɛkyerɛw no

$$d_3 = d_1 + d_2$$

Resultant yɛ vektors abien ana pii bi nsiananmu

Akwan abien bi wɔ hɔ a yɛfa so hwehwɛ saa resultant yi anasɛ afiri no awiei gyinabea. Saa akwan yi ne:
1. **Poligon** kwan
2. **Adaka** kwan (**paralelogram** kwan).

POLIGON KWAN A YƐFA SO DE HWEHWƐ RESULTANT.

Yetumi fa poligon kwan so de hwehwɛ resultant bi dodow ne n'anikyerɛbea. Poligon yɛ adakateaa ana adakakyea bi a lains nteanteaa dodow bi ayɛ. Yetumi drɔɔ lains nteanteaa bi a emu biara gyina hɔ ma vektor dodow bi. Sɛ afei, yɛkeka saa lains yi susosuso wɔn ho mu a, yetumi kyerɛ resultant a yɛhwehwɛ no. Yɛde mfatoho bi bɛkyerɛ ase.

Yɛnfa no sɛ ɛsɛsɛ afiri bi de kookoo fi akuraa bi a yɛfrɛ no Kookoase kɔ Takoradi. Wɔkyerɛɛ ofirikani no sɛ, ehia sɛ ɔfa Apuei pɔtee kɔ 10km. Sɛ odu hɔ a, ɛsɛsɛ ɔdan n'ani kyerɛ Atifi Apuei 45° kɔ 15km. Afei, ehia sɛ ɔsan dan n'ani kyerɛ Atifi Atɔe 20° kɔ 5km. Sɛ odu hɔ a, ehia sɛ ɔdan ne ho, de n'ani kyerɛ Atɔe pɔtee kɔ n'anim 18km.

Obiara nim sɛ Akuafo a wɔbɛtɔɔ wɔn kookoo no pɛ sɛ wohu Takoradi mpoano kurow no dabea pɔtee. Ne saa nti, ehia sɛ yehu baabi a afiri no fii n'akwantu no ase no, ne n'awiei gyinabea. Lain a efi afiri no akwantu no mfiase akuraa (Kookooase) no so kɔ afiri no awiei gyinabea no na ɛma yɛn resultant ana afiri no ntetewmu gyinabea. Eyi nso kyerɛ ntetewmu no nyinaa resultant. Asɛmmisa yi ho mmuae no hia sɛ, nea edi kan no, yɛyɛ lains nteanteaa bi a emu biara kyerɛ lains a edidi so yi mu baako:

1. apuei 10 km 10 (A-B)
2. atifi apuei digri 45° a ne tenten yɛ 15km (B-D)
3. atifi atɔe 20° a ne tenten yɛ 5km (D-E)
4. atɔe pɔtee a ne tenten yɛ 18km (E-F)

Sɛ yɛde saa lains yi toatoa so a, yetumi nya poligon bi sɛnea yɛakyerɛ wɔ Adekyerɛ 4-6 so no. Baabi a afiri no koyi kookoo no yɛ F, n'awiei gyinabea. Lain a efi A, mfiase akwantubea no kɔ F no kyerɛ resultant no.

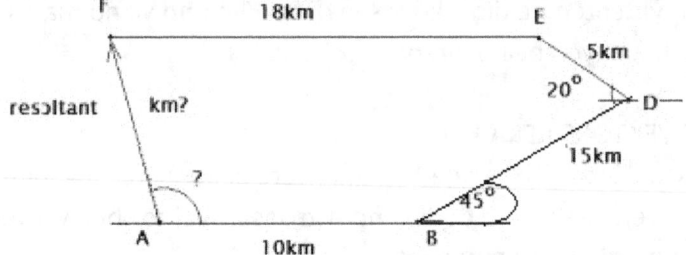

Adekyerɛ 4-6: Poligon kwan a yɛfa so de hwehwɛ resultant.

Sɛ yɛde rula susuw A-F dodow, hu saa kwan no dodow (a egyina graf no nkyekyɛmu no so) na yɛde protratka susuw digri a AF ne dafam lain akses no yɛ no a, etumi ma yɛn resultant a yɛhwehwɛ no, anasɛ afiri no awiei gyinabea wɔ Atifi Atɔe.

Adaka (paralelogram) kwan a yɛfa so de hwehwɛ RESULTANT

Ɛtɔ da bi a, yetumi nya vektors abien bi nso a yenim baabi a wofi pɔtee nanso wɔn nyinaa nnkɔ faako. Yebetumi de resultant nhwehwɛmu akyerɛ wɔn so mfaso anasɛ wɔn nsiananmu dodow wɔ baabi. Yɛnfa no sɛ ɔtomfo bi de ahoɔden kɛse a ɛyɛ 50 newtons rebɔ dade bi so, ɛna ne yɔnko bi nso de ahoɔden foforo a ɛyɛ 30 newtons rebɔ dade no nkyɛn wɔ ne benkum so. Yɛbɛkyerɛ saa fɔɔso yunits yi ase wɔ Tifa 6 mu. Dɛn adwuma na saa fɔɔsos abien yi di wɔ saa dade yi so? Eyi bɛkyerɛ yɛn sɛnea dade no kyea fa.

Yetumi kyerɛ saa fɔɔsos abien yi sɛ vektors, a vektor d₁ (50N) no fi soro kɔ fam, na vektor d₂ (30N) no ani fi atɔe. Kae sɛ saa fɔɔsos abien yi awiei dwumadi yɛ wɔn nsiananmu a yɛfrɛ no wɔn resultant no.

Nea edi kan no, yɛdrɔɔ lains abien a ɛkyerɛ saa vektors abien yi dodow ne angles a wɔyɛ no pɛpɛɛpɛ. Sɛ ɛba no saa a, yetumi toatoa saa lains abien yi so ma yenya skwɛɛ, rektangle anasɛ nta-lains adakakyea. Ne nyinaa gyina angles a fɔɔsos no yeyɛ no so. Ɛha de yi ma yɛn nta-lains adakatea ana rektangle.

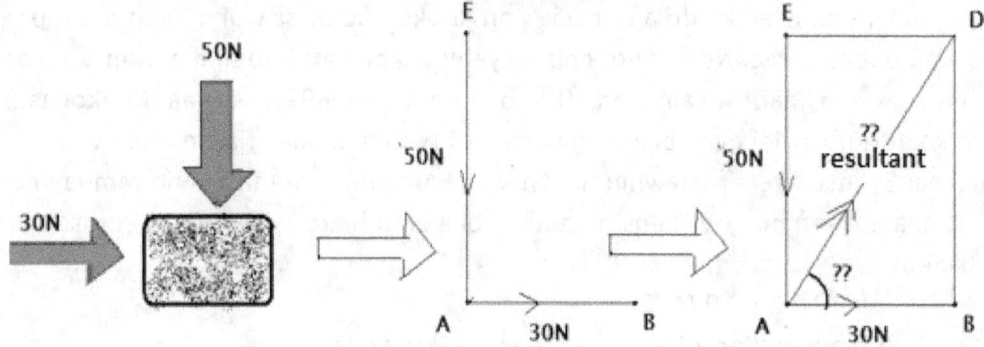

Adekyerɛ 4-7: Adaka (paralelogram) kwan a yɛfa so de hwehwɛ resultant.

Afei sɛ yɛde lain teateaa bi fi adaka no baabi a fɔɔsos no mfiase wɔ no [A], kosi adaka no pɔw **foforo** no so [D] a, saa lain [AD] yi ma yɛn fɔɔsos abien no resultant. Yesusuw saa lain yi tenten ne digri ko a ɛne dafam lain no yɛ no ma ɛma yɛn resultant no dodow ne n'anikyerɛbea pɛpɛɛpɛ.

KOMPONENT: SƐNEA YƐDE VEKTORS KEKA HO

Sɛnea yɛaka dedaw no, vektor dodowde yɛ ade bi a ani kyerɛ baabi pɔtee a yenim. Sɛ vektor dodow bi sesa n'anikyerɛbea pɛ, ne dodow no nso sesa. Vektor bi a yɛkyerɛ ne dodow wɔ lain foforo so no din de **komponent**.

Ne saa nti, yetumi ka se komponent yɛ **vektor dodow bi nsiananmu a ɛwɔ anikyerɛbea foforo.** Mpɛn pii no, yɛkyerɛ saa komponent yi anikyerɛbea wɔ akses abien a wɔyɛ gyinahɔ akses (y-akses) ne dafam akses (x-akses) no so.

> Komponent yɛ vektor bi nsiananmu a ani kyerɛ baabi foforo. Mpɛn pii no yɛhwehwɛ saa komponent yi wɔ X-AKSES ana Y-AKSES no so).

Yetumi fa komponent kwan so keka vektors bi bobɔ mu. Yɛde fɔɔso **R**, bi a ani kyerɛ Atifi-Apuei, na ɛne X-akses no yɛ angle α (Adekyerɛ 4-8) bɛyɛ mfatoho.

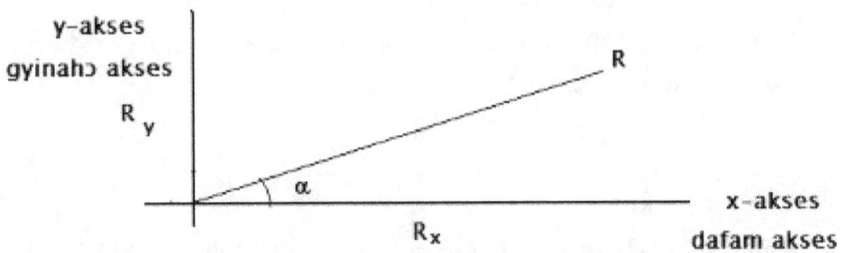

Adekyerɛ 4-8: Komponent nkyerɛkyerɛmu

Ɛsono saa fɔɔso R yi nsiananmu dodow a ɛnam **Y akses** ana **X-akses** no so efisɛ vektor bi a n'anikyerɛbea sesa no dodow nso sesa. Yɛfrɛ saa Fɔɔso R yi nsiananmu a ɛnam gyinahɔ akses (Y-akses) no so no sɛ **R gyinahɔ komponent** ana **Ry**. Saa ara nso na sɛ yehu saa Fɔɔso R yi nsiananmu dodow a ɛnam dafam akses no so no a, yetumi frɛ no **R dafam komponent** ana **Rx**. Kae sɛ saa komponents ahorow yi yɛ Fɔɔso R no dodow a yehu wɔ akses abien no so, a ɛsono emu biara dodow.

Yɛyɛ dɛn na yetumi hu saa komponents yi dodow? Nea edi kan, yɛde trayangle ho nsusuw na ɛhwehwɛ saa fɔɔsos yi dodow.

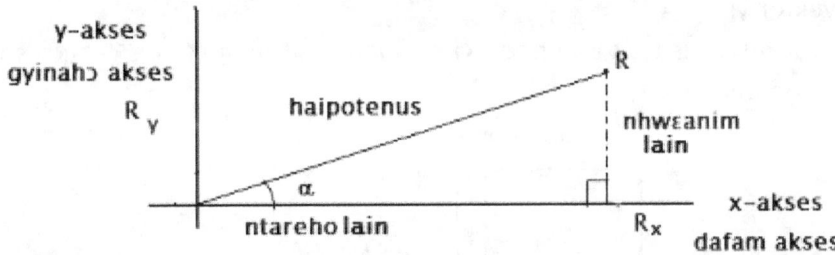

Adekyerɛ 4-9: Aduɔkron digri trayangle a yɛde susuw komponent dodow

Adekyerɛ 4-9 ma yehu sɛ yetumi drɔɔ lain bi a efi Fɔɔso R lain no so kosi X-akses no so ma yenya aduokron digri trayangle. Fi saa trayangle no mu no, yenim sɛ resultant a ɛnam gyinahɔ akses no so, Ry, no ne (angle α) nhwɛanim lain no yɛ pɛpɛɛpɛ. Saa ara nso na Rx nso tumi gyina hɔ ma (angle α ntareho lain no efisɛ ɛne no yɛ pɛpɛɛpɛ.

Yenim fi trigonometri a yɛkyerɛkyerɛɛ mu wɔ nhoma yi mfitiase mu no sɛ, yebetumi ahwehwɛ saa angles ne lains ahorow yi nyinaa dodow. Saa trayangle yi kyerɛ yɛn sɛ:

$$\sin α = \frac{\text{nhwɛanim lain}}{\text{Hipotenus}} = \frac{Ry}{R}$$

.. a Ry yɛ Fɔɔso R no gyinahɔ komponent. Eyi ma yɛn: **Ry = RSin α**

Ne saa nti, **Fɔɔso R no nsiananmu a ɛnam Y akses no so, Ry, no dodow yɛ RSin α**.

Ry yɛ Fɔɔso R no gyinahɔ komponent.
Saa ara nso na yenim sɛ:
$$\text{Kos } \alpha = \frac{\text{ntareho lain}}{\text{Hipotenus}} = \frac{R_x}{R}$$
Yenim sɛ Rx yɛ Fɔɔso R no nsiananmu dodow a ɛnam dafam akses no so. Sɛ yɛfa ekuashin a ɛwɔ soro hɔ no a, yenya:
$$R \text{ Kos } \alpha = R_x$$
Yetumi kyerɛw no sɛ:
$$R_x = R\text{Kos } \alpha$$
Eyi kyerɛ yɛn sɛ Fɔɔso **R no nsiananmu a ɛnam X-akses no so, R x, no yɛ RKos ·**.
Eyi yɛ fɔɔso R no **dafam komponent**.

Esiane sɛ **sin α** ne **kos α** dodow nyɛ pɛ no nti, Fɔɔso R no gyinahɔ komponent no ne ne dafam komponent no dodow nso nyɛ pɛ. Eyi kyerɛ yɛn sɛ nsonsonoe da saa fɔɔso baako, R, no nsiananmu a ɛwɔ X-akses ne Y akses no ntam. Eyi ma yehu sɛ vektor biara dodow gyina n'anikyerɛbea so.

ADAKATEA KWAN A YƐFA SO DE HWEHWƐ KOMPONENT

Yɛnfa no sɛ yɛwɔ fɔɔso bi a efi baabi de n'ani akyerɛ atifi-apuei sɛnea yehu wɔ Adekyerɛ 4-10 so no. So yebetumi akyerɛ saa fɔɔso yi fibae ana? Anasɛ, ɛyɛɛ dɛn na yenyaa saa vektor yi?

Yenim dedaw sɛ, yɛsusuw saa fɔɔso yi nsiananmu a ɛnam X- ne Y- akses no so ma yenya ne komponents.

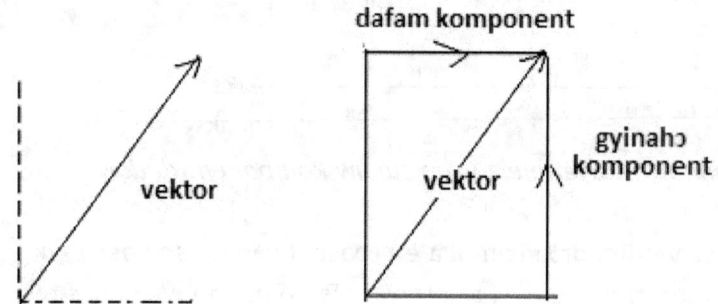

Adekyerɛ 4-10: Sɛnea yɛhwehwɛ vektor bi komponents.

Sɛ yɛpɛ sɛ yehu saa komponents yi dodow a, nea ehia ne sɛ yɛdrɔɔ vektors abien a ɛyɛ dafam ne gyinahɔ komponents no. Yebetumi de rula adrɔɔ saa dafam ne gyinahɔ komponents yi ama yɛanya nta-lains adakateaa. Afei, sɛ yɛde rula susuw saa dafam ne gyinahɔ lains yi mu biara dodow a, ɛma yɛn wɔn komponents a yɛhwehwɛ no.

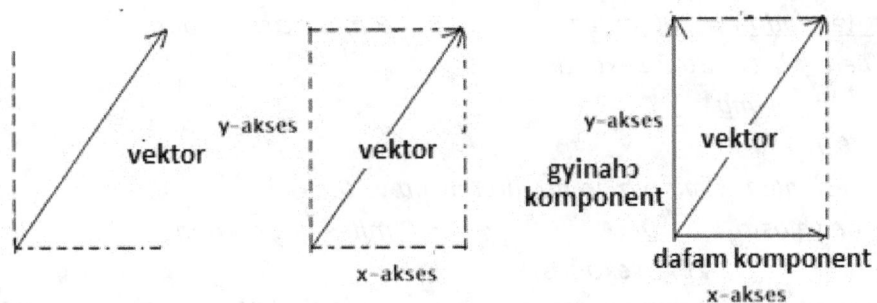

Adekyerɛ 4-11: Sɛnea yɛde adakateaa susuw vektor bi komponents.

Kae nso sɛ saa komponents abien yi resultant yɛ vektor a yɛde fii ase no.

Saa adesua yi ho mfaso ne dɛn? Yɛde vektors ne komponents na esusuw fɔɔsos ahorow pii a edidi nnwuma wɔ mfiri ho. Saa nimdeɛ yi ma yehu sɛ, ɛnyɛ fɔɔso a yɛde pia biribi no nyinaa na etumi pia ade kɔ no. Bio, sɛ fɔɔsos pii bi di dwuma pia biribi a, ɛsɛsɛ yetumi hu fɔɔso nnan-akyi pɔtee a ɛyɛ adwuma wɔ ade ko no so no.

Yɛnfa no sɛ nnipa baanu te ɔkorow bi mu retwa Asubɔnten Densu a emu trɛw wɔ baabi yɛ 40 mitas. Nsu no sen fi atifi rekɔ anafo. Ɔkorow no si nsu no agya wɔ atɔe baabi a anikyerɛ nsu no agya baabi a wodi gua. Sɛ yefi ase hare ɔkorow no de yɛn ani kyerɛ atɔe pɔtee dɛn ara a, nea yebehu ne sɛ ɔkorow no nnkɔ tee, na mmom ɛrekɔ anafo baabi a ɛhɔ kwan mu twe fi gua no so. Yɛnfa no sɛ ɔkorow no twaa kwan 50mitas ansa na ekoduu nsu no agya. Yɛbɛyɛ dɛn ahu baabi a ɔkorow no kosii?

Kwandodow bɛn na ɛsɛsɛ wotwa san besi gua no so bio? Adekyerɛ 4-12 de vektors bi akyerɛ saa asɛmmisa yi mu.

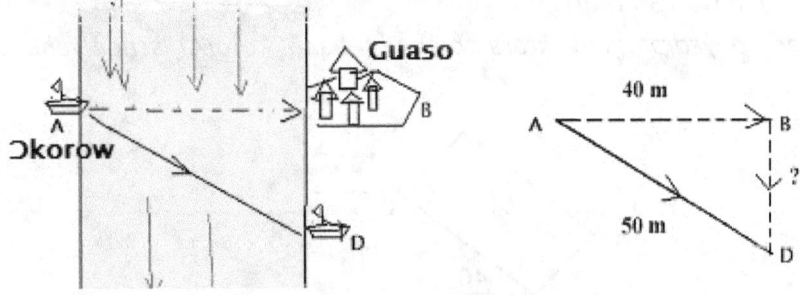

Adekyerɛ 4-12: Fɔɔsos a wopia ɔkorow a etwa nsu a ɛsen.

Yebetumi de rula ayɛ lains bi de agyina hɔ ama 40 mitas ne 50 mitas. Afei, sɛ yɛde rula no susuw BD tenten a, ɛbɛma yɛn ne kwandodow pɛpɛɛpɛ.
(So yebetumi afa Pitagoras kwan so akyerɛ BD dodow ana? –
Kae sɛ: AD² = AB² + BD²)

NSƐMMISA

1. Ghanani K. O. Ɔkyere de 20.2 sekonds tuu amirika 200 mitas de twaa agodibea bi ho hyiae, san besii n'anan mu bio. Kyerɛ (i) ne spiid ne (ii) ne velositi

i) Spiid = Kwandodow = 200 mitas   = 9.9 mitas pɛɛ sekond
             Bere   20.2 sekonds

ii) Velositi = Ntetewmu
                  Bere

Esiane sɛ obesii n'anan mu bio no nti, ntetewmu yɛ 0.
Ne saa nti, ne velositi =.   0   = 0 mitas pɛɛ sekond
                          20.2 sekonds

2. Hwehwɛ x ne y komponents ma ade bi a etu kwan 50 kilomitas a n'ani kyerɛ 200 digris. Saa ntetewmu yi na yɛakyerɛ wɔ Adekyerɛ 4-13 so no.

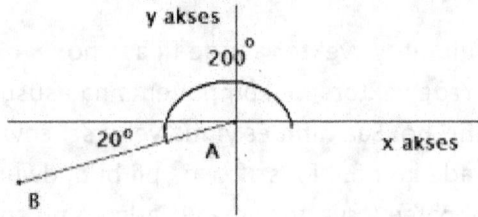

Adekyɛrɛ 4-13: Ade bi gyinabea wɔ 50 km 200 digris.

Esiane sɛ saa angle yi komponents no mu biara wɔ nyifim kyɛfa mu no nti, mmuae no nyinaa wɔ nyifim nsɛnkyerɛne (-).
 x – komponent no yɛ -50 km)kos 20 digris
 Y –komponent no yɛ -50 km) sin 20 digris

3. Fa paralelogram kwan so hwehwɛ saa vektors abien yi resultant: 40m wɔ 40 digris, ne 20 m wɔ 135 digris.
Nea edi kan no, yɛdrɔɔ saa vektors abien yi fi baabi koro(A) sɛnea yehu wɔ ase ha yi no.

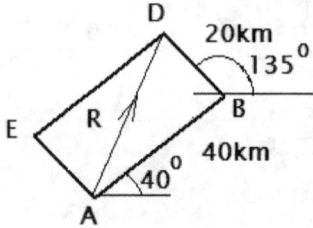

Adekyerɛ 4-14: Mmuae a ɛfa asɛmmisa # 3 ho.

4. Asubɔnten Densu ayiri a ne nsu resen 6 km/h. Abofra bi akɔfa ne Papa ɔkorow bi a moto wɔ ho na etumi kɔ 16 km/h wɔ Ɔtare Bosumtwi so abesi saa Densu yi so. Ne Papa gyina nsu no ano baabi rehwɛ no.

(i) Sɛ abofra no de ɔkorow no ani kyerɛ nsu no anafo a, kyerɛ ɔkorow no spiid dodow a ebetumi akɔ akotwa ne Papa ho

(ii) sɛ abofra no dan ne ho de ɔkorow no nso ani kyerɛ asutifi nso a, kyerɛ ne spiid dodow koraa a obetumi akɔ bere kɔ a oretwa ne Papa ho.

i) nsu no rekɔ 6 km/h; ɔkorow no nso rekɔ 16 km/h; wɔn ani kyerɛ faako

spiid dodow a ɔkorow no de rekɔ = nsu no spiid + ɔkorow no spiid
$$= 6 \text{ km/h} + 16 \text{ km/h} = 22 \text{ km/h}$$
ii) nsu no rekɔ atia ɔkorow no, enti spiid dodow a ɔkorow no de rekɔ no yɛ ɔkorow no spiid - nsu no spiid
$$= 16 \text{ km/h} - 6 \text{ km/h} = 10 \text{ km/h}$$

5. Ade bi fi baabi kɔ beae foforo bi a ɛyɛ angle 70 digris. Ne komponent a ɛwɔ X akses no so no yɛ 450m. Hwehwɛ ne mfitiase ntetewmu a ɛyɛɛ? Afei hwehwɛ ne gyinahɔ komponent nso. (1.3km, 1.2km)

6. Afiri bi fi Nkran tuu kwan kɔɔ spiid 25km/h simma 4; ɛsesaa ne spiid de kɔɔ spiid 50 km/h simma 8; afei ɛde ahoɔhare foforo a ɛyɛ 20km/h tuu kwan simma 2 bi. Kyerɛ ne kwandodow a etwae, ne ne spiid adantam a ɛde tuu kwan no nyinaa wɔ mitas pɛɛ sekond mu. (9.0km; 11m/s).

7. Ntetewmu ahe na ehia sɛ yɛde ka 50km ho wɔ apuei na ama yɛanya resultant a ɛyɛ 85 km wɔ 25 digris? (45km wɔ 53 digris).

TIFA 5: ASELERASHIN A ƐNAM KWAN TEATEAA BI SO

Nkyerɛkyerɛmu

Twi	Brɔfo
Asɛlɛrata	accelerator

[ade bi a ɛma afiri bi spiid nya nkɔso, ogya wɔ afiri mu]

Aselerashin — acceleration

[velositi nsesae ho nsusuw]

Dafam komponent — horizontal /parallel component

[fɔɔso bi nsiananmu dodow a ɛnam X-akses no so]

Dafam velositi — parallel velocity, horizontal velocity

(velositi dodow a ɛnam kwan tratraa bi ana X-akses no so)

Gyinahɔ komponent — vertical component

[fɔɔso bi nsiananmu a ɛnam Y-akses ana gyinahɔ akses no so]

Gyinahɔ velositi — vertical velocity

(velositi dodow bi a ɛnam Y-akses ana gyinahɔ akses no so)

ASELERASHIN NKYEƐRASE

Aselerashin yɛ velositi nsesae ho nsusuw. Sɛ afiri bi de spiid ana velositi pɔtee bi retu kwan, na Ofirikani no tia asɛlɛrata [ogya] no so dennen a, afiri no velositi sesa ma ɛkɔ soro simma biara. Eyi ma afiri no spidomita paane no tu fi benkum so kɔ nifa so, de kyerɛ sɛ afiri no spiid rekɔ anim yiye. Saa spiid yi nsesae ho nsusuw bere pɔtee bi no na yɛfrɛ no **aselerashin**.

Tete bere mu Sayenseni Galilieo na odii kan yeyɛɛ ɔyɛkyerɛ ahorow de yii aselerashin adi (Adekyerɛ 5-1). Nea edi kan no, ɔde bɔɔl bi too dua bi a esian fi soro kɔ fam so, gyaa bɔɔl no mu hwehwɛɛ sɛnea epirepirew fa. Ɔkyerɛe se, bere biara a angle a dua no ne fam yɛ no yɛ kɛse no, bɔɔl no kɔ ntɛmntɛm sen sɛ angle no yɛ ketewa. Ɔsan kyerɛe sɛ, bere a dua no gyina hɔ pintinn yɛ aduokron digris no na bɔɔl no kɔ ntɛmntɛm yiye.

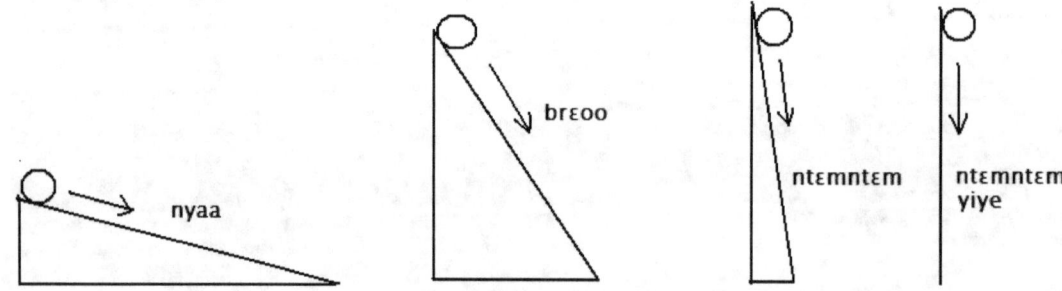

Adekyerɛ 5-1: Galilieo de mpuran yeyɛɛ angles bi de kyerɛɛ aselerashin ase.

Galileo san de nnua mpuran totoo fam de yeyɛɛ angles pii a esiansian de hwehwɛɛ bɔɔl no kwandodow a etwa sekond biara sɛnea yehu wɔ Adekyerɛ 5-2 so no.

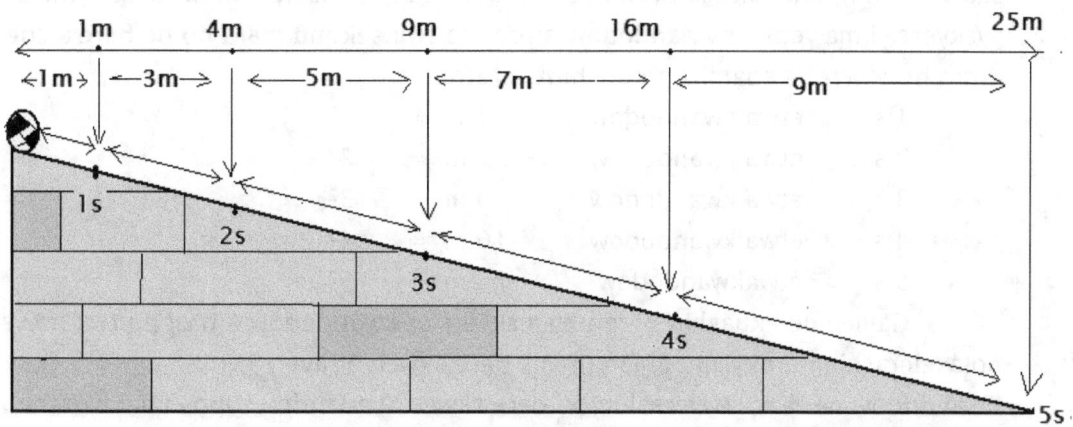

Adekyerɛ 5-2: Galileo nhyehyɛɛ a ɔde kyerɛɛ aselerashin ne kwandodow ntotoho ekuashins.

Galileo gyaw bɔɔl bi a ɛkɔ spiid 1m/s mu fii nnua a esiansian no soro maa bɔɔl no pirepirew kɔɔ fam. Osusuw bɔɔl no gyinabea sekond biara ma onyaa nimdeɛ a ɛwɔ Ɔpon 5-1 so no. Ohuu sɛ sekond baako akyi no, bɔɔl no twa kwandodow 1mita. Sekonds abien akyi no, bɔɔl no twa kwandodow 4mitas. Sekonds abiɛsa akyi no, bɔɔl no twa kwandodow 9mitas; sekonds anan akyi no, bɔɔl no twa kwandodow 16mitas; sekonds anum akyi no, bɔɔl no twa kwandodow 25mitas.

Bere (t)	Kwandodow (d)	Spiid adantam (d/t)	Kwandodow a bɔɔl no (fi mfiase) twa sekond biara
0	0		
1	1	(0+1)1 = 1m/s	(1-0) =1
2	4	(0+4)/2 = 2m/s	(4-1) =3
3	9	(0+9)/3 = 3m/s	(9-4) =5
4	16	(0+16)/4= 4m/s	(16-9) =7
5	25	(0+25)/5 = 5m/s	(25-16) =9

Ɔpon 5-1: Galileo nhwehwɛɛ a ɔde kyerɛɛ aselerashin ase.

Eyi ma ɛdaa adi sɛ bɔɔl a esian fi soro no spiid nsesae dodow nya nkɔso sekond biara. Sɛ yɛde bɔɔl no kwandodow kyɛ bere (1s) biara mu a, yenya adantam spiid a ɛsesa sekond biara. Sekond a edi kan no, na bɔɔl no adantam spiid yɛ 1m/s; sekond a ɛto so abien no, bɔɔl no adantam spiid yɛ 2m/s ne nea ɛkeka ho (Ɔpon 5-1).

Galileo ɔyɛkyerɛ yi san ma ɛdaa adi sɛ, sekond a edi kan no bɔɔl no twa kwandodow 1m; sekond a edi so no, 3m (4m-1m = 3m); sekond a ɛto so abiɛsa no,

5m (9m-4m = 5m); sekond a edi so no, 7m (16m-9m = 7m). Ɔkyerɛɛ sɛ sekond baako biara mu no, bɔɔl no twa kwandodow a ɛware sen sekond a atwa mu no. Ɛyɛ saa velositi nsusuw nsesae yi na Galileo kyerɛɛ sɛ ɛyɛ aselerashin. Ne saa nti, Galileo ɔyɛkyerɛ yi ma yehu sɛ **kwandodow a bɔɔl no twa sekond biara no ne bere a ɛde twa kwan no skwɛɛ yɛ adamfo proposhinal ntotoho.**

1 s	etwa kwandodow	1m =	1²
2 s	etwa kwandodow	4 m =	2²
3 s	etwa kwandodow	9 m =	3²
4 s	etwa kwandodow	16 m =	4²
5 s	etwakwandodow	25 m =	5²

Galileo de ekuashin bi too hɔ a ɛkyerɛ sɛ kwandodow a bɔɔl no twa no yɛ bɔɔl no aselerashin no nkyɛmu abien taems bere skwɛɛ. Yɛkyerɛ eyi sɛ:

Kwandodow ne ½ x aselerashin x bere skwɛɛ di adamfo proposhinal nkitaho.

Galileo ekuashin **d = ½ α t²** bere a:

... d yɛ kwandodow na

... α yɛ aselerashin na

... t yɛ bere (taem).

Nanso ansa ana yɛbɛsan aba saa nimdeɛ yi so bio, momma yɛnhwɛ aselerashin yunits.

Aselerashin yunits

Yɛnfa no sɛ afiri bi de velositi, V_1 tu fi Nkran de n'ani kyerɛ Kumase. Akyiri bere bi a yɛfrɛ no **t** akyi no, a afiri no gu n'akwantu so no, sɛ yesusuw ne velositi foforo bio ma yenya velositi foforo bi a yɛfrɛ no V_2 a, yetumi kyerɛ saa afiri yi aselerashin sɛ:

$$\text{Aselereshin}(\alpha) = \frac{\text{awiei velositi}(V_2) - \text{mfiase velositi}(V_1)}{\text{bere a yesusuw saa velositi no}(t)}$$

Eyi ma yɛn aselerashin dodow a ɛyɛ:

$$\alpha = \frac{V_2 - V_1}{t} \quad \frac{\text{mita/sekond}}{\text{sekond}}$$

Ne saa nti, aselerashin yunits yɛ velositi yunits nkyɛmu bere. Yɛkyerɛw no:

mita/sekond/sekond **(m/s/s)**, ana

mita pɛɛ sekond pɛɛ sekond, ana

mita pɛɛ sekond soro pawa abien **(m/s²)** ana

mita sekond soro pawa nyifim abien (**ms⁻²**.)

Aselerashin anikyerɛbea

Aselerashin yɛ vektor nkyerɛade, a ɛbata velositi ho pɛɛ. Ne saa nti, ɛne velositi wɔ anikyerɛbea baako. Yetumi susuw aselerashin a ɛnam ɔkwan teateaa bi so, anasɛ aselerashin a etwa sɛɛkel. Saa adesua abien yi mu biara sono a emu biara wɔ ne mmara. Aselerashin dodow bi a ɛnam ɔkwan teateaa bi so no, na yebesusuw ho nsɛm wɔ ha.

Aselerashin a ɛnam kwan teateaa bi so no kɔ anim ana akyi. Sɛ ɛkɔ anim a, yebu no sɛ ɛwɔ nkekaho dodow. Sɛ ɛrekɔ n'akyi de a, yebu no sɛ, ɛwɔ nyifim dodow. Sɛ yɛyɛ no saa a, yetumi de ekuashins anum bi kyerɛ ntetewmu (ne kwandodow), velositi (ne spiid) ne aselerashin nkitaho biara ho nsɛm. Ɛsɛsɛ obiara sua saa ekuashins yi yiye efisɛ etumi ma yebu nkontaa a ɛfa ntetewmu, kwandodow, spiid, velositi ne aselerashin nyinaa ho.

Ekuashins a Ɛkeka Ntetewmu, Velositi ne Aselerashin bobɔ mu

Ekuashins anum a yɛde kyerɛ kwandodow, ntetewmu, spiid, velositi ne aselerashin nyinaa na edidi so yi:

1. Kwandodow nsusuw ekuashin: $d = V_{ad}\, t$

2. Velositi adantam nkyerɛase ekuashin:
$$V_{ad} = \frac{V_{awiei} + V_{mfiase}}{2}$$

3. Aselerashin nkyerɛase ekuashin:
$$\alpha = \frac{V_{awiei} - V_{mfiase}}{t}$$

4. Velositi, aselerashin, kwandodow (VAK) ekuashin:
$$V_{awiei}^2 = V_{mfiase}^2 + 2\alpha d$$

5. Galileo kwandodow/bere/aselerashin (KVBA) ekuashin:
$$d = V_{mfiase}\, t + \tfrac{1}{2}\alpha t^2$$

Kae sɛ ...d = ntetewmu (kwandodow)
... V = velositi (spiid)
...V_{mfiase} = mfiase velositi $Velositi_{awiei}$ = awiei velositi
...V_{ad} = Velositi adantam
...α = aselerashin
... t = bere

Momma yɛnhwɛ sɛnea yɛde ekuashins anum yi mu bi hwehwɛ ntetewmu, kwandodow, velositi, spiid ne aselerashin. Nsɛmmisa a edidi so yi bɛboa na yɛate kwan a yɛfa so de hwehwɛ aselerashin, velositi, ntetewmu, kwandodow ne spiid bere biara.

Aselerashin ho nsɛmmisa

1. Wimhyɛn bi de aselerashin 40 m/s/s tu fii Nkran de n'ani kyerɛɛ atifi. (i) Kyerɛ ne spiid 10 sekonds akyi. (ii) Kyerɛ ne adantam aselerashin (iii) kyerɛ kwandodow a otwae 10 sekonds akyi.

Mmuae: ɛsɛsɛ wo bɔ mmɔden kae saa ekuashins anum a yesuaa no. (i) Emu baako kyerɛ yɛn sɛ: $V_{awiei} = V_{mfiase} + \alpha t$ bere a:

.. V_{awiei} yɛ awiei velositi

.. V_{mfiase} yɛ mfiase velositi

.. α yɛ aselerashin

.. t yɛ taem ana bere a wɔde yɛɛ biribi ko no

Eyi ma yɛn:

$V_{awiei} = 0 + 40$ m/s/s $\times 10$ s

$V_{awiei} = 0 + 40$ m/s/s $(10$ s$) = 400$ m//s

(ii) adantam spiid $= \dfrac{V_{awiei} + V_{mfiase}}{2}$

$= \dfrac{400 \text{ m/s} + 0 \text{ m/s}}{2} = 200$ m/s

(iii) kwandodow $d = V_{mfiase} + \tfrac{1}{2} \alpha t^2$

$= 0 + \tfrac{1}{2} (40$ m/s/s$) (10 \times 10)$s.s

$= 2000$ m

2. Afiri bi de spiid 30 km/h tu fii Ada de n'ani kyerɛɛ Nkran. Drobani no tiaa gya no so yiye maa spiid no koduu 90 km/h 30 sekonds akyi.

(i) kyerɛ afiri no adantam spiid

(ii) kyerɛ afiri no aselerashin

(iii) kyerɛ afiri no kwandodow a etwaa saa bere no.

Mmuae

(i) Adantam spiid $= \dfrac{V_{mfiase} + V_{awiei}}{2}$

$= \dfrac{30 \text{ km/h} + 90 \text{ km/h}}{2} = 60$ km/h

(ii) aselerashin $\alpha = \dfrac{V_{awiei} - V_{mfiase}}{\text{bere}}$

$= \dfrac{30 \text{ km/h} + 90 \text{ km/h}}{30\text{s}/(60 \times 60)} = \dfrac{120 \text{ km/h} \times 3600 \text{ s}}{30 \text{ s}}$

$= 12\,240$ km/s/s $= 3.4$ km/h

(iii) kwandodow $(d) = V_{adantam} \times$ bere

$= 60$ km/h $\times 30$ s$/3600$ h

SƐNEA YƐDE GRAF HWEHWƐ VELOSITI NE ASELERASHIN

Yɛnfa no sɛ afiri bi de spiid a yehu wɔ Ɔpon 5-2 so yi fi Nkran kɔ Kumase.

Vɛlositi (km/h)	0	20	40	80	120	160	200
Bere (t) simma	0	35	69	141	210	279	350

Ɔpon 5-2: Velositi ne aselerashin nsusuw

Nea edi kan no, ɛsɛsɛ yɛsesa simma de kɔ dɔnhwerew mu ma bere yunits no nyinaa yɛ pɛ. Eyi ma yenya Ɔpon 5-3.

Vɛlositi (km/h)	0	20	40	80	120	160	200
Bere (h)	0	.58	1.15	2.35	3.50	4.65	5.83

Ɔpon 5-3: Velositi ne aselerashin nsusuw

Afei ɛsɛsɛ yɛyɛ graf a ɛkyerɛ saa velositi yi ne ne bere nsesae ntotoho. (Adekyerɛ 5-4). Saa graf yi ma yɛn afiri no aselerashin ho nsusuw. Lain a ɛkeka osiwiei a ɛkyerɛ velositi ne bere ntotoho no bobɔ mu no yɛ teateaa a efi fam kɔ soro. Saa lain yi **kyeabea** yɛ ne gradient a ɛkyerɛ afiri no **adantam aselerashin**. Sɛ yɛfa bere pɔtee bi wɔ lain no so a, gradient a ɛwɔ hɔ no ma yɛn afiri no **mpofrim aselerashin** wɔ saa bere no so.

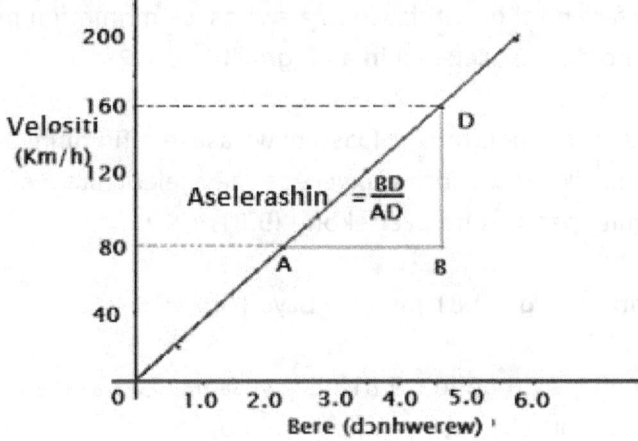

Adekyerɛ 5-4: Graf a ɛkyerɛ afiri no aselerashin nsusuw

Ne tiatwa mu ne sɛ:
1. graf biara a ɛkyerɛ afiri bi velositi ne bere ntotoho no ma yɛn afiri no aselerashin ho nsusuw. Graf lain no kyeabea ma yɛn graf no gradient ana afiri no adantam aselerashin.

2. Esiane sɛ saa graf lain no yɛ teateaa kɔ soro no nti, ekyerɛ yɛn sɛ aselerashin no nnsesa; ɛyɛ konstant.
3. Graf no tumi ma yehu mpofirim aselerashin bere pɔtee biara.

ASASE SO ASELERASHIN A EFI GRAVITI

Abakɔsɛm bi kyerɛ sɛ, da bi a sayenseni bi a wɔfrɛ no Newton te dua bi ase no, aduaba bi tew bɛtɔɔ fam wɔ n'anim pɛɛ. Newton bisaa ne ho se ɛyɛɛ dɛn nti na aduaba no tew tɔɔ fam, na ankɔ soro mmom. Ne nhwehwɛmu no ma oyii adi sɛ **fɔɔso ana ahoɔden** bi wɔ asase mfinimfini a ɛtwetwe nneɛma nyinaa ba fam. Saa ahoɔden yi din de **graviti**.

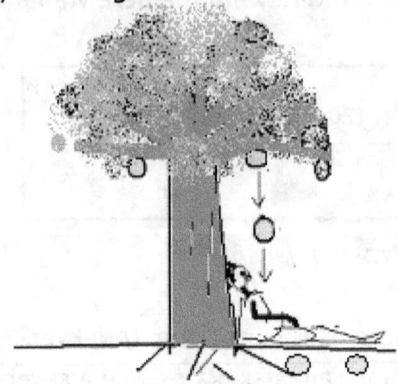

Adekyerɛ 5-5: Aselerashin a efi graviti. Aduaba tew fi dua so ba fam.

Ansa na Newton rekyerɛ eyi no, na sayensefo adi kan akyerɛ sɛ, bere biara a ade bi a biribiara nkura mu, ana biribiara mpia no fi soro bɛba fam no, ne velositi nsesae (aselerashin) a ɛde ba fam no fi graviti fɔɔso bi a ɛwɔ asase mfinimfini mu. Eyi nti, aselerashin a ɛde ba fam no din de **aselerashin a efi graviti**.

N'agyinamude yɛ **g**.

Nimdeɛ ahorow akyerɛ sɛ, ɛyɛ nokware sɛ fɔɔso bi wɔ asase mfinimfini a ɛtwetwe nneɛma nyinaa ba fam. Nkontaa ahorow akyerɛ sɛ saa aselerashin a efi graviti (g) yi dodow yɛ 9.81 mita pɛɛ sekond pɛɛ sekond (9.81m/s²).

Aselerashin a efi graviti: $g = 9.81\ ms^{-2}$ = bɛyɛ $10m\ s^{-2}$

Yɛfa saa aselerashin a efi graviti dodow 9.81 ms⁻² yi sɛ nea ɛwɔ asase tratraa so, sɛ ebia mpoano. Bere ko a biribi rebɛn asase mfinimfini no, na asɛlɛlreshin a efi graviti no mu reyɛ den, anasɛ ne dodow rekɔ soro.

Ne saa nti, obon donkudonku mu aselerashin a efi graviti no dodow yɛ kɛse kakra bi sen mmepɔw so de, efisɛ obon no mu bɛn asase mfinimfini sen mmepɔw atenten so.

ƆSRAM SO ASELERASHIN A EFI ƆSRAM GRAVITI

Bio nso, aselerashin a efi graviti yi sesa wɔ wim-nsase [planɛts] ahorow so. Ɔsram so aselerashin a efi graviti no yɛ $1.6\ ms^{-2}$ pɛ; eyi yɛ asase so de no mu nkyɛmu asia, kyerɛ sɛ ɛyɛ ketewa koraa sen asase so de no.

Ɔsram so aselerashin a efi ɔsram graviti yɛ $1.6\ ms^{-2}$ pɛ

Adekyerɛ 5-6: Apollo speshyɛn mu onipa a ogyina Ɔsram so. Ɔsram so nantew hia mpaboa a emu yɛ duru yiye sɛnea ɛbɛma onipa no atena fam na wanntu ankɔ wim.

Ne saa nti, sɛ obi tu kwan kɔ ɔsram so a, ahoɔden a ɛtwetwe no kɔ fam wɔ ɔsram so no mu nnyɛ den koraa. Eyi ma nnipa mu yɛ hare wɔ ɔsram so sen asase so. Ne saa nti, wɔn a wɔkɔ ɔsram so no hyehyɛ mpaboa a emu yɛ duru yiye, na wɔatumi anantew; anyɛ saa a, wobetutu akɔ wim wɔ ɔsram so sɛ nnomaa.

PROGYEKTIL ANA ADE A WƆTOW KƆ SORO

Sayense frɛ ade biara a wɔtow kɔ soro no sɛ **progyektil**. Ne saa nti, ɔbo a obi tow kɔ soro anasɛ otuo aboba a obi tuo tow kɔ soro no mu biara din de progyektil. Afei, yɛnfa no sɛ obi de ne tuo ani kyerɛ soro, tow tuo no. Yɛbɛyɛ dɛn abu saa otuo aboba yi ho akontaa ahu baabi a ɛbɛfa ne fɔɔso ko a ɛwɔ mu. Ansa na yɛbɛte saa nimdeɛ yi ase yiye no, ɛsɛsɛ yehu sɛ, bere biara a progyektil bi nam asase tratraa so no, ne velositi yɛ konstant efisɛ enni graviti komponent biara.

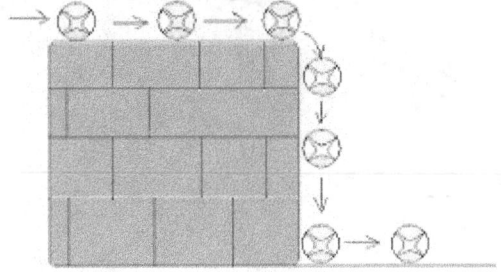

Adekyerɛ 5-7: Bɔɔl a ɛnam asase tratraa so no famda velositi komponent no nnsesa; gyinahɔ komponent no na ɛsesa.

Nanso sɛ yegyaa saa bɔɔl no mu fi soro baabi ma esian bɛtɔ fam pim a, ne velositi sesa fi bere a yegyaa mu fi soro no sekond biara, kyerɛ sɛ enya aselerashin. Saa ara na progyektils biara nso ho nimdeɛ te ara nen. Sɛ yɛtow ade bi kɔ soro a, ne famda komponent ana paralɛl komponent no nnsesa. Ɛyɛ ne ho sɛ bɔɔl a ɛnam fam tratraa ara pɛ. Mmom ne vetikal komponent (gyinahɔ komponent) no na enya aselerashin. Yetumi kyerɛ saa progyektil yi akwantu sɛnea yehu wɔ Adekyerɛ 5-9 so no.

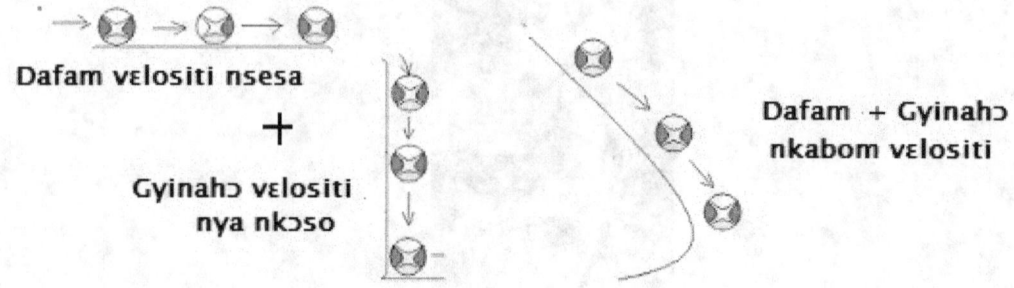

Adekyerɛ 5-8: Bɔɔl a ɛnam fam bi dafam (paralɛl) ne gyinahɔ (vetikal) velositi komponents. Vetikal velositi no gyina graviti so.

Eyi kyerɛ sɛ progyektil no akwantu dodow no ho nsusuw gyina paralɛl ne vetikal vɛlotisi no so. Yetumi kyerɛ eyi sɛ:
Komponents abien yi nkabom= paralɛl komponent + vetikal komponent
    Kae sɛ paralɛl komponent no graviti nnsesa. Vetikal komponent no nkutoo na ne graviti sesa. Ne saa nti, sɛ ade a yɛtow no rekɔ soro a, yenya saa nimdeɛ yi:
Bere a ɛrekɔ soro no:
    –i: ne kwandodow nya nkɔso nanso ne spiid dodow no so tetew
Sɛ ade no rekɔ fam a:
    –ne kwandodow nya nkɔso, ɛna ne spiid nso nya nkɔso
Sɛ ade no du soro pɛɛ a:
    –ne spiid nsesa
Ne saa nti, ne vetikal komponent no fa ɔkwan a akyea so (Adekyerɛ 5-8 ne 5-9).

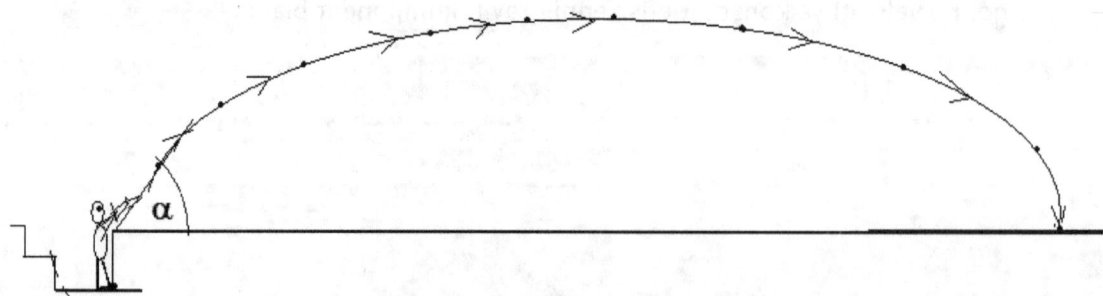

Adekyerɛ 5-9: Otuo aboba bi paralɛl ne vetikal velositi komponents ho nsusuw.

Sɛ yebubu nkontaa a ɛfa progyektils ana ade a yɛtow kɔ soro no ho a, yehu sɛ:

$$V_x = V\cos\alpha$$

(velositi no dafam komponent/paralɛl komponent dodow yɛ ade ko no velositi taems kosine angle a ade no ne asase tratrraa yɛ); ɛna

$$V_y = V\sin\alpha$$

(velositi no gyinahɔ komponent/vetikal komponent no dodow yɛ ade ko no velositi taems sin angle a ade no ne asase tratraa yɛ).

Sɛ yɛhwɛ ade no **aselerashin** ne ne **velositi** nsusuw a, yehu sɛ:
1. ade no rekɔ teateaa mu a, ɛnkɔ soro ana fam; enti ne aselerashin yɛ ohunu ($\alpha = o$)
2. ade ko no mfitiase velositi n'awiei velositi nyinaa yɛ pɛ; ne saa nti adantam velositi nso nsesa.
3. sɛ ade ko no kɔ soro, anasɛ ɛba fam a, n'aselerashin no ne aselerashin a efi graviti yɛ pɛ ($\alpha = g = 9.81 Nm^{-2}$). Sɛ ade no rekɔ soro a, aselerashin a efi graviti no yɛ adwuma tia ne soro kɔ no ($-9.81 Nm^{-2}$); sɛ ade no reba fam a, aselerashin a efi graviti ($+9.81 Nm^{-2}$) boa no.
4. ne nyinaaa mu, yɛfa no sɛ twiwho fɔɔsɔ a efi mframa mu no yɛ ohunu.

ANGLE A OBI TOW OTUO NE KWAN A ABOBA NO TWA NTOTOHO

Yɛnfa no sɛ obi de otuo bi ani kyerɛ wim angles ahorow bi totow. Angle bɛn na ɛbɛma otuo aboba no atwa kwandodow pii? Sɛ obi de otuo ani kyerɛ soro 90° tow a, aboba no bɛsan abegu onii no atifi pɛpɛɛpɛ bio. Ne saa nti, kwandodow a aboba no betwa afi onii no ho no dodow yɛ kwandodow a efi onii no atifi kosi sorosoro baabi a aboba no kodui no, ne fi soro hɔ ba fam besi ne nkyɛn pɛɛ. Kae sɛ aboba no ntetewmu dodow yɛ ohunu. Adekyerɛ 5-10 graf kyerɛ otuo angles ahorow ne otuo aboba no kwandodow a etwa ho ntotoho. Sayense nkontaa a efi saa graf yi nhwehwɛmu kyerɛ sɛ:

1. angle a ɛbɛma progyektil no atwa kwan yiye no yɛ 45°.

Sɛ obi bɔ golf bɔɔl a esiane mframa resistans no nti, angle a ɛbɛma bɔɔl no akɔ anim yiye no yɛ 38°.

2. angle 60° ma yɛn adekyerɛ a ɛte sɛ 30° angle de pɛpɛɛpɛ. Eyi kyerɛ sɛ, bere biara a obi tow otuo de kyerɛ angle 60° no, kwandodow a aboba no twa no te sɛnea watow otuo no de akyerɛ 30° pɛpɛɛpɛ (90°- 60°= 30°).

3. angle 75° te sɛnea onii no atow otuo no wɔ angle 15° (90°-75° =15°) pɛpɛɛpɛ

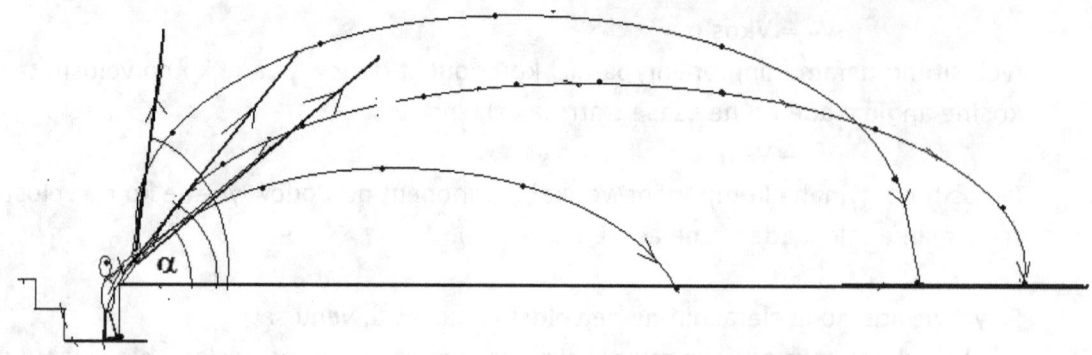

Adekyerɛ 5-10: Otuo aboba akwantu gyina angle a otuo no ani kyerɛ no so.

ASELERASHIN A ƐDE ADE BI KƆ SORO NA ƐSAN DE BA FAM

Yɛnfa no sɛ obi tow ade bi kɔ soro. Sɛ mframa resistans biara nni hɔ de a, bere a ade no bɛfa de akɔ soro no, saa bere no ara na ɛbɛfa de aba fam efisɛ aselerashin a efi graviti a ɛde biribi kɔ soro no ara na ɛde ade ko no nso ba fam. Ne saa nti yetumi ka se:

spiid a ɛde kɔ soro no = spiid a ɛde ba fam.

Sɛ ade ko no de spiid 50m/s fi obi nsa mu a, ne spiid no fi ase kɔ fam bere a ɛrekɔ sorosoro no kosi sɛ spiid no bɛyɛ ohunu. Afei ɛbɛsan anya spiid a ɛhweree no bio nkakrankakra ama ne spiid no anya nkɔso akosi sɛ ɛbɛsan abedu ne mfitiase spiid no mu bio a ɛyɛ 50 m/s.

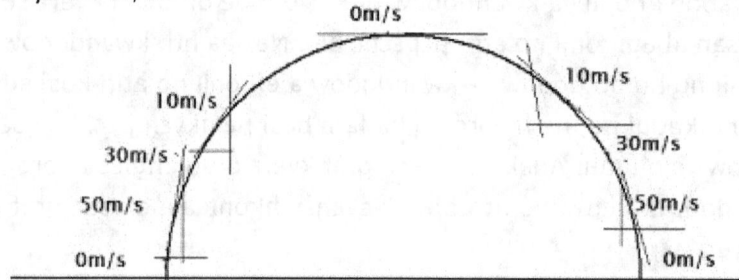

Adekyerɛ 5-11: Otuo aboba bi velositi ho nsusuw; yɛfrɛ saa ɔbo yi akwantu graf no sɛ *parabola*.

Yɛbɛkae sɛ ade ko no gyinahɔ ne dafam komponents no dodow na ɛkyerɛ ade ko no spiid. Yɛbɛkae nso sɛ dafam komponent no nnsesa, na mmom gyinahɔ komponent no nkutoo na ɛsesa.

NSƐMMISA

1. Bere a Afrikafo bi a wɔakyerɛw n'afiri anim "Din Pa Ye sen Ahonya," de spiid 40m/sekond retu kwan afi Koforidua no, ohuu sɛ abofra bi retwam wɔ afiri no anim. Mpofrim no, otiaa asɛlɛreta no so denneenen maa afiri no de 8.4 sekonds gyinae. Kyerɛ afiri no aselerashin . (-4.8m/s/s)

2. Afiri bi de 20 sekonds sesaa ne spiid fii 15km/h kɔɔ 60 km/h. Kyerɛ ne i) spiid adantam (ii) n'aselerashin (iii) ne kwandodow a etwaa wɔ mitas pɛɛ sekonds mu.
 i) 10m/s (ii) 0.63 m/s (iii) 0.21 m/s)

3. Yaw Manu tow *shot-putt* bi kɔɔ anim yiye ma odii kan wɔ Ghana sukuu akansi bi mu. Kyerɛ *shot-putt* no velositi ne n'aselerashin ho nsɛm. Adekyerɛ a saa shot putt yi yɛɛ no din de dɛn?

4. Ghana amirikatuni Yaa Anum dii kan wɔ amansan 100mitas akansi mu. Ɔtew hama no mu wiee no, na ne spiid yɛ 20m/s; ofii ase brɛɛ n'amirikatu no ase 30m/s kosii sɛ ogyinae. Kyerɛ kwandodow a otwae ansa na ogyinae. (67m)

5. Yaa Foriwa de n'agya tuo ketewaa bi kyerɛɛ soro n'atifi pɛɛ tow tuo no. Aboba no kɔɔ soro 20 mitas pɛ. Kyerɛ spiid ko a ɛde fii otuo no mu. (20m/s)

6. Otuo aboba bi de mfiase velositi a ɛyɛ 8 m/s fii otuo no mu. Ɛde 40 sekonds twaa kwandodow 640m. Kyerɛ aboba no (i) adantam velositi (ii) awiei velositi (ii) aselerashin wɔ saa bere 40 sekonds yi mu. (16m/s ; 24m/s; 0.40m/s).

TIFA 6: NEWTON MMARA

Nkyerɛkyerɛmu

Twi	Brɔfo
Ademude:	inertia

(ade dodow a ɛwɔ biribi mu, na ɛma no kɔ so gyina faako, inershia)

Ahoɔden: energy

(tumi bi a ɛma biribi yɛ adwuma)

Aselerashin: acceleration

(velositi bi ntɛmntɛm nsesae ho nsusuw)

Esponenshial exponential

(dodow bi a ne nsesae ma ade foforo bi nso sesa yɛ bebree koraa ma ɛboro so)

Fɔɔso (hwɛ fɔɔsos ahorow wɔ anim kakra) force

(tumi bi a ɛnam lain teateaa bi so pia ade bi ma ɛsesa ne gyinabea anasɛ ɛsesa biribi akwantu ahoɔhare)

Hama hammer

(ade bi a emu yɛ duru na yɛde bɔ biribi so ma etim hɔ yiye)

Inershia: inertia

(ademude, ade dodow a ɛhyɛ biribi mu, ademude a ɛma biribi kɔ so gyina faako)

Koefishient: coeffcient

(dodow a ɛbata biribi ho na wɔde bu ho akontaa; sɛ A ne B yɛ proposhinal a, yɛkyerɛw no sɛ: A α B a ɛkyerɛ sɛ A = kB; k yɛ B koefishient)

Komponent component

(vektor bi nsiananmu dodow a ɛnam ɔkwan pɔtee bi te sɛ Y-akses ana X-akses so)

Mass: mass

(ademude; ade bi mmuduru a enyina graviti so, ade dodow a ɛma biribi kɔ so gyina faako a ɛwɔ no, inershia ho nsusuw)

Mmuduru: weight

(ade bi ademude dodow a egyina asase graviti so; ade bi mass taems graviti a ɛwɔ baabi a egyina no)

Planɛt planet

(asase a ɛsɛn wim na ɛbɛn owia bi ho na etu kwan twa saa owia no ho hyia)

Proposhinal :

..adamfo proposhinal directly proportional

(dodow bi a ne nsesae ma ade foforo bi a egyina ne so no nso tumi sesa pɛpɛɛpɛ; bere a nea edi kan no sesa no, na foforo no nso sesa saa ara. A ne B yɛ adamfo proposhinal kyerɛ sɛ: **A α B**. Eyi kyerɛ sɛ bere a A sesa no, na B nso sesa saa ara; sɛ A nya nkɔso a, na B nso renya nkɔso. Yɛkyerɛw no **A = kB**, a k yɛ dodow pɔtee bi a ɛnnsesa anasɛ ɛyɛ B koefishient).Yɛn Nananom frɛ adamfo proposhinal sɛ: "twa bi na mentwa bi."

...tamfo proposhinal/nsiso proposhinal   inversely proportional
(Eyi yɛ nkyerɛade bi a ɛma dodow abien bi a wodi nkitaho no mu baako nya nkɔso bere a, ne yɔnko no so retew. Bere a dodow baako sesa yɛ kɛse no, na fofforo no sesa yɛ ketewa. A ne B yɛ tamfo proposhinal kyerɛ sɛ A yɛ proposhinal ma **baako a wɔde B akyɛ mu.**
Yɛkyerɛw no: A α 1/B, a ɛyɛ   A = K/B. Ebinom frɛ no sɛ "meyɛ yiye no na wosɛe". Baako yɛ yiye no, na baako sɛe. Yetumi frɛ no **nsiso proposhinal**.

Resultant: resultant
(vektors abien ana pii bi nkabom nsiananmu)

Spiid: speed
(akwantu bi ntɛmntɛm ho nsusuw; ade bi ahoɔhare no nsusuw)

Tenshin   tension
[fɔɔso bi a ɛtwe ade bi mu anasɛ ɛtwe no kɔ fam]

Vektor   vector
(biribi a ɛwɔ dodow ne anikyerɛbea)

Woserekaa   rough
(baabi a ɛnyɛ torotoro anasɛ biribi a ɛho nyɛ torotoro)

Isaak Newton   Isaac Newton
(Sayenseni bi a oyii fisiks ne nkontaa mu mmara pii adi)

FƆƆSOS AHOROW

    Fɔɔso: force, normal force
(tumi bi a ɛnam kwan teateaa so pia ade bi ma etu fi baabi a esi anasɛ ɛma biribi a ɛretu kwan akɔ baabi foforo no ahoɔhare sesa)

    Atwehuan fɔɔso: elastic force
    (Lastik fɔɔso)
(fɔɔso a etumi ma ade bi mu tumi twe yɛ tenten a ɛnntew, na sɛ woyi saa fɔɔso no fi hɔ a, ade kɔ no tumi san kɔ ne kan tebea mu bio pɛpɛɛpɛ)

    Ayɔnkodɔ fɔɔso   force of attraction
[fɔɔso a ɛtwetwe nneɛma abien bi benbɛn wɔn ho wɔn ho]

    Gyinafaako fɔɔso: stationary force
(fɔɔso bi a ɛma biribi gyina baabi a ɛwɔ)

    Hintawsoro fɔɔso   potential force
(potenshial fɔɔso, fɔɔso bi a ɛwɔ ade bi a egyina soro baabi mu)

    Kinetik fɔɔso: kinetic force
(fɔɔso a ade bi de tu kwan kɔ anim ana akyi)

    Komponent fɔɔso   component force
(fɔɔso bi nsiananmu dodow a ɛnam ɔkwan pɔtee bi sɛ Y-akses ana X-akses no so)

    Mfikyiri fɔɔso: external force
(fɔɔso foforo bi a efi baabi bepia ade bi)

    Mfinimfini fɔɔso   central force
(fɔɔso a ɛwɔ ade bi mfinimfini na ɛma ade kɔ no gyina baabi a ɛwɔ no)

Mpemanim fɔɔso: opposing force
(fɔɔso bi a ɛpem ade bi anim na ɛmma no kwan nnkɔ n'anim)

Nnan-akyi fɔɔso: net force (resultant force)
(fɔɔsos abien ana pii bi nsiananmu; resultant fɔɔso)

Potenshial fɔɔso: potential force
(fɔɔso bi a ɛwɔ ade bi a ɛwɔ soro mu; yɛsan frɛ no hintawsoro fɔɔso)

Resultant fɔɔso resultant force, net force
(fɔɔsos abien ana dodow bi nkabom nsiananmu a etumi gyina hɔ ma saa fɔɔsos no nyinaa, nnan-akyi fɔɔso)

Twiwfam fɔɔso: frictional force
(fɔɔso bi a ɛmma biribi nntu mfi baabi a esi; anasɛ ɛmma biribi nnkɔ n'anim yiye. Yɛsan frɛ no twiwho fɔɔso)

Twiwho fɔɔso: frictional force
(fɔɔso bi a ɛmma biribi nntu mfi baabi a esi; anasɛ ɛmma biribi nnkɔ n'anim yiye. Yɛsan frɛ no twiwfam fɔɔso)

Newton mmara a ɛfa akwantu ho

Newton mmara abiɛsa na yɛde kyerɛ ade biara ahoɔden a ɛwɔ, ne n'akwantu ahoɔhare ho nsɛm. Nanso ansa na yebesua saa mmara yi, ne sɛnea yɛde susuw ahoɔden ne nneɛma ahoɔhare no, ɛsɛsɛ yɛkyerɛkyerɛ fisiks nsɛmfua bi ase.

INERSHIA

Inershia kyerɛ ade bi tumi a ɛwɔ sɛ ɛbɛkɔ so agyina faako a ɛwɔ pɔtee. Etumi nso kyerɛ ade bi tumi a ɛwɔ sɛ ɛbɛkɔ so de velositi pɔtee bi a ɛnnsesa atoa n'akwantu so. Ɛyɛ ademude a ɛwɔ biribi mu, na ɛma no ne tebea ne mmuduru.

MASS

Mass yɛ ade dodow a ɛwɔ biribi mu, na ɛma yɛn ne mmuduru ho nsusuw. Ɛyɛ ademude dodow a ɛhyɛ biribi mu na ɛma ade ko no kɔ so gyina baabi a ɛwɔ. Ne saa nti, ebinom kyerɛ sɛ mass yɛ ade bi inershia dodow ho nsusuw. Yetumi susuw mass wɔ **kilogram** (kg), **gram** (0.001kg), **miligram** (0.000 001 kg) ne **mikrogram** mpo mu.

10 miligrams [mg] = 1 sentigram [cg]
10 sentigrams = 1 desigram [dg]
10 desigrams = 1 gram [1g]
10 grams = 1 dekagram [dag]
10 dekagrams = 1 hektogram [hg]
10 hektograms = 1 kilogram [kg]
1000 grams = 1 kilogram

MMUDURU

Yɛde mmuduru kyerɛ fɔɔso bi a ɛtwe ade bi de kɔ fam. Ade bi mmuduru dodow yɛ ne mass taems asase mu aselerashin a efi graviti. Ne saa nti, mmuduru yɛ fɔɔso; ne yunits te sɛ Fɔɔso yunits pɛpɛɛpɛ. Yesusuw mmuduru wɔ Newtons mu.

FƆƆSO

Fɔɔso yɛ tumi bi a epia ade bi ma ɛsesa ne gyinabea, anasɛ tumi bi a ɛsesa ade bi akwantu ahoɔhare. Yesusuw fɔɔso wɔ Newtons mu. Fɔɔso yɛ vektor, kyerɛ sɛ bere biara no, ɛwɔ dodow ne baabi pɔtee a n'ani kyerɛ.

Fɔɔsos ahorow pii wɔ hɔ. Ebi ne nea edidi so yi:
- mfikyiri fɔɔso
- mpemanim fɔɔso
- normal fɔɔso
- mmuduru
- resultant fɔɔso (ana nnan-akyi fɔɔso)
- komponent fɔɔso

Adesua a edidi so yi bɛkyerɛkyerɛ saa fɔɔsos yi bi mu.

MFIKYIRI FƆƆSO:

Mfikyiri fɔɔso yɛ fɔɔso a efi baabi foforo bepia ana ɛbɛtwe ade bi.

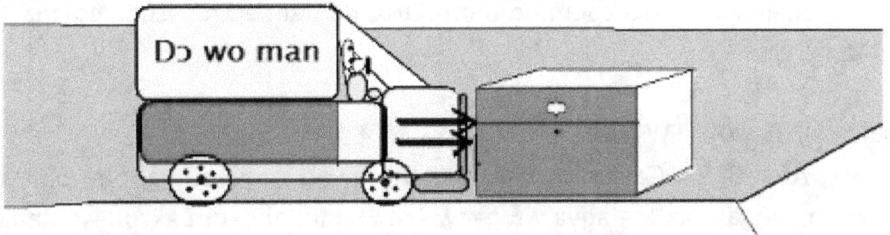

Adekyerɛ 6-1: Mfikyiri Fɔɔso

Sɛ obi de afiri bi pia ade bi a esi baabi a, etumi ma ade ko no tu fi baabi a esi no, ma ɛkɔ n'anim. Saa ara nso na sɛ ade bi retu kwan, na fɔɔso foforo bepia no a, ɛma ade ko no akwantu no yɛ ntɛmntɛm. Yɛfrɛ saa fɔɔsos abien yi mu biara sɛ mfikyiri fɔɔso.

Mfikyiri fɔɔso bi nso betumi asiw ade bi a ɛrekɔ anim no kwan, ama ade ko no ahoɔhare ano abrɛ ase. Ne saa nti, mfikyiri fɔɔso betumi afi baabiara (anim, akyi, soro ana ase) abɛka ade bi a esi hɔ anasɛ ɛretu kwan ho ama ade ko no asesa n'akwantu ahoɔhare anasɛ n'anikyerɛbea mpo.

MPEMANIM FƆƆSO:

Fɔɔso bi a ɛyɛ adwuma de tia fɔɔso foforo bi, na esiw ade ko no akwantu kwan no yɛ mpemanim fɔɔso. Ne saa nti, sɛ afiri bi retu kwan akɔ anim na ɛkɔpem dua bi a, saa dua no ahoɔden a ɛde siw afiri no kwan no yɛ mpemanim fɔɔso.

Sɛ afiri a ɛkɔ anim no pem brikisi ɔfasu a, ɔfasu no bɛma mpemanim fɔɔso a ɛdɔɔso yiye a ebetumi ama afiri no agyina mpo. Nanso sɛ afiri no pem atentrehu kotoku pii a wɔaboaboa ano de a, mpemanim fɔɔso no renyɛ pii biara.

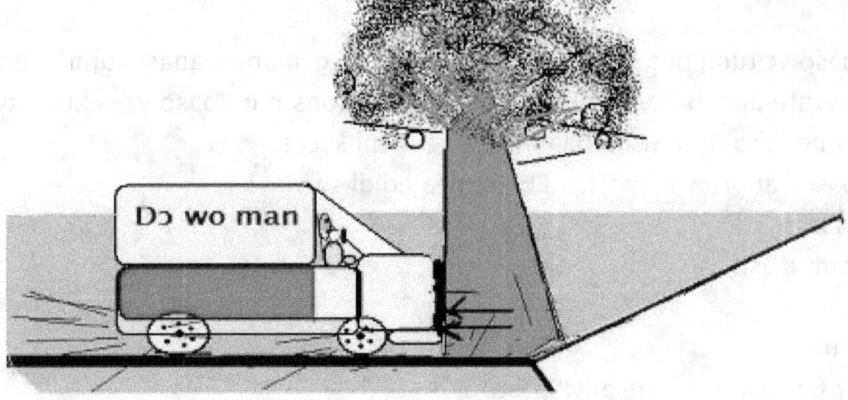

Adekyerɛ 6-2:   Mpemanim Fɔɔso

Eyi betumi ama afiri no abunkam atentrehu no mpemanim fɔɔso no so, ama afiri no akɔ so akɔ anim. Ne saa nti, mpemanim fɔɔso dodow biara gyina ade a ɛpem no so; egyina ade ko a ɛpem no mmuduru, ne dennen ne sɛnea egyina hɔ ana etim hɔ fa no so.

HENA NE ISAAK NEWTON?

Afe 1642 a Galileo wuu no mu na wɔwoo Engiresini abofra bi a wɔfrɛ no Isaak Newton. Ɔyɛ ayisaa a n'agya wu gyaw no. W'anni abosom akron wɔ ne na yafunu mu enti wɔwoo no na ɔyɛ ketewa koraa a na obiara nim sɛ ɔrenkyɛ wɔ wiase. Ɔyɛ abofra no, ɔne ne Nenabea kɔtenaa baabi ma ofii sukuu ase, nanso ankyɛ biara na woyii no fii sukuu mu efisɛ na wose ne ti awu. Ne saa nti, ɔne ne maame kɔtenaa akuraa bi ase yɛɛ mfuw. Afumdwuma no nso, na ɔmmɔ ho mmɔden papa biara. Mmom nhoma na, na ɔpɛ ne kenkan. Bere a odii mfe 16 no, ne wɔfa bi de no kɔɔ Kambrigye sukuu mu ma okosuaa ade bɛyɛ mfe anum. Odii mfe 23 no, da bi a ɔte dua bi ase regye n'ahome no, aduaba bi tew fii dua no so bɛtɔɔ fam wɔ ne nkyɛn pɛɛ. Obisaa ne ho sɛ, ɛyɛɛ dɛn na aduaba no tew bɛtɔɔ fam na mmom ankɔ soro. N'adwene ne nimdeɛ boaa adasamma ma wɔtee ase yiye sɛ fɔɔso bi wɔ asase mfinimfini a ɛtwetwe nneɛma nyinaa ba fam. Saa fɔɔso yi din de graviti.

Newton san kyerɛɛ fisiks mmara abiɛsa bi a ɛkyerɛ nimdeɛ a ɛfa ade biara akwantu ho. Newton ne onipa a odii kan kyerɛɛ sɛ hann biara mu wɔ kɔlas asɔn a akeka abobɔ mu; saa kɔlas yi na yehu wɔ nyankontɔn mu no. Wɔyɛɛ Newton akontaa Ɔkyekyerɛfo wɔ Kambrigye. Esiane ne nimdeɛ sonowonko no nti, oduu Kambrigye no ankyɛ biara na Kambrigye Sukuupɔn no mu akontaa Ɔkyerɛkyerɛfo panyin dan Akontaa Sukuu no mu agua kɛse maa no. Newton sesaa teleskɔps ma edii mu sen nea na ɛwɔ hɔ ne bere mu no. Newton yii fisiks ne nkontaa mmara pii adi kyerɛɛ adasamma, ma wɔde saa mmara yi yeyɛɛ mfiri ahorow a ɛnnɛ da yi ɛboa nnipa akwantu yiye. Sɛ wɔka wiase mu abenfo ho nsɛm a, Newton ka wɔn a wɔbɔ wɔn din kan no ho. Odii mfe 85 na ɔkɔɔ n'asumankyiri.

Fɔɔso Yunits

Esiane Newton mmɔdenbɔ nti, sayense susuw fɔɔso wɔ ne din **Newton** (N) yunits mu. Newton fɔɔso agyinamude yɛ **N**. Newton baako (1N) yɛ fɔɔso a etumi pia ade bi a ne mass yɛ kilogram baako, na ɛma n'aselerashin nya nkɔso mita baako pɛɛ sekond. Newton baako dodow yɛ 1 kg.m/s²

> **Newton yɛ fɔɔso a epia ade kilogram baako ma n'aselerashin nya nkɔso mita baako pɛɛ sekond. 1N = 1 kg.m/s²**

NEWTON MMARA A EDI KAN

Newton mmara a edi kan no yɛ Fɔɔso nkyerɛase. Ɛkyerɛ yɛn sɛ Fɔɔso na ɛde nsesae ba. Fɔɔso tumi sesa ade bi gyinabea. Etumi sesa ade bi akwantu spiid nso. Newton mmara a edi kan no kyerɛ sɛ: **ade bi a egyina baabi pɔtee no bɛkɔ so agyina hɔ kosi sɛ mfikyiri fɔɔso bi bepia no. Sɛ ade ko no retu kwan a, ɛbɛkɔ so de spiid a ɛnsesa akɔ n'akwantu so akosi sɛ mfikyiri fɔɔso bi bepia no.**

Saa mmara yi ma yehu sɛ fɔɔsos a wɔwɔ ade bi ɛda baabi so no nyinaa wɔ **ekwilibrum**. Saa ekwilibrum yi kyerɛ sɛ fɔɔsos a epia ade no kɔ soro ne nea epia no ba fam no nyinaa yɛ pɛpɛɛpɛ. Sɛ ade ko no retu kwan a, fɔɔsos a epiapia no kɔ anim, akyi, ne nkyɛn no nyinaa twitwa mu ma yenya nnan akyi fɔɔso bi a ɛnnsesa. Yɛnfa no sɛ nhoma bi da ɔpon bi so sɛnea yehu wɔ Adekyerɛ 6-3 so no. Fɔɔso bi pia nhoma no fi ɔpon no soro kɔ fam. Saa fɔɔso yi ne nhoma no **mmuduru**. Yenim dedaw sɛ mmuduru gyina graviti ne mass so.

Nhoma no mmuduru = gyina graviti + nhoma no mass so

Sɛ biribiara nsiw saa mmuduru fɔɔso yi kwan a, anka nhoma no bɛtɔ fam. Ne saa nti, fɔɔso foforo bi pia nhoma no nso fi fam de kɔ soro. Yɛfrɛ saa pia-kɔ-soro fɔɔso yi sɛ **normal fɔɔso**.

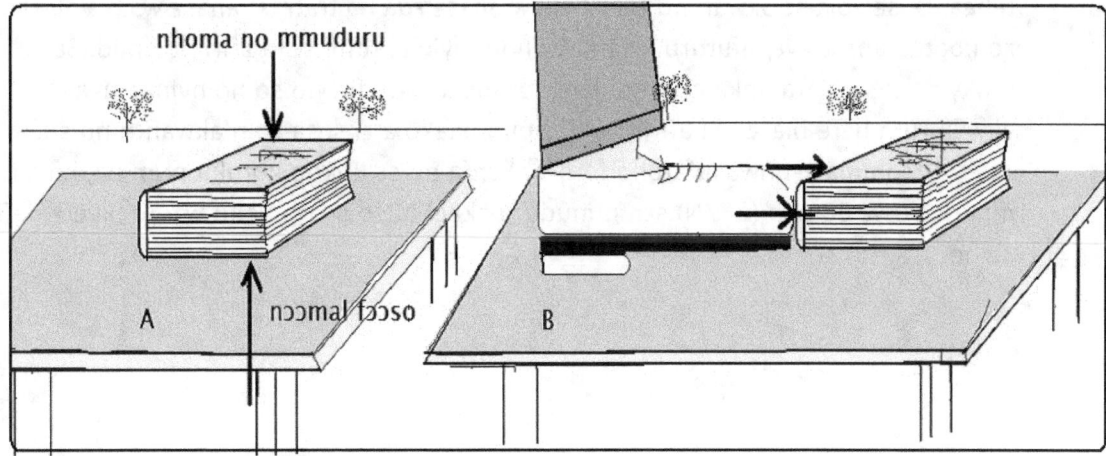

Adekyerɛ 6-3: Newton mmara a edi kan.

> **Normal fɔɔso no pia nhoma no kɔ soro.**

Esiane sɛ normal fɔɔso no ne nhoma no mmuduru yɛ pɛ no nti, nhoma no kɔ so gyina faako a ɛwɔ no ara; ɛnnkɔ soro na ɛmma fam.

Normal fɔɔso dodow = Nhoma no mmuduru

Esiane sɛ saa fɔɔsos abien yi yɛ pɛ no nti, nhoma no da hɔ dinn anasɛ ɛwɔ ekwilibrum. Saa ekwilibrum yi kyerɛ sɛ fɔɔsos no nyinaa twitwa mu ma yenya fɔɔso nnan-akyi a ɛyɛ ohunu. Ne saa nti, yɛka se **resultant fɔɔso** a ɛwɔ nhoma no so no yɛ ohunu. Yɛde grikifo lɛtɛ **sigma Σ**, na ɛkyerɛ nneɛma pii nkekaho. Ne saa nti, yetumi kyerɛw: **Σ F = 0** a ɛkyerɛ sɛ fɔɔsos ahorow no nyinaa nkabom yɛ ohunu. **Yenni nnan-akyi fɔɔso** biara bio.

Newton mmara a edi kan no kɔ so kyerɛ sɛ ansa na nhoma no betu afi baabi a ɛda no, ehia sɛ mfikyiri fɔɔso bi pia no. Sɛ mfikyiri fɔɔso bi pia nhoma no a, ɛma etu fi baabi a ɛwɔ no ma enya spiid.

Saa ara nso na sɛ afiri bi rekɔ baabi a, ɛde spiid pɔtee bi tu kwan. Bere biara no, fɔɔsos ahorow a ɛyɛ adwuma wɔ afiri no so no wɔ ekwilibrum. Ansa na afiri bi spiid a ɛde retu kwan no bɛsesa no, ɛsɛsɛ mfikyiri fɔɔso bi pia no ana esiw ne kwan.

Adekyerɛ 6-4: Afiri yi velositi yɛ 50km/dɔnhwerew. Ansa na ɛbɛsesa saa velositi yi no, ehia sɛ mfikyiri fɔɔso bi pia no anasɛ esiw no kwan.

Saa mfikyiri fɔɔso yi bi ne brek, mframa a efi afiri no akyi ana anim ne ɔkwan no tebea, te sɛ ebia sɛ ɔkwan no foro bepɔw anasɛ ɛda hɔ tratraa, anasɛ wɔaka ɔkwan no so kootaa anasɛ ɛyɛ mfuturu kwan...eyinom nyinaa tumi sesa afiri no spiid. Sɛ mfikyiri fɔɔso biara anka afiri no de a, fɔɔsos a ɛwɔ afiri no so no nyinaa nya ekwilibrum bere biara ma afirir no de spiid baako a ɛnsesa kɔ n'akwantu no so.

Momma yɛnhwɛ mfatoho fofor o. Yɛnfa no sɛ kokoo kotoku pren baako a ne mmuduru yɛ 60 pɔn (267N) sɛn mmuduru skeel bi so sɛnea yehu wɔ Adekyerɛ 6-5 so no.

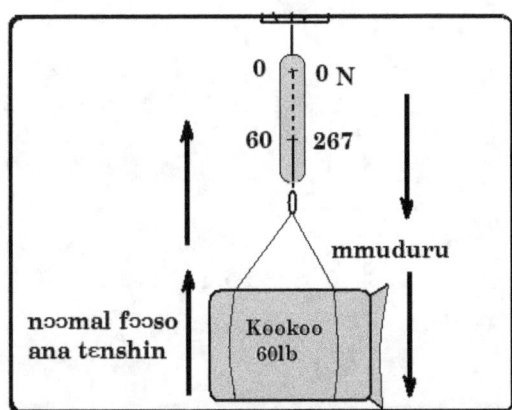

Adekyerɛ 6-5: Kookoo kotoku pren baako sɛn mmuduru skeel bi so. Hama no mu Tenshin ne kookoo no mmuduru dodow yɛ pɛpɛɛpɛ.

Asase mu graviti twe kookoo kotoku no kɔ fam. Yɛfrɛ saa fɔɔso yi sɛ kotoku no mmuduru.

Fɔɔso a ɛtwe adesoa no kɔ fam = mmuduru

Esiane sɛ kotoku no nntɔ fam no nti, ɛkyerɛ sɛ fɔɔso foforo bi wɔ skeel hama no mu a ɛtwe kotoku no kɔ soro. Yɛfrɛ saa fɔɔso a epia kotoku no kɔ soro no sɛ **tenshin**. Saa tenshin yi yɛ normal fɔɔso a epia kotoku no fi fam kɔ soro no. Yebetumi ama saa fɔɔso yi din pii: **pia-kɔ-soro fɔɔso** ana **normal fɔɔso** ana **tenshin fɔɔso**..

Pia-kɔ-soro fɔɔso = Fɔɔso a epia kotoku no kɔ soro = Hama no mu tenshin = Tenshin fɔɔso = normal fɔɔso

Esiane sɛ kotoku no nntɔ fam, na egyina hɔ pim wɔ skeel no so no nti, fɔɔsos abien no nyinaa adu ekwilibrum. Eyi kyerɛ sɛ kotoku no mmuduru ne tenshin a ɛwɔ skeel no mu no nyinaa ayɛ pɛ.

Kotoku no mmuduru = skeel no mu tenshin (normal fɔɔso)

Sɛnea yɛakyerɛ dedaw no, yetumi de grikifo lɛtɛ sigma no kyerɛ sɛ fɔɔsos no nyinaa adu ekwilibrum anasɛ wɔn nnan-akyi yɛ ohunu. Yɛkyerɛw eyi sɛ:

$$\Sigma F = 0$$

Ne saa nti, Newton mmara a edi kan no yɛ ekwilibrum mmara. Ɛkyerɛ sɛ fɔɔso dodow a ɛwɔ nneɛma ahorow bi a wɔn nyinaa adu ekwilibrum so no yɛ ohunu.

Asɛmmisa:

Kotoku bi a ne mmuduru yɛ 50N sɛn hama bi so. Kyerɛ tenshin dodow a ɛwɔ hama no mu.

Mmuae: (Hwɛ adekyerɛ a edi so yi.) Yenim sɛ fɔɔsos abien na ɛyɛ adwuma wɔ ha:

-Fɔɔso a ɛtwe kotoku no kɔ soro = tenshin fɔɔso = F_t

-Fɔɔso a ɛtwe kotoku no kɔ fam = kotoku no mmuduru = 50N

Esiane sɛ saa fɔɔsos abien yi wɔ ekwilibrum no nti, fɔɔso a ɛtwe kotoku no kɔ soro no ne fɔɔso a ɛtwe kotoku no ba fam no yɛ pɛɛɛpɛ

$$F_t = F_w$$

Ne saa nti, tenshin a ɛwɔ hama no mu no nso yɛ F_t = 50N.

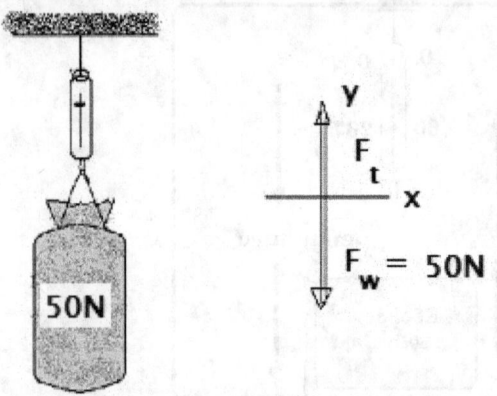

Saa nimdeɛ yi ma yɛn mmara a edi so yi: *sɛ ade bi sɛn hama baako a n'ankasa nso sɛn hɔ teateaa so a, tenshin a ɛwɔ hama no mu no ne ade ko no mmuduru yɛ pɛpɛɛpɛ.*

Newton mmara a edi kan no kyerɛ yɛn sɛ fɔɔso na ɛsesa ade bi gyinabea anasɛ ɛsesa ade biara akwantu ahoɔhare.

NEWTON MMARA A ƐTO SO ABIEN

Sɛ fɔɔsos pii hyehyɛ ade bi so fi mmeaemmeae pii a, epiapia ade ko no kɔ baabi foforo. Sɛ fɔɔsos no nyinaa pia ade ko no bere koro mu a, saa fɔɔsos no mu bi tumi twitwa wɔn ho wɔn ho mu, anasɛ keka bobɔ mu ma yenya **nnan-akyi** fɔɔso bi a yɛfrɛ no **resultant fɔɔso**. Sɛ fɔɔsos no nyinaa twitwa mu pɛpɛɛpɛ a, resultant fɔɔso no yɛ ohunu. Sɛ resultant no yɛ ohunu a, ade ko no bɛkɔ so agyina faako a ɛwɔ no pim, anasɛ ɛbɛkɔ so de ne spiid a ɛnnsesa akɔ so atu ne kwan te sɛnea biribiara nkaa no yɛ.

Nanso, sɛ saa resultant fɔɔso yi nyɛ ohunu de a, ade ko no akwantu spiid bɛsesa anasɛ ebenya **aselerashin**. Ne saa nti, aselerashin tumi kyerɛ nnan-akyi fɔɔso a ɛwɔ biribi so. Yɛnfa no sɛ fɔɔso, $F_{kɛse}$ bi pia adaka bi ma enya aselerashin bi a ne dodow yɛ A. Sayense nimdeɛ kyerɛ sɛ saa aselerashin yi ani kyerɛ baabi a resultant fɔɔso no kyerɛ no.

Newton mmara a ɛto so abien no kyerɛ sɛ, resultant fɔɔso no dodow yɛ ade ko no **mass** taems n'**aselerashin** a enya no. Yetumi kyerɛw saa mmara yi sɛnea edi so yi:

$$F = m \times \alpha$$

bere a yenim sɛ:
.. F yɛ saa resultant fɔɔso no (wɔ Newton mu)
.. m yɛ ade ko no mass (wɔ kilogram mu),
.. α yɛ aselerashin (wɔ mita pɛɛ sekond pɛɛ sekond mu [m/s²])

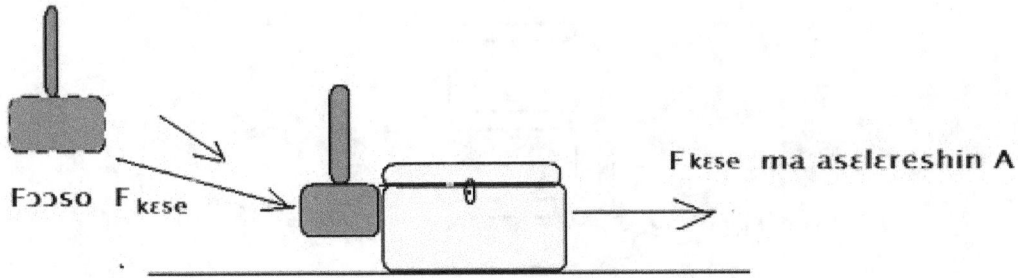

Adekyerɛ 6-6: Aselerashin gyina ade ko no mass so.

Saa ekuashin yi san kyerɛ sɛ aselerashin a yenya no gyina resultant fɔɔso no dodow so. Yɛka se aselerashin no ne resultant fɔɔso no yɛ **adamfo proposhinal**, nanso ɛne ade ko no mass yɛ **tamfo proposhinal**. Yɛkyerɛw saa ekuashin yi sɛnea edi so yi:

$$\alpha = \frac{F}{m} = F \cdot \frac{1}{m}$$

Nkitaho **adamfo proposhinal** no kyerɛ sɛ bere a aselerashin no nya nkɔso no, na resultant fɔɔso no nso nya nkɔso. **Tamfo proposhinal** no kyerɛ sɛ, bere a ade ko no mass reyɛ kɛse no, na aselerashin no dodow kɔ fam.

Aselerashin no kɛse nsesae gyina mass no ketewa-yɛ so. Baako yiyedi ma baako bɔ fam. Kae sɛ aselerashin no ne resultant fɔɔso no nyinaa wɔ anikyerɛbea baako.

> **Newton mmara a ɛto so abien:** sɛ mfikyiri fɔɔsos bi ma ade bi aselerashin a, ade no so resultant fɔɔso yɛ ade no mass taems n'aselerashin.
> **Fɔɔso = mass x aselerashin**

Yɛnfa no sɛ yɛde adaka foforo asi baako a ɛwɔ Adekyerɛ 6-6 no so ama ne mass anya mmɔho abien. Sɛ yɛde saa mfiase fɔɔso no san bɔ saa nnaka yi a, Newton mmara a ɛto so abien no kyerɛ sɛ yebehuan aselerashin no so nkyɛmu abien.

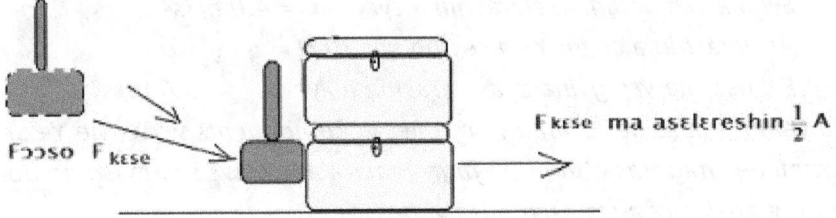

Adekyerɛ 6-7: Sɛ yɛfa nnaka abien a, saa $F_{kɛse}$ no ma aselerashin nkyɛmu abien pɛ.

Saa ara nso na sɛ yɛde saa Fɔɔso $F_{kɛse}$ no pia nnaka abiɛsa a, aselerashin no so behuan nkyɛmu abiɛsa pɛpɛɛpɛ.

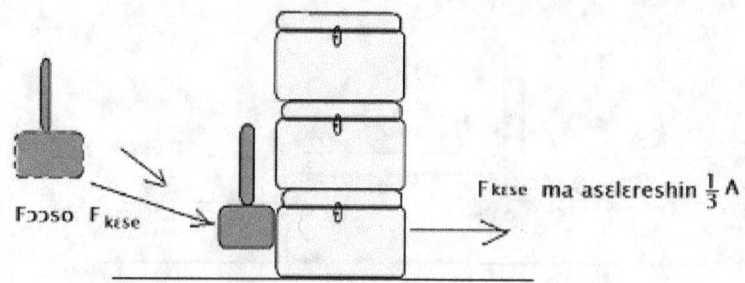

Adekyerɛ 6-8: Sɛ yɛfa nnaka abiɛsa a, saa Fkɛse no ma asɛlerehin nkyɛmu abiɛsa pɛ.

Asɛmmisa .. mfatoho

1. Mfikyiri fɔɔsos bi a ɛyɛ 45N pia adaka bi a ɛyɛ 20kg. Hwehwɛ aselerashin dodow a saa fɔɔsos yi de ma adaka no.

   Yenim sɛ Fɔɔso = mass x aselerashin.
   Ne saa nti: 45N = 20 kg x α

Aselerashin = 2.25 N/kg. Yenim sɛ 1N = 1kg.m/s². Ne saa nti, yenya 2.25 kg.m/s².kg a ɛma yɛn Aselerashin sɛ = 2.25 m/s²

2. Fɔɔso bi a ne komponents yɛ 20 N wɔ X-akses no so, ne 30 N wɔ y-akses no so pia 5 kg adesoa bi ma no aselerashin bi. Hwehwɛ saa aselerashin no.

Mmuae:

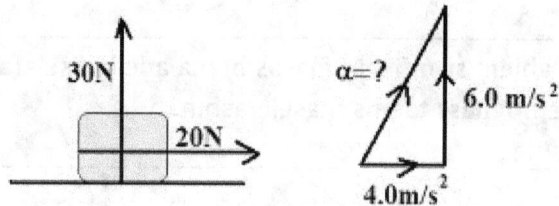

Yenim sɛ Fɔɔso = mass x aselerashin. Ne saa nti
   Aselerashin a ɛnam X-akses no so: 20 N = 5 kg x α
   Eyi ma yɛn dafam aselerashin a ɛyɛ α = 4.0 m/s²
   Aselerashin a ɛnam Y-akses no so: 30 N = 5 kg x α
   Eyi nso ma yɛn gyinahɔ aselerashin a ɛyɛ α = 6.0 m/s²

Afei a yenim saa aselerashin a yɛhwehwɛ yi komponents wɔ X- ne Y- akses no so no, yebetumi de Pitagoras aduokron digri mmara ahwehwɛ saa fɔɔso no dodow sɛnea edi so yi (hwɛ adekyerɛ a ɛfa asɛmmisa yi ho no):

Saa mmara yi ma yɛn α² = 4² + 6²

Eyi ma yɛn aselerashin α = 7.2 m/s²

Angle A nso dodow yɛ Arctan (6.0 /4.0) a ne dodow yɛ 56 digris.

Graviti

Yɛbɛkae sɛ tumi bi wɔ asase mfinimfini a ɛtwetwe nneɛma nyinaa ba fam, bɛtɔ asase so. Saa tumi yi din de **graviti**. Ansa na Newton rɛyɛ ne mmara no, na Galileo akyerɛ dedaw sɛ ade biara a wogyaa mu fi soro no de aselerashin pɔtee bi na ɛba fam. Ne saa nti, sɛ ade bi fi soro reba fam na biribiara nkura mu a, fɔɔso a epia no ba fam no fi aselerashin a efi graviti mu. Saa graviti yi yɛ aselerashin fɔɔso bi, a yetumi susuw ne dodow wɔ asase so baabiara. Abon akɛse mu graviti fɔɔso dodow yɛ pii kakra sen mmeae a ɛwowɔ mmepɔw atenten so. Oyikyerɛ ahorow akyerɛ sɛ saa graviti (g) yi **adantam dodow wɔ asase tratraa so yɛ 9.81N/m²**.

Mmuduru gyina graviti so

Saa graviti ho nimdeɛ yi ma yetumi kyerɛ ade bi mmuduru ase, efisɛ ade biara mmuduru gyina ade ko no mass ne graviti ahoɔden a ɛde twe ade ko no ba fam no so. Ne saa nti, ade bi mmuduru, **F$_g$**, yɛ ade ko no mass taems aselerashin a efi graviti de retwe ade ko no aba fam.

$$F_g = \text{mass (m)} \times \text{aselerashin a efi graviti (g)}$$

...bere a:
.. F$_g$ yɛ ade ko no mmuduru
.. m yɛ de ko no mass
.. g yɛ aselerashin a efi graviti.

Mass ne Mmuduru mu nkyerɛkyerɛmu

Mass yɛ ademude a ɛwɔ biribi mu. Ade biara mass yɛ pim a ɛnsesa. Yesusuw mass wɔ kilogram mu. Ade bi mmuduru bɛn ne mass nanso wɔnnyɛ pɛ. Mmuduru gyina asase graviti so. Mmuduru yɛ **fɔɔso** bi a ɛtwetwe ade bi de kɔ fam. Ne saa nti, ade bi mmuduru gyina ade ko no mass ne graviti so. Graviti yunits yɛ Newtons, te sɛ fɔɔso biara de pɛpɛɛpɛ.

Adekyerɛ 6-8: Yɛde mmuduru skeel na esusuw ade bi mmuduru. Brikisi a ne mass yɛ 20 kg no mmuduru yɛ ketewa sen brikisi a ne mass yɛ 65kg.

	Agyinamude	Nkyerɛase	Yunits
Mass	m	mass	kilogram
Mmuduru	F	m.g	Newton ana Kg.m/s²)

Ɔpon 6-1: Nsonsonoe a ɛdeda mass ne mmuduru ntam.

NEWTON MMARA A ƐTO SO ABIƐSA

Newton mmara a ɛto so abiɛsa no kyerɛ sɛ: "**Sɛ wobɔ biribi a, ɛno nso de ahooden a ɛyɛ pɛ na edi nhwɛanim bɔ wo bi.**" Saa Newton mmara yi kyerɛ sɛ, bere biara a fɔɔso bi pia biribi no, na fɔɔso foforo bi a ɛne no yɛ pɛ, na ɛsan ne no di nhwɛanim nso yɛ adwuma de tia saa mfiase fɔɔso no.

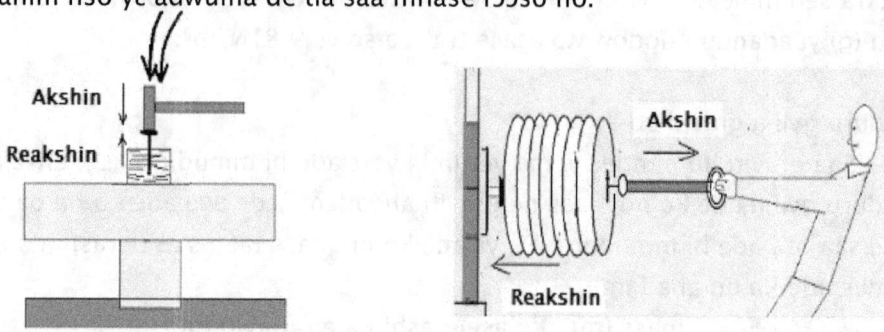

Adekyerɛ 6-9: Akshin ne reakshin. Bere a hamma no bɔ dadewa no so no, na fɔɔso a ɛyɛ pɛ bi nso fi dadewa no so pia hamma no kɔ soro. Nifa so: Spring akshin ne reakshin dodow yɛ pɛ nanso wɔsan bɔ abira.

Newton mmara 3: Akshin ne reakshin yɛ pɛ san di nhwɛanim

Sayense frɛ fɔɔso a epia biribi kɔ anim no **akshin**. Fɔɔso a esiw akshin fɔɔso anim kwan no yɛ **reakshin**. Ne saa nti, yetumi ka se akshin ne reakshin yɛ pɛ na wɔsan nso di nhwɛanim. Fɔɔso biara wɔ akshin ne reakshin. Sɛ obi guare wɔ asubɔnten bi mu a, bere a ne nan pia nsu no kɔ n'akyi no, na nsu no nso pia ne nnipadua no kɔ anim. Saa ara nso na sɛ obi pia ɔdan bi ɔfasu a, ne fɔɔso a ɔde pia no yɛ akshin. Esiane sɛ onii no nhwe fam no nti, ɔdan no nso de saa fɔɔso no ara bi pia onii no saa pɛpɛɛpɛ. Eyi yɛ ne reakshin. Saa fɔɔsos abien yi dodow yɛ pɛpɛɛpɛ.

Yɛnfa no sɛ obi de hamma bi bɔ dadewa bi so. Bere a hamma no rebɔ dade no so no, na dadewa no nso de fɔɔso bi a ɛyɛ pɛ na ɛne no di nhwɛanim resiw hama no kwan. Saa fɔɔso a dadewa no de resiw hama no kwan no na ɛma hama no gyina a ɛnkɔ baabiara bio no. Bio, yɛnfa no sɛ spring bi tare ɔdan bi ho. Sɛ onii bi twe spring no a, fɔɔso a ɔde twe spring no yɛ akshin. Ɔdan no mfasu no nso twe spring no ara saa pɛpɛɛpɛ kɔ ɔfasu no ho. Eyi ne spring no reakshin.

Saa ara nso na sɛ obi tow otuo a, otuo no de fɔɔso a ɛne otuo aboba no ahooden yɛ pɛpɛɛpɛ pia otuo no nso kɔ akyi no. Otuo tow no yɛ akshin; reakshin a ɛma otuo no kɔ n'akyi no yɛ reakshin. Saa fɔɔsos abien yi dodow yɛ pɛpɛɛpɛ. Obi betumi abisa se, sɛ ɛte saa de a, adɛn nti na otuo no nso mfa spiid a otuo aboba no de kɔ n'anim no nnkɔ n'akyi. Yɛbɛkae sɛ Newton mmara a ɛto so abien no kyerɛ sɛ, resultant fɔɔso no dodow yɛ mass taems aselerashin. Ne saa nti, sɛ yɛfa otuo aboba no a yenya:

84

$$F = \text{mass (aboba)} \times \text{aselerashin (aboba)}$$

Sɛ yɛfa otuo no nso a, yenya ekuashin a edi so yi:

$$F = \text{mass (otuo)} \times \text{aselerashin (otuo)}$$

Yɛbɛkae sɛ, ɛsɛsɛ saa ekuashins abien yi nyinaa yɛ pɛ. Ne saa nti:

mass (aboba) x **aselerashin** (aboba)= **mass** (otuo) x aselerashin (otuo)

Kae sɛ aboba no yɛ ketewa, ɛna n'aselerashin yɛ kɛse. Yenim sɛ otuo no mass yɛ kɛse, enti ehia sɛ n'aselerashin bɛyɛ ketewa na ama ekuashin no dodow a ɛwɔ nifa ne benkum no ayeyɛ pɛ. Ne saa nti na otuo no de spiid kakraa bi pɛ na ɛkɔ n'akyi no. Ne tiatwa mu no ne sɛ **bere biara a wobɔ biribi no, ade ko no nso de fɔɔso a ɛyɛ pɛ na ɛdi nhwɛanim bɔ wo bi.**

NSƐMMISA

1. Obi de kokoo kotoku baako a kokoo hyɛ mu ma, abrɛ wo. Kyerɛkyerɛ nsononsonoe a ɛdeda ne mmuduru ne mass mu kyerɛ w'adamfo bi a ɔnkɔɔ sukuu da.
2. Yesusuw mmuduru wɔ yunits bɛn mu?
3. So mass yɛ fɔɔso ana? Adɛn ntia?
4. Eyi yɛ ampa ana atorosɛm: Newton mmara a edi kan no yɛ ekwilibrum mmara. Kyerɛkyerɛ wo mmuae no mu.
5. Newton mmara a ɛto so abien no fa mfikyiri fɔɔso a epia ade bi ma no aselerashin. So saa asɛm yi yɛ nokware ana nkontompo? Kyerɛkyerɛ wo mmuae no mu.
6. Kyerɛkyerɛ saa nsɛm yi mu: i) ekwilibrum (ii) inershia (iii) Newton
7. Kwasi Mɛnsa de hamma kɛse bi rebɔ dadewa bi so. (i). Kyerɛ fɔɔsos ko a ɛwɔ saa adeyɛ yi mu. (ii) Newton mmara no mu nea ɛwɔ he na ɛkyerɛ saa dwumadi yi mu fɔɔsos ahorow no ase?
8. Adɛn nti na sɛ wogyaa wo ho mu fi ɔdan bi atifi a, wobɛhwe fam?
9. Adɛn nti na akutu tew fi dua so a, ɛba fam na ɛnkɔ soro mmom? Fɔɔso bɛn na ɛtwe akutu no ba fam no?
10. Obi tu kwan de speshyɛn kɔ Ɔsram so. Kyerɛ sɛnea ne mass ne ne mmuduru sesa fa bere a odu ɔsram so no. Kae sɛ ɔsram so asɛlɛrehsin a efi graviti no yɛ asase so de no mu nkyekyɛmu asia pɛ.

TIFA 7: FƆƆSOS AHOROW

Nkyerɛkyerɛmu

Twi	Brɔfo
Ade	matter

(Biribi a ɛwɔ mmuduru na etumi fa tenabea bi)

Atom   atom

(Ade mu ketewa koraa a etumi yɛ kemikal reakshin)

Galaksi   galaxy

(Nsoromma bebree a wɔakeka abobɔ mu)

Klusta   cluster

(Galaksis bebree a wɔakeka abobɔ mu)

Nsoromma   star

(Owia bi ne ne planɛts pii a wotwa owia no ho hyia)

Ntareho asase   satelite

(Asase bi a planɛt bi de ayɔnkodɔ fɔɔso atwe atare ne ho na ɛne planɛt no tu anamɔn koro; satelit)

Nufusu galaksi   milky way galaxy

(Galaksi a yɛn owia ne ne planɛts ahorow no yɛ mu kyɛfa no.)

Planɛt   planɛt

(Asase bi a owia bi de ayɔnkodɔ fɔɔso atwe atare ne ho na ɛtwa saa owia no ho hyia).

Satelit   satelite

(Ntareho-asase. Asase bi a planɛt bi de ayɔnkodɔ fɔɔso atwe atare ne ho na ɛne saa planɛt no tu anamɔn koro ma etu kwan de twa planɛt no ho hyia. Ɔsram yɛ yɛn wiase asase yi ntareho-asase. Ɛyɛ yɛn wiase yi satelit.)

PLANƐTS ANA WIM NSASE AHOROW

Yɛfrɛ wiase nsase, nsoromma ne wim baabiara a yetumi de yɛn aniwa ne mashins hu, emu mframa, ahoɔden, ne nneɛma ahorow nyinaa sɛ **yunivɛs**. Saa yunivɛs yi nni mfiase nni awiei.

Ade ketekete a ɛwɔ yunivɛs yi mu no yɛ **atom**. Yenim dedaw fi kɛmistri mu sɛ atom yɛ ade mu ketekete koraa a nkyekyɛmu biara nntumi mma mu bio mma saa ade no nkɔso nni pim; atom tumi yɛ kemikal reakshins. Atoms ahorow aduokron abiɛsa na Ɔbɔade ayɛ a emu biara kyerɛ element baako. Element yɛ ade mu ketewa koraa a ɛsono ne tebea ne ne suban. Saa elements yi mu atoms bebree na wɔkeka bobɔ mu ma yɛn "ade" ana matta a ɛyɛ mframa, nsu ne abo ahorow nyinaa. Ne saa nti, elements ahorow atoms nkabom na ɛma yenya **nsoromma**.

Yɛfrɛ nsoromma sɛ owia bi ne ne nsase ahorow bi a saa owia no de ayɔnkodɔ fɔɔso bi akyere de abenbɛn ne ho, na saa nsase yi de amirika twa saa owia no ho hyia. Nsase a owia bi akyere de abɛn ne ho, na wotwa ne ho hyia yi din de **planɛts**.

Nsoromma apepem bebree a wɔwɔ beae bi no din de **galaksi**. Yɛwɔ galaksis nketewa ne akɛse. Galaksis nketewa no mu bi nsoromma dodow yɛ ɔpepem du ne akyi. Galaksis akɛse no mu nsoromma dodow tumi kodu ɔpepepem ne akyi. Galaksis dodow a wɔwɔ beae bi no din de **klusta**. Ne saa nti, yunivɛs yɛ saa klustas yi dodow pii ne emu mframa, nsu ne abo ahorow.

Adekyerɛ 7-1: NASA foto a speshyɛn bi twaa wɔ wim de kyerɛ galaskis ahorow. Yɛn owia ne ne nsase akron a wotwa ne ho hyia no nyinaa nkabom te sɛɛ saa osiwiei yi mu baako bi wɔ saa foto yi mu. (Photo NASA)

Atoms ----> Nsoromma ----> Galaksi -----> Klusta ----> Yunivɛs

Yɛn asase a yɛte so yi yɛ planɛt. Yɛn planɛt yi ne planɛts ahorow awotwe na wotwa yɛn nsoromma a yɛfrɛ no owia no ho hyia. Ne saa nti, yɛn planɛt-asase yi yɛ ketekete koraa.

Adekyerɛ 7-2: Nufusu kwan-so galaksi (benkum). Yɛn owia ne ne planɛts dodow a wotwa owia ho hyia no yɛ nsoromma baako a wɔwɔ saa nufusu kwan-so galaksi yi mu. Nifa so yehu planɛts bi a wɔne yɛn Asase-Yaa a yɛte so yi twitwa owia ho hyia (saturn yɛ kɛse sen yɛn Asase yi; saturn na kawa atwa ne ho ahyia no).

Adekyerɛ 7-1 yɛ mfonini bi a Hubble teleskop a etuu kwan kɔɔ wim no twa de brɛɛ yɛn. Saa mfonini yi kyerɛ yunivɛs yi mu kyɛfa ketewaa bi pɛ. Kanea nketenkete a yehu wɔ saa mfonini yi mu no biara kyerɛ galaksi baako. Ne saa nti, kanea yi mu nea ɛyɛ ketewaa koraa no yɛ kɛse sen yɛn owia a yehu yi, ne yɛn asase a yɛte so yi, ne planɛts akron a wotwa owia ho hyia no nyinaa.

YƐN OWIA YI, NE PLANƐTS NE YƐN ASASE-YAA YI

Kan tete no, na adasamma gye di sɛ owia na etwa asase ho hyia. Tete adasamma gye too mu sɛ owia sɔre anɔpa wɔ apuei na akɔtɔ anadwofa wɔ atɔe. Bɛyɛ mfe 400 ni, na Polishni Kopernikus de too gua se, ɛnyɛ nokware sɛ owia na etwa asase ho hyia na mmom, asase na etwa owia ho hyia.

Nnipa pii ne Kopernikus gyee akyinnye ne titiriw Asɔfo Mpanyinfo a saa bere no na wogye di sɛ saa Kopernikus nsɛm yi kwati Onyankopɔn mmara. Nanso, nimdeɛ ahorow a ɛbaa akyiri yi ma ɛdaa adi pefee sɛ nea Kopernikus kae no na ɛyɛ nokware. Ɛnnɛ da yi obiara nnye ho akyinnye bio.

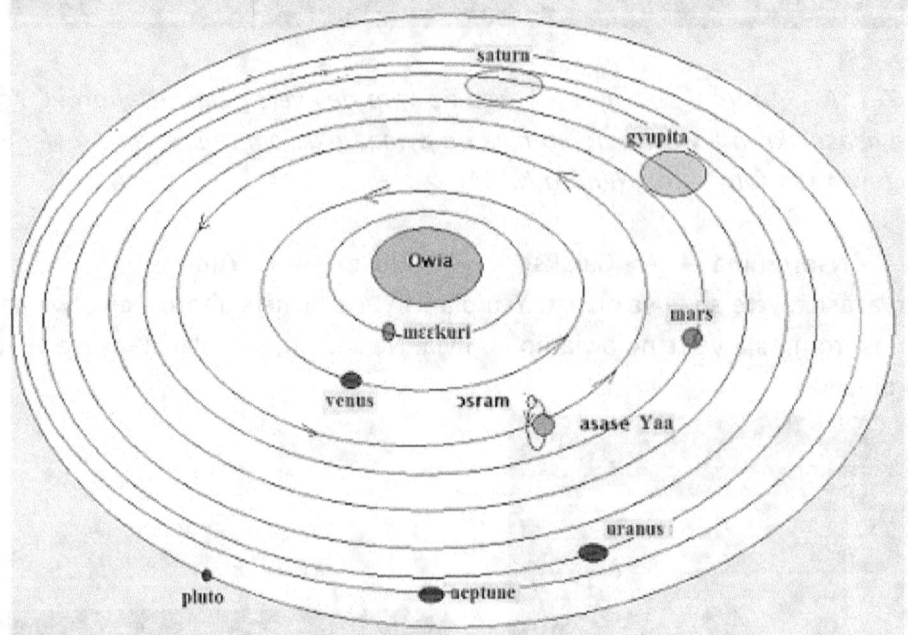

Adekyerɛ 7-3: Owia ne ne planɛts. Fi owia ho: Merkuri, Venus, Asase-Yaa, Mars, Gyupita, Saturn, Uranus, Neptune ne Pluto.

Asase ne planɛts ahorow awotwe tutu amirika de twa yɛn owia yi ho hyia. Bere a asase twa owia ho hyia no na asase dandan ne ho. Ɔsram nso twa asase ho hyia, dandan ne ho di asase akyi bere ko a asase retwa owia ho hyia no. Ne saa nti, yɛka se ɔsram yɛ yɛn Asase-Yaa yi satelit. Planɛts a ɛbenbɛn yɛn Asase-Yaa yi bi ne Merkuri, Venus, Mars ne Gyupita. Nea ɛkeka ho ne Saturn, Uranus, Neptune ne Pluto.

Spiid a yɛn asase yi de tu amirika twa owia ho hyia

Sɛ yɛn wiase-asase yi twa owia ho hyia de a, na ɛde spiid bɛn na etu saa kwan no? Sayense akontaa ahorow akyerɛ sɛ asase spiid a ɛde twa owia ho hyia no yɛ 107 000 kilomitas pɛɛ dɔnhwerew. Sɛ yɛsesa saa spiid yi kɔ nketewa mu a, yenya

$$\frac{107\ 000\ km}{60\ simma \times 60\ sekonds} = 30\ km/sekond\ (ana\ 18\ mael/sekond)$$

Eyi kyerɛ sɛ ansa na wobebu anikyew bewie no, na asase a yɛte so yi atwa kwan afa futbɔl agodibea ho ahyia mpɛn aduosɔn anum (75). Hmm!

Ayɔnkodɔ Fɔɔso a Ɛtwetwe Planɛts ne Amansan Graviti Mmara

Obi betumi abisa se, ɛyɛ dɛn na nsase ahorow tumi sensɛn wim na wɔn mu ntetew anasɛ wonntutu nnkɔ baabi foforo? Ansa na yebebua saa asɛmmisa yi no, ɛsɛsɛ yɛte ase sɛ, planɛts, satelits ne awia ahorow a ɛsensɛn wim yi mu biara wɔ ne graviti dodow, a ɛsono emu biara de. Ɔsram wɔ ne graviti dodow, Owia nso wɔ ne de, planɛt **Mars** nso wɔ ne de. Saa ara nso na planɛts **Pluto** ne **Venus** nso wɔ wɔn de. Ɛyɛ saa graviti yi na saa nsase, planɛts ne satelits ahorow yi de asuso wɔn ho mu, de twetwe benbɛn wɔn ho. Newton nimdeɛ a ɔde too gua no ma yetumi bu nkontaa bi de kyerɛ saa planɛts yi mu biara ahoɔden dodow a ɛde twetwe asase foforo bi bɛn ne ho.

Yɛfrɛ fɔɔso a ekura nsase abien biara mu, na ɛma wotumi twetwe benbɛn wɔn ho, kɔ so tutu amirika de fa wɔn akwan so no sɛ **ayɔnkodɔ fɔɔso**. Ne saa nti, ayɔnkodɔ fɔɔso na ekurakura nsase abien biara mu. Yɛyɛ dɛn na yɛkyerɛ saa ayɔnkodɔ fɔɔso yi dodow?

Jolli Ɔyɛkyerɛ a Ɔde susuw Ayɔnkodɔ Fɔɔso Dodow

Sayenseni bi a wɔfrɛ no Jolli na ɔyɛɛ ɔyɛkyerɛ bi de yii saa ayɔnkodɔ fɔɔso a ɛdeda planɛts ntam yi adi. Esiane sɛ planɛts yɛ nkrokrowaa te sɛ bɔɔls no nti, Jolli de sfiɛ ketewa bi sɛn mmuduru skeel bi so susuw ne mmuduru.

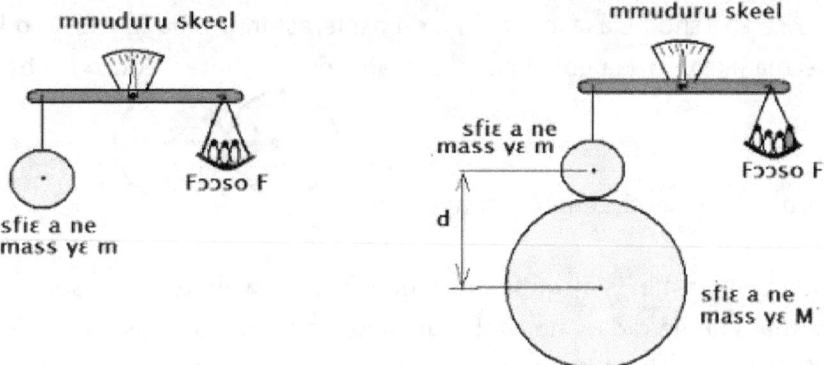

Adekyerɛ 7-4: Jolli nkyerɛade a ɛma yetumi susuw ayɔnkodɔ fɔɔso a ɛda sfiɛs abien bi ntam.

Ɛno akyi, ɔde sfiɛ kɛse bi twiw bɛn sfiɛ ketewa a ɛda so sɛn mmuduru skeels no so no ho. Ɛbaa no saa no, Jolli kyerɛɛ sɛ sfiɛ ketewa no twe bɛn sfiɛ kɛse no ho. Saa fɔɔso fofro a ɛmaa sfiɛ ketewa yi twiw bɛn sfiɛ kɛse no ho no maa sfiɛ ketewa no mmuduru nyaa nkɔso. Ne saa nti, ehiaa sɛ Jolli de mmuduru nnade fofro gugu skeel no so bio, ansa na mmudru skeel paane no asan aba ekwilibrum wɔ skeel no mfinimfini bio. Jolli susuw nsesae a ɛbaa sfiɛ ketewa no mmuduru mu, de kyerɛɛ ayɔnkodɔ fɔɔso a ɛda saa sfiɛ abien yi ntam.

Ayɔnkodɔ Fɔɔso yi ne Amansan Graviti Konstant Dodow ekuashin

Ansa na Jolli yɛɛ saa ɔyɛkyerɛ yi no, na sayensefo abubu nkontaa anya ekuashin bi a eyi saa ayɔnkodɔ fɔɔso yi adi. Esiane sɛ Newton na odii kan kyerɛw saa ekuashin yi nti, yɛfrɛ saa ekuashin yi sɛ **Newton Amansan Graviti mmara ekuashin.**

Saa Newton amansan graviti mmara yi kyerɛ sɛ, **Ayɔnkodɔ fɔɔso a ɛda nneɛma abien biara ntam no ne nneɛma abien no mass yɛ proposhinal, ɛna ɛne kwandodow a ɛda nneɛma abien no ntam skwɛɛ nso yɛ tamfo proposhinal.**

Ne saa nti, sfiɛs abien bi a wɔn mass yɛ **m** ne **m'** na wɔbenbɛn wɔn ho no **Graviti Ayɔnkodɔ fɔɔso**, F$_G$ yɛ sfiɛs abien no mass **m** ne **m'** mmɔho nkyɛmu kwandodow a ɛda wɔn ntam no skwɛɛ.

Newton Amansan graviti mmara ekuashin no na edi so yi:
$$F_G = \frac{G\,mm'}{r^2} \quad \text{bere a:}$$

.. F$_G$ yɛ Graviti Ayɔnkodɔ fɔɔso a ɛda nneɛma nkrokrowaa abien no ntam wɔ Newtons mu
.. **m** ne **m'** yɛ wɔn mass ahorow no dodow wɔ kilogram mu
.. G yɛ dodow pɔtee bi a ɛyɛ 6.67×10^{-11} N.m^2/kg^2. Yɛfrɛ saa G yi sɛ **amansan graviti konstant**. Yɛde G kɛse na egyina hɔ ma saa amansan graviti yi na ama yɛahu nsonsonoe a ɛda ɛno ne asase graviti a efi aselerashin no mu (a ɛno yɛ g ketewa).
–r yɛ nneɛma nkrokrowaa abien no radius ahorow no tenten dodow (fi baako senta

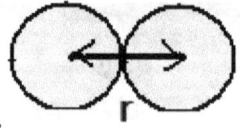

kosi fofro no nso senta tenten) wɔ mitas mu.

Sɛ wohwɛ saa ekuashin yi a, wobehu sɛ, bere biara a wobetumi asusuw bɔɔls abien bi mu biara mass ne ne radius no, wobetumi akyerɛ ayɔnkodɔ fɔɔso a ɛda wɔn ntam.

Yetumi kyerɛ bere biara nso sɛ ayɔnkodɔ fɔɔso a ɛda saa sfiɛs abien yi ntam no ne saa sfiɛs abien yi mu biara mass ne wɔn radius dodow skwɛɛ di tamfo proposhinal nkitaho. Sɛ yɛde **d,** gyina hɔ ma sfiɛs abien no radius dodow (a ɛyɛ kwandodow a ɛda wɔn ntam) a, yetumi kyerɛw ekuashin a edi so yi de kyerɛ Ayɔnkodɔ Fɔɔso no ne kwandodow a ɛda sfiɛs abien no ntam:

$$\text{Esiane sɛ } F_G = \frac{GmM}{d^2} \text{ no nti, yetumi ka se } F_G = \frac{Konstant}{d^2}$$

Yɛfrɛ saa mmara yi sɛ **Ayɔnkodɔ Fɔɔso tamfo proposhinal skwɛɛ mmara**. Sɛ ade bi si asase so a, saa ade ko no ne Asase-Yaa a yɛte so yi wɔ ayɔnkodɔ fɔɔso bi a yɛbɛfrɛ no F_G. Bere biara a yebepia saa ade ko no ama kwandodow a ɛda wɔn ntam no anya asase radius mmɔho no, yehuan ayɔnkodɔ fɔɔso a ɛda wɔn ntam no so **tamfo proposhinal skwɛɛ**.

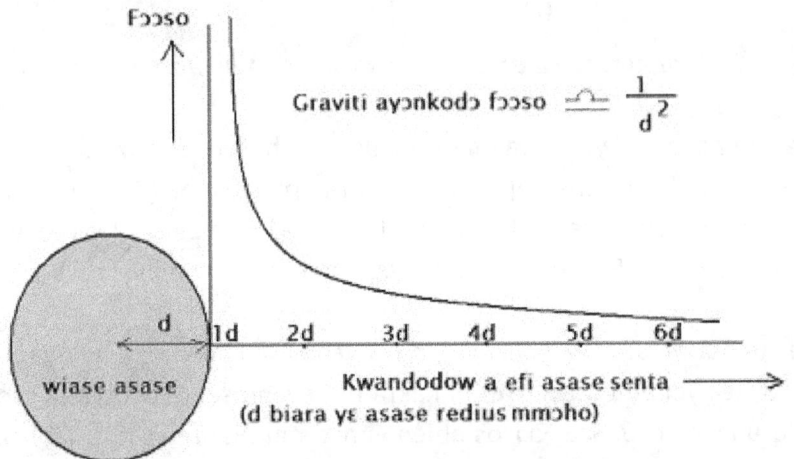

Adekyerɛ 7-5: Ayɔnkodɔ fɔɔso tamfo proposhinal skwɛɛ mmara. Bere a ade bi ne asase-ntam kwan reyɛ tenten no, na ayɔnkodɔ fɔɔso a ɛda wɔn ntam no so rehuan tamfo proposhinal skwɛɛ.

Sɛ ade no si asase so a, $F_G = K/d^2$

Sɛ ade no ne asase ntam kwan nya asase radius mmɔho abien a, yenya
$$F_G = K/(2d)^2 = K/4d^2$$
Sɛ ade no ne asase ntam kwan nya asase radius mmɔho abiɛsa a, yenya
$$F_G = K/(3d)^2 = k/9d^2$$
Sɛ ade no ne asase ntam kwan nya asase radius mmɔho anan a, yenya
$$F_G = K/(4d)^2 = K/16d^2.$$

Eyi ne **Ayɔnkodɔ Fɔɔso tamfo proposhinal skwɛɛ mmara**. Ɛkyerɛ sɛ **Ayɔnkodɔ Fɔɔso** ne kwandodow a ɛda nneɛma abien biara ntam no skwɛɛ di tamfo proposhinal nkitaho.

FƆƆSOS AHOROW A WOPIAPIA ANA WƆTWETWE NNEƐMA
Normal Fɔɔso (F_n) ne Mmuduru Fɔɔso (F_g)

Sɛ ade bi si asase so a, ne normal fɔɔso na epia no kɔ soro. Yenim sɛ bere biara a yɛbɛka 'normal' wɔ fisiks mu no, no, na ɛkyerɛ aduɔkron digris. Ne saa nti,

Normal fɔɔso [F_n] yɛ fɔɔso bi a ɛne baabi a ade bi da no yɛ tratraa ma ɛyɛ 90 digri angle.

Yɛbɛkae nso sɛ graviti fɔɔso, F_g twetwe ade biara kɔ fam. Ne saa nti, normal fɔɔso a ɛyɛ pia-kɔ-soro fɔɔso no di dwuma de tia graviti fɔɔso. Sɛ ade ko no wɔ ekwilibrum na esi fam tratraa te sɛnea yehu wɔ Adekyerɛ 7-6 so a, normal fɔɔso no ne mmuduru fɔɔso no dodow yɛ pɛ ($F_g=F_n$).

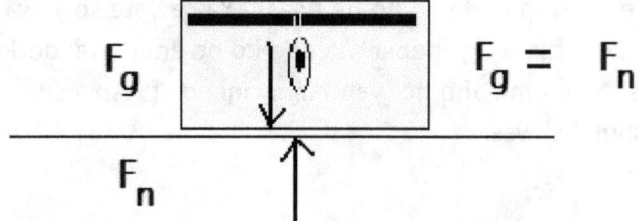

Adekyerɛ 7-6: Normal fɔɔso a epia ade bi kɔ soro no ne ade no mmuduru yɛ pɛ.

Fɔɔso bi a ɛne bepɔw bi yɛ tratraa na ɛtwe adesoa bi foro bepɔw no

Yɛnfa no sɛ fɔɔso, F, bi a ɛne bepɔw bi yɛ tratraa pia adesoa bi de foro saa bepɔw yi a ɛne asase yɛ angle α sɛnea yehu wɔ Adekyerɛ 7-7 so no. Saa fɔɔso F yi komponent a ɛde retwe ade no yɛ F_1 a ɛne no yɛ pɛpɛɛpɛ efisɛ wɔwɔ anikyerɛbea baako. Ne saa nti, yetumi ka se: $F = F_1$.

Sɛ ɛte saa de a, na Mfikyiri Fɔɔso F a yɛde pia adesoa no nyinaa na ɛtwe no de foro soro. Sɛnea yebehu wɔ yɛn anim kakra no, ɛsono saa Fɔɔso yi na ɛsono adesoa no mmuduru fɔɔso nso. Saa Fɔɔsos abien yi nso mu biara nyɛ normal fɔɔso anasɛ pia-kɔ-soro fɔɔso a epia afiri no ma ɛne bepɔw no yɛ aduokrɔn digri angle.

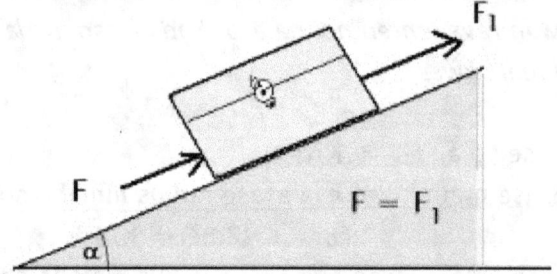

Adekyerɛ 7-7: Fɔɔso a ɛne bepɔw bi yɛ tratraa, na epia adesoa bi foro bepɔw no.

Bere biara a ade bi da bepɔw bi so no, yɛfa dafam akses ana x-akses no sɛ ɛne bepɔw no yɛ (tratraa ana paralel); yɛfa gyinahɔ akses (ana y-akses) no nso sɛ ɛne bepɔw no yɛ pependikula (ana aduɔkron digris). Yehu eyi wɔ Adekyerɛ 7-8 so.

Yɛanya ahu no saa yi nti, afei momma yɛnfa afiri bi a ɛreforo bepɔw bi nyɛ mfatoho. Nea edi kan no, mfikyiri fɔɔso, F bi pia afiri no kɔ anim. Nea ɛto so abien, afiri no mmuduru fɔɔso, F_g bi twe afiri no kɔ fam pɛɛ. Nea ɛto so abiɛsa, yenim dedaw sɛ, normal fɔɔso, F_n bi nso a ɛne bepɔw no yɛ pependikula pia afiri no kɔ soro..

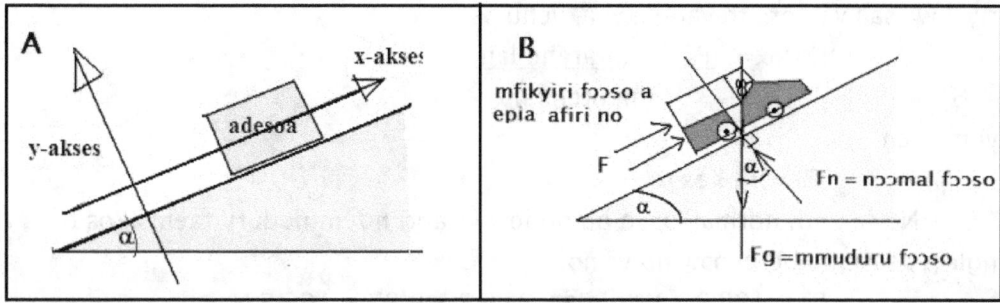

Adekyerɛ 7-8:   Sɛ Fɔɔsos bi wɔ ade bi a ɛda bepɔw bi so a, yebu x-akses no sɛnea ɛne bepɔw no yɛ tratraa (paralɛl); yebu y-akses no sɛ ɛne bepɔw no yɛ pependikula (90 digri angle).

    Yɛakyerɛ saa fɔɔsos abiɛsa yi nyinaa wɔ Adekyerɛ 7-8 (B) so.
    F = Mfikyiri Fɔɔso F pia afiri no kɔ n'anim
    F_g = Afiri no mmuduru pia afiri no kɔ fam
    F_n = Normal fɔɔso pia afiri no kɔ soro.

Mfikyiri Fɔɔso: Esiane sɛ mfikyiri fɔɔso no ne dafam akses (x-akses) no yɛ paralel no nti, enni komponent biara wɔ x-akses no so. Ne saa nti, saa fɔɔso no dodow no nyinaa na epia afiri no kɔ n'anim.

Mmuduru Fɔɔso: Afiri no mmuduru gyina ne mass ne graviti so. Saa mmuduru fɔɔso yi pia afiri no kɔ fam. Esiane sɛ graviti kɔ fam tee no nti, saa mmuduru fɔɔso yi ne normal no yɛ alfa angle, a ɛyɛ saa angle a bepɔw no ne asase yɛ no pɛpɛɛpɛ.

Normal Fɔɔso: Saa fɔɔso yi ne bepɔw no yɛ aduɔkron digris. Ne saa nti, ɛne y-akses no yɛ paralɛl a enni komponent biara wɔ y-akses no so. Ne dodow yɛ:

$$F_n = F_g \cos \alpha$$

    Yɛakyerɛ sɛnea yenya saa dodow ase yi wɔ yɛn anim kakra.

Momma yɛnfa asɛmmisa a edi so yi nyɛ mfatoho. Afiri ketewa bi a ne mass yɛ 20 kg de fɔɔso 45N reforo bepɔw bi a ɛne asase yɛ 30 digri angle. So yebetumi akyerɛkyerɛ saa fɔɔsos yi dodow ana?

    Nea edi kan, **mfikyiri fɔɔso 45N** bi na epia afiri no.

    Nea ɛto so abien, yenim dedaw sɛ mmuduru fɔɔso bi pia afiri no kɔ fam tee, a ne dodow yɛ afiri no mass taems asase mu aselerashin a efi graviti. Ne saa nti:

    Mmuduru Fɔɔso (F.g) $= mg = 20 \text{ kg} \times 9.81 \text{ m/s}^2 = 196.2 \text{ N}$

    Nea edi so, yenim sɛ **normal fɔɔso** no ne bepɔw no yɛ aduɔkron digris angle. Yebetumi adrɔɔ saa fɔɔsos yi ama yɛahu normal fɔɔso no dodow.

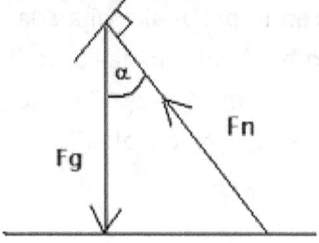

Sɛ yɛhwɛ saa vektors trayangle yi a, yehu sɛ;

$$\text{Kos } \alpha = \frac{F_g}{F_n} \quad \frac{\text{(ntareho lain)}}{\text{(hipotenus)}}$$

Eyi ma yɛn:

$$F_n = F_g \text{ Kos } \alpha$$

Ne saa nti, normal fɔɔso no dodow yɛ afiri no mmuduru taems kos α a ɛyɛ angle a asase no ne bepɔw no yɛ no.

$$F_n = 196.2 \times \text{Kos } 30° = 196.2 \times 0.87 = 166.5 \text{ N}$$

> Sɛ ade bi gyina bepɔw bi so a, normal fɔɔso a epia no kɔ soro no dodow yɛ ade ko no mmuduru taems kosine angle a asase ne bepɔw no yɛ.

Fɔɔso a epia adesoa bi a ɛda asase tratraa so de kɔ anim

Yɛnfa no sɛ 30N mfikyiri fɔɔso, F, pia adaka, B, bi a ɛda baabi tratraa de fa kwan teateaa bi so (Adekyerɛ 7-9). Esiane sɛ adaka no da baabi tratraa no nti, fɔɔso dodow no nyinaa pia adaka no kɔ n'anim.

Yɛbɛkae sɛ mmuduru Fɔɔso, F_g bi nso pia adaka B no kɔ fam. Saa fɔɔso F_g yi yɛ mmuduru a efi adaka no mass ne aselerashin a efi graviti so. Ɛsɛsɛ saa mfikyiri fɔɔso F no tumi bunkam fa mmuduru fɔɔso Fg no ne adaka no twiwfam fɔɔso so ansa na adaka no atumi akɔ n'anim. Ne saa nti, sɛ F so sen Fg (F> Fg) a, adaka no tumi tu fi baabi a esi no kɔ anim.

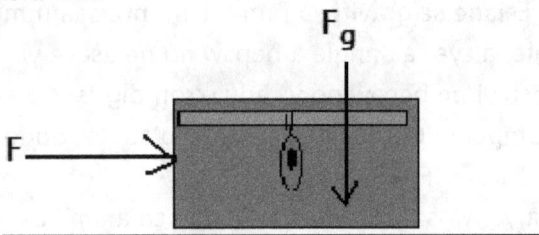

Adekyerɛ 7-9: Fɔɔso a epia adaka a ɛda baabi tratraa fa kwan teateaa so.

Sɛ Fɔɔso F no sua sen Fg (F< F_g) no de a, adaka no bɛkɔ so agyina baabi a esi no a biribiara remmɔ no dwɛ. Yebu sɛ bere a adaka no tu fi ne gyinabea no yɛ bere a fɔɔso F ne F_g no yɛ pɛpɛɛpɛ (F=F_g).

Fɔɔsos abien a wodi nhwɛanim na wopia adesoa bi a ɛda asase tratraa so

Sɛ fɔɔsos abien bi di nhwɛanim pia adaka bi a ɛda asase tratraa bi so a, saa fɔɔsos yi yɛ nnwuma de tiatia wɔn ho. Yɛnfa no sɛ Fɔɔso [F_1] a ne dodow yɛ 10N pia adaka bi kɔ anim bere ko a Fɔɔso foforo [F_2] a ɛyɛ 3N nso pia adaka no kɔ n'akyi sɛnea yɛakyerɛ wɔ Adekyerɛ 7-10 so no. Nnan-akyi Fɔɔso ahe na ɛwɔ adaka no so na ɛhe na n'ani kyerɛ?

Adekyerɛ 7-10: Adaka bi a nhwɛanim fɔɔsos bi repia no.

Esiane sɛ fɔɔso F_2 no yɛ adwuma de tia fɔɔso F_1 no nti, yebu no sɛ ɛyɛ nyifim fɔɔso. Ne saa nti, nnan-akyi fɔɔso anasɛ resultant fɔɔso a edi dwuma wɔ B so no yɛ:

$F_1 - F_2$ = F resultant

F resultant = $F_1 - F_2$

= 10N − 3N = 7N a ani kyerɛ nifa so efisɛ fɔɔso kɛse no anikyerɛbea na adaka no kɔ.

Kae sɛ, esiane sɛ saa fɔɔsos yi ne asase a adaka no da so no yɛ tratraa no nti wonni komponent biara.

Fɔɔso a a efi angle bi twe adesoa bi a ɛda asase tratraa so: komponent fɔɔso

Yɛnfa no sɛ hama bi fi soro de Fɔɔso F_1 retwe adaka bi a ɛda asase tratraa so. Yɛnfa no sɛ hama no ne asase tratraa yɛ angle α digris sɛnea yɛakyerɛ wɔ Adekyerɛ 7-11 so no. Sɛ yɛdrɔɔ lains sɛnea ɛwɔ Adekyerɛ 7-11 so a, yehu Fɔɔso, F_1 dodow a ɛnam x-akses no so. Eyi ne fɔɔso F no komponent a ɛnam x-akses no so. Yebetumi abu akontaa be akyerɛ saa Fɔɔso yi dafam komponent no dodow. Eyi ne fɔɔso, F_1 a ɛtwe adaka no fa fam anasɛ x-akses no so.

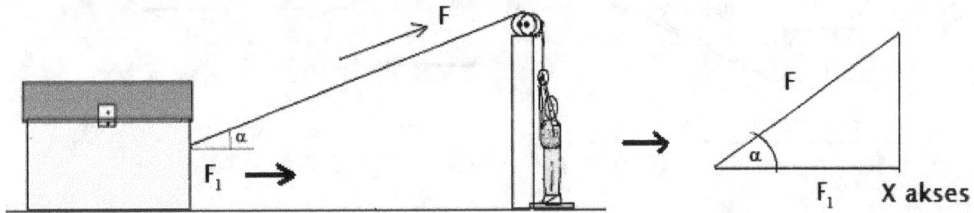

Adekyerɛ 7-11: Adesoa bi a fɔɔso a ɛne asase yɛ angle retwe no, Nifa so: Adekyerɛ a ɛma yehu fɔɔso a efi soro angle bi retwe adesoa bi afa x-akses no so.

Sɛ yɛde saa fɔɔsos yi yɛ trayangle a, yehu sɛ: Kos α = $\dfrac{F_1}{F}$

a ɛma yɛn $F_1 = F \cos α$.

Ne saa nti, Fɔɔso a ɛtwe adaka no nam fam tratraa no dodow yɛ fɔɔso F a ɛtwe adaka no taems kos angle a adaka no ne hama no yɛ no.

F_1 = F kos α

Fɔɔso F1 a ne dodow yɛ F kos α yi na ɛtwe adaka no.

Fɔɔso bi a ɛne asase yɛ tratraa na epia adesoa bi a ɛda bepɔw bi so

Afei, yɛnfa no sɛ adesoa bi da bepɔw bi so a saa bepɔw no ne asase tratraa yɛ angle α digris sɛnea yɛakyerɛ wɔ Adekyerɛ 7-12 so no. Yɛnfa no sɛ Mfikyiri Fɔɔso, F, bi a ɛne asase yɛ tratraa (paralel) pia adesoa no. Yɛbɛkae mmara a edi nneɛma a ɛdeda bepɔw bi so ne wɔn fɔɔsos ho nsɛm sɛnea yehuu wɔ Adekyerɛ 7-8 so no. Saa mmara yi kyerɛ yɛn sɛ, ɛsɛsɛ yɛfa x-akses no sɛ ɛne bepɔw no yɛ tratraa; y-akses no nso ne bepɔw no yɛ aduɔkron digris angle.

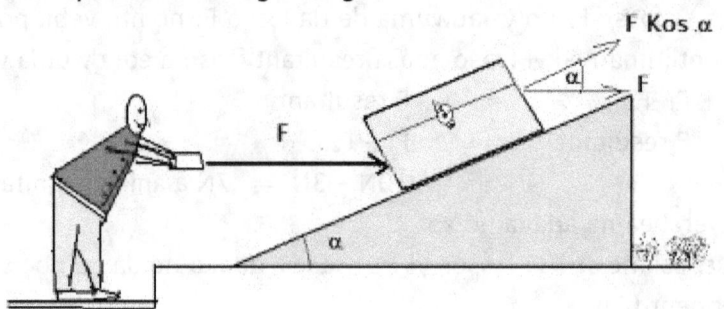

Adekyerɛ 7-12: Fɔɔso a ɛne asase yɛ tratraa na epia adesoa bi a ɛda bepɔw bi so.

Sɛ yɛde saa fɔɔsos yi nyinaa yeyɛ trayangles a, yehu sɛ mfikyiri fɔɔso, F no komponent a ɛnam x-akses no so, F1 no dodow yɛ Fkos α sɛnea Adekyerɛ 7-13 ma yehu no.

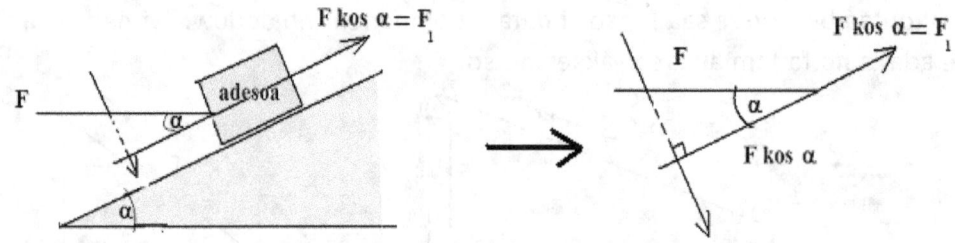

Adekyerɛ 7-13: Fɔɔso a ɛne asase yɛ tratraa na epia adesoa bi de foro bepɔw.

Mfikyiri fɔɔso F_1 dodow a epia adesoa no foro bepɔw no yɛ $F_1 = F \text{ Kos } α$.
Yenim dedaw nso sɛ Fɔɔso foforo, $F_{mmuduru}$ bi nso pia adaka no kɔ fam. Eyi yɛ saa adesoa B no mmuduru a ne dodow yɛ:

$$F_{mmuduru} = \text{mass (adaka)} \times \text{aselerashin a efi graviti (g)}$$

Yɛbɛkae nso sɛ normal fɔɔso bi pia adaka no kɔ soro; saa fɔɔso yi ne bepɔw no yɛ pependikula (ana 90° angle). Saa normal fɔɔso, F_n, yi dodow yɛ $= Fxg \text{ Kos } α$.

$$F_n = Fxg \text{ Kos } α.$$

TWERƐWHO FƆƆSO/TWIWFAM FƆƆSO

Sɛ obi retwe biribi afa fam a, fam fɔɔso bi wɔ hɔ ɛmma ade ko no nnkɔ anim yiye. Sɛ fam hɔ yɛ toro a, saa fɔɔso yi yɛ ketewa bi pɛ, enti ade no tumi kɔ ntɛmntɛm. Nanso sɛ fam hɔ yɛ woserekaa de a, ade no nntumi nnkɔ ntɛm koraa. Saa ara na kaar bi tumi kɔ ntɛm wɔ ɔkwan papa a wɔaka so kootaa so sen ɔkwan abonabon a mfuturu ne abo nkutoo na ɛwɔ so no so.

Fɔɔso a ɛma ade bi twiw fam, siw n'akwantu kwan no din de **Twiwfam fɔɔso**. Sɛ ade ko no nam wim (te sɛ wimhyɛn) ana nsu mu (te sɛ hyɛn) a, nsu ne mframa twerɛw ade no ho, siw n'anim akwantu kwan. Sɛ ɛba no saa a, twiwfam fɔɔso no din sesa bɛyɛ **Twerɛwho fɔɔso**. Twiwfam fɔɔso ne Twerɛwho fɔɔso yɛ anuanom; nea edi kan no di dwuma wɔ fam; Twerɛwho fɔɔso nya nkɔso wɔ nsu ne mframa mu.

Twiwfam ne twerɛwho fɔɔsos yi mu biara yɛ adwuma de tia biribi nkɔanim, enti bere biara no wosiw ade bi akwantu kwan ano. Bio nso, saa fɔɔsos yi anikyerɛbea ne ade ko no akwantu bɔ abira. Eyi kyerɛ sɛ, sɛ ade bi akwantu ani kyerɛ apuei a, na twiwfam ana twerɛwho fɔɔso no ani kyerɛ atɔe. Ansa na ade bi betumi atu afi baabi a esi no, ehia sɛ ne nkɔanim fɔɔso no tumi bunkam fa ne twiwfam (ana ne twerɛwho) fɔɔso no so.

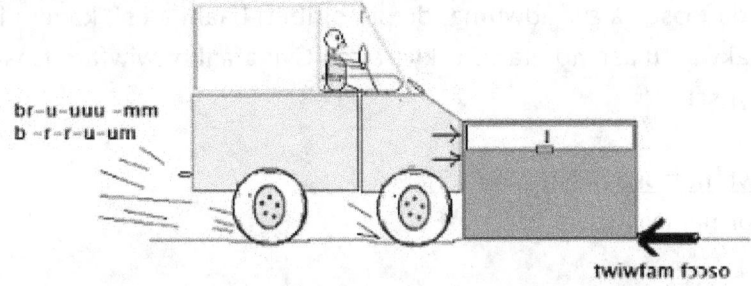

Adekyerɛ 7-14: Twiwfam fɔɔso nkyerɛase. Ɛsɛsɛ fɔɔso a afiri no de pia adaka no ne adaka no twiwfam fɔɔso yɛ pɛ ansa na adaka no afi ase atu kwan akɔ n'anim.

KINETIK TWIWFAM FƆƆSO KOEFISHIENT

Sɛ biribi retu kwan akɔ anim ana akyi a, sayense de asɛmfua "kinetik" na ɛkyerɛ saa akwantu no. Sɛ ade bi rekɔ anim a, yenim sɛ fɔɔsos bi tia n'anim akwantu no a, ɛmma ɛnnkɔ n'anim yiye. Fɔɔsos abien na ɛyɛ nnwuma de tia ade no anim akwantu no. Saa fɔɔsos yi ne:

- **Twiwfam fɔɔso** ne
- ade ko no **Mmuduru**.

Yɛde ade no **Kinetik twiwfam fɔɔso koefishient** [U_k] na ɛkyerɛ ade bi a etu kwan no spiid ne n'ahoɔden tebea. **Koefishient** yɛ numba bi a ɛbata fofro bi ho na ɛboa ma yebu ho nkontaa bi. Yɛkyerɛ saa **Kinetik twiwfam fɔɔso koefishient** no ase sɛ **Twiwfam fɔɔso** (T_f) **no nkyɛmu Normal fɔɔso** (F_n).

$$U_k = \frac{\text{Twiwfam fɔɔso}}{\text{Normal fɔɔso}} = \frac{T_f}{F_n}$$

Eyi kyerɛ sɛ, sɛ yenim ade bi Kinetik twiwfam fɔɔso koefishient, U_k a, yetumi hu twiwfam fɔɔso a esiw ade bi a ɛretu kwan no nkɔso anim.

GYINAFAAKO TWIWFAM FƆƆSO KOEFISHIENT

Sɛ ade bi gyina baabi pɔtee a, fɔɔsos bɛn na etumi pia no ma efi akwantu ase? Yenim dedaw sɛ sayense akyerɛ yɛn sɛ mfikyiri fɔɔso bi betumi adi saa dwuma yi. Nanso, saa mfikyiri fɔɔso dodow ahe na ebetumi ama ade bi atu afi ne dabea? Ansa na yebetumi ahu saa mfikyiri fɔɔso yi dodow no, ɛsɛsɛ yehu fɔɔsos dodow a wɔyɛ adwuma de tia ade ko no akwantu. Sayense kyerɛ sɛ, ɛha nso, fɔɔsos abien na wodi saa dwuma yi. Eyi ne:
- **Twiwfam fɔɔso** ne
- ade ko no **Mmuduru**.

Yɛkyerɛ fɔɔso dodow bi a epia ade bi kosi bere pɛpɛɛpɛ a ade no fi ase tu fi baabi a esi no sɛ ne **Twiwfam fɔɔso piesie** T_{fp}. Eyi yɛ mfikyiri fɔɔso ketekete koraa bi a efi ase bunkam Twiwfam fɔɔso no so. Yɛahu dedaw sɛ ade biara mmuduru ne ne normal fɔɔso no sesɛ. Ne saa nti, yɛde **Gyinafaako twiwfam fɔɔso koefishient**, U_g kyerɛ nkitaho a ɛda fɔɔsos a ɛyɛ adwuma, de pia biribi fi baabi a esi, kɔpem bere a etumi tu fi hɔ, fi akwantu ase no ntam. Yɛkyerɛ saa Gyinafaako twiwfam fɔɔso koefishient, U_g, yi sɛ:

$$U_g = \frac{\text{Twiwfam fɔɔso piesie}}{\text{Normal fɔɔso}} = \frac{T_{fp}}{F_n}$$

Ne saa nti, sɛ yenim saa Gyinafaako fɔɔso koefishient yi a, yetumi de ekuashin yi kyerɛ fɔɔso pɔtee a etumi ma ade bi a egyina baabi no fi akwantu ase.
Asɛmmisa: Brikisi bi a ne mass yɛ 400g de mfiase spiid 80cm/s nam asase tratraaa bi so. Ne twiwfam fɔɔso yɛ 0.70N. i) Kwandodow ahe na ebetwa ansa na agyina? ii) Hwehwɛ twiwfam koefishient fɔɔso a ɛda brikisi none fam ntam.
i) Esiane sɛ twiwfam fɔɔso no siw brikisi no akwantu no ano no nti, yɛfa n'anikyerɛbea sɛ nyifim. Ne saa nti, $F = -ma$. Eyi ma yɛn $-0.70 N = (0.400kg)(a)$ a ɛma yɛn $a = -1.75 m/s$.
Yenim sɛ $V_{awiei}^2 - V_{mfiase}^2 = 2ax$. Eyi yɛ: $(0 - 0.8)^2 m^2/s^2 / 2(-1.75 m/s^2)$. Eyi ma yɛn $x = 0.18m$.
ii) Yenim sɛ U_g = Twiwfam fɔɔso piesie/Normal fɔɔso. Yenim sɛ normal fɔɔso no ne brikisi no mmuduru yɛ pɛ. Ne saa nti $U_g = 0.70/(0.400kg)(9.81m/s^2) = 0.18$

NSƐMMISA
1. Dɛn ne planɛt?
2. Dɛn ne satelit ana ntareho asase?
3. So owia na etwa asase ho hyia, anasɛ asase na etwa owia ho hyia?
4. So Ɔsram tare asase ho anasɛ ɛtare owia ho?
5. Kyerɛ yɛn wiase asase yi spiid a ɛde tu kwan wɔ kilomitas pɛɛ sekond mu.
6. Dɛn ne ayɔnkodɔ fɔɔso a ɛdeda amansan nsase mu?
7. Kyerɛ amansan graviti ayɔnkodɔ fɔɔso no dodow. Kyerɛw ne simbɔl ana n'agyinamude.

8. Kyerɛ aselerashin a efi graviti no dodow. Kyerɛw ne simbol ana n'agyinamude.
9. Dɛn ne atwehuan fɔɔso? Kyerɛ ne yunits.
10. Dɛn ne normal fɔɔso?
11. Nnhoma bi da asase tratraa so. Kyerɛ nsonsonoe a ɛda ne mmuduru ne ne normal fɔɔso mu.
12. Yaa Foriwa repia nnhoma bi a ɛda bepɔw bi so akɔ anim aforo bepɔw no. Kyerɛ nnhoma no mmuduru ne ne normal fɔɔso.
13. Kwasi Tete gyina apuei de fɔɔso 10N pia adaka bi akɔ atɔe. Ama Dede nso gyina atɔe de fɔɔso 7N repia saa adaka no akɔ apuei. Kyerɛ nnan-akyi fɔɔso a ɛyɛ adwuma wɔ adaka no so.
14. Kyerɛ kinetik twiwfam fɔɔso ase.
15. Kyerɛ gyinafaako twiwfam fɔɔso ase?

TIFA 8 : AHOƆDEN, PAWA

Nkyerɛkyerɛmu

Twi	Brɔfo
Ahoɔden	energy

[nsesae a ɛba ade bi mu, tumi bi a ɛde nsesae ba]

Afiri ahoɔden/ adwumaden ahoɔden — mechanical energy

[ahoɔden a yenya fi afiri ana mashin bi mu de yɛ adwumaden, mashin ahoɔden, mekanikal ahoɔden]

Anyinam ahoɔden, ɛlɛktrik ahoɔden — electrical energy

[ɛlɛktrik ahoɔden, ahoɔden a yenya fi ɛlɛktrisiti ana anyinam mu]

Brek — brake

[ade bi a ɛma afiri bi spiid kɔ fam anasɛ ɛma egyina]

Hintawsoro ahoɔden — potential energy

[potenshial ahoɔden, ahoɔden a ɛwɔ biribi a esi soro mu. Ne dodow gyina ade ko no mmuduru ne soro baabi tenten a esi no so]

Kinetik ahoɔden — kinetic energy

[ade bi a etu kwan ahoɔden. Ne dodow yɛ ade ko no mass nkyɛmu abien taems n'akwantu spiid no skwɛɛ. $KA = \frac{1}{2} ms^2$]

Kanea ahoɔden — light energy

[ahoɔden a efi kanea ne hann mu]

Mekanikal ahoɔden — mechanical energy

[ahoɔden a ɔdasani, aboa ana afiri bi de yɛ adwumaden, 'walatu-walasa' ahoɔden]

Ɔhyew ahoɔden — heat energy

[ahoɔden a yenya fi ɔhyew ne ogya mu]

Pawa — power

[dwumadi ahoɔhare nsusuw]

Potenshial ahoɔden — potential energy

[ahoɔden a ɛwɔ ade bi a esi soro mu, hintawsoro ahoɔden]

AHOƆDEN

Ade biara a Ɔdasani yɛ no hia ahoɔden. Yehia ahoɔden de akasa, de anantew, de atu amirika na yɛde de asua ade nso. Sɛ yɛserew, sɛ yesu, sɛ yɛsaw, ne nyinaa hia ahoɔden. Saa ara nso na mmoadoma ne afifide hia ahoɔden wɔ wɔn asetra mu. Kontronfi hia ahoɔden de aforo dua. Ɔsebɔ hia ahoɔden de atu amirika. Nnua hia ahoɔden de anyin ayɛ atenten, na wɔde asosow nnɔbae.

Yɛkyerɛ ahoɔden ase sɛ **ade bi nsesae ho nsusuw**. Sɛ obi pia ade bi fi baabi kɔ beae foforo bi a, nsesae a ɛfa ade ko no mfitiase ne n'awiei gyinabea mu no ho nsusuw yɛ ahoɔden.

Ahoɔden ne adwuma sesɛ

Ahoɔden ne adwuma sesɛ. Yehia ahoɔden de ayɛ adwuma. Yenntumi nnyɛ adwuma a enhia ahoɔden. Sɛ fɔɔso bi pia adesoa twa de kwan bi a, ahoɔden a ɛde pia adesoa no ne dwumadi a yenya no dodow yɛ pɛ. Saa ara nso na sɛ ade bi yɛ adwuma a, ɛhwere ahoɔden bi a ne dodow ne dwuma a adi no yɛ pɛpɛɛpɛ. Ne saa nti, yɛka se ade biara a etumi yɛ adwuma no wɔ ahoɔden, nanso ɛsono Adwuma na ɛsono ahoɔden. Ahoɔden yɛ biribi a ade bi wɔ. Adwuma nnyɛ biribi a ade bi wɔ. Ade biara nni adwuma. Adwuma yɛ biribi a ade bi yɛ ma ade foforo bi. Nanso ade biara nntumi nnyɛ adwuma mma biribi gye sɛ ɛwɔ ahoɔden.

Ahoɔden ahorow a ɛwɔ wiase no bi

Ahoɔden ahorow pii wɔ hɔ, efisɛ nneɛma tumi fa kwan pii so di nsesa. Ahoɔden ahorow a ɛwɔ hɔ no bi ne mekanikal ahoɔden, anyinam ahoɔden, hann ahoɔden ne ɔhyew ahoɔden.

Ahoɔden ahorow a ɛfa mfiri ho

Mfiri tumi yeyɛ nnwuma pii ntɛmntɛm sen ɔdasani. Afiri biara ho mfaso yɛ ne dwumadi ntɛmntɛm. Ne saa nti, ehia sɛ yehu afiri biara ahoɔden na yɛatumi akyerɛ adwuma ko a ebetumi ayɛ. Yɛtaa de **kinetik** ne **potenshial** ahoɔden kyerɛ afiri bi ahoɔden tebea.

Ahoɔden Yunits

Yesusuw ahoɔden dodow wɔ **Joules** mu te sɛ adwuma de ara pɛ. Sɛ ade bi mass wɔ kilogram mu, na ne velositi wɔ mita/sekond mu a, yebu n'ahoɔden wɔ **Joules** mu.

Kinetik ahoɔden

Sɛ ade bi retu kwan afi baabi akɔ beae foforo bi a, yɛfrɛ n'akwantu ahoɔden no Kinetik ahoɔden. Ne saa nti, yɛka se ade biara akwantu ahoɔden yɛ ne Kinetik ahoɔden. Saa kinetik ahoɔden yi dodow gyina nneɛma abien so:

- ade ko no mass (m), ne
- spiid (v) a ɛde retu kwan.

Yɛkyerɛ Kinetik ahoɔden (KA) dodow sɛ: **KA = ½ m v²**   bere a:

- m yɛ ade ko no mass, na
- v yɛ ade no velositi.

Saa ekuashin yi kyerɛ sɛ ade bi **kinetik ahoɔden dodow yɛ ade ko no mass nkyɛmu abien taems ne velositi skwɛɛ.**

Mfatoho asɛmmisa
Afiri bi a ne mass yɛ 2000 kg de velositi 50 km/dɔnhwerew retu kwan afi Koforidua. Kyerɛ ne kinetik ahoɔden?

Mmuae: Yenim sɛ Kinetik ahoɔden (K.A) = ½ m v²; ɛna Mass = 2000kg. Ne saa nti:
Velositi: 50km/h = $\underline{50 \times 1000 \text{ mitas}}$ = $\underline{50\,000 \text{ m/s}}$ = 13.8 m/s
             60min x 60 s   3600
K.A = ½ x 2000 kg x (13.9)² = **193 210 joules.**

Hintawsoro ana Potenshial ahoɔden

Sɛ ade bi da soro baabi a, ɛwɔ ahoɔden bi a egyina asase graviti so. Sɛ yegyaa ade ko no mu fi soro a, ɛde ahoɔden bi befi soro hɔ aba fam. Yɛfrɛ ahoɔden a ade bi a ɛda soro baabi wɔ no sɛ **hintawsoro ahoɔden** ana **potenshial ahoɔden**.

Hintawsoro ahoɔden = potenshial ahoɔden

Yesusuw ade biara soro gyinabea fi fam anasɛ asase tratraa so. Hintawsoro ahoɔden gyina nneɛma abiɛsa bi so:

-ade ko no **mass (m)** [wɔ kilogram mu]
-**graviti (g)** wɔ asase so baabi a ade ko no wɔ [wɔ m/s/s mu]
-**fi fam kosi soro faako a ade ko no gyinae no tenten (h)** [wɔ mitas mu.]

Yɛde ekuashin a edi so yi na ɛkyerɛ hintawsoro ahoɔden: **PA = mgh**

Esiane sɛ:

m x g yɛ ade ko no mmuduru no nti, yetumi ka se hintawsoro ahoɔden no dodow yɛ:

PA = ade no mmuduru (mg) x ne ne soro gyinabea tenten fi fam (h).
PA = mmuduru X soro gyinabea

Potenshial ahoɔden yunits

Sɛ ade ko no mass, m wɔ kilogram mu, na graviti, g wɔ mita pɛɛ sekond pɛɛ sekond mu, na yesusuw ade ko no soro gyinabea tenten fi fam wɔ mita mu a, yenya potenshial ahoɔden no wɔ **Joules** mu.

Kinetik ahoɔden ne potenshial ahoɔden

Yɛnfa no sɛ obi kura bɔɔl bi mu wɔ aborosan tenten bi so a, ahoɔden a bɔɔl no wɔ no nyinaa yɛ potenshial ahoɔden (ana hintawsoro ahoɔden).

Sɛ onii no gyaa bɔɔl no mu fi soro ba fam a, bɔɔl no ahoɔden no fi ase sesa fi hintawsoro ahoɔden mu kɔ kinetik ahoɔden mu (Adekyerɛ 8-1). Ne saa nti ahoɔden abien no nkabom yɛ pɛpɛɛpɛ bere biara. Obiara nntumi nsɛe ahoɔden. Ahoɔden sesa fi tebea baako mu kɔ fofor mu. Eyi ma yɛn mmara bi a yɛfrɛ no wiase ahoɔden korabea mmara.

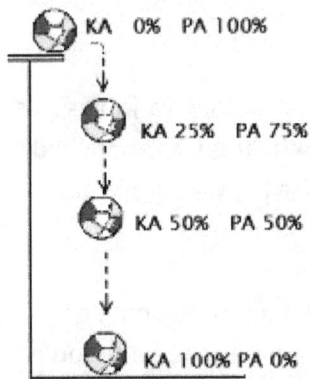

Adekyerɛ 8-1: Bɔɔl a efi soro kɔ fam no potenshial ahooden sesa kɔyɛ kinetik ahooden. Ansa na ebedu fam no, na potenshial ahooden no nyinaa asesa akɔyɛ kinetik ahooden.

WIASE AHOƆDEN KORABEA MMARA

Sayense kyerɛ yɛn sɛ: Obiara nntumi mmɔ ahooden; obiara nntumi nsɛe ahooden. Ahooden sesa fi tebea baako mu kɔ tebea foforo mu. Yɛfrɛ saa mmara yi **Wiase ahooden korabea mmara**.

Yɛnfa no sɛ obi de petro gu kaar bi mu. Yenim sɛ kemikalahooden wɔ petro no mu. Sɛ obi sɔ kaar no gya no a, kemikalahooden no sesa, dɛw sɛ ogya. Saa ogya yi ma ɔhyew ahooden bi a ɛma kaar no engyin fi ase tu fi ne tebea. Sɛ kaar no tu fi ne tebea a, na ɛyɛ saa ɔhyew ahooden yi na asesa akɔyɛ mekanikal ahooden de pia kaar no. Ɛnyɛ kemikal(petro) ahooden no nyinaa na ɛsesa dɛw ogya.

Saa ahooden no bi sesa yɛ mframa-hyew ma ɛkɔ wim. Saa ara nso na ɔhyew no bi sesa ma engyin no ho dɔ a ɛnyɛ adwuma biara. Nanso, sɛ yetumi boaboa saa ahooden ahorow yi nyinaa ano a, yebehu sɛ ahooden no mu biara nnyera. Ahooden no nyinaa sesa afi tebea baako mu kɔ ahooden foforo mu.

> **Ahooden korabea mmara:** Ahooden sesa fi tebea baako mu kɔ foforo mu. Obiara nntumi mmɔ ahooden, obiara nntumi nsɛe ahooden.

PAWA

Pawa yɛ spiid a ade bi de di dwuma bi. Sɛ yɛka sɛ ade bi wɔ pawa sen foforo bi a, na yɛkyerɛ sɛ etumi yɛ adwuma ntɛm sen foforo no. Ne saa nti, yɛkyerɛ Pawa ase sɛ:

$$\text{Pawa} = \frac{\text{Adwuma a ade bi ayɛ}}{\text{Bere dodow a ade no de dii saa dwuma no.}}$$

Esiane sɛ adwuma biara san kyerɛ ahooden nti, yetumi kyerɛ Pawa ase sɛ:
- spiid a ahooden bi sesa ana
- spiid a ahooden bi de fi baabi kɔ baabi foforo.

Pawa yunits (joules pɛɛ sekond = watts)

Adwuma ne ahooden yunits yɛ Joules. Enti, yekyerɛ pawa dodow wɔ **Joules pɛɛ sekond** mu. Eyi kyerɛ joules dodow a sekond biara no, ahooden bi tumi yi adi. Sayense twa saa yunit **Joules pɛɛ sekond** yi tiae frɛ no **WATT**. Watt agyinamude yɛ **W**.

1 Joule pɛɛ sekond = 1 watt = 1W

1000 watts = 1 kilowatt (a ɛyɛ 1000 joules pɛɛ sekond).

Ɔdasani de apɔnkɔ yɛ nnwuma pii efisɛ ɔpɔnkɔ baako tumi yɛ adwuma sen onipa. Yɛde ɔpɔnkɔ twe nsu, twe nnade-asekan fa fam de twitwa nnwura bɔne mu ma ɛdodɔw mfuw mu. Yɛde ɔpɔnkɔ twe nnade-nkɔtɔkro twiw fam fa asase so de dandan dɔte, ansa na yɛadua afifide. Yɛtena apɔnkɔ so de tutu akwan; yɛde apɔnkɔ twe nnaka a nnipa tete mu na nneɛma sisi so (teaseɛnam). Ne saa nti, apɔnkɔ ho wɔ mfaso pii ma adasamma.

Yesusuw ɔpɔnkɔ ahooden wɔ ɔpɔnkɔ pawa mu. Ɔpɔnkɔ pawa agyinamude yɛ **hp**. Ɔpɔnkɔ pawa baako dodow yɛ 746 watt. Kae sɛ besi nnɛ da yi, yebu kaars ahooden wɔ apɔnkɔ pawa mu.

1 pɔnkɔ pawa = 1 hp = 746 watt.   Ne saa nti **1 watt = 1hp/746 = 0.022 hp.**
Eyi ma yɛn **1 kilowatt = 22hp** (efisɛ 1 kilowatt = 1000 watts = 1 KW)

Kilowatt-dɔnhwerew [kw-hr]

Sɛ fɔɔso bi yɛ adwuma kilowatt baako dɔnhwerew baako a, yɛkyerɛ saa adwuma no dodow sɛ kilowatt-dɔnhwerew baako. Yebehyia saa dwumadi dodow yi nso wɔ ɛlɛktrisiti mu. Ɛlɛktrisiti kɔmpani mu adwumayɛfo kyerɛ kanea pawa (kilowatt) dodow a ofie bi afa wɔ bere (ɔbosom baako) bi mu sɛ kilowatt-dɔnhwerew.

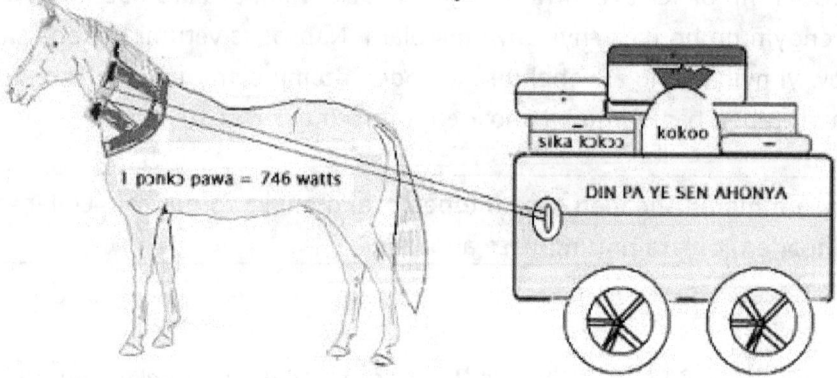

Adekyerɛ 8-2: Ɔpɔnkɔ pawa baako yɛ 746 watts.

Kae sɛ ɔbosom baako yɛ nnaduasa taems 24 dɔnhwerew (30 dapɛn x 24 h = 720 h.)

NKAEBƆ

Joule = ahooden yunit

Joule pɛɛ sekond = watt : eyi yɛ adwuma yunit ketewa

> **Watt apem = 1000 watt = kilowatt**: eyi yɛ adwuma yunit kɛse
> Sɛ obi yɛ adwuma kilowatt baako dɔnhwerew biara a, yesusuw ne dwumadi no wɔ kilowatt dɔnhwerew mu. (kw/h)

NSƐMMISA

1. Dɛn ne ahoɔden? Ne yunits yɛ dɛn?
2. Kwasi Mɛnsa se ahoɔden ne adwuma yɛ ade baako. So ɛyɛ nokware ana? Kyerɛ wo mmuae no ase.
3. Ahoɔden ahorow bɛn na wonim? Kyerɛ ahoɔden ahorow abiɛsa bi a wonim.
4. Dɛn ne kinetik ahoɔden? Akoa bi bɔɔ bɔɔl bi a ne mass yɛ 2kg maa bɔɔl no de velositi 20 mita/sekond kɔhyɛn gol bi mu. Kyerɛ bɔɔl no kinetik ahoɔden a ɛde hyɛn gol no mu.
5. Dɛn ne potenshial ahoɔden? Sika adaka bi a ne mass yɛ 20kg si dua bi a ne tenten yɛ 5mitas so. Kyerɛ adaka no hintawsoro ahoɔden.
6. Abofra tofoo bi a ne mass yɛ 70 kg gyina ɔdan bi a ne tenten yɛ 5mitas so. Kyerɛ abofra no potenshial ahoɔden.
7. Dɛn ne ahoɔden korabea mmara? Kyerɛkyerɛ mu. Sɛ obi gyaa adaka bi ne mmuduru yɛ 10N mu fi soro bɛhwe fam a, kyerɛ sɛnea ne potenshial ahoɔden sesa fa.
8. Kyerɛ Pawa ase. Kyerɛ ne yunits nso.
9. Kyerɛ 1000 kilowatts dodow wɔ joules pɛɛ sekond mu.
10. Dɛn ne ɔpɔnkɔ pawa? Kyerɛ ne dodow wɔ watts mu.
11. Dɛn ne kilowatt-dɔnhwerew?
12. Watt apem din yɛ dɛn?

TIFA 9 : ADWUMA

Nkyerɛkyerɛmu

Twi	Brɔfo
Adwuma	work

[fɔɔso a ɛde adesoa bi atwa kwandodow bi. Yɛkyerɛ adwuma dodow (W) sɛ fɔɔso (F) x kwandodow a ɛde adesoa bi atwa (d). W = F x d

Ɔpɔnkɔ-pawa   horse power
(746 watts ana 0.746 kw)

Ɔnamɔn-pɔn (fut-pɔn)   foot pound
(adwuma ho nsusuw a ɛkyerɛ sɛ fɔɔso pɔn baako de adesoa bi atwa kwan ɔnamɔn baako. Ɛnnɛ da yi, yɛnfa saa adwuma yunits yi nnyɛ sayense adesua bio.)

Joule   Joule
(dwumadi a ɛyɛ fɔɔso newton baako a atwa kwan mita baako; ɛne Newton-mita yɛ pɛ)

Nhyɛnmu

Fi tete, Onipa dasani ahwehwɛ akwan a ɔbɛfa so ama n'adwumayɛ mu ɔbrɛ ano aba fam. Ne saa nti, wahwehwɛ mmoa bi te sɛ afurum ne apɔnkɔ a wɔwɔ ahooden de wɔn abata ne ho, akyerɛ wɔn adwumayɛ a ɛho wɔ mfaso. Yenim sɛ ɔpɔnkɔ ho yɛ den sen onipa dasani. Ɔpɔnkɔ tumi twe adesoa a onipa nntumi mmpia. Yɛbɛkae sɛ onipa ayeyɛ mashins nso a wotumi yeyɛ nnwuma ntɛmntɛm. Nanso adwuma dodow bɛn na saa mmoa yi ne mashins yi yeyɛ, na yɛbɛyɛ dɛn asusuw wɔn adwumayɛ dodow?

Ansa na yebetumi asusuw adwuma dodow no, ɛsɛsɛ yetumi kyerɛ adwuma ase.

ADWUMA NKYERƐKYERƐMU

Sɛ fɔɔso bi pia adesoa bi de twa kwandodow bi a, na saa fɔɔso no ayɛ **adwuma**. Ne saa nti **adwuma** yɛ fɔɔso (F) taems kwandodow (d) a ɛde adesoa bi atwa.

    Adwuma = Fɔɔso x kwandodow
              = F (Newton) x Kwandodow (mita).

Fɔɔso bi a ɛde adesoa bi twa kwandodow a ɛware no yɛ adwuma dodow sen nea ɛde saa adesoa no twa kwan a ɛyɛ tiatia. Esiane sɛ yesusuw fɔɔso wɔ newton mu na yesusuw kwandodow nso wɔ mita mu no nti, yenya adwuma yunits wɔ **Newton mitas** (newton x mitas). Yenim sɛ eyi yɛ **Joules**. Yenim nso sɛ **Joules agyinamude yɛ J**.

Adwuma yɛ skalar dodow, kyerɛ sɛ yehia ne dodow nanso yennhia n'anikyerɛbea.

Kae sɛ, sɛ onii bi de fɔɔso bi pia adesoa bi dɛn ara, na wantumi anfa saa adesoa no antu kwan a, ɔnyɛɛ adwuma biara yɛ. Yɛnfa no sɛ ɔpɔnkɔ bi de ahooden a ɛyɛ 200N twe adesoa bi de twa kwandodow a ɛyɛ 4 mitas sɛnea Adekyerɛ 9-1 ma ɛda adi yi.

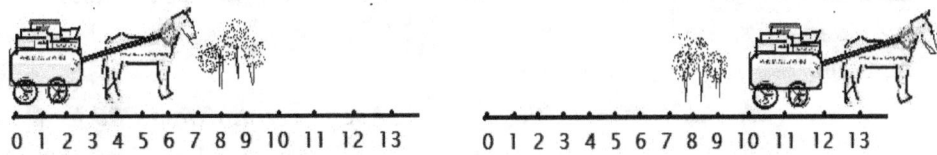

Adekyerɛ 9-1: Adwuma ho nkontaa bu

Yetumi ka se: Adwuma a ɔpɔnkɔ no ayɛ = F x d = 200 N x 4 m = 8000 J

Adwuma yunits

Sɛ obi anasɛ mashin bi de ade bi a ne mmuduru yɛ newton baako twa kwan mita baako a, na wayɛ adwuma joule baako.

Ne saa nti, **JOULE BAAKO = NEWTON BAAKO x MITA BAAKO**

Sɛ yɛde toto yunits ahorow ho a, na:

1 joule = 10^7 ergs ana ɔpepem ɔha (100 000 000) ergs

1 joule = 0.74 ft.lb (fut pɔn ana ɔnamɔn pɔn)

Yɛbɛkae sɛ **ft.lb** ana fut pɔn yɛ dwumadi a ɛfa adesoa bi a ne mmuduru yɛ pɔn baako ho na atwa kwan fut baako. Yetumi nso ka se fut pɔn (ft.lb) yɛ dwumadi a ade bi yɛ bere a ɛde adesoa pɔn baako twa kwan ɔnamɔn baako.

1 ft.lb = 1 lb twa kwan 1 fut ana

= pɔn baako twa kwan ɔnamɔn baako.

Sɛ yɛkyerɛkyerɛmu kɔ sayense mita-kilogram-sekond (MKS) yunits mu a, yɛhu sɛ ɔnamɔn-pɔn baako yɛ adwuma 1.355 joules.

1 ft.lb = 1/0.74 J = 1.355 J).

Esiane sɛ yɛde fɔɔso dodow na ebu adwuma ho nkontaa no nti, momma yɛnhwɛ sɛnea yɛde nkontaa kyerɛ fɔɔsos ahorow bi dwumadi mu.

Adwuma a yenya fi Fɔɔso a ɛpia ade bi a ɛda asase tratraa so

Yɛnfa no sɛ Yaw Duodu atwe adesoa bi a ne mmuduru yɛ F, na ɛda fam tratraa de atwa kwandodow a ɛyɛ d mitas (Adekyerɛ 9-2).

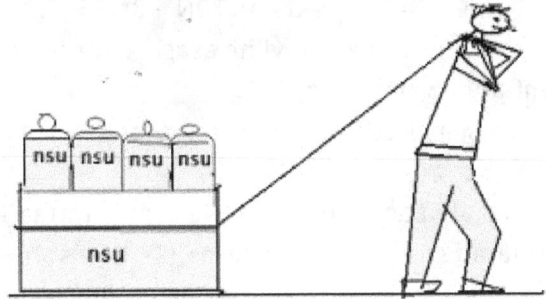

Adekyerɛ 9-2: Yaw Duodu twe nsu a ne mmuduru yɛ F de twa kwan d mitas

Yɛkyerɛ Adwuma dodow (A_w)a Yaw Duodo ayɛ no sɛ:

$$A_w = F \times d \text{ joules}$$

Mfatoho.. Asɛmmisa

Abena asoa adaka bi a ne mmuduru yɛ 4 newtons de atwa kwan 200 mitas. Kyerɛ adwuma a Abena ayɛ.

Adwuma = Fɔɔso x kwandodow
= 4N x 200 m = 800 joules. Abena yɛɛ adwuma 800 Joules.

Adwuma a yenya fi Fɔɔsos a wɔyeyɛ nnwuma de tiatia wɔn ho mu

Sɛ fɔɔsos abien bi di nhwɛanim a, yɛka se saa fɔɔsos no di dwuma de tiatia wɔn ho. Yɛakyerɛ saa fɔɔsos a wɔyɛ nnwuma de tiatia wɔn ho wɔn ho yi bi wɔ Adekyerɛ 9-3 so. Yɛnfa no sɛ fɔɔsos abien a ɛyɛ 10N ne 3N di nhwɛanim, pia adesoa B, bi de twa kwan 6 mitas. Dɛn adwuma na yenya?

Adwuma dodow a saa fɔɔsos yi yɛ ne resultant fɔɔso no taems kwandodow.

$$A_w = \text{resultant fɔɔso} \times \text{kwandodow}$$

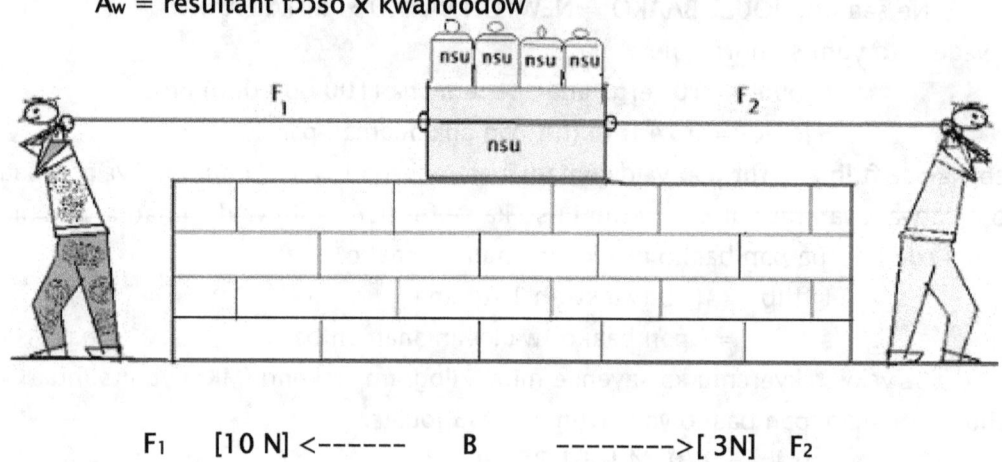

F₁ [10 N] <------ B -------->[3N] F₂

Adekyerɛ 9-3: Adwuma yɛ resultant fɔɔso no taems kwandodow

Esiane sɛ fɔɔso F_2 no yɛ adwuma de tia fɔɔso F_1 no nti, yebu no sɛ ɛyɛ nyifim fɔɔso. Ne saa nti, nnan-akyi fɔɔso anasɛ resultant fɔɔso a edi dwuma wɔ B so no yɛ:

$F_1 - F_2 = F_{resultant}$

$F_{resultant} = F_1 - F_2 = 10N - 3N = 7N$

Kae sɛ, esiane sɛ saa fɔɔsos abien yi ne asase a adesoa B da so no yɛ tratraa no nti, wɔn komponent dodow no nsesa.

Adwuma a saa fɔɔsos yi yɛ = 7 N x 6 m = 42 joules.

Adwuma a Fɔɔso a a efi angle bi yɛ de twe asase tratraa so adesoa bi

Afei yɛnfa no sɛ hama bi sa adesoa (B) bi fi soro retwe no. Yɛnfa no nso sɛ, fɔɔso F_1 a ɛde retwe ade no ne asase tratraa yɛ digri angle α sɛnea yɛakyerɛ wɔ Adekyerɛ 9-4 so no.

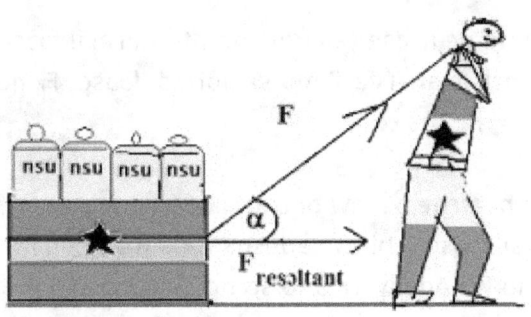

Adekyerɛ 9-4: Fɔɔso a ɛtwe nsu-adaka no yɛ FKos α

Sɛ yɛdrɔɔ lains bi de yɛ vektor trayangle a, yehu sɛ saa Fɔɔso F, no dodow a ɛnam x -akses no so no yɛ:

$$\text{Kos}\alpha = \frac{F_{resultant}}{F}$$

a ɛkyerɛ sɛ F resultant: $F_{resultant} = F \text{Kos } \alpha$

Adwuma A_w a fɔɔso F yɛ = resultant fɔɔso x kwandodow a etwa. A_w = F Kos x d

Adwuma a Fɔɔso a ɛne asase yɛ tratraa yɛ de pia bepɔw so adesoa

Yɛnfa no sɛ adesoa bi da bepɔw bi a ɛne asase yɛ angle **digri** α so sɛnea yehu wɔ Adekyerɛ 9-5 so no. Afei, yɛnfa no sɛ afiri bi de fɔɔso F a ɛne asase yɛ tratraa pia adesoa no twa kwandodow, d mitas. Yɛbɛhwehwɛ adwuma a saa fɔɔso F no ayɛ.

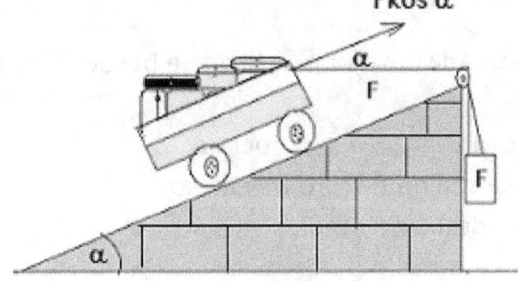

Adekyerɛ 9-5: Fɔɔso bi a ɛne asase yɛ tratraa pia ade bi a ɛda bepɔw so.

Fɔɔso F no komponent, $F_{komponent}$ a epia ade no de fa kwan a ɛne bepɔw no yɛ tratraa so de foro bepɔw no yɛ F kos α.

$$F_{komponent} = F \text{ kos } \alpha$$

Adwuma A_w a saa Fɔɔso F yi yɛ = F kos α x d   bere a
–d yɛ kwandodow a fɔɔso no pia adesoa no de twa.

Yenim dedaw sɛ fɔɔso foforo bi wɔ hɔ a ɛtwe adesoa no kɔ fam. Saa Fɔɔso F_g a ɛtwe ade no kɔ fam no yɛ adesoa no mmuduru. Newton akyerɛ dedaw sɛ saa fɔɔso yi yɛ:

$$F_g = \text{mass (adesoa)} \times \text{aselerashin a efi graviti (g)}$$

Esiane sɛ adesoa no ne asase yɛ angle no nti, normal fɔɔso, F_n no ne mmuduru fɔɔso F_g no nnyɛ pɛ. Yɛbɛkae afi Tifa 7 mu sɛ normal fɔɔso, F_n no dodow yɛ;

$$F_n = F_g \text{ Kos } \alpha.$$

Adwuma a Fɔɔso bi a ɛne bepɔw bi tratraa yɛ

Yɛnfa no sɛ fɔɔso F bi twe adesoa B de foro bepɔw bi a ɛne asase yɛ angle digri α sɛnea yehu wɔ Adekyerɛ 9-6 so no. Saa fɔɔso F yi komponent F_1 a ɛde retwe ade no de fa X-akses no so no yɛ F saa ara, efisɛ ɛne X-akses no wɔ anikyerɛbea pɛpɛɛpɛ. Kae sɛ bere biara a ade bi da bepɔw bi so no, yɛfa X-akses no sɛ ɛne bepɔw no yɛ tratraa. Ne saa nti fɔɔso a ɛretwe adesoa no de reforo soro no ne ne komponent a ɛnam X-akses no so no yɛ pɛpɛɛpɛ. Yɛkyerɛ no sɛ: F = F komponent wɔ X-akses no so.

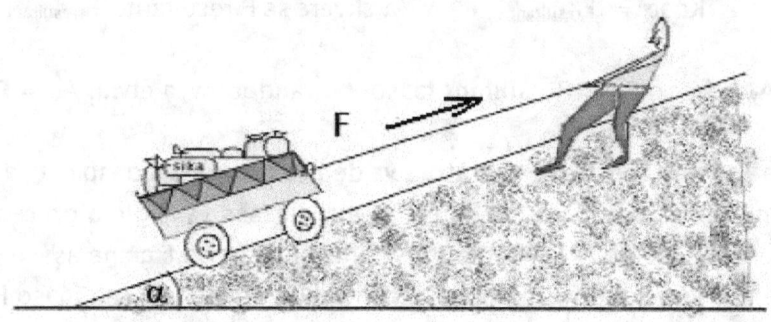

Adekyerɛ 9-6: Adwuma a fɔɔso bi a ɛne bepɔw bi yɛ tratraa, pia ade bi yɛ

Adwuma a saa fɔɔso yi yɛ A_w = F x d bere a:
-F yɛ fɔɔso a ɛtwe adesoa no de foro bepɔw no,
-d yɛ kwandodow a adesoa no twa.

NSƐMMISA
1. Dɛn ne adwuma? Kyerɛ ne yunits.
2. Kyerɛ nsonsonoe a ɛdeda Newton ne Joules mu. Newton agyinamude yɛ dɛn? Joules agyinamude yɛ dɛn?
3. Kyerɛ Joules dodow wɔ (i) Newton mu (ii) fut-pɔn mu (iii) ergs mu.
4. Asiama twee adaka bi a ne mmuduru yɛ 10 N de twaa kwan 5 mitas. Kyerɛ adwuma dodow a ɔyɛe.
5. Asiama twee adaka bi a ne mass yɛ 10 kg de twaa kwan 5 mitas. Kyerɛ adwuma dodow a ɔyɛe.
6. Nnipa baanu bi di nhwɛanim. Ɔbaako de fɔɔso 10N twe adaka bi de kɔ nifa so. Ɔbaako nso de fɔɔso 25N twe adaka no kɔ benkum so. Sɛ adaka no twa kwan 10 mitas a, kyerɛ adwuma a wɔyɛe.

7. Nana Ayɛbea soaa adesoa bi a ne mass yɛ 50kg de twaa kwan 100 mitas fii atifi kɔɔ anafo. Mframa dennen bi a n'ahoɔden yɛ 10 N bɔ fi anafo kɔ atifi. Kyerɛ Nana Ayɛbea adwuma a ɔyɛe.

8. Sɛ yɛfa asɛmmisa 7 bio, na mframa no bɔ fi anafo kɔ atifi mmom a, kyerɛ Nana Ayɛbea adwuma a ɔyɛe.

TIFA 10 : MOMENTUM NE IMPULSE

Twi   **Brɔfo**
Impulse   **Impulse**
(fɔɔso bi a ɛsesa ade bi momentum ana n'akwantu tebea. Ne dodow yɛ fɔɔso ko no taems bere dodow a epia ade no)
Momentum   **momentum**
(eyi yɛ ade bi a etu kwan no mass taems ne velositi a ɛde tu kwan no).

NHYƐNMU

Yɛnfa no sɛ yɛwɔ mfiri abien bi. Baako yɛ kɛse yiye a emu yɛ duru nso. Baako a aka no yɛ ketewa a emu yɛ hare. Sɛ saa mfiri abien yi de spiid a ɛyɛ pɛ retu kwan a, emu nea ɛwɔ he na ebetumi agyina ntɛm? Ɛyɛ nokware sɛ ɛbɛyɛ den sɛ yebetumi agyina afiri a emu yɛ duru no ntɛm asen afiri ketewa no. Yetumi ka se afiri a emu yɛ duru no momentum dɔɔso sen afiri ketewa no momentum.

Sɛ afiri bi pem obi wɔ lɔre kwan so a, epia onii mmɔbrɔwa no kɔhwe baabi foforo. Sɛ obi de amirika na ɔde ne nan bɔ bɔɔl bi a ɛreba ne nkyɛn a, bɔɔl no sesa n'anikyerɛbea, twa ne ho de spiid fofor kɔ n'anim. Saa fɔɔsos ahorow yi nyinaa ho nkontaa ne nimdeɛ gyina **momentum** ne **impulse** ho.

MOMENTUM

Sɛ ade bi de spiid rekɔ anim ana akyi nam kwan teateaa bi so a, fɔɔso a ɛwɔ no gyina ne mass ne ne spiid so. Yɛkyerɛ saa fɔɔso a ɛde nam no sɛ ne **momentum**. Ne saa nti momentum dodow gyina **mass** ne **spiid** nkutoo so. Ade biara a ɛwɔ mass ne spiid no wɔ momentum. Esiane sɛ momentum yɛ vektor no nti, yehia ne spiid no sɛ velositi, efisɛ ɛsɛsɛ yɛkyerɛ n'anikyerɛbea. Eyi ma yesusuw momentum sɛ:

Momentum: ade bi **mass** (m) x ade no **velositi** (v) a ɛde nam.
Momentum = M_m = m x v

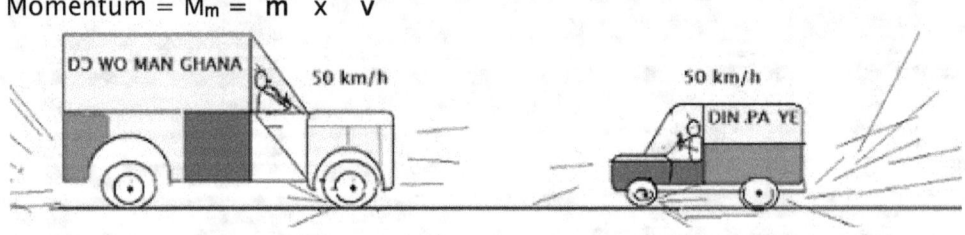

Adekyerɛ 10-1: Kaar kɛse no momentum dɔɔso sen kaar ketewa no momentum

Momentum yunits

Sɛ mass dodow wɔ kilogram mu, na velositi wɔ mita pɛɛ sekond mu a, yɛkyerɛ momentum yunits dodow wɔ **kg.m/s** mu.

Momentum ho mfaso

Yɛnfa no sɛ obi pɛ sɛ obu dan bi to fam. Fɔɔso bɛn na ehia? Anasɛ yɛnfa no sɛ wopɛ sɛ afiri bi twa dua bi to fam anasɛ afiri no dodɔw asase bi so. Afiri a wɔde bɛyɛ adwuma no hia fɔɔso bɛn de abubu nnua no agugu fam? Spiid bɛn na ehia mashin bi ama abunkam afa nwura a ɛsɛsɛ ɛdodɔw no nyinaa so. Sɛ afiri bi pem obi tɔ fam a, so drobani no spiid no yɛ nea ɔka no anasɛ na ɛboro so? Momentum adesua ma yɛn saa nimdeɛ yi bi.

Momentum nsesa mmara

Sɛ nneɛma abien bi pem a, momentum biara nnyera. Momentum a wɔn mu biara kura no mfiase mu no ne wɔn awiei momentum no dodow yɛ pɛ. Yɛfrɛ eyi momentum nsesa mmara a ɛsɛ ahoɔden korabea mmara a ɛkyerɛ sɛ ahoɔden nntumi nyera; obiara nso nntumi mmɔ ahoɔden; obiara nntumi nsɛe ahoɔden.

> **Momentum mmara:** Sɛ nneɛma abien bi pem a, momentum biara nnyera. Wɔn momentum mfiase no dodow ne wɔn awiei momentum no dodow yɛ pɛpɛɛpɛ.

Yɛnfa no sɛ Kaar [A] a ne mass yɛ m_1 de spiid v_1 ne bɔs [B] bi a ne mass yɛ m_2 na ne spiid yɛ v_2 pem anim wɔ Nkran-Oguaa kwan so. Saa mfiri yi pem wiee no, kaar no spiid sesa kɔyɛɛ v_3; bɔs no spiid nso sesa kɔyɛɛ v_4.

Yetumi kyerɛ eyi ase sɛ, **mfiase** no:

    kaar no mfiase momentum yɛ $= m_1 v_1$

    Bɔs no mfiase momentum yɛ $= m_2 v_2$

Sɛ kaar ana bɔs no ho biribiara anntu anyera a, yenim sɛ **awiei** no:

    Kaar no awiei momentum yɛ $= m_1 v_3$

    Bɔs no awiei momentum yɛ $= m_2 v_4$

Momentum biara nnyera mmara no kyerɛ sɛ mfiri abien no mfiase momentum no dodow ne wɔn awiei momentum dodow no yɛ pɛ. Ne saa nti:

$$m_1 v_1 + m_2 v_2 = m_1 v_3 + m_2 v_4 \quad \text{bere a:}$$

- m_1 yɛ kaar no mass
- m_2 yɛ bɔs no mass
- v_1 yɛ kaar no mfiase velositi
- v_2 yɛ bɔs no mfiase velositi
- v_3 yɛ kaar no awiei velositi
- v_4 yɛ bɔs no awiei velositi.

IMPULSE

Yɛnfa no sɛ ade bi retu kwan akɔ baabi a ɛnam ɔkwan pɔtee bi so. Sɛ yɛde mfikyiri fɔɔso bi pia saa ade no a, etumi ma ade ko no akwantu fɔɔso sesa. Esiane sɛ saa fɔɔso a ade no de retu kwan no yɛ ne momentum no nti, yɛfrɛ saa mfikyiri fɔɔso fofor a yɛde piaa ade no saa bere no sɛ **impulse**. Ne saa nti, **impulse yɛ fɔɔso bi a ɛsesa ade bi momentum**.

Yɛkyerɛ impulse (Im) sɛ:

Fɔɔso bi taems bere dodow a saa fɔɔso no kɔ so di dwuma.

Im = Fɔɔso [F] x bere dodow a saa fɔɔso no pia ade no [s].

= F x t bere a:

- F yɛ mfikyiri fɔɔso no dodow, na
- t yɛ bere dodow a saa fɔɔso no pia ade ko no wɔ sekonds mu.

Impulse yunits

Esiane sɛ Fɔɔso yunits wɔ newtons mu, na yebu bere nso wɔ sekonds mu no nti, yɛkyerɛ impulse yunits wɔ **Newton-sekond [N.s]** mu.

Impulse ne aselerashin

Yɛbɛkae sɛ, bere biara a mfikyiri fɔɔso bi pia ade bi a ɛretu kwan no, ɛma ade ko no aselerashin. Ne saa nti, yɛakyerɛ aselerashin ase dedaw sɛ:

Aselerashin = $\underline{\text{velositi awiei - velositi mfiase}}$ = = $\underline{V_{awiei} - V_{mfiase}}$
bere   t

Esiane sɛ Newton mmara a ɛto so abien no akyerɛ dedaw sɛ:

Fɔɔso = mass x aselerashin no nti, yetumi kyerɛw sɛ:

Fɔɔso = mass x $\underline{(V_{awiei} - V_{mfiase})}$
t

..anasɛ F x t = mass [$V_{awiei} - V_{mfiase}$]

Nanso yɛakyerɛ seesei ara sɛ impulse nkyerɛkyerɛmu yɛ = F x t.

Ne saa nti:

Impulse = F x t = mass [$V_{awiei} - V_{mfiase}$] = a ɛyɛ momentum nsesae

Ne saa nti, impulse nso yɛ momentum nsesae.

Impulse = momentum nsesae

Impulse = F x t = m ($V_{awiei} - V_{mfiase}$) = momentum nsesae

---

LASTIK NHYIAMU NE KINETIK AHOƆDEN

Sɛ nneɛma abien bi hyia mu na sɛ wɔde wɔn ahoɔden no nyinaa ma wɔn ho wɔn ho, na saa ahoɔden no bi nnsesa nnyɛ ɔhyew anasɛ ntwiwho ahoɔden a, yɛka se saa nhyiamu no yɛ **LASTIK**. Ne saa nti, sɛ nneɛma abien bi hyia lastik kwan so a, wɔn mfiase ahoɔden no ne wɔn awiei ahoɔden nyinaa yɛ pɛpɛɛpɛ. Yɛnfa no sɛ rɔba-bɔl nkrokrowaa abien bi pem ma wɔsan tetew mu kɔ nkyɛn baabi anasɛ wɔn akyi bio.

Yetumi kyerɛ wɔn kinetik ahoɔden ne wɔn momentum ahorow no sɛnea edidi so yi:

Kinetik ahooden (KA):

KA = Mfiase (bɔls no kinetik ahooden = Awiei (bɔls no kinetik ahooden)

mfiase (KA bɔl 1+ KA bɔl 2)   =   awiei (KA bɔl 1+ KA bɔl 2)

$\frac{1}{2} m_1 V_{mfiase1}^2 + \frac{1}{2} m_2 V_{mfiase2}^2 = \frac{1}{2} m_1 V_{awiei1}^2 + \frac{1}{2} m_2 V_{awiei2}^2$

Momentum:

(mfiase momentum dodow) = (awiei momentum dodow)

mfiase (momentum bɔl 1+momentum bɔl 2 =awiei (momentum bɔl1+momentum bɔl 2)

$m_1 V_{mfiase1} + m_2 V_{mfiase2} = m_1 V_{awiei1} + m_2 V_{awiei2}$ bere a:

.. m_1 yɛ rɔba-bɔl a edi kan no mass
.. m_2 yɛ rɔba-bɔl a ɛto so abien no mass
.. $V_{mfiase1}$ yɛ rɔba-bɔl a edi kan no mfiase velositi
.. $V_{mfiase2}$ yɛ rɔba-bɔl a ɛto so abien no velositi
.. V_{awiei1} yɛ rɔba-bɔl a edi kan no awiei velositi
.. V_{awiei2} yɛ rɔba-bɔl a ɛto so abien no velositi.

NSƐMMISA

1. Kyerɛ momentum ase. Ne yunits yɛ dɛn?
2. Kyerɛkyerɛ momentum mmara ase kyerɛ w'adamfo bi a ɔnkɔɔ sukuu da.
3. Abofra tofoo bi a ne mass yɛ 200 kg de velositi 2km/dɔnhwerew retu amirika. Foforo bi nso a ɔyɛ teateaa na ne mass yɛ 50 kg de 50 mitas pɛɛ simma retu amirika. Wɔn mu hena na ne momentum dɔɔso?
4. Sesa 1000 mitas pɛɛ simma baako kɔ kilomitas pɛɛ dɔnhwerew mu.
5. Sesa 20 kilomitas pɛɛ dɔnhwerew kɔ mitas pɛɛ sekond mu.
6. Dɛn ne impulse? Ne yunits yɛ dɛn?
7. Kyerɛ aselerashin, momentum ne impulse yunits na kyerɛ nsonsonoe a ɛdeda wɔn mu.
8. Bɔs bi a ne mass yɛ 10 000 kg na ɛde velositi 50 km/dɔnhwerew retu kwan afi atifi akɔ anafo. (i) Kyerɛ ne momentum. (ii) Bɔs ketewa bi a ne mass yɛ 2000 kg na ɛde velositi 90 km/dɔnhwerew nso retu kwan afi anafo akɔ atifi. Kyerɛ ne momentum (iii) Sɛ saa mfiri abien yi pem, na wɔtare mu sɛ ade baako a, kyerɛ wɔn awiei vɔlositi ne wɔn momentum.

TIFA 11: MASHINS

Nkyerɛkyerɛmu
Twi	Brɔfo
Mashin mfaso	mechanical advantage

(Mfaso a yenya fi mashin bi dwumadi mu)

MASHINS

Mashin yɛ ade bi a etumi boa ɔdasani dwumadi ma ɛyɛ mmerɛw. Mashins sesa fɔɔso a yɛde di dwuma bi ma yenya adwuma mu mfaso bebree. Mashins fa kwan ahorow abiɛsa so na ɛyɛ saa nsesae yi. Mashins tumi:
- sesa mfiase fɔɔso bi dodow
- sesa mfiase fɔɔso bi anikyerɛbea
- sesa ɔkwan a yɛfa so de fɔɔso ka adesoa bi.

Mashin dwumadi ne mfaso gyina **wiase ahoɔden nkorabea mmara** no so. Saa mmara yi kyerɛ sɛ obiara nntumi mmɔ ahoɔden; obiara nntumi nsɛe ahoɔden; ahoɔden sesa fi tebea baako mu kɔ fofORO mu a entumi nnyera da. Ne saa nti:

Ahoɔden a yɛde hyɛ biribi mu no = saa ahoɔden no ara na ade ko no yi no adi.

Mashin yɛ ade bi a etumi sesa fɔɔso a yɛde di dwuma bi ma saa fɔɔso no dodow, anikyerɛbea anasɛ ne dwumadi kwan sesa ma yenya mfaso bi. Mashins gu ahorow pii. Fam-fam mashins wɔ hɔ, ɛna mashins akɛse sonowonko bi nso wɔ hɔ Yɛde saa fam-fam mashins yi bi yeyɛ nnwuma da biara.

Fam-fam mashins no bi ne antweri mashins, siisɔɔ ana leva mashins, abonnua ana wɛɛgye mashins, skroo mashins, whiil ne aksel mashins ne pule mashins. Yebefi ase ahwɛ saa fam-fam mashins yi bi na ama yɛanya mashins akɛse ne nketewa nyinaa ho nimdeɛ ne ntease a ehia.

ANTWERI MASHINS

Antweri yɛ ade bi a yɛde tweri ade bi a ɛwɔ soro anasɛ fam so na ɛma yetumi foro kɔ soro baabi anasɛ yesiansian si fam. Antweri betumi ayɛ dua mpuran, dade tratraa tenten bi, ana stɛps a yetiatia so. Ebetumi nso ayɛ afiri (trɔk) a yetumi bue akyi no na yɛde hwie dɔte bi a yɛasesaw afi baabi de kogu baabi fofORO.

Sɛ obi de antweri si ɔdan bi ho a, otumi foro no ntɛm sen sɛ ɔde ne ho tetare ɔdan no ho bɔ mmɔden sɛ ɔbɛforo. Antweri ana stɛps no ma dan no foro yɛ mmerɛw.

Adekyerɛ 11-1: Antweri mashins

SIISƆƆ ANA LEVA MASHINS

Leva yɛ mpuran ana dade teateaa, tratraa bi a yɛde to sɔpɔɔta bi so ma yetumi de didi nnwuma.

Sɛ mpuran no ano abien no sensɛn hɔ a, yenya mmofra siisɔɔ. Sayense frɛ sɔpɔɔta a yɛde leva no to so wɔ mfinimfini no sɛ **fulkrum**. Leva biara wɔ nneɛma abiɛsa: baabi a yɛde fɔɔso no hyɛ mashin no mu (kyerɛ sɛ baabi a yepia ana yɛtwe); baabi a leva no ma biribi so (fɔɔso no dwumadi beae) ne fulkrum no gyinabea.

Esiane sɛ adwuma yɛ fɔɔso taems kwandodow no nti, yetumi sesa fulkrum no gyinabea, ma ɛsesa kwandodow a yɛde ma adesoa bi so de yɛ adwuma ma ɛho ba yɛn mfaso. Leva mashins ahorow abiɛsa na ɛwɔ hɔ; wɔn nsesae no gyina mfiase fɔɔso no nhyɛmu beae, awiei fɔɔso no dwumadi beae ne fulkrum no gyinabea so. Bere ko a yepia ana yɛtwe dade teateaa (ana mpuran) no kyɛfa baabi no, na yenya fɔɔso bi a edi dwuma wɔ ano a aka no ho.

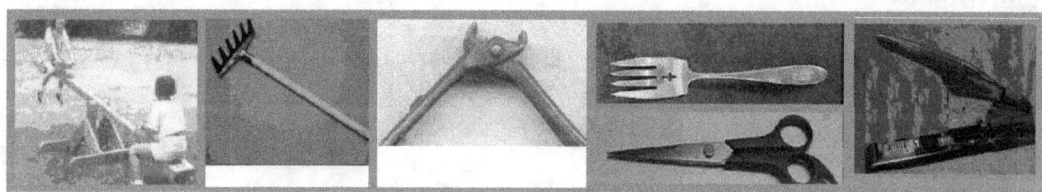

Adekyerɛ 11-2: Leva mashins ana siisɔɔ mashins

Whiilbaro nso yɛ leva mashin. Saa ara nso na hama a yɛde tutu nnadewa no nso yɛ leva mashin. Sɛ yepia hama ne fa baabi kɔ fam a, ɛma ne ho so wɔ baabi foforo ma ɛtwe dadewa bi fi ade bi mu. Akapɛ, fɔrk, reik ne stapla a yɛde piapia pins de keka pepas bobɔ mu no nso yɛ leva mashins.

ABONNUA ANA WƐƐGYE MASHINS

Abonnua ana wɛɛgye mashins yɛ mashins a ano baako yɛ feafeaa na ano baako a aka no yɛ kɛse. Yɛde ano a ɛyɛ feafeaa no hyɛ ade bi mu, ma ɛboa ma yepia ano a ɛyɛ kɛse no hyɛ ade no mu de kyekyɛ mu. Mpɛn pii no, wɛɛgye mashins ma yetumi kyekyɛ nneɛma mu anasɛ yɛpaapae nneɛma mu. Sɛnea ne din kyerɛ no, abonnua mashins no bi ne abonnua, paane, dadewa ne kyisel.

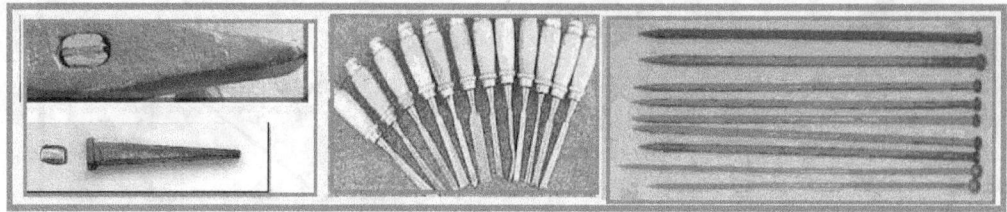

Adekyerɛ 11-3: Abonnua ana wɛɛgye mashins

Yetumi nso de wɛɛgye mashins yi bi fitifiti nneɛma mu. Yɛde paane pam ade. Paane ano feafeaa no ma yetumi de hyenhyɛn nneɛma mu de pam.

SKROO MASHINS

Skroo te sɛ antweri a yɛde akyekyere pol bi ho na ɛboa ma ɛso ade bi mu, anasɛ etumi mema nneɛma so. Bere biara a yebekyim skroo no, yɛde fɔɔso bi ma skroo no a ɛyɛ pependikula (kyerɛ sɛ ɛne skroo no yɛ 90° angle), na ɛma saa kyimkyim fɔɔso no sesa yɛ tenten fɔɔso de twe biribi fi baabi, anasɛ epia ade bi kɔ fam.

Sɛ wode wo nsa tu tokuru wɔ fam a, wobehu sɛ ɛyɛ den yiye. Saa ara nso na worentumi mmfa wo nsa pan nntu tokuru wɔ nnua anasɛ nnade mu. Yɛde skroos bi tutu ntokuru wɔ nneɛma mu. Yetumi de skroo nnadewa keka nneɛma bobɔ mu ma emu mia yiye. Yetumi de bi nso de yeyɛ nkyɛnse ti muamua ntumpan so ma yɛkora nneɛma wɔ mu.

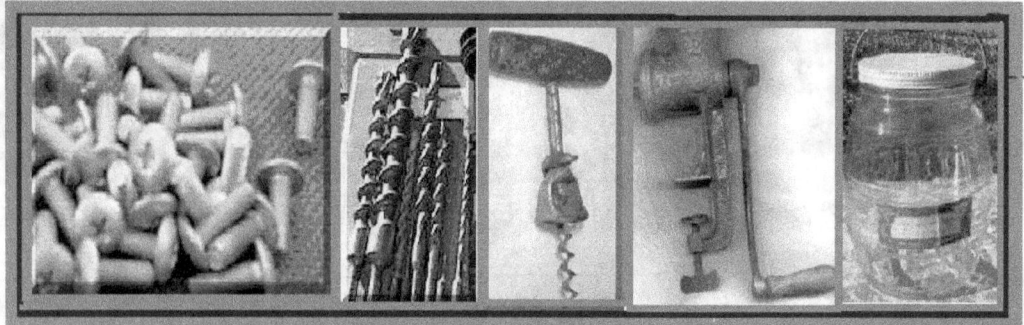

Adekyerɛ 11-4: Skroo mashins

Yɛde bi tumi yam mako, aburow, kokonte, nkate, abɛ ne nneɛma ahorow pii. Yebetumi nso de skroo mashins bi atwetwe nsu afi abura bi mu de aba soro.

WHIIL (TAYE) NE AKSEL MASHINS

Nnipa pii gye di sɛ anibuei mfiase fi bere a adasamma nyaa taye ana whiil. Ebinom nso se, sɛ ɛnyɛ whiil na ɛde anibuei baa wiase mpo a, whiil aboa anibuei ne adasamma anibuei yiye. Bɛyɛ mfe mpem anum ni no, na Mesopotamiafo de afurum ne apɔnkɔ de tayes twetwe nsu fi abura donkudonku mu.

Whiil yɛ ade bi a ɛyɛ sɛɛkel na yɛde adeden teateaa bi ahyɛ ne mfinimfini. Yɛfrɛ saa adeden teateaa a yɛde hyɛ mfinimfini no sɛ aksel. Bere biara a yepia whiil no, na aksel no kyim ne ho. Saa aksel yi nkyimho yi ma yɛn fɔɔso a emu yɛ duru na ɛyɛ adwuma ma yɛn.

Adekyerɛ 11-5: Whiil ne aksel

Sɛ yɛhwɛ mashin a yɛde yam aburow no a, yehu sɛ bere biara a whiil no twa ne ho no, ɛma hama tenten bi nso twa ne ho ma mfiase fɔɔso no nya nkɔso bi a ɛde yam aburow no. Lɔre taye, ɔbo a yɛde yam mako ne telefon nsa a yekyim de frɛ numba bi no nyinaa nnwuma a wodidi no gyina whiils mashins so.

PULE MASHINS

Pule yɛ dade sɛɛkel bi a gɔta bi da ne nkyɛnmu twa ho hyia. Yɛde hama fa saa gɔta no mu de twetwe nneɛma fi fam kɔ soro, anasɛ fi soro de ba fam. Bere ko a whiil no kyim ne ho no, na hama no twe ade bi kɔ soro anasɛ ɛde ba fam. Ne saa nti, pule te sɛ whiil a enni aksel, na mmom ɛtwetwe hama bi. Pule de hama no tenten ne tenshin a ɛwɔ hama no mu no na ɛma yɛn adwuma ho mfaso. Pule dwumadi san te sɛ leva de pɛɛɛpɛ. Etumi sesa fɔɔso bi anikyerɛbea ma yenya mfaso.

Adekyerɛ 11-6: Pule mashins

Yetumi de pule mema nneɛma so fi fam de kɔ sorosoro. Yetumi nso de siansian nneɛma a emu yɛ duru. Pule na ɛboa yɛn ma yetumi de frankaa sɛn soro. Hama a frankaa no sɛn so no fa pule no nkyɛnmu gɔta no mu twetwe frankaa no kɔ soro ana fam.

Sɛ yɛde pule baako pɛ ma adesoa bi so, yennya mfaso papa biara. Nanso sɛ yɛde pules pii keka bobɔ mu de a, yetumi nya adwuma ho mfaso yiye a ɛma yɛde ahoɔden ketewa bi didi nnwuma akɛse.

MASHIN BOTAE NE MASHIN MFASO

Botae a esi mashin biara anim ne sɛ ɛbɛboa ama adwuma ayɛ mmerɛw. Mpɛn pii no, engyineafo keka fam-fam mashins pii bobɔ mu ma yenya **NKABOM mashins** ahorow, de yeyɛ nnwuma. Ade bi te sɛ wɔɔkye yɛ nkabom mashins efisɛ fam-fam mashins pii na wɔakeka abobɔ mu de ayɛ wɔɔkye no. Esiane sɛ mashins botae ne sɛ wɔma adwuma yɛ mmerɛw no nti, ehia sɛ yɛfa kwan bi so de susuw mfaso a yenya fi mashins biara mu. Yɛfrɛ mfaso a yenya fi mashin bi mu no sɛ mashin mfaso.

Mashin mfaso

Eyi kyerɛ mfaso a yenya fi mashin bi dwumadi mu. Sɛ yebenya mfaso afi mashin bi mu a, ɛsɛsɛ awiei fɔɔso a mashin no de di dwuma bi no yɛ kɛse sen mfiase fɔɔso a yɛde hyɛɛ mashin no mu no. Ne saa nti, yɛkyerɛ Mashin Mfaso sɛ awiei fɔɔso a mashin bi de yɛɛ adwuma bi nkyɛmu mfiase fɔɔso a yɛde hyɛɛ mashin no mu.

Mashin Fɔɔso mfaso   =   awiei fɔɔso a mashin no de dii dwuma bi
                          ───
                          mfiase fɔɔso a yɛde maa mashin no dii saa dwuma no

Yebetumi nso de dwumadi akyerɛ mfaso a yenya fi mashin bi so. Yɛkyerɛ eyi sɛ:

Mashin dwumadi mfaso: Awiei Adwuma a mashin bi yɛɛ
                        ──────────────────────────────
                        Mfiase Adwuma a yɛde hyɛɛ mashin no mu

Yenim dedaw sɛ Pawa yɛ dwumadi bi ahoɔhare ho nsusuw. Ne saa nti, yetumi de Awiei Pawa a yenya fi mashin bi mu no, ne Mfiase Pawa a yɛde maa mashin no nso bu Mashin Mfaso ho nkontaa sɛnea edi so yi:

Mashin dwumadi mfaso: Awiei Pawa a efi mashin bi mu
                        ──────────────────────────────
                        Mfiase Pawa a yɛde maa mashin

NSƐMMISA

1. Kyerɛkyerɛ mashin ase. Kyerɛ mashin bi ho nneɛma a wonim.
2. Bobɔ mashins anan bi din?
3. So akapɛ yɛ mashin ana? Dɛn mashin kuw mu na akapɛ wɔ?
4. Sɛ wowɔ lɔre tayis abien, na wowɔ dade nteanteaa abien bi ka ho a, kyerɛ mashin a wobɛyɛ na aboa wo ama wode nneɛma afi akuraa bi so akɔ baabi fofro.
5. Dɛn mashin na yebetumi ayɛ de aboa yɛn nuanom a wɔkɔsoa nneɛma wɔ wɔn atifi fi wɔn mfum de kɔ wɔn afi mu?
6. Kurow bi mu atu abura de bokiti sesaw nsu fi mu. Kyerɛ sɛnea wode pule bɛboa wɔn nsu sesaw afi abura no mu. So wobetumi de mashins fofro bi nso aboa wɔn ama nsu sesaw no ho dwumadi so ahuan ana?

7. Kyerɛkyerɛ mashin mfaso ase.
8. Akua Mansa de hama bi afa pule bi so de twetwe brikisi dodow bi a wɔn mmuduru yɛ 200 Newtons afi fam akɔ aborosan bi so. Ɔde fɔɔso 20N na ɛtwee brikisi no. Kyerɛ mashin mfaso a Akua nyae.

TFA 12 : DENSITI, SPESIFIK GRAVITI, LASTIK NSUSUW

Nkyerɛkyerɛmu

Twi	Brɔfo
Densiti	density

(Ade bi mass a wɔde ne volum akyɛ mu [mass/volum].

Kiwbik mita m³   cubic meter m³

(Mita soro pawa abiɛsa. Ɛyɛ volum nsusuw yunits).

Lastik   elastic

(Ade bi a wotumi twe mu ma ɛyɛ tenten na sɛ wogyaa mu twe a, etumi san ba ne mfitiase tebea mu pɛpɛɛpɛ bio na ɛnnsesa.)

Lastik awiei   elastic limit

(Strɛss dodow a ɛma ade bi lastik tebea fi ase sɛɛ. Strɛss kakraa bi a ɛsen saa lastik awiei fɔɔso yi ma dade bi sesa, sɛɛ a ɛrentumi nnkɔ ne kan tebea mu bio.)

Lastik suban   elasticity, elastic nature

(Ade bi a etumi yi lastik tebea adi.)

Lastik modulus/tenten modulus   Young's modulus of elasticity

(dade bi tenten nsesae ho nimdeɛ, bere ko a presha bi da saa dade no so. Ɛyɛ dade no stress fɔɔso nkyɛmu strain. Ɛkyerɛ dade bi ahooden a ɛde gyina fɔɔsos ahorow anim ne nkitaho a ne tenten ne ne kɛse ne saa fɔɔsos yi di. Lastik modulus, Young lastik modulus, tenten modulus nyinaa yɛ ade koro).

Modulus

    Lastik modulus /tenten modulus   elastic modulus

    (ɛkyerɛ dade bi tenten nsesae ho nimdeɛ, bere ko a presha bi da saa dade no so.)

    Volum modulus   volume modulus, bulk modulus

    (ade bi volum nsesae nimdeɛ bere a yɛde presha to so wɔ ne baabiara 90 digris, de mmoamoa no sesa no yɛ ketewa).

    Kyea-tebea modulus   shape modulus, shear modulus

    (nimdeɛ a ɛfa ade bi lastik kyea-tebea ho, bere a ne volum nsesa.)

Mita skwɛɛ [m²]   square meter [m²]

(Mita soro pawa abien. Eyi yɛ beae hahraa bi nsusuw ana anim tɛtrɛɛ nsusuw. Ɛyɛ mita taems mita dodow.)

Mita kiwb [m³]   meter cube [m³]

(Mita taems mita taems mita [m x m x m] dodow. Eyi yɛ ade bi volum nsusuw)

Spesifik graviti   specific gravity

(Ade bi densiti a wɔde nsu densiti akyɛ mu.)

Strain   strain

[yɛde strain na ɛkyerɛ sɛnea dade bi tebea sesa fa, bere ko a strɛss bi hyɛ ne so]

Strɛss   stress
[presha a ɛhyɛ ade bi so anasɛ ɛda ade bi so, na ɛpenpen ana ɛtwetwe ade ko no].
    -Tensil ahoɔden   tensile strength
    (strɛss fɔɔso dodow a ɛma dade bi mu bu; mmubumu strɛss)
    -strɛss awiei fɔɔso   yield stress
    (strɛss dodow a ɛma dade bi kyea anasɛ emu koa a woyɛ no dɛn koraa,
    ɛrensan mma ne kan tebea mu bio; strɛss-nsɛe fɔɔso).

Volum modulus   **bulk modulus**
[eyi yɛ ade bi volum strɛss nkyɛmu strain. Ɛkyerɛ sɛnea ade bi volum sesa bere ko a stress bi da ne so.]

DENSITI

    Yɛnfa no sɛ, yɛwɔ kotoku abien a wɔn mu biara volum yɛ pɛpɛɛpɛ. Afei yɛnfa no sɛ, yɛde atentrehu ahyɛ kotoku no baako mu ma ɛyɛ ma tɛnn. Yɛde abo ana mmosea nso ahyehyɛ kotoku a aka no mu ama ayɛ ma pɛpɛɛpɛ. Dɛn nsonsonoe na ɛda atentrehu kotoku baako no ne ɔbo kotoku baako no ntam? Ɔbo kotoku baako mu yɛ duru yiye sen atentrehu kotoku baako no, nanso wɔn volum yɛ pɛ (kotoku baako). Saa ara nso na nnade kotoku baako mu yɛ duru yiye sen asaawa mfuturu kotoku baako.

    Sɛ nneɛma abien bi wɔ volum a ɛyɛ pɛ nanso ɛsono wɔn mmuduru a, yɛde nsusuwde bi a yɛfrɛ no **densiti** na eyi saa nsonsonoe yi adi. Ne saa nti, yɛka de densiti yɛ ade bi mass a yɛde ne volum akyɛ mu. Yetumi de lɛtɛ *d*, ana Grikifo lɛtɛ delta, δ gyina hɔ ma densiti.

| Densiti yɛ ade bi mass a yɛde ne volum akyɛ mu. |

$$\text{Densiti } d = \frac{\text{mass}}{\text{volum}} = \frac{m}{v} \frac{[kg]}{[m^3]}$$

Densiti ma yetumi de nneɛma ahorow bi mmuduru nkyɛmu volum yeyɛ mfatoho. Yetumi ka se densiti kyerɛ sɛnea nnade bi mu piw fa. Mpɛn pii no, dade a emu piw yiye no mu yɛ duru sen nea emu yɛ hare. Dade ayɔn mu piw sen aluminium.

    Ne saa nti, nneɛma a emu piw yiye no densitis taa yeyɛ akɛse sen nneɛma a emu yɛ hare.

Densiti yunits

    Sɛ mass wɔ kilogram mu, na volum wɔ **m³** (kiwbik mita) mu a, densiti yunits wɔ **kg pɛɛ kiwbik mita** [kg/ m³] mu. Yenim dedaw sɛ Kiwbik mita yɛ mita soro pawa abiɛsa. Sɛ ade bi densiti yɛ kɛse a, mpɛn pii no, na ɛkyerɛ sɛ emu yɛ duru yiye. Ɛtoa so sɛ, ade bi a emu yɛ hare no nso densiti wɔ fam koraa.

    Merkuri densiti yɛ 13 600 kg/m³; nsu de yɛ 1000 kg/m³. Merkuri kuruwa baako mu yɛ duru (boro mpɛn dumiɛnsa so) kyɛn nsu kuruwa baako.

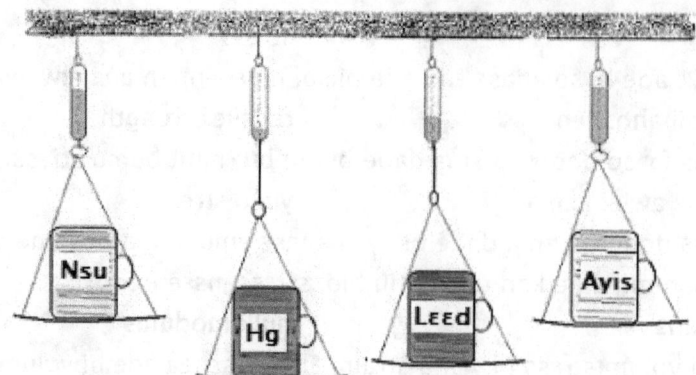

Adekyerɛ 12-1: Nneɛma ahorow bi mmuduru (fi benkum: nsu, merkuri, lɛɛd, ayis). Nneɛma a wɔn mu yɛ duru yiye no densitis taa yɛ akɛse.

Nneɛma ahorow bi mu biara (mmuduru) densiti na yɛakyerɛ wɔ ha yi. Wɔn nyinaa yunits wɔ kg/m³ mu.

Ade	Densiti	Ade	Densiti
Ethanol	0.791	Brass	8.560
Benzene	0.810	Kɔpa	9.000
Ayis	0.917	Silva dwetɛ	10.500
Nsu (4° Selsius)	1.000	Lɛɛd	11.344
Po nsu	1.025	Merkuri	13.600
Glisirin	1.260	Sika kɔkɔɔ	19.320
Aluminum	2.700	Uranium	19.950
Tin	7.310	Platinum	21.450
Ayɔn	7.874	Osmium	22.570

Ɔpon 12-1: Nneɛma ahorow bi mu biara densiti wɔ kg/m³ mu.

Ade biara densiti sesa bere a ne tempirekya ne presha sesa. Ne saa nti, mpɛn pii no, yɛfa standad tempirekya (298K ana 25° Selsius) ne 760 mm Hg presha na yɛde kyerɛ adeden ne nsu densitis.

SPESIFIK GRAVITI

Yetumi de nneɛma abien bi densitis toto ho, hwehwɛ sɛnea wɔn mmuduru sesa fa. Yɛde spesifik graviti na ɛkyerɛ sɛnea nneɛma abien bi densitis di nkitaho.

Ne saa nti, spesifik graviti kyerɛ **ade bi densiti a yɛde nsu densiti akyɛ mu**. Esiane sɛ nsu volum sesa wɔ tempirekya ne presha ahorow mu no nti, sayense apaw nsu a ne tempirekya wɔ **4 digri selsius ne presha atmosfiɛ baako** na ɛde ayɛ saa mfatoho yi. Ne saa nti, nsu spesifik graviti yɛ 1.00 wɔ 4°C ne 1 atmosfiɛ presha.

Spesifik graviti [nsu] = $\dfrac{\text{densiti [nsu] kg/m}^3}{\text{densiti [nsu] kg/m}^3}$ = 1.00

Spesifik graviti nni yunits biara efisɛ yunits abien no twitwa wɔn ho wɔn ho mu.

Spesifik graviti [ayɔn] = $\dfrac{\text{densiti [ayɔn]}}{\text{densiti [nsu]}}$ = $\dfrac{7\,874 \text{ kg/m}^3}{1\,000 \text{ kg/m}^3}$ = 7.87

Spesifik graviti [merkuri] = $\dfrac{\text{densiti [merkuri]}}{\text{densiti [nsu]}}$ = $\dfrac{13\,600 \text{ kg/m}^3}{1\,000 \text{ kg/m}^3}$ = 13.6

Ne saa nti, ade biara a ne spesifik graviti yɛ kɛse sen nsu de no, bɛmem wɔ nsu mu; ade biara a ne spesifik graviti yɛ ketewa sen nsu de no, bɛtentɛn nsu no ani.

Ade biara a ne spesifik graviti ne nsu de yɛ pɛpɛɛpɛ no bɛsɛn nsu no mu a ɛrenkɔ soro ana fam.

Nneɛma ahorow bi spesifik densitis na edidi so yi:

-ayɔn spesifik graviti yɛ 7.87 enti ɛmem wɔ nsu mu

-ayis spesifik graviti yɛ 0.9 enti ɛtentɛn wɔ nsu mu.

-mpataa ne nsu spesifk graviti yɛ pɛ, enti wotumi kɔ soro ba fam. Sɛ apataa bi dwudwo ne ho a, ne volum yɛ kɛse ma ne densiti (spesifik graviti) so huan; eyi ma otumi ba soro. Sɛ apataa no yere ne ho, mia ne ho a, ne volum yɛ ketewa ma ne densiti nya nkɔso sen nsu de; eyi ma otumi mem kɔ nsu no ase.

MFRAMA SPESIFIK DENSITI NSUSUW

Sɛ yɛfa gas [mframa] ahorow nso a, yɛde wim mframa a yɛhome yi na ɛyɛ ntotoho ma yenya wɔn mu biara spesifik graviti.

Spesifik graviti [oxigyen] = $\dfrac{\text{densiti [oxigyen]}}{\text{densiti [wim mframa]}}$

Ne saa nti, yɛfa wim mframa sɛ mframa bi a awo yiye, ne tempirekya wɔ 20°C na ne presha yɛ 1atmosfiɛ anasɛ 101.325kPa. Saa mframa yi densiti yɛ 1.205kg/m³. Yɛde saa densiti yi na ɛkyɛ mframa biara densiti mu ma yenya ne spesifik graviti. Ne saa nti, yetumi kyerɛw sɛ:

Spesifik graviti (mframa) = $\dfrac{\text{densiti (saa mframa no) (kg/m}^3\text{)}}{1.21 \text{ kg/m}^3}$

PRESHA

Sɛ fɔɔso bi pia biribi a, yɛka se presha hyɛ ade ko no so. Yɛkyerɛ presha ase sɛ fɔɔso a ɛda biribi so a yɛde saa beae dodow a presha no da no akyɛ mu.

Presha = $\dfrac{\text{Fɔɔso a ɛka ade ko no}}{\text{Beae dodow a presha no wɔ}}$

Yɛbɛkae sɛ yesusuw beae biara tratraa dodow sɛ ani tɛtrɛtɛ. Ne saa nti, yetumi ka se:

Presha = $\dfrac{\text{Fɔɔso}}{\text{Ani tɛtrɛtɛ}}$ = $\dfrac{\text{Newton}}{\text{Skwɛɛ mita (m}^2\text{)}}$

Presha yunits

Esiane sɛ fɔɔso wɔ Newton mu, na yesusuw ani tɛtrɛtɛ wɔ mita skwɛɛ mu no nti, presha yunits yɛ Newton pɛɛ skwɛɛ mita [N/m², N m⁻²].
Yɛfrɛ saa yunit yi **Paskal**.

1 Paskal = 1 Pa = 1N/m² = 1N m⁻² = **Newton pɛɛ skwɛɛ mita**

Nanso esiane sɛ fi tete, presha yunits pii wɔ hɔ no nti, ebinom taa kɔ so de yunits ahorow bi kyerɛ presha. Yɛda so susuw mogya presha wɔ merkuri milimita mu; hurututu presha wɔ nsu sentimitas mu; atmosfiɛ presha wɔ kiloPaskal ana atmosfiɛ mu.

Nanso, yetumi sesa presha dodow fi presha yunit baako mu de kɔ foforo mu. Ɔpon 12-2 kyerɛkyerɛ saa presha yunits yi. Yɛbɛhwɛ saa presha nimdeɛ yi bio wɔ yɛn anim kakra.

	Pascal (Pa)	Bar (Bar)	Sayense Atmosfiɛ (at)	Atmosfiɛ (atm)	Torr (torr)	Pɔn Fɔɔso pɛɛ skwɛɛ inkyi (psi)
1 Pa	≡ 1 N/m²	10⁻⁵	1.0197×10⁻⁵	0.9869×10⁻⁵	7.5006×10⁻³	145.04×10⁻⁶
1 bar	100,000	≡ 10⁶ dyn/cm²	1.0197	0.98692	750.06	14.5037744
1 at	98,066.5	0.980665	≡ 1 kg/cm²	0.96784	735.56	14.223
1 atm	101,325	1.01325	1.0332	≡ 1 atm	760	14.696
1 torr	133.322	1.3332×10⁻³	1.3595×10⁻³	1.3158×10⁻³	≡ 1 Torr; ≈ 1 mmHg	19.337×10⁻³
1 psi	6.89×10³	68.95×10⁻³	70.31×10⁻³	68.046×10⁻³	51.715	≡ 1 lbf/in²

Ɔpon 12-2 : Presha dodow wɔ yunits ahorow mu. (Mfatoho:1Pa = 1N/m² = 10⁻⁵ bar = 1.0197×10⁻⁵ at = 0.98692×10⁻⁵ atm. ne nea ɛkeka ho).

LASTIK /ATWEHUAN TEBEA: LASTIK FƆƆSO NE HOOKE MMARA

Sɛ obi kyekyere biribi de tare atwehuan (lastik) ho na ogyaa mu a, ade ko no tew odonko, kɔ fam ba soro kosi sɛ ebegyina baabi a lastik no mu atwe. Saa fɔɔso a etumi twe ade bi mu na ɛma ɛyɛ tenten nanso ɛntew, na sɛ woyi fi ade ko no so a, saa ade ko no tumi ba ne kan tebea mu bio no yɛ **atwehuan fɔɔso ana lastik fɔɔso**. Yɛfrɛ saa fɔɔso no dodow a ɛde twe adesoa no sɛ **tenshin**.

Ne saa nti, sɛ ade bi mu tumi twe tenten bere a fɔɔso bi twe mu, na ɛsan tumi ba ne mfiase tebea mu bio bere kɔ a yɛayi saa fɔɔso no afi no so no a, yɛka se ade no wɔ lastik suban.

Nneɛma pii wɔ hɔ a wɔwɔ lastik suban. Ebi ne spring. Tayi ne dua a wɔde ayɛ agyan no nso wɔ lastik suban. Ɛnyɛ nneɛma nyinaa na wɔwɔ lastik suban. Nneɛma a wonni lastik suban no din ne **ngoo-lastik nneɛma**. Saa ngoo-lastik nneɛma yi bi ne lɛɛd, asikiresiam a wɔapɔtɔw, mmɔre ne ntwoma.

Yɛnfa no sɛ yɛkɔ so de adesoa foforo ka ade bi a ɛsɛn lastik bi so kosi bere bi a lastik no nnyɛ tenten bio. Saa bere no, sɛ yeyi saa adesoa duruduru yi fi lastik no so a, lastik no nnkɔ ne kan tebea mu bio. Yɛfrɛ saa fɔɔso ketekete koraa a ɛma ade bi kyea sɛɛ a, sɛ woyi fɔɔso no fi so mpo a, ade kɔ no nntumi nnkɔ ne mfiase tebea mu bio no sɛ **LASTIK AWIEI FƆƆSO.**

Ne saa nti, lastik awiei fɔɔso no yɛ fɔɔso ketekete koraa a ɛsen fɔɔso a etumi ma lastik ade bi san ba ne mfitiase tebea mu bio.

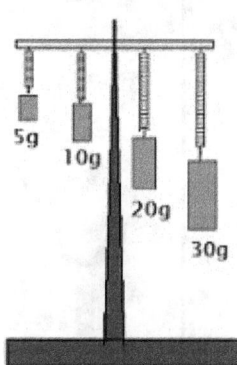

Adekyerɛ 12-2: (Benkum) Spring. (Nifa) Hooke mmara kyerɛ sɛ bere biara a yɛde adesoa bi sɛn lastik bi so no, lastik no tenten a enya no gyina adesoa kɔ no mass so gye sɛ yɛadu ne lastik awiei.

Spring yɛ dade-waya bi a wɔakyinkyim, abebare na bere biara a yɛde ade bi sɛn so no, emu tumi twe (Adekyerɛ 12-2). Yɛde spring na ɛyɛ mmuduru skeels ne instruments pii a yɛde susuw nneɛma suban.

Sayenseni Hooke na odii kan kyerɛɛ mmara a edi lastik ade biara so. Yenim dedaw sɛ, bere biara a yɛde adesoa bi bɛsɛn lastik bi so no, lastik no mu bɛtwe ama ayɛ tenten. **Hooke kyerɛɛ sɛ, bere biara a yɛde adesoa bi bɛsɛn lastik bi so no, lastik no tenten foforo a enya no ne adesoa a ɛsɛn so no mass yɛ proposhinal gye sɛ yɛadu ne lastik awiei.**

Eyi kyerɛ sɛ, sɛ yɛde ade bi a ne mass yɛ ketewa bɛsɛn spring bi so no, spring no mu bɛtwe kakraa bi pɛ. Sɛ yɛde ade a emu yɛ duru sɛn spring no so a, spring no mu bɛtwe bebree gye sɛ spring no adu ne lastik awiei. Lastik no tenten foforo a enya no gyina adesoa a ɛsɛn so no mass so.

Hooke de akontaa kyerɛkyerɛɛ saa nimdeɛ yi mu. Yɛfrɛ saa ekuashin a ɛkyerɛ saa Hooke mmara yi mu no sɛ **Hooke ekuashin**.

Saa Hooke ekuashin yi kyerɛ sɛ:

Fɔɔso a ɛtwe adesoa no: **F = - kd**   bere a:

.. F yɛ fɔɔso a ɛsɛn lastik ade no so no

.. d yɛ ntetewmu foforo a lastik no nya na

... k yɛ konstant bi a egyina saa lastik no suban so. Yɛfrɛ saa konstant yi sɛ **lastik konstant**.

Hooke de nyifim nsɛnkyerɛne sii ekuashin no kyɛfa a ɛwɔ nifa so no anim de kyerɛɛ sɛ spring fɔɔso no yɛ adwuma tia lastik no tenten-yɛ. Eyi kyerɛ sɛ, bere biara a obi bɛtwe spring bi mu akɔ nifa so no, spring no twe adesoa no kɔ benkum so. Sɛ fɔɔso a ɛsɛn ade bi so no yɛ ade ko no mmuduru a, yetumi kyerɛ sɛ:

F_g = mass x aselerashin a efi graviti = - k x ntetewmu foforo no

F_g = mg = -kd

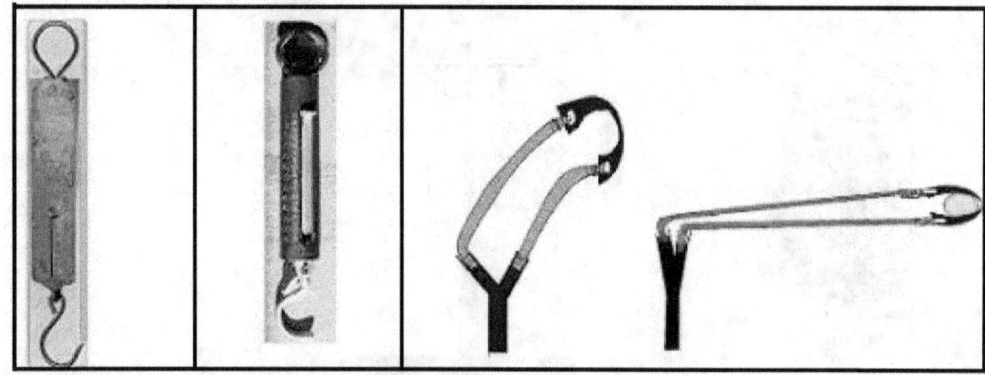

Adekyerɛ 12-3: (Benkum so) Mmuduru skeels a wɔde springs ayɛ. (Nifa) Taye a mmofra de di agoru nso wɔ lastik suban.

Bio, yɛnfa no sɛ yɛwɔ kokoo nkotoku dodow bi a wɔn mu biara mmuduru yɛ pɛ. Afei, yɛnfa no sɛ, yɛde kotoku dodow bi sensɛn saa spring yi so.

Hooke mmara kyerɛ sɛ, kotoku abien bɛtwe spring no mu tenten mmɔho abien te sɛnea kotoku baako bɛyɛ. Kotoku abiɛsa bɛtwe spring no mu tenten mmɔho abiɛsa te sɛnea kotoku baako yɛ. Saa ara na kotoku anan nso bɛtwe spring no mu tenten mmɔho anan te sɛnea kotoku baako yɛ. Saa nimdeɛ yi na ɛma yetumi yeyɛ mmuduru skeels ahorow pii a wɔde susuw nneɛma mass ne mmuduru.

TENSHIN NE KOMPRESHIN

Sɛ ade bi twe biribi mu a, yɛfrɛ no **tenshin**. Ne saa nti tenshin fɔɔso twetwe nneɛma mu ma wɔyɛ atenten ne nteanteaa. Tɛnshim ma molekuls mu twetwe. Sɛ ade bi pia biribi (ana ɛpɛtɛw no) a, yɛfrɛ no **kompreshin**. Kompreshin ma nneɛma yɛ ntiatia (ne akɛse) ma wonya ntrɛwmu nso. Kompreshin ma molekuls yeyɛ ntiantia.

Tenshin ne kompreshin yɛ anuanom a wɔn nneyɛɛ bɔ abira; bere ko a baako yɛ adwuma wɔ ade bi soro no, na ne nua no nso yɛ adwuma wɔ ase.

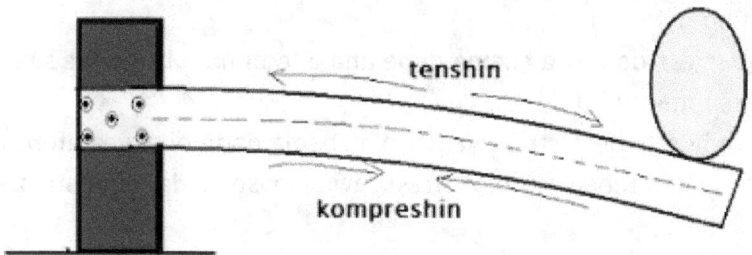

Adekyerɛ 12-4: Tenshin twetwe nneɛma mu; kompreshin piapia nneɛma benbɛn.

Sɛ yɛde ɔbo bi to dade tenten bi a ɛtare ɔdan bi ho so a, yenya tenshin wɔ dade no soro ma dade no mu twe yɛ tenten wɔ soro. Saa bere no ara nso yenya kompreshin wɔ dade no ase ma dade no yɛ tiatia. Sɛ yɛde adesoa bi to dade tenten bi a esi brikisi abien so wɔ dade no mfinimfini baabi a, adesoa no twe dade no kɔ fam wɔ mfinimfini baabi. Seesei de, yenya kompreshin wɔ dade no soro; saa bere no ara nso yenya tenshin wɔ dade no ase. Eyi ma yehu sɛ dade no mu yɛ tiatia wɔ soro nanso ɛyɛ tenten wɔ ase.

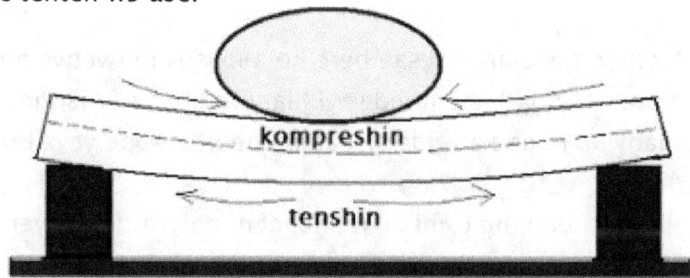

Adekyerɛ 12-5: Kompreshin ma dade no soro yɛ tiatia; tenshin ma dade no ase yɛ tenten.

Dade no mfinimfini de (hwɛ baabi a yɛadrɔɔ lain teateaa no), dade no tenten nsesa; ɛda so kura ne mfitiase tenten no dodow ara mu.

STRESS

Sɛ yɛka se ade bi anya stress a, na yɛkyerɛ sɛ presha bi da ne so. Yɛtaa de stress kyerɛ presha a ɛwɔ adeden bi te sɛ mɛtal ana dade bi so. Ne saa nti, stress nkyerɛase ne presha nkyerɛkyerɛmu bɛn yiye. Yɛkyerɛ stress ase sɛ:

$$\text{Stress}, (\rho) = \frac{\text{Fɔɔso a egyina biribi so}}{\text{Ani tɛtrɛtɛ dodow a fɔɔso no gyina so}}$$

Ne saa nti, $\rho = \dfrac{\text{Fɔɔso}}{\text{Ani tɛtrɛtɛ}} = \dfrac{\text{F [newton]}}{\text{A [mita skwɛɛ]}}$

Yɛde grikifo lɛtɛ ρ (yɛka no ro), na ɛtaa si hɔ de kyerɛ stress agyinamude. Yɛbɛkae sɛ saa nkyerɛkyerɛmu yi ne presha ntease yɛ pɛ. Presha nso yɛ fɔɔso nkyɛmu ani tɛtrɛtɛ ko a presha no gyina so.

Tensil ahoɔden : Eyi yɛ stress dodow a ɛbɛma dade ana ade bi mu abu. Yɛfrɛ saa tensil ahoɔden yi nso sɛ mmubumu stress.

Strɛss awiei fɔɔso: Dade bi sɛɛ-bere stress yɛ fɔɔso a ɛbɛma dade bi akyea afebɔɔ koraa a ɛrentumi nnkɔ ne kan tebea mu bio. Strɛss-awiei fɔɔso yɛ dade no **strɛss- nsɛɛ fɔɔso.**

Strɛss yunits

Yesusuw fɔɔso wɔ newton mu; yesusuw anim tɛtrɛɛ wɔ mita skwɛɛ mu. Ne saa nti stress yunits yɛ N/m^2 [newton pɛɛ mita skwɛɛ] te sɛ presha de ara pɛ. Saa yunit yi yɛ **Paskal.**

$$Paskal = Newton /m^2$$

Paskal baako yɛ $1\ N/m^2$. Sɛ fɔɔso newton baako gyina anim tɛtrɛɛ bi a ɛyɛ mita baako skwɛɛ so a, yɛka se presha ana stress a ɛwɔ ade ko no so no yɛ 1 paskal.

Paskal yɛ newton fɔɔso baako pɛɛ skwɛɛ mita baako.

STRAIN

Engyineafo hia sɛ wohu dade biara nsesae bere ko a fɔɔsos bi twetwe mu anasɛ fɔɔsos bi gyinagyina so. Saa nnade ho nimdeɛ yi hia yiye efisɛ nsonsonoe bebree deda fɔɔsos a egyinagyina nnade a wɔde sisi adan, ne nea wɔde yeyɛ briigyi ne mashins no so.

Ehia sɛ yehu dade biara suban, ne tumi ne n'ahoɔden, na yɛatumi akyerɛ nnade ko a yebetumi de adi dwuma pɔtee bi. Nnade a wɔde yeyɛ briigyis a nnipa ne kaars bebree nenam so da biara no hia ahoɔden a ebetumi afa presha pii, nanso ɛremmu.

Saa ara nso na nnade a wɔde yeyɛ kaars engyins no nso hia suban ne tebea bi a ebetumi afa presha a ne tempirekya wɔ soro yiye mu, efisɛ kaar engyin mu tumi dɔ yiye. Ne saa nti, ɛsono nnade a wɔde sisi adan nketewa ne nea wɔde yeyɛ briigyis ne kaar engyins.

Yɛde **strain** na ɛkyerɛ sɛnea nnade tebea sesa fa, bere ko a fɔɔsos bi twetwe wɔn mu anasɛ fɔɔsos bi gyinagyina wɔn so. Yɛkyerɛ **strain** sɛ **dade bi tenten nsesae a yɛde ne mfiase tenten akyɛ mu bere a fɔɔso bi twetwe no.**

$$Strain = \frac{dade\ bi\ tenten\ nsesae}{dade\ no\ mfiase\ tenten} = \frac{\Delta L}{L_{mfiase}} \quad bere\ a:$$

.. L yɛ dade no tenten

... ΔL yɛ dade no tenten nsesae

... L_{mfiase} yɛ dade no mfiase tenten.

Yetumi nso de ade ko no kɛse yɛ (ana ntrɛwmu) si ne tenten anan mu wɔ ekuashin yi mu.

Strain nni yunits biara efisɛ ne soro ne fam yunits no twitwa wɔn ho mu.

MODULUS (SƐNEA STRƐSS /STRAIN MA NNEƐMA SESA FA)

Ɛngyineafo ne sayensefo hia nimdeɛ a ɛfa dade biara ssuban ho. Ne titiriw, ehia sɛ yehu dade biara suban na yɛatumi ahu sɛnea ɛsesa fa, bere a fɔɔsos bi twetwe no anasɛ bere a presha bi da ne so. Yenim dedaw sɛ saa nnade nsesae bere a fɔɔso bi da ne so no kyerɛ ne lastik suban. Yɛde din **MODULUS** na ɛkyerɛ ade biara lastik suban.

Ne saa nti, **modulus kyerɛ dade biara stress ne strain nkyɛmu suban.**

Modulus = $\dfrac{\text{stress}}{\text{strain}}$

Eyi ma yetumi de dade bi modulus bu saa dade no ho nkontaa, kyerɛ ne suban. Yɛwɔ modulus ahorow abiɛsa:
- tenten modulus
- volum modulus
- kyea- tebea [shape] modulus.

TENTEN MODULUS/LASTIK MODULUS/YOUNG LASTIK MODULUS [YLM]

Yenim sɛ bere biara a wɔde presha to dade bi so no, saa dade ko no yɛ tenten. Sayenseni **Young** na odii kan buu nnade ho tenten modulus nkontaa kyerɛɛ ne dodow ne ɛho mfaso. **Lastik modulus** ne **tenten modulus** yɛ ade koro.

Yɛde dade bi **lastik modulus anasɛ ne tenten modulus kyerɛ dade bi tenten nsesae ho nimdeɛ, bere ko a presha bi da saa dade no so.**

Saa tenten modulus yi san kyerɛ sɛnea dade bi yɛ den fa. Tenten modulus kyerɛ stress fɔɔso a ehia ama dade bi anya strain dodow bi. **Ɛyɛ dade bi stress fɔɔso a yɛde ne strain dodow akyɛ mu.**

Yetumi de YLM (a egyina hɔ ma **Young lastik modulus**) gyina hɔ ma saa tenten modulus ana lastik modulus yi. Yɛde ekuashin a edi so yi na ɛkyerɛ lastik modulus asɔ:

$$\text{YLM} = \frac{\text{Stress}}{\text{Strain}} = \frac{F/A}{\Delta L/L_o}$$

$$\text{YLM} = \frac{FL_o}{A \cdot \Delta L} \quad \text{bere a:}$$

.. F yɛ fɔɔso ana adesoa bi a ɛda adeden [dade] bi so
.. L_o yɛ adeden [dade] bi mfiase tenten
.. A yɛ anim tɛtrɛɛ a fɔɔso no gyina so
.. ΔL yɛ [adeden] dade no tenten nsesae bere a fɔɔso no gyina so no.

Esiane sɛ strain nni yunits biara no nti, YLM yunits ne stress yunits yɛ pɛ. Eyi yɛ **Paskal** [Pa] ana **Newton pɛɛ mita skwɛɛ** [N.m/²].

Mpɛn pii no, esiane sɛ modulus dodow dɔɔso no nti, yebu no wɔ GigaPaskal (10^9 Pa) mu. YLM dodow bi na yɛakyerɛ wɔ Ɔpon 12-3 so no.

Ade	YLM dodow (GPa)	Ade	YLM dodow (GPa)
Rɔba	0.01-0.1	Titanium alloys	105-120
Polietilene	1.5-2	Kɔpa	117
Nailon	2-4	Ayɔn stiil	200
Magnesium	45	Berilium	287
Aluminium	69	Tungsten	400-410
Glass	50-90	Tungsten-Kaabaide	450-660
Kevlar	71-112	Daamɔn (Dɛnkyɛmo)	1220
Brass ne Brɔnze	100-125		

Ɔpon 12-3: Nneɛma bi lastik modulus dodow.

Sɛ ade bi YLM dodow yɛ kɛse a, na ade ko no yɛ den yiye. Dade bi a ne YLM yɛ kɛse sen foforo bi no yɛ den sen no. Sɛnea yehu no, daamɔn modulus yɛ kɛse yiye; daamɔn yɛ den sen nneɛma a yenim nyinaa.

VOLUM MODULUS

Sɛ Young lastik modulus kyerɛ dade bi tenten strɛss ne strain nsesae a, **volum modulus nso ma yɛn ade bi volum strɛss ne strain nsesae ho nimdeɛ.** Sɛ yɛmoamoa adaka bi a ne mfiase volum yɛ V_0 a, yenim sɛ n'awiei volum no sesa yɛ ketewa. Ne saa nti, yetumi ka se, sɛ yɛde presha P gyina ade bi so baabiara 90° a, ade no volum bɛsesa ayɛ ketewa. Volum modulus yɛ ade biara suban nsesae nimdeɛ bere a yɛde presha wɔ ne baabiara 90 digris, de moamoa no sesa no yɛ ketewa.

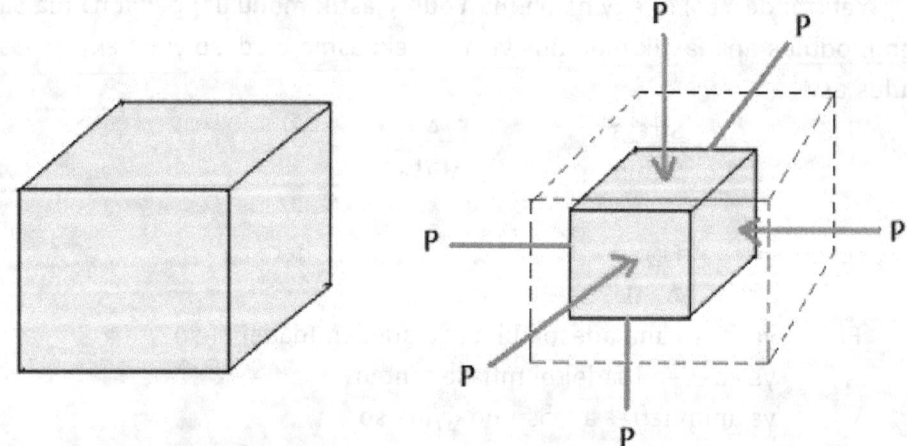

Adekyerɛ 12-6: Volum modulus yɛ ade biara suban nsesae ho nimdeɛ bere a yɛde presha pia ne baabiara 90 digri de sesa no yɛ no ketewa.

Sɛ ɛba no saa a, yetumi kyerɛ sɛ, presha nsesae a ɛwɔ ade no so no sɛ ΔP (delta P) a ne dodow yɛ:

$$\Delta P = P_{awiei} - P_{mfiase}$$

Yesusuw saa volum nsesae no nso sɛ ΔV (delta V) a ne dodow yɛ:

$$-\Delta V = V_{awiei} - V_{mfiase}$$

Saa volum nsesae ΔV yi anim wɔ nyifim nsɛnkyerɛne efisɛ volum no awiei dodow yɛ ketewa sen ne mfiase dodow no.

Presha ne volum nsesae yi ma yɛn ekuashins a edidi so yi. Yɛkyerɛ volum strɛss ase sɛ presha nsesae no ΔP a ɛyɛ:

Volum strɛss = ΔP

Kae sɛ eyi kyerɛ nsesae a ɛda mfiase presha ne awiei presha no ntam.
Yɛkyerɛ volum strain ase sɛ volum nsesae no nkyɛmu mfiase volum no dodow.

Volum strain = $-\dfrac{\Delta V}{V_o}$

Sɛ yɛde volum strɛss kyɛ volum strain mu a, yenya **volum modulus**. Ne saa nti, **volum modulus yɛ dade bi volum strɛss a yɛde ne volum strain akyɛ mu.**

$$\text{Volum modulus} = \dfrac{\text{Volum strɛss}}{\text{Volum strain}} = -\dfrac{\Delta P}{\Delta V/V_o} = -\dfrac{\Delta P\, V_o}{\Delta V}$$

Yɛakyerɛ nneɛma ahorow bi volum modulus dodow wɔ Ɔpon 12-4 so. Yesusuw volum modulus wɔ Paskal (GigaPaskal) mu. Sɛnea yehu no, ayɔn still a yɛde sisi adan yi ho yɛ den sen glass, nanso ɛnto daamɔn ahoɔden.

Ade	Volum modulus	Ade	Volum modulus
Glass	35-55 GPa	Nsu	2.2×10^9 Pa
Ayɔn stiil	160 GPa	Mframa	1.42×10^5 Pa
Daamɔn	442 GPa	Helium (adeden)	5×10^7 Pa

Ɔpon 12-4: Nneɛma bi volum modulus.

KYEA -TEBEA MODULUS (SHEAR MODULUS)

Nneɛma pii tumi kyea wɔn tebea bere a wɔn volum nnsesa. **Kyea-tebea modulus kyerɛ nimdeɛ a ɛfa ade bi lastik kyea-tebea ho, bere a ne volum nsesa.**

Momma yɛnhwɛ rectangle nnaka a yɛakyerɛ wɔ Adekyerɛ 12-7 so no. Yɛnfa no sɛ fɔɔsos abien bi a ɛyɛ pɛ nanso wɔn anikyerɛbea bɔ abira pia adakateaa bi ma adaka no kyea nanso ne volum nsesa koraa.

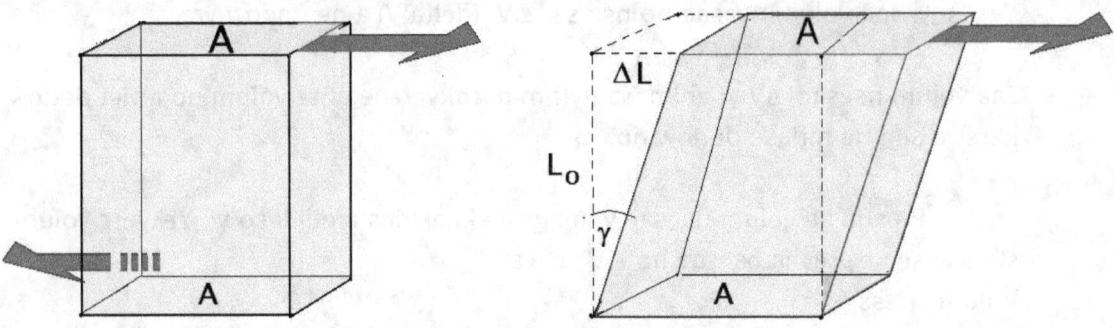

Adekyerɛ 12-7: Lastik kyea-tebea fɔɔso ma adakateaa bi kyea nanso adaka no volum nsesa. Yɛfrɛ adakakyea a ɛwɔ nifa so no sɛ paralelpiped.

Yenim dedaw sɛ strɛss yɛ presha a egyina ade bi so no ho nsusuw, enti, yɛkyerɛ kyea-tebea strɛss ase sɛ:

Kyea-Tebea strɛss = $\dfrac{\text{tangent fɔɔso F a epia ade bi ana egyina so no}}{\text{Ani tɛtrɛtɛ a egyina so no (A)}}$ = $\dfrac{F}{A}$

Yɛkyerɛ kyea-tebea strain nso ase sɛ:

Kyea-Tebea strain = $\dfrac{\text{ade bi tenten nkyeae nsesae}}{\text{Kwandodow a ɛda ani tɛtrɛtɛ abien no ntam}}$

= $\dfrac{\Delta L}{L_o}$

Ne saa nti, Kyea-Tebea modulus [S] = strɛss/strain = (shear modulus)

$$S = \dfrac{F/A}{\Delta L / L_o}$$

Eyi ma yɛn:

$$\text{Kyea-Tebea modulus} = \dfrac{F L_o}{A \Delta L}$$

Yenim sɛ ΔL yɛ ketewaa koraa, enti $\Delta L/L_o$ angle γ dodow wɔ radians mu yɛ pɛ.
Ne saa nti, yetumi kyerɛ Kyea-Tebea modulus [S] sɛ,

$$S = \dfrac{F}{A \gamma}$$

...bere a ...
... S yɛ kyea tebea modulus
.. F yɛ tangent Fɔɔso a egyina ade bi so ana epia ade bi

.. A yɛ beae bi ani tɛtrɛtɛ a fɔɔso no gyina so no
... yɛ γ angle wɔ radians mu na ɛkyerɛ $\Delta L/L_o$ dodow.

Yesusuw nneɛma nkyea-tebea modulus wɔ Paskal (GigaPaskal) mu.

Ade	Kyea-Tebea modulus (GPa)	Ade	Kyea-Tebea modulus (GPa)
Rɔba	0.0006	Titanium	41.4
Polietilene	0.117	Kɔpa	44.7
Aluminium	25.5	Ayɔn stiil	79.3
Glass	26.2	Daamɔn	478

Ɔpon 12-5: Nneɛma bi kyea-tebea modulus dodow.

Sɛnea yɛahu afi saa modulus ahorow yi nimdeɛ mu no, ade bi a yɛbrɛ ansa na yɛatumi akyea no no, modulus dodow wɔ sorosoro. Saa ara nso na nea yetumi kyeakyea mu ntɛmntɛm no modulus dodow yɛ nketewa. Saa nimdeɛ yi boa sayense ne engyineafo ma wotumi hu nnade bi suban yiye, na wɔatumi akyerɛ nea ɛsɛsɛ wɔde di nnwuma ahorow.

NSƐMMISA

1. Kyerɛ densiti ase. Kyerɛ ne yunits nso. Nsu densiti yɛ ahe?
2. Kyerɛ spesifik graviti ase. Ne yunits ne densiti yunits yɛ pɛ ana?
3. Dɛn nsonsonoe na ɛda densiti ne spesifik graviti mu?
4. Kyerɛkyerɛ saa elements yi densiti (i) lɛɛd (ii) merkuri (iii) aluminium
5. Kyerɛkyerɛ strɛss mu? So nsonsonoe wɔ strɛss a nnipa nya, ne nea yɛde to nnade so no mu ana?
6. Strɛss yunits yɛ dɛn?
7. Dɛn ne strain? Kyerɛ strain yunits.
8. Sɛ yɛka se rɔba wɔ lastik tebea a, yɛkyerɛ dɛn?
9. Dɛn koraa ne modulus?
10. Sɛ yɛde fɔɔso a ɛboro so to dade bi so kosi sɛ efi ase sɛe koraa a saa dade no ntumi nsan nkɔ ne mfitiase tebea mu bio a, yɛfrɛ saa fɔɔso no dɛn?
11. Modulus ahorow ahe na wonim? Kyerɛw wɔn din ma me.
12. Kyerɛ kyea-tebea ase. Adaka bi kyea-tebea ne ne volum yɛ pɛ ana? Kyerɛkyerɛ wo mmuae no mu.
13. Dɛn ne Young Lastik Modulus? N'agyinamude yɛ dɛn? Ne yunits nso ɛ?

TIFA 13 : NSU A EGYINA FAAKO/ GYINAFAAKO LIKWIDS

Nkyerɛkyerɛmu

Hidrostatik   hydrostatic
(Adwumaden ana dwumadi bi a ne yiyedi gyina nsu so. Presha bi a egyina fɔɔso bi a efi nsu mu ho. Adwumaden bi a likwids bi adaworomma nti, yetumi yɛ.)

Likwid   liquid
(Biribi a ɛyɛ nsu anasɛ ɛwɔ nsu tebea, biribi a ɛyɛ nsu-nsu).

Nsu   water
(Hidrogyen atoms abien ne oxigyen atom baako a akeka abɔ mu na ɛma nnipa, mmoadoma ne afifide nyinaa nkwa; yetumi nso de kyerɛ biribi a ɛwɔ nsu tebea.)

Mmuduru skeel   weighing scale, balance
(Biribi a wɔde susuw ade bi mmuduru)

Presha   pressure
(Fɔɔso a ɛhyɛ ade bi so, egyina ade bi so, ana ɛda ade bi so.)

Fɔɔso a epia ade bi a ɛda nsu mu fi ase kɔ soro - Akimedes mmara

Da bi hɔ no, Ɔhene bi de sika kɔkɔɔ pɔw bi maa Odwinfo bi sɛ ɔnfa nyɛ ahenkyɛw ma no. Wosusuw sika no dodow wɔ mmuduru skeel so huu ne mmuduru pɛpɛɛpɛ. Akyiri yi a akoa no de kyɛw no brɛɛ Ɔhene no, obi betiw Ɔhene no aso sɛ akoa no de nnade foforo bi a ɛnsom bo frafraa sika futuru no mu na ɔde yɛɛ ahenkyɛw no. Ne saa nti, wanfa sika kɔkɔɔ no nyinaa annyɛ ahenkyɛw no. Eyi anyɛ Ɔhene no dɛ, enti ɔfrɛɛ odwimfo no bisaa no ho asɛm. Odwinfo no kyerɛɛ sɛ ɛnyɛ nokware, na mmom ɔde sika mfuturu a wɔde maa no no nyinaa na ɛyɛɛ ahenkyɛw no. Ɔma wɔde ahenkyɛw no sii mmuduru skeel so bio, kyerɛɛ sɛ sika mfuturu no mmuduru ne ahenkyɛw no de yɛ pɛpɛɛpɛ.

Ɔhene yi frɛɛ n'adamfo sayenseni bi a wɔfrɛ no Akimedes de asɛm yi too n'anim. Ɔka kyerɛɛ no sɛ ɔmɔ mmɔden nhwehwɛ ɔkwan a ɔbɛfa so akyerɛ sika kɔkɔɔ dodow pɔtee a ɛwɔ ahenkyɛw no mu. Akimedes susuw asɛm yi ho yiye, san de kɔɔ dasum mpo. Da bi, kurow no mu nnipa huu sɛ obi de amirika nam abɔnten so fi aguaree (samina nso wɔ ne ho) teɛteɛm se 'yureka, yureka' a ɛkyerɛ sɛ 'mahu, mahu'.

Na ɛyɛ Akimedes na ɔde amirika rekɔ akɔka akyerɛ Ɔhene sɛ, ɔda ne bafo mu wɔ aguaree no na mpofirim onyaa Ɔhene asɛmmisa no ho mmuae. Anigye mmoroso nti, na ne werɛ koraa afi sɛ ɔwɔ aguaree. Nkyerɛkyerɛmu a Akimedes yɛɛ no maa sayense nyaa mmara papa bi a ɛnnɛ da yi, yɛfrɛ no Akimedes mmara. Ɛnnɛ da yi, yɛfa saa mmara yi so de yeyɛ hyɛn ahorow ne adwumaden mashins pii.

Akimedes mmara

Ansa na yɛbɛtoa saa nkyerɛkyerɛmu yi so no, kae sɛ:
densiti = mass/volum ... anasɛ mass = densiti x volum.

Eyi ho hia papaapa. Kae nso sɛ, sɛ ade bi si baabi a, ne mmuduru ne ne normal fɔɔso dodow yɛ pɛpɛɛpɛ.

Akimedes kyerɛɛ sɛ bere biara a yɛde ade bi to nsu mu no, fɔɔso a epia ade no fi fam kɔ soro wɔ nsu no mu no ne nsu dodow a ade ko no pia gu no mmuduru yɛ pɛpɛɛpɛ.

Ɛnfa ho sɛ ade ko no tentɛn nsu no ani anasɛ amem koraa wɔ nsu no mu. Akimedes mmara toaa so kyerɛɛ sɛ saa fɔɔso yi ani kyerɛ soro aduokron digris. Bio nso, epia ade ko no wɔ ne mfinimfini pɛpɛɛpɛ. (Yɛbɛkae sɛ eyi yɛ normal fɔɔso).

Yɛnfa no sɛ yɛde ɔbo bi to kuruwa bi a nsu wɔ mu tɛnn mu. Bere ko a ɔbo no bɛtɔ kuruwa no mu no, nsu bi befi kuruwa no mu agu fam (Adekyerɛ 13-1). Nimdeɛ a edi kan a ɛsɛsɛ yehu no ne sɛ, nsu volum a ɔbo no beyi agu no ne ɔbo no volum yɛ pɛpɛɛpɛ. Ne saa nti, sɛ ɔbo no yi nsu 200ml gu a, ɔbo no nso volum yɛ 200ml.

> Sɛ yɛde ade bi to nsu mu ma nsu no kata so a, nsu volum a eyi gu no ne ade ko no volum yɛ pɛpɛɛpɛ. (volum= volum)

Nimdeɛ a ɛto so abien a yenya no yɛ Akimdedes mmara. Ɛkyerɛ yɛn sɛ, sɛ yɛde ade bi to nsu bi mu a, ɛmfa ho sɛ ɛmem anasɛ ɛtentɛn nsu no ani, nsu a efi kuruwa no mu gu fam no **mmuduru**, ne **fɔɔso dodow a epia ade no fi fam kɔ soro** yɛ pɛpɛɛpɛ. Yɛfrɛ saa fɔɔso a epia ade biara kɔ soro no sɛ **pia-kɔ-soro fɔɔso**.

> Sɛ yɛde ade bi to nsu mu a, (sɛ nsu no kata so o, sɛ ade no tentɛn nsu no ani o) nsu dodow a eyi gu no mmuduru = Fɔɔso a epia ade no kɔ soro

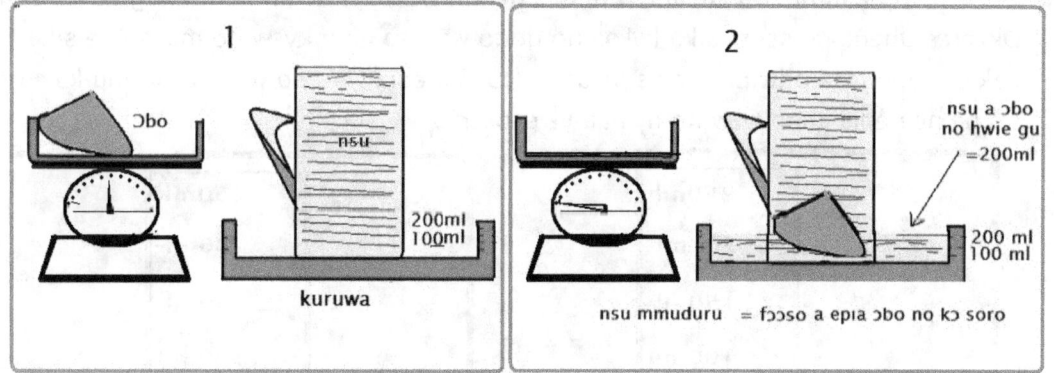

Adekyerɛ 13-1: Akimedes mmara: sɛ yɛde ɔbo bi to nsu mu a, nsu dodow a ɔbo no yi tow gu no mmuduru ne fɔɔso a epia ɔbo no kɔ soro no yɛ pɛ. Nsu volum nso a ɔbo no hwie gu no nso dodow ne ɔbo no volum yɛ pɛ.

Yebetumi ayɛ ɔyɛkyerɛ bi de ahu saa nimdeɛ yi mu. Sɛ yɛde nsu kakraa bi gu nsusuw silinda mu (Adekyerɛ 13-2) na yɛde sika kɔkɔɔ pɔw bi to saa nsusuw silinda yi mu a, nsu no volum kɔ soro. Saa nsusuw silinda yi ma yɛn volum foforo. Sɛ yeyi silinda no mfiase volum no fi n'awiei volum no mu a, yenya nsesae volum dodow a efi sika kɔkɔɔ no.

| Nsu a eyi gu no mmuduru = pia-kɔ-soro fɔɔso (normal fɔɔso) |

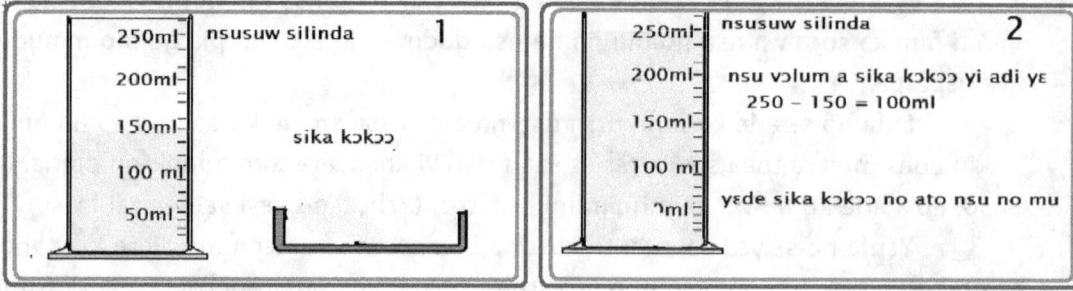

Adekyerɛ 13-2: Akimedes mmara

Akimedes mmara kyerɛ yɛn sɛ, saa nsu nsesae volum no MMUDURU ne FƆƆSO a epia sika kɔkɔɔ no fi fam kɔ soro no yɛ pɛpɛɛpɛ.
Fɔɔso a epia sika pɔw no yɛ = nsu a eyii adi no mmuduru
= nsu a eyii adi no mass [m] x graviti [g]
= m.g
Nanso esiane sɛ mass yɛ densiti x volum no nti, yetumi ka se:
Fɔsso a epia sika pɔw no yɛ = [nsu no densiti] x [nsu no volum] x graviti.

Esiane sɛ yenim nsu densiti ne graviti dodow dedaw no nti, sɛ yesusuw nsu volum dodow a sika no pia kɔɔ soro wɔ silinda no mu a, yetumi hu fɔɔso ko a epia sika kɔkɔɔ pɔw no fi fam kɔ soro.

Eyi ne nimdeɛ a ɛmaa Akimedes de anigye kɛse de amirika fii aguaree hɔ no. Ɔkyerɛɛ Ɔhene no sɛ, sɛ sika kɔkɔɔ no dodow a ɛwɔ ahenkyɛw no mu no ne sika kɔkɔɔ a ɔde maa odwinfo no yɛ pɛ de a, fɔɔso a epia sika no wɔ nsu no mu kɔ soro no ne nea epia ahenkyɛw no nyinaa yɛ pɛpɛɛpɛ.

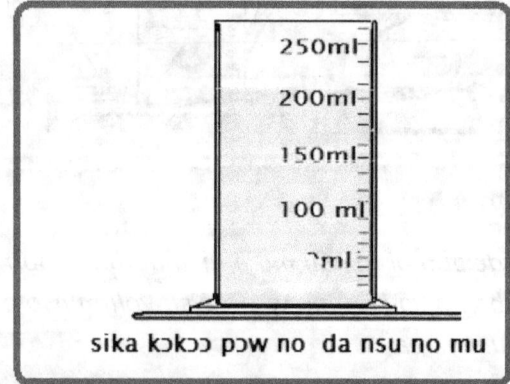
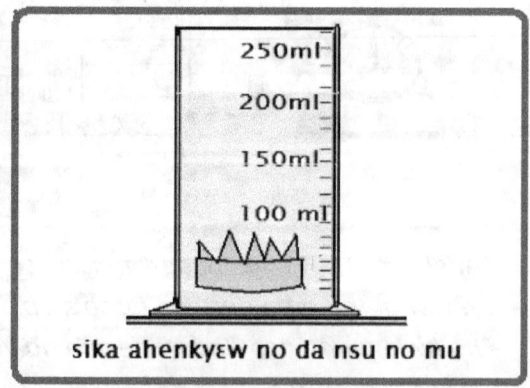

Adekyerɛ 13-3: Fɔɔso a epia skia kɔkɔɔ pɔw no ne fɔɔso a epia ahenkyɛw no yɛ pɛpɛɛpɛ de a, na nsu dodow a wɔn mu biara yi adi no yɛ pɛpɛɛpɛ.

Fɔɔso a epia sika kɔkɔɔ no = fɔɔso a epia ahenkyɛw no

= Mass sika kɔkɔɔ x graviti

Fɔɔso a epia ahenkyɛw no = mass ahenkyɛw no x graviti

Sɛ ɛba saa de a, na

Mass sika kɔkɔɔ x graviti = mass ahenkyɛw x graviti. Ɛsɛsɛ eyi nso ma yɛn:
Densiti sika kɔkɔɔ x volum nsu nsesae = densiti ahenkyɛw no x volum ne nsu nsesae

Sɛ odwinfo no amfa biribiara amfra sika kɔkɔɔ no mu de a, na sika kɔkɔɔ no densiti ne ahenkyɛw no densiti yɛ pɛ. Sɛ ɛte saa de a, na ɛno de, sɛ yɛde ahenkyɛw no hyɛ nsu mu a, ɛsɛsɛ nsu dodow a ebeyi adi no ne nsu a saa sika kɔkɔɔ pɔw a wɔde maa odwinfo no nyinaa yɛ pɛpɛɛpɛ.

Sika kɔkɔɔ no nsu volum nsesae = ahenkyɛw no nsu volum nsesae.

Ɔhene no ma wɔde sika kɔkɔɔ a ɛte sɛ nea wɔde maa odwinfo no ba besii hɔ. Wɔde ahenkyɛw no nso ba bɛtoo hɔ. Wɔde nsu bokiti besii hɔ. Wɔde sika kɔkɔɔ no hyɛɛ mu, susuw nsu dodow a epia kɔɔ soro. Afei wɔde ahenkyɛw no nso too nsu no mu susuw nsu a eyii adi. Nokware daa adi. Ɔsɛmkafo bi kyerɛ sɛ Odwinfo no de ne ti kɔmaa abrafo.

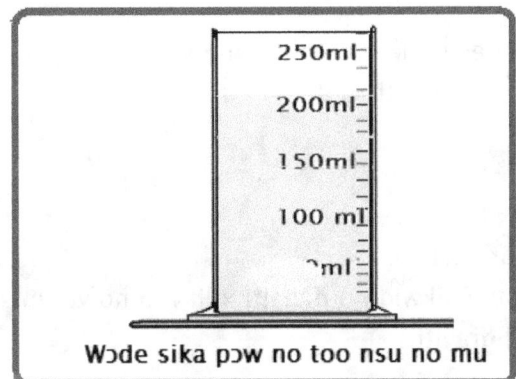 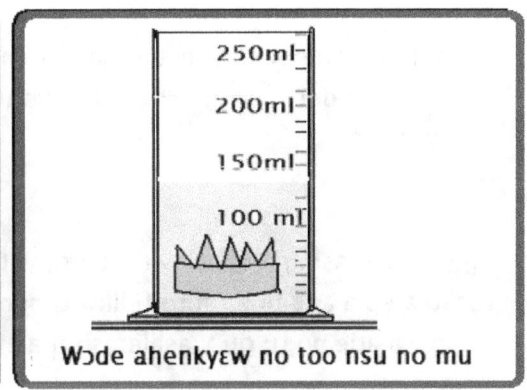

Wɔde sika pɔw no too nsu no mu | Wɔde ahenkyɛw no too nsu no mu

Adekyerɛ 13-4: Sɛ Fɔɔso a epia sika pɔw no ne ahenkyɛw no de nnyɛ pɛ de a, na nsu a wɔn mu biara yi adi no nnyɛ pɛpɛɛpɛ. Sɛ ɛba no saa de a, na dɛn asɛm na aba?

Ne tiatwa mu no ne sɛ, Akimedes mmara kyerɛ sɛ, sɛ ade bi da nsu mu a, **fɔɔso a epia saa ade no fi fam kɔ soro** no ne nsu dodow a eyi adi no **mmuduru** yɛ pɛpɛɛpɛ. Saa fɔɔso yi wɔ ade ko no mfinimfini pɛɛ a ɛne asase tratraa yɛ 90 digri angle.

Akimedes mmara: Fɔɔso a epia ade bi fi likwid bi mu kɔ soro= likwid a eyi adi no mmuduru.

Kae sɛ saa fɔɔso a epia ade bi kɔ soro no yɛ normal fɔɔso. Kae nso sɛ saa normal fɔɔso yi yɛ ade ko no mmuduru. Ne saa nti, yɛnfa no sɛ ayis bi da nsu wiriduduu bi mu. Yenim ayis no densiti sɛ ɛyɛ 917 kg/m³. Yenim sɛ nsu densiti yɛ 1000 kg/m³. Ayis no dodow bɛn na ɛtentɛn nsu no ani?

Esiane sɛ ayis no densiti (917kg/m³) sua sen nsu densiti (1000kg/m³) no nti, ayis no bɛtentɛn nsu no ani. Fi Akimedes mmara mu no, yenim sɛ:

Fɔɔso a epia ayis no kɔ soro no = nsu a eyi tu gu no mmuduru

Nanso fɔɔso a epia ayis no kɔ soro no = ayis no normal fɔɔso = a ɛne ayis no mmuduru yɛ pɛpɛɛpɛ.

Ne saa nti:

Ayis no mmuduru = nsu a eyi tu gu no mmuduru
= mass ayis x graviti = mass nsu x graviti
= densiti (ayis) x volum (ayis) x g = mass (nsu) x volum(nsu) x g
= d(a) x volum (a) = mass (n) x volum (n)
= 0.917 x V (a) = 1.000 x V (n)
= V(n) = $\frac{0.917}{1.000}$ = 0.917
   V (a)
= V(n) = 0.917 V(a)

Nsu kyɛfa a ayis no ayi adi no 91.7%; nea aka a ɛtentɛn soro no yɛ 100-91.7% = 8.3%.

Yɛde nimdeɛ a edi so yi betwa saa Akimedes mmara yi to. Esiane sɛ:

mmuduru = mg = densiti x volum x graviti = d x v x g

–m yɛ mass
–d yɛ densiti
–v yɛ volum
–g yɛ aselerashin a efi graviti no nti, yetumi ka se:

Fɔɔso a epia ade bi kɔ soro fi likwid bi mu = likwid no **densiti** x likwid no **volum dodow a ade no tu gu** x aselerashin a efi graviti.

Ne saa nti:

Pia-kɔ-soro Fɔɔso = densiti x volum x graviti = d.v.g

Akimedes mmara kyerɛ sɛ fɔɔso a epia ade bi a ɛda likwid bi mu fi fam kɔ soro no ne likwid a ade ko no yi adi no mmuduru yɛ pɛpɛɛpɛ.

Fɔɔso = mass x graviti = mmuduru

PRESHA A ƐWƆ GYINAFAAKO LIKWIDS SO

Sɛ fɔɔso bi pia biribi a, yɛka se presha hyɛ ade ko no so. Yɛkyerɛ presha ase sɛ fɔɔso a ɛda biribi so nkyɛmu beae dodow a presha no di so dwuma.

Presha = $\frac{\text{Fɔɔso a ɛka ade ko no}}{\text{Beae dodow a presha no wɔ}}$

Yɛbɛkae sɛ yesusuw beae biara tratraa dodow sɛ ani tɛtrɛtɛ. Ne saa nti, yetumi ka se:

Presha = $\frac{\text{Fɔɔso}}{\text{Ani tɛtrɛtɛ}}$ = $\frac{\text{Newton}}{\text{Skwɛɛ mita (m}^2\text{)}}$

Presha nnyɛ vektor efisɛ enni anikyerɛbea biara.

Presha yunits

Esiane sɛ fɔɔso wɔ newton mu, na yesusuw anim tɛtrɛɛ wɔ mita skwɛɛ mu no nti, presha yunits yɛ Newton pɛɛ skwɛɛ mita [N/m², N m⁻²]. Yɛfrɛ saa yunit yi **Paskal**.

1 Paskal = 1 Pa = 1N/m² = 1N m⁻² = Newton pɛɛ skwɛɛ mita

ATMOSFIƐ PRESHA

Sɛ biribi da ade bi so a, ɛma ade ko no presha bi a egyina saa nneɛma no dodow so. Sɛ obi dɔ asukɔ a, nsu dodow a ɛwɔ ne nnipadua so no ma no saa presha yi bi. Ne saa nti, bere a onii no rekɔ nsu no ase pii no, na nsu dodow a ɛwɔ ne so no nso mu reyɛ duru; eyi ma presha a ɛwɔ no so nso dodow kɔ soro.

Saa ara nso na presha bi da wiase ɔdasani biara, nnɔbae, afifide ne mmoadoma nyinaa so a efi mframa dodow a egyina yɛn atifi no so. Esiane sɛ mframa wɔ mmuduru no nti, saa presha yi dodow gyina baabi a ade bi te anasɛ egyina wɔ asase so no so. Saa mframa a egyina amansan nyinaa atifi so yi din de **atmosfiɛ**. Ne saa nti, yɛfrɛ presha a ɛda nnipa ne wiase nneɛma nyinaa so no sɛ **atmosfiɛ presha**.

Sɛ yɛma yɛn ani so hwɛ soro a, yehu wim a ɛwɔ nkyɛmu anum. Saa nkyekyɛmu yi gyina tempirekya nsesae so. Saa nkyekyɛmu yi ne:

Troposfiɛ: Eyi yɛ fi yɛn atifi kɔ soro bɛyɛ 7 kilomitas wɔ atifi ne anafo pols no nkyɛn, kosi bɛyɛ 17 kilomitas wɔ ekuator no nkyɛn. Troposfiɛ tempirekya sesa fi fam (asase so) kɔ soro efisɛ ɔhyew fi asase so na ɛtrɛw kɔ soro. Ne saa nti, bere a yɛrekɔ soro wɔ troposfiɛ no mu no, na awɔw rehim sɛ biribi. Troposfiɛ yi mu na atmosfiɛ mmuduru dodow bɛyɛ 80 % wɔ. Tropopause na ɛbɔ troposfiɛ ne stratosfiɛ ntam ɔhye.

Stratosfiɛ: Eyi fi soro bɛyɛ kilomita 51 kosi kilomita 55. Ɛha nso, tempirekya dodow fi fam kɔ soro; presha a ɛwɔ ha yɛ ketekete koraa a ɛbɛyɛ asase so de nkyɛmu ɔha. Stratopause ne ɛbɔ stratsofiɛ ne mesosfiɛ ntam ɔhye.

Mesosfiɛ: Eyi fi bɛyɛ kilomita 80 kosi kilomita 85. Ɛha de, tempirekya so tew fi fam kɔ soro. Ɛha tempirekya bi tumi kɔ fam kosi bɛyɛ 100 digri selsius mpo. Mesosfiɛ yi mu ha na abo ne nneɛma ahorow a efi wim na yɛfrɛ wɔn meteors no hyew ansa na abedu asase so. Mesopause na ɛbɔ mesosfiɛ ne tɛmosfiɛ ntam ɔhye. Saa mesopause yi so ne atmosfiɛ baabi a ɛyɛ wiridudu yiye.

Tɛmosfiɛ: Eyi na edi mesosfiɛ no so wɔ bɛyɛ 320-380 kilomitas. Tempirekya san sesa, ma ɔhyew fi fam kɔ soro bio. Tɛmosfiɛ yi mu tempirekya tumi kɔ soro kosi bɛyɛ 1500 digri selsius. Ɛha na *astronots* a wokodi abosom ne akyi no te a wɔresi spes-stashin no. Tɛrmopause na ɛbɔ tɛmosfiɛ ne eksosfiɛ ntam ɔhye.

Eksosfiɛ: Eyi ne atmosfiɛ nkyɛmu a ɛwɔ soro koraa. Hidrogyen ne helium pɛ na yenya wɔ hɔ. Ne saa nti, mframa patikils mmɛn wɔn ho wɔn ho koraa.

Saa atmosfiɛ a ɛda yɛn atifi yi mmuduru presha a ɛda yɛn so no na yɛfrɛ no atmosfiɛ presha. Sayenseni Torricelli na odii kan yɛɛ ɔyɛkyerɛ bi de susuw atmosfiɛ presha. Nea edi kan no, Torricelli de merkuri guu kyɛnse bi mu. Afei, ɔfaa tuub bi a wasiw ano baako, dan ano a aka no de sii merkuri no mu. Torricelli huu sɛ merkuri a ɛwɔ tuub no mu no tenten kɔɔ soro. Ɔkyerɛɛ sɛ ɛyɛ atmosfiɛ presha na afɔɔso merkuri no akɔ tuub no mu (Adekyerɛ 13-5). Torriceli yɛɛ ɔyɛkyerɛ pii de dii adanse sɛ atmosfiɛ presha no dodow yɛ 760 milimitas efisɛ etumi pia merkuri a ɛwɔ tuub no mu no ma ne tenten yɛ 760 milimitas. (1 milimita Hg yɛ 1.33 millibars).

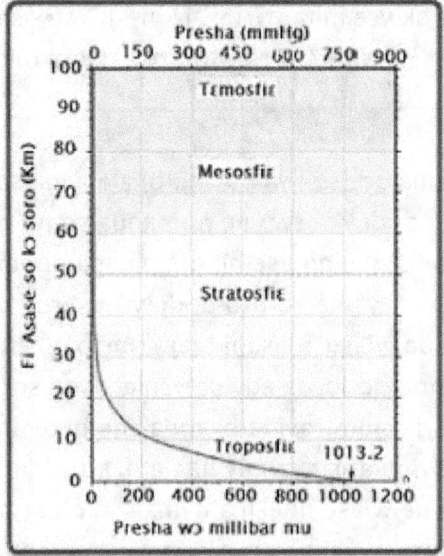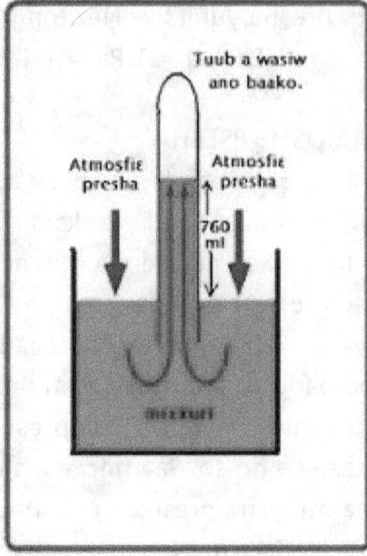

Adekyerɛ 13-5: (Benkum) Atmosfiɛ nhyehyɛe wɔ soro ne mu presha dodow. (Nifa) Torricelli kwan a ɔfaa so susuw atmosfiɛ presha

Saa atmosfiɛ presha yi dodow sesa fi mpoano kɔ mmepɔw so. Esiane sɛ saa presha yi fi mframa dodow mmuduru a egyina yɛn so no nti, bere a obi resian akɔ fam no, na mframa dodow a ɛda no so no redɔɔso. Ne saa nti, atmosfiɛ presha no dodow dɔɔso wɔ abon donkudonku mu sen mmepɔw so.

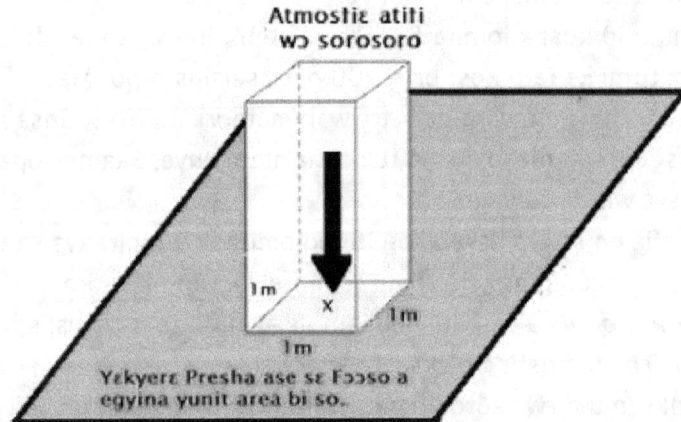

Adekyerɛ 13-6: Yesusuw Atmosfiɛ Presha no sɛ mframa mmuduru a egyina anim tɛtrɛɛ 1mita skwɛɛ so wɔ asase so.

Sayense afa atmosfiɛ presha a ɛwɔ mpoano no sɛ Atmosfiɛ baako. Yɛakyerɛ atmosfiɛ presha dodow wɔ yunits ahorow mu wɔ ha:

1 atmosfiɛ presha = 101 325 Pa ana 1.0130×10^5 Paskal.

1 atmosfiɛ presha = 760 mm Hg = 760 torr.

Yɛfrɛ presha milimita baako 1 torr. Ne saa nti, atmosfiɛ presha baako yɛ 760 milimita merkuri.

1 torr = 1 milimita merkuri = 1.33.32 Pa.
1 lb/nsateaakwaa skwɛɛ = 1 lb/in² = 6895 Pa
1000 Paskal = 1 kPa [kiloPaskal

NSU PRESHA / LIKWID PRESHA - HIDROSTATIK PRESHA

Sɛ yɛde likwid gu tuub bi mu a, yenya presha bi a ne dodow gyina nneɛma abiɛsa bi so. Eyi ne:

-likwid no densiti

-likwid no tenten wɔ tuub no mu

-aselerashin a efi graviti dodow wɔ baabi a tuub no si no.

Yɛfrɛ presha a likwid no nkutoo yi adi no sɛ **hidrostatik presha (ana geegye presha)**. Esiane sɛ saa presha yi dodow gyina likwid no densiti, aselerashin a efi graviti ne likwid no tenten wɔ tuub no mu no so no nti, yɛde ekuashin a edi so yi na ɛkyerɛ hidrostatik presha (P_h).

$$P_h = d.g.h \qquad \text{bere a:}$$

-d yɛ likwid no densiti

-g yɛ aselerashin a efi graviti, na

-h yɛ likwid no soro-tenten wɔ tuub no mu.

Yenim dedaw nso sɛ atmosfiɛ presha wɔ nneɛma nyinaa so. Ne saa nti, Presha dodow no nso gyina atmosfiɛ presha so. Eyi ma yɛkyerɛ Presha no nyinaa dodow a ɛwɔ tuub no mu no sɛ:

$$P = P_{atm} + dgh \qquad \text{bere a:}$$

...P gyina hɔ ma presha no nyinaa dodow na

...P_{atm} gyina hɔ ma atmosfiɛ presha

Ne saa nti, yetumi ka se: Presha a ɛwɔ nsu bi mu baabi no gyina nsu mmuduru a egyina yunit tɛtrɛɛ wɔ saa beae hɔ (hidrostatik presha), ne presha ko a egyina nsu no soro anim so (atmosfiɛ presha). Presha nnyɛ vektor enti enhia sɛ yɛbɛkyerɛ n'anikyerɛbea biara.

Yebetumi de Adekyerɛ 13-7 akyerɛ saa nimdeɛ yi mu. Yɛnfa no sɛ yɛde likwid bi gugu ntumpan ahorow a wɔn tebea nnyɛ pɛ mu. Sɛ yesusuw presha no wɔ tuub biara baabi a ne tenten fi soro yɛ pɛ mu a (P), yebehu sɛ likwid presha no yɛ pɛpɛɛpɛ wɔ tuubs no nyinaa mu.

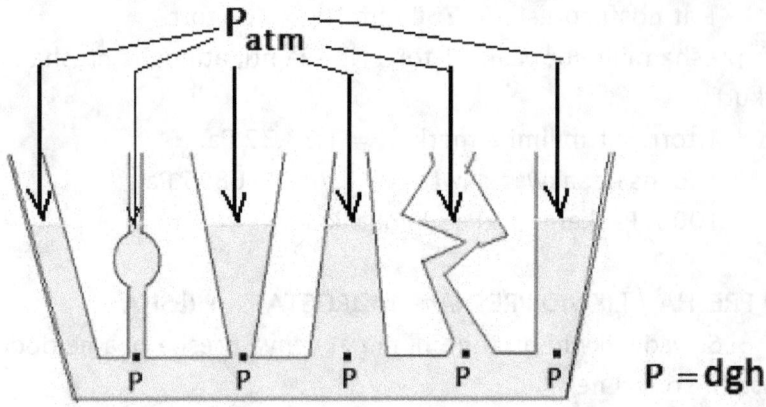

Adekyerɛ 13-7: Hidrostatik presha dodow a ɛwɔ tuub ahorow yi mu biara mu no yɛ pɛ.

Eyi ma yehu sɛ ɛmfa ho sɛ tuub no yɛ kɛse ana ketewa, presha no gyina baabi a yɛfaa wɔ tuub no mu no tenten fi soro so. Yɛakyerɛ dedaw sɛ saa presha dodow a yenya wɔ nsu bi mu no yɛ hidrostatik presha ne atmosfiɛ presha nkabom.

Presha dodow = Hidrostatik presha + Atmosfiɛ presha

PASKAL MMARA

Sɛ likwid ana mframa wɔ tuub bi mu a, edi mmara pɔtee bi so. Sayenseni Paskal na odii kan kyerɛɛ saa nimdeɛ yi. Paskal kyerɛɛ sɛ, **bere biara a presha sesa wɔ saa tuub yi bi mu baabi no, presha a ɛwɔ tuub no mu baabiara nso sesa saa pɛpɛɛpɛ.** Nnɛ da yi, yɛfrɛ saa nimdeɛ yi **Paskal mmara**. Yɛnfa no sɛ yɛwɔ tuub bi a likwid bi wɔ mu, na pistons bi hyehyɛ ano abien no. Paskal kyerɛ sɛ bere biara a yɛde presha bi bɛto saa piston no baako so no, yebenya saa presha no wɔ nsu no mu ne tuub no ɔfasu no ho baabiara pɛpɛɛpɛ.

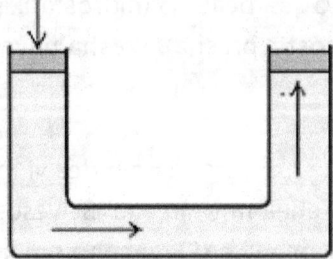

Adekyerɛ 13-8: Sɛ presha sesa wɔ tuub no mu baabi a, presha no sesa wɔ baabiara pɛpɛɛpɛ.

Sɛ yɛhwɛ saa mmara yi a, yɛbɛka se ɛyɛ asɛnnahɔ. Obi betumi abisa se, enti dɛn? Sɛ tuubs abien no ano ani ntɛtrɛtɛ yɛ pɛpɛɛpɛ a, ɛyɛ nokware sɛ mfaso papa biara nni saa mmara yi mu. Nanso, sɛ yɛsesa tuub no ano baako ani tɛtrɛtɛ, na yɛyɛ no kɛse a, yehu nimdeɛ ne nyansa kɛse a saa mmara yi de ma yɛn. Esiane sɛ presha gyina ani tɛtrɛtɛ so no, na presha no dodow nsesa nti, sɛ ani tɛtrɛtɛ no yɛ kɛse a, etumi ma yɛn fɔɔso a ɛyɛ kɛse yiye. Sɛnea yehu wɔ Adekyerɛ 13-9 mu no, sɛ ani tɛtrɛtɛ no nya nkɔso mmɔho aduonum a, yetumi de fɔɔso a ɛyɛ 10kg nya fɔɔso mmɔho aduonum nso.

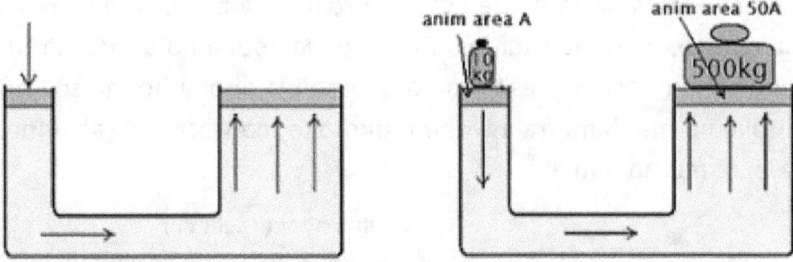

Adekyerɛ 13- 9: Paskal mmara: Fɔɔso kakraa bi ma yɛn fɔɔso pii.

Saa Paskal mmara yi ho wɔ mfaso, efisɛ ɛma yetumi yeyɛ mashins de mema nneɛma so. Yɛnfa no sɛ yɛwɔ tuub bi a likwid bi wɔ mu (Adekyerɛ 13-10). Saa tuub no ano baako yɛ ketewa na ano a aka no nso yɛ kɛse. Sɛ yɛde presha ana fɔɔso bi pia ano ketewa no a, ɛma yɛn presha bi a ɛyɛ pɛ wɔ tuub kɛse no ano nso efisɛ Paskal akyerɛ sɛ Presha a ɛwɔ tuub ano abien no nyinaa yɛ pɛ. Nanso yenim sɛ Presha yɛ fɔɔso nkyɛmu ani tɛtrɛtɛ. Ne saa nti, fɔɔso ketewa (f) nkyɛmu ani tɛtrɛtɛ ketewa (a) wɔ tuub ketewa no hɔ, ne Fɔɔso kɛse (F) nkyɛmu ani tɛtrɛtɛ kɛse (A) wɔ tuub kɛse no hɔ yɛ pɛpɛɛpɛ. Eyi ma yetumi de fɔɔso ketewa nya fɔɔso kɛse de mema nneɛma so de yeyɛ nnwuma.

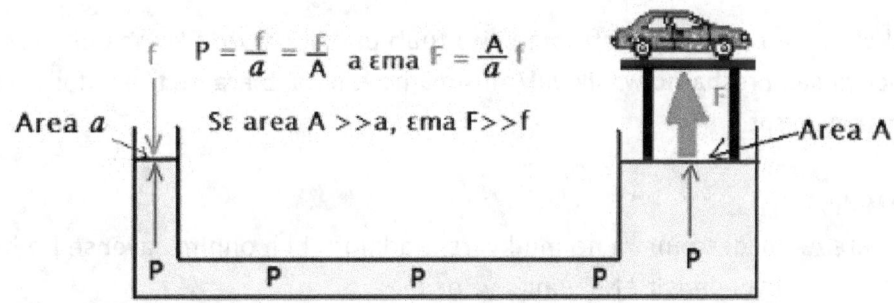

Adekyerɛ 13-10: Paskal mmara: Mfikyiri presha ketewa bi tumi fa likwid bi a ɛwɔ tuub bi mu ma ɛyɛ kɛse. Eyi ne nimdeɛ a wɔde ayeyɛ hidrolik presha mashins a Fitafo de mema kaars so no.

Paskal mmara fa mframa nso ho.. Paskal mmara ne tokotoko

Sɛ mframa wɔ tuub bi mu na yɛde presha bi to so a, edi Paskal mmara nso so. Ne saa nti, yetumi de Paskal mmara kyerɛ tokotoko ase. Yɛnfa no sɛ mframa bi wɔ tuub bi a yɛatua ano baako mu. Sɛ yepia dua bi hyɛn tokuru a aka no mu a, yenya presha bi wɔ saa tuub no mu. Saa presha yi tumi yɛ adwuma ma yɛn.

Tokotoko yɛ mmofra ade bi a wɔtaa yɛ de di agoru wɔ Ohum ne Odwira bere mu. Ɛyɛ mpampro ana nyamedua a wɔasen ano anya tokuru teateaa bi wɔ mu. Wosen satadua teateaa a dɛm biara nni ho, ma wɔboro ano baako ma ɛyɛ sɛ ɔwɔma a wɔde wɔw fufuu. Saa satadua yi na wɔde hyɛ tokotoko dua no mu. Sayense frɛ saa satadua yi **'piston'** efisɛ epia mframa fa tokuru no mu, ma presha nya nkɔso bebree wɔ tokotoko no mu. Sɛ mmofra no de aduaba krokrowaa bi tua ano baako, na wɔde nsu ka satadua no ano, na wɔde satadua no fi ase pia aboba no a, presha tumi nya nkɔso wɔ tokotoko no mu kosi sɛ presha mmoroso no pia aboba no, na ɛde dede kɛse yi no adi fi tokotoko no mu. Mmofra a wonim tokotoko, na wɔtaa yɛ saa agorude wɔ Ohum ne Odwira bere mu no nim eyi.

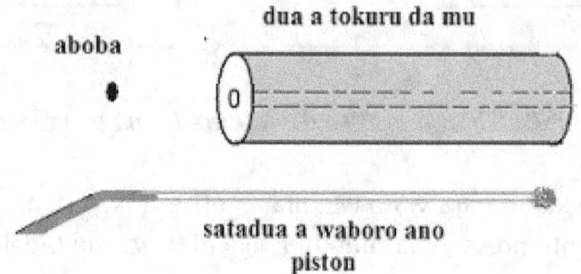

Adekyerɛ 13-11: Tokotoko ne ne piston: satadua a yɛde pia no yɛ piston

Sayense de saa nimdeɛ yi yeyɛ mashins pi a wɔde yeyɛ nnwuma wɔ adansi ne briigyi yɛ mu. Sɛ yɛfa tuub ana paip bi a likwid bi wɔ mu, na yɛde ade bi pia a, yenya presha bi sɛnea tokotoko no yɛ no ara pɛ. Saa ade a yɛde pia likwid no sayense din yɛ piston.

Paskal mmara: Sɛ likwid/mframa bi wɔ tuub bi mu, na yɛde Presha bi hyɛ so a, yebenya saa presha no wɔ likwid/mframa no mu baabiara ne tuub ɔfasu no ho nyinaa pɛpɛɛpɛ.

NSƐMMISA
1. Kyerɛ Akimedes mmara no mu kyerɛ w'adamfo bi a onnim sayense ho biribiara.
2. Dɛn ne ade bi densiti? Ne yunits yɛ dɛn?
3. Dɛn ne spesifik graviti? Ne yunits yɛ dɛn? Dɛn nsononsonoe na ɛdeda densiti ne spesifik graviti ntam?
4. Dade bi spesifik graviti yɛ 13.6. Kyerɛkyerɛ eyi mu. Saa dade yi mu yɛ hare sen nsu ana?
5. Sɛ yɛma yɛn ani so hwɛ soro a, kyerɛ atmosfiɛ nkyekyɛmu ɛwɔ wim. Atmosfiɛ to twa wɔ he?
6. So mframa wɔ mmuduru ana?
7. Dɛn ne atmosfiɛ presha? Ne dodow yɛ ahe wɔ yunits abiɛsa bi mu.
8. Hena na odii kan kyerɛɛ sɛnea yesusuw atmosfiɛ presha dodow? Ɔyɛɛ dɛn na oyii saa presha yi dodow no adi?

9. Nsu bi gu kuruwa bi mu. Kyerɛ nsu presha a ɛwɔ nsu no mu. So presha foforo bi ka ho ana?

10. Kyerɛkyerɛ Paskal mmara mu kyerɛ w'adamfo bi. Sɛ obi pia nsu bi a ɛwɔ tuub bi mu a, kyerɛ presha a saa fɔɔso no yi adi wɔ tuub no mu baabiara.

TIFA 14 : LIKWIDS A ƐSEN / LIKWIDS ASUBƆNTEN

Nkyerɛkyerɛmu

Twi	Brɔfo
Hwie-ahoɔhare	flow rate, discharge rate

(Ahoɔhare a paip bi mu likwid hwie fi mu.)

    -Brɛoo hwie-ahoɔhare suban   -steady flow

    -Yirididi hwie-ahoɔhare suban   -turbulent flow

Skwɛɛ ntin   square root [$m^{1/2}$]

(Numba bi a ne soro pawa yɛ fa [baako nkyɛmu abien]. Akron skwɛɛ ntin yɛ 3 [$9^{1/2}$ = 3])

Kiwbik mita   cubic meter [m^3]

(Volum nsusuw a ɛkyerɛ mita soro pawa abiɛsa.)

Nsuframa   fluid or a combination of gaz/liquid

(Biribi a ɛwɔ nsu ne mframa tebea nkabom.)

Likwids ne nsu hwie ahoɔhare

    Mpɛn pii no, yɛde likwids fa paips ne tuubs ahorow mu de fi mmeae-mmeae bi kɔ baabi foforo. Yɛde nsu pɔtɔɔ fa kɔpa (ne plastik) paips ahorow mu fi asubɔnten mu kɔ **nsu-ntetewho beae** koyiyi mu fi nyinaa, san kunkum mu mmoa ansa na yɛasan de afa paips foforo mu akokɔ afi mu. Saa ara nso na yɛde petro a wotu fi asase mu no nso fa plastik paips akɛse mu kokɔ petro faktoris mu ansa na wɔakyekyɛ mu.

    Ne saa nti, ehia sɛ yɛte mmara a ɛfa likwids a ɛnenam paips mu no ase yiye. Mpɛn pii no, adwumayɛfo pɛ sɛ wobehu likwid no dodow a wobetumi de afa paip bi mu bere pɔtee bi. Yesusuw likwid bi dodow a etwa mu fa paip bi mu baabi bere pɔtee bi no sɛ ne **hwie-ahoɔhare**.

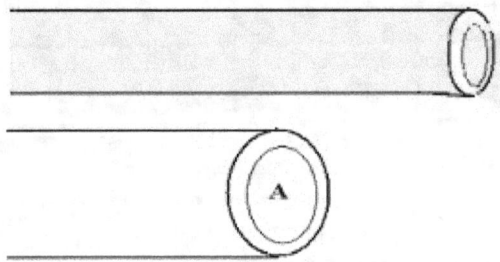

Adekyerɛ 14-1: Nsu hwie-ahoɔhare gyina paip a ɛnam mu no anim tɛtrɛɛ ne likwid no spiid a ɛde nam paip no mu no so.

    Saa hwie-ahoɔhare yi gyina nneɛma abien so:

    -paip no tebea (sɛ ɛyɛ kɛse ana ketewa) ne

    -likwid no spiid a ɛde nam paip no mu no.

Sɛ paip no yɛ kɛse a, likwid pii fa mu bere biara. Saa ara nso na sɛ likwid no fa paip no mu ntɛmntɛm a, yenya pii bere biara. Ne saa nti, yetumi ka se likwid bi **hwie-ahoɔhare** ne saa nneɛma abien yi (paip no tebea ne likwid no spiid) di proposhinal nkitaho.

Yebu saa hwie-ahoɔhare yi sɛ: = paip no anim tɛtrɛɛ [A] x likwid spiid wɔ paip no mu [V]

HA= A x V   bere a:

..**HA** yɛ likwidi bi hwie-ahoɔhare a ɛde fi paip bi mu

.. **A** yɛ paip no anim tɛtrɛɛ, na

.. **V** yɛ likwid no velositi ana spiid wɔ paip no mu.

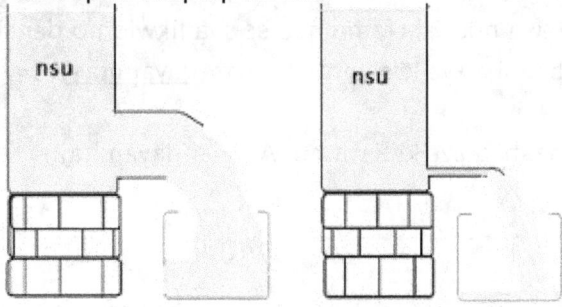

Adekyerɛ 14-2: Paip kɛse ma hwie-ahoɔhare nya nkɔso sen paip ketewa.

Hwie-ahoɔhare yunits

Esiane sɛ anim tɛtrɛɛ yunits wɔ skwɛɛ mita mu, na spiid nso wɔ mita pɛɛ sekond mu no nti, yebu nsu biara hwie-ahoɔhare sɛ:

Hwie-ahoɔhare = mita skwɛɛ x mita pɛɛ sekond

$$= m^2 \cdot m/s = m^3/s$$

= kiwbik mita/sekond

Eyi ma yɛn nsu biara volum dodow pɛɛ sekond a efi baabi kɔ beae foforo bi.

Mfatoho Asɛmmisa

1. Petro diesel bi de spiid 20 m/s nam palp bi a ne dayamita yɛ 40 sentimitas mu. Hwehwɛ ne hwie-ahoɔhare.

Mmuae :

Hwie-ahoɔhare [HA] = paip ani tɛtrɛtɛ x likwid spiid = A. V

Paip ani tɛtrɛtɛ = $\pi(radius)^2$ = $\pi(0.20 m)^2$

[Kae sɛ dayamita/2 = radius; 0.40m/2 = 0.20m]

likwid spiid = 20 m/s

HA = $\pi (0.20 m)^2 (20 m/s)$ = 3.14 (0.04)(20)m^3/s

= 2.51 m^3/s

2. Aduanan [40] sekonds biara 1000 millilita nsu hwie fi paip bi a ne dayamita yɛ 7 millimita mu. Kyerɛ nsu no spiid wɔ paip no mu.

Mmuae: [1ml = $10^{-6} m^3$]

HA = Ani tɛtrɛtɛ x nsu spiid

$$1000 \times 10^{-6} m^3/40\ s = \pi[3.5 \times 10^{-6}]^2 \cdot v$$

$$v = \frac{1000 \times 10^{-6} m^3}{\pi [3.5 \times 10^{-6}]^2 [40]} = 2.27\ m/s$$

Nsu no spiid wɔ paip no mu yɛ 2.27 m/s.

HWIE-AHOƆHARE WƆ PAIP A NE DAYAMITA NNYƐ PƐ MU

Yɛnfa no sɛ likwid bi nam paip bi a ne dayamita nnyɛ pɛ mu. Eyi kyerɛ sɛ paip no baabi yɛ kɛse na baabi nso yɛ ketewa. Yɛbɛfa no sɛ paip no dayamita yɛ d_1 wɔ baabi a paip no yɛ kɛse no, ɛna ne dayamita yɛ d_2 wɔ ne baabi a ɛyɛ ketewa no (Adekyerɛ 14-3).

Afei, yɛnka se paip no ani tɛtrɛtɛ yɛ A_1 wɔ baabi a ɛyɛ kɛse no, na ɛyɛ A_2 wɔ baabi a ɛyɛ ketewa no. Yɛbɛfa no nso sɛ saa likwid no densiti [ρ] nnsesa.

Ani tɛtrɛtɛ wɔ baabi a ɛyɛ kɛse no: $A_1 = \pi \left(\frac{dayamita1}{2}\right)^2 = \pi(radius)^2$

Ani tɛtrɛtɛ wɔ baabi a ɛyɛ ketewa no: $A_2 = \pi \left(\frac{dayamita2}{2}\right)^2 = \pi(radius)^2$

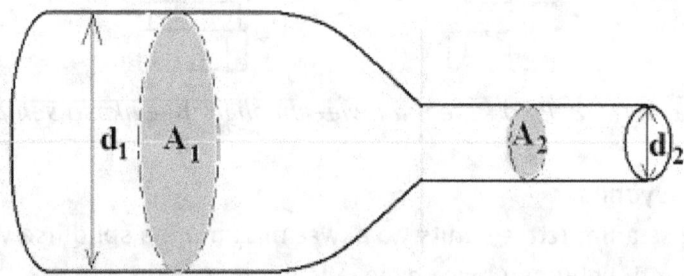

Adekyerɛ 14-3: Nsu Hwie-ahoɔhare wɔ paip a ne dayamita nnyɛ pɛ mu.

Mmara bi a wɔfrɛ no *hwie-ahoɔhare-yɛ-pɛ ekuashin* kyerɛ sɛ, bere biara a **likwid bi [a ne densiti nsesa] nam paip bi a ne dayamita nnyɛ pɛ mu no, ne hwie-ahoɔhare yɛ pɛ wɔ paip no mu baabiara.**

Ne saa nti, yɛkyerɛ saa likwid yi hwie-ahoɔhare wɔ paip no mu sɛ:
Paip mu Hwie-ahoɔhare yɛ pɛ ekuashin = $A_1 V_1$ = $A_2 V_2$ = **ɛnsesa** bere a:
.. A_1 yɛ paip baabi a ɛyɛ kɛse no ani tɛtrɛtɛ
.. A_2 yɛ paip baabi ɛyɛ ketewa no ani tɛtrɛtɛ
.. V_1 yɛ nsu no spiid wɔ paip kɛse no mu
.. V_2 yɛ nsu no spiid wɔ paip ketewa no mu.

<u>Hwie-ahoɔhare yɛ pɛ ekuashin</u>: Sɛ likwid bi a ɛwɔ densiti pɔtee bi nam paip bi a ne dayamita nnyɛ pɛ mu a, likwid no hwie-ahoɔhare yɛ pɛ wɔ paip no mu baabiara.

Mfatoho asɛmmisa

1. Nsu bi de spiid 0.10 m/s nam paip kɛse bi a ne dayamita yɛ 40 mu, kɔ so kɔfa paip ketewa bi a ne dayamita yɛ 4.0 sentimita mu. Kyerɛ nsu no spiid a ɛde nam paip ketewa no mu.

   Mmuae:

Hwie-ahoɔhare yɛ pɛ ekuashin no kyerɛ sɛ:

Hwie-ahoɔhare wɔ paip kɛse mu = hwie- ahoɔhare wɔ paip ketewa mu

$A_1v_1 = A_2v_2$ bere a..

A_1 =   paip kɛse ani tɛtrɛtɛ

v_2 =   paip kɛse mu spiid

A_2 =   paip ketewa ani tɛtrɛtɛ

v_2 =   paip ketewa mu spiid

$$\pi[0.20m]^2 [0.10 \, m/s] = 3.14[0.02 \, m]^2 \cdot v_2$$

$$v_2 = \frac{\pi [0.20m]^2 [0.10 \, m/s]}{\pi [0.02 \, m]^2} = 10 \, m/s.$$

VISKOSITI = SƐNEA LIKWIDS MU PIW FA

Ɛwo mu piw yiye. Nsu krennen mu yɛ hataa. Yɛde viskositi na ɛkyerɛ likwid bi mu piw ho nsɛm.

Yɛkyerɛ **Viskositi sɛ presha dodow a ade bi ma bere pɔtee bi**. Mpɛn pii no, yesusuw presha a ade bi ma sekond biara ma ɛma yɛn ne viskositi no nimdeɛ. Yɛde grikifo lɛtɛ eta, η na ɛkyerɛ viskositi. Ne saa nti, η yɛ viskositi agyinamude.

Adekyerɛ 14-4 : Ɛwo ne nufusu mu piw sen nsu; wɔn mu biara viskositi dɔɔso sen nsu de.

Ade bi a emu piw yiye no viskositi dodow wɔ soro sen nea emu yɛ hataa ana nea ɛyɛ nsu-nsu. Yenim nso sɛ ade biara a emu piw yiye no akwantu yɛ nyaa sen ade bi a emu yɛ hataa ana ɛwɔ nsu-nsu tebea. Ne saa nti, ɛsono ade bi a emu piw ne nea emu yɛ hataa hwie-ahoɔhare dodow wɔ paips mu nso.

Eyi ma engyineafo hia ade biara viskositi ho nimdeɛ na ama wɔatumi akyerɛ ne suban, ne titiriw ne hwie-ahoɔhare wɔ paip biara mu. Mpɛn pii no, mframa ne nsu viskositi ho nimdeɛ na wɔde yeyɛ ntotoho de susuw nneɛma ahorow viskositis. Bio nso, tempirekya taa sesa ade biara viskositi. Eyi ma ehia sɛ yɛpaw tempirekya pɔtee bi a yɛde susuw viskositi na yɛatumi de ayeyɛ ntotoho ama nneɛma nyinaa. Eyi nti, engyineafo taa susuw mframa viskositi wɔ 15°C; nsu viskositi de wɔtaa susuw wɔ 25°C.

Viskositi yunits

Yesusuw viskositi sɛ presha dodow a ade bi ma yenya sekond biara mu. Esiane sɛ yesusuw presha wɔ **Paskal** mu no nti, yebu viskositi wɔ **Paskal-sekond** mu. Yɛfrɛ saa Paskal-sekond yunit yi sɛ **poiseuille (yɛka no pwasɔy)**. Poiseuille agyinamude yɛ = **Pl**.

Yetumi kyerɛkyerɛ viskositi yunits nso sɛnea edidi so yi:

Viskositi η poiseuille = Paskal-sekond ana

$$= \text{Newton-sekond pɛɛ skwɛɛ mita } (N.s/m^2) \text{ ana}$$

$$= \text{Kilogram pɛɛ mita sekond } (kg/m.s).$$

Esiane sɛ Poiseuille baako dɔɔso yiye no nti, engyineafo de ne nkyekyɛmu bi taa yɛ wɔn nsusuwde. Poiseuille nkyɛmu du yɛ **Poise (P)**. Poiseuille nkyɛmu apem yɛ centipoise.

Poise = [P] = 10^{-1} Pl = 0.1 Pl
Centipoise = [cP] = 10^{-3} Pl = 0.001 Pl = mPa.s

Mframa viskositi wɔ 15°C yɛ 0.0178 milliPaskal-sekond. Nsu viskositi wɔ 25°C yɛ 0.9 milliPaskal-sekond. Yehu likwids ahorow bi viskositi wɔ Apon 14-1 ne 14-2 so.

Ade (wɔ 25°C)	Viskositi (cP = mPa.s)	Ade	Viskositi (cP = mPa.s)
Asetone	0.31	Merkuri	1.53
Methanol	0.54	Mogya (37°C)	3-4
Benzene	0.60	Sulfurik asid	24.2
Nsu	0.9	Olive nngo	81
Etanol	1.1	Kastoil	985
Propanol	1.95		

Ɔpon 14-1: Nneɛma ahorow bi viskositi

Sɛnea yehu no, kastoil aduru a wɔde ma mmofra ayarefo no mu piw yiye sen nsu. Nsu viskositi yɛ 0.9mPa.s pɛ. Mogya (3-4) mu piw sen nsu. Nneɛma ahorow bi nso wɔ hɔ wɔn viskositi sesa efisɛ wonni tebea baako pɔtee bi. Saa nneɛma yi be te sɛ ɛwo ne nkate a wɔayam.

Ade	Viskositi (Pa.s)	Ade	Viskositi (Pa.s)
Ɛwo	2 - 10	Nkate a wɔayam	250
Molasses	5 - 10	Glass a anan	10 -1000
Kyokolet a anan	10-25		

Ɔpon 14-2: Nneɛma ahorow bi a wɔn viskositi sesa

Yɛaka dedaw sɛ tempirekya tumi sesa viskositi. Bere a ade bi tempirekya rekɔ soro no na ne viskositi reba fam. Ɔpon 14-3 kyerɛ nsu viskositi ne ne tempirekya ntotoho kosi sɛ ebehuru. Sɛnea yehu no, bere a nsu redɔ no, na ne viskositi so rehuan ama emu ayɛ hataa.

T(°C)	10	20	30	40	50	60	70	80	90	100
V (mPa.s)	1.31	1.0	0.8	0.65	0.55	0.47	0.40	0.36	0.32	0.28

Ɔpon 14-3: Nsu viskositi ne ne tempirekya nsesae. (T = Tempirekya; V= Viskositi)

POISEUILLE [pwasɔy] MMARA

Esiane sɛ likwids nyinaa nni densiti baako, na wɔn mpiwmu ana viskositi nso nnyɛ baako no nti, likwids hwie-ahoɔhare nyinaa nnyɛ pɛ. Sɛ likwid bi nam paip tenten bi mu a, Poiseuille mmara na yɛde kyerɛ saa likwid no Hwie- ahoɔhare.

Sayenseni Poiseuille kyerɛɛ sɛ likwid biara a ɛnam paip tenten bi mu no hwie-ahoɔhare gyina nneɛma anum bi so.
Eyinom ne:
1-likwid no viskositi, η eyi yɛ Grikifo lɛtɛ a yɛfrɛ no 'eta')
2-presha a likwid no de hyɛn paip no mu [P_i]
3-presha a likwid no de fi paip no mu [P_o]
4-paip no tenten [L] ne
5-paip no radius [R].

Ne saa nti, Poiseuille mmara kyerɛ ekuashin ko a yɛde hwehwɛ likwid biara hwie-ahoɔhare wɔ paip bi mu sɛ:

Poiseuille Hwie- ahoɔhare (HA) = $\dfrac{\pi R^4 [P_i - P_o]}{8 \eta L}$

.. bere a:
.. R yɛ paip no radius
.. P_i yɛ presha a ɛwɔ paip no ano baabi a nsu no hyɛn mu no

.. P_o yɛ presha dodow a ɛwɔ paip no ano baabi a nsu no fi mu no
.. η yɛ likwid no viskositi
.. L yɛ paip no tenten.

> Poiseuille mmara: Likwid bi a ɛnam paip bi mu no hwie-ahoɔhare gyina likwid no viskositi, presha a ɛde hyɛn paip no mu, presha a ɛde fi paip no mu, paip no tenten ne ne radius so.

Mfatoho asɛmmisa

1. Nsu bi nam paip bi a ne tenten yɛ 0.20 m na ne dayamita yɛ 1.50 mm mu. Presha nsonsonoe a ɛwɔ paip no mfiase ne awiei no yɛ 50 mm merkuri. Nsu viskositi yɛ 0.80 sentipoise [0.80cP], ɛna merkuri densiti yɛ 13 600 kg/m^3. Hwehwɛ nsu dodow a ahwie afi paip no mu 30 sekonds akyi.

Mmuae:

Presha paip no mu mfiase - presha paip no awiei = 50 mm Hg

    Presha yɛ P = dgh   bere a:

.. d yɛ densiti
.. g yɛ aselerashin a efi graviti
.. h yɛ merkuri no tenten

Ne saa nti presha nsonsonoe = $P_i - P_o$ = d gh

        = 13 600 kg/m^3)(9.81m/s^2][0.050 m] = 6.67 x 10^3 N/m^3

.. η yɛ viskositi = [0.80 cP] $\frac{[10^{-3} kg/m.s]}{cP}$ = 8.01 10^{-4} kg/m.s

Poiseuille mmara kyerɛ sɛ:

$$\text{Hwie- ahoɔhare} = \frac{\pi R^4 [P_i - P_o]}{8 \eta L}$$

$$= \frac{3.14][7.5\ 10^{-4}\ m]\ [6.67 \times 10^3\ N/m^3]}{8[8.0 \times 10{-4}\ kg/m.s]\ [0.200\ m]}$$

= 5.2 millilita / s

Ne saa nti, sekonds aduasa bɛma yɛn:

    Nsu dodow = 5.2 mL][30s] = 160 mL.

BERNOULLI MMARA [yɛka no Benuyi]

Sɛ likwid bi a emu mpiw nti ne viscositi yɛ ketekete koraa, na ne densiti nso nnsesa wɔ tank bi a ntokuru abien wɔ saa tank no ho mu a, **Bernoulli mmara** na yɛde kyerɛ presha ko a likwid a ehwie brɛoo de fi saa tank no mu kogu baabi foforo anasɛ ne hwie-ahoɔhare ho nimdeɛ.

Yɛnfa no sɛ tank bi ho wɔ ntokuru abien a ɛma yɛde hwie likwid bi fi mu de kɔ baabi foforo. Bernouilli mmara ma yɛn nimdeɛ a ɛfa presha dodow a likwid no de fi saa ntokuru abien yi mu no ho. Sɛ yɛde Adekyerɛ 14-5 gyina hɔ ma saa tank yi, na yɛde agyinamude ahorow a edidi so yi kyerɛ tank no ho nsɛm a, sɛnea edidi so yi a, Bernoulli mmara ma yɛte ase sɛ:

$$P_1 + \frac{1}{2} d V_1^2 + h_1 d g = P_2 + \frac{1}{2} d V_2^2 + h_2 d g \quad \text{bere a:}$$

.. g yɛ aselerashin a efi graviti.
... $d_1 = d_2 = d =$ densiti a ɛnsesa

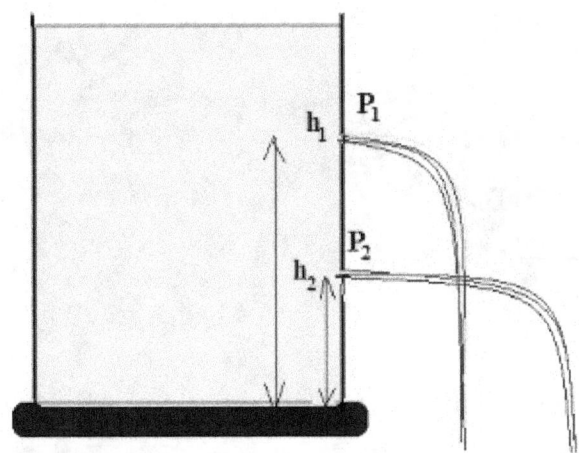

Adekyerɛ 14-5: Bernoulli mmara a ɛkyerɛ nsu hwie-ahoɔhare wɔ tank bi mu.

Tokuru #1 (soro)
.. d_1 yɛ likwid densiti wɔ soro hɔ
.. h_1 yɛ ɛha tenten fi fam
.. V_1 yɛ likwid no spiid wɔ soro hɔ
.. P_1 yɛ absolute presha wɔ soro hɔ

Tokuru #2 (ase)
.. d_2 yɛ likwid densiti wɔ ase hɔ
... h_2 yɛ ɛha tenten fi fam
.. V_2 yɛ likwid no spiid wɔ ase hɔ
.. P_2 yɛ absolute presha wɔ ase hɔ

Nkaebɔ a ɛfa Benuyi Mmara ho
 -ehia sɛ likwid no viskositi yɛ ketekete koraa
 -ehia sɛ likwid no densiti yɛ pɛ wɔ tank no mu baabiara
 -ehia sɛ presha nsusuw no wɔ absolut presha mu.

TORICELI MMARA

Sɛ nsu bi a edi Bernoulli mmara so, wɔ tank kɛse bi a hwee nkata so mu, na tokuru bi da saa tank no ho a, Toriselli mmara na yɛde kyerɛ nsu no hwie-ahoɔhare fi saa tank no mu.

Yɛnfa no sɛ likwid bi a edi Bernoulli mmara so wɔ tank kɛse bi a hwee nkata so mu, na tokuru bi da tank no ho a yenim ne kwandodow fi tank no soro.

Toriselli mmara kyerɛ sɛ:
Likwid no Hwie ahoɔhare = [2 g h] ½   bere a:
.. h yɛ tokuru no dabea fi tank no soro besi tokuru no so, na
.. g yɛ aselerashin a efi graviti

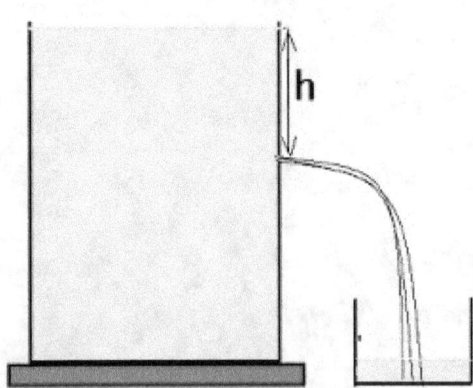

Adekyerɛ 14-6: Toriselli mmara

Ansa na saa likwid yi bedi Torriselli mmara yi so no, ɛsɛsɛ yɛma ɛda adi pefee sɛ:
-tank no yɛ kɛse koraa a ɛmma yennya likwid no soro gyinabea spiid nsesae biara
-yesusuw tokuru no tenten fi tank no atifi
-likwid no densiti nsesa

REYNOLDS NUMBA

Reynolds numba yɛ ntotoho nimdeɛ bi a yɛde kyerɛkyerɛ likwids hwie-ahoɔhare wɔ paips mu. Yɛde likwid biara viskositi, densiti ne spiid a ɛde nam paip pɔtee bi mu no na ɛhwehwɛ saa Reynolds numba yi.

Sɛ Reynolds numba [R_n] yi sesɛ ma likwids ahorow bi a, na saa likwids no hwie-ahoɔhare wɔ paip bi mu no nso sesɛ. Esiane sɛ Reynolds numba yɛ ntotoho numba no nti, enni yunits biara.
Yɛde ekuashin a edi so yi na ebu nkontaa de hwehwɛ likwid bi Reynolds numba:
$R_n = \dfrac{VdD}{\eta}$ bere a:

.. R_n yɛ likwid no Reynolds numba
.. V yɛ nsu no spiid a ɛde nam paip no mu
.. d yɛ likwid no densiti
.. D yɛ paip no diameter
.. η yɛ likwid no viskositi

Mpɛn pii no, yɛde Reynolds numba kyerɛ likwids a wɔn hwie-ahoɔhare yɛ brɛoo; kyerɛ sɛ wɔn Reynolds numba no dodow sua sen 2000. Yɛka se saa likwids yi wɔ **Brɛoo Hwie-ahoɔhare** suban. Reynolds numbas dodow a ɛyɛ kɛse sen 2000 no kyerɛ likwid bi a ɛsen 'yirididi'. Likwids a wɔwɔ **Yirididi hwie-ahoɔhare** suban no nni Reynolds mmara so.

Mfatoho Nsɛmmisa

1. Dɔte ahyɛ paip bi mu ama ne dayamita no mu fa asiw. Sɛ presha a ɛwɔ mu no nsesaa yɛ a, kyerɛ nsu a ɛnam mu no hwie-ahoɔhare so ahuan afa.

Mmuae: Poiseuille mmara kyerɛ sɛ: Hwie-ahoɔhare $\alpha\ r^4$ (esiane sɛ nneɛma a aka no nyinaa mu biara nyaa nsesae biara yɛ).

Ne saa nti: $\dfrac{HA_{(awiei)}}{HA_{(mfiase)}} = \dfrac{(radius_{awiei})^4}{(radius_{mfiase})^4} = \dfrac{(1)^4}{(2)^4} = 0.0625$

2. Kyerɛ nsu volum a ɛfa 3 sentimita tokuru bi mu de fi tank kɛse bia ayɛ ma na wɔabue so mu. Fi tank no soro besi tokuru no ho yɛ 5m.

Mmuae: Bernoulli mmara kyerɛ: $P_1 + \tfrac{1}{2} d V_1^2 + h_1 d g = P_2 + \tfrac{1}{2} d V_2^2 + h_2 d g$

bere a:

.. g yɛ aselerashin a efi graviti
.. h_1 yɛ tank no soro tenten
.. h_2 yɛ tokuru no dabea
... $d_1 = d_2 = d$ = densiti nsesa

Tokuru #1 (soro)   Tokuru #2 (ase)
.. h_1 yɛ ɛha tenten fi fam   ... h_2 yɛ ɛha tenten fi fam
.. V_1 yɛ likwid no spiid wɔ soro hɔ   .. V_2 yɛ likwid no spiid wɔ ase hɔ
.. P_1 yɛ absolute presha wɔ soro hɔ   .. P_2 yɛ absolute presha wɔ ase hɔ

$P_1 = P_2$ yɛ atmosfiɛ presha; na $h_1 = 5m$, $h_2 = 0$. Sɛ tank no yɛ kɛse a, $V_1 = 0$

Eyi ma yɛn: $\tfrac{1}{2} d V_1^2 + h_1 d g = \tfrac{1}{2} d V_2^2 + h_2 d g$

$5g = \tfrac{1}{2} V_2^2$ a ɛma yɛn $V_2 = 9.9$ m/s.

Hwie ahoɔhare = $V_2 \times A_2 = V_2 \times \pi r^2 = 9.9 m/s \times 3.14 \times 1.5(10^{-2})m^2 = 0.42 m^3/min$

NSƐMMISA

1. Tema Rifainiri adwumayɛfo de petro bi de spiid 2.5m/s nam paip bi a ne mu dayamita yɛ 4.0cm mu. Kyerɛ ne hwie-ahoɔhare wɔ kiwbik mita pɛɛ sekond ne kiwbik sentimita pɛɛ sekond mu. ($3.1 \times 10^{-3}\ m^3/s$; $3.1 \times 10^3\ cm^3/s$)

2. Hwehwɛ nsu spiid a ɛwɔ tank bi a emu dayamita yɛ 5 cm mu. Nsu no hwie-ahoɔhare yɛ 2.5 kiwbik mita dɔnhwerew biara. (0.35m/s)

3. Kyerɛ nsu bi hwie-ahoɔhare a ɛde fi paip bi a ne mu dayamita yɛ 0.80 cm mu. Fa no sɛ nsu no presha (geegye presha) yɛ 200kPa. ($1.0 \times 10^{-3}\ m^3/s$)

| TIFA 15: | GAS MMARA / MFRAMA MMARA |

Nkyerɛkyerɛmu

Adesua-mu-nokwasɛm   theory
(Nimdeɛ bi a obiara agye ato mu sɛ ɛyɛ nokware)

Angstrom [10^{-10}m]   angstrom [10^{-10}m]
(Mita baako nkyɛmu ɔpepepem du [0.0 000 000 001m] mu kyɛfa baako.)

Atmosfiɛ presha   atmospheric pressure
(wim presha, presha dodow a ɛwɔ asase so)

Gas   gas
(Mframa sayense din foforo bi.)

Geegye presha   gauge presha
(Presha nsusuw a tank bi presha mashin kyerɛ. Mpɛn pii no, ɛkyerɛ nsonsonoe a ɛda tank bi presha ne mfikyiri presha mu.

Atmosfiɛ presha = 760 mm Hg

Geegye presha = 4000 mm Hg. Eyi kyerɛ presha nsonsonoe a ɛwɔ mfikyiri [wim] presha ne tank mu presha no).

Presha pefee a tank no wɔ = 4000 + 760 mm Hg = 4760 mm Hg.)

Kelvin tempirekya   Kelvin temperature [absolute temperature]
(Tempirekya a efi ase fi -273.15oC selsius. Ɛyɛ ºC + 273.15).

Kilomole   kilomole
(Eyi yɛ 6.023×10^{23} atoms ana molekuls bi dodow. Element ana molekul biara kilomole baako yɛ ne atomik ana molekul mass wɔ kilogram mu. Oxigyen 32kilogram yɛ O_2 molekul baako kilomole; hidrogyen kilogram abien yɛ H_2 molekul baako kilomole.)

Mole   mole
(Eyi yɛ 6.023×10^{23} atoms ana molekuls bi dodow. Element ana molekul biara mole baako mmuduru yɛ ne atomik ana molekul mass a yɛakyerɛ wɔ gram mu.)

Konstant   constant
(Numba titiriw bi a ɛnsesa)

Meteorologyi   meteorology
(Wim nsesae, nsutɔ ne awiabɔ mu adesua)

Meteorologyini   meteorologist
(Wim nsesae nimdeɛ sayenseni)

Standad Tempirekya ne Presha   Standard Temperature & Pressure
                                      Normal temperature & Pressure
(Tempirekya ne presha pɔtee bi a yɛde yɛ nsusuw. Standad tempirekya yɛ 273.15 Kelvin; standad presha yɛ 760mm Hg.)

Tiɔri   theory
(Adesua-mu-nokwasɛm a obiara agye ato mu. Yetumi frɛ no adesua-mu-gyedi.)

Wim presha   atmospheric pressure

(Presha dodow a ɛwɔ asase so. Yɛsan frɛ no atmosfiɛ presha.)

SUBAN-PA MFRAMA MMARA

Mframa ho adesua yɛ den kakra kyɛn likwids ne solids, efisɛ mframa pii wɔ hɔ a aniwa biara nntumi nhu, na hwene biara nntumi nnyi no adi, na tɛkrɛma nso nntumi nni ho adanse biara. Fɔɔso biara nnkura mframa molekuls mu, enti sɛ mframa wɔ tunpan bi mu a, ne molekuls no nyinaa tumi kyinkyin fa tunpan no mu baabiara.

Sɛ mframa bi molekuls tempirekya mmɛn wɔn nsu-bere ana sukyerɛma-bere tempirekya koraa, na presha papa biara nhyɛ wɔn so nso a, saa mframa molekuls yi nneyɛe tumi di mmara bi a yɛfrɛ no mframa **suban-pa mmara** so. Ansa na mframa molekuls bi betumi ayi saa suban-pa yi akyerɛ no, ehia saa molekuls no yɛ nketenkete koraa a wɔn mu yɛ hare yiye. Bio, ɛsɛsɛ wotumi kyinkyin baabi a wɔwɔ no, pempem wɔn ho wɔn ho a wɔnnyɛ reakshin biara. Sɛ ɛba no saa a, yɛka se mframa a woyi saa suban-pa yi:

i. molekuls no nni volum biara a ɛyɛ pɔtee; molekuls no hyɛ toa ana tumpan biara a wɔde gu mu no ma tɔtɔɔtɔ

ii. molekuls no nni tebea pɔtee biara; baabiara a wɔwɔ no wotumi trɛtrɛw fa hɔ, tumi kyinkyin wɔ hɔ kɔ baabiara a wɔpɛ

iii. molekuls ahorow no nyinaa tumi frafra (ɛnte sɛ nsu ne abo a ebi nntumi mfrafra no),

iv. molekuls no tumi piapia wɔn ho mu ma wɔsesa wɔn volum bere biara a yɛsesa wɔn presha (yentumi nnyɛ likwids ne sɔlids saa).

MFRAMA KINETIK ADESUA-MU-NOKWASƐM ANA TIƆRI

Sayense adesua-mu-nokwasɛm bi wɔ hɔ a ɛfa suban-pa mframa ho. Yɛfrɛ saa nokwasɛm yi **mframa kinetik tiɔri**. Ɛkyerɛ sɛ:

i. -mframa molekuls no yɛ nketenkete koraa

ii. -mframa molekuls no nntena faako. Bere birara no na wɔde amirika di ahurusi wɔ baabi a wɔwɔ no

iii. -fɔɔso biara nkurakura mframa molekuls ahorow no mu

iv. -mframa molekuls no mu biara ahoɔden a ɔwɔ no gyina ne Kelvin tempirekya so

v. -sɛ mframa molekul bi ne fofono hyia a, wɔnnka wɔn ho mmobɔ mu, na mmom wɔpempem wɔn ho wɔn ho, ma woguan guan fi wɔn ho wɔn ho ntɛmntɛm a wɔnhwere ahoɔden biara. Yɛka se mpempemho yi yɛ lastik. Yɛbɛkyerɛkyerɛ saa mframa kinetik tiɔri yi mu kakra.

1. Mframa molekuls ahorow no yɛ nketenkete koraa.

Mframa biara yɛ atoms ana molekuls. Saa atoms ana molekuls yi yɛ nketenkete koraa. Atom kɛse yɛ 10^{-10}m [angstrom baako]. Eyi yɛ ketewa koraa a obiara mmfa n'aniwa nnhu. Ne saa nti, yɛfa no sɛ mframa molekuls no yɛ nketenkete koraa.

2. **Mframa molekuls no ntena faako; bere biara wɔde amirika di ahurusi wɔ faako a wɔwɔ no.**

Eyi kyerɛ sɛ mframa molekuls no di ahurusi wɔ baabiara a wɔwɔ: ebi fi nifa so kɔ benkum so; ebi nso fi benkum so kɔ nifa so; ebi fi soro ba fam, ebi nso fi fam kɔ soro. Sɛ molekul bi pem biribi, ana patikil foforo a, ɛsan kɔ n'akyi anasɛ ɛfa nkyɛn baabi, toa n'akwantu so a, enyina wɔ baabiara.

3. **Fɔɔso biara nkurakura mframa molekuls ahorow no mu.**

Mframa molekuls no tu amirika yiye; eyi nti wɔwɔ kinetik ahoɔden kɛse sen fɔɔsos ahorow a ekurakura wɔn mu no. Saa ahoɔden a cwɔ yi ama wɔatumi atetew wɔn ho afi fɔɔsos a ɛkeka wɔn bobɔ wɔn ho wɔn ho mu no. Ne saa nti, wɔnnte sɛ likwid ne adeden molekuls.

4. **Mframa molekuls no mu biara ahoɔden a ɛwɔ no gyina ne Kelvin tempirekya so.**

Sɛ mframa tempirekya kɔ soro a, ɛma molekuls ahorow no ahoɔden nso kɔ soro, ma molekuls no tumi di ahurusi dennnen koraa. Bere ko a tempirekya no kɔ soro no, na mframa molekuls ahoɔden a wɔde tutu amirika no nso kɔ soro saa ara.

Kelvin tempirekya yɛ Selsius tempirekya a wɔde digri 273 digris aka ho. Ne saa nti, yɛkyerɛ Kelvin tempirekya ase sɛ:

$$\text{Kelvin (K)} = {}^oC + 273.15^o C$$

Eyi nti, 25°C yɛ:

$$25^o C + 273.15^o C = 298.15 \text{ K}.$$

Kae sɛ yɛka Kelvin a, yɛnnka digri nni akyi te sɛnea yɛyɛ wɔ Selsius ne Farenhait ho no.

5. **Sɛ mframa patikil bi ne ne yɔnko hyia a, wɔnnka wɔn ho mmobɔ mu, na mmom wɔpem pem, ma woguan-guan fi wɔn ho, wɔn ho ntɛmntɛm a wɔnhwere ahoɔden biara.**

Gas molekuls yi tumi pempem wɔn ho wɔn ho a wɔnnhwere ahoɔden kɛse biara. Eyi nti, yebu no sɛ ahoɔden a mframa molekuls bi wɔ mfiase bere ko a wɔde wɔn hyɛɛ tumpan bi mu no, saa ahoɔden no ara na wɔkɔso kura mu bere biara.

MOLE NE KILOMOLE

Element ana molekul bi mole baako yɛ ne atoms ana molekuls dodow a ɛte sɛ atoms dodow a ɛwɔ 12 grams karbon ayisotop 12 mu. Saa numba yi yɛ 6.023×10^{23}. Ne saa nti, element bi **atoms 6.023×10^{23} yɛ saa element no mole baako.**

Yetumi ka se oxigyen atoms 6.023×10^{23} yɛ oxigyen atom mole baako, anasɛ 6.023×10^{23} oxigyen molekuls yɛ oxigyen mole baako (efisɛ oxigyen yɛ molekul ana atoms abien nkabom). Atom biara atomik mmuduru wɔ gram mu na ɛyɛ ne mole baako. Ne saa nti:

- Kalsium 40 g yɛ ne mole baako
- Hidrogyen atoms 1 g yɛ hidrogyen atoms mole baako
- Hidrogyen molekuls 2g yɛ hidrogyen molekul mole baako

Standad tempirekya ne presha [STP, NTP]

Esiane sɛ mframa nneyɛe sesa bere biara a yɛsesa tempirekya no nti, sayensefo ayi tempirekya ne presha pɔtee bi ato hɔ a ɛma yetumi de yɛ nsusuw mfatoho ma mframa ahorow nyinaa. Saa tempirekya yi yɛ kelvin 273.15; presha no nso yɛ 760 mm Hg. Yɛfrɛ saa tempirekya ne presha yi **standad tempirekya ne prɛsha** ana **STP**. Ebinom taa kyerɛw no **normal tempirekya ne presha** ana **NTP**.

Standad tempirekya = 273.15 K

Standad presha = 760 mm Hg = 1 atmosfiɛ = 1.013 105 kiloPaskal [kPa]

MFRAMA MMARA A YƐDE BU HO NKONTAA (GAS MMARA)

Mmara ahorow bi wɔ hɔ a, yɛde bu mframa ho nkontaa, tumi kyerɛ ne dodow, ne volum ne ne tempirekya bere biara. Saa mframa mmara yi ne:

i. Boyle mmara
ii. Charles mmara
iii. Gay-Lussak mmara
iv. Gas mmara nkabom
v. Avogadro mmara
vi. Dalton mframa dodow presha mmara

Boyle mmara

Boyle mmara kyerɛ sɛnea mframa bi presha ne ne volum sesa wɔ tempirekya koro mu.

Boyle mmara se: sɛ mframa bi tempirekya nsesa, nanso ne presha [P_1] ne ne volum [V_1] sesa kɔ presha foforo [P_2] ne volum foforo [V_2] mu a, ne mfiase presha [P_1] no taems ne mfiase volum [V_1] no dodow yɛ pɛpɛɛpɛ sɛ ne presha foforo [P_2] no **taems ne volum foforo [V_2] no.**

Eyi ma yetumi ka se: sɛ mframa bi tempirekya nsesa a:

$$P_1V_1 = P_2V_2 \quad \text{bere a}$$

.. P_1 yɛ mfiase presha no
.. V_1 yɛ mfiase volum no
.. P_2 yɛ presha foforo no
.. V_2 yɛ volum foforo no

Ne saa nti, sɛ yenim mframa bi ɛwɔ toa bi mu mfiase volum ne ne presha, na akyiri yi, yɛsesa mframa no presha ana volum bere ko a tempirekya nnsesa de a, yebetumi de saa akontaa yi ahwehwɛ ne volum ana presha foforo no.

Yesusuw presha wɔ:

i). Merkuri milimita (mm Hg) anasɛ torr mu.
Presha a ɛyɛ 760 mm Hg yɛ 1 torr.

ii). Atmosfiɛ: atmosfiɛ baako yɛ mframa presha wɔ mpoano.
1 atm = 760 mm Hg.

iii. Barr yɛ presha nsusuw a wim nsesae nimdeɛ sayensefo taa de bu wɔn nkontaa de kyerɛ nsutɔ ne awiabɔ ho nsɛm. 1 atm = 1.013 barr
iv. Paskal (Pa) nso yɛ presha nsusuw yunit, a ɛkyerɛ sɛ:
1 atm=101325 Pa = 1.01 X 10^5 Pa = 101.325 kiloPascal (101.325 kPa)

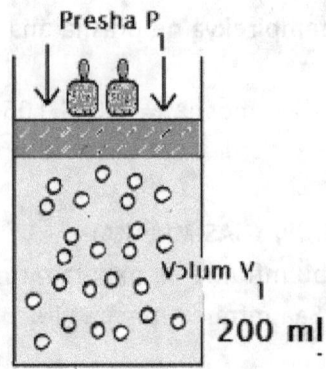
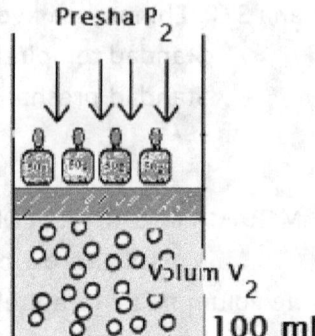

Adekyerɛ 15-1: Boyle mmara a ɛkyerɛ mframa volum ne presha nkitaho bere a tempirekya nsesa. Boyle oyikyerɛ ma yehu sɛ $P_1V_1=P_2V_2$

Yetumi susuw Volum wɔ lita mu.
1000 mililita = 1 lita
100 sentilita = 1 lita
10 desilita = 1 lita.

Charles mmara

Charles mmara kyerɛ nhyehyɛɛ a ɛda mframa volum ne tempirekya ntam, bere ko a presha yɛ konstant. Charles mmara kyerɛ sɛ, bere biara a mframa bi wɔ presha pɔtee a ɛnsesa, na ne volum (V_1) ne tempirekya a ɛwɔ Kelvin mu (T_1), sesa kɔ volum foforo (V_2) ne tempirekya foforo (T_2) mu no, ne mfiase volum [V_1] taems ne mfiase tempirekya [T_1] no dodow yɛ pɛpɛɛpɛ sɛ ne volum foforo [V_2] no taems ne tempirekya foforo [T_2] no.
Charles mmara: Sɛ mframa bi presha nsesa a,
$V_1T_1=V_2T_2$ bere a:
.. V_1 yɛ mfiase volum no
.. T_1 yɛ mfiase tempirekya no
.. V_2 yɛ volum foforo no
.. T_2 yɛ tempirekya foforo no.

Kae sɛ saa tempirekya yi wɔ Kelvin mu. Yenim dedaw sɛ Kelvin tempirekya yɛ sentigrade dodow a yɛde digri 273 selsius aka ho (K =^{0}C + 273^{0}C).

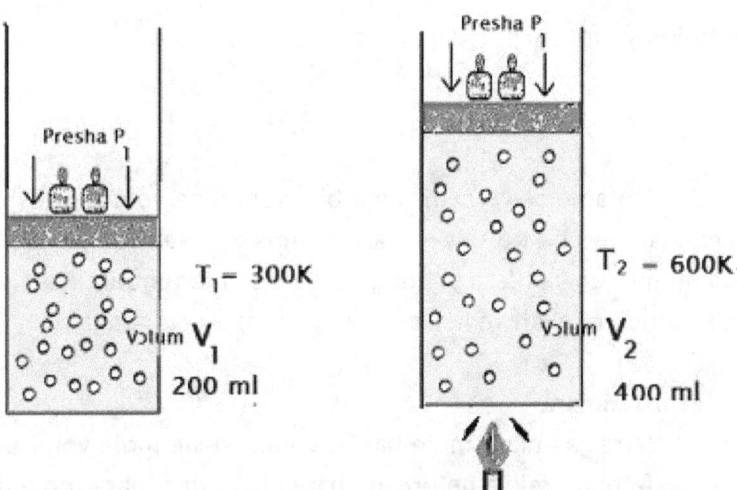

Adekyerɛ 15-2: Charles mmara a ɛkyerɛ mframa bi tempirekya ne volum nkitaho bere a presha nsesa. Charles oyikyerɛ ma yehu sɛ $V_1T_1 = V_2T_2$

Gay-Lussak mmara

Gay-Lussak mmara yi nso kyerɛ nhyehyɛe a ɛdeda mframa presha ne tempirekya ntam wɔ volum pɔtee bi.

Gay-Lussak mmara kyerɛ sɛ, **bere biara a mframa bi wɔ volum pɔtee a ɛnsesa, na ne mfiase presha [P_1] ne mfiase tempirekya [T_1] sesa kɔ presha foforo [P_2] ne tempirekya foforo [T_2] mu no, ne mfiase presha [P_1] no taems ne mfiase tempirekya [T_1] no dodow yɛ pɛpɛɛpɛ sɛ ne presha foforo [P_2] no taems ne tempirekya foforo [T_2] no.**

Gay-Lussak mmara: Sɛ mframa bi volum nsesa a:

$$P_1 \times T_1 = P_2 \times T_2 \quad \text{bere a:}$$

.. P_1 yɛ mfiase presha no
.. T_1 yɛ mfiase tempirekya no
.. P_2 yɛ presha foforo no
.. T_2 yɛ tempirekya foforo no

Yɛnfa no sɛ yɛwɔ mframa bi wɔ toa bi mu na yɛpɛ sɛ yehu sɛnea ne presha sesa bere a yɛde fi baabi a ɛhɔ dwo de kɔ baabi a ɛhɔ yɛ hyew. Gay-Lussak mmara tumi ma yehu mframa no presha foforo, bere biara a yɛsesa ne tempirekya.

MFRAMA MMARA NKABOM

Sɛ yɛkeka saa mmara abiɛsa yi bobɔ mu a, yetumi nya Mframa Nkabom mmara a ɛkyerɛ sɛ, bere biara a mframa pɔtee (n moles) bi wɔ:
mfiase Presha = P_1,
mfiase Volum = V_1 ne
mfiase Tempirekya = T_1,
na ne presha, volum ne tempirekya sesa kɔyɛ:
Presha foforo = P_2
Volum foforo = V_2 ne

Tempirekya foforo = T_2 .. no

$$\frac{P_1V_1}{T_1} = \frac{P_2V_2}{T_2} \quad \text{[n, mols dodow no nsesa]}$$

Yɛnfa no sɛ yɛwɔ mframa bi a yenim ne volum, presha ne tempirekya wɔ toa bi mu. Afei, yɛnfa no sɛ yeyi saa mframa yi fi saa toa yi mu de kɔhyɛ toa foforo mu. Sɛ yenim dodow abiɛsa yi mu abien a (sɛ ebia tempirekya anasɛ presha a), yebetumi de saa mmara yi ahwehwɛ dodow (volum) baako a aka no.

Avogadro mmara

Yɛfrɛ gas biara mole baako volum sɛ ne mole volum. Avogadro mmara kyerɛ sɛ, sɛ yɛfa tempirekya ne presha pɔtee bi a, gas biara mole baako volum yɛ pɛ. Ne saa nti, sɛ yɛfa tempirekya ne presha pɔtee a ɛyɛ STP (273.15K, 760 mmHg) na yesusuw gas biara mole baako a, yenya 22.4 litas.

> **Mframa biara mole baako volum wɔ standad tempirekya ne presha mu yɛ 22.4 litas.**

Saa mmara yi ma yetumi nya nimdeɛ a edi so yi wɔ STP mu:
* 1g Hidrogyen atoms = 6.02×10^{23} H atoms = 22.4 litas ana
* 2g Hidrogyen molekuls = 6.02×10^{23} molekuls H_2 = 22.4 litas H_2 ana
* 32g Oxigyen = 6.02×10^{23} molekuls O_2 = 22.4 litas O_2
* 34g hidrogyen sulfaide = 6.02×10^{23} molekuls H_2S = 22.4 litas H_2S

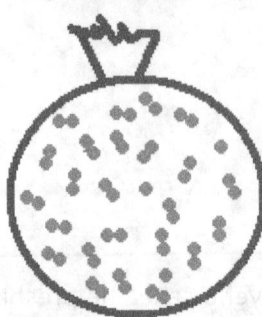

- 2g Hidrogyen molekuls
- 32g oxigyen molekuls
- 28g Nitrogyen molekuls mu biara
- -wɔ 6.02×10^{23} molekuls
- -volum yɛ 22.4 litas wɔ STP

Adekyerɛ 15-3: Mframa nyinaa ntotoho mmara.

Suban-Pa Mframa mmara

Mframa a wɔn nneyɛe di mframa suban papa mmara so no di mframa suban-papa mmara bi akyi. Saa mmara kyerɛ yɛn nkitaho a ɛda mframa bi presha, ne volum ne ne tempirekya wɔ kelvin ntam. Yɛfrɛ saa mmara yi Suban-Pa Mframa mmara. Saa mmara yi kyerɛ yɛn sɛ suban-pa mframa biara:

$$PV = nRT \quad \text{bere a:}$$

..P yɛ mframa bi presha wɔ atmosfiɛ (atm), ana kiloPaskal (kPa) mu
..V yɛ ne volum wɔ litas mu
..n yɛ ne mole dodow

..R yɛ numba pɔtee (konstant) bi a yɛfrɛ no **mframa konstant**, a ne dodow yɛ
   0.082 L atm/mole K ana
   8.314 L kPa/mole K ana
   8.314 kJ/kmole.K
..T yɛ tempirekya wɔ Kelvin mu.

vi. Dalton mframa dodow presha mmara

Sayenseni Dalton kyerɛɛ sɛ mframa ahorow bi a wɔwɔ toa baako mu no mu biara yɛ te sɛ ɛno nkutoo na ɛwɔ saa toa no mu. Eyi ma ɔyɛɛ mmara bi a yɛfrɛ no Dalton mframa dodow presha mmara.

Saa mmara yi kyerɛ sɛ **mframa ahorow bi a wɔwɔ toa bi mu no mu biara ma presha a ɛte sɛnea ne nkutoo na ɛwɔ toa no mu.**

Ne saa nti, mframa presha dodow a ɛwɔ toa bi mu no yɛ mframa ahorow a wɔwɔ saa toa no mu no nyinaa presha mmaako, mmaako a akeka abobɔ mu.

Fa no sɛ, mframa ahorow abiɛsa ana anan mpo na wɔwɔ tunpan bi mu. Saa mframa dodow yi mu biara presha (P_1, P_2, P_3, P_4) yɛ sɛnea ne nkutoo na ɛwɔ tunpan no mu. Ne saa nti, Dalton mmara yi kyerɛ yɛn sɛ, presha dodow (P dodow) a ɛwɔ tunpan no mu no yɛ saa mframa ahorow no presha mmaako, mmaako a akeka abɔ mu.

$$P (dodow) = P_1 + P_2 + P_3 + P_4$$

NSƐMMISA

1. Wo ne mframa kinetik adesua-mu-gyedi no yɛ adwene ana?   Adɛn ntia?
2. Kelvin tempirekya yɛ dɛn?
3. Hidrogyen mframa bi wɔ presha 750 mm Hg, wɔ tempirekya 273 selsius.
   Sayenseni Adu de hyɛɛ toa bi a ne volum yɛ 25ml mu maa ne presha no yɛɛ 780mm Hg a ne tempirekya no ansesa. Kyerɛ saa mframa yi volum a na ɛwɔ mfitiase no. Mmara bɛn na wode buu saa akontaa yi?
4. Asamankɛse Sɛkondari Sukuu laboretrifo de helium mframa 200 ml yɛɛ nhwehwɛmu bi wɔ tempirekya 25° selsius wɔ wɔn laboretri. Wɔde ogya kaa saa helium mframa no maa ne tempirekya kɔɔ soro, kosii 350 kelvin. Ne volum foforo no yɛɛ ahe?
5. Kyerɛ nneyɛe a mframa bi a ɛwɔ suban-pa no yi adi.
6. Kyerɛkyerɛ wo Nena bi Dalton Presha dodow mmara no ase.
7. Kyerɛ Gas nkabom mmara no mu?
8. Kyerɛ Avogadro mmara no ase kyerɛ w'adamfo bi a ɔnkɔɔ sukuu da.
9. Kyerɛ Gay-Lussak mmara no ase. Ɔyɛkyerɛ bɛn na wobetumi ayɛ de akyerɛkyerɛ saa mmara yi mu.

ELEKTRISITI NE MAGNETISIM

TIFA 16: ƐLƐKTRISITI NE KYAAGYE

Twi	Brɔfo
Ade	matter

(biribi a ɛwɔ mmuduru na etumi fa tenabea pɔtee bi; matta)

Ɛlɛktron	electron

[atom mu patikil ketewa bi a ɛwɔ nyifim tumi]

Insuleta	insulator

(ade bi a ɔhyew ana ɛlɛktirisiti nntumi mmfa mu koraa)

Kondukta bɔne	bad conductor

(ade bi a ɔhyew ana ɛlɛktrisiti ketekete bi pɛ na etumi fa mu)

Kondukta papa	good conductor

(ade bi a ɔhyew ana ɛlɛktrisiti tumi fa mu ntɛmntɛm yiye)

Kompawund	compound

[elements ahorow bi a wɔayɛ kemikalnkabom]

Kyaagye	charge
Ntwi-twiwho kyaagye	friction charge

(kyaagye a efi ade bi a etwi-twiw foforo ho mu, frikshin kyaagye)

Ntareho kyaagye	contact charge

(kyaagye a efi ade bi a ɛtare ana ɛka foforo ho mu, kɔntakt kyaagye)

Twiw-bɛn kyaagye	induction charge

(kyaagye a efi ade bi a etwiw bɛn foforo ho mu, indukshin kyaagye)

Matta	matter

[biribi a ɛwɔ mmuduru na etumi fa tenabea pɔtee]

Neutron	neutron

[atom biara nukleus mu patikil ketewa bi a enni kyaagye]

Ɔrbit	orbit

[atom biara mu ɔkwantempɔn a ɛlɛktron(s) tutu amirika wɔ mu twa nukleus ho hyia, ne din foforo yɛ shɛɛl]

Proton	proton

[atom mu patikil ketewa bi a ɛwɔ nkekaho tumi]

Shɛɛl	shell

[atom biara mu kwantempɔn a ne ɛlɛktron(s) tutu amirika wɔ mu twa nukleus no ho hyia]

Sub-shɛɛl	sub-shell

[shɛɛl biara mu nkyekyɛmu ahorow no mu baako]

ƐLƐKTRISITI NKYERƐKYERƐMU

Sayense adesua kyɛ ɛlɛktrisiti mu ma yenya kuw abien:

–ɛlɛktrisiti a egyina faako (gyinafaako ɛlɛktrisiti ana statik ɛlɛktrisiti)

–ɛlɛktrisiti a ɛsen (karent ɛlɛtrisiti).

Gyinafaako εlεktrisiti (statik εlεktrisiti ana εlεktrostatiks)

Gyinafaako εlεktrisiti yε εlεktrik kyaagyes, wɔn fɔɔsos, wɔn fɔɔsos nhyehyεε ne wɔn nneyεε wɔ nneεma ahorow mu ho adesua. Yεtaa frε saa gyinafaako εlεktrisiti yi sε statik εlεktrisiti ana εlεktrostatiks. Ne tiatwa mu no, Gyinafaako εlεktrisiti yε adesua a εfa:
- εlεktrik kyaagyes ho
- εlεktrik fɔɔsos a kyaagyes no wowɔ
- εlεktrik fɔɔso nhyehyεε a kyaagyes yiyi adi de twa wɔn ho hyia ne
- εlεktrik kyaagyes yi nneyεε wɔ nneεma ahorow mu.

Elεktrisiti a εsen (εlεktrik karent)

Yεfrε kyaagye a εsen sε εlεktrik karent. Fɔɔso a epia saa kyaagyes yi ma wɔsen fi baabi kɔ beae foforo bi no din de voltage. Elεktrik kyaagyes a εsen ne magnetisim di nkitaho yiye a wɔma yetumi yeyε motos ne engyins de boa yεn dwumadi yiye. Nanso ansa na yebefi yεn εlεktrisiti adesua yi ase no, εsεsε yεkyerε nea ade ne nneεma yε.

Ade ana mmata nkyerεase

Nnipa pii nim sε εlεktrisiti yε "ade" bi a εma akanea sosɔ, na εma ogya ne ɔhyew ahorow a yetumi de noa nnuan, na yεde nnan nnade, na yεde ma mfiri nso kyimkyim wɔn ho de yeyε nnwuma ma yεn. Εnnε da yi, εlεktrisiti nneεma atwa yεn ho ahyia. Nanso saa εlεktrisiti yi fi he? 'Ade' a εma εlεktrisiti no yε dεn na efi he nso? Ansa na yεbεte εlεktrisiti ase no, εsεsε yehu dekode a 'ade' yε.

Sayense kyerε yεn sε 'ade' yε biribi a εwɔ mmuduru ne tenabea pɔtee bi. Kan tete Griki sayensefo kyerεε sε 'ade' din foforo bi yε 'matta.' Ɔbo, nsu, mframa, eyinom nyinaa yε 'nneεma' ana 'matta'. Emu biara yε 'ade' a εwɔ mmuduru ne tenabea pɔtee bi a yetumi yi adi.

Ade (ana matta) yε biribi a εwɔ mmuduru ne tenabea

'Ade' biara a εwɔ wiase no yεbea fi **elements** ahorow aduokron abiεsa. Element yε ade bi a εsono ne tebea, ne suban ne ne nneyεε koraa wɔ wiase nneεma nyinaa mu. Elements a εwowɔ wiase no bi ne kɔpa dade, ayɔn dade, aluminium dade, sika futuru, sika dwetε ne mframa oxigyen. Aluminium dade element nntumi nnsesa nnkɔyε sika futuru element. Saa ara nso na ayɔn dade nntumi nnsesa nnkɔyε sika dwetε. Ne saa nti, saa elements aduokron abiεsa yi mu biara wɔ ne tebea, suban ne nneyεε a εsono koraa fi foforo biara ho. Yehu saa elements yi wɔ Adekyerε 16-2 so.

Ade biara mu ketewa koraa no yε **atom**. Ne saa nti, element biara mu ketewa koraa no yε ne atom. Elements atoms pii na εkeka bobɔ mu yε nneεma a εwɔ wiase nyinaa. Nsu a yεnom, aduan a yedi, mframa a yεhome yi mu biara yε elements ahorow pii atoms nkabom. Yetumi kyerε atom ase sε element biara mu ketewa koraa a nkyekyɛmu biara nntumi mma mu mma ɛnnkɔso nnyɛ saa element no bio. Atoms tumi yɛ kemikal reakshins.

> Atom yɛ element biara mu ketewaa koraa a nkyekyɛmu biara nntumi mma mu bio na ɛnnkɔso nnyɛ saa element no; Atoms tumi yɛ kemikal reakshins.

ATOM TEBEA NE NE SUBAN

Atom biara wɔ nneɛma nketewa abiɛsa bi a ɛhyehyɛ mu. Yɛfrɛ saa nneɛma nketewa a ɛwɔ atoms mu yi sɛ **patikils**. Saa patikils yi ne:

- ɛlɛktron
- proton
- neutron

Ɛlɛktron wɔ nyifim kyaagye. Proton wɔ nkekaho kyaagye. Neutron no de, enni kyaagye biara. Yɛbɛka kyaagyes ho nsɛm pii wɔ yɛn anim kakra.

Elements ------> Atom ------> Ɛlɛktron(s) + Proton(s) + Neutron(s)

Sayense kyerɛ sɛ proton ne neutron no mu biara wɔ mmuduru baako. Yɛka se wɔwɔ **atomik mmuduru** ana **atomik mass** baako. Ɛlɛktron no mu yɛ hare yiye, enti yɛfa no sɛ enni mmuduru papa biara.

Patikil	Kyaagye	Atomik mmuduru/mass
ɛlɛktron	− (nyifim)	0
proton	+ (nkekaho)	1
neutron	0 (ohunu)	1

Ɔpon 16-1: *Patikils ahorow a wɔwɔ atom mu ne wɔn tebea.*

Proton ne neutron no wɔ atom no mfinimfini baabi a yɛfrɛ no **nukleus** no mu. Neutrons no dwuma ne sɛ wɔbɛhyehyɛ protons no ntam, na wɔama saa protons dodow yi positif kyaagyes no nyinaa atumi anya asetra pa wɔ nukleus no mu.

Sayense nimdeɛ ama ada adi sɛ ɛlɛktron biara nam kwan pɔtee bi so tu amirika ntɛmntɛm fa nukleus no ho hyia. Ɛlɛktron biara wɔ ne kwan a ɛnam so wɔ saa amirikatu yi mu. Yɛfrɛ saa ɔkwan a ɛlɛktron bi nam so twa nukleus no ho hyia no sɛ ne **shɛɛl**. Saa shɛɛl ana ɔrbit yi nso mu san wɔ nkyekyɛmu nketewa a yɛfrɛ wɔn sub-shɛɛls.

Element biara atom yɛ sonowonko. Yɛde protons dodow a ɛwɔ atom bi mu na ɛkyerɛ element ko a ɛyɛ. Hidrogyen proton yɛ baako, helium atom protons yɛ abien, oxigyen protons yɛ awotwe. Yɛfrɛ protons dodow a wɔwɔ atom bi mu no sɛ saa element no **Atomik numba**. Ne saa nti, atomik numba na yɛde hyehyɛ elements nsonsonoe.

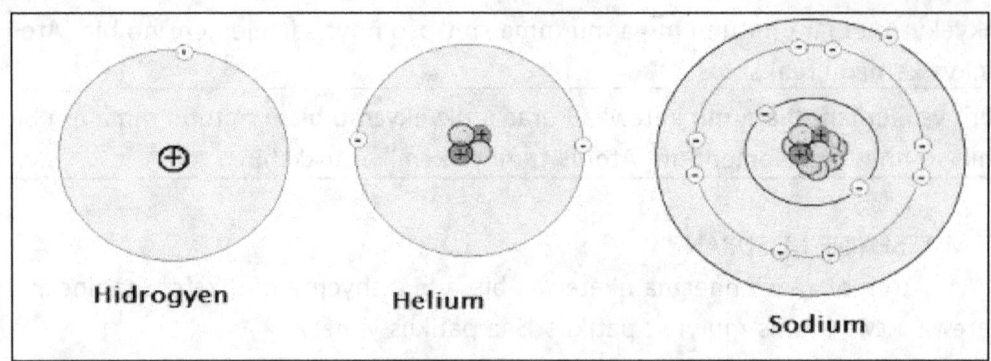

Adekyerɛ 16-1: Atoms ahorow bi. Hidrogyen (ɛlɛktron :1, proton:1); Helium ɛlɛktrons:2, protons:2, neutrons 2; sodium ɛlɛktrons:11, protons: 11; neutrons: 12.

Bio nso, element biara protons ne ɛlɛktrons dodow a ɛwɔ ne atom no mu no yɛ pɛ. Yenim dedaw sɛ protons no ma nkekaho kyaagyes, ɛna ɛlɛktrons no ma nyifim kyaagyes. Ne saa nti, atom biara nyifim kyaagyes no ne nkekaho kyaagyes dodow yɛ pɛpɛɛpɛ. Yɛka se atom biara nni kyaagye bio, efisɛ nyifim kyaagye no ne nkekaho kyaagye no twitwa wɔn ho wɔn ho mu mma ɛnnka kyaagye biara bio. Eyi ma yetumi ka se atom biara yɛ **niwtral**. Mpɛn pii no, ɛsono neutrons a wɔwɔ atom bi mu no dodow.

Elements mu nyinaa, hidrogyen ne element a esua koraa. Hidrogyen wɔ proton baako ne ɛlɛktron baako pɛ. Ne saa nti, yɛka se hidrogyen wɔ atomik mmuduru baako; eyi fi proton baako no mmuduru. Yɛakyerɛ saa hidrogyen atom yi tebea wɔ Adekyerɛ 16-2 so.

Element a edi so no ne Helium: ɛwɔ protons abien, ɛlɛktrons abien ne neutrons abien. Yɛka se Helium wɔ atomik mmuduru anan (protons abien ne neutrons abien mmuduru).

Kae sɛ atom biara ɛlɛktrons no nam akwan bi a yɛfrɛ wɔn shɛɛls mu, de amirika twa nukleus no ho hyia. Esiane sɛ ɛsono ɛlɛktrons dodow a atom biara wɔ no nti, element biara wɔ ne shɛɛls dodow a yenim. Kwandodow a ɛda nukleus no ne shɛɛl pɔtee bi ntam no yɛ pɛ nanso ɛlɛktrons a wɔwɔ saa shɛɛl no mu no mmfa ɔkwan baako so. Yɛde Helium shɛɛl ne ne ɛlɛktrons ayɛ mfatoho wɔ Adekyerɛ 16-3 so.

Lithium ne element a edi helium so. Lithium wɔ ɛlɛktrons abiɛsa, protons abiɛsa ne neutrons abiɛsa. Saa ara na element a edi so no ɛlɛktrons, protons ne neutrons dodow kɔ so sesa ara nen. Ne saa nti, atoms bi wɔ hɔ a wɔwɔ ɛlɛktrons pii wɔ wɔn shɛɛls ahorow no mu. Saa ɛlɛktrons ahorow yi nhyehyɛɛ a ɛwɔ atom bi mu no na ɛkyerɛ atom no suban ne ne tebea. Yɛde sodium bɛyɛ mfatoho.

Sodium atom wɔ shɛɛls abiɛsa. Ɛlɛktron baako pɛ na ɛwɔ ne shɛɛl a edi kan no mu. Shɛɛl a ɛto so abien no wɔ ɛlɛktrons awotwe, ɛna nea ɛto so abiɛsa no wɔ ɛlɛktron baako pɛ (Adekyerɛ 16-4).

Adekyerɛ 16-2: Wiase elements Periodik Pon

Esiane sɛ sodium wɔ ɛlɛktron baako pɛ wɔ ne shɛɛl a etwa to no mu no nti, ɛtɔ da bi a, sodium tumi hwere saa ɛlɛktron no ntɛmntɛm ma ɛka no protons dodow a ɛboro ɛlɛktrons dodow no so.

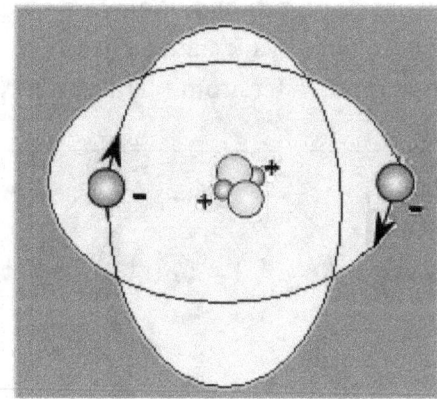

Adekyerɛ 16-3: Helium ɛlɛktrons abien no wɔ shɛɛl baako mu, nanso wɔnnfa ɔkwan koro so.

Sɛ ɛba no sɛ atom bi hwere ɛlɛktron saa a, yɛka se atom no anya **kyaagye**. Saa ara nso na elements ahorow a wɔwɔ ɛlɛktrons baako ana abien wɔ wɔn shɛɛl a etwa to koraa no mu no tumi hwere saa ɛlɛktrons yi ma wonya kyaagyes.

Ɛlɛktrons dwumadi

Kae sɛ proton biara wɔ nkekaho kyaagye (positif kyaagye) ɛna ɛlɛktron biara nso wɔ nyifim kyaagye (negatif kyaagye). Ne saa nti, yɛka se atom biara yɛ niwtral, anasɛ atom no nni nnan-akyi kyaagye biara efisɛ ne nyifim kyaagye dodow twitwa ne nkekaho kyaagye no mu pɛpɛɛpɛ.

Sɛ ɛlɛktron bi a ɛwɔ shɛɛl bi mu nya mfikyiri ahoɔden foforo bi (te sɛ ɔhyew, ɛlɛktrik ana kanea ahoɔden) a, etumi tu fi saa shɛɛl no mu kɔ shɛɛl foforo mu. Sɛ ahoɔden a saa ɛlɛktron no nyaa no yɛ bebree a, ɛlɛktron no tumi tu fi saa atom no mu koraa. Esiane sɛ atom biara ɛlɛktrons dodow ne ne protons dodow yɛ pɛ no nti, sɛ atom bi hwere ɛlɛktron a, na ne protons dodow no aboro ne ɛlɛktrons dodow no so. Yɛka se saa atom no anya **nkekaho kyaagye** (ana positif kyaagye) baako sɛnea yehu wɔ Adekyerɛ 16-4 so no.

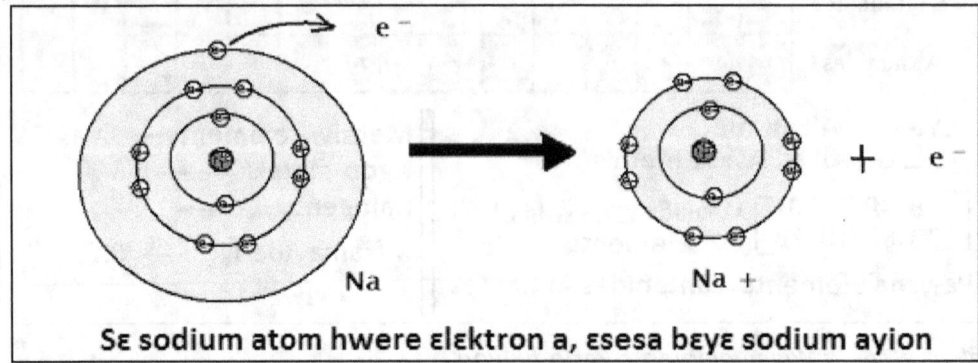

Adekyerɛ 16-4: Sodium atom yi ahwere ɛlɛktron ama anya nkekaho kyaagye.

Sɛ atom foforo bi kyere ɛlɛktron foforo no de ka nea ɛwɔ dedaw no ho a, na ne ɛlɛktrons dodow no aboro ne protons dodow no so. Yɛka se saa atom no anya **nyifim kyaagye**, efisɛ ne ɛlɛktrons dodow no aboro ne protons dodow no so. Saa na yetumi nya atoms bi a wɔwɔ kyaagyes. Atoms bi tumi nya kyaagye baako pɛ; ebinom nso tumi nya kyaagyes abien, abiɛsa ana anan mpo. Yɛfrɛ atom biara a ɛwɔ kyaagye no sɛ **ayion**.

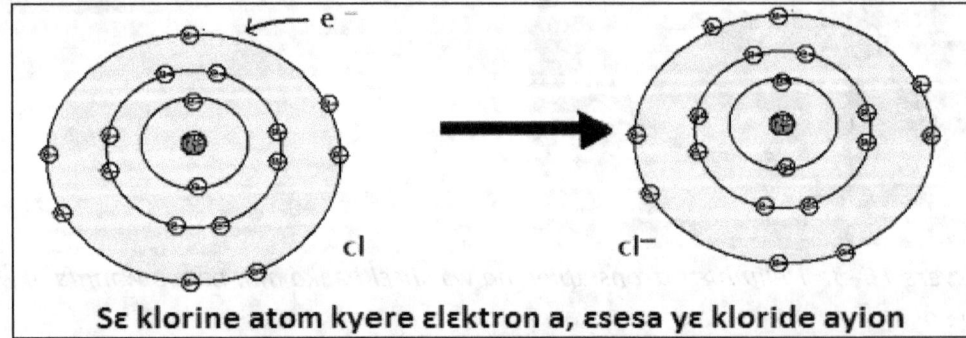

Adekyerɛ 16-5: Klorine atom akyere ɛlɛktron foforo ama anya nyifim kyaagye.

KYAAGYE HO MMARA

Atoms a wɔwɔ kyaagyes a ɛsesɛ (positif ne positif, ana negatif ne negatif) no guan guan fi wɔn ho wɔn ho. Atoms a wɔwɔ kyaagyes a wɔbɔ abira (positif ne negatif, ana negatif ne positif) no twitwiw benbɛn wɔn ho wɔn ho. Saa kwan yi na yɛfa so ma atoms keka bobɔ mu yɛ kemikal reakshins ma yɛn kɛmikals ne kompawunds foforo.

Saa mmara yi nso yɛhu wɔ magnets ahorow ho. Magnet biara wɔ kyaagyes abien wɔ n'ano abien no ho a wɔbɔ abira: nyifim kyaagye ne nkekaho kyaagye. Magnet ano a ɛwɔ nkekaho kyaagye no twiw bɛn magnet foforo nyifim kyaagye kyɛfa no ho. Magnet biara ano baabi a ɛyɛ positif no guan fi foforo baabi a ɛyɛ positif ho.

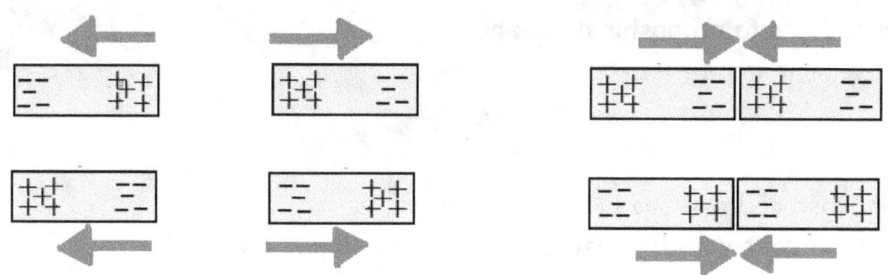

Kyaagyes a wɔsesɛ guan guan fi wɔn ho wɔn ho   Kyaagyes a wɔnnsesɛ twitwiw benbɛn wɔn ho wɔn ho

Adekyerɛ 16-6: Magnets ano a ɛsesɛ no guan guan fi wɔn ho wɔn ho. Magnets anoa wɔbɔ abira no twitwiw benbɛn wɔn ho wɔn ho.

KYAAGYE NNNTUMI NNYERA MMARA

Yenim sɛ ade biara wɔ atoms a wɔwɔ ɛlɛktrons ne protons. Ahoɔden a wɔde tetew ɛlɛktrons fifi atom biara ho no sono. Saa ahoɔden yi gyina ade ko no tebea so, a ɛno nso gyina ɛlɛktrons nhyehyɛɛ a ɛwɔ ne atoms mu, ne shɛɛls dodow a atom no wɔ no so.

Ɛlɛktrons a wɔbɛn nukleus no ho ne nukleus no wɔ nhyehyɛɛ a emu yɛ den. Ne saa nti, ɛyɛ den sɛ obi betumi atetew saa ɛlɛktrons yi bi afi atom no mu. Ɛlɛktrons a wɔwɔ shɛɛls a wɔn mu twe yiye fi nukleus no ho ne nukleus no nhyehyɛɛ no yɛ nketewaa bi. Ne saa nti, atoms no tumi hwere saa ɛlɛktrons yi. Ne saa nti, ɛyɛ den sɛ obi betumi atetew ɛlɛktrons afi rɔba ne plastik mu.

Onipa ti-nwi ne ne ɛlɛktrons no nni nhyehyɛɛ a emu yɛ den biara. Ne saa nti, ɛnyɛ den koraa sɛ yebetumi ayiyi saa ɛlɛktrons yi bi afi ti-nwi mu. Sɛ wode afe fa wo ti-nwi mu a, ɛlɛktrons pii fi ti-nwi mu kɔtetare afe no ho. Esiane sɛ afe no anya ɛlɛktrons bebree no nti, yɛka se afe no anya **nyifim-kyaagye**. Esiane sɛ wo ti-nwi ayi ɛlɛktrons bi adi no nti, yeka sɛ wo ti-nwi no nso anya **nkekaho kyaagye**. Kae sɛ yɛfrɛ nyifim kyaagye sɛ negatif kyaagye, ɛna yɛfrɛ nkekaho kyaagye nso sɛ positif kyaagye.

Saa ara nso na sɛ yɛde plastik ana glass teateaa bi ka sirikyi ntama a, ɛlɛktrons fifi sirikyi ntama no mu kɔtetare glass ana plastik teateaa no ho, ma no negatif kyaagye. Kae sɛ yɛmmɔɔ ɛlɛktrons biara yɛ; ɛlɛktrons afi wo ti-nwi ana sirikyi ntama no mu akɔtetare afe ne plastik teateaa no mu.

Ne saa nti, **obiara nntumi mmɔ kyaagye, obiara nntumi nsɛe kyaagye; kyaagye nnyera, efi ade baako mu kɔ fofor o mu kɛkɛ.**
Yɛfrɛ saa mmara yi sɛ **Kyaagye nntumi nsɛe ana kyaagye nntumi nnyera mmara.**

KOULOMB MMARA

Kyaagye yɛ fɔɔso. Saa ara na ɛlɛktrik kyaagye nso yɛ fɔɔso. Bɛyɛ mfe ahannu ni no, sayenseni bi a wɔfrɛ no Koulomb yeyɛɛ kyaagye ho nsusuw pii ma ɔde too gua sɛ ɛlɛktrik kyaagyes abien biara kyaagyes dodow ne kwandodow a ɛda wɔn ntam no di nkitaho. Osusuw saa kyaagyes yi ne kwandodow ahorow a ɛdeda wɔn ntam no mu ma ɔkyerɛɛ se, sɛ **kyaagyes abien bi a wɔyɛ nketewa sen kwandodow a ɛdeda wɔn ntam no sisi baabi a, Fɔɔso dodow a wɔma (F) no ne kwandodow a ɛda wɔn ntam (d) no skwɛɛ di tamfo proposhinal nkitaho.**

Yɛkyerɛw saa mmara yi sɛ:

$$F \propto \frac{1}{d^2}$$

bere a:

.... F yɛ Fɔɔso dodow a saa kyaagyes no yi adi, na

... d yɛ kwandodow a ɛda kyaagyes nketewa abien no ntam.

kyaagye   d   kyaagye
q_1 kwandodow a ɛda wɔn ntam q_2

Adekyerɛ 16-8: Koulomb mmara: Fɔɔso a kyaagyes abien bi a wɔyɛ nketewa sen kwandodow a ɛda wɔn ntam (d) no dodow gyina saa kyaagyes no ne kwandodow a ɛda wɔn ntam no so.

Yɛnfa no sɛ yɛwɔ kyaagyes nketewa abien, q_1 ne q_2 a kwantenten (d) kɛse bi da wɔn ntam. **Koulomb kyerɛɛ sɛ:**
Fɔɔso a ɛda saa kyaagyes abien yi ntam no ne:
–kyaagyes abien no mmɔho yɛ adamfo proposhinal, ɛna wɔne
–kwandodow a ɛda wɔn ntam no nso di tamfo proposhinal nkitaho.
Yɛkyerɛw saa mmara yi sɛ:

$$F = \frac{K q_1 q_2}{d}$$

Ɛnnɛ da yi, yɛfrɛ saa mmara yi sɛ **Koulomb mmara.**

Kyaagye yunits

Yɛaka dedaw se, sɛ ade bi nya ɛlɛktrons ana ɛhwere ɛlɛktrons a, yetumi nya kyaagye. Sɛ ɛte saa de a, ɛlɛktrons ahe na ɛyɛ kyaagye baako? Esiane Sayenseni Koulomb mmɔdenbɔ nti, yesusuw kyaagye dodow wɔ ne din Koulomb mu. Ɛlɛktrons 6.25×10^{18} na ɛma yɛn koulomb kyaagye baako. Koulomb nsiananmu yɛ C a ɛkyerɛ kyaagye dodow. Ne saa nti:

6.25×10^{18} ɛlɛktrons = koulomb baako = 1 koulomb = 1C.

Sɛ ɛyɛ wo sɛɛ eyi dɔɔso yiye a, kae sɛ eyi ne kyaagye a ɛfa 100 watt ɛlɛktrik bɔlb mu bere dodow biara a wobu anikyew a ɛbɛyɛ sekond baako no. Yebetumi abisa se saa konstant K a yehu wɔ ekuashin yi mu no dodow yɛ ahe?

Sayensefo de ato gua sɛ, saa konstant yi dodow yɛ: ɔpepepem akron newton-mita skwɛɛ pɛɛ koulomb skwɛɛ

$$K = 9\ 000\ 000\ 000\ N.m^2/C^2 \quad \text{ana} \quad K = 9 \times 10^9\ N.m^2/C^2$$

Kae sɛ saa C yi gyina hɔ ma kyaagye yunit yi a ɛyɛ koulomb. Eyi kyerɛ sɛ kyaagye patikils abien ntam fɔɔso no tumi yɛ kɛse yiye.

Asɛmmisa: Yɛnfa no sɛ patikils abien bi a kwandodow 1 mita da wɔn ntam no mu biara wɔ kyaagye 2 koulombs. Ɛlɛktrik kyaagye fɔɔso bɛn na woyi adi?

$$F = \frac{9.0 \times 10^9\ N.m^2/C^2 \times 2\ C \times 2\ C}{1m} = 36\ \text{billion newtons.} \quad \text{Wooow!! Eyi dɔɔso.}$$

KONDUKTAS

Ɛlɛktrisiti tumi fa elements bi mu ntɛmntɛm. Sayense nimdeɛ kyerɛ sɛ ɛlɛktrisiti tumi fa elements a wɔwɔ ɛlɛktrons baako ana abien pɛ wɔ wɔn shɛɛl a etwa to no mu ntɛmntɛm. Eyi kyerɛ sɛ saa ɛlɛktrons yi tumi kyinkyin yiye, pasepase, tutu amirika fa shɛɛls no mu. Esiane sɛ ɛlɛktrons amirikatu na ɛma ɛlɛktrisiti sɛnea yebehu akyiri yi no nti, yɛfrɛ saa elements a ɛlɛktrisiti tumi fa mu ntɛmntɛm yi **kondukta papa elements**. Saa kondukta papa elements yi bi ne kɔpa, silva (dwetɛ) ne sika kɔkɔɔ.

Kondukta bɔne ne Insuletas

Yɛfrɛ element biara a ɛlɛktrisiti nntumi mmfa mu papa biara no sɛ **kondukta bɔne**. Yɛfrɛ nneɛma bi a ɛlɛktrisiti biara nntumi mmfa mu koraa no **insuletas**. Dua a awu, glass ne rɔba yɛ insuletas. Yɛde insuletas bɔ yɛn nneɛma ho ban fi ogya ne ɔhyew akwansian ho.

Semi-konduktas

Mɛtals ne ngoo-mɛtals bi wɔ hɔ a, wɔnnyɛ konduktas papa bi. Ɛlɛktrisiti kakraa bi pɛ na etumi fa wɔn mu, nanso sɛ yɛde element ketekete foforo bi frafra wɔn mu a, wotumi nya kondukta suban papa bi yiye. Saa elements yi yɛfrɛ wɔn semi-konduktas.

Yɛde saa semi-konduktas yi bi yɛ transistas de hyehyɛ ɛlɛktrik sɛɛkuyit mu de didi nnwuma pii. Yɛde bi boa hwehwɛ radio frekwensis ahorow a ehia de didi nkɔmmɔ, hwɛ televishin, tie amannɔne nsɛm. Yɛde bi nso yɛ ɛlɛktrisiti kradoa de dundum kanea, de bi sosɔ mfiri de fiti nnwumadi ahorow ase. Yɛbɛka semi-konduktas ho nsɛm bio.

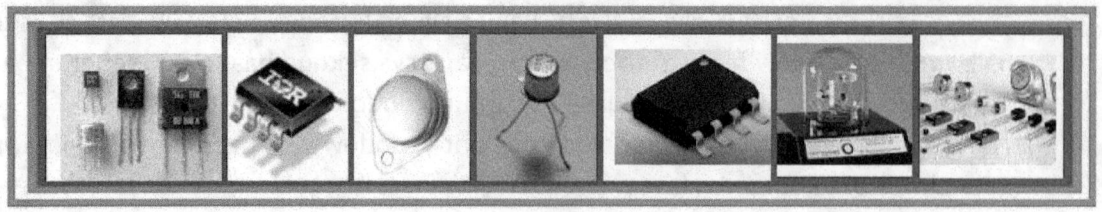

Adekyerɛ 16-7: Semi-konduktas na wɔde yɛ transistas a yehu wɔ fotos yi mu no.

Supa-kondukta

Ade biara a esiw ɛlɛktrik kyaagye akwantu ano no din de resistans. Nneɛma pii siw ɛlɛktrik kyaagyes akwantu ano. Waya a ɛyɛ kondukta no koraa wɔ resistans kakraa bi. Insuletas wɔ resistans pii a ɛmma ɛlɛktrik karent mmfa mu. Afe 1911 mu na sayensefo bi kyerɛɛ sɛ nneɛma bi wɔ hɔ a, wonni resistans biara wɔ tempirekya a ɛbɛn ohunu Kelvin (ana -273 digri selsius). Yɛfrɛ saa nneɛma a wontumi nsiw ɛlɛktrik kyaagye ano no sɛ supa-konduktas. Eyi kyerɛ sɛ, sɛ ɛlɛktrisiti fi ase sen wɔ saa supa-kondukta mɛtals yi mu a, ɛnhwere ahooden biara efisɛ wɔn hama no nnɔ nyɛ hyew, esiane sɛ resistans biara nni mu. Sayensefo bi akyerɛ sɛ ngoo-mɛtals bi tumi yi saa supa-kondukta suban yi bi adi.

SƐNEA YENYA KYAAGYE FA

Yetumi fa akwan ahorow abiɛsa so nya kyaagye. Yetumi nya kyaagye a efi:
-bere a yɛde ade bi twi-twiw foforo bi ho = yɛfrɛ eyi **ntwi-twiwho kyaagye** nya
-bere a yɛde ade bi tare foforo bi ho = yɛfrɛ eyi **ntareho kyaagye** nya
-bere a yɛde ade bi twiw-bɛn foforo ho mu = yɛfrɛ eyi **twiw-bɛn ho kyaagye** nya

Ntwi-twiwho kyaagye (frikshin kyaagye)

Sɛnea yɛaka dedaw no sɛ yɛde afe srɛn ti-nwi a, yetumi ma afe no nya kyaagye. Saa kyaagye yi fi ɛlɛktrons a wofi ti-nwi mu na wɔkɔtetare afe no ho no mu.

Adekyerɛ 16-8: Sɛ yɛsrɛn yɛn ti-nwi a, afe no twetwe ɛlɛktrons fi ti-nwi mu ma enya ɛlɛktrons pii. Yɛfrɛ saa kwan a afe no faa so de nyaa kyaagye no sɛ ntwi-twiwho kyaagye kwan. Eyi ma afe no nya kyaagye a etumi de ma nneɛma nketewa bi te sɛ pepa so.

Eyi ma afe no nya nyifim kyaagye, bere ko a wo ti-nwi nso hwere ɛlɛktrons ma wonya nkekaho kyaagye. Sɛ yɛde afe no ka pepa ketewa bi a ɛyɛ niwtral a, nyifim kyaagye-afe no twe pepa no mu nkekaho kyaagyes no ba ne nkyɛn ma wɔyɛ nkabom. Eyi ma afe no tumi ma pepa no so. Bere biara a yɛde biribi twiw foforo ho no nso, yetumi nya saa kyaagye yi bi. Yɛfrɛ saa kwan a yɛfa so nya kyaagye yi **ntwi-twiwho kyaagye nya kwan**.

Ntareho kyaagye nya (kontakt kyaagye)

Sɛ yɛde ade bi ka biribi foforo a yɛka se nneɛma abien no ayɛ ntareho. Yetumi de ade bi ka foforo ma eyi ɛlɛktrons fi mu de kɔ foforo no mu. Sɛ yɛyɛ saa a, yɛka se yɛafa ntareho kwan so ayi ɛlɛktrons afi ade bi mu de akɔ foforo mu.

Yɛnfa no sɛ yɛwɔ dade abaa teateaa bi a ɛwɔ negatif kyaagye. Sɛ yɛde saa negatif kyaagye dade abaa yi ka biribi a ɛyɛ niwtral, kyerɛ sɛ enni kyaagye biara a, ɛlɛktrons befi dade no mu akɔ ade niwtral no mu ama anya kyaagye. Sɛ ade ko no yɛ kondukta papa a, ɛlɛktrons bɛhwete ade no mu nyinaa ntɛmntɛm. Sɛ ɛyɛ kondukta bɔne de a, ebehia sɛ yɛde dade no keka ade no ho wɔ mmeae mmeae pii ansa na ne baabiara anya saa negatif kyaagye yi bi.

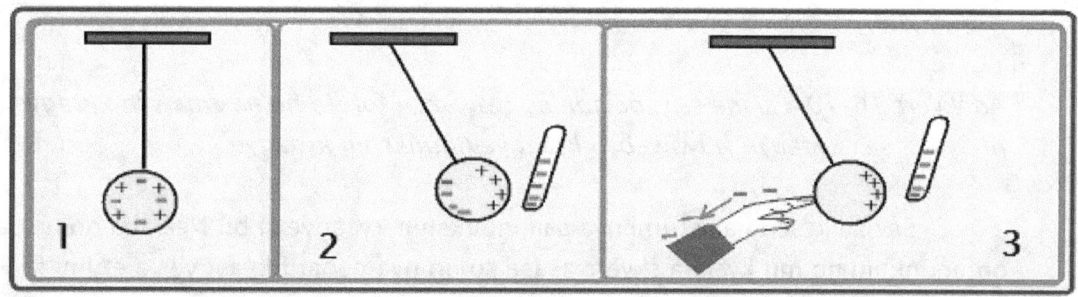

Adekyerɛ 16-9: Ntareho kyaagye. Sɛ yɛde ade bi a ɛyɛ niwtral ka biribi a ɛwɔ kyaagye a, ade ko no tumi twe kyaagye no bi kɔ ne mu.

Saa ara nso na sɛ yɛde yɛn nsateaa ka ade bi a ɛwɔ nyifim kyaagyes pii ho a, ɛlɛktrons fi ade ko no mu aba yɛn nsa ho. Esiane sɛ yɛde yɛn nsateaa taree ade no ho ansa na yenyaa kyaagye no nti, yɛfrɛ saa kwan a yenyaa kyaagye yi sɛ ntareho-kyaagye nya kwan.

Twiw-bɛn ho kyaagye (indukshin kyaagye)

Sɛ yɛde biribi a ɛwɔ kyaagye twiw bɛn kondukta bi ho a, ɛlɛktrons befi ase atwiw abɛn saa ade no, a ɛmfa ho koraa sɛ yɛnfaa ade ko no nkaa kondukta no mpo yɛ. Yɛfrɛ saa kwan a ade bi nya kyagye bere a biribi twiw bɛn ho na ɛnkaa no mpo yɛ no sɛ **twiw-bɛn-ho kyaagye nya kwan** ana **indukshin**.

Yɛnfa no sɛ yɛwɔ mɛtal bɔɔls abien bi **A** ne **B** sɛnea yehu wɔ Adekyerɛ 16-10 so no. Nimdeɛ a yenya fi ho no kyerɛ yɛn sɛ:

1. Saa mɛtal bɔɔls abien no tetare ho enti wonnyi kyaagye biara adi.

177

2. Yɛnfa no sɛ yɛde dade-teateaa bi a ɛwɔ nyifim kyaagye twiw bɛn baako. Nea yehu ne sɛ ɛlɛktrons a wɔwɔ dade no mu no twiw fi mɛtal bɔɔl no nkyɛn hɔ kɔ akyiri koraa. Eyi ma ɛka positif kyaagye no nkutoo wɔ benkum so.

3. Sɛ yɛkɔ so kura saa nyifim kyaagye dade yi wɔ bɔɔl baako no ho, na yɛtwe mɛtal bɔɔl no baako fi ne yɔnko no ho a, bɔɔls no mu biara kɔ so kura kyaagye a wanya no, a baako yɛ negatif na baako a aka no nso de yɛ positif.

4. Afei sɛ yeyi dade no fi wɔn ho a, bɔɔls abien no mu biara kɔ so kura ne kyaagye a wanya no; eyi ma baako nya nyifim kyaagye, baako nso nya nkekaho kyaagye.

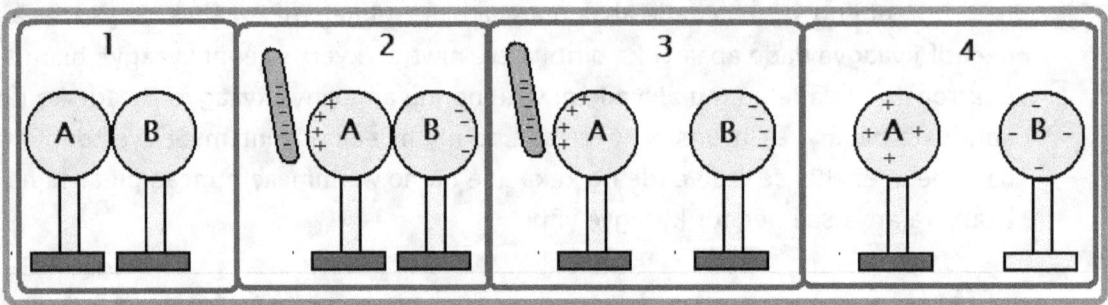

Adekyerɛ 16-10: Esiane sɛ yɛde ade no twiw-bɛn foforo ho na ɛma yɛn kyaagye no nti, yɛfrɛ saa kyaagye yi twiw-bɛn kyaagye (indukshin kyaagye.)

Sɛ osu kɛse tɔ a yetumi nya saa indukshin kyaagye yi bi. Nea ɛba no ne sɛ, omununkum no mu kyɛfa a ɛkyerɛ asase so no nya negatif kyaagyes a etumi fa indukshin kwan so twetwe positif kyaagyes fi asase mu de benbɛn ne ho. Eyi ma asase (ne so nneɛma nyinaa) nya positif kyaagyes.

Sɛ ɛba no saa, nsonsonoe kɛse bɛda omununkum a ɛwɔ soro no (nyifim kyaagyes) ne asase so (nkekaho kyaagyes) kyaagyes abien yi ntam. Saa nsonsonoe a ɛbɛda saa kyaagyes abien yi ntam yi ne ho adi sɛ aprannaa ne anyinam kanea. Yɛtaa hu saa anyinam kanea yi bi bere a osu kɛse bi retɔ. Aprannaa a edi akyi no yɛ dede a saa kyaagyes yi nhyiamu yi yɛ.

Sɛ anyinam mpae yɛ a, na ahoɔden kɛse wɔ asase ne soro ntam. Ahoɔden kɛse a anyinam yi adi no, kyerɛ yɛn sɛ, ahoɔden kɛse wɔ konduktas abien kyaagyes abien a wɔbɔ abira (-) ne (+) biara ntam. Nyansafo afa saa kwan yi so ayeyɛ kyaagye-kora mashins (yɛfrɛ wɔn **kapasitors**) a etumi kora kyaagyes pii kosi bere a wohia ne dwumadi. Yebehu saa **kapasitors** yi wɔ Tifa a edi so no mu.

Eyi nti na sɛ yesi adan a yɛde peaw bi si dan no so, de waya kɛse bi kyekyere de sian bɛhyɛ asase mu no. Saa dade a ano yɛ feafeaa yi kyere ɛlɛktrons fi wim, de wɔn fa waya kɛse no mu de bɛhyɛn asase mu. Eyi ma omununkum biara hwere ɛlɛktrons, anyɛ saa na ɛlɛktrons no yɛ bebree wɔ soro a, ɛne asase so positif kyaagye no betumi ayɛ anyinam ahyew ɔdan bi e mu nneɛma nyinaa. Saa na anyinam dade a engyineafo de si dan so yi bɔ adan ho ban fi anyinam akwansian ho.

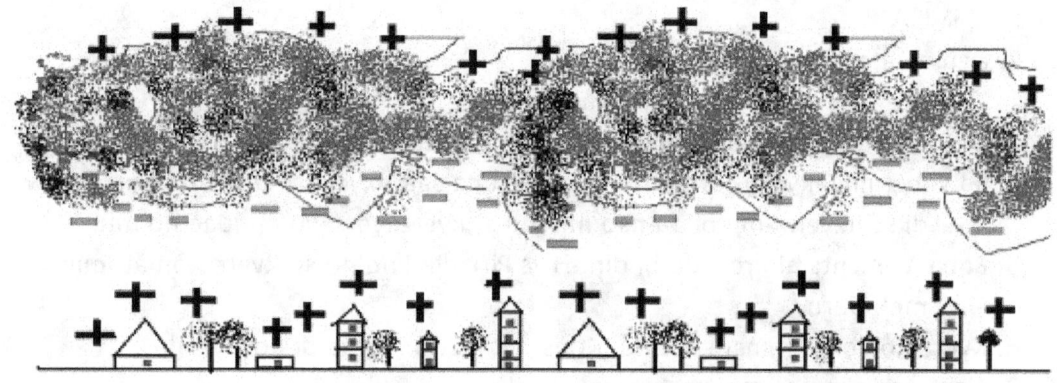

Adekyerɛ 16-11:Omununkum fa indukshin kwan so ma asase nya positif kyaagye.

Sɛ yenim nneɛma a wogye ɛlɛktrons ntɛmntɛm ne wɔn a wɔhwere ɛlɛktrons ntɛmntɛm a, yebetumi de wɔn abenbɛn wɔn ho, wɔn ho ama yɛanya gyinafaako ɛlɛktrisiti pii. Ɔpon 16-2 kyerɛ nimdeɛ a ɛfa saa nneɛma yi bi ho.

	Saa Nneɛma yi ….	
Hwere ɛlɛktrons ntɛmntɛm	Yɛ niwtral	Gye ɛlɛktrons ntɛmntɛm
Honam a awo	Asaawa Mfuturu	Dua
Lɛda	Ayɔn dade Stiil	Rɔba dennen
Glass		Nikel ne Kɔpa
Ti-nwi		Brass, Silva dwetɛ
Nailon ntama		Sika kɔkɔɔ
Oguan-ho nwi		Poliester
Lɛɛd dade		Polietilene plastik
Agyinamoa ho-nwi		Polipropilene
Srikyi ntama		PVC plastik (vainail)
Aluminium		Silikon
Pepa		Teflon

Ɔpon 16-2: Nneɛma a wɔhwere ɛlɛktrons ntɛm ne wɔn a wogye ɛlɛktrons ntɛm (triboɛlɛktrik pon).

Sɛ yɛfa nneɛma a wɔwɔ benkum so no, de keka wɔn a wɔwɔ nifa so no ho a, yenya ɛlɛktrisiti a ano yɛ den. Sɛ sirikyi ntama ne poliester ntama hyia a yenya ɛlɛktrisiti. Nnipa a wɔn nnipadua ho awo yiye no honam taa nya positif kyaagyes. Sɛ saa nnipa yi hyɛ poliester ntade a, wɔn ho ɛlɛktrisiti tumi pa gya nketenkete. Ne saa nti, ɛsɛsɛ saa nnipa yi taa hyɛ asaawa ntade.

Honam sɔɔsɔɔ wɔ negatif kyaagyes. Sɛ obi srɛn ne ti a, afe no twetwe ɛlɛktrons fi ti-nwi mu ma enya negatif kyaagyes. Afe a anya saa negatif kyaagyes bi betumi atwetwe pepa nketenkete, amema so mpo.

NSƐMMISA

1. Dɛn ne atom? Kyerɛkyerɛ mu.
2. Kyaagye fi he? Yɛyɛ dɛn na yenyakyaagye?
3. Dɛn ne 'ade'? Kyerɛkyerɛ mu kyerɛ wo nua ketewa bi.
4. So yebetumi akyekyɛ atom mu ana? Dɛn na saa nkyekyɛmu yi bɛma yɛn? Sɛ wugye di sɛ nkyekyɛmu biara nso nni mu a, kyerɛkyerɛ wo mmuae no mu.
5. Bobɔ elements ahorow du bi din. Hwɛ Piriɔdik Pon no so kyerɛ wɔn atomik mmuduru.
6. Kyerɛ Koulomb mmara no mu. Konstant a ɛwɔ mu no dodow yɛ ahe?
7. Elɛktrons ahe na ɛma yɛn kyaagye baako?
8. Dɛn ne kondukta, supa kondukta ne insuleta?
10. Yɛfa akwan abiɛsa bi so na yenya kyaagye. Bobɔ saa akwan yi din.
11. Adɛn nti na yɛde dade peaw bi sisi adan so?
12. Kyerɛ nea enti a Akua srɛn ne ti wiei no, afe no tumi maa pepa ketewa bi so.

TIFA 17 : ƐLƐKTROSTATIKS NE ƐLƐKTRIK FƆƆSO NHYEHYƐE

Nkyerɛkyerɛmu

Twi	Brɔfo
Ɛlɛktrik fɔɔso	**elelctric force**

(tumi bi a ɛlɛktrik kyaagye bi yi adi de piapia ana ɛde twetwe nneɛma)

Ɛlɛktrik fɔɔso nhyehyɛe **electric force field, electric field**

(tumi bi a ɛlɛktrik kyaagye bi hyehyɛ de twa ne ho hyia)

Ɛlɛktrik potenshial (voltage) **electric potential**

(voltage dodow a ɛlɛktrik kyaagye bi tumi yi adi wɔ baabi pɔtee)

Ɛlɛktrik potenshial ahoɔden (joule) **electric potential energy**

(tumi bi a ɛlɛktrik kyaagye bi yi adi de pia biribi fi ne ho)

Gyinafaako ɛlɛktrik fɔɔso **statik electricity, electrostatiks**

(tumi bi a kyaagye a egyina baabi pɔtee wɔ)

Joule **joule**

(ahoɔden yunit)

Kapasitor **capacitor**

(mprɛte ntrantraa bi a etumi kora kyaagye ahoɔden na eyi ma bere a yehia)

Magnet fɔɔso nhyehyɛe **magnetic field force**

[fɔɔso a magnet bi a ɛda baabi yi adi na ɛde etwa ne ho hyia]

ƐLETRIK KYAAGYE FƆƆSO NHYEHYƐE

Ɛlɛktrik kyaagye biara wɔ ahoɔden bi a ne dodow gyina saa kyaagye no so. Sɛ saa ɛlɛktrik kyaagye yi si baabi a, eyi *fɔɔso nhyehyɛe* bi adi de twa ne ho hyia. Ade foforo biara a ɛbɛba saa kyaagye yi nkyɛn no behyia saa *fɔɔso nhyehyɛe* yi ama ne suban, ne tebea, ne n'akwantu ahoɔhare asesa. Saa ara nso na sɛ kyaagyes abien sisi baabi na ɔkwan da wɔn ntam a, yehu wɔn *fɔɔso nhyehyɛe* yi wɔ wɔn ho ne wɔn ntam.

Saa fɔɔso nhyehyɛe a etwa kyaagyes ho hyia yi wɔ tumi bi a yebetumi asusuw ne dodow. Tumi a kyaagye bi fɔɔso nhyehyɛe yi adi no mu yɛ den wɔ kyaagye no nkyɛn pɛɛ; bere a yɛrefi kyaagye no ho akɔ akyiri no, na saa fɔɔso nhyehyɛe yi ano reyɛ mmerɛw. Yesusuw saa tumi a ɛwɔ ɛlɛktrik kyaagye bi fɔɔso nhyehyɛe a ɛde twa ne ho hyia no mu no sɛ ne **ɛlɛktrik fɔɔso nhyehyɛe anoden**.

Sɛ yesusuw kyaagye bi ɛlɛktrik fɔɔso nhyehyɛe anoden a, ɛnyɛ ne dodow nkutoo na ehia, na mmom yehia n'anikyerɛbea nso. Ne saa nti, kyaagye biara fɔɔso nhyehyɛe dodow yɛ vektor. Ɛlɛktrik fɔɔso nhyehyɛe anoden yi agyinamude yɛ **E**.

Ɛlɛktrik kyaagye nhyehyɛe anoden (E) biara dodow gyina saa kyaagye no ɛlɛktrik fɔɔso ne kyaagyes no dodow so. Ne saa nti, yɛkyerɛ ɛlɛktrik nhyehyɛe fɔɔso anoden biara [E] sɛ ɛlɛktrik kyaagye no fɔɔso [F] a ɛwɔ no nkyɛmu kyaagyes no dodow [q].

Ɛlɛktrik fɔɔso nhyehyɛɛ anoden [E] = <u>Ɛlɛktrik fɔɔso [F]</u>
.kyaagye dodow [q]

Ne saa nti, sɛ ɛlɛktrik kyaagye bi a ne dodow yɛ **q**, kɔfa baabi a **ɛlɛktrik fɔɔso nhyehyɛɛ** bi wɔ, na ehyia **ɛlɛktrik fɔɔso F** a, yɛkyerɛ **ɛlɛktrik fɔɔso nhyehyɛɛ anoden, E** a ɛwɔ baabi a saa kyaagye no akɔfa no sɛ:

$$E = F/q$$ bere a:

-E yɛ ɛlɛktrik fɔɔso nhyehyɛɛ no anoden,
-F yɛ ɛlɛktrik fɔɔso a yenya no dodow wɔ Newton mu, na
-q yɛ kyaagye no dodow wɔ koulomb mu.

Ɛlɛktrik fɔɔso nhyehyɛɛ anoden yunits

Esiane sɛ fɔɔso, F wɔ Newtons mu, na kyaagye, q nso wɔ koulombs mu no nti, yebu ɛlɛktrik fɔɔso nhyehyɛɛ yunits wɔ **Newton pɛɛ koulomb** mu.
Ne saa nti, ɛlɛktrik fɔɔso nhyehyɛɛ yunits yɛ Newtons pɛɛ koulomb (N/C).

Yɛbɛkae sɛ kyaagyes ahorow abien na ɛwɔ wiase; baako yɛ nyifim kyaagye (negatif kyaagye) na nea aka no nso yɛ nkekaho kyaagye (positif kyaagye). Sɛnea yɛaka dedaw no, ɛnyɛ ɛlɛktrik kyaagye fɔɔso nhyehyɛɛ anoden dodow nkutoo na ɛho hia na mmom n'anikyerɛbea nso ho hia yiye. Ne saa nti, yɛwɔ ɔkwan a yɛkyerɛ ɛlɛktrik fɔɔso nhyehyɛɛ biara anikyerɛbea.

Yɛkyerɛ **ɛlɛktrik fɔɔso nhyehyɛɛ anikyerɛbea ase sɛ baabi a positif kyaagye ketewa bi a wɔrepia no, no de n'ani bɛkyerɛ.**

Esiane sɛ positif kyaagye biara de n'ani bɛkyerɛ baabi a negatif kyaagye bi wɔ no nti, yɛde peaw a ano kyerɛ negatif kyaagye no so na ɛkyerɛ ɛlɛktrik fɔɔso nhyehyɛɛ yi anikyerɛbea ma negatif kyaagye biara. Esiane sɛ positif kyaagye no de **n'akyi** bɛkyerɛ positif kyaagye biara so, kyerɛ sɛ eguan afi positif kyaagyes nkyɛn no nti, yɛde peaw a ano reguan afi positif kyagye no so, na ɛkyerɛ ɛlɛktrik fɔɔso nhyehyɛɛ yi anikyerɛbea ma positif kyaagye biara.

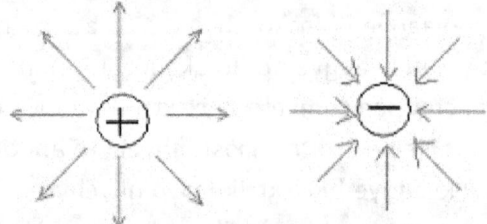

Adekyerɛ 17-1: Ɛlɛktrik fɔɔso nhyehyɛɛ anikyerɛbea wɔ positif ne negatif kyaagyes so.

Ɛlɛktrik fɔɔso ne ɛlɛktrik fɔɔso nhyehyɛɛ nyinaa wɔ anikyerɛbea baako. Sɛ kyaagyes abien sisi baabi a, yɛde lains na ɛkyerɛ wɔn fɔɔsos nhyehyɛɛ anikyerɛbea

(Adekyerɛ 17-2). Yehu sɛ fɔɔso nhyehyɛe no ani fi positif kyaagye no so de kɔ negatif kyaagye no so.

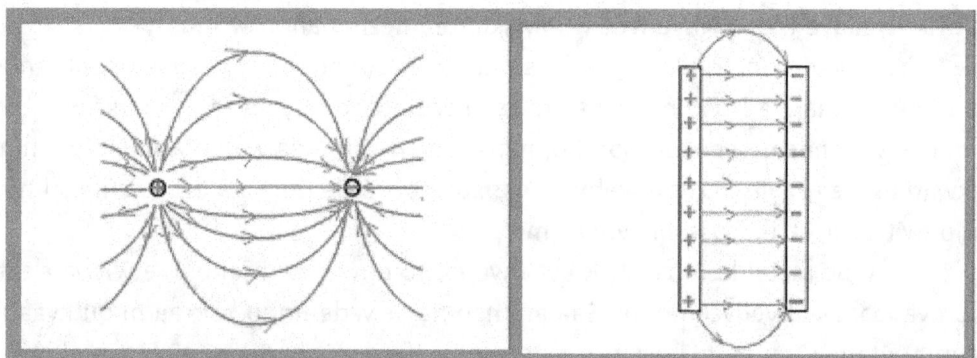

Adekyerɛ 17-2: Sɛnea yɛkyerɛ kyaagyes abien ana bebree bi ɛlɛktrik fɔɔso nhyehyɛe.

Ɛlɛktrik Kyaagye Fɔɔsos Nhyehyɛe abien a ehyia

Sɛ ɛlɛktrik kyaagye nhyehyɛe fɔɔsos dɔɔso yiye wɔ ade bi mu a, yɛka se ɛyɛ kondukta, efisɛ etumi ma ɔhyew ana ɛlɛktrisiti fa ade ko no mu ntɛmntɛm. Ɛtoa so sɛ, bere biara a ade bi a ɛwɔ kondukta papa suban si baabi no, eyi ɛlɛktrik fɔɔso nhyehyɛe yi bi adi de twa ne ho.

Sɛ konduktas abien ana abiɛsa hyia a, wɔn ɛlɛktrik fɔɔsos nhyehyɛe no dodow ne wɔn anikyerɛbea sesa. Saa nsesae yi gyina konduktas no tebea so, sɛ wɔyɛ negatif ana positif. Yehu saa nhyehyɛe yi bi wɔ Adekyerɛ 17-3 so.

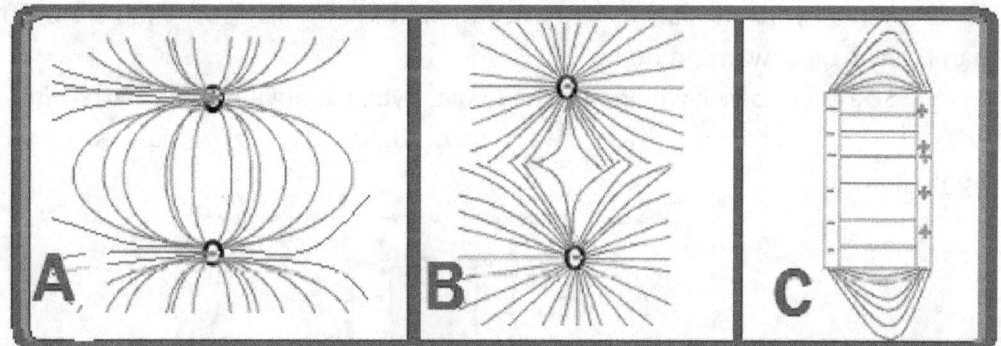

Adekyerɛ 17-3: Ɛlɛktrik fɔɔso nhyehyɛe ahorow [a] kyaagyes nkrokowaa positif ne negatif [b] kyaagyes nkrokrowaa negatif ne negatif [d] kyaagyes atenten negatif ne positif. (Kyerɛkyerɛ wɔn nyinaa anikyerɛbea.)

Ɛsono kyaagyes abien a wɔyɛ pɛ, ne kyaagyes abien a wɔnyɛ pɛ nhyehyɛe. Sɛ kyaagye baako yɛ positif na baako nso yɛ negatif a, fɔɔso nhyehyɛe no sono. Saa ara na sɛ kyaagyes abien no nyinaa yɛ pɛ (positif ne positif, ana negatif ne negatif) nso a, ɛsono wɔn fɔɔso nhyehyɛe.

Nanso ne nyinaa mu no, fɔɔso nhyehyɛe anikyerɛbea no fi positif kyaagyes no so kɔ negatifi kyaagyes no so efisɛ yebu fɔɔso nhyehyɛe biara anikyerɛbea te sɛ baabi a positif kyaagye bi a wɔrepia no no de n'ani bɛkyerɛ. Eyi nti, na yɛde peaw a ani kyerɛ negatif kyaagye no so na ɛkyerɛ fɔɔso nhyehyɛɛ no anikyerɛbea no, na yɛde peaw a ani guan fi positif kyaagye no so kyerɛ positif kyaagyes biara fɔɔso nhyehyɛɛ anikyerɛbea.

Ɛlɛktrik Kyaagye Fɔɔso Nhyehyɛɛ wɔ nnaka ne nneɛma ahorow mu

Yetumi de ɛlɛktrik kyaagye fɔɔso nheyhyɛɛ anoden toto asase graviti anoden ho. Ɛlɛktrik kyaagye fɔɔso nhyehyɛɛ te sɛ graviti fɔɔso nhyehyɛɛ, kyerɛ sɛ wɔn nyinaa tumi twetwe nneɛma benbɛn wɔn ho, nanso nsonsonoe da wɔn ntam. Obiara nntumi nnkwati asase graviti fɔɔso nhyehyɛɛ, nanso yetumi de nneɛma bi te sɛ mɛtal ne nngo twitwa ɛlɛktrik fɔɔso nhyehyɛɛ mu

Sɛ yɛde mɛtal bi to ɛlɛktrik kyaagye fɔɔso nhyehyɛɛ bi mu a, etwitwa ɛlɛktrik kyaagye fɔɔsos nhyehyɛɛ no mu. Saa ara nso na sɛ yɛde nngo kakraa bi gu kyaagyes abien bi ntam a, etumi twitwa wɔn fɔɔsos nhyehyɛɛ yi mu. Sɛ yɛde mframa koraa fa kyaagyes abien bi ntam a, etumi huan ɛlɛktrik fɔɔso nhyehyɛɛ anoden a ɛda kyaagyes abien no ntam no so.

Sɛ ɛlɛktrik kyaagyes bi wowɔ nnaka mu a, wɔn ɛlɛktrik kyaagyes fɔɔso nhyehyɛɛ anoden no sesa a egyina adaka no tebea so. Sɛ adaka no yɛ krokrowaa te sɛ sfiɛ a, esiane sɛ kyaagyes a ɛsesɛ no guanguan fi wɔn ho no nti, positif kyaagyes no hyehyɛ wɔn ho fa sfiɛ no ho nyinaa pɛpɛɛpɛ. Sɛ sfiɛ no ano yɛ teateaa kakraa te sɛ akokɔ nkosua a, positif kyaagyes no trɛtrɛw mu twa nkosua no ho hyia, nanso wɔn mu bebree no kɔhyehyɛ nkosua no ano baabi a ɛyɛ feafeaa no nkyɛn, efisɛ kyaagyes pɛ ano teateaa yiye. Ne saa nti na anyinam ahoɔden peaw a ano yɛ teateaa sisi adan so, bobɔ adan ho ban fi anyinam akwansian ho no. Yɛaka dedaw se saa ano teateaa yi na ɛkyere anyinam kyaagyes de fa waya kondukta mu kɔ asase mu na ɛbɔ ofi bi ho ban fi anyinam akwansian ho no.

Sɛ adaka no yɛ kiwb ana prisim nso a, kyaagye nhyehyɛɛ no trɛtrɛw mu fa adaka no ho hyia nanso wɔhyehyɛ wɔn ho wɔ adaka no twɔtwɔw biara so sen adaka no ho ankasa.

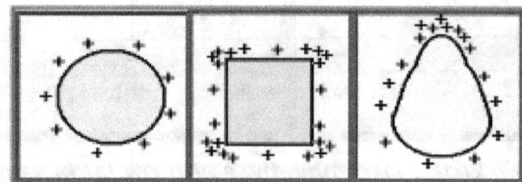

Adekyerɛ 17–4: Ɛlɛktrik kyaaagye fɔɔso nhyehyɛɛ wɔ nnaka ahorow (sfiɛ, adakateaa, nkosua) mu ne ho.

Ne nyinaa mu no, sɛ ɛyɛ adaka o, sfiɛ o, nkosua o, dekode no mfinimfini de, kyaagyes no nyinaa twitwa mu ma yenya ohunu kyaagye. Ne saa nti, adaka o, sfiɛ o, kyaagyes a ɛwowɔ mu no yɛ ohunu. Mmom, adaka no ho, anasɛ sfiɛ no ho de, kyaagyes no hyehyɛ wɔn ho ma yenya kyaagyes bebree wɔ baabi a ɛyɛ feafeaa no sen mmeae a aka no.

Yɛnfa no sɛ wote kaar mu, osu retɔ, ahum retu, anyinam retwa na apranaa bobɔ mu. Ɛhe na wobenya ahotɔ ne nkwa: sɛ wotra kaar no mu a na eye anasɛ sɛ wosi fam gyina dua bi ase a na eye?

Mmuae: Kae sɛ adaka biara mu kyaagye yɛ ohunu. Ne saa nti, sɛ wote kaar no mu a na eye, efisɛ sɛ anyinam si kaar no so koraa a, kaar no mu kyaagyes nyinaa bɛkɔ so ayɛ ohunu. Fa adaka biara a kyaagye wɔ mu no yɛ mfatoho.

ƐLƐKTRIK POTENSHIAL AHOƆDEN NE ƐLƐKTRIK POTENSHIAL (VOLTAGE)

Yɛnfa no sɛ yɛwɔ spring bi a ɛtare ɔfasu bi ho. Sɛ yɛtwe spring no a, ebehia sɛ yɛde fɔɔso bi twe. Saa ara nso na sɛ yepia spring no kɔ ɔdan no ho a, ebehia sɛ yɛde fɔɔso bi na epia. Esiane sɛ yɛde ahoɔden na epia spring no ma ɛbobɔw yɛ ketewa na ɛbɛn ɔfasu no nti, yɛka se spring no nya ahoɔden foforo bi a *ehintaw* spring no mu.

Sɛ yegyaa spring no mu a, ɛde saa ahoɔden a ehintaw mu no betwiw aba anim te sɛnea na ɛte dedaw no. Ne saa nti, yɛka se bere a yepia spring, no etumi nya fɔɔso bi a **ehintaw**. Yɛfrɛ fɔɔso biara a ahintaw no sɛ **potenshial** fɔɔso sɛnea yehuu wɔ mekaniks adesua mu no.

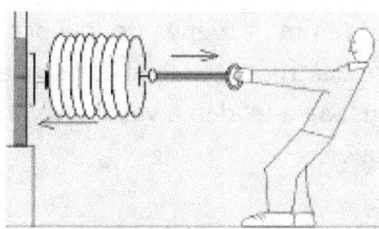

Adekyerɛ 17-5: Spring bi a ɛkyerɛ potenshial fɔɔso

Saa ara na yehu wɔ ɛlɛktrik kyaagyes ahoɔden nhyehyɛe mu no. Yɛnfa no sɛ yɛwɔ positif kyaagye ade kɛse bi a esi baabi pɔtee. Yenim sɛ saa kyaagye yi wɔ ɛlɛktrik fɔɔso nhyehyɛe bi a atwa ne ho ahyia. Sɛ yɛde positif patikil foforo bi a ɛyɛ ketewa to saa kyaagye nhyehyɛe yi mu a, ɛlɛktrik kyaagye kɛse no fɔɔso nhyehyɛe no bepia saa positif kyaagye patikil ketewa yi afi ne ho akosi baabi a n'ahoɔden no nni tumi wɔ ne so bio.

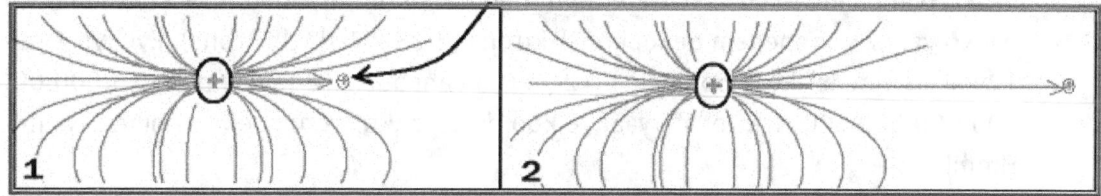

Adekyerɛ 17-6: Sɛ yɛde positif kyaagye patikil ketewa bi to positif kyaagye kɛse bi ɛlɛktrik fɔɔso nhyehyɛe mu a, positif kyaagye kɛse no ɛlɛktrik fɔɔso nhyehyɛe no pia positif kyaagye patikil ketewa no fi ne ho kosi baabi enni tumi wɔ ne so bio.

Afei, yɛnfa no sɛ yefi ase pia saa positif kyaagye patikil ketewa yi de bɛn positif kyaagye kɛse a epiaa no kɔɔ akyi yi ho bio. Yebehia ahoɔden de apia no de abɛn baabi a positif kyaagye kɛse no piaa no fii no. Bere a yɛde patikil ketewa no rebɛn positif kyaagye kɛse no, na potenshial ahoɔden a patikil ketewa no wɔ no renya nkɔso.

Ne saa nti saa positif kyaagye patikil ketewa no ahoɔden sesa bere biara a yɛrepia no de abɛn kɛse no, a saa nsease yi gyina baabi a patikil no wɔ no so. Bere a yɛde patikil ketewa no rebɛn kɛse no, na n'ahoɔden no reyɛ kɛse. Ne saa nti, potenshial ahoɔden a patikil ketewa no nya no gyina baabi a ɛwɔ so. Yɛfrɛ saa ahoɔden a saa patikil yi nya, a efi ne gyinabea so wɔ fɔɔso nhyehyɛɛ bi mu no sɛ ne **ɛlɛktrik potenshial ahoɔden**.

Kae sɛ, saa ahoɔden yi ahintaw wɔ saa positif kyaagye patikil yi mu te sɛ spring a yepia tare ɔdan no ho no ara. Sɛ yegyaa saa kyaagye patikil ketewa yi mu a, ɛlɛktrik potenshial ahoɔden a ɛwɔ no bɛma akɔ n'akyi ntɛmntɛm. Saa akwantu a ɛde bɛba n'akyi ntɛmntɛm yi yɛ **adwuma**. Yenim sɛ potenshial ahoɔden no na ɛma saa patikil yi nya saa n'akyi akwantu yi. Yesusuw saa ɛlɛktrik potenshial ahoɔden yi dodow wɔ **JOULES** mu.

Sɛ yɛde kyaagyes dodow a wɔwɔ saa positif kyaagye patikil ketewa yi mu no kyɛ ne ɛlɛktrik potenshial ahoɔden mu a, yenya dodow bi a yɛfrɛ no ɛlɛktrik potenshial. Ne saa nti, yɛkyerɛ **ɛlɛktrik potenshial** ase sɛ **ɛlɛktrik potenshial ahoɔden a yɛde ne kyaagye no akyɛ mu**. Saa ahoɔden a yesusuw yi ma yɛn ɛlɛktrik potenshial ahoɔden no yunit baako dodow.

Ɛlɛktrik potenshial (V) = $\dfrac{\text{ɛlɛktrik potenshial ahoɔden}}{\text{kyaagye dodow}}$

Din fofroro a yɛde ma ɛlɛktrik potenshial ne **VOLTAGE**. Ne saa nti, yesusuw ɛlɛktrik potenshial wɔ **volt** mu. **VOLT baako yɛ ɛlɛktrik potenshial ahoɔden joule baako a yɛde koulomb kyaagye baako akyɛ mu.**

Yɛkyerɛw no sɛ: 1 Volt = $\dfrac{1 \text{ joule}}{1 \text{ koulomb}}$

Batteres pii a ɛhyehyɛ kaars mu yɛ 12 volt batteres. Eyi ma kyaagye koulomb baako biara a etwa mu fa battere no mu no 12 joules ahoɔden. Kae sɛ koulomb baako yɛ 6.25 ɔpepepem pepepem ɛlɛktrons [6.25×10^{18} ɛlɛktrons]. Eyi kyerɛ sɛ 12volt battere (ɛlɛktrik potenshial 12 volt) de ahoɔden 12 joules pia 6.25 000 000 000 000 000 000 ɛlɛktrons (kyaagye koulomb baako) fa mu sekond biara. Hmm! Hmm!

Kae sɛ ɛlɛktrik potenshial ahoɔden sesa a egyina faako a ade bi si no so. Ne saa nti, sɛ yɛfa ɛlɛktrik kyaagye nhyehyɛɛ biara, na sɛ yenim baabi a ne ohunu kyaagye wɔ a, yetumi kyerɛ ne ɛlɛktrik potenshial (voltage) wɔ baabiara.

Sɛ yɛfa ɔre battere, na yɛhyɛ da ma positif ano no 12 volt kyaagye sen negatif ano no, na afei yɛde waya suso pols abien no mu a, etumi ma ɛlɛktrisiti sen (ogya da mu).

Ɛlɛktrik potenshial ne voltage yɛ pɛ.   Atta = Ata

Ehia yiye sɛ yehu nsonsonoe a ɛda ɛlɛktrik potenshial ahooden ne ɛlɛktrik potenshial (voltage) mu.

Ɛlɛktrik potenshial (voltage) yɛ ɛlɛktrik potenshial ahooden (joule) nkyɛmu kyaagye (koulomb). Sɛ wuhuw peepee na wode twitwiw wo ti-nwi mu a, peepee no gye ɛlɛktrɔns fi wo ti-nwi mu ma enya negatif kyaagye pii, bɛyɛ mpem pii volts. Saa negatif kyaagye yi ɛlɛktrik potenshial yɛ mpem pii volts. Sɛ kyaagye a saa peepee yi negatif kyaagyes wɔ no yɛ 1 koulomb a, anka yebenya joules ahooden pii (hwɛ ekuashin no). Nanso ɛnte sa.

Kyaagyes a saa peepee no nya no yɛ koulomb kakraa bi pɛ (a ɛyɛ bɛyɛ ɔpepem mu nkyɛmu baako bi pɛ 0.000 001 koulombs). Ne saa nti, potenshial ahooden a yenya fi saa peepee no mu no yɛ ketewa bi pɛ. Sɛ ɛlɛktrik potenshial (voltage) ma yɛn ɛlɛktrik potenshial ahooden bebree a na egyina kyaagye no dodow (koulombs) so. Ehia sɛ yenya kyaagye a emu yɛ den (koulombs pii) ansa na yɛanya potenshial ahooden bebree.

SƐNEA YƐKORA ƐLƐKTRIK KYAAGYE AHOODEN (kapasitor ana kondensa)

Yɛkora **gyinafaako ɛlɛktrik ahooden** wɔ ade bi a yɛfrɛ no **kapasitor** mu. Ebinom frɛ kapasitors nso sɛ **kondensas**. Kapasitors ho hia yiye wɔ ɛlɛktroniks dwumadi mu, enti ebi wɔ ɛlɛktronik sɛɛkuyit biara mu. Yɛwɔ kapasitors nketewa ne akɛse. Nketewa no bi wowɔ foto kameras mu a ɛsosɔ akanea hyerɛnn bere a kamera no retwa foto no. Akɛse no bi wowɔ lasers akɛse mu.

Kapasitor biara te sɛ mprɛte abien a wɔwɔ kyaagyes a ɛsono (positif ne negatif) na ɔkwan kakraa bi da wɔn ntam. Mpɛn pii no, engyineafo de aluminium ana tantalum na ɛyɛ saa mprɛte yi.

Sɛ yɛde waya kyekyere battere bi pols abien no ano, san de kyekyere mprɛte abien bi a, positif prɛte no fi ase twe ɛlɛktrons fi battere no positif pol no mu. Saa ɛlɛktrons yi sen fa positif prɛte no mu kɔ negatif prɛte no mu. Eyi ma mprɛte abien no fi ase nya kyaagyes a ɛbɔ abira: negatif prɛte no nya negatif kyaagyes pii; eyi ma ɛka positif kyaagyes pii wɔ positif prɛte no nso so. Saa dwumadi yi kyerɛ sɛ yɛkyaagye mprɛte no.

Sɛ ɛlɛktrik kyaagye potenshial nsonsonoe a ɛda mprɛte abien no ntam no ne battere no ɛlɛktrik potenshial (kyerɛ sɛ battere no voltage) yɛ pɛpɛɛpɛ a, na yɛawie kapasitor no kyaagye. Sɛ edu saa bere yi a, kyaagye biara nsen mfa sɛɛkuyit no mu bio. Kapasitor no bɛkora kyaagyes a ɛwɔ mprɛte no mu no akosi sɛ yebehia saa kyaagye yi. Kapasitor yi kora saa kyaagyes yi wɔ ɛlɛktrik kyaagye potenshial nhyehyɛe a ɛda mprɛte abien no ntam no mu.

Sɛ bere bi ba na yehia saa kyaagye yi a, yɛma kondukta bi kwan, hyɛn mprɛte abien no ntam. Eyi ma mprɛte no kyaagye no yɛ nkabom, yi kyaagye a akora no adi.

Kapasitors akɛse a ɛhyehyɛ televishin nnaka mu no bi mu yɛ den a ebetumi akum nnipa mpo. Eyi nti na engyineafo kyerɛ sɛ enni ho kwan sɛ obiara bue televishin nnaka so no, efisɛ saa kapasitors yi fɔɔso nhyehyɛe ahooden no dɔɔso yiye.

Sɛ yɛde saa kapasitor kyaagyes yi di dwuma bi (te sɛ yɛde twa foto) a, kapasitor no hwere ne kyaagyes no. Yɛka se kapasitor no ayɛ **diskyaagye**. Sɛ ɛba no saa a, ebehia sɛ yɛde battere bi kyaagye kapasitor no bio. Yɛka se yɛ-**rekyaagye** kapasitor no bio.

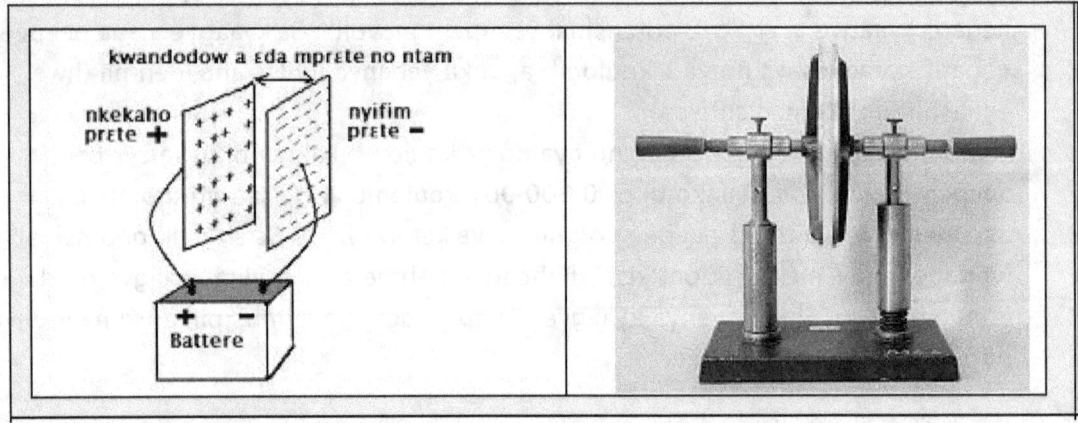

Adekyerɛ 17-7: (Benkum) Kapasitor tebea: mprɛte abien a wɔwɔ kyaagyes a wɔbɔ abira (negatif ne positif). Nifa so: Kapasitor bi foto.

Ehia sɛ mprɛte abien no mu tetew, anyɛ saa na wɔka bɔ mu a wɔbɛhwere wɔn kyaagyes no. Ne saa nti, mpɛn pii no, yɛde insuleta bi hyɛ mprɛte abien no ntam.

Ɛsɛsɛ ade a yɛde hyɛ mprɛte no ntam no tumi tetew saa mprɛte yi ne wɔn kyaagyes abien yi mu kosi bere a yebehia kyaagye no. Insuletas a yɛde hyehyɛ kapasitor mprɛte ntam no bi ne **pepa, glass** ne **seramiks**.

Momma yɛnfa mfatoho foforo bi nkyerɛkyerɛ kapasitor suban ne tebea mu. Sɛnea yɛaka dedaw no, yɛnfa no sɛ yɛde waya bi akyekyere kapasitor mprɛte abien bi, ma yɛde wayas no asan akyekyere battere bi pols abien no ano. Yenim sɛ kapasitor prɛte a ɛkyekyere battere no nkekaho prɛte no befi ase agye ɛlɛktrons fi battere no positif pol no ho ama saa ɛlɛktrons yi afa positif prɛte no mu akɔ negatif prɛte no mu. Yenim nso sɛ eyi bɛma kapasitor negatif prɛte no anya ɛlɛktrons pii bere a ne positif prɛte no hwere ɛlɛktrons no ama nsonsonoe kɛse abɛda mprɛte abien no ntam (baako wɔ ɛlɛktrons pii, baako ahwere ɛlɛktrons pii ama ayɛ positif yiye).

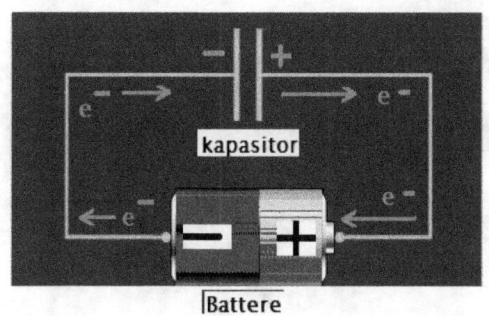 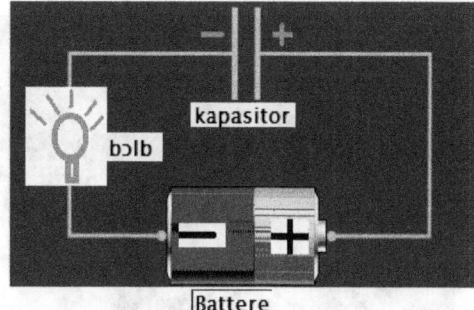

Adekyerɛ 17-8: Sɛnea yɛkyaagye kapasitor

Yɛasan aka se eyi bɛkɔ so ara kosi sɛ kapasitor no benya voltage a ɛne battere no de yɛ pɛpɛɛpɛ. Sɛ battere no voltage yɛ 1.5volts a, kapasitor no nso benya 1.5volts. Saa bere yi, yɛka se kapasitor no akyaagye awie.

Afei, yɛnfa no sɛ mfiase no, yɛde bɔlb bi ahyɛ wayas no mu. Nea yebehu ne sɛ bɔlb no kanea no bɛsɔ bere ko a kyaagye nam wayas no mu a ɛrema kapasitor mprɛte no akyaagye no. Saa bɔlb yi kanea no nhyerɛn bɛkɔ fam akosi sɛ kapasitor no mprɛte no bɛkyaagye awie; sɛ edu saa bere yi a, bɔlb no kanea no bedum.

Sɛ afei, yeyi bɔlb no fi wayas no mu, na yɛde waya bi si n'anan mu a, kyaagye befi ase asen afi kapasitor prɛte no baako mu akɔ ne yɔnko no mu. Kyaagye a yɛkoraa wɔ kapasitor no mu no, na afei yɛreyi ama wayas no. Sɛ yɛde bɔlb bi si mu bio a, ɛbɛsɔ ama ne kanea no ano afi ase abrɛ ase bio akosi sɛ bɔlb no bedum; kyerɛ sɛ kyaagye a yɛkoraa no nyinaa asa. Sɛ edu saa bere no a, ebehia sɛ yɛkyaagye kapasitor no bio.

Nea ɛma kapasitor bi kyaagye yɛ bebree?

Nneɛma abiɛsa na ɛma yetumi nya kapasitor kyaagye bebree. Eyi ne:

-**battere no voltage** (voltage pii ma kapasitor no nso de yɛ bebree)

-**mprɛte no tebea** (mprɛte akɛse ma yenya kapasitor kyaagye pii)

-**mprɛte no ntam kwandodow** (sɛ mprɛte no benbɛn a, yenya kyaagye pii)

Esiane sɛ yɛhwehwɛ kyaagyes bebree wɔ kapasitor biara ntam no nti, mpɛn pii no, engyineafo bɔ mmɔden sɛ wɔbɛma prɛte biara anim tɛtrɛɛ ayɛ kɛse.

Ɔkwan baako a wɔfa so di saa dwuma yi ne sɛ wɔfa mprɛte a ɛyɛ mɛtal nkyɛnse ntrantraa abien, na wɔde pepa hyɛ wɔn mfinimfini te sɛ sanwikye (sanwikye yɛ brodo a watwitwa no ntrantraa abien a bɔta ana nam bi hyɛ mfinimfini).

Pepa no yɛ adwuma sɛ insuleta a ɛtetew mprɛte abien no kyaagyes no mu. Esiane sɛ, ehia sɛ kapasitor bi yɛ ketewa na wɔatumi de ahyehyɛ mashins nketewa mu no nti, wɔbobɔw saa sanwikye mɛtal ntrantraa abien yi de hyɛ silinda paip bi mu. Kapasitors ahorow bi na yɛakyerɛ wɔ Adekyerɛ 17-9 so no.

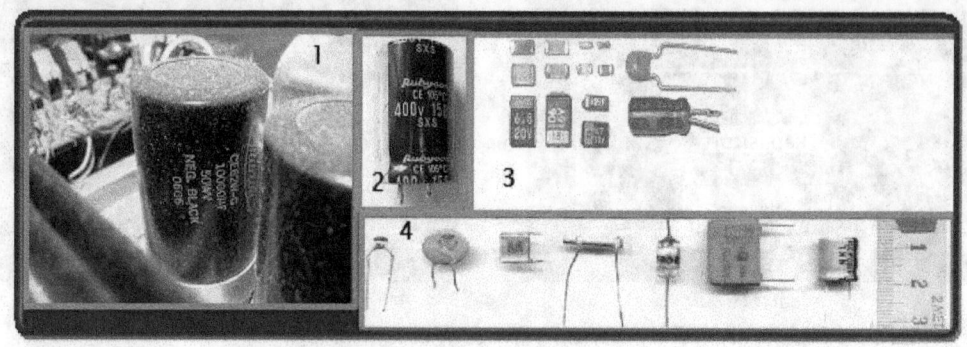

Adekyerɛ 17-9: Kapasitors ahorow: (1) 10 000 microfarad kapasitor bi a ɛhyɛ ɛlɛktronik sɛɛkuyit bi mu ne kapasitors nketewa bi (2,3,4).

Kapasitor yunits

Yɛfrɛ kapasitor bi ahoɔden dodow sɛ **kapasitans**. Yesusuw kapasitor ahoɔden dodow ana kapasitans wɔ farads mu. Yɛde **lɛtɛ F** na egyina hɔ ma farads.

Kapasitors akɛse no bi tumi kora farads mpem pii (kF); ebinom nso a wɔyɛ nketewa no kapasitans yɛ nketewaa bi a wɔn dodow yɛ mikro-farads (10^{-6} farads, μF) ne piko-farads (10^{-12} farads, **pF**) mpo.

Kapasitors ho mfaso

Esiane sɛ wotumi kora kyaagyes no nti, engyineafo tumi de kapasitors sisi batteres anan mu de yeyɛ nnwuma pii. Wotumi nso de bi siw battere karent kwan ano wɔ sɛɛkuyit bi mu, ma wonya AC karent a wohia no nkutoo. Wɔde bi nso yeyɛ amplifayas, radios, komputas, kameras ne ɛlɛktroniks nneɛma pii.

GYENERATOR A ƐKORA VOLTAGE

Gyenerator yɛ mashin bi a yɛde kora voltage bebree. Gyenerator bi a ne yɛ nyɛ den ne Van de Graaf gyenerator. Saa gyenerator yi bi wɔ laboratoris pii mu. Yɛakyerɛ sɛnea wɔyɛ saa Van de graaf gyenerator yi bi wɔ Adekyerɛ 17-10 so.

Mɛtal kyɛnse bi a ɛte sɛ bɔɔl bi tare silinda bi a wɔde insuleta ayɛ so. Saa mɛtal ne silinda nhyehyɛe yi si adaka foforo bi a moto bi wɔ mu so. Adwuma a saa moto yi yɛ ne sɛ ɛtwe belt bi fi fam kɔ soro kɔfa silinda no ne mɛtal bɔɔl a ɛwɔ soro no mu. Adaka no mu benkum so no, afe bi a ano yɛ mfeafeaa te sɛ paane bɛn bɛlt no ho. Saa afe a ano wɔ saa mpaane yi tumi nya negatif ɛlɛktrik potenshial fi asase mu.

Sɛ moto no twe bɛlt no fa afe no mpaane no anim a, ɛma ɛlɛktrons pii kɔtetare bɛlt no ho. Bɛlt no de saa ɛlɛktrons yi kɔ soro kɔhyɛn mɛtal bɔɔl no mu. Sɛ yɛhwɛ mɛtal bɔɔl no mu wɔ soro nso a, yehu mɛtal mpaane bi a wɔn nso, wɔn ano yɛ mfeamfeaa sɛ wɔsensɛn mɛtal bɔɔl no soro, na wɔn ano kyerɛ bɛlt no so. Wɔn dwuma ne sɛ wɔkyere ɛlɛktrons fi bɛlt no ho.

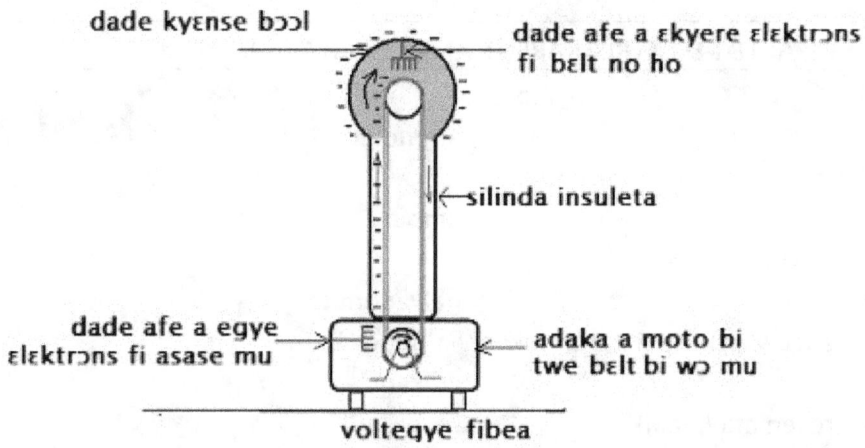

Adekyerɛ 17-10: Van de graaf gyenerator.

Yɛbɛkae sɛ bɔɔl no mu nyinaa kyaagye yɛ ohunu. Ne saa nti, mfiase no, ɛlɛktrons yi kɔtetare mɛtal bɔɔl no mu, nanso esiane sɛ ɛsɛsɛ mɛtal bɔɔl no mu kyaagye yɛ ohunu no nti, ɛlɛktrons no piapia wɔn ho wɔn ho, yiyi ɛlɛktrons mmoroso no fi bɔɔl no mu kɔ mɛtal bɔɔl no akyi. Eyi ma bɔɔl no mu hwere negatif kyaagye. Eyi ma etumi gye negatif kyaagye foforo fi belt no ho. Saa negatif kyaagyes yi san kɔ mɛtal bɔɔl no afe no mu, ma ɛlɛktrons no piapia wɔn kɔ bɔɔl no akyi bio.

Eyi kɔ so ara kosi sɛ voltage a ɛwɔ mɛtal bɔɔl no ho no nya nkɔso yiye sen voltage a ɛwɔ afe a ɛwɔ fam no ho no, mpɛn pii mmoroso. Eyi ma yetumi nya voltage ɔpepem ne akyi mpo. Osuahu kyerɛ sɛ mɛtal bɔɔl bi a ne dayamita yɛ mita baako betumi akora kyaagye bɛyɛ ɔpepem abiɛsa (3 000 000V) ansa na gyenerator no ahwere saa kyaagye no. Mɛtal bɔɔls akɛse a ɛhyehyɛ adaka bi a gas wɔ mu betumi anya bɛyɛ 20 000 000 V mpo.

NSƐMMISA

1. Kapasitor yɛ dɛn? Ɛho mfaso ne dɛn?
2. Kyerɛ sɛnea kyaagyes a ɛwɔ adaka bi a ɛte sɛ akokɔ nkosua mu yi ne ho adi. Adɛn nti na wɔde ɛlɛktrik nneɛma bi hyehyɛ mɛtals nnaka mu?
3. Dɛn ne voltage? Wɔakyerɛw 12 volts wɔ Agya Mensa kaar battere ho. Kyerɛkyerɛ eyi mu.
4. Ɛlɛktrik potenshial ne ɛlɛktrik potenshial ahoɔden yɛ pɛ ana? Kyerɛkyerɛ mu.
5. Wowɔ aluminium mprɛte abien bi ne kaar battere bi a ɛyɛ 12 volts. Kyerɛ sɛnea wobɛyɛ kapasitor bi de akora kyaagye a ɛwɔ battere no mu no.
5. Dɛn nsonsonoe na ɛda kapasitor ne battere mu?
6. Yesusuw kapasitor dodow wɔ yunits bɛn mu?
7. Dɛn ne kapasitans?

TIFA 18 : ƐLƐKTRIK KARENT ANA KYAAGYE A ƐSEN

Twi	Brɔfo
Ammita	ammeter

(afiri a yɛde susuw ɛlɛktrisiti karent dodow)

Ampere — ampere

(ɛlɛktrisiti karent yunit)

Galvanomita — galvanomita

(afiri bi a yɛde susuw ɛlɛktrisiti karent nketewa dodow)

Karent — current

(kyaagye bi a ɛresen afa baabi)

Ohm — ohm

(resistans dodow yunits)

Ohmita — ohmeter

(afiri bi a yɛde susuw waya, adesoa ana mashin bi mu resistans dodow)

Swiikyi — switch

(kradoa bi a etumi bue anasɛ esiw ɛlɛktrisiti karent ana voltage kwan wɔ sɛɛkuyit bi mu)

Volt — volt

(voltage ana ɛlɛktromotif fɔɔso yunits)

Voltage — voltage

(fɔɔso bi a epia kyaagye ahorow wɔ ɛlɛktrik sɛɛkuyit bi mu ma saa kyaagyes yi pɛ sɛ wotu kwan)

Voltmita — voltmeter

(afiri bi a yɛde susuw voltage ana ɛlɛktromotif fɔɔso dodow)

Ɛnkyɛɛ biara yɛ no, na amansan nyinaa gye di sɛ ɛlɛktrons na etutu amirika nam ɔkwan pɔtee bi so wɔ waya mu na ɛma ɛlɛktrisiti. Saa nimdeɛ yi asesa kakra.

Ɛnnɛ da yi, obiara nnka se ɛlɛktrons amirikatu na ɛma ɛlɛktrisiti. Mmom, yɛka se ɛlɛktrons ahokyinkyim ne wɔn ntwaho na ɛma ahoɔden a yenya ɛlɛktrisiti fi mu.

Nanso esiane sɛ ɛlɛktrons amirikatu a ɛnam waya mu no ma ɛlɛktrisiti ntease yɛ mmerɛw no nti, yɛbɛkɔ so de saa mfatoho yi akyerɛ ɛlɛktrisiti ase akosi bere a yɛn fisiks nimdeɛ begye ntin yiye. Yɛbɛhwɛ sɛnea yɛyɛ na yenya ɛlɛktrisiti na yɛakyerɛ ho nsɛm.

SƐNEA YENYA ƐLƐKTRISITI FA

Nneɛma ahorow pii tumi ma yɛn ɛlɛktrisiti. Saa nneɛma yi bi ne:

- kɛmikals
- presha
- owia
- ogya
- magnetisim

Ne nyinaa mu no, magnetisim kwan na yɛfa so de nya ɛlɛktrisiti a ɛdɔɔso yiye.

KARENT ƐLƐKTRISITI YƐ AHOROW ABIEN –DC NE AC

Karent ɛlɛktrisiti gu ahorow abien. Yɛwɔ DC ɛlɛktrisiti ne AC ɛlɛktrisiti.

DC ɛlɛktrisiti

DC ɛlɛktrisiti yɛ ɛlɛktrisiti bi a kyaagyes a ɛsen no nyinaa ani kyerɛ baabi pɔtee a ɛnsesa da. Yetumi de nneɛma bi a wɔkora DC ɛlɛktrisiti tutu akwan ma wotumi ma yɛn ɛlɛktrisiti wɔ baabiara a yɛpɛ. DC ɛlɛktrisiti na ɛwɔ batteres ahorow nyinaa mu.

Sɛ DC ɛlɛktrisiti a ɛwɔ ade bi mu sa a, yetumi kyaagye ade no bio ma yetumi nya ahoɔden foforo bio de yɛ nnwuma. Drobafo tumi fa saa kwan yi so de lɔre battere yɛ wɔn mfiri ho nnwuma mfe pii. Yɛde batteres hyehyɛ telefons, wɔɔkyes, radios ne komputas bebree mu de boa wɔn dwumadi.

AC ɛlɛktrisiti

AC ɛlɛktrisiti yɛ ɛlɛktrisiti bi a kyaagye ahoɔden a ɛsen no sesa wɔn anikyerɛbea ntɛmntɛm bere biara. Yɛde AC ɛlɛktrisiti yeyɛ nnwumaden pii sen DC ɛlɛktrisiti. AC karent na yɛde di nnwuma ahorow pii, sosɔ akanea wɔ adan mu, de nnoa nnuan, keka mfiri ne mashins ahorow yeyɛ nnwuma wɔ faktoris mu.

AC ɛlɛktrisiti nya yɛ mmerɛw sen DC ɛlɛktrisiti. Yetumi nso de AC ɛlɛktrisiti fa waya mu de kokɔ mmeaemmeae ntɛmntɛm, dwoodwoo sen DC karent. Yetumi sesa AC ɛlɛktrisiti de kɔ DC ɛlɛktrisiti mu. Saa ara nso na yetumi sesa DC ɛlɛktrisiti de kɔ AC ɛlɛktrisiti mu.

Sɛnea yesusuw ɛlɛktrisiti dodow

Yɛaka dedaw se, sɛ ɛlɛktrons kyinkyim wɔn ho (anasɛ wɔsen fa waya bi mu) a yenya ɛlɛktrisiti. Fɔɔso a epiapia saa ɛlɛktrons ma wokyinkyim wɔn ho ma kyaagye fa waya mu ntɛmntɛm no din de **ƐLƐKTROMOTIF FƆƆSO ana VOLTAGE**. Yesusuw saa fɔɔso yi wɔ VOLT mu. Volt agyinamude yɛ V. Yɛde voltmita na esusuw saa fɔɔso yi.

Nanso, waya biara a ɛyɛ kondukta na ɛlɛktrik karent tumi fa mu no wɔ fɔɔso bi a esiw karent ne voltage kwan wɔ waya no mu. Saa fɔɔso yi din de **RESISTANS**.

Yetumi hyɛ da nso de waya, bɔlb ana biribi foforo nso a ɛwɔ resistans bebree siw karent no kwan ma yenya ho mfaso. Sɛ yɛhyɛ da de biribi siw ɛlɛktrik karent ne voltage bi kwan wɔ ɛlɛktrik sɛɛkuyit bi mu ma yenya ho mfaso a, yɛfrɛ saa nsiwkwan ade ko no **adesoa ana resistor**. Yesusuw resistans dodow wɔ Ohm mu. Yɛde Grikifo lɛtɛ omega Ω, na ɛkyerɛ Ohm agyinamude. Yɛde **Ohmita** na esusuw resistans a ɛwɔ waya, adesoa, mashin ana ɛlɛktrikal sɛɛkuyit biara mu.

ƐLƐKTRIK KARENT

Sɛnea ɛbɛyɛ na yɛate ɛlɛktrisiti adesua yi ase yiye no nti, yɛbɛka se ɛlɛktrons tutu amirika wɔ waya bi mu fi baabi kɔ baabi foforo a, yenya ɛlɛktrik karent. Ne saa nti, ɛlɛktrons akwantu wɔ waya bi ma na ɛma yenya ɛlɛktrisiti. Yenim sɛ **Elɛktrons dodow pɔtee** bi a ɛyɛ **6.25 x 10^{18}** na ɛma yɛn **Koulomb kyaagye baako**.

Yɛfrɛ ɛlɛktrons kyaagye dodow bi a ɛsen twa mu wɔ baabi bere pɔtee bi no sɛ **KARENT**. Karent agyinamude yɛ I. Yesusuw karent dodow (I) wɔ **ampere [A]** mu. Sɛ koulomb baako sen twa mu wɔ baabi sekond biara a yenya karent **1 ampere**. Ne saa nti, sɛ ɛlɛktrons 6.25 x 10^{18} sen, twa mu fa baabi sekond baako biara a, yenya karent ampere baako dodow.

Yetumi twa ampere tia kyerɛw no sɛ **amp**. Yɛde **ammita** na esusuw karent dodow. Sɛ karent no dodow yɛ ketewaa koraa de a, yɛde **galvanomita** na esusuw.

Ne tiatwa mu no ne sɛ: Kyaagye dodow a ɛsen twa mu wɔ baabi pɔtee no = karent.
Ɛlɛktron kyaagye dodow 6.25 x 10^{18} ma yɛn koulomb kyaagye baako.
1 koulomb / sekond = 1 ampere.

Momma yɛnfa mfatoho bi nkyerɛkyerɛ saa ɛlɛktrisiti asɛm yi mu kakra. Yɛnfa no sɛ yɛwɔ tuub kɛse bi ne tuub ketewa bi a yɛaka abɔ mu sɛnea yehu wɔ Adekyerɛ 18-1 mu no. Sɛ yɛde nsu gu tuub kɛse no mu a, nsu a ɛwɔ kɛse no mu no besian akɔ ketewa no mu akosi sɛ nsu no tenten bɛyɛ pɛ wɔ tuubs abien no mu. Sɛ ɛba saa a, nsu no tenten wɔ tuubs abien no mu no bɛyɛ pɛpɛɛpɛ a ɛrensesa bio.

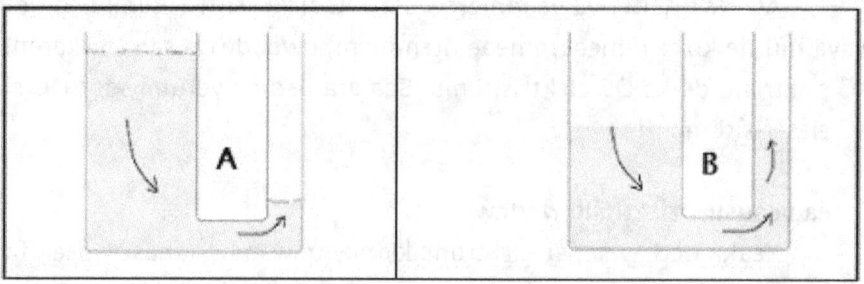

Adekyerɛ 18-1: Nsu tenten a ɛwɔ tuubs abien bi mu ho nsesae.

Ansa na yebetumi apia nsu afi tuub ketewa no mu akɔ tuub kɛse no mu no, ɛsɛsɛ yenya pɔmp. Pɔmp yɛ mashin bi a ɛde fɔɔso piapia biribi fi baabi kɔ baabi foforo. Sɛ yɛde pɔmp hyɛ tuub ketewa no ho a, pɔmp no bepiapia nsu no afi tuub ketewa no mu akɔ kɛse no mu ama tuubs no mu nsu no tenten asesa bio. Sɛ pɔmp no kɔ so yɛ adwuma de a, nsu no tenten rennyɛ pɛ wɔ tuubs abien no mu da. Pɔmp no na ɛma fɔɔso a epia nsu no.

Yebetumi de saa nsu a ɛwɔ tuub yi mu yi ayɛ ɛlɛktrisiti mfatoho; nsu no a ɛresen no spiid te sɛ ɛlɛktrisiti karent. Nsu molekuls (H$_2$O) no te sɛ ɛlɛktrons. Yenim dedaw sɛ ɛlɛktrons a wɔresen no na wɔma ɛlɛktrisiti. Pɔmp a epia nsu no te sɛ voltage. Voltage no ne fɔɔso a epia ɛlɛktrons no fa waya no mu ma yenya ɛlɛktrisiti no.

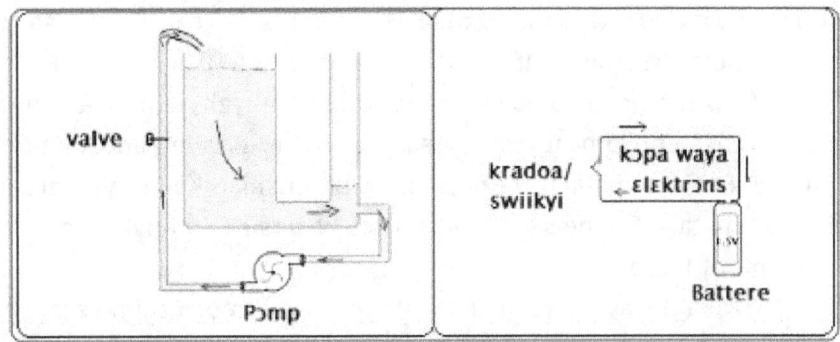

Adekyerɛ 18-2: Nsu a yɛpɔmp ne ɛlɛktrisiti mfatoho. Pɔmp a epia nsu no yɛ ɛlɛktrisiti no mu battere no; nsu spiid a ɛde sen no yɛ karent.

Yebetumi ama nsu no asen ntɛmntɛm anasɛ yebetumi ama akɔ brɛoo. Sɛ nsu no bɛkɔ ntɛm ana brɛoo no gyina pɔmp a epia nsu molekuls no so. Pɔmp a ɛwɔ ahoɔden kɛse no bepiapia nsu no ama asen ntɛmntɛm. Votegye a ɛdɔɔso no bɛma karent no akɔ ntɛmntɛm. Pɔmp a enni ahoɔden pii no bepiapia nsu no brɛoo. Voltage a ɛyɛ ketewa no bepiapia ɛlɛktrons no brɛoo.

Yesusuw karent no spiid a ɛde sen wɔ **ampere** mu. Ampere baako biara kyerɛ karent spiid a ɛyɛ **koulomb kyaagye baako pɛɛ sekond**. Esiane sɛ koulomb kyaagye baako yɛ **6.25 000 000 000 000 000 000** (6.25×10^{18}) no nti, sɛ ampere baako karent nam waya bi mu a, na 6.25 000 000 000 000 000 000 ɛlɛktrons na ɛsen fa waya no mu baabi pɔtee sekond biara.

Saa ara nso na sɛ waya bi wɔ 0.5 amp a, na kyaagye baako mu nkyɛmu abien ɛlɛktrons dodow a ɛyɛ 3.12 000 000 000 000 ɛlɛktrons na ɛfa waya no mu baabi pɔtee sekond biara. Hmm!

Kae eyi:

1. Ɛlɛktrons dodow 6.25×10^{18} yɛ kyaagye baako (1 koulomb).
2. Yesusuw kyaagye wɔ koulomb mu.
3. Koulomb kyaagye baako (ɛlɛktrons 6.25 000 000 000 000 000 000) a ɛsen fa baabi pɔtee sekond baako no na ɛma yɛn karent ampere baako.

VOLTAGE = ƐLƐKTRIK POTENSHIAL = ƐLEKTROMOTIF FƆƆSO

Kae sɛ pɔmp a ɛwɔ ahoɔden kɛse no pia nsu no ntɛm ma nsu molekuls pii sen kɔ kyɛnse kɛse no mu ntɛmntɛm sen pɔmp a ɛnni ahoɔden pii. Ne saa nti, voltage kɛse piapia ɛlɛktrons no ma wɔsen ntɛmntɛm fa waya biara mu sen voltage ketewa. Ne saa nti, voltage ne karent dodow gyinagyina wɔn ho so. Sɛ yɛde ɛlɛktrisiti yɛ mfatoho a, pɔmp no yɛ adwuma a batteres ne gyenerators yɛ no pɛpɛɛpɛ.

Batteres de kemikalahoɔden na epiapia ɛlɛktrons fa waya bi mu. Gyenerators fa ɛlɛktromagnetisim kwan so na ɛma yɛn voltage a yɛhwehwɛ no. Kae sɛ voltage no yɛ ahoɔden a epiapia ɛlɛktrons no ma wofi ase sen fa kondukta bi mu. Kae nso sɛ, sɛ voltage wɔ battere bi mu na yɛnfaa kondukta bi te sɛ waya nsesaa battere no pols no ho a, ɛrenpia ɛlɛktrons biara.

Sɛ pɔmp no si hɔ na yɛnfaa tuub biara nhyehyɛɛ mmaa nsu no nfaa mu yɛ a, nsu no rensen nnkɔ baabiara. Ne saa nti, battere no mu ahooden no te sɛ fɔɔso bi a ahintaw. Ɛno saa nti na yɛfrɛ no ɛlɛktrik potenshial. Kae sɛ yɛkyerɛ potenshial ase sɛ biribi a ahintaw. Esiane sɛ ɛno na ɛma **ɛlɛktrons no 'moov'** no nti, yɛsan frɛ no **ɛlɛktromotif fɔɔso**.

Yɛaka dedaw se yesusuw voltage wɔ volt mu. Yenim sɛ lɔre battere yɛ 12 volts. Eyi kyerɛ sɛ saa battere yi tumi de 12 volts pia ɛlɛktrons wɔ ɛlɛktrikal sɛɛkuyit biara mu. Etumi nso kyerɛ sɛ ɛde 12 joules ahooden pia 1 koulomb kyaagye biara a ɛfa sɛɛkuyit bi mu. (Kae sɛ voltage = ɛlɛktrik potenshial ahooden nkyɛmu kyaagye.)

Nanso ansa na yɛbɛhwɛ sɛnea ɛlɛktrik sɛɛkuyit te no, ɛsɛsɛ yɛkyerɛ resistans ase.

Kae sɛ voltage no nsen nkɔ baabiara. Voltage no yɛ fɔɔso a epia ɛlɛktrons no.

RESISTANS

Yɛaka dedaw sɛ pɔmp no na epia nsu no ma ɛsen. Sɛ nsu sen a, ɛsen fa paip bi mu. Sɛ paip no yɛ kɛse a, nsu pii tumi sen fa mu bebree. Sɛ paip no yɛ ketewa koraa de a, sɛ pɔmp no wɔ ahooden dɛn ara a, nsu a ɛsen fa mu no yɛ kakraa bi pɛ.

Ne saa nti, nsu no dodow a ɛsen bere biara no gyina paip no kɛse ana ne ketewa so. Yetumi nso ka se paip no 'siw' nsu no hwie-ahoɔhare ano. Saa 'nsiw ano' no gyina paip no dayamita so. Saa ara nso na ɛlɛktrisiti suban te.

Sɛ yɛde ɛlɛktrisiti yɛ mfatoho a, yɛka se saa 'nsiw ano' yi sɛ 'resistans'. Ɛlɛktrik karent biara nam kondukta bi mu. Mpɛn pii no, saa kondukta yi yɛ waya. Waya biara wɔ resistans bi a egyina waya no kɛse ana ne ketewa so.

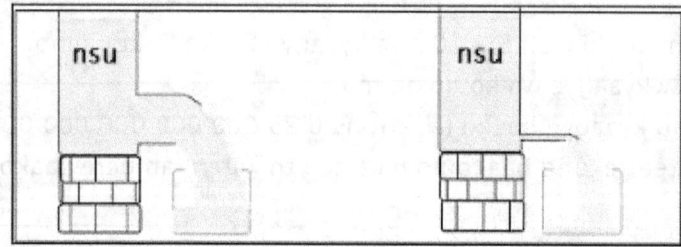

Adekyerɛ 18-3: Paip a ne dayamita yɛ kɛse no hwie nsu pii bere biara sen paip ketewa. Saa ara na ɛlɛktrisiti te: waya a ɛyɛ kɛse ma karent pii sen twa mu bere biara sen paip a ɛyɛ ketewa. Paip ketewa no ma resistans.

Sɛ waya no dayamita yɛ ketewa a, ne resistans no dɔɔso sen nea ne dayamita yɛ kɛse. Ɛnyɛ ɛno nkutoo. Resistans no san gyina waya biara kemikaltebea so. Mɛtal wayas bi ma resistans a ɛdɔɔso sen bi efisɛ elements bi yɛ konduktas papa sen bi.

Kɔpa waya resistans yɛ ketewa sen aluminium resistans. Resistans dodow nso san gyina tempirekya so. Resistans dɔɔso wɔ baabi a ɛhɔ yɛ hyew sen baabi a adwo.

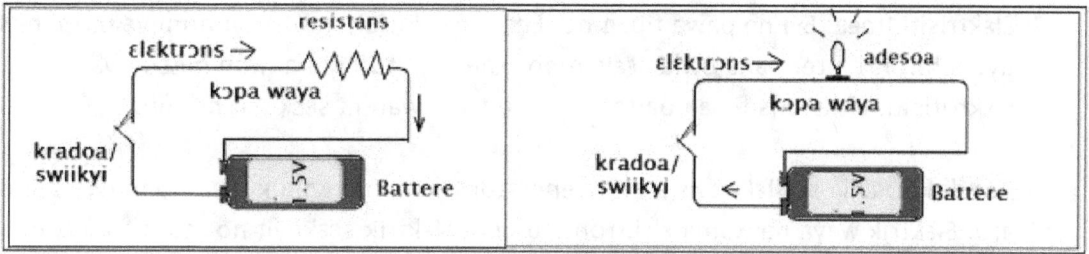

Adekyerɛ 18-4: Ɛlɛktrikal sɛɛkuyit: adesoa biara ma resistans

Yɛfrɛ ade biara a ɛma resistans no sɛ **resistor.** Adekyerɛ 18-4 ma yehu sɛnea wɔhyehyɛ resistor, battere ne kradoa wɔ ɛlɛktrikal sɛɛkuyit bi mu.

ɛlɛktrikal resistans gyina nneɛma abiɛsa bi so
1. waya no dayamita (ne kɛse ana ketewa)
2. element ko a wɔde yɛɛ waya no (elements bi resistans dɔɔso sen ebi de)
3. tempirekya (resistans dɔɔso wɔ baabi a ɛyɛ hyew ne ade bi a adɔ mu nso.

Yɛaka dedaw sɛ yesusuw resistans wɔ ohm (Ω) mu. Saa ohm yi fi Gyamanni Simon Ohm din mu. Sayenseni Ohm na afe 1826 mu oyii nkitaho a voltage, karent ne resistans yeyɛ no adi kyerɛɛ amansan. Yɛbɛkyerɛ saa nkitaho yi wɔ tifa a edi so no mu.

ƐLƐKTRIK SƐƐKUYIT

Ansa na ɛlɛktrisiti betumi ayɛ adwuma ama yɛn mfaso no, ehia sɛ ɛma voltage fɔɔso no pia karent no fa ɛlɛktrikal sɛɛkuyit nhyehyɛde bi mu. **Ɛlɛtrik sɛɛkuyit yɛ ɛlɛktrik nhyehyɛde bi a etumi ma ɛlɛktrisiti fi baabi kodi dwuma wɔ baabi foforo na ɛsan ba ne mfiase anan mu bio.**

Ne saa nti, ɛlɛktrik sɛɛkuyit biara wɔ nea edidi so yi:
- voltage fibea (battere ana gyenerator)
- kondukta bi a ɛkeka nhyehyɛde yi nyinaa bobɔ mu (te sɛ kɔpa waya)
- karent no dwumadibea (adesoa bi te sɛ bɔlb sɛɛ a etumi sɔ)
- kradoa ana swiikyi (a etumi bue karent no na ɛto mu nso.)

Saa ɛlɛktrikal sɛɛkuyit yi bi na yɛayi adi wɔ Adekyerɛ 18-5 so no. Momma yɛnhwɛ saa sɛɛkuyit ho nneɛma yi ho nsɛm kakra.

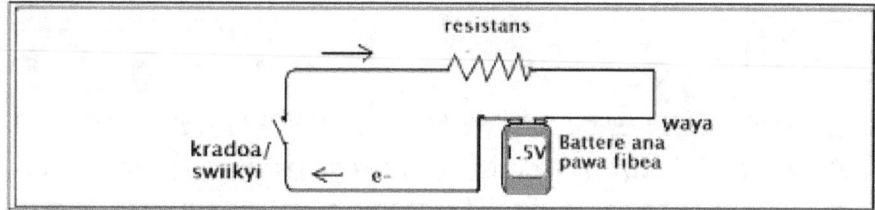

Adekyerɛ 18-5: Ɛlɛktrikal sɛɛkuyit: hwɛ agyinamude a yɛde ma kradoa, resistans ne waya no.

Elɛktrisiti fibea: Eyi ne pawa fibea no. Eha na ɛlɛktrisiti no fi. Eyi tumi yɛ biribi te sɛ gyenerator, battere ana owia sɛɛls mpo. Kae sɛ yetumi fa akwan pii so nya ɛlɛktritisiti. Ɛlɛktrons fi saa battere no mu twa kwan fa sɛɛkuyit no mu.

Kondukta: Ɛhia sɛ ɛlɛktrons a efi gyenerator no mu no kɔfa kanea no mu na atumi asɔ. Ɛlɛktrik waya na wɔma ɛlɛktrons tumi fa ɛlɛktrik sɛɛkuyit no mu. Sɛ waya no yɛ kɔpa waya a, ɛlɛktrons no tumi fa mu ntɛmntɛm, efisɛ kɔpa yɛ kondukta papa. Nnade bi te sɛ dwetɛ, aluminium ne sika kɔkɔɔ mu biara yɛ kondukta papa. Nnade ahorow bi nso te sɛ lɛɛd yɛ kondukta bɔne, enti ɛlɛktrisiti nntumi mmfa mu yiye biara. Ɛlɛktrik sɛɛkuyit yiyedi hia kondukta papa waya enti Engyineafo taa de kɔpa na ɛyɛ ɛlɛktrik waya.

Karent dwumadibea (adesoa ne kanea)

Ɛnyɛ fɛw kɛkɛ nti na yɛyɛ ɛlɛktrisiti. Botae a esi ɛlɛktrisiti anim ne sɛ etumi di dwuma bi ma yɛn. Saa dwumadi yi tumi ma kanea sɔ, anasɛ ɛma ɔhyew ma dade bi dɔ yiye na yɛatumi de saa dade no anoa nsu ana aduan. Sɛ dade bi siw ɛlɛktrons kwan ano a, yɛka se ɛwɔ resistans.

Ne saa nti, nnade a yɛde hyehyɛ sɛɛkuyit no mu ma ɛdodɔ no wɔ resistans pii. Esiane sɛ tungsten wɔ resistans pii no nti, yɛde ne waya hyɛ kanea bɔlb mu. Sɛ karent du tungsten waya no mu a, tungsten no mma karent no kwan mma ɛnsen; eyi ma waya no dɔ, hyerɛn, ma yɛde hu ade.

Saa ara nso na ayɔn nnade bi a wɔde yɛ aduan-noa 'kuka' nso tumi dɔ na ɛma ɔhyew a yɛde nnoa nnuan no. Sɛ dade bi wɔ ɛlɛktrik sɛɛkuyit bi mu na esiw karent ne voltage kwan ma ɛdɔ ana ɛyɛ adwuma bi a yɛhwehwɛ a, yɛkyerɛ saa dade no sɛ 'adesoa' ana 'resistans'.

Kradoa ana swiikyi

Ansa na ɛlɛktrons betumi asen afa sɛɛkuyit no mu baabiara no, ɛsɛsɛ sɛɛkuyit no yɛ sɛ 'sɛɛkel' bi a ɛma ɛlɛktrons no san besi wɔn mfiase anan bio. Swiikyi ana kradoa na ɛma kwan ma ɛlɛktrons fa sɛɛkuyit bi mu san besi wɔn anan mu bio.

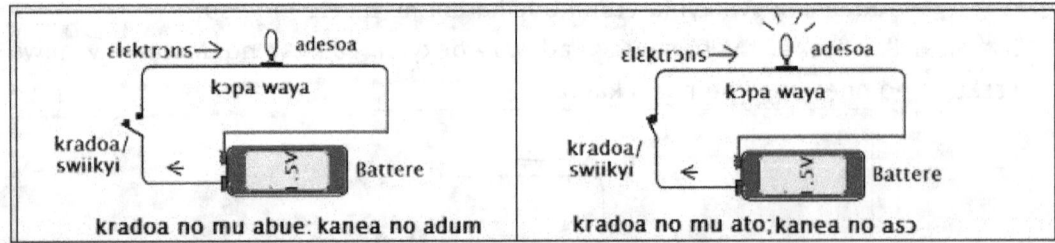

Adekyerɛ 18-6: Ɛlɛktrikal sɛɛkuyit: sɛ yɛto kradoa no mu a, karent tumi fa sɛɛkuyit no mu ma kanea no sɔ. Sɛ yebue kradoa no a, karent nntumi mfa sɛɛkuyit no mu bio; eyi ma kanea no dum.

Sɛ yebue swiikyi no a, sɛɛkuyit no mu bue; eyi siw ɛlɛktrons no ano a ɛmma ɛlɛktrons nntumi mfa mu. Kae sɛ ɛlɛktrons nntumi nntra sɛɛkuyit a abue no. Ne saa nti, sɛɛkuyit a abue no ma ɛlɛktrisiti no ano twa. Ɛsɛsɛ sɛɛkuyit no tumi hyia ansa na ɛlɛktrisiti no atumi afi ase asen bio. Ne saa nti, bere biara a yebebue swiikyi no, kanea no dum.

Sɛ yɛto sɛɛkuyit no mu bio a, kanea no san sɔ efisɛ ɛlɛktrons no san tumi twa sɛɛkel kosi wɔn mfiase anan mu bio kɔ so tu amirika wɔ sɛɛkuyit no mu.

NSƐMMISA
1. Dɛn ne DC ɛlɛktrisiti? Dɛn ne AC ɛlɛktrisiti?
2. Kyerɛ karent ne voltage ase kyerɛ wo nana bi a ɔnkɔɔ sukuu da.
3. Kyerɛkyerɛ resistans ase. Ne yunits yɛ dɛn?
4. Dɛn ne ɛlɛktrik sɛɛkuyit? Bobɔ nneɛma a wɔwɔ mu no mu abiɛsa bi din?
5. Dɛn nsonsonoe na ɛda kradoa ne swiikyi mu?
6. Ɛlɛktrons ahe na wɔma yɛn koulomb kyaagye baako?
7. Dɛn din na yɛde ma ɛlɛktron kyaagyes a ɛsen?
8. Kyerɛ ade ko a battere yɛ.
9. Yesusuw fɔɔso a epia ɛlɛktrons no wɔ yunits bɛn mu?

TIFA 19: OHM MMARA NE PAWA

Twi	Brɔfo
Kyaagye (adeyɛ)	to charge

(ɔkwan a yɛfa so de kyaagye hyɛ ade foforo bi mu)

Diskyaagye   to discharge

(kyaagye hwere wɔ ade bi mu)

Pawa   power

(voltage ne karent dodow a yɛde di dwuma bi; ne dodow yɛ voltage x karent)

OHM MMARA

Sayenseni Ohm na ɔyɛɛ mmara bi a ɛkyerɛ nhyehyɛe a ɛda voltage, karent ne resistans a ɛwɔ ɛlɛktrikal sɛɛkuyit biara ntam. Ohm kyerɛe sɛ karent a ɛnam sɛɛkuyit bi mu no ne saa sɛɛkuyit no mu voltage di adamfo proposhinal nkitaho, nanso ɛne sɛɛkuyit no mu resistans di tamfo proposhinal nkitaho.

Yɛkyerɛw saa mmara yi:

Karent = $\dfrac{\text{voltage}}{\text{resistans}}$

Esiane sɛ

- karent yɛ I
- na voltage yɛ V
- na resistans yɛ R no nti, eyi ma yɛn: $I = \dfrac{V}{R}$

Yetumi sesa saa nhyehyɛe yi ma yenya ekuashin bi a ɛnyɛ den sɛ yɛbɛkae a ɛyɛ:

Voltage (V) = Karent (I) x Resistans (R)

.. ana   V = I x R.

Eyi kyerɛ yɛn sɛ, bere biara a yɛwɔ sɛɛkuyit bi a yenim ne resistans pɔtee, sɛ yɛma ne voltage no sesa a, karent no nso sesa saa ara.

Bio, sɛ yɛfa karent pɔtee bi a, bere biara a resistans no dodow sesa kɔ soro no, na voltage no dodow sesa ba fam. Ne saa nti, Ohm mmara ma yetumi hwehwɛ karent, resistans ne voltage a ɛwɔ ɛlɛktrik sɛɛkuyit bi mu bere biara.

Yebetumi de Ohm mmara yunits nso akyerɛ saa mmara yi:

Amperes [A] = $\dfrac{\text{Volts [V]}}{\text{Ohms }[\Omega]}$

Ne saa nti, Ohm mmara san kyerɛ yɛn sɛ sɛɛkuyit bi a ɛwɔ volt baako ne resistans baako no mu karent nso yɛ ampere baako.

ƆKWAN A YƐFA SO KAE SAA **OHM MMARA** FƆMULA YI

$\dfrac{V}{I \ R}$ $\dfrac{V}{I \ R}$ $\dfrac{V}{I \ R}$ $\dfrac{V}{I \ R}$

> **Ohm mmara**   **Hwehwɛ Voltage**   **Hwehwɛ Karent**   **Hwehwɛ Resistans**
>
> Sɛ wode wo nsa kata nea wohwehwɛ no simbɔl so a, wotumi hu nea ɛsɛsɛ woyɛ na wonya ne dodow. Sɛ wohia voltage a, fa wo nsa kata V so; wobenya I x R

Yɛnfa no sɛ ɛlɛktrisiti bi a ɛwɔ voltage 20 volts ma kanea bi sɔ. Karent a ɛnam saa bɔlb no mu no yɛ 0.2 Amps. Hwehwɛ saa sɛɛkuyit yi mu resistans?

Mmuae: Esiane sɛ V = IR no nti

    20 V = 0.2 A x R ohms

    R = 100 ohms.

Mfatoho nsɛmmisa:

1) Yɛde kaar battere 12V asɔ kanea bi a ne resistans yɛ 30 ·. Karent ahe na ɛnam kanea no mu?

Ohm mmara kyerɛ sɛ: 12V/30 Ω = 0.4 A

2) Elɛktrik frai-pan bi twe karent 10 amps bere a yɛde noa aduan wɔ fie bi a emu ɛlɛktrisiti no yɛ 220V mu. Kyerɛ frai-pan no mu resistans.

Ohm mmara kyerɛ sɛ :   220V/10 amps = 22 ohms.

3). Afua de ɛlɛktrik kuuka bi a ne resistans yɛ 24 ohms twe karent 5.5 A. Hwehwɛ kuuka no voltage.

 Ohm mmara kyerɛ sɛ : V = IR

Ne saa nti V = (5.5A) (24 Ω) = 132 V

4). Awɔw aba wɔ Abetifi nti Kwafo reto gya wɔ ɛlɛktrik stov bi a ɛtwe 6.0A karent fi ɔdan bi a ne voltage yɛ 220V mu. Kyerɛ stov no resistans.

    220 V = (6.0) (R)

    R = 220 /6.0 = 36.7 Ω

YƐDE VOLTMITA NE AMMITA SUSUW VOLTAGE NE KARENT

Yenim dedaw sɛ ɛlɛktrik sɛɛkuyit biara mu no, yɛwɔ:

- voltage ana ɛlɛktromotif fɔɔso (wɔ volt mu)
- karent (wɔ ampere mu)
- resistans (wɔ ohm mu)

Yɛnfa no sɛ gyenerator bi ma yɛn ɛlɛktrisiti a yɛde sɔ kanea wɔ ɔdan bi mu (Adekyerɛ 19-1). Yɛde voltmita na esusuw voltage a ɛfa adesoa no mu no. Yetumi de ammita no nso si sɛɛkuyit no mu de di battere no so baabiara de toa so. Yɛka se yɛde ammita no asi sɛɛkuyit no mu wɔ "nnidiso nhyehyɛɛ" mu. Yɛde voltmita no ne adesoa no yɛ nhwɛanim. Akyiri yi yɛbɛkyerɛ nea "nnidiso nhyehyɛɛ" ne "nhwɛanim nhyehyɛɛ" yɛ.

Sɛ yɛto kradoa no mu a, voltage ne karent dodow no fa voltmita ne ammita no mu ma wɔn mu biara paane no kɔda baabi, kyerɛkyerɛ volt ne ampere dodow.

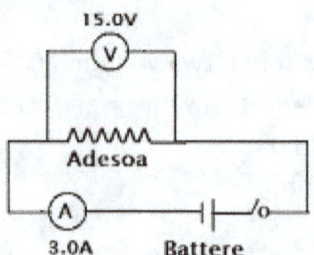

Adekyerɛ 19-1: Sɛnea yɛde voltmita ne ammita susuw ɛlɛktrisiti. Ammita no ne battere no wɔ nnidiso nhyehyɛɛ; voltmita no ne adesoa no wɔ nhwɛanim nhyehyɛɛ.

SO ƐLƐKTRISITI KARENT BETUMI AKUM OBI ANA?

Yɛbɛkae sɛ Ohm mmara kyerɛ sɛ voltage gyina karent ne resistans so. Sɛ onii bi ho awo yiye a, ne honam resistans yɛ bɛyɛ 500 000 ohms. Sɛ onii no ho wɔ nsu a, ne resistans ba fam yiye bɛyɛ 1000 ohms pɛ.

Sɛ obi guare po nsu na po nsu a ɛyɛ nkyene yiye no wɔ ne ho a, ne resistans kɔ fam koraa, bɛyɛ 500 ohms pɛ efisɛ nkyene nsu yɛ kondukta papa yiye. Ɔpon 19-1 kyerɛ karent dodow a honam tumi fa ne dwuma a saa karent yi di wɔ nnipadua mu.

Karent [A]	Saa karent yi dwumadi
0.001	yɛte kakraa bi
0.005	ɛyɛ yaw
0.010	ɛkyere honam te sɛnea ananse akyere wo nnipadua
0.015	etwa nnipa bɔ fam a onii no rentumi nnka ne ho
0.070	ɛtumi kum nnipa 1 sekond mu

Ɔpon 19-1 Karent dodow ne sɛnea nnipadua tumi te no fa.

Ne saa nti, sɛ obi a ne ho awo kosaa de ne nsa so kaar 12 V battere pols abien no mu, na ne honam resistans yɛ 100 000 ohms a, karent a ɛfa ne mu no yɛ bɛyɛ 0.00012 amps pɛ (12V/100 000 Ω). Eyi rennyɛ no hwee. Nanso sɛ onii no ho wɔ po nsu a, karent a ɛbɛfa ne mu no yɛ bɛyɛ 0.024 amps (12V/500 Ω efisɛ po nsu a ɛyɛ nkyene no ma honam resistans no so tew yiye. Eyi bɛma onipa ko no atew ahwe fam.

Kae sɛ ɛsɛsɛ ɛlɛktrisiti tumi fa biribi mu ansa na adi dwuma. Sɛ obi nsa baako kura ɛlɛktrik waya bi mu na ne nan sensɛn wim a, karent biara a ɛfa no mu no nntumi nnyɛ no hwee. Yetumi koraa ka se, sɛ onii no sensɛn wim na ne nsa abien kura waya koro mu a, hwee renyɛ no efisɛ voltage a ɛfa no mu no yɛ pɛpɛɛpɛ. Ehia sɛ nsonsonoe bi da nipadua mu fi baabi a karent no hyɛn ne mu ne baabi a efi ne mu no ansa na ɛlɛktrisiti atumi akyere no. Nanso sɛ onii no bɔ ne ho mmusu de ne nsa kɔso waya foforo a ne voltage sono mu a, na asɛm aba fie.

Eyi te sɛ anomaa bi a ogyina ɛlɛktrik waya so. Hwee nyɛ anomaa no efisɛ ne nan abien no nyinaa sisi waya koro so a ne voltage yɛ pɛ. Voltage a ɛfa anomaa no mu no ne nea efi ne mu no yɛ pɛpɛɛpɛ te sɛ waya no de no.

> *Asɛmmisa*
> *Yaa Adobea se ɛlɛktrik plug a ɛwɔ pin abiɛsa no na eye ma ne ɛlɛktrik kuuka bi a ɔde nnoa aduan. Yaa kyerɛ sɛ pin abiɛsa no bɔ ne ho ban fi ɛlɛktrik akwansian ho. Akua Mansa se, abien ana abiɛsa, ne nyinaa yɛ pɛ. Wodwen ho dɛn?*
>
>
>
> *Pin 3 plug ne Pin 2 plug*

> Mmuae:
> Plug abiɛsa no mu tratraa baako soa ɛlɛktrons no; ɛno na ɛlɛktrisiti no wɔ mu enti yɛfrɛ no 'live'. Tratraa a aka no yɛ niwtral. Sɛ 'live' waya no ka kuuka no na wo nsa nso ka kuuka no a, ɛbɛma wo shɔk. Pin tratraa kɛse a ɛto so abiɛsa no dwuma ne sɛ ɛfa voltage no sian kɔ asase mu ma voltage mmoroso biara sian kɔ fam. Ne saa nti, sɛ live waya no ka kuuka no na sɛ asase pin no wɔ hɔ a, hwee renyɛ wo. Pin-abien plug no nni saa pin a ɛbɔ nnipa ho ban no bi. Yaa Adobea na odi bim.

DC NE AC ƐLƐKTRISITI NKYERƐKYERƐMU

Yɛaka dedaw sɛ ɛlɛktrisiti a ɛsen ahorow abien na ɛwɔ hɔ. Eyi ne DC ɛlɛktrisiti ne AC ɛlɛktrisiti.

DC karent kyerɛ sɛ karent no yɛ 'direkt' anasɛ ɛwɔ anikyerɛbea koro, efisɛ battere no negatif ne positif pols no nsesa (DC = daa saa karent). Ne saa nti, bere biara no, ɛlɛktrons no fi positif pol no mu wɔ battere no mu kɔ negatif pol no so, fa waya no mu san ba positif pol no so bio. DC karent ɛlɛktrons nsesa baabi a wɔn ani kyerɛ da. Saa DC karent yi na ɛwɔ battere biara mu.

AC karent nnte sa. AC karent yɛ 'ɛsesa' karent (AC = ɛsesa). Ɛlɛktrons a wɔwɔ AC karent no mu no sesa wɔn akwantu anikyerɛbea ntɛmntɛm bere biara. Eyi ba no

203

saa efisɛ gyenerator a ɛma karent no mu pols no sesa ntɛmntɛm bere biara.. Saa pols nsesae yi yɛ ntɛmntɛm yiye. Sekond baako biara mu no, saa pols abien yi tumi sesa bɛyɛ mpɛn aduonum ana aduosia.

Yɛfrɛ nsesae baako biara (fi mfitiase-kɔ-awiei) sɛ 'saikil' baako. Saikil baako yi mu biara din foforo nso ne **frekwensi**. Ne saa nti, sɛ yenya 50 nsesae sekond biara a, yɛka se yɛanya frekwensi a ɛyɛ 50 saikils pɛɛ sekond.

Saa ara nso na sɛ yenya 60 nsesae sekond biara a, yɛka se yɛanya frekwensi a ɛyɛ 60 saikils pɛɛ sekond. Din tiatiaa a yɛde ma **saikils dodow a yenya sekond biara no yɛ Hertz**. Ne saa nti, **Hertz yɛ saikils dodow nsesae a yenya pɛɛ sekond**. Hertz agyinamude yɛ **Hz**.

Amerikafo mashins wɔ 60 Hertz. Ghanafo mashins mu pii yɛ 50 Hertz.

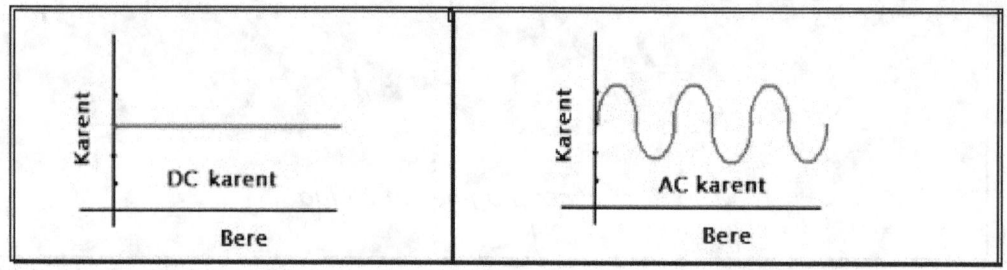

Adekyerɛ 19-2: DC ne AC karent. (Graf no kyerɛ AC karent 3 saikils).

AC karent na yenya fi ɛlɛktrisiti kɔmpanifo hɔ. Eyi na ɛnam waya ahorow mu ba yɛn afi mu sɛ 220V (ana 340V ne 110V) no. Saa ɛlɛktrisiti yi na yɛde horo nneɛma, nnoa nnuan, de kyinkyim mfiri de yeyɛ nnwuma ahorow pii wɔ faktoris mu no.

SƐNEA YƐSESA DC KƆ AC MU

Yehu AC karent tebea wɔ Adekyerɛ 19-3 benkum so. Sɛ yɛpɛ sɛ yɛsesa AC kɔ DC mu a, nea edi kan a ehia ne sɛ yɛbrɛ voltage no ase fi 220V kɔ bɛyɛ 3V-12V. Yɛde **transforma** na edi saa dwuma yi.

Akyiri yi, yɛbɛkyerɛ sɛnea transforma yɛ ne sɛnea yɛde sesa voltage dodow. Nea ɛto so abien, ɛsɛsɛ yɛma karent no nya anikyerɛbea baako pɛ. Yɛde **dayode** na ɛsesa AC karent ma enya anikyerɛbea baako pɛ. Dayode no ma karent no kɔ n'anim nkutoo a entumi nsan n'akyi bio.

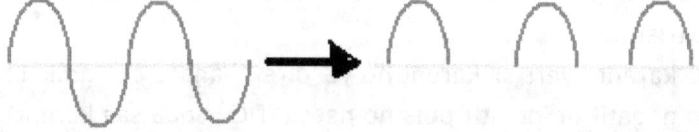

Adekyerɛ 19-3 : Dayode ma karent ani kyerɛ baabi pɔteee nkutoo.

Sɛ yɛde dayode yɛ saa nsesae yi a, yenya karent no nea ɛkɔ anim no pɛ. Ne saa nti, yenya karent no fa pɛ, efisɛ yɛhwere karent a ani kyerɛ 'akyi' no sɛnea yehu wɔ Adekyerɛ 19-3 (nifa) so no.

Esiane sɛ yɛnnpɛ sɛ yɛbɛhwere karent biara no nti, yetumi de **kapasitor** hyɛ sɛɛkuyit no mu ma yenya karent bere biara. Kapasitor no adwuma ne sɛ ɛbɛtrɛtrɛw karent yi mu na yɛatumi anya karent bere biara.

Kae sɛ kapasitor adwuma ne sɛ ɛkora ɛlɛktrik kyaagye na etumi diskyaagye saa kyaagye no ma yɛn bere biara a yehia saa kyaagye no. Ne saa nti, kapasitor a yɛde di dwuma wɔ ha no kyaagye wɔ bere a dayode no ma karent no sen no, na 'adiskyaagye' ama yɛn kyaagye bere a yehia no. Saa kapasitor dwumadi a ɛyɛ kyaagye, diskyaagye, kyaagye, diskyaagye yi ma yenya karent a ɛnsesa na ɛte sɛ DC (direkt karent) bere biara.

Adekyerɛ 19-4: Dayode ma karent anikyerɛbea baako, kapasitor trɛtrɛw karent no mu ma yenya karent bere biara

ƐLƐKTRIK PAWA

Sɛ kyaagye bi nam sɛɛkuyit bi mu a, eyi ahooden bi adi. Saa ahooden yi ma moto bi kyinkyim ne ho yɛ adwuma anasɛ ɛma nnade bi ho dɔ yɛ hyew. Sɛ ɛba no saa a, yɛka se ɛlɛktrik ahooden no asesa akɔyɛ ahooden foforo.

Sɛ ɛlɛktrik ahooden ma moto bi kyinkyim ne ho a, yɛka se yɛasesa ɛlɛktrik ahooden akɔ mekanik ahooden mu efisɛ ɛma saa moto no yɛ mekanik ahooden adwuma. Sɛ ɛlɛktrik ahooden ma nnade bi dɔ a, yɛka se yɛasesa ɛlɛktrik ahooden akɔ ɔhyew ahooden mu.

Saa ara nso na sɛ ɛlɛktrik ahooden sɔ kanea bi a, yɛka se yɛasesa ɛlɛktrik ahooden akɔ hann ahooden mu. Yesusuw spiid a ɛlɛktrik ahooden sesa de kɔyɛ mekanik ahooden, ɔhyew ahooden ana hann ahooden no wɔ **ƐLƐKTRIK PAWA** mu. Ne saa nti, ɛlɛktrik pawa yɛ voltage dodow bi a yenya mmɔho karent dodow. Yɛkyerɛ ase sɛ:

Ɛlɛktrik Pawa yɛ voltage dodow taems karent dodow.

Yɛkyerɛw no: Pawa = voltage (V) x karent [I] anasɛ
Pawa = V x I
Pawa = Volt [V] x Ampere [A] = VA.

Pawa yunits

Yesusuw ɛlɛktrik pawa dodow wɔ watt mu. Ne saa nti:

Watt = Volt x Ampere

Watt baako yɛ adwuma a volt baako yɛ de pia kyaagye ampere baako. N'agyinamude yɛ **W**. Kilowatt baako yɛ 1000 watts (**kW**). Kilowatt dodow a yɛde di dwuma dɔnhwerew baako biara yɛ kilowatt dɔnhwerew. Yɛkyerɛw no **kWH**.

Kae sɛ ɛlɛktrisiti kɔmpani biara tɔn pawa sɛ kilowatt dɔnhwerew. Sɛ ɔbosom du na wobegye wɔn sika a, krataa a wɔde ba no kyerɛ kilowatt dɔnhwerew dodow a ofi bi mu nnipa faa saa ɔbosom no mu

Kae eyi:
1 watt = 1 W = 1 volt x 1 ampere
1000 watts = 1 kilowatt = 1kW
1 kilowatt dwumadi dɔnhwerew baako = 1 kilowatt-dɔnhwerew = 1kWh

Mfatoho asɛmmisa
Yɛnfa no sɛ ɔbosom Ɔpɛpɔn mu no, ofi bi mu nnipa faa ɛlɛkrisiti 60 kilowatt bɛyɛ dɔnhwerew ahannu [200 h]. Ɛlɛktrisiti kompani no tɔn ɛlɛktrisiti 0.01 cedis pɛɛ kilowatt dɔnhwerew. Kyerɛ ɛka a wɔde ɛlɛktrisiti kɔmpani no saa ɔbosom no awiei.
 Kilowatt dɔnhwerew dodow a wɔfae: 60 kW x 200 h = 12 000 kWh
Ɛka a wɔde = 12 000 kWh x 0.010cedis = 120 cedis.

TIFA 20: NNIDISO (SERIES) SƐƐKUYIT NHYEHYƐE NE BATTERE ƐMF

Nkyerɛkyerɛmu

Twi	Brɔfo
Adesoa	**load**

(ade bi a ɛma resistans wɔ ɛlɛktrik sɛɛkuyit bi mu)

| **Battere-mu resistans** | **internal resistance** |

(resistans a ɛwɔ battere ana gyenerator bi ankasa mu)

| **Ɛlɛktrik potenshial nsonsonoe** | **potential difference, potential drop** |

(voltage nsonsonoe a ɛwɔ battere ana gyenerator pols abien no ntam)

| **Nnidiso sɛɛkuyit** | **Series circuit** |

(resistans a ne nhyehyɛe toatoa so wɔ sɛɛkuyit bi mu)

| **Reostat** | **rheostat** |

(ade bi a yɛde sesa resistans dodow a ɛwɔ ɛlɛktrik sɛɛkuyit bi mu)

| **Teminal voltage** | **terminal voltage** |

(voltage dodow a ɛwɔ battere bi mu bere a karent biara nsen wɔ mu)

Nhyɛnmu

Ohm mmara kyerɛ yɛn karent, voltage ne resistans dodow a ɛnam sɛɛkuyit bi mu, nanso sɛɛkuyits nhyehyɛe nyinaa nnyɛ pɛ. Ɛlɛktrik sɛɛkuyit biara tebea gyina resistans ahorow a ɛwɔ sɛɛkuyit no mu no nhyehyɛe so.

Yenim dedaw sɛ yetumi frɛ resistans a ɛwɔ sɛɛkuyit bi mu no sɛ **adesoa**. Resistans ahorow na nnesoa a yɛtaa nya wɔ ɛlɛktrikal sɛɛkuyit bi mu no bi ne kanea, ɛlɛktrik moto a ekyim biribi anasɛ ɛlɛktrik waya no mu resistans. Waya bi mu resistans no ma waya no ho dɔ bere biara a ɛlɛktrisiti nam mu no.

Sɛ resistans ahorow no ahyehyɛ wɔn ho, didi so, toatoa so a, yɛka se sɛɛkuyit no yɛ **nnidiso nhyehyɛe** anasɛ ɛwɔ "**series**" sɛɛkuyit nhyehyɛe. Eyi kyerɛ sɛ karent no fa kwan teateaa baako pɛ so nam resistans no nyinaa mu pɛpɛɛpɛ. Series sɛɛkuyit no bi na yɛhu wɔ Adekyerɛ 20-1 so no.

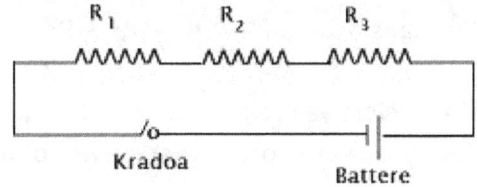

Adekyerɛ 20-1: Nnidiso sɛɛkuyit ana Series sɛɛkuyit. Hwɛ sɛnea resistans ana "nnesoa" ahorow no didi so fa.

KARENT, RESISTANS NE VOLTAGE NSUSUW WƆ NNIDISO SƐƐKUYIT MU
Karent nsusuw

Esiane sɛ resistans ahorow no didi so, toatoa so wɔ nnidiso sɛɛkuyit no mu no nti, karent a ɛnam sɛɛkuyit no mu no fa resistans biara mu pɛpɛɛpɛ. Ne saa nti karent a ɛfa nnesoa ahorow no mu no nyinaa yɛ pɛ. (I = yɛ pɛ wɔ nnidiso sɛɛkuyit no mu nyinaa).

Mfatoho asemmisa

Yɛnfa no sɛ ɛlɛktrikal sɛɛkuyit bi a ɛma 1.5 amperes wɔ kanea bɔlb bi a ne resistans yɛ 15 ohms. Bɔlb no mu karent nso yɛ 1.5 amps. Saa bɔlb yi ne moto bi a ne resistans yɛ 40 ohms yɛ nnidiso nhyehyɛɛ. Kyerɛ karent dodow a ɛnam moto no mu. Mmuae:

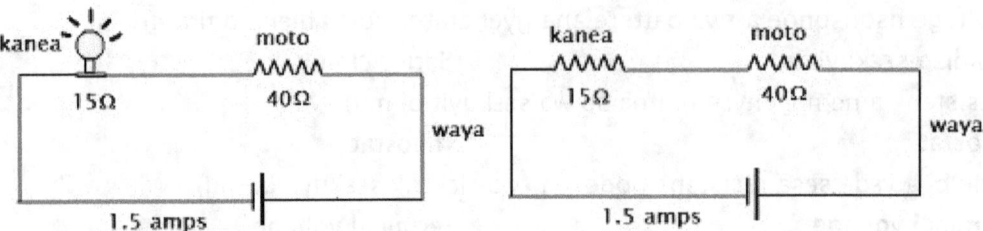

Adekyerɛ 20-2: Nnidiso sɛɛkuyit nhyehyɛɛ asemmisa yi ho mmuae

Esiane sɛ moto no ne bɔlb no yɛ nnidiso nhyehyɛɛ no nti, karent 1.5 amperes na ɛnam moto no nso mu.

Series sɛɛkuyit mu karent no yɛ pɛ wɔ baabiara

Resistans nsusuw

Resistans ahorow no nyinaa nkabom na ɛyɛ nnidiso sɛɛkuyit resistans no dodow. Ne saa nti, sɛ yɛhwehwɛ resistans dodow a ɛwɔ series sɛɛkuyit bi mu a, ɛsɛsɛ yɛkeka resistans ahorow a ɛwɔ sɛɛkuyit no mu no nyinaa bobɔ mu. Yetumi frɛ saa resistans dodow yi sɛ sɛɛkuyit no mu resistans nsiananmu ana resistans no nyinaa ekwivalent. Eyi kyerɛ sɛ:

Resistans nsiananmu = Rnsiananmu = R ekwivalent
Resistans (nsiananamu) = R₁ + R₂ + R₃

Saa mmara yi kyerɛ yɛn sɛ resistans dodow a ɛwɔ series sɛɛkuyit biara mu no dɔɔso sen resistans a ɛyɛ kɛse koraa wɔ sɛɛkuyit no mu no.

Mfatoho asemmisa:
Moto bi a ne resistans yɛ 40 ohms ne bɔlb bi a ɛwɔ 12 ohm resistans ne reostat bi a ne resistans yɛ 20 ohms toatoa so wɔ ɛlɛktrikal sɛɛkuyit bi mu sɛnea yehu wɔ Adekyerɛ 20-3 so no. Hwehwɛ resistans dodow a ɛwɔ sɛɛkuyit no mu.

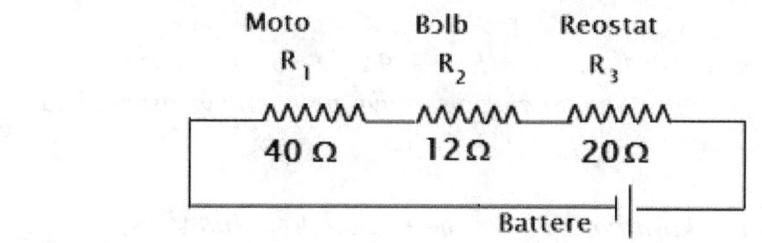

Adekyerɛ 20-3: Sɛnea yɛhwehwɛ series sɛɛkuyit mu resistans dodow
Esiane sɛ resistans dodow no yɛ resistans ahorow no nyinaa nkabom no nti, yehu sɛ:
Resistans ekwivalent = 40 Ω + 12 Ω + 20 Ω = 72 Ω
Eyi ne sɛɛkuyit no mu resistans ekwivalent ana ne resistans nsiananmu.

Asɛm pa a ɛwɔ series sɛɛkuyit no ho no ne sɛ, ne nhyehyɛe nnyɛ den koraa. Nea ehia ara ne sɛ yɛde nnesoa ahorow (kanea, resistans, mashins) no toatoa so wɔ sɛɛkuyit no mu kɛkɛ.

Nea ɛhaw adwene kakra wɔ ho ne sɛ, sɔ asɛm ba wɔ adesoa bi ho, te sɛ ebia fiws bi hyew wɔ sɛɛkuyit no mu anasɛ mpo mashin bi mu pɛ, saa adesoa no tumi siw karent no **nyinaa** ano, a ɛmma karent biara nntumi nnfa sɛɛkuyit no mu bio. Yɛka sɛ sɛɛkuyit no mu abue. Sɛ ɛyɛ ofie bi mu na saa asɛm yi si a, obiara bɛda sum mu. Sɛ ɛyɛ faktori mu a, mashin biara rentumi nnyɛ adwuma bio. Eyi ma faktori no tumi bɔ ka efisɛ emu adwuma biara gyina faako kosi sɛ ɛlɛktrishian bi bɛba abesiesie sɛɛkuyit no bio.

SERIES SƐƐKUYIT MU KARENT NO NYINAA YƐ PƐ (S I YƐ PƐ)
SERIES SƐƐKUYIT MU RESISTANS dodow nsiananmu YƐ R₁ + R₂ +...

Voltage nsusuw

Ohm mmara kyerɛ yɛn sɛ voltage a ɛnam sɛɛkuyit bi mu no yɛ karent no taems resistans. Ne saa nti, sɛ yenim karent ne resistans a ɛnam sɛɛkuyit bi mu a, Ohm mmara boa yɛn ma yetumi hu voltage dodow a ɛwɔ sɛɛkuyit no mu.

Mfatoho asɛmmisa:
Yɛnfa no sɛ kanea bi a ne resistans yɛ 5 ohms ne motos abien bi a wɔn resistans yɛ 9 ohms ne 6 ohms yɛ nnidiso nheyhyɛe wɔ sɛɛkuyit bi mu. Kyerɛ voltage dodow a ɛnam motos no ne bɔlb no mu.

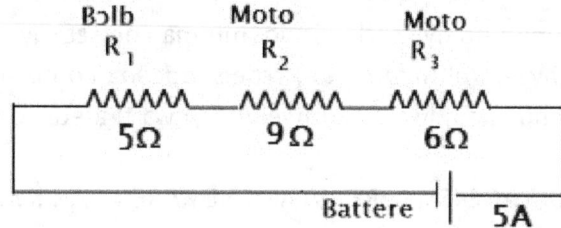

Adekyerɛ 20-4: Series ana nnidiso sɛɛkuyit nhyehyɛɛ asɛmmisa yi ho mmuae

Mmuae:

Resistans nsiananmu wɔ sɛɛkuyit no mu = 5 Ω + 9 Ω + 6 Ω = 20 Ω

Karent = 5A. Yenim sɛ karent a ɛnam nnidiso sɛɛkuyit no mu no yɛ pɛpɛɛpɛ wɔ baabiara.

Ne saa nti:

Voltage dodow a ɛnam sɛɛkuyit no mu = V = IR = 5A × 20 = 100 Volts.

Eyi ne voltage dodow a ɛnam sɛɛkuyit no mu nyinaa. Nanso, saa voltage yi nyɛ pɛ wɔ sɛɛkuyit no mu nyinaa efisɛ wɔn mu biara wɔ ne resistans. Ɛsono voltage ahoɔden a epia karent no fa bɔlb no mu no, na ɛsono voltage dodow nso a ɛnam motos no mu biara mu. Ne saa nti, yɛde Ohm mmara kyerɛ sɛ:

i) voltage dodow a ɛnam bɔlb no mu
  V = IR = 5 × 5 = 25 volts

ii) voltage dodow a ɛnam moto a edi kan no mu
  V = IR = 5 × 9 = 45 volts

iii) voltage dodow a ɛnam moto a ɛto so abiɛsa no mu
  V = IR = 5 × 6 = 30 volts

(Sɛ yɛkeka voltage abiɛsa yi bobɔ mu a, yenya 25 + 45 + 30 = 100 volts a ɛyɛ voltage dodow nsiananmu a ɛwɔ sɛɛkuyit no mu no).

SƐNEA YƐHYEHYƐ AMMITA, VOLTIMA WƆ SƐƐKUYIT MU DE YƐ NSUSUW

Kae sɛ yɛde ammita na esusuw karent, ɛna yɛde voltmita susuw voltage dodow. Yɛakyerɛ saa kwan a yɛfa so de saa mashins yi yɛ saa nsusuw yi wɔ Adekyerɛ 20-5 so.

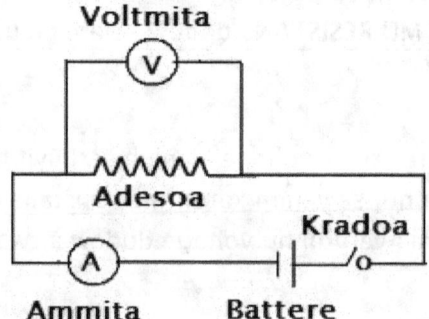

Adekyerɛ 20-5: Sɛnea yɛde ammita ne voltmita susuw ɛlɛktrik sɛɛkuyit mu karent ne voltage.

Yɛde ammita no hyɛ sɛɛkuyit no mu ma ɛne sɛɛkuyit battere no yɛ nnidiso ana series nhyehyɛe. Voltmita no de, yɛde si adesoa ko no so na ɛne no adi nhwɛanim. Yebehu saa nhwɛanim nhyehyɛe yi wɔ ti a edi so no mu.

BATTERE MU VOLTAGE (ƐMF), RESISTANS NE KARENT ANIKYERƐBEA

Battere ana gyenerata biara mu wɔ pols abien; positif ne negatif. Esiane sɛ saa pols abien yi na etwa battere ana gyenerata no to no nti, yɛfrɛ wɔn "teminals" (te sɛ bɔs teminal a ɛyɛ bɔs biara awiei gyinabea). Yɛde lain tenten na ɛkyerɛ positif pol ana positif teminal no, na yɛde lain tiatia kyerɛ negatif pol ana negatif teminal no.

Nεgatif pol | Pɔsitif pol
−| |+

Adekyerɛ 20-6: Battere teminals: positif pol ne negatif pol

Yebu no sɛ ɛlɛktrons fi negatif pol no hɔ na wɔde wɔn ani kyerɛ positif pol no so. Ne saa nti, battere biara mu ɛlɛktrons fi lain tiatia no hɔ na wɔkɔ lain tenten no hɔ kɔfa sɛɛkuyit no mu. Nanso yenim dedaw fi ɛlɛktrostatiks mu sɛ, sayense bu no sɛ ɛlɛktrik kyaagye biara anikyerɛbea yɛ baabi a positif kyaagye no bɛkɔ.

Ne saa nti, kyaagye a ɛrekɔ baabi (karent) no ani kyerɛ baabi a positif kyaagye rekɔ; eyi kyerɛ sɛ ɛne ɛlɛktrons no di nhwɛanim.

Sɛ ɛte saa de a, na sɛ ɛlɛktrons no rekɔ NIFA a, na ɛlɛktrik kyaagye ana karent no rekɔ BENKUM.

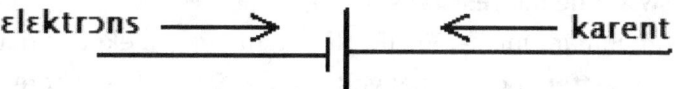

Adekyerɛ 20-7: Ɛlɛktrons ne ɛlɛktrik karent anikyerɛbea wɔ ɛlɛktrik sɛɛkuyit mu. Bio, esiane sɛ ɛlɛktrons dɔɔso wɔ negatif pol no so no nti, yɛka se positif pol no ɛlɛktrik kyaagye potenshial wɔ soro sen negatif pol no ɛlɛktrik kyaagye potenshial.

Battere mu voltage yɛ ɛlɛktro-motif fɔɔso (ana ɛmf)

Voltage ana kyaagye a ɛwɔ battere biara mu no din de **ɛlɛktromotif fɔɔso** ana **ɛmf**. Saa din yi fi nsɛmfua abiɛsa (ɛlɛktron + akwantu + fɔɔso = ɛlɛktron + move + force) a aka abɔ mu. Saa kyaagye yi na wɔtaa kyerɛw de tare battere no ho no.

Ɛlɛktromotif fɔɔso agyinamude yɛ **Ɛ**.

Mpɛn pii no, voltage ankasa a efi battere no mu no ne saa ɛmf yi nnyɛ pɛ efisɛ battere biara mu wɔ resistans. Ɛhia sɛ battere biara de ne saa voltage ahoɔden ana ɛmf yi bi yɛ adwuma de twiw fa n'ankasa ne mu resistans yi so, ansa na karent atumi afi battere no mu. Ne saa nti, ehia sɛ yetumi kyerɛ nsonsonoe a ɛda battere no **voltage dodow (ɛmf)** a wɔakyerɛw abɔ ho no, ne **voltage ankasa** a yenya bere a karent bi refa mu no mu. Saa voltage ankasa papaapa a yenya fi battere no mu no din de **teminal voltage**.

Saa teminal voltage yi ne **voltage ankasa pɔtee** a efi battere no pols abien no mu bere a karent nam mu no. Eyi ne potenshial voltage nsonsonoe a ɛwɔ battere no pols abien no mu no.

Sɛ battere no gyina hɔ a hwee nnka no na kyaagye biara mmfi mu a, ne **teminal voltage** (potenshial voltage nsonsonoe) no ne ne ɛmf no yɛ pɛ. Sɛ karent fi ase fa mu pɛ, na teminal voltage no aba fam efisɛ battere no de ne ɛmf no bi twiw fa ne mu resistans no so. Eyi ma battere no **teminal voltage** (potenshial voltage nsonsonoe) a ɛrefi battere no mu no sesa, ma ɛso huan.

211

Yɛde **r** ketewa na ɛkyerɛ battere biara mu resistans. Ɛsɛsɛ battere biara mu ɛmf voltage no yɛ adwuma de twiw fa saa battere no ankasa mu resistans no so. Ne saa nti, yɛwɔ mmara a yɛde kyerɛ nkitaho a battere biara mu **teminal voltage**, ne ɛmf (Ɛ) ne emu **resistans** no yɛ no.

1. Nea edi kan no, sɛ karent biara nsen wɔ battere no mu, kyerɛ sɛ battere no si hɔ a waya biara nkyekyere na ɛmma karent biara de a, yebu no sɛ:

Battere no mu teminal voltage = battere ɛmf

Teminal voltage = battere no ɛmf

Teminal voltage V = Ɛ

2) Nea ɛto so abien, sɛ karent fi ase sen afi battere no mu a, yɛka se battere no diskyaagye. Sɛ battere bi diskyaagye a:

Battere no mu teminal voltage V = [battere no ɛmf} – [voltage a ɛhwere de atwiw afa ne mu resistans no so]

Yenim fi Ohm mmara mu sɛ, V= IR. Ne saa nti, yenya ekuashin a edi so yi:

Battere no teminal voltage V = Ɛ – ir ..... bere a:

... i yɛ karent a ɛresen no, na

.. r yɛ battere no ankasa mu resistans

Ne saa nti, bere biara a battere bi diskyaagye no, na ne voltage a wɔakyerɛw abɔ ho no so rehuan.

3) Nea ɛto so abiɛsa, sɛ battere bi rekyaagye a, ne teminal voltage no dodow fi ase yɛ kɛse efise nea ɛrekyaagye no no, tumi ma no voltage foforo de twiw fa ne mu resistans no so. Ne saa nti, yenya ekuashin a edi so yi:

Battere no teminal voltage V = Ɛ+ ir.

Battere a esi hɔ kɛkɛ
    Teminal voltage = battere no Ɛmf
Battere a ɛrema karent
    Teminal voltage = Ɛmf – ir
Battere a ɛrekyaagye
    Teminal voltage = Ɛmf + ir

Nsɛmmisa

1. Wɔakyerɛw 10. 2 V atare battere bi ho. Nana Dede de waya kyekyeree bɔlb kɛse bi ne battere no ma ɛtwee karent 25 A fii mu. Ɛyɛɛ saa no, battere no mu voltage kɔɔ fam koraa ma ɛyɛɛ ohunu. Kyerɛ resistans a ɛwɔ battere no mu.

Mmuae:
Yetumi de Adekyerɛ 20-8 a edi so yi kyerɛ saa battere yi ne mu resistans.

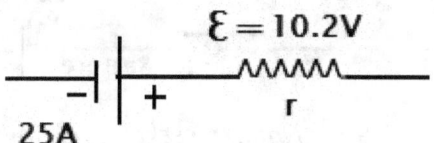

Adekyerɛ 20-8: Battere no nhyehyɛɛ

Battere no mu ɛmf yɛ 10.2 V. Sɛ karent fa battere no mu a, teminal voltage no kɔ fam koraa bɛyɛ ohunu. Ne saa nti, yenya ekuashin a edi so yi:

$0 = \mathcal{E} - ir$
$0 = 10.2\ V - (25\ A)(r)$
$25\ r = 10.2\ V$ a ɛma yɛn $r = 0.4\ \Omega$

2. Gyenerator bi a karent biara nsen wɔ mu voltage yɛ 220V. Sɛ yɛde waya bi sesa de kyekyere bɔlb bi na ɛma karent 20A a, yehu sɛ ne teminal voltage yɛ 210V.
(a) Kyerɛ gyenerata no mu resistans.
(b) Sɛ yɛtwe karent 40A fi mu a, kyerɛ ne teminal voltage.
Mmuae
Yebetumi de Adekyerɛ 20-9 a edi so yi akyerɛ saa gyenerata yi.

$\mathcal{E} = 220V$

20A

Adekyerɛ 20-9: gyenerata ana battere mu resistans

a) Esiane sɛ battere no rema karent no nti, teminal voltage = $\mathcal{E}mf - ir$
$210\ V = 220V - (20\ A)(r)$
Ne saa nti, $20\ r = 220 - 210 = 10$
Eyi ma yɛn: $r = 0.5\ \Omega$
b) sɛ yɛtwe karent 40 amps fi mu ($I = 40\ A$) a, yenya ekuashin a edi so yi:
teminal voltage = $\mathcal{E} - ir$
$= 220V - (40)(0.5\ \Omega)$
$= 200V$

3. Karent 1.2 A refa sɛɛkuyit bi mu sɛnea yɛakyerɛ wɔ Adekyerɛ 20-10 so no. Kyerɛ potenshial nsonsonoɛ a ɛdeda (i) A,B (ii) B, D ntam. San kyerɛ baabi a potenshial no wɔ soro.

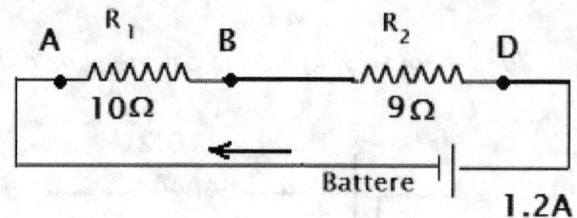

Adekyerɛ 20-10: Nnidiso sɛɛkuyit no nhyehyɛɛ

Mmuae

Esiane sɛ ɛyɛ series nhyehyɛɛ no nti, karent a ɛnam sɛɛkuyit no mu no nsesa. Bio nso, karent no fi baabi a ɛwɔ soro potenshial pol hɔ na kɔ baabi a ɛwɔ fam potenshial. Yenim sɛ Battere no soro potenshial wɔ ne positif pol (pol tenten) no hɔ; negatif pol no potenshial yɛ ketewa sen positif pol no de. Voltage ana potenshial kyaagye no akɔ fam bere a ɛnam sɛɛkuyit no mu no.

i) Sɛ yɛfa no sɛ potenshial nsonsonoe no ba fam a, ɛyɛ nyifim.

Ne saa nti, $V_{A-B} = -IR$

Ɛyi ma yɛn: $= -(1.2\ A)(10\ \Omega) = -12\ V$;

Potenshial a ɛwɔ A no wɔ soro sen B de no.

ii) $V_{B-D} = -IR = -(1.2\ A)(9\ \Omega) = -10.8\ V$;

Potenshial a ɛwɔ B no wɔ soro sen D de no.

4. Yɛde ammita ne voltmita bi susuw sɛɛkuyit bi mu karent ne voltage sɛnea yɛakyerɛ wɔ Adekyerɛ 20-11 so no. Ammita no kyerɛ 3.0A ɛna voltmita no kyerɛ 15 V. Kyerɛ resistans dodow a ɛwɔ sɛɛkuyit no mu.

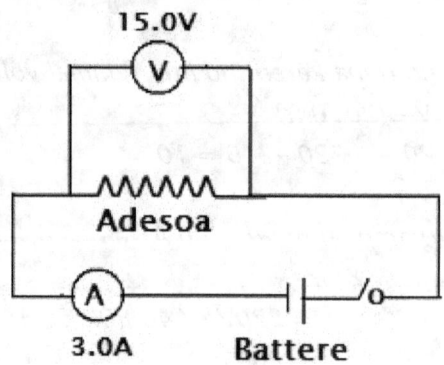

Adekyerɛ 20-11: Sɛɛkuyit a ammita ne voltmita wɔ mu.

Mmuae :   Ohm mmara kyerɛ sɛ $V = IR$

Ne saa nti: $15.0\ V = 3.0\ A\ (R)$

Ɛyi ma yɛn: $R = \dfrac{15.0\ V}{3.0\ A} = 5\ \Omega$

NKAEBƆ – ƐSƐSƐ WOKAE EYI

Mmara a ɛsɛsɛ yesua fa series sɛɛkuyit biara ho ne nea edidi so yi:

1. Karent no nam kwan baako pɛ so na ɛfa sɛɛkuyit no mu. Ne saa nti, adesoa o, swiikyi o, emu biara karent yɛ pɛ.
2. Resistans dodow nsiananmu [R ekwivalent] a ɛwɔ sɛɛkuyit no mu no yɛ resistans a ɛtoatoa so no nyinaa dodow (Rekwivalent = $R_1 + R_2 + R_3$...)
3. Karent a ɛfa sɛɛkuyit no mu no yɛ voltage nkyɛmu Resistans dodow sɛnea Ohm mmara kyerɛ no

$$I = \frac{V}{R_1 + R_2 + R_3 + ...}]$$

4. Voltage no gyina resistans [ana adesoa] biara a ɛwɔ sɛɛkuyit no mu no so. Kae sɛ yehia voltage a ɛyɛ kɛse de afa resistans kɛse mu sen resistans ketewa mu.
Ne saa nti, yesusuw voltage a ɛwɔ adesoa biara mu nko, efisɛ voltage no ne resistans a ehyia no yɛ adamfo proposhinal.
5. Voltage dodow a ɛfa resistans ahorow no mu no nyinaa nkabom yɛ pɛpɛɛpɛ sɛ voltage a efi battere no mu no ($V = V_1 + V_2 + V_3..$).

NSƐMMISA

1. Sɛ wode bɔlbs pii hyehyɛ saa series sɛɛkyuit yi mu a, dɛn nsesae na ɛbɛba wɔ kanea ahorow no mu? Kyerɛkyerɛ w'adwene mu.
2. Adɛn nti na yɛfrɛ sɛɛkuyit no sɛ nnidiso sɛɛkuyit?
3. Voltage ana karent, wɔn mu nea ɛwɔ he na dodow yɛ pɛ wɔ nnidiso sɛɛkuyit mu?
4. Kyerɛ resistans nsiananmu ase? Dɛn ne ekwivalent resistans?
5. Drɔɔ sɛnea wobɛkyerɛ ammita ne voltmita nhyehyɛɛ wɔ ɛlɛktrik sɛɛkuyit bi mu?
6. Ammita adwuma ne dɛn? Voltmita adwuma ne dɛn?
7. Battere biara mu wɔ voltage. Yɛfrɛ saa voltage yi dɛn? Kyerɛ ekuashin a wode bɛkyerɛ sɛɛkuyit bi mu voltage ne battere mu voltage.
8. Wɔakyerɛw battere bi ho 1.5V. So wobenya saa voltage yi nyinaa afi battere no mu ana? Kyerɛkyerɛ wo mmuae no mu.

TIFA 21: NHWƐANIM /PARALEL SƐƐKUYIT NHYEHYƐE NE NSIANANMU RESISTANS

Nkyerɛkyerɛmu

Twi	Brɔfo
Adehoro mashin	washing machine
(mashin a wɔde horo ntama ne ntade)	
Ekwivalent resistans	equivalent resistance
(resistans nyinaa dodow a ɛwɔ paralɛl sɛɛkuyit bi mu; nsiananmu resistans)	
Nsiananmu resistans	equivalent resistance
(resistans nyinaa dodow a ɛwɔ paralɛl sɛɛkuyit bi mu; ekwivalent resistans)	
Nhwɛanim sɛɛkuyit	parallel circuit
(ɛlɛktrik nhyehyɛe bi a nnesoa no nyinaa wɔ wayapɔw baako na wodi nhwɛanim, paralɛl sɛɛkuyit)	
Paralɛl sɛɛkuyit	parallel circuit
(ɛlɛktrik nhyehyɛe a nnesoa no nyinaa wɔ wayapɔw baako na wodi nhwɛanim, nhwɛanim sɛɛkuyit)	
Wayapɔw	node in parallel circuit
(baabi a wayas abiɛsa ana pii ka bɔ mu kyekyere nnesoa wɔ nhwɛanim ɛlɛktrik sɛɛkuyit mu)	

NHWƐANIM SƐƐKUYIT = PARALƐL SƐƐKUYIT

Ɛlɛktrik sɛɛkuyit foforo bi wɔ hɔ a, emu resistans ahorow no nyinaa nhyehyɛe di nhwɛanim. Yɛfrɛ saa sɛɛkuyit yi **nhwɛanim nhyehyɛe sɛɛkuyit** ana **paralɛl sɛɛkuyit**.

Ansa na saa nnesoa ana resistans a wɔwɔ saa ɛlɛktrik nhyehyɛe sɛɛkuyit yi nyinaa bedi nhwɛanim no, ɛsɛsɛ yɛkyekyere saa nnesoa yi nyinaa fi pɔw baako so. Yɛfrɛ faako a yɛakyekyere waya abiɛsa ana pii a wokurakura saa resistans yi nyinaa mu no fi baabi koro no sɛ "**waya-pɔw**".

Sɛ karent bi fi battere no mu na edu wayapɔw no so a, saa karent no mu kyekyɛ ma yenya karent nketewa. Karent a ɛman fa waya abiɛsa (ana pii) no mu no dodow gyina resistans a edi anim no so. Sɛ resistans a ehyia no dɔɔso a, karent no dodow kɔ fam; sɛ resistans no yɛ ketewa a, yenya karent a ɛdɔɔso.

Yehu fi Ohm mmara (I=V/R) mu, sɛ karent no ne resistans no di tamfo proposhinal nkitaho; sɛ resistans kɔ soro a, karent kɔ fam. Saa paralɛl sɛɛkuyit yi bi na yɛakyerɛ wɔ Adekyerɛ 21-1 so no.

Sɛnea yehu no, kanea abiɛsa no mu biara wayas abien no hyia wɔ faako. Eyi ma voltage a ɛsen fa wayas no mu no nyinaa yɛ pɛpɛɛpɛ. Ne saa nti, sɛ kanea baako ana abien mpo dum a, kanea a ɛto so abiɛsa no kɔ so sɔ, efisɛ voltage da so pia karent fa waya no mu, ma yɛkɔ so nya sɛɛkuyit no ho mfaso. Ne saa nti, paralɛl sɛɛkuyit mmaran ne sɛ "ɔbaakofo sɛɛ ɔman nanso ontumi nsɛɛ ɔman buruburoo".

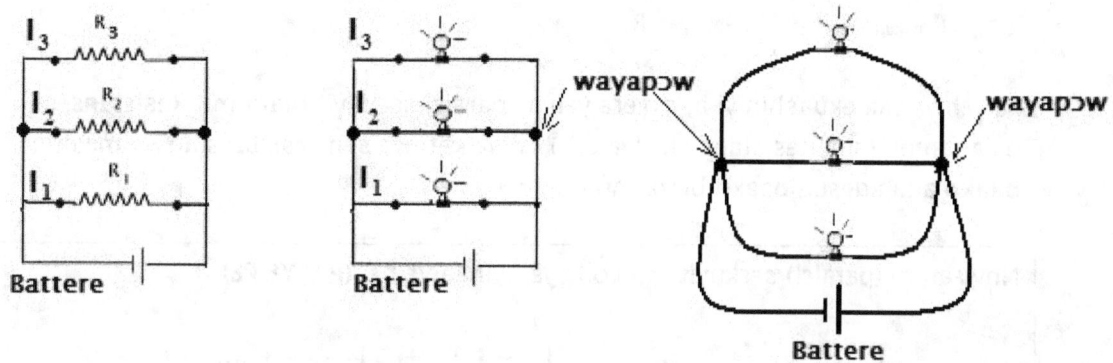

Adekyerɛ 21-1   Paralɛl sɛɛkuyits bi: hwɛ sɛnea resistans (nnesoa, mashins, akanea) ahorow no nyinaa di nhwɛanim fa.

| Yɛfrɛ baabi a waya abiɛsa ana pii a karent fa mu no hyia no sɛ wayapɔw. |

Kae sɛ yenni waya pɔw wɔ nnidiso sɛɛkuyit biara mu, efisɛ waya abiɛsa nntumi nnhyia wɔ nnidiso sɛɛkuyit bi mu baabiara.

VOLTAGE, KARENT NE RESISTANS NSUSUW WƆ NHWƐANIM SƐƐKUYIT MU
Voltage nsusuw

Esiane sɛ adesoa biara wayas no kyekyere pɔw baako no nti, voltage a ɛyɛ pɛ na ɛfa nnesoa ana mashins no nyinaa mu. Ne saa nti, **voltage yɛ pɛ wɔ paralɛl sɛɛkuyit no mu baabiara**.

Karent nsusuw wɔ nhwɛanim (paralɛl) sɛɛkuyit mu

Karent a ɛfa adesoa biara mu no gyina ne resistans so. Ne saa nti, adesoa bi resistans dodow na ɛkyerɛ karent dodow a etumi fa mu. Ne saa nti, karent dodow a ɛwɔ sɛɛkuyit no mu no kyekyɛ mu ma adesoa biara nya ne de a ɛsono. Yɛde ekuashin a edi so yi na ɛkyerɛ karent dodow a ɛnam nhwɛanim nhyehyɛɛ sɛɛkuyit bi mu.

Karent dodow = Karent kanea 1 **+ Karent** kanea 2 **+ Karent** kanea 3

Resistans wɔ nhwɛanim (paralɛl) sɛɛkuyit mu

Bere a resistans ahorow no redɔɔso wɔ paralɛl sɛɛkuyit bi mu no, na ne **Resistans** ekwivalent ana **Resistans** nsiananmu no dodow nso reyɛ ketewa.

Yɛde ekuashin a edi so yi na ɛhwehwɛ resistans dodow a ɛwɔ nhwɛanim sɛɛkuyit bi mu.

$$\frac{1}{R_{nsiananmu}} = \frac{1}{R_1} + \frac{1}{R_2} + \frac{1}{R_3} \quad ....$$

Sɛ yɛhwɛ saa ekuashin yi a, ɛkyerɛ yɛn sɛ paralɛl sɛɛkuyit biara mu **Resistans nsiananmu (ana Resistans ekwivalent)** no yɛ ketewa sen resistans a ɛwɔ mashin baako ana adesoa baako biara mu no.

Nhwɛanim (paralɛl) sɛɛkuyit mu voltage nyinaa yɛ pɛ (P V YƐ PƐ)

$$\frac{1}{R_{nsiananmu}} = \frac{1}{R_1} + \frac{1}{R_2} + \frac{1}{R_3} + ...$$

Mfatoho Nsɛmmisa:

1). Elɛktrik sɛɛkuyit bi nhyehyɛɛ ma bɔlb bi a ne resistans yɛ 3.0 Ω ɛlɛktrikal moto bi a ne resistans yɛ 6 Ω ne adetow ayɔn bi a ne resistans yɛ 18 Ω di nhwɛanim. Kyerɛ ekwivalent resistans a ɛwɔ sɛɛkuyit no mu.

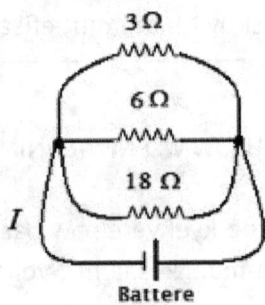

Adekyerɛ 21-2: Mmuae a ɛfa asɛmmisa yi ho. Resistans a edi nhwɛanim

Mmuae:
Yɛnfa no sɛ R_1 yɛ 3 ohms, R_2 yɛ 6 ohms na R_3 yɛ 18 ohms.
Paralɛl sɛɛkuyit resistans mmara kyerɛ sɛ:

$$\frac{1}{R_{ekwivalent}} = \frac{1}{R_1} + \frac{1}{R_2} + \frac{1}{R_3} = \frac{1}{3} + \frac{1}{6} + \frac{1}{18}$$

$$\frac{1}{R_{ekw}} = \frac{18}{10} = 1.8\ \Omega$$

Hwɛ sɛ ekwivalent resistans (1.8 ohms) no dodow yɛ ketewa sen resistans a ɛyɛ ketewa koraa (3 ohms) wɔ sɛɛkuyit no mu no.

2). Ɔdan bi mu akanea, televishin ne radio nhyehyɛɛ na edi so wɔ Adekyerɛ 21-3 so yi. Voltage a ɛnam mu no yɛ 40V. Kyerɛ karent a ɛnam resistans biara mu ne karent a ɛnam sɛɛkuyit no nyinaa mu.

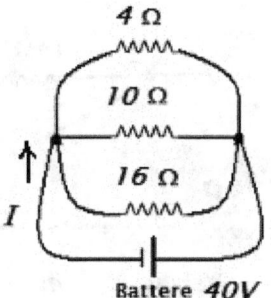

Adekyerɛ 21-3: Nhwɛanim sɛɛkuyit a ɛfa asɛmmisa #2 yi ho.

Mmuae:
Esiane sɛ ɛyɛ paralɛl sɛɛkuyit no nti, voltage a ɛnam sɛɛkuyit no mu baabiara no yɛ pɛ. Ne saa nti, yɛde Ohm mmara kyerɛ sɛ: I = V/R

$I(4\,\Omega) = \dfrac{40\,V}{4\,\Omega} = 10\,A \qquad I(10\,\Omega) = \dfrac{40\,V}{10\,\Omega} = 4\,A \qquad I(16\,\Omega) = \dfrac{40\,V}{16\,\Omega} = 2.5\,A$

ii). Esiane sɛ karent no mu kyekyɛ wɔ wayapɔw no ho no nti, karent abiɛsa no nyinaa nkabom na ɛnam sɛɛkuyit no nyinaa mu. **I dodow** = 10 A + 4 A + 2.5 A = 16.5A.

3.) Kyerɛ karent a ɛnam saa Adekyerɛ 21-4 A sɛɛkuyit yi battere no mu.

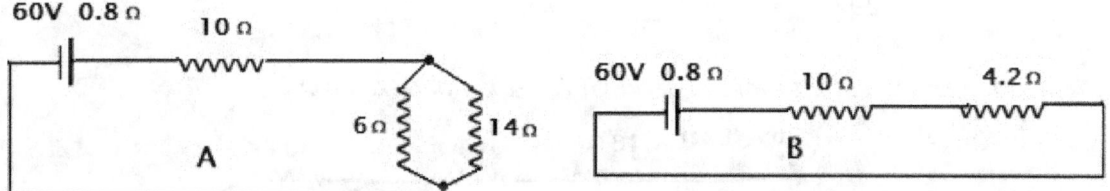

Adekyerɛ 21-4: Nhwɛanim ne nnidiso sɛɛkuyit nhyehyɛɛ a ɛfa asɛmmisa #3 ho.

Mmuae:
Resistans 6 ohms ne 14 ohms no di nhwɛanim yɛ paralɛl nhyehyɛɛ. Ne saa nti, wɔn resistans nsiananmu R1 yɛ:

$\dfrac{1}{R_1} = \dfrac{1}{6\,\Omega} + \dfrac{1}{14\,\Omega}$ anasɛ $R_1 = 4.2\,\Omega$

Ne saa nti yɛtumi drɔɔ sɛɛkuyit no sɛnea yehu wɔ Adekyerɛ 21-4 B so no. Eyi ma resistans no nyinaa yɛ series, ma yɛn sɛɛkuyit no nyinaa resistans nsinananmu a ɛyɛ
R dodow = 10 Ω + 4.2 Ω + 0.8 Ω = 15.0 Ω
Ohm mmara kyerɛ sɛ V = I/R
Ne saa nti $I = \dfrac{60\,V}{15\,\Omega} = 4\,A.$

4). Kyerɛ karent a ɛnam Adekyerɛ 21-5 sɛɛkuyit yi battere no mu.

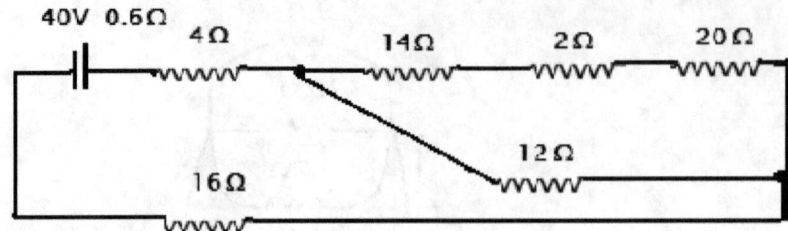

Adekyerɛ 21-5: Sɛɛkuyit nhyehyɛe a ɛfa asɛmmisa #4 ho.

Nea edi kan no, resistans 14 Ω , 2 Ω ne 20 Ω no yɛ nnidiso (series) nhyehyɛe, enti wɔn resistans nsiananmu yɛ $R_1 = 14 Ω + 2 Ω + 20 Ω = 36 Ω$

Nea ɛto so abien, saa resistans R1 yi ne 12 Ω no di nhwɛanim (paralɛl) enti wɔn nsiananmu resistans R2 yɛ:

$$\frac{1}{R_2} = \frac{1}{36} + \frac{1}{12} = \frac{4}{36} \quad \text{a ɛma yɛn } R_2 = 9\,Ω$$

Resistans anan a aka no nyinaa yɛ nnidiso nhyehyɛe, enti wɔn dodow yɛ
$R_3 = 0.6 Ω + 4.0 Ω + 9 Ω + 16 Ω = 29.6 Ω$
Ne saa nti, battere no karent yɛ:
$$I = \frac{40V}{29.6} = 1.35\,A$$

5) Kyerɛ karent a ɛnam saa sɛɛkuyit (21-6) yi battere no mu.

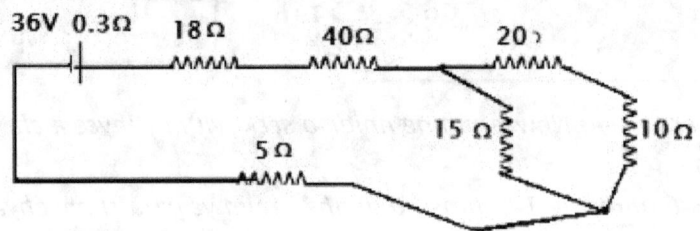

Adekyerɛ 21-6: Sɛɛkuyit nhyehyɛe a ɛfa asɛmmisa #5 ho

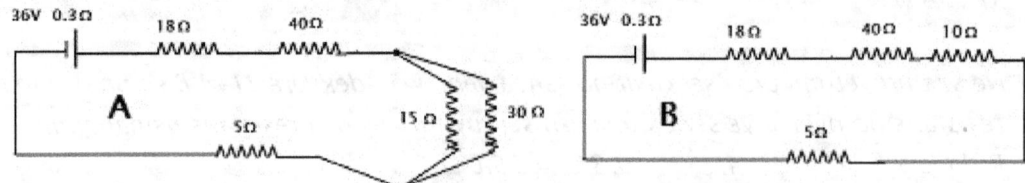

Adekyerɛ 21-6B: Nhyehyɛe foforo a ɛfa Adekyerɛ 21-6A ho.

i) Nea edi kan no, resistans 10 Ω ne 20 Ω no yɛ nnidiso nhyehyɛe enti wɔn nsiananmu resistans R_1 no yɛ $10 Ω + 20 Ω = 30 Ω$.

ii) Saa R_1 (30 ohm) yi ne 15 ohm resistans no di nhwɛanim enti wɔn nsiananmu resistans R_2 no yɛ:

$$\frac{1}{R_2} = \frac{1}{30} + \frac{1}{15} = \frac{3}{30} \quad \text{a ɛma yɛn } R_2 = 10\,\Omega$$

iii) Saa R2 yi nso ne 40 ohm resistans no yɛ nnidiso nhyehyɛɛ, enti wɔn nsiananmu resistans R_3 yɛ $40\,\Omega + 10\,\Omega = 50\,\Omega$

iv) Afei, R_3 yi ne 18 ohm resistans yi di nhwɛanim enti wɔn nsiananmu resistans R4 no yɛ

$$\frac{1}{R_4} = \frac{1}{50} + \frac{1}{18} = \frac{43}{450} \quad \text{a ɛma yɛ } R_4 = 10.5\,\Omega$$

v) Saa R_4 yi ne resistans a aka no nyinaa 0.3 ohm ne 5 ohm no yɛ nnidiso enti resistans dodow a ɛwɔ sɛɛkuyit no mu no nyinaa R dodow no yɛ:

$$R\text{ dodow} = 0.3\,\Omega + 10.5\,\Omega + 5 = 15.8\,\Omega$$

Esiane sɛ battere no voltage yɛ 36 V no nti, Ohm mmara ma yɛn:

$$I = \frac{V}{R} = \frac{36\,V}{15.8\,\Omega} = 2.3\,A$$

6). Hwɛ Adekyerɛ 21-7 a edi so yi na kyerɛ karent a ɛfa resistans biara mu. (b) San kyerɛ karent dodow a efi battere no mu.

Mmuae:

1. Esiane sɛ ɛyɛ paralɛl sɛɛkuyit no nti, voltage a ɛfa resistans no mu no nyinaa yɛ pɛ. Ne saa nti:

$$I_1 = V/R = 50\,V/4\,\Omega = 12.5\,A$$
$$I_2 = V/R = 50\,V/10\,\Omega = 5\,A$$
$$I_3 = V/R = 50\,V/16\,\Omega = 3.1\,A$$

Ne saa nti, karent dodow a efi battere no mu no nyinaa yɛ 12.5A + 5A + 3.1 A = 20.6 A

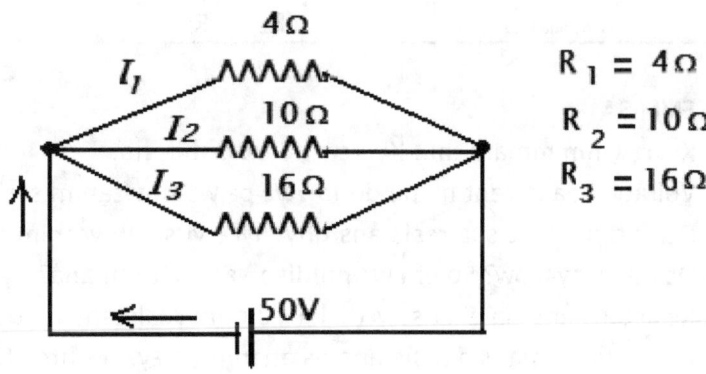

Adekyerɛ 21-7: Sɛɛkuyit nhyehyɛɛ a ɛfa asɛmmisa #6 ho.

Afei, ɛsɛsɛ yehu sɛɛkuyit no nyinaa resistans nsiananmu (ana resistans ekwivalent). Esiane sɛ ɛyɛ paralɛl sɛɛkuyit no nti,

$$\frac{1}{R_{ekwivalent}} = \frac{1}{R_1} + \frac{1}{R_2} + \frac{1}{R_3} = \frac{1}{4} + \frac{1}{10} + \frac{1}{16}$$

$$\frac{1}{R\ ekwivalent} = \frac{20 + 8 + 5}{80} = \frac{33}{80}$$

$$R\ ekwivalent = \frac{33}{80} = 2.42\ \Omega$$

Ohm mmara kyerɛ sɛ I = V/R = 50 V/2.42 Ω = 20.6 A

> **Kae sɛ:** Ekwivalent Resistans din foforo ne Resistans nsiananmu

Paralɛl sɛɛkuyit ho mfaso

Yenim sɛ, bere biara a nnidiso sɛɛkuyit nhyehyɛe bi mu kanea baako dum no, sɛɛkuyit no mu akanea nyinaa dundum. Ne saa nti, obiara mpɛ sɛ ne fi mu ɛlɛktrisiti gyina nnidiso sɛɛkuyit so. Eyi ma yɛde nhwɛanim sɛɛkuyit na ɛyɛ ofi biara mu ɛlɛktrisiti nhyehyɛɛ. Adan mu akanea ne ɔfasu ho plugs no nyinaa yɛ paralɛl sɛɛkuyit nheyhyɛe.

NKAEBƆ

Nea ɛsɛsɛ yehu wɔ paralɛl sɛɛkuyit ho no ne sɛ:

1. **Voltage** a ɛnam sɛɛkuyit no mu no baabiara no yɛ pɛ.
2. **Karent** a ɛnam sɛɛkuyit no mu no di nkyekyɛmu wɔ wayapɔw no hɔ.
3. **Karent** dodow a ɛkɔ sɛɛkuyit no mu no ara dodow na efi sɛɛkuyit no mu. Ne saa nti: *I dodow = I1 + I2 + I3*
4. Yɛde ekuashin a edi so yi na ɛkyerɛ paralel sɛɛkuyit bi **Resistans nsiananmu:**

$$\frac{1}{R_{nsiananmu}} = \frac{1}{R_1} + \frac{1}{R_2} + \frac{1}{R_3} + \ldots$$

NSƐMMISA

1. Kyerɛ Ohm mmara mu. Kyerɛw ne ekuashin no.
2. Voltage ana karent na ne dodow yɛ pɛ wɔ nhwɛanim sɛɛkuyit mu?
3. Dɛn nti na yɛfrɛ saa resistans nhyehyɛe yi sɛ nhwɛanim sɛɛkuyit?
4. Dɛn ne wayapɔw? So ebi wɔ nnidiso sɛɛkuyit mu ana? Kyerɛ wo mmuae no mu.
5. Resistans ahe na ehia sɛ yɛde ka 12 ohm resistans ho de yɛ nhwɛanim sɛɛkuyit na atumi ama yɛn resistans nsiananmu a ɛyɛ 4 ohms (6 Ohms)
6. Ɛsɛsɛ yɛde 40 ohm resistors pii bi keka ho ma yenya 15 Amps karent fi 120 V battere bi mu. Resistors ahe na yebehia?
7. Hwehwɛ resistans nsiananmu ma sɛɛkuyit bi a ɛde 4 ohms ne 8 ohms yɛ nhwɛanim nhyehyɛe (2.7 Ohms).

TIFA 22: PAWA, RESISTANS NE RESISTIVITI

Resistans mashins, reostat

Sɛ yɛhyɛ da de waya bi hyɛ ɛlɛktrik sɛɛkuyit bi mu de ma resistans wɔ sɛɛkuyit no mu a, yɛfrɛ saa waya no **resistor**.

Mpɛn pii no, esiane sɛ waya resistor no siw karent no ano nti, ɛma waya no ho dɔ. Yetumi de saa waya a ɛho adɔ yi nnoa nnuan, nsu ne nneɛma pii. Eyi ma yenya resistors ho mfaso. Sɛ yɛpɛ sɛ yetumi sesa karent dodow a yesiw ano no nso a, yɛde resistors ahorow bi hyehyɛ sɛɛkuyit no mu.

Saa resistors yi mu baako a etumi ma yɛn resistans ahorow no yɛ reostat. Eyi yɛ kondukta waya tenten a wɔabobɔw afa dade silinda bi ho. Yɛde reostat no dade-safe bi twiw fa waya a wɔabobɔw no ho ma ɛkyerɛ resistans waya dodow a karent fa mu Sɛ yɛma karent fa waya pii mu a, yenya resistans bebree wɔ sɛɛkuyit no mu. Sɛ yɛma karent fa waya kakraa bi mu a, yɛnya resitans kakraa bi pɛ. (Adekyerɛ 22-1).

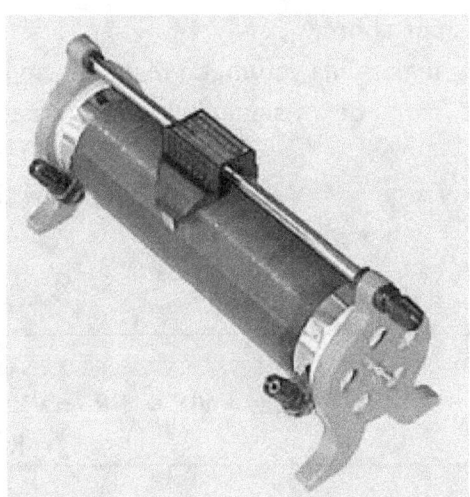

Adekyerɛ 22-1: Reostat mu resistans gyina waya dodow a yɛma karent fa mu no so.

ADWUMA

Yetumi de ɛlɛktrisiti a ɛnam ɛlɛktrik sɛɛkuyit bi mu no yɛ adwuma ma yenya ho mfaso. Yesusuw adwuma a yenya fi ɛlɛktrik sɛɛkuyit bi mu no dodow sɛ voltage taems kyaagye dodow a ɛnam sɛɛkuyit no mu.

Adwuma [W] = Voltage x Kyaagye

Yɛkyerɛw no sɛ: $W = V \times q$ bere a:

- W yɛ adwuma no dodow
- V yɛ voltage wɔ volts mu, na
- q yɛ kyaagye no dodow.

PAWA

Pawa yɛ adwuma a ade bi yɛ wɔ bere pɔtee bi mu. Ne saa nti yɛkyerɛ Pawa ase sɛ adwuma nkyɛmu bere (a ade no de yɛɛ saa adwuma ko no).
Eyi ma yɛn:

$$\text{Pawa} = \frac{\text{adwuma}}{\text{bere}} = \frac{W}{t} \quad \text{bere a:}$$

.. a t yɛ bere ana taem a ade bi de yɛɛ saa adwuma no.
Esiane sɛ adwuma nkyerɛase yɛ W = V x q no nti, yetumi kyerɛ Pawa ase sɛ:

$$\text{Pawa} = \frac{\text{adwuma}}{\text{bere}} = \frac{W}{t} = \frac{V \times q}{t}$$

Esiane sɛ yetumi kyerɛ ase sɛ I = q/t no nti, yetumi kyerɛ Pawa (P) sɛ:

$$P = V \times I = VI$$

Ne saa nti, Pawa yɛ voltage taems karent dodow a ɛnam sɛɛkuyit bi mu.

Pawa ekuashins ahorow

Kae sɛ Ohm mmara ma yetumi de resistans ne karent kyerɛkyerɛ voltage ase (V= IR). Ne saa nti, yetumi de V nsiananmu yeyɛ Pawa ekuashins no nyinaa.

$$P = V \times \frac{q}{t} = V.I = [IR] \times I = I^2R \quad \text{(yeyi V fi mu), anasɛ:}$$

$$P = VI = V \cdot V/R = \frac{V^2}{R} \quad \text{(yeyi I fi mu).}$$

> **Ne tiatia mu no:**
> $$\text{Pawa} = VI = I^2R = \frac{V^2}{R}$$

Sɛ yɛde karent fa waya bi mu a, waya no tumi dɔ. Yɛaka dedaw sɛ, ɛtɔ da bi a, saa ɔhyew yi ho wɔ mfaso. Yetumi de waya a adɔ no nnoa nnuan anasɛ yetumi de ma ɔdan mu yɛ hyew de tu ɔdan no mu awɔw.

Ne saa nti, ehia sɛ yetumi hwehwɛ ɔhyew dodow a waya bi yi adi bere a karent nam mu no. Yɛde saa pawa ekuashins a yɛahu yi na ɛkyerɛ saa ɔhyew dodow a waya no hwere no.

Yebu Pawa dodow wɔ **watt** (W) mu. Watt apem ma yɛn Pawa kilowatt baako (**kW**).

Sɛ yɛfa Pawa kilowatt baako dɔnhwerew baako a, yenya kilowatt dɔnhwerew. Watt, kilowatt ne yunits ahorow bi ntotoho na edi so yi:

1 watt = 1 J/sekond = 0.239 kalori/sekond = 0.738 ft.lb/sekond
1 kW = 1.341 hp = 56.9 Btu/simma
1 hp = 746 watt = 33000 ft.lb/simma = 42.4 Btu/simma

1kWh = 1 kilowatt dɔnhwerew = 1000 watt dɔnhwerew

Waya mu resistans gyina nneɛma abiɛsa bi so

Resistans a ɛwɔ waya biara mu no gyina nneɛma abiɛsa bi so. Eyi ne:
- waya dade no suban
- waya no (anim tɛtrɛɛ) kɛse ana ne ketewa tebea
- waya no tenten.

Waya dade no suban

Nnade ahorow nyinaa wɔ tumi bi a ɛma ɛlɛktrisiti fa mu ntɛmntɛm ana nyaa. Saa tumi yi na ɛma waya bi yɛ kondukta papa, na ebi nso yɛ kondukta bɔne. Dade bi a ɛlɛktrisiti tumi fa mu ntɛmntɛm mu, na ensiw ne kwan no yɛ kondukta papa. Dade bi ɛlɛktrisiti nntumi mfa mu pii biara, na esiw ɛlɛktrisiti no kwan no yɛ kondukta bɔne.

Kɔpa waya tumi ma ɛlɛktrisiti fa mu yiye a ensiw ne kwan biara; kɔpa yɛ kondukta papa. Ɛlɛktrisiti tumi fa ayɔn ne aluminium mu, nanso ɛnyɛ ntɛmntɛm te sɛ kɔpa ana sika dwetɛ. Ne saa nti, yehia nimdeɛ a ɛfa sɛnea ɛlɛktrisiti fa nnade ahorow nyinaa mu, ne resistans a saa dade no de siw ɛlɛktrisiti ano.

Yɛfrɛ saa nimdeɛ a ɛkyerɛ sɛnea ɛlɛktrisiti tumi fa dade bi mu ne resistans a saa dade no de siw ɛlɛktrisiti no ano no sɛ **resistiviti**. Nnade ahorow bi resistiviti na yehu wɔ Ɔpon 22-1 so no. Esiane sɛ resistiviti nso gyina tɛmpirekya so no nti, ehia sɛ yɛkyerɛ tempirekya ko a yesusuw dade biara resistiviti.

Ade	Resistiviti Ω·m (wɔ 293K)	T koefishient [K^{-1}]	Ade	Resistiviti (wɔ 293K)	T koefishient [K^{-1}]
Silva	1.59×10^{-8}	0.0038	Nikel	6.99×10^{-8}	0.006
Kɔpa	1.68×10^{-8}	0.0039	Ayɔn	1.0×10^{-7}	0.005
Sika kɔkɔɔ	2.44×10^{-8}	0.0034	Platinum	1.06×10^{-7}	0.004
Aluminium	2.82×10^{-8}	0.0039	Tin	1.09×10^{-7}	0.0045
Kalsium	3.36×10^{-8}		Lɛɛd	2.2×10^{-7}	0.0039
Tungsten	5.60×10^{-8}	0.0045	Merkuri	9.8×10^{-7}	0.0009
Zink	5.90×10^{-8}	0.0037	Glaas	10^{10} to 10^{14}	

Ɔpon 22-1: Nneɛma bi resistiviti dodow ne wɔn tempirekya koefishient

Waya no ani tɛtrɛtɛ tebea (waya no kɛse ana ne ketewa tebea).

Waya a ɛyɛ kɛse no ma ɛlɛktrisiti fa mu ntɛmntɛm sen waya a ɛyɛ ketewa. Sɛ ɛlɛktrisiti a ɛdɔɔso yiye nam waya ketewa bi mu a, etumi ma waya no dɔ mmoroso, ma etumi nan saa dade no mpo. Ne saa nti, yenim sɛ resistans a ɛwɔ waya biara mu no gyina waya no kɛse ana ne ketewa tebea so.

Yɛde waya biara ano ntrɛw na esusuw ne kɛse ana ne ketewa. Esiane sɛ waya ano ayɛ sɛ sɛɛkel no nti, yɛde waya no ani tɛtrɛtɛ na ɛkyerɛ waya biara kɛse ana ne ketewa tebea. Yenim dedaw sɛ yesusuw ani tɛtrɛtɛ sɛ:

Ani tɛtrɛtɛ = πr^2 = a ɛyɛ 3.14 . r^2 mita², bere a r yɛ waya no radius.

Waya no tenten

Bere a waya bi reyɛ tenten no, na ne resistans nso redɔɔso. Ne saa nti, waya tenten resistans a ɛwɔ mu no wɔ dɔɔso sen waya tiatia de.

RESISTIVITI NKYERƐASE
Ekuahsin a yɛde bu resistiviti ho nkontaa

Yɛnfa no sɛ waya bi a ne tenten yɛ L, na ani ntrɛwmu tɛtrɛɛ yɛ A wɔ resistans a ɛyɛ R. Yɛde ekuahsin a edi so yi na ɛkyerɛ ne resistiviti (yɛfrɛ ρ sɛ roo).

$$R = \frac{\rho L}{A}$$ bere a:

.. ρ yɛ resistiviti
.. L yɛ waya no tenten wɔ mita mu
...A yɛ waya no anim tɛtrɛɛ.

Saa ekuashin yi ma yehu sɛ, resistiviti, ρ nso yɛ:

$$\rho = \frac{RA}{L} \text{ ohm} . m^2/m = \text{ohm mita}$$

Resistiviti yunits

Esiane sɛ yɛ Resistans wɔ ohm mu, anim tɛtrɛɛ wɔ mita skwɛɛ mu, na waya no tenten wɔ mita mu no nti, resistiviti yunits yɛ: ohm mita²/mita. Eyi ma yɛn resistiviti yunits wɔ **ohm mita** mu.

Resistans ne Tempirekya ntotoho ana sɛnea tempirekya sesa resistans

Yɛnfa no sɛ yɛwɔ waya bi a ne mfiase resistans yɛ R_o wɔ mfiase tempirekya bi a ɛyɛ T_o mu.

Afei yɛnfa no sɛ waya no tempirekya sesa kɔ tempirekya foforo a ɛyɛ T_f mu.

Ntotoho ekuashin a ɛfa tempirekya ahorow ne waya resistans nsesae ho no kyerɛ sɛ:

$$R_f = R_o + \alpha R_o (T_f - T_o)$$ bere a:

..R_f yɛ resistans foforo
...R_o yɛ mfiase resistans
...T_f yɛ tempirekya foforo
...T_o yɛ mfiase tempirekya, na
...α yɛ saa waya no tempirekya resistans koefishient (ne yunits yɛ K^{-1} ana C^{-1})

Resistiviti ne tempirekya ntotoho ana sɛnea tempirekya sesa resistiviti

Tempirekya sesa waya biara resistiviti. Yɛnfa no sɛ waya bi mfiase resistiviti yɛ ρ_o wɔ mfiase tempirekya, T_o bi mu. Afei yɛnfa no sɛ waya no tempirekya sesa kɔ tempirekya foforo T_f mu. Yɛde ekuashin a edi so yi na ɛkyerɛ waya no resistiviti foforo, ρ no.

$$\rho = \rho + \alpha \rho_o (T_f - T_o) \quad \text{bere a:}$$

.. ρ yɛ resistiviti foforo no
.. ρ_o yɛ mfiase resistiviti
.. T_o yɛ mfiase tempirekya no
.. T_f yɛ tempirekya foforo no
.. α yɛ waya no tempirekya resisitans koefishient pɔtee bi (yunits: K^{-1} ana C^{-1}.)

NSƐMMISA

1. Dɛn ne Pawa? Ne yunits yɛ dɛn?
2. Dɛn ne reostat? Kyerɛ ne yɛbea.
3. Resistans a ɛwɔ waya bi no mu no dodow gyina nneɛma bɛn so?
4. Dɛn ne resistiviti?
5. Sɛ yɛde bɔlb bi a ɛyɛ 60 watt hyɛ 110V sɛɛkuyit mu a, kyerɛ karent dodow a ɛtwe (0.50 A)
6. Adetow dade bi a ɛtwe karent 5.0 A wɔ 20 Ω resistans. Kyerɛ ɔhyew ahoɔden wɔ joules mu a yenya wɔ 30 sekonds mu (15kJ)
7. Sɛ yɛde waya bi kyekyere battere bi a ɛyɛ 20V a,, yenya 800 kaloris pɛɛ sekond. Hwehwɛ ne resistans (0.12 ohms).
8. Sesa Joule baako kɔ kaloris mu.

TIFA 23: MAGNETS NE MAGNETISIM

Twi **Brɔfo**

Armakya **armature**
(ayɔn dade silinda bi a waya pii bi kyekyere ho na yɛde yɛ ɛlɛktrik motos)

Domain **domain**
[ayɔn nnade mu atoms kuw bi a wɔn mu biara ani kyerɛ faako)

Ɛlɛktron kyinkyimho **electron spin**
(ɛlɛktron ntwitwaho a ɛfa nifa ana benkum so)

Ɛlɛktron revolushin **ɛlɛktron revolution**
(ɛlɛktron akwantu wɔ ne shɛɛl mu a ɛfa nukleus no ho san besi n'anan mu bio)

Galvanomita **galvanomita**
(ade bi a yɛde susuw karent nketewa (milliamps) dodow)

Magnet **magnet**
[dade bi a etumi twetwe ayɔn dade de bɛn ne ho]

Magnet fɔɔso nhyehyɛɛ **magnetic field**
[baabi a magnet bi kyerɛ n'atenka ne n'ahoɔden]

Magnet

    Afebɔɔ magnet **permanent magnet**
[dade bi a anya magnet fɔɔso nhyehyɛɛ, na etumi kura saa fɔɔso nhyehyɛɛ yi ma ɛkyɛ]

    Ɛnkyɛ magnet **temporary magnet**
[dade bi a anya magnet fɔɔso nhyehyɛɛ ahoɔden afi magnet foforo bi a wɔde abobɔ ho kakra mu, na anya magnet tumi kakraa bi]

Nhyɛnmu

    Magnets ho nimdeɛ asesa adasamma pii wiase mu asetra ama wɔanya ahotɔ ne ahonya. Sɛ ɔman biara bɛyɛ yiye a, ehia sɛ ammanifo yeyɛ mashins de yeyɛ nnwuma. Magnets ne ɛlɛktrisiti na wɔde yɛ mashins a yɛde yeyɛ nneɛma pii ntɛmntɛm wɔ faktoris biara mu no.

Magnets fibea

    Bɛyɛ mfe 2000 ni na Grikifo bi huu sɛ ɔbo bi a wɔfrɛ no '**lodestone**' a wonya fi wɔn borɔn **Magnesia** so no tumi twetwe ayɔn nnade benbɛn ne ho. Bɛyɛ afe 1200 mu no, Kyainafo bi de saa ɔbo **lodestone** yi bi yeyɛɛ ade bi a wɔfrɛ no 'kompass' de boaa wɔn po so akwantu, efisɛ saa kompass yi tumi kyerɛ Asase Atifi ne n'Anafo.

    Bɛyɛ afe 1600 mu na Engiresini bi a wɔfrɛ no Gilbert kyerɛɛ sɛ, bere biara a wɔde **ayɔn** dade bɛtwerɛtwerɛw saa ɔbo lodestone yi bi ho no, ayɔn dade no nso tumi twetwe dade ayɔn foforo benbɛn ne ho. Esiane sɛ saa ɔbo yi fibae yɛ Grikifo

Magnesia borɔn so no nti, wɔfrɛɛ saa ɔbo yi **magnet**. Saa ɔbo yi nneyɛɛ nso, wɔde din **magnetisim** maa no.

Saa Gilbert yi san kyerɛɛ sɛ Kyainafo kompass biara paane a ɛwɔ so no de n'ani baako kyerɛ Asase Atifi, na n'ani a aka no nso kyerɛ Asase Anafo bere biara, efisɛ asase a yɛte so yi nso wɔ magnet tebea.

Afe 1750 mu no Engiresini foforo bi a wɔfrɛ no Mikyell kyerɛɛ sɛ magnet biara wɔ **ano** abien [ana **pols**] a wodi mmara pɔtee bi so. Ɛno akyi, Sayenseni Oersted a ofi Dɛnmak kyerɛɛ sɛ ɛlɛktrisiti ne magnetisim yɛ abusuafo. Ankyɛ biara, na Frenkyeni bi a wɔfrɛ no Ampere kyerɛɛ sɛ ɛlɛktrisiti karent nyinaa fi magnets mu. Eyi ne nimdeɛ a ɛho mfaso ama amansan atumi ayeyɛ mashins nyinaa nnɛ da yi, ama wɔanya wɔn ho yiye yi.

Magnet Fɔɔso nkyerɛase ne ne Fibea

Kae sɛ Koulomb mmara akyerɛ dedaw sɛ kyaagye patikils abien bi a esisi baabi no wɔ ɛlɛktrik fɔɔso nhyehyɛɛ bi wɔ wɔn ntam. Yenim nso sɛ saa kyaagyes yi tumi ma ɛlɛktrik Fɔɔso bi a ne dodow gyina wɔn kyaagyes no, ne kwandodow a ɛda wɔn ntam no so.

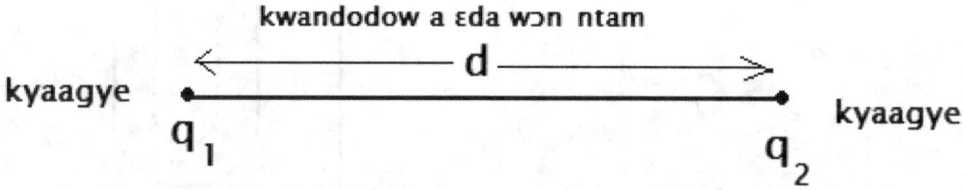

Yenim bio sɛ Koulomb de ekuashin a edi so yi na ɛkyerɛɛ ɛlɛktrik fɔɔso a kyaagyes abien a esisi baabi no yi adi:

$$F = \frac{K q_1 q_2}{d}$$ bere a:

.. F yɛ ɛlɛktrik Fɔɔso no
... q_1 ne q_2 yɛ ɛlɛktrik kyaagyes no, na
... d yɛ kwandodow a ɛda wɔn ntam.

Nanso Koulomb mmara no nnyi anokwasɛm no nyinaa adi. Koulomb mmara no fa kyaagyes a esisi hɔ pɛ ho. Sɛ kyaagye patikils no fi akwantu ase a, wɔn akwantu no sesa ɛlɛktrik kyaagye fɔɔso nhyehyɛɛ a ɛda wɔn ntam no yiye. Ne saa nti, yetumi nya fɔɔso foforo bi a efi saa **kyaagye patikils yi akwantu** so a yɛfrɛ no **magnet fɔɔso**.

Saa magnetik fɔɔso yi fi saa kyaagye patikils yi akwantu mu a ɛno nso gyina ɛlɛktrons so saa ara. Ne saa nti, **ɛlɛktrik kyaagye fɔɔso** ne **magnet fɔɔso** yɛ abusuafo a wɔn nyinaa agya ne **ɛlɛktromagnetisim** (ɛlɛktrisiti ne magnetisim nkabom).

ɛlɛktrik fɔɔso = fɔɔso a efi kyaagye patikils a esisi baabi no so.

---

magnet fɔɔso = fɔɔso a efi kyaagye patikils a ɛretu kwan so.

Magnets ano anasɛ Magnet Pols

Sɛ obi fa magnet teateaa bi, na ɔde asaawa kyekyere mfinimfini na ɔde sɛn baabi ma ɛtentɛn wim a, magnet no ano baako dan ne ho de n'ani kyerɛ Asase Atifi. Ano a aka no de n'ani kyerɛ Asase Anafo. Yenim dedaw sɛ asase a yɛte so yi ankasa yɛ magnet a ɛwɔ atifi ne anafo pols. Ne saa nti, magnet no ano a ɛkyerɛ atifi no din de **atifi-hwehwɛ pol**; ano a ɛkyerɛ anafo no nso yɛ **anafo-hwehwɛ pol**. Pol fi brɔfo kasa mu a ɛkyerɛ ano. Yetwitwa eyi sin frɛ wɔn **atifi pol [N]** ne **anafo pol [S]**.

Sɛ yɛkoa magnet bi a ɛyɛ teateaa mu, no mu ma ano abien no benbɛn wɔn ho a, yenya nea yɛfrɛ no U-magnet a ano abien no baako kɔ so yɛ atifi pol na nea aka no so kɔ so yɛ anafo pol.

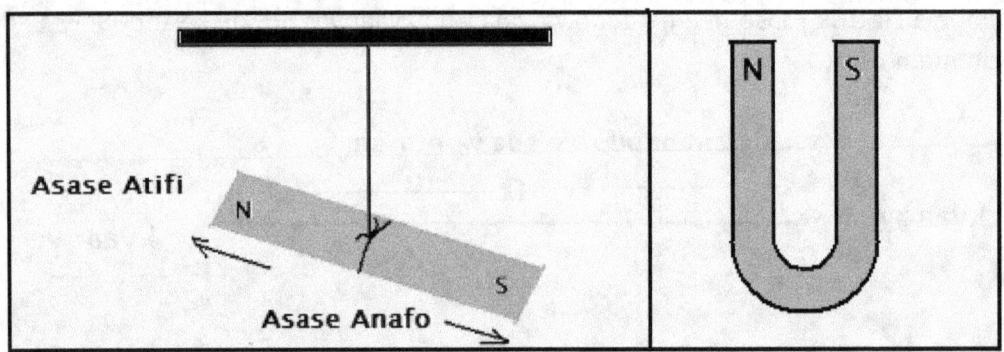

Adekyerɛ 23-1: Sɛ yɛde magnet teateaa bi sɛn asaawa so a, ɛde n'ano abien no kyerɛ asase Atifi (N) ne Anafo (S). Nifa so: Magnet a yɛakoa mu no nso san wɔ pols abien; atifi ne anafo.

Nimdeɛ ahorow kyerɛ sɛ bere biara a yɛde magnet ano baako a yɛfrɛ no **atifi pol** (N) no bɛn magnet foforo bi **atifi pol** (N) ho no, yehu sɛ magnet no twitwiw fi wɔn ho denneenen. Sɛ yɛde **anafo pol** no bɛn **atifi pol** no ho a, yehu sɛ magnet no twitwiw benbɛn wɔn ho ntɛmntɛm.

Ne saa nti, magnet biara atifi pol no pere kɔ anafo pol no ho; anafo pol no nso twitwiw bɛn atifi pol no ho. Eyi ma yenya magnet mmara bi a ɛkyerɛ sɛ: "pols a wɔsesɛ no kyi wɔn ho, pols a wɔnsesɛ no twetwe benbɛn wɔn ho."

Pols a ɛnnsesɛ no twitwiw benbɛn wɔn ho; Pols a ɛsesɛ no guanguan fi wɔn ho.

Magnet biara atifi pols ne anafo pols no nnesa da. Sɛ obi fa magnet teateaa bi na ɔkyɛ mu abien a, obenya magnets abien a wɔn mu biara wɔ n'ankasa atifi pol ne n'anafo pol.

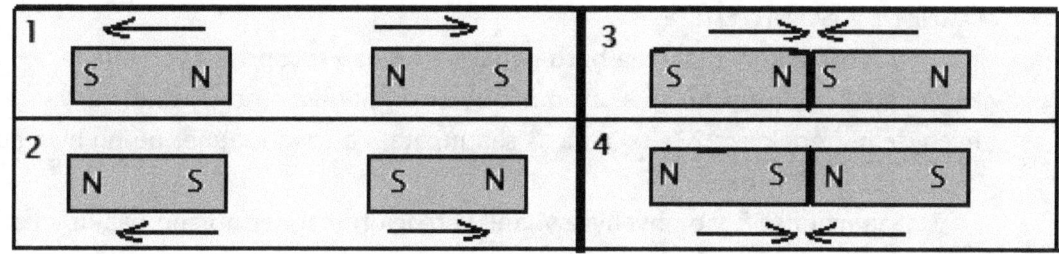

Adekyerɛ 23-2: Magnet mmara kyerɛ sɛ: Atifi pol kyi atifi pol; anafo pol kyi anafo pol. Atifi pol pɛ anafo pol; anafo pol pɛ atifi pol.

Sɛ onii no kɔ so kyekyɛ magnet no mu kosi ahe koraa a, magnet nketenkete a obenya no mu biara bɛkɔ so anya n'atifi pol ne n'anafo pol. Eyi betumi akɔ so akosi sɛ yebedu saa element no atom so. Atom no ankasa koraa wɔ atifi pol ne anafo pol saa ara.

Magnetisim Fibea

Kae sɛ ɛlɛktrik kyaagye a etu kwan na ɛma magnetisim. Nanso yetumi bisa se saa magnetisim yi fi he?

Kɛmistri nimdeɛ kyerɛ sɛ ɛlɛktrons a ɛwɔ atom biara mu no **kyinkyim** wɔn ho bere biara wɔ baabi a wɔwɔ no. Bio nso, ɛlɛktron biara san de amirika ntɛmntɛm twa kwan fa ne nukleus no ho. Yɛfrɛ saa ɛlɛktron amirikatu a ɛfa nukleus no ho no sɛ **revolushin**. Ɛyɛ saa ɛlɛktrons nneyɛe abien yi, ɛlɛktron **kyinkyimho** ne ɛlɛktron **revolushin** na ɛma magnetisim. Nanso, ɛlɛktron kyinkyimho ne ɛlɛktron revolushin yi, emu hena na ɛyɛ piesie? Oyikyerɛ a ɛfa saa ɛlɛktron nneyɛe abien yi mu no ma yehu sɛ ɛlɛktron kyinkyimho boa ma yenya magnetisim pii sen ɛlɛktron revolushin.

Ne saa nti, ɛlɛktron biara a ekyinkyim ne ho no ma yenya magnet ketewa bi. Sɛ ɛlɛktrons a ɛwowɔ dade bi mu no nkyinkyimho no nyinaa wɔ anikyerɛbea koro a, yenya magnet a emu yɛ den yiye. Sɛ ɛlɛktrons no anikyerɛbea sono a (ebi ani kyerɛ nifa na ebi nso ani kyerɛ benkum a) magnet no ahoɔden twitwa mu; eyi mma yennya magnetisim papa biara. Nneɛma pii wɔ ɛlɛktrons a wɔn nkyinkyimho nni anikyerɛbea baako. Eyi nti na nneɛma pii nnyɛ magnets no.

Mɛtals bi te sɛ ayɔn, nikel ne kobalt wɔ ɛlɛktrons a wɔn nkyinkyimho no nntwitwa mu. Ayɔn wɔ ɛlɛktrons anan a wɔn kyinkyimho magnetisim nntwitwa mu. Saa ara nso na nikel, kobalt ne aluminium wɔ ɛlɛktrons a wɔn kyinkyimho magnetism no nntwitwa wɔn ho wɔn ho mu. Ne saa nti, yɛde ayɔn, nikel, kobalt ne aluminium na ɛtaa yeyɛ magnets.

MAGNET FƆƆSO NHYEHYƐE

Sɛ yɛde magnet teateaa bi to pepa bi ase, na yɛproprow ayɔn nnade nketenkete bi gu pepa no so a, ayɔn nnade no hyehyɛ wɔn ho yiye ma yenya nhyehyɛe bi (Adekyerɛ 23-3). Yɛka sɛ saa mpɔtam a etwa magnet no ho hyia no wɔ **Magnet Fɔɔso Nhyehyɛe**.

Saa magnet fɔɔso nhyehyɛe yi anikyerɛbea fi magnet no ano baako kɔ ano a aka no ho. Saa magnet fɔɔso nhyehyɛe yi sɛ ɛlɛktrik kyaagye nhyehyɛe. Bio, ayɔn nnade no pii boaboa wɔn ho ano wɔ magnet no ano ano. Eyi kyerɛ sɛ magnet no ano na magnet fɔɔso nhyehyɛe no mu yɛ den yiye.

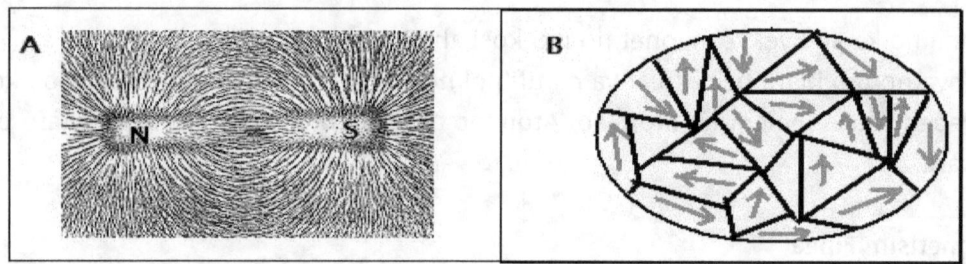

Adekyerɛ 23-3: (A) Magnet fɔɔso nhyehyɛe (N = Atifi, S= Anafo). (B) Magnet domain.

Sɛnea yehuu wɔ ɛlɛktrik kyaagye fɔɔso nhyehyɛe mu no, saa magnet fɔɔso nhyheyɛe yi nso wɔ dodow ne anikyerɛbea. Yɛkyerɛ magnet fɔɔso nhyehyɛe no sɛ baabi a kompass de n'ani kyerɛ. Esiane sɛ **kompass biara de n'ani kyerɛ Asase anafo no nti, yebu magnet fɔɔso nhyehyɛe sɛ wɔn ani fi atifi pol no so de kyerɛ anafo pol no so.** Yetumi de lains kyerɛ saa magnet fɔɔso nhyehyɛe yi. Sɛ lains no bobɔ ho, benbɛn wɔn ho pii a, na magnet fɔɔso nhyehyɛe no mu yɛ den yiye.

Sɛnea yehu ma ɛlɛktrik kyaagyes no, sɛ magnets abien benbɛn wɔn ho a, wɔn magnet fɔɔso nhyehyɛe no dodow ne anikyerɛbea sesa nanso wɔn anikyerɛbea kɔso fi atifi kɔ anafo. Eyi te sɛnea yehu wɔ ɛlɛktrik kyaagyes fɔɔso nhyehyɛe mu no ara pɛ.

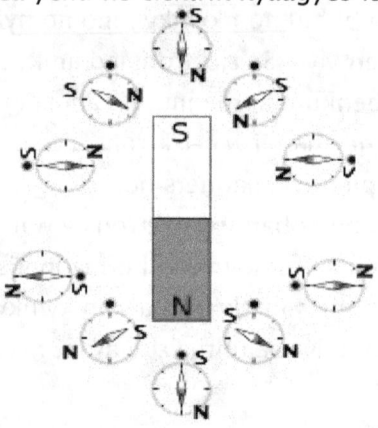

Adekyerɛ 23-4: Sɛ yɛde kompass toto magnet ho a, kompass no yiyi magnet fɔɔso nhyehyɛe bi adi san kyerɛ n'anikyerɛbea.

MAGNET DOMAIN

Ayɔn dade atom biara mu magnet fɔɔso nhyehyɛe mu yɛ den yiye. Eyi ma ayɔn dade atoms yɛ kuw-kuw bi a kuw biara mu atoms no ani kyerɛ baabi pɔtee. Sɛ atoms bi yɛ kuw a emu atoms no mu biara ani kyerɛ baabi pɔtee a, yɛfrɛ saa kuw no **magnet domain**. (Adekyerɛ 23-3).

Ne saa nti magnet domain te sɛ borɔn ahorow a ɛwowɔ kurow bi mu na borɔn biara mu nnipa yɛ abusua baako, na wɔte wɔn ho ase, na wɔn nyinaa anikyerɛbea yɛ koro. Saa magnet domains yi na wɔma ayɔn dade magnet suban kɔ soro yiye no.

Atoms dodow a ɛwɔ domain bi mu no tumi dɔɔso sen ɔpepem baako mpo. Onipa aniwa nntumi nnhu saa domains yi, nanso yetumi de mikrosop hu. Sɛ yɛfa ayɔn dadewa a, yehu sɛ ne magnet domain atoms no nyinaa ani kyerɛkyerɛ baabi.

Nanso, sɛ yetumi ma magnet domain baako mu atoms no ne domain foforo atoms kyeakyea wɔn ho de wɔn ani kyerɛ faako a, yenya magnet a emu yɛ den. Sɛ yetumi ma domains dodow a wɔwɔ dade bi mu no nyinaa de wɔn ani kyerɛ faako a, yenya magnet a emu yɛ den yiye. Yɛfrɛ magnet a emu yɛ den yiye no sɛ **Afebɔɔ magnet**.

Ayɔn dade   Ɛnkyɛ magnɛt   Afebɔɔ magnɛt

Adekyerɛ 23-5: Domains ahorow wɔ ayɔn dade ne ne magnets mu.

SƐNEA YƐYƐ MAGNETS

Magnets ahorow abien na ɛwɔ hɔ: ɛnkyɛ magnets ne afebɔɔ magnets. Sɛnea wɔn din kyerɛ no, Ɛnkyɛ magnets ano nnyɛ den koraa; ɛnkyɛ biara na wɔahwere wɔn magnet suban ne tebea no. Afebɔɔ magnets ano yɛ den yiye. Bio nso, afebɔɔ magnets tumi kura wɔn magnet tebea ne suban ma ɛkyɛ yiye.

Sɛnea yehu wɔ Adekyerɛ 23-5 so no, Afebɔɔ magnets mu atoms a wɔwɔ domains no nyinaa mu ahyehyɛ wɔn ho ama atoms no nyinaa anikyerɛbea yɛ koro. Ɛnkyɛ magnets ana magnets a wɔn ano nnyɛ den no atoms no anikyerɛbea sono wɔ dade no mu baabiara, gye dade no ano nkutoo. Eyi ma wɔn fɔɔso nhyehyɛe no twitwa wɔn ho wɔn ho mu, gye dade no ano nkutoo.

Yɛyɛ dɛn na yenya Ɛnkyɛ magnets ne Afebɔɔ magnets?

Sɛ yɛde ayɔn dade ana ayɔn alloy bi to magnet fɔɔso nhyehyɛe bi mu a, yetumi nya Afebɔɔ magnet. Sɛ magnet fɔɔso nhyehyɛe a yɛde ayɔn dade ana alloy no to mu no ano yɛ den yiye a, yenya Afebɔɔ magnets a ano yɛ den yiye. Ayɔn dade a ɛyɛ mmerɛw tumi ma magnets a ɛyɛ den sen ayɔn steel dade. Sɛ yɛde Afebɔɔ magnet bi nso bobɔ ayɔn dade bi nso ho a, yetumi nya Afebɔɔ magnet. Magnet dade a yɛde bɔ foforo bi ho no hyehyɛ domains a ɛwɔ ayɔn dade no mu no ma wɔn mu pii nya anikyerɛbea koro. Eyi ma yenya magnet.

Sɛ Afebɔɔ magnet bi tɔ ogya mu ana ɛhwe fam a, magnet no tumi hwere ne magnet anoden no bi. Ne saa nti, ɔhyew tumi huan magnet bi anoden so.

ƐLƐKTRIK KARENT TUMI MA MAGNET FƆƆSO NHYEHYƐE

Kae sɛ kyaagye a etu kwan na ɛma magnetisim. Esiane sɛ ɛlɛktrik karent yɛ kyaagye a ɛsen fa baabi no nti, ɛlɛktrik karent nso tumi ma magnetik fɔɔso nhyehyɛe.

Sɛ yɛde kompass nketewa pii to waya bi a ɛlɛktrik karent nam mu nkyɛn a, kompass no tumi yi saa **magnet fɔɔso nhyehyɛe** yi adi. Yɛbɛkae sɛ kompass yɛ magnet paane teateaa bi a ɛsi dadewa ketewa bi so na etumi kyim ne ho de n'ani kyerɛ asase atifi ne asase anafo. Ne saa nti, sɛ kompass no da magnet fɔɔso nhyehyɛe bi mu a, ne paane no ani dan de kyerɛ magnet fɔɔso nhyehyɛe no atifi ne n'anafo pols no so.

Sɛ yɛbobɔw waya a ɛlɛktrik karent no nam mu no de twa sɛɛkel baako a, yehu sɛ magnet fɔɔso nhyehyɛe no boaboa wɔn ho wɔ sɛɛkel no mfinimfini. Yɛfrɛ saa waya a yɛabobɔw ama ayɛ sɛɛkel no sɛ **koil**.

Sɛ yɛbobɔw waya no yɛ sɛɛkels abien (ma yenya **koils** abien) a, magnet fɔɔso nhyehyɛe no anoden nya mmɔho abien wɔ waya koil no mfinimfini. Saa ara nso na sɛ yɛbobɔw waya no ma yenya koils abiɛsa ana anan a, magnet fɔɔso nhyehyɛe no nya anoden mmɔho abiɛsa ne anan wɔ koil no mfinimfini.

Eyi kyerɛ yɛn sɛ, bere a yɛbobɔw waya no ma ne koils no dɔɔso no, na magnet fɔɔso nhyehyɛe no dodow nya nkɔso, a ne mmɔho gyina koils no dodow so. Eyi ne nimdeɛ anwonwade a ɛnam ɛlɛktromagnet mfiri nyinaa yɛbea ho.

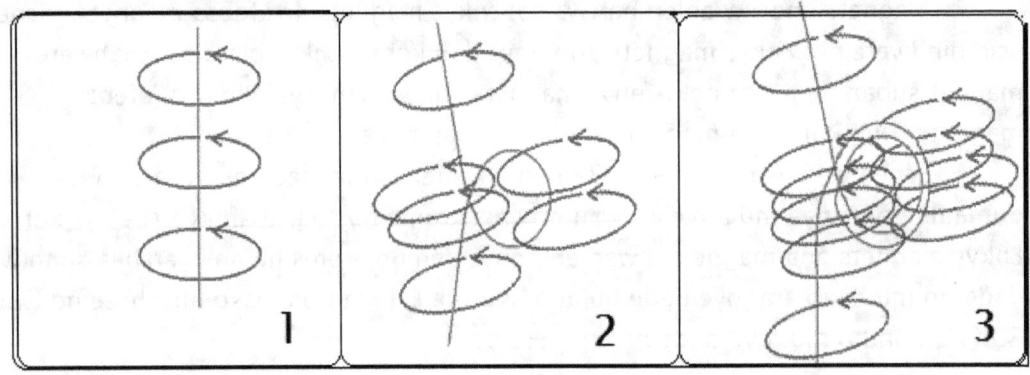

Adekyerɛ 23-6: Waya biara a karent nam mu no ma magnet fɔɔso nhyehyɛe. Sɛ yɛbobɔw waya no ma ɛyɛ koil a, magnet fɔɔso nhyehyɛe no yi ne ho adi wɔ koil no mfinimfini. Bere a yɛbobɔw waya no pii no, na magnet fɔɔso nhyehyɛe no dodow nso nya nkɔso

---

Waya koils pii ma yenya magnet fɔɔso nhyehyɛe pii

ƐLƐKTROMAGNETS NE WƆN YƐBEA

Yɛfrɛ waya koil biara a ɛlɛktrik karent nam mu no sɛ **ɛlɛktromagnet** efisɛ ɛlɛktrik karent a ɛnam waya no mu no akwantu me yenya magnet fɔɔso nhyehyɛe bi twa saa waya no ho hyia. Yenim dedaw sɛ waya koils bebree ma yenya magnet fɔɔso nhyehyɛe a ano yɛ den.

Nneɛma ahorow bi nso tumi ma magnet fɔɔso nhyehyɛe no anoden no san nya nkɔso bio. Nhwehwɛmu fofro kyerɛɛ sayense adikanfo no sɛ ɛlɛktrik karent pii ma magnet fɔɔso nhyehyɛe no anoden nso nya nkɔso. Ne saa nti, sɛ yɛpɛ sɛ ɛlɛktromagnet bi ano yɛ den yiye a, nea yehia ne sɛ yɛma karent no nso nya nkɔso.

Nimdeɛ foforo nso kyerɛ sɛ, bere biara a yɛde ayɔn dade bɛhyɛ saa waya koil bi mfinimfini no, yenya magnet fɔɔso nhyehyɛe a emu yɛ den papaapa. Eyi tumi ma saa ayɔn dade no ankasa sesa yɛ magnet. Yenim sɛ eyi ma ayɔn dade no mu domains no hyehyɛ wɔn ho de wɔn ani kyerɛ faako ma yenya magnet ahoɔden kɛse. Ne saa nti, faktoris pii fa saa kwan yi so yeyɛ ɛlɛktromagnets ahorow a wɔn ano yɛ den yiye, a ebi tumi pagya kaars kɔ soro mpo.

Yɛbɛkae sɛ bere a karent a ɛnam waya bi mu no re-dɔɔso no, na waya no mu resistans nso rema waya no ho reyɛ hyew. Yenim nso sɛ ɔhyew tumi huan magnet fɔɔso nhyehyɛe anoden so. Ne saa nti sɛ yɛpɛ magnets a emu yɛ den yiye de a, yɛde supakondukta nnade na ɛyɛ.

Yɛbɛkae sɛ supakonduktas yɛ elements bi a ɛlɛktrik karent pii tumi fa mu nanso wɔn ho nnyɛ hyew biara. Ne saa nti, supakonduktas magnets mu yɛ den yiye ɛfisɛ wotumi gye karent bebree a wɔn tempirekya nnsesa; eyi tumi ma yenya magnets sonowonko.

Esiane sɛ yenya saa magnet yi fi ɛlɛktrisiti mu no nti, yɛfrɛ no sɛ **ɛlɛktromagnet**. Saa ɛlɛktromagnets yi ho wɔ mfaso yiye wɔ faktoris ne industris mu. Ɛnnɛ da yi, amansan anibue, ahonya ne nkɔso nyinaa fi ɛlɛktromagnets dwumadi mu.

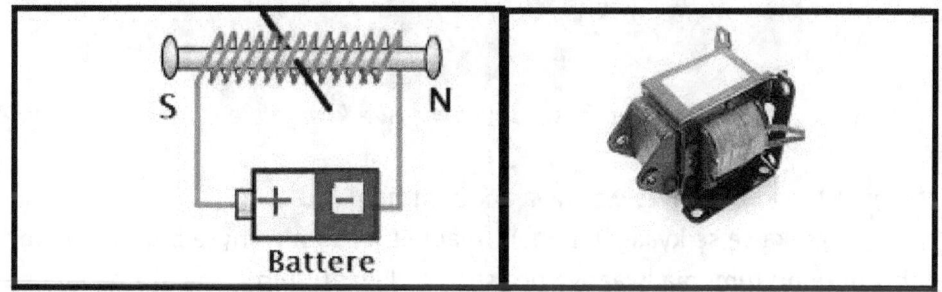

Adekyerɛ 23-7: Ɛlɛktromagnets: Bɔ mmɔden fa dadewa ne waya ne battere yɛ ɛlɛktromagnet. Kɔ Fitafo nkyɛn kɔhwɛ ɛlɛktromagnet a ɛwɔ nifa so no bi.

Nsonsonoe a ɛda ɛlɛktromagnets ne magnets ntam no ne sɛ, yetumi nya ɛlɛktromagnets bere biara a yɛma karent sen fa waya bi mu. Sɛ yedum ɛlɛktrik sɛɛkuyit bi na karent nsen mfa mu bio a, yenni ɛlɛktromagnet bio. Ne saa nti, yetumi de ɛlɛktromagnets hyehyɛ mashins pii mu ma yenya ho mfaso bere a yɛpɛ biara; nea ehia ne sɛ yɛde karent bɛfa mu.

Afebɔɔ magnets nnte sa, afebɔɔ magnets wɔ magnet suban bere biara; ɛlɛktrisiti wɔ hɔ o, bi nni hɔ o; wɔyɛ magnets. Ne saa nti, ɛsono nnwuma a yɛde saa magnets abien yi di.

Magnet Fɔɔso Nhyehyɛe wɔ kyaagye biara a ɛsen so

Afei a yɛahu akwan a yetumi fa so nya magnets yi, yebetumi ayeyɛ magnets akɛse ne nketewa. Yenim dedaw sɛ magnet biara a yenya no yi magnet fɔɔso nhyehyɛe bi ade de twa ne ho hyia. Yenim nso sɛ magnetisim ne ɛlɛktrisiti yɛ abusuafo. Sɛ ɛte saa de a, yebetumi abisa se, sɛ yɛde ɛlɛktrik kyaagye bi si magnet bi fɔɔso nhyehyɛe mu a, dɛn na ɛba?

Nhwehwɛmu kyerɛ sɛ, bere biara a yɛde ɛlɛktrik kyaagye bi besi magnet fɔɔso nhyehyɛe bi mu no, magnet fɔɔso nhyehyɛe no pia ɛlɛktrik kyaagye no. Sɛ magnet fɔɔso nhyehyɛe no ano yɛ den yiye a, etumi pia kyaagye no, san sesa kyaagye no kwan a ɛnam so no mpo.

Saa ahoɔden a magnet fɔɔso nhyehyɛe bi de pia ɛlɛktrik kyaagye biara no gyina angle a ɛlɛktrik kyaagye no ne magnet fɔɔso nhyehyɛe no yɛ no so. Sɛ angle a wɔn nhyiamu no yɛ no yɛ ketewa a, magnet fɔɔso nhyehyɛe ahoɔden no yɛ ketewa bi pɛ. Nanso, sɛ wɔn nhyiamu ma wɔyɛ 90 digris angle a, yenya magnet fɔɔso ahoɔden a ɛdɔɔso yiye. Yetumi mpo ka se bere a yenya ahoɔden a ɛdɔɔso yiye no yɛ bere a ɛlɛktri kyaagye no ne magnet fɔɔso nhyehyɛe no yɛ 90 digri angle.

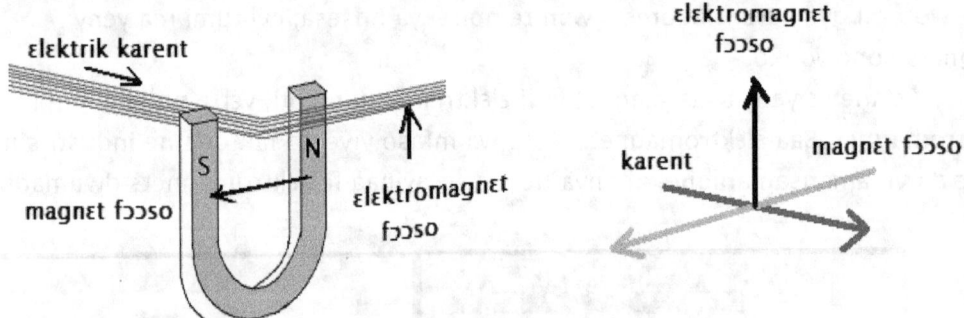

Adekyerɛ 23-8:   Magnet fɔɔso nhyehyɛe twe kyaagye a etwam no sesa ne kwan.

Magnet Fɔɔso Nhyehyɛe wɔ waya a karent nam mu so

Yɛaka se sɛ kyaagye bi nam magnet fɔɔso nhyehyɛe bi mu a, magnet fɔɔso nhyehyɛe no tumi pia kyaagye no, sesa n'akwantu mpo. Saa ara nso na sɛ waya bi a karent nam mu da magnet fɔɔso nhyehyɛe bi mu a, magnet fɔɔso nhyehyɛe no tumi pia waya no.

Yɛnfa no sɛ yɛde waya bi a ɛlɛktrik karent nam mu to magnet fɔɔso nhyehyɛe bi mu. Nea yehu ne sɛ waya a karent nam no mu kyea kɔ soro anasɛ ɛkyea ba fam. Eyɛ saa magnet fɔɔso nheyhyɛe ahoɔden no na epia waya no ma ɛkyea kɔ soro ana fam. Nhwehwɛmu pii ama ada adi sɛ, bere biara a karent a ɛnam waya no mu no fi benkum so rekɔ nifa so (sɛnea yehu wɔ Adekyerɛ 23-9) no, waya no kyea kɔ soro. Bere biara a karent a ɛnam waya no mu no fi nifa so rekɔ benkum so no, waya no kyea kɔ fam.

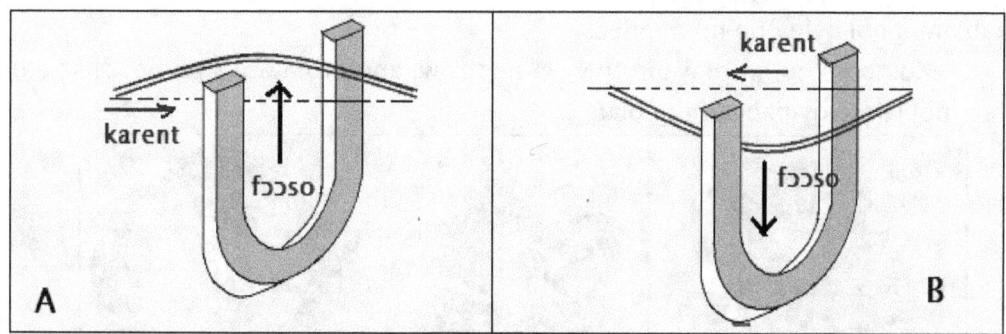

Adekyerɛ 23-9: Sɛ waya bi da magnet fɔɔso nhyehyɛe mu a, fɔɔso fofro bi pia waya no ma ɛkyea. Saa fɔɔso fofro yi din de ɛlɛktromagnet fɔɔso.

Fɔɔso a Epia Karent Waya no anoden ne n'anikyerɛbea

Oyikyerɛ ahorow maa kan sayense adikanfo huu sɛ saa fɔɔso a epia karent waya yi yɛ ahoɔden fofro koraa a ɛwɔ n'ankasa **anikyerɛbea ne ahoɔden**. Saa fɔɔso fofro yi mmfa ɔkwan a magnet fɔɔso nhyehyɛe no nam so no so.

Bio, saa fɔɔso fofro yi mmfa ɔkwan a ɛlɛktrik karent no nam so no so. Mmom, saa fɔɔso fofro yi nam ɔkwan bi a ɛne magnet fɔɔso nheyhyɛe no yɛ no aduokron digris so. Esiane sɛ ɛmmfa ɔkwan a ɛlɛktrik karent no nam so no so no nti, ɛne ɔkwan a ɛlɛktrik karent no nam so no nso yɛ aduokron digris angle saa ara (Adekyerɛ 23-7)

Sɛ saa fɔɔso yi nyɛ magnet fɔɔso, na ɛnyɛ ɛlɛktrik fɔɔso de a, na ɛno de ɛyɛ asɛmpa efisɛ bere biara a obi nya fɔɔso bi a ebetumi akyim biribi no, yenya mashin. Nanso, so saa fɔɔso fofro yi betumi ayɛ adwuma aboa adasamma ana?

Bɛyɛ afe 1820 mu no, sayensefo adikanfo bi de too gua se, yiw, saa fɔɔso yi betumi ayɛ adwuma aboa adasamma. Ne saa nti, saa fɔɔso yi ho nimdeɛ de anigye pii baa aburokyiri man mu efisɛ amansan huu sɛ obiara betumi de ɛlɛktromagnet anya fɔɔso bi a obetumi de ayɛ adwuma. Saa fɔɔso fofro yi ho nimdeɛ na ɛwoo ɛlɛktrik motos a ɛnna da yi ɛde ahotɔ ama ɔdasani ayi **'walatu walasa'** adwuma afi amansan pii abrabɔ mu yi. Esiane sɛ yenya saa fɔɔso yi fi ɛlɛktromagnets mu no nti, yɛfrɛ no sɛ **ɛlɛktromagnet fɔɔso.**

SƐNEA YƐYƐ ƐLƐKTRIK MITAS DE SUSUW KARENT NE VOLTAGE

Yɛde ɛlɛktrik mitas susuw nneɛma bebree dodow. Nneɛma a yɛde ɛlɛktrik mitas susuw no bi ne karent ne voltage dodow a ɛwɔ baabi.

Ɛlɛktrik mita ketewaa koraa a yɛde susuw karent no ne kompass. Yenim dedaw sɛ, bere biara a yɛde ayɔn dade paane bi bɛto magnet fɔɔso nhyehyɛe bi mu no, paane no sesa yɛ magnet. Sɛ ɛno akyi, yɛde saa magnet paane yi sɛn biribi so, anasɛ mpo yɛde si biribi so a, etumi kyim ne ho de n'ani kyerɛ atifi ana anafo. Sɛ ɛno akyi, yɛkyekyɛ kwandodow a ɛdeda baabi a paane no de n'ani kyerɛ wɔ atifi ne anafo ntam no mu no pɛpɛɛpɛ a, na yɛanya kompass a ebetumi akyerɛ wiase yi mu baabiara a obi gyina no ho nimdeɛ.

Kompass ho hia akwantufo yiye, ne titriw, apofofo a wɔkɔ po no, efisɛ etumi kyerɛ obi wiase gyinabea bere biara. .

Adekyerɛ 23-10: Kompass ahorow

SƐNEA YƐYƐ GALVANOMITA, AMMITA NE VOLTMITA

Sɛ yɛsesa saa nimdeɛ yi kakraa bi a, yenya **galvanomita**. Yenim dedaw sɛ galvanomita yɛ ade bi a yɛde susuw karent nketewa dodow a wɔwɔ baabi. Yɛde ammita susuw karent akɛse dodow. Yɛde voltmita nso susuw voltgegye dodow.

Sɛ yɛde kompass a yɛakyerɛ ne yɛbea yi si waya koils bi mfinimfini a, yenya galvanomita. Bere biara a yɛde karent kakraa bi bɛfa waya koils no mu no, ɛma kompass paane no kyim ne ho, twa kwan dodow bi. Sɛ yɛde karent ahorow fa waya no mu, na bere biara yesusuw kompass paane no akwantu dodow a, yetumi nya nkitaho a ɛda karent dodow bi ne kompass paane no akwantu ntam.

Sɛ yetumi drɔɔ graf de kyerɛ saa nkitaho yi yɛ adamfo proposhinal a, na yɛanya **karent no skeel**. Eyi ma yetumi nya karent ketewa koraa ɛma yenya paane no nkyimho; ne karent kɛse koraa a ɛne paane no akwantu yɛ adamfo proposhinal. Yɛfrɛ saa kwan a yɛfa so de kyerɛ ntotoho a ɛda karent dodow ne paane no kwandodow akwantu no ntam no sɛ **kalibrashin**.

Yentumi mmfa saa 'galvanomita' yi nsusuw karent a ɛboro karent kɛse koraa no so. Yɛde mfatoho bɛkyerɛ saa oyikyerɛ yi mu.

Yɛnfa no sɛ, nea edi kan no yɛde karent ketewaa bi a ɛbɛyɛ 0.001 amps [1.0 milliamps] fa waya no mu ma paane no tu fi benkum so kɔ nifa so 2mm. Ɛno akyi, karent fofor0 0.002 amps ma paane no twa kwan 4mm; 0.005 amps ma paane no twa kwan 10mm, 0.01amps ma paane no twa kwan 20 mm.

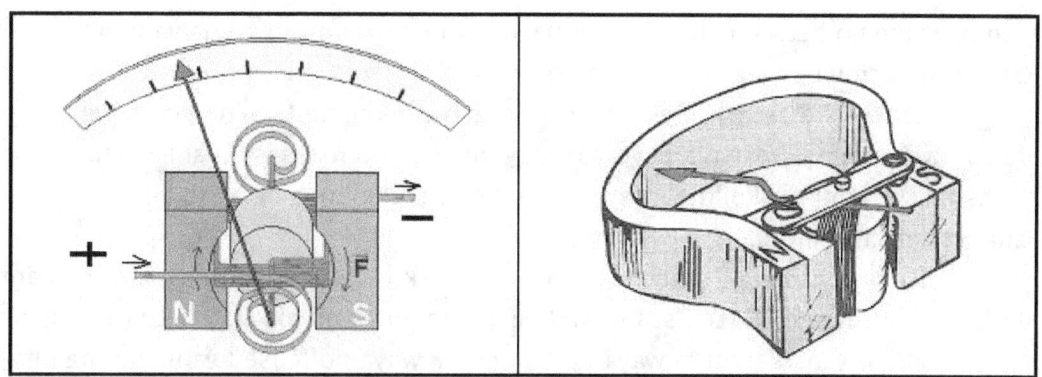

Adekyerɛ 23-11: Galvanomitas abien a yɛayiyi wɔn ho nnaka afifi wɔn ho.

Yetumi toa so kosi 20 milliamps. Yetumi nya skeel a yɛakyerɛ wɔ Ɔpon 23-2 so no. Eyi ma yɛn galvanomita bi a etumi kyerɛ yɛn karent biara dodow fi ohunu kosi 20 milliamps (0.02amps.)

Karent [milliamps]	0	1	2	3	5	10	15	20
Kwandodow a paane no twa (mm)	0	2.0	4.0	6.0	10.0	20.1	30.0	40.1

Ɔpon 23-2: Galvanomita skeel yɛbea ana galvanomita kalibrashin

Yɛde saa nimdeɛ yi kɔ anim kakraa bi ka ho sɛnea yɛakyerɛ wɔ Adekyerɛ 23-2 so yi a, yenya ammita ana voltmita a edi mu yiye. Nea edi kan no, yɛde waya koils pii kyekyere ayɔn dade bi ho. Koils pii no ma mita no dwumadi di pim. Yɛde magnet no si hɔ pim ma yɛde spring waya bi si koil no so a magnet paane no si so na etumi twa ne ho. Ne saa nti, sɛ yɛde karent pii fa waya no mu a, paane no tumi twa ne ho a biribiara nsiw no kwan. Sɛ yɛde amperes yɛ saa ɛlɛktrik mita yi kalibrashin a ɛma yɛn **ammita**. Sɛ yɛde voltage yɛ ne kalibrashin a, yenya **voltmita**.

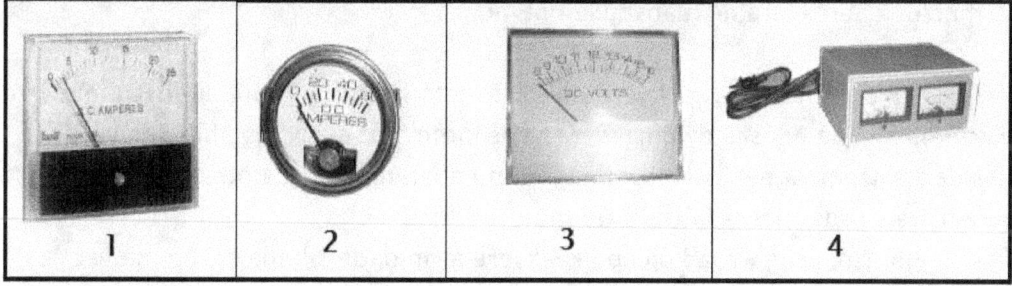

Adekyerɛ 23-12: Ammitas ne voltmitas ahorow

SƐNEA YƐYƐ ƐLƐKTRIK MOTOS

Yɛfa saa kwan yi ara so nya ɛlɛktrik motos de boa yɛn dodɔw mfuw, twitwa nnua, de yeyɛ mfiri de tutu akwan. Sɛ yɛsesa galvanomita no nhyehyɛɛ kakraa bi sɛnea paane no betwa ne ho ahyia a, na yɛanya ɛlɛktrik moto afi galvanomita no mu. Yɛbɛyɛ no dɛn na paane no atwa ne ho ahyia?

Adekyerɛ 23-13 kyerɛ sɛ bere biara a waya koil no twa ne ho sɛɛkel nkyɛmu fa so no, karent no sesa n'anikyerɛbea. Eyi ma koil no nso sesa n'anikyerɛbea. Nanso, sɛ yetumi ma koil no kɔ so twa ne ho yɛ sɛɛkel mua de a, na yɛanya sɛɛkel a ɛma yɛn ɛlɛktrik moto.

Sɛnea yehu wɔ Adekyerɛ 23-13 so no, ɛlɛktrik waya koil bi da Afebɔɔ magnet bi fɔɔso nhyehyɛɛ mu. Yɛde saa waya koil yi ano abien no akyekyere **brɔsh** abien bi a yɛakyɛ mu. Sɛ yɛde karent fa waya koil no mu a, waya no fi ase twa ne ho: ne nifa so no ma ne ho so, ma benkum kyɛfa no nso kɔ fam.

Sɛ waya koil no ano no du brɔsh no baako no awiei ano a, efi brɔsh baako no so kɔ foforo no so. Eyi ma waya no kɔ so twa ne ho ma yenya waya bi a etwa ne ho bere biara a yɛde karent fa mu no..

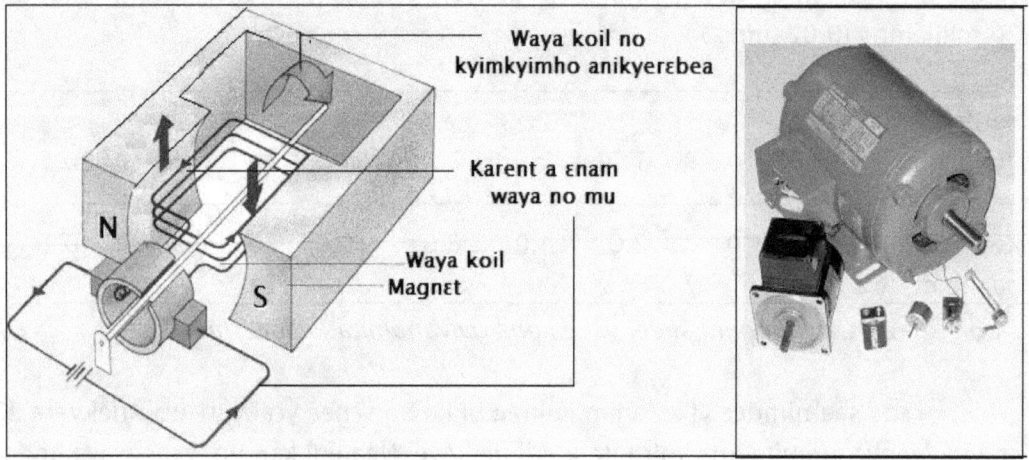

Adekyerɛ 23-13: Elɛktrik motos

Eyi ma yenya ade bi a etwa ne ho, Elɛktrik moto sesa 'walatu-walasa' ahoɔden de kɔ ɛlɛktrik ahoɔden mu. Eyi ma yenya saa moto yi ho mfaso yiye. Sɛ afum adɔw o, sɛ nnua twitwa o, ɛlɛktrik moto tumi yeyɛ saa nwuma yi nyinaa yiye ntɛmntɛm a ɔbrɛ biara ne mansotwe nni mu.

Nokware mu, nea yɛakyerɛ yi yɛ DC moto ketewaa koraa. Industri mu, wɔde waya koils pii na edi saa dwuma yi. Sɛ yɛpɛ moto akɛse a wɔwɔ ahoɔden yiye nso de a, yɛde ɛlɛktronmagnet si Afebɔɔ magnet no anan mu. Sɛ ɛba no saa a, yenya magnet bere biara a yɛde karent fa waya no mu.

Bio nso, yɛde waya koils pii kyekyere ayɔn dade silinda bi ho ma yenya ɛlɛktromagnet fɔɔso a emu yɛ den yiye. Sɛ waya koils pii kyekyere ayɔn dade bi ho a, yɛfrɛ no **armakya**. Karent biara a ɛfa saa waya koils no mu no ma armakya yi twa ne ho ma yenya ɛlɛktrik moto.

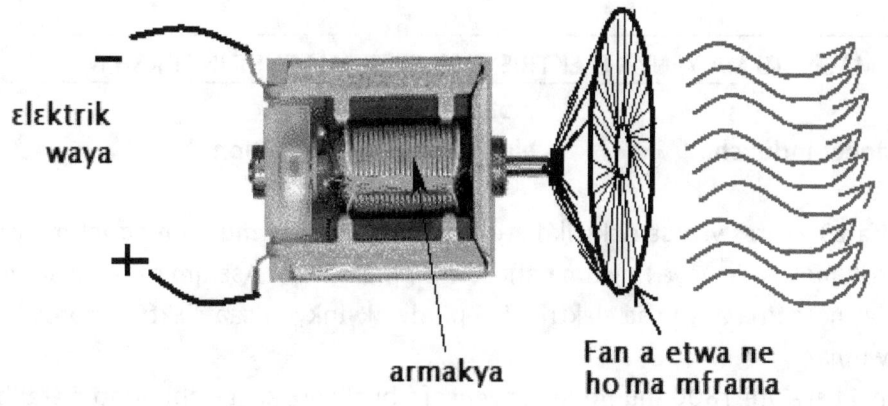

Adekyerɛ: 23-13: Armakya yɛ ayɔn dade silinda bi a yɛabobɔw waya akyekyere ho.

NSƐMMISA

1. Dɛn ne magnet fɔɔso?
2. Dɛn ne ɛlɛktrik fɔɔso?
3. Kyerɛ magnet fɔɔso nhyehyɛe ase?
4. Dɛn ne magnet domain?
5. Wobɛyɛ dɛn na woayɛ magnet?
6. Magnet ho mfaso ne dɛn?
7. Dɛn nsonsonoe na ɛda galvanomita ne ɛlɛktrik moto mu? Dɛn na ɛma wɔn nhyehyɛe sesɛ?
8. Dɛn na armakya? Ɛho mfaso ne dɛn wɔ ɛlɛktrik moto mu?
9. Kyerɛkyerɛ sɛnea wɔyɛ ɛlɛktrik moto.
10. Ɛlɛktrik moto ho mfaso ne dɛn?

TIFA 24: MAGNETS MA YENYA ƐLƐKTRISITI [ƐLƐKTROMAGNET INDUKSHIN]

Twi	Brɔfo
ɛlɛktromagnet indukshin	electromagnetic induction

Tifa 23 kyerɛɛ yɛn sɛ ɛlɛktrik karent a ɛnam waya bi mu ne magnet ma yetumi yeyɛ ɛlɛktrik motos de yeyɛ nnwuma ahorow pii ntɛmntɛm. Asɛmmisa a edi so no yɛ sɛnea ɛbɛyɛ na nnipa anya saa ɛlɛktrisiti yi pii de akyinkyim saa ɛlɛktrik motos yi de ayeyɛ nnwuma?

Kosi bɛyɛ afe 1800 mu no, na sayensefo bi akyerɛ sɛ, sɛ obi hono mɛtal bi wɔ asid nsu bi mu a, etumi ma ɛlɛktrisiti. Saa nimdeɛ yi na tetefo de yeyɛɛ batterɛs nyinaa. Saa bere no, na adasamma nyinaa dwen sɛ kɛmikals nkutoo na etumi ma ɛlɛktrisiti. Bɛyɛ afe 1820 mu no, na Sayenseni Oersted kyerɛɛ sɛ karent a ɛnam waya bi mu no, tumi ma magnetisim. Eyi maa nnipa fii ase bisabisaa wɔn ho se, so magnetisim nso betumi ama ɛlɛktrik karent ana?

Bɛyɛ afe 1831 mu na sayensefo baanu (Faraday ne Henri) yeyɛɛ oyikyerɛ ahorow de kyerɛɛ sɛ, yiw, magnet betumi ama ɛlɛktrisiti. Saa nimdeɛ yi na ɛnnɛ da yi ama ɛlɛktrisiti ayɛ pii wɔ ɔman biara so ama adasamma ahotɔ ne ahonya yi. Yɛbɛhwɛ sɛnea magnet yɛ na ɛma ɛlɛktrisiti.

SƐNEA MAGNET MA ƐLƐKTRISITI ANA ƐLƐKTROMAGNET INDUKSHIN

Faraday ne Henri de nimdeɛ sonowonko anum bi a ɛsesaa wiase nyinaa too gua wɔ afe 1831 mu. Nea edi kan no, wɔkyerɛɛ sɛ, bere biara a obi twetwe magnet de hyɛnhyɛn waya koil bi mu no, ɛma yenya voltage ne ɛlɛktrik karent. Saa karent yi fi waya no mu kyaagye patikils.

Sɛ yɛde magnet hyɛnhyɛn waya koil bi mu a, ɛlɛktrons (ana kyaagye patikils a wɔwɔ waya no mu no) fi ase piapia wɔn ho sen sɛ ɛlɛktrik karent. Ɛnyɛ sɛ magnet no si waya koil no mu no kɛkɛ na ɛma ɛlɛktrisiti no, na mmom ɛyɛ magnet no akɔ-ne-aba wɔ waya koil no mu na ɛma saa karent no. Esiane sɛ ɛyɛ magnet na ɛma saa ɛlɛktrik karent yi nti, wɔde din **ɛlɛktromagnet indukshin** maa no, a ɛkyerɛ sɛ **ɛlɛktrisiti a magnet na ɛyɛ.**

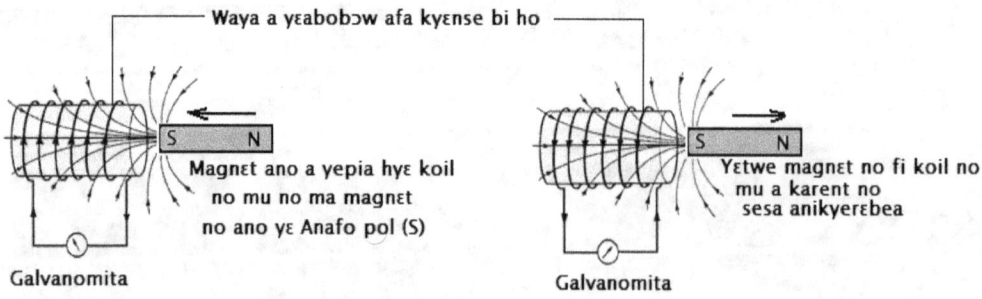

Adekyerɛ 24-1: Sɛ obi twetwe magnet fa waya bi a yɛabobɔw (koil) mu de di akɔ-ne-aba a, ɛma voltage wɔ waya no mu ma emu kyaagyes no fi ase sen sɛ karent.

Nimdeɛ a ɛto so abien a Faraday ne Henri kyerɛɛ ne sɛ, ɛnfa ho sɛ wɔtwetwe ɛlɛktrik waya koil no fa magnet no ho; na ɛnfa ho sɛ wɔtwetwe magnet no fa waya koil no mu; ne nyinaa ma yenya voltage ne ɛlɛktrit karent.

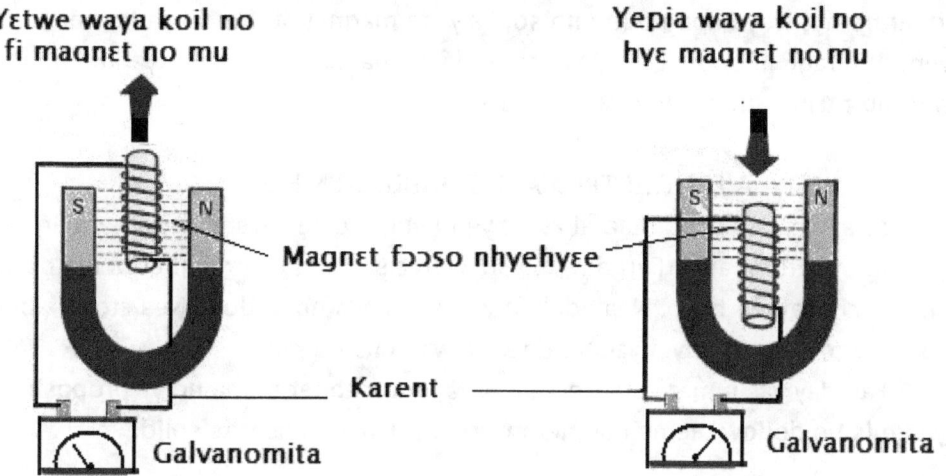

Adekyerɛ 24-2: (Benkum) Yɛtwe waya koil fa magnet fɔɔso nhyehyɛɛ mu; (nifa) yɛtwe magnet fɔɔso nhyehyɛɛ fa waya koil no ho: eyi nyinaa ma yenya voltage.

Nimdeɛ a ɛto so abiɛsa a ɛdaa adi no ne sɛ, bere a waya a wɔabobwɔ sɛ koil no re-dɔɔso no, na yenya voltage a ɛno nso dɔɔso. Yɛnfa no sɛ yɛde magnet bi hyɛn waya koil baako mu ma yenya voltage pɔtee bi. Sɛ yɛde saa magnet no ara hyɛn waya koils abien mu a, yenya voltage mmɔho abien. Sɛ yɛde magnet no hyɛn waya koils a yɛabobɔw mpɛn du mu a, yenya voltage mmɔho du. Hmmm!

Eyi de anigye kɛse brɛɛ adasamma efisɛ ɛkyerɛɛ sɛ yebetumi anya ɛlɛktrisiti ahoɔden foforo afi waya koils pii mu. Nea ehia ara ne sɛ yɛbobɔw waya no sɛ koils bebree na yɛtwetwe magnet bi de hyɛnhyɛn mu.

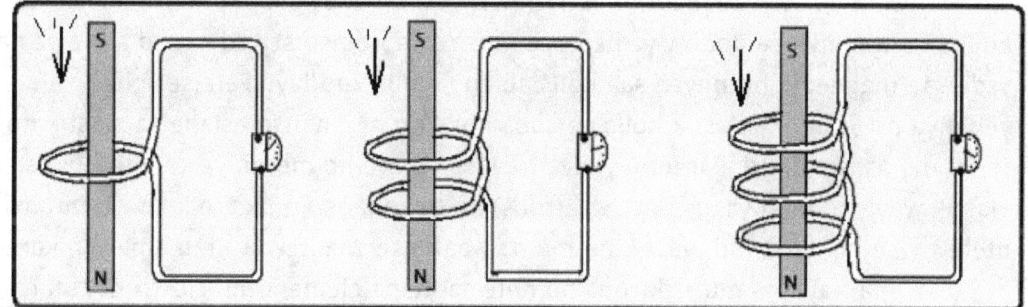

Adekyerɛ 24-3: Bere ko a waya a wɔabobɔw (koils) no dodow nya nkɔso no, na voltage no nso mu reyɛ den (na ɛma karent no nso renya nkɔso.)

Nea ɛto so anan kyerɛ sɛ bere a waya koils no re-dɔɔso pii no, na ɛreyɛ den sɛ yebetumi de magnet no ahyɛn mu efisɛ **magnet voltage no ankasa fi ase ma karent bi a efi ase siw magnet no waya nhyɛnmu no ano kwan, anasɛ mpo epia**

magnet no fi waya koil no mu. Eyi kyerɛ sɛ waya koils pii ma magnet fɔɔso nhyehyɛɛ ahoɔden fofroro bi a ekyi sɛ magnet foforo bi bɛhyɛn waya koils no mu.

Nimdeɛ a ɛto so anum kyerɛ sɛ voltage dodow a yenya no gyina spiid a yɛde magnet no hyɛ waya koil no mu no so. Sɛ yɛde magnet no hyɛ waya koil no mu brɛoo a, yenya voltage ketewaa bi pɛ. Nanso, sɛ yɛde magnet no hyɛn waya koil no mu ana yeyi fi mu ntɛmntɛm a, yenya voltage a ɛdɔɔso yiye.

FARADAY MMARA A ƐFA ƐLƐKTROMAGNET INDUKSHIN HO

Sɛ saa na ɛte de a, na afei ɛsɛsɛ yehu voltage ne karent dodow a magnet bi ne waya koil bi betumi ama. Faraday kɔɔ so kyerɛɛ sɛ voltage a magnet bi ma no dodow gyina nneɛma abien bi so. Nea edi kan yɛ **waya koils no dodow.** Nea ɛto so abien yɛ **spiid a magnet fɔɔso nhyehyɛɛ no de sesa wɔ koils no mu.**

Faraday yɛɛ mmara a ɛkyerɛ sɛ **voltage a magnet bi ma no yɛ proposhinal sɛ waya koils no dodow taems magnet fɔɔso nhyehyɛɛ no nsesae spiid.**

Yetumi kyerɛw saa **Faraday mmara** yi sɛ:
Voltage α waya koils dodow x spiid a magnet fɔɔso nhyehyɛɛ no sesa wɔ waya koils no mu.
Eyi ma yenya:
Voltage = K x waya koils dodow x magnet fɔɔso nhyehyɛɛ nsesae spiid
.... bere a K yɛ konstant.

Ohm akyerɛ sɛ ɛlɛktrik karent biara dodow gyina voltage ne resistans so (V = IR.) Ne saa nti, voltage biara nso gyina resistans ne karent no so.

Nimdeɛ ahorow kyerɛ kaa ho sɛ, bere biara a yɛde magnet bi bɛhyɛn waya koils bi mu no, ɛlɛktrik karent a yebenya no gyina **element ko a wɔde yɛɛ saa waya koils no tebea nso so.**

Yɛnfa no sɛ yɛde magnet bi hyɛnhyɛn kɔpa waya koils bi, ne plastik waya koils bi a wɔn nyinaa dodow yɛ pɛpɛɛpɛ mu. Yɛnfa no nso sɛ yɛde spiid a ɛyɛ pɛ na yɛde saa magnet yi hyɛnhyɛn saa koils abien yi mu. Faraday kyerɛ sɛ voltage a yebenya no yɛ pɛ wɔ plastik koils ne kɔpa koils no mu, nanso esiane sɛ plastik no resistans dɔɔso no nti, karent a yenya fi plastik waya no mu no yɛ ketewaa bi pɛ. Plastik waya no mu kyaagye no (ɛlɛktrons) no te voltage no nka, nanso wonntumi ntetew wɔn ho mu mmfi plastik no mu na wɔafi ase anantew wɔ mu ama yɛn karent.

Kɔpa waya no mu ɛlɛktrons no nnte sa. Kɔpa element mu ɛlɛktrons tumi pasepase wɔ kɔpa mɛtal no mu enti emu resistans yɛ ketewaa bi. Ne saa nti, sɛ kɔpa ɛlɛktrons no te voltage no nka a, wotumi tetew wɔn ho mu pasepase wɔ waya no mu ma yenya karent a ɛdɔɔso yiye.

SƐNEA YƐYƐ GYENERATORS

Yenim sɛ yetumi de magnet hyɛnhyɛn waya koils bi mu ma yenya ɛlɛktrisiti. Yetumi nso de waya koil hyɛnhyɛn magnet bi mu ma yenya ɛlɛktrisiti. Anokwasɛm ne sɛ, baako yɛbea yɛ den sen baako. Nea ɛnyɛ den ne sɛ yɛbɛma waya koil no atwitwa ne ho wɔ baabi a yɛde magnet bi asi. Sɛ yɛma waya koil bi twa ne ho wɔ magnet bi a esi hɔ dinn mu a, yenya **gyenerator**.

Ɛmfa ho sɛ yɛde yɛn nsa bekyim waya koil no, anasɛ yɛde nsu a ɛresen afi soro begugu nnua bi so de akyim waya koil no; yebenya ɛlɛktrisiti bere biara.

Sɛ yɛhwɛ no yiye a, yehu sɛ gyenerator ne ɛlɛktrik moto yɛbea sesɛ. Ɛlɛktrik moto ne gyenerator nyinaa sesa ahoɔden fi tebea baako mu kɔ fofor o mu. Yɛde ɛlɛktrik ahoɔden hyɛ ɛlɛktrik moto mu na yenya mekanikal ahoɔden. Sɛ yɛhwɛ gyenerator nso a, yɛde mekanikal ahoɔden na ɛhyɛ mu ma yenya ɛlɛktrik ahoɔden.

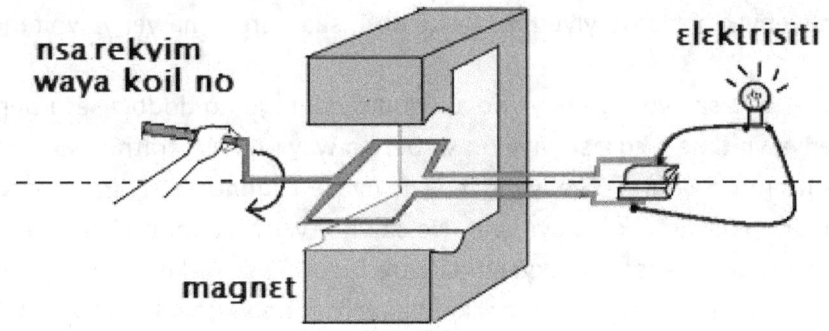

Adekyerɛ 24-4: Gyenerator a ɛma ɛlɛktrisiti yɛbea.

Sayense kyerɛ sɛ fɔɔsos a wopia kyaagye bi a ɛresen (ɛlɛktrons) no yɛ abien. Saa fɔɔsos yi ne Magnet Fɔɔso Nhyehyɛe no ne Magnet Fɔɔso no. Sɛ yɛde eyinom keka fɔɔso foforo a yenya fi saa magnet ne kyaagye akwantu ho a, yenya Fɔɔsos abiɛsa: Magnet no ankasa Fɔɔso, Magnet Fɔɔso Nhyehyɛe no ne Ɛlɛktromagnet Fɔɔso no. Saa fɔɔsos abiɛsa yi mu biara ne ne yɔnko yɛ 90 digris angle sɛnea yehu wɔ Adekyerɛ 24-5 so no.

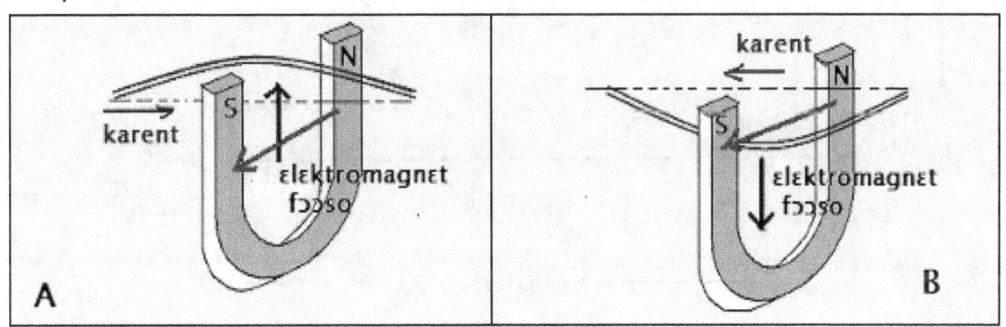

Adekyerɛ 24-5: Magnet fɔɔso ne magnet fɔɔso nhyehyɛe no ne karent no mu biara anikyerɛbea yɛ 90 digri angle fi ne yɔnko ho.

Yehu sɛ bere a karent no rekɔ anim wɔ magnet fɔɔso nhyehyɛe bi a efi nifa so kɔ benkum so no, yenya ɛlɛktromagnet fɔɔso bi a epia waya no kɔ soro. Sɛ yɛsesa karent no anikyerɛbea ma ɛkɔ n'akyi a, ɛlɛktromagnet fɔɔso no pia waya no kɔ fam.

245

Sɛ yɛde waya koil bi to magnet fɔɔso nhyehyɛe bi mu na yɛde ɛlɛktrisiti kyinkyim waya koil no a, yenya oyikyerɛ a yehu wɔ Adekyerɛ 24- 6 so no. Yehu waya koil bi a ɛda magnet fɔɔso nhyehyɛe bi a efi nifa so kɔ benkum mu.

Mfiase no, voltage no pia waya no kɔ soro ma efi ase twitwa magnet fɔɔso nhyehyɛe no mu. Sɛ waya koil no ne magnet fɔɔso nhyehyɛe lains no yɛ 90 digri angle (pependikula) a, na magnet fɔɔso nhyehyɛe pii fa waya koil no mu. Eyi mma yennya voltage dodow biara. Kae sɛ Faraday akyerɛ sɛ voltage a yenya no gyina spiid a koil no sesa wɔ magnet fɔɔso nhyehyɛe no mu. Sɛ waya koil no fi ase dan ne ho fi 90 digri angle a, efi ase twitwa magnet fɔɔso nhyehyɛe lains no pii mu. Eyi ma voltage no dodow fi ase nya nkɔso. Bere a waya no yɛ tratraa (paralɛl) no na etwitwa magnet fɔɔso nhyehyɛe a ɛdɔɔso yiye mu. Ne saa nti, saa bere yi na yenya voltage a ɛdɔɔso yiye.

Sɛ yɛhwɛ graf a saa voltage yi yɛ no a, yehu sɛ voltage no dodow sesa bere biara. Bere a yenya voltage a ɛdɔɔso yiye no yɛ bere a waya no ayɛ tratraa wɔ magnet fɔɔso nhyehyɛe no mu. Saa graf a yenya yi te sɛnea yɛde **trigonometri Sine dodow numbas a efi ohunu kosi aduokron** ayɛ graf. Ne saa nti, yɛfrɛ saa graf yi sɛ Sine graf.

Yehu sɛ voltage no sesa n'anikyerɛbea bere biara a ɛyɛ sɛɛkel nkyɛmu abien ana sɛɛkel fa. Yɛfrɛ bere a voltage no fa sɛɛkel baako mu no sɛ **saikil**. Yɛfrɛ saikils dodow a yenya fi voltage bi mu sekond baako biara no sɛ **frekwensi**. Mpɛn pii no, yetumi nya saikils bɛyɛ aduonum ana aduosia sekond baako biara.

Yesusuw frekwensi biara saikils a yenya sekond baako biara no wɔ **Hertz** mu. Sɛ yenya saikils aduonum sekond baako biara a, yɛka se voltage no ma yɛn frekwensi a ɛyɛ 50Hz. Sɛ yenya saikils aduosia sekond baako biara nso a, yɛfrɛ no 60Hz.

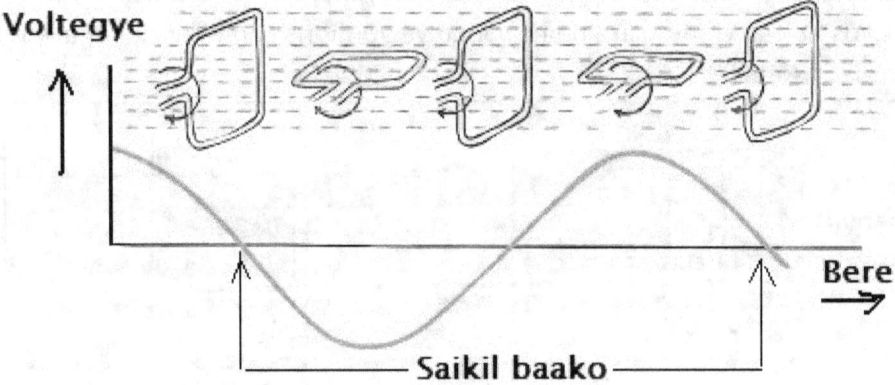

Adekyerɛ 24-6: Ɛlɛktromagnet indukshin voltage no yɛ Sin graf.

SƐNEA YENYA ƐLƐKTRISITI FI MAGNETS MU

Gyenerators pii yɛ armakya [kyerɛ sɛ ayɔn dade a kɔpa waya pii kyekyere ho] bi a turbin bi ma ekyinkyim ne ho. Turbin betumi ayɛ nnua ntrantraa bi a wɔatwitwa ahyehyɛ sɛ nnaka nketewa pii bi, na wɔn nyinaa akeka abobɔ mu twa wɔn ho fa mfinimfini baabi sɛnea yehu wɔ Adekyerɛ 24-7 so no.

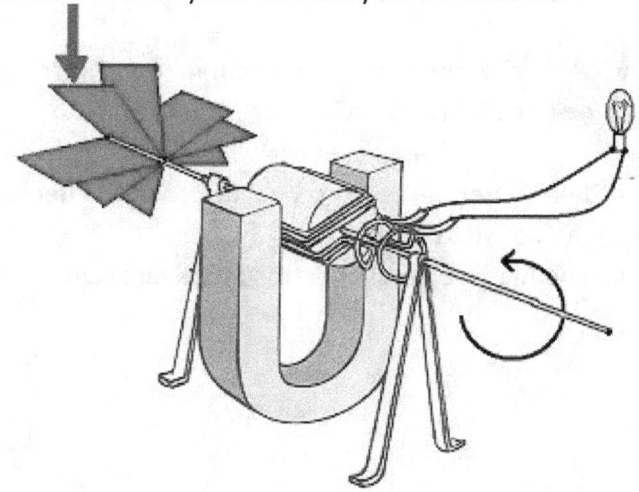

Adekyerɛ 24-7: Gyenerator

Turbin bi betumi nso ayɛ nnaka pii a wɔahyehyɛ na ekyim twa wɔn nyinaa ntareho dua ana kyɛnse bi ho wɔ mfinimfini. Afei, yɛnfa no sɛ nsu fi soro begu adaka no baako mu wɔ soro. Bere biara a nsu begu adaka baako mu no, nsu no mmuduru pia adaka no kɔ fam ma adaka foforo besi n'anan mu gye nsu ma ɛno nso yɛ ma. Eyi ma nnaka no twa wɔn ho. Saa turbin yi ahotwa no ma armakya no kyim ne ho twitwa magnet fɔɔso nhyehyɛɛ a magnet kɛse no yɛ no mu. Eyi na ɛsɔ kanea no sɛnea yehu wɔ Adekyerɛ 24-7 so no.

Sɛ gyenerator yɛ yɛ mmerɛw sɛɛ a, dɛn nti na adasamma bi da sum mu? Yɛbɛkyerɛ saa gyenerator yi yɛbea mu kakra aka ho na yɛawie yɛn adesua yi. Bere biara a kɔpa waya no kyinkyim twitwa magnet fɔɔso nhyehyɛɛ lains no mu no, yenya ɛlɛktromagnet fɔɔsos bi a ɛyɛ dwuma wɔ kɔpa waya no mu positif ne negatif kyaagye no so, ma ɛlɛktrons no fi ase wosowosow wɔn ho, kɔ anim ba akyi bere biara a armakya no sesa n'anikyerɛbea. Saa ɛlɛktrons yi ho wosow ne wɔn kyinkyimho yi na ɛma voltage wɔ gyenerator no mu na ɛsɔ kanea ma yɛn ɛlɛktrik ahoɔden a yɛde didi nnwuma no.

ƐLƐKTROMAGNETS HO MFASO

Ɛlɛktromagnet mashins pii atwitwa yɛn ho ahyia. Wɔn a wɔatutu akwan afa wimhyɛn pɛn no nim sɛ, ansa na obi bɛforo wimhyɛn no, wɔma ɔfa mashin bi mu ma ɛhwehwɛ ne ho sɛ ebehu asekan ana atuo bi ana. Saa mashin yi mu wɔ ɛlɛktromagnet koils a etumi sesa waya koils bi a ɛnam mu karent bere biara a dade bi hyɛn mu, na ɛma ɛbɔ abɛn. Ɛlɛktromagnet sika mashins pii nso wɔ sikakorabea ahorow a nnipa de sika plastik krataa ketewaa bi hyɛ mu na eyi sika ma wɔn.

NSƐMMISA

1. Dɛn ne ɛlɛktromagnet indukshin?
2. Dɛn ne ɛlɛktromagnets? Wɔn ho mfaso ne dɛn?

3. Yɛyɛ dɛn na yenya ɛlɛktrisiti fi magnets mu?
4. Dɛn ne waya koil?
5. Kyerɛw Faraday mmara a ɛfa ɛlɛktromagnet indukshin no mu. Kyerɛw ne ekuashin.
6. Dɛn ne frekwensi? Dɛn ne Hertz? Dɛn ne saikil?
7. Dɛn ne turbin?
8. Kyerɛ sɛnea wobetumi de nsu a ehwie afi soro baabi te sɛ asubɔnten anya ɛlɛktrisiti asosɔ kanea wɔ wo kurom.
9. Bobɔ nneɛma anan bi a ɛho hia yiye wɔ gyenerator mu. Kyerɛ wɔn dwumadi.

TIFA 25: TRANSFORMAS

Twi	Brɔfo
Fam-ba voltage transforma	step down transformer
Soro-kɔ voltage transforma	step-up transformer

Transformas suban ne wɔn tebea

Transforma yɛ ayɔn ana steel dade rektangle bi a yɛde sesa voltage dodow. Kɔpa koils dodow pɔtee bi kyekyere saa transforma ayɔn dade rektangle yi nifa ne ne benkum so. Yɛfrɛ saa koils yi praimari koils ne sekondari koils. Waya koils a wɔkyekyere transforma no nsa a efi gyenerator no so no din de Praimari koils. Sekondari koils no ne wayas a ɛkyekyere ayɔn dade rektangle no nsa a aka no. AC karent a ɛnam praimari koils no mu no na ɛma voltage kɔ sekondari koils no mu.

Yenim dedaw sɛ voltage ne karent na ɛnam. Nimdeɛ kyerɛ sɛ bere biara a yɛde karent bi bɛfa praimari koils no mu no, yenya karent ne voltage wɔ sekondari koils no mu nso. Saa voltage a yenya yi gyina waya koils no dodow so.

Yɛnfa no sɛ yɛde waya koil baako kyekyere ayɔn dade rektangle bi benkum ne ne nifa so sɛnea yehu wɔ Adekyerɛ 25-1 so no. Ɛno akyi momma yɛnfa benkum waya no nsi gyenerator bi so na yɛnfa voltage 1volt mfa saa praimari koil yi mu. Sɛ yɛde voltmita si nifa sekondari koil waya no so a , yehu sɛ yenya voltage 1 volt wɔ saa sekondari koil yi mu saa ara. (Adekyerɛ 25-1)

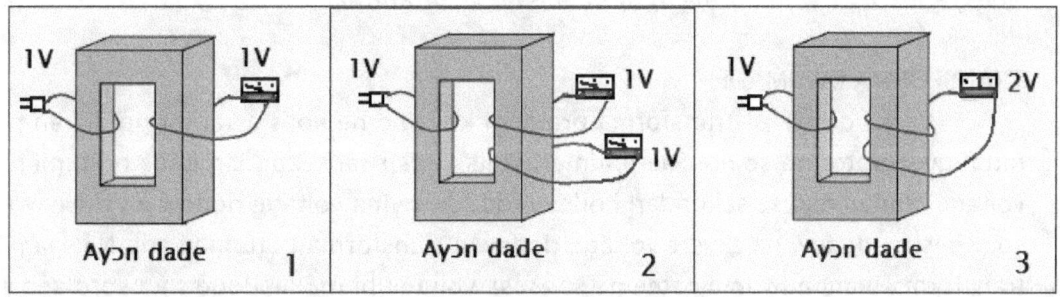

Adekyerɛ 25-1: Transformas suban ne ne tebea.

Bio, sɛ yɛma sekondari koils (nifa so) koils no dodow yɛ mmɔho abien a, voltmita no kyerɛ sɛ yenya voltage a ɛnam parimari koil no mu no mmɔho abien wɔ sekondari koil no mu. (Adekyerɛ 25-1#3). Sɛ yɛde waya mmaako mmaako abien kyerekyere sekondari koil no, tetew wɔn mu fi wɔn ho wɔn ho mpo a, yɛkɔ so nya voltage 1volt wɔ waya koil biara mu (Adekyerɛ 25-1#2).

Eyi kyerɛ yɛn sɛ, ɛmfa ho sɛ yɛka wayas a ɛwɔ koils no bɔ mu anasɛ yɛtetew mu; waya koils no dodow a ɛkyekyere ayɔn dade no ho na ɛkyerɛ voltage dodow a yena. Sɛ praimari koils no ne sekondari koils no dodow yɛ pɛpɛɛpɛ a, yenya voltage a ɛyɛ pɛpɛɛpɛ wɔ praimari ne sekondari koils no mu.

Sɛ yɛma sekondari koils no dodow yɛ pii sen praimari koils no dodow a, yenya mmɔho voltage wɔ sekondari koils no mu, a egyina koils no dodow so. Sɛ ɛte saa de a, yebetumi asesa waya koils dodow a ɛkyekyere ayɔn dade bi ho, na yɛde asesa voltage dodow a yenya. Yebetumi ama voltage dodow bi akɔ soro, anasɛ yebetumi ama aba fam. Saa nimdeɛ yi ho wɔ mfaso wɔ ɛlɛktrisiti akwantu ho sɛnea yebehu akyiri yi no.

Yɛbɛkae sɛ yɛwɔ dade ayɔn ana steel rektangle bi wɔ transforma biara mfinimfini. Mpɛn pii no, saa ayɔn dade yi yɛ nnade ntrantraa bi a ɛtetare so na aka abɔ mu ayɛ pii (Adekyerɛ 25-2).

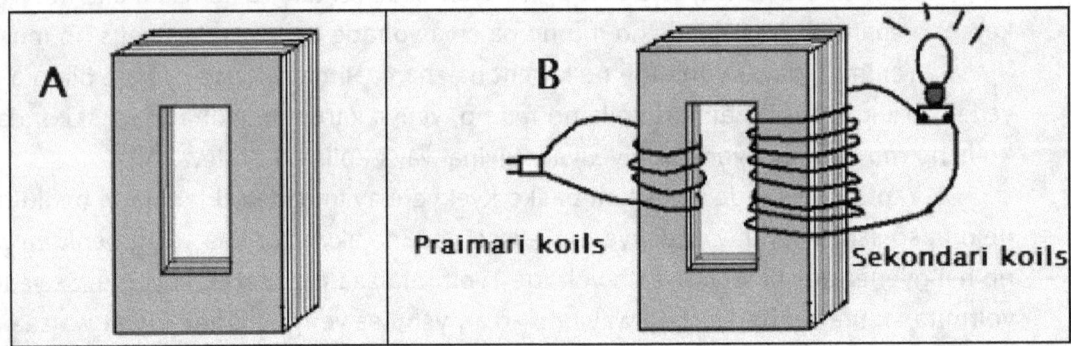

Adekyerɛ 25-2: Transforma ayɔn nnade no yɛ ntrantraa.

TRANSFORMA DWUMADI

Yɛaka dedaw sɛ transforma praimari koils no ne koils a karent no di kan fa mu fi gyenerator no so no. Saa praimari koils yi na ɛma sekondari koils no tumi nya voltage. Yenim nso sɛ sekondari koils no dodow gyina voltage dodow a yɛhwehwɛ no so. Koils no dodow na ɛkyerɛ voltage dodow a transforma bi tumi yi adi. Ne saa nti, transforma biara adwuma pɔtee ne sɛ ɛsesa voltage bi ma ne dodow kɔ soro ana ɛma ne dodow ba fam.

Transforma biara a ɛsesa voltage ma n'awiei voltage no kɔ soro no din de **soro-kɔ voltage transforma**. Transforma biara a ɛsesa awiei voltage no ma ne dodow ba fam no din de **fam-ba voltage transforma**.

Soro-kɔ voltage transformas (step up transformers)

Transforma a ɛma awiei voltage dodow fi fam kɔ soro no din de soro-kɔ voltage transforma. Saa transforma yi waya koils dodow a ɛwɔ sekondari koil no ho no dɔɔso sen nea ɛwɔ praimari koils no ho no. Soro-kɔ voltage transforma yi bi na yehu wɔ Adekyerɛ 25-3 so no.

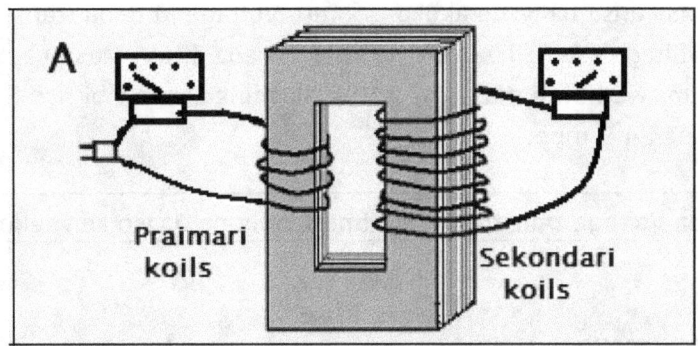

Adekyerɛ 25-3: Soro-kɔ Voltage transforma: sekondari koils no dɔɔso sen praimari koils no.

Yehu soro-kɔ voltage transformas wɔ gyenerator stashins pii mu. Ɛlɛktrisiti engyineafo de voltage a akɛse (10 000V) fa waya mu fi ɛlɛktrisiti yɛbea twa kwan kɔ stashins nketewa (ana sub-stashins) mu ansa na wɔasan abrɛ no ase. Soro-kɔ transforma na ɛma ɛlɛktrisiti tumi tu kwan a ɛnhwere karent pii biara.

Bio nso, voltage a ɛwɔ soro no mma waya no ho nnyɛ hyew ahe biara. Sɛ saa ɛlɛktrisiti a ɛwɔ voltage sorosoro no du sub-stashin bi mu, engyineafo brɛbrɛ n'ase ma wotumi de kokɔ afi mu, dwoodwoo de kɔsosɔ akanea, noa nnuan ne nea ɛkeka ho.

> **Soro-kɔ Voltage transforma: sekondari koils no dɔɔso sen praimari koils**

Fam-ba Voltage transformas

Fam-ba voltage transforma biara praimari koils no dɔɔso sen ne sekondari koils no; eyi na ɛma awiei voltage no ba fam. Saa fam-ba voltage transforma yi bi na yehu wɔ Adekyerɛ 25-4 so no.

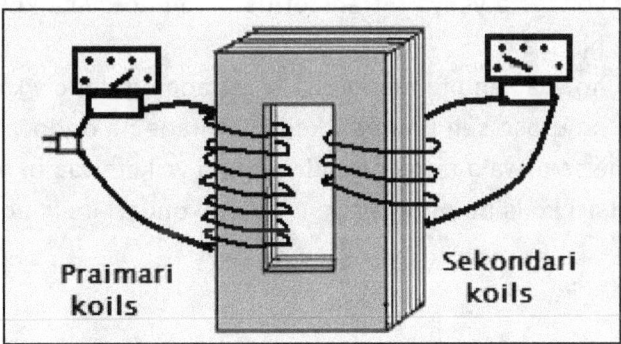

Adekyerɛ 25-4: Fam-ba Voltage transforma: praimari koils no dɔɔso sen sekondari koils no.

Yehu fam-ba voltage transformas wɔ ɛlɛktrisiti sub-stashins pii mu. Ɛlɛktrisiti a edu sub-stashin biara mu no voltage no wɔ soro sen nea yehia wɔ afi mu de asosɔ nkanea ana yɛde anoanoa nnuan. Ne saa nti, ɛsɛsɛ ɛlɛktrisiti engyineafo brɛbrɛ saa voltage yi ase ansa na wɔde akokɔ mfi mu. Voltage fam-ba transformas yi brɛbrɛ ɛlɛktrisiti voltage ase (fi 10 000V ne ade) ma ɛba 220V. Mashins pii a Ghanafo de yeyɛ nnwuma wɔ wɔn fi mu no yɛ 220V. Mashins ahorow bi nso hia voltage dodow a ɛyɛ 110 V ne 24 V mpo.

Fam-ba Voltage transforma: praimari koils no dɔɔso sen sekondari koils

---

TRANSFORMA PAWA

Kae sɛ transforma nsesa ɛlɛktrik pawa biara dodow. Pawa a ɛwɔ praimari koil no mu no ara na ɛwɔ sekondari koils no mu. Ne saa nti, voltage soro-kɔ transforma o, voltage fam-ba transforma o, pawa dodow no yɛ pɛ bere biara wɔ transforma pɔtee bi mu.

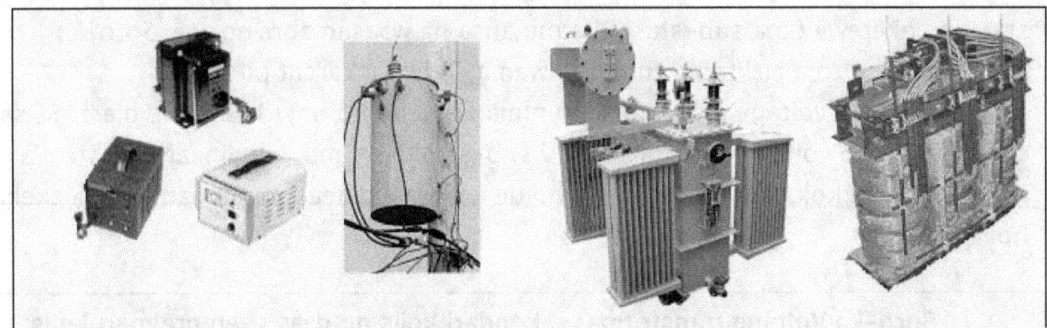

Adekyerɛ 25-5: Transformas ahorow: nketewa ne akɛse Nifa so yɛ transforma a yɛayi ho nkyɛnse. Hwɛ sɛnea wɔakyekyere wayas no.

SƐNEA YEBU TRANSOFRMA VOLTAGE NE PAWA HO NKONTAA

Esiane sɛ voltage a yenya fi transforma bi mu no gyina koils dodow no so no nti, yebu sɛ bere biara a:
- sekondari koils no sua sen praimari koils = voltage no dodow kɔ fam
- sekondari koils no dɔɔso sen praimari koils = voltage no dodow kɔ soro.

Bio, esiane sɛ pawa a transforma hwere no yɛ ketewaa bi no nti, yetumi ka se:
Pawa a ɛwɔ praimari koils no mu = Pawa a ɛwɔ sekondari koils no mu

Eyi ma yɛn: $P_1 = P_2 = \dfrac{V_1}{I_1} = \dfrac{V_2}{I_2}$

Esiane sɛ voltage no ne koils no dodow yɛ adamfo proposhinal no nti, yetumi ka se:
$V \propto N$
... bere a:
.. V yɛ voltage dodow na
.. N yɛ waya a ɛkyekyere ayɔn no ho yɛ koils no dodow.

252

Eyi ma yɛn: $\dfrac{V_1}{V_2} = \dfrac{N_1}{N_2}$ bere a:

.. V_1 yɛ voltage a ɛnam parimari koils no mu, na
.. V_2 yɛ voltage dodow a ɛnam sekondari koils no mu, na
.. N_1 yɛ waya a ɛkyekyere ayɔn no ho yɛ praimari koils no dodow na
.. N_2 yɛ waya a ɛkyekyerɛ ayɔn no ho yɛ sekondari koils no dodow.

Saa ekuashin yi tumi ma yɛn: $I_1 N_1 = I_2 N_2$ anasɛ $\dfrac{I_1}{I_2} = \dfrac{N_2}{N_1}$

Ne saa nti, sɛ yenim waya koils dodow a ɛkyekyere transforma no ayɔn dade no ho a, yebetumi akyerɛ karent dodow a ɛnam mu. Yebetumi de saa akontaa yi ayɛ transforma biara a yɛpɛ. Nea ehia ne sɛ yɛkyerɛ voltage ne karent dodow a yehia; ɛno akyi no yɛde kɔpa waya koils dodow bi bɛkyekyere ayɔn dade bi ho na yɛanya nea yɛhwehwɛ.

NEDCOHA WAYHC

TIFA 26: ƆHYEW AHOƆDEN

Nkyerɛkyerɛmu

Twi	Brɔfo
Ahoɔden	energy
Farenheit	Fahrenheit
Ɔhyew	heat
Tɛmometa	thermometer
Tempirekya	temperature
Mpopo-ho	vibration
Kyinkyim-ho	rotation
Mpempem-ho nsesae	translation
Mpopo-ho kinetik ahoɔden	vibration kinetic energy
Kyinkyim-ho kinetik ahoɔden	rotational kineticenergy
Mpempem-ho nsesae kinetik ahoɔden	translational kinetic energy

ADE ANA MATTA WƆ TEBEA ANAN

Yɛakyerɛ dedaw wɔ yɛn kɛmistri nhoma ahorow no mu sɛ biribiara a ɛwɔ wiase no yɛbea fi 'ade.' Yɛasan ama ada adi sɛ tete Grikifo a wodii kan fii ase hwehwɛɛ wiase abɔde nyinaa tebea mu nsɛm no din a wɔde maa ade no yɛ 'matta.'

Ne saa nti, yenim dedaw sɛ 'ade' din foforo ne 'matta.' Yenim nso sɛ ade ana matta yɛ **biribi a ɛwɔ mmuduru na etumi fa tenabea bi**. Yɛasan akyerɛ sɛ ade biara nso tumi nya tebea anan a ɛyɛ:

    i.   adeden ana ɔbo tebea
    ii.   nsu-nsu [ana likwid] tebea
    iii.   mframa [ana gas] tebea
    iv.   plasma tebea.

Yɛde nsu bɛyɛ mfatoho efisɛ nsu yɛ **ade**, kyerɛ sɛ ɛwɔ mmuduru; afei nso etumi fa tenabea pɔtee bi. Yebetumi de nsu agu tumpan mu de asi **mmuduru-nsusuwde** (ana **mmuduru skeel**) so akari na yɛahu ne mmuduru. Ade biara mmuduru gyina ade ko no mass ne asɛlɛrehin a efi graviti so. Ne saa nti, sɛ yɛde agyinamude, F si hɔ ma mmuduru a, yetumi de ekuashin a edi so yi kyerɛ ade biara mmuduru:

    F = mass (m) mmɔho aselerashin a efi graviti (g)
    = $m \times g$ bere a:

.. m gyina hɔ ma ade ko no mass, na
.. g gyina hɔ ma aselerashin a efi graviti.
Yesusuw ade biara mmuduru wɔ **Newton** yunits mu.

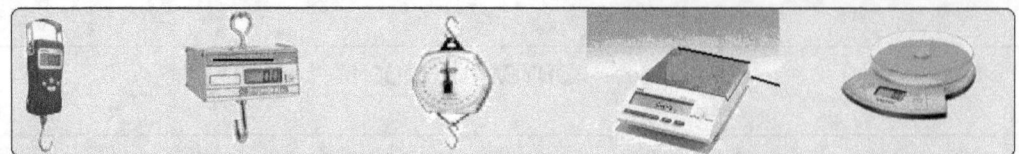

Adekyerɛ 26-1: Mmuduru-nsusuwde ahorow: eyinom na yɛde kari ade bi de hwehwɛ ne mmuduru.

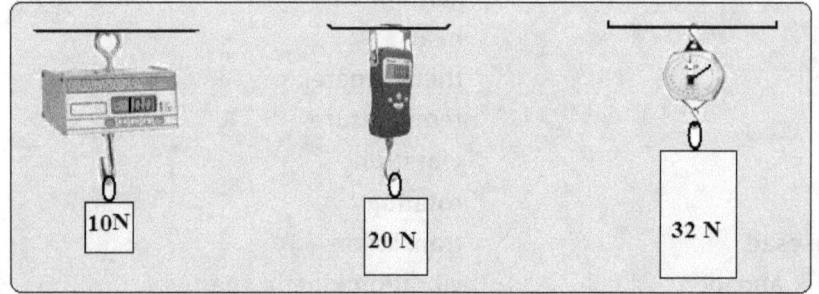

Adekyerɛ 26-2: Mpɛn pii no, yesusuw ade bi mmuduru wɔ Newtons (N) mu.

Saa ara nso na yebetumi de nsu agu **nsusuw silinda** mu akyerɛ ne **volum** anasɛ ne **tenabea dodow**. Volum ne ɔkwan a yɛfa so kyerɛ ade biara tenabea dodow. Yesusuw volum wɔ millilita, sentilita, desilita, lita, hektolita ne nea ɛkeka ho mu.

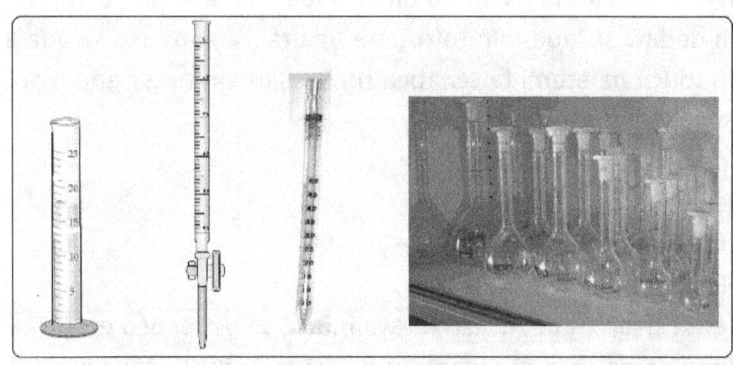

Adekyerɛ 26-3: Volum nsusuwde ahorow: nsusuw-silinda, buret, pipet ne volum-flasks ahorow.

Nsusuw-silindas gu ahorow pii. Ebinom volum yɛ akɛse te sɛ bɛyɛ litas asɔn ne du ne nea etwa mu sen saa mpo; ebinom nso de, wɔn volum yɛ ketewaa bi te sɛ mililitas anum ana nea ɛyɛ ketewa mpo sen sa.

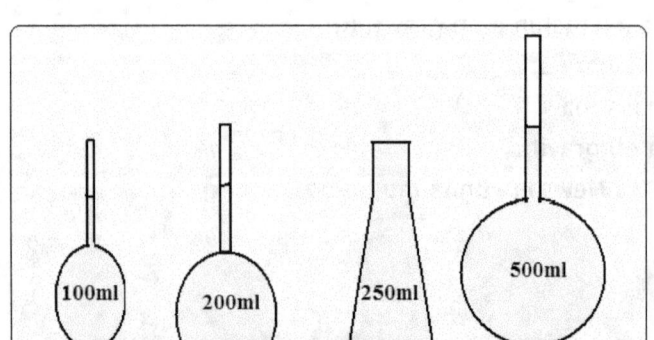

Adekyerɛ 26-4: Nsu volum nsusuwde ahorow – flasks.

Volum nsusuwde bi ne burets, pipets ne flasks. Yehu saa volum nsusuwde ahorow yi bi wɔ Adekyerɛ 26-3 ne Adekyerɛ 26-4 so. Nsu bebree volum yɛ bebree; nsu kakraa bi volum yɛ kakraa bi.

ƆHYEW TUMI SESA ADE BI TEBEA

Sɛ nneɛma tumi nya tebea ahorow de a, obi betumi abisa se ɛyɛ dɛn na ade bi sesa fi tebea baako mu kɔ foforo mu? Ansa na yebebua saa asɛmmisa yi no, ehia sɛ yɛkyerɛ tempirekya ase efisɛ ade biara tebea nsesae gyina ne tempirekya so.

Tempirekya yɛ ɔkwan a yɛfa so susuw ade bi mu wiridudu anasɛ ɔhyew tebea.

Sɛ obi dwudwo nsu, ma ne tempirekya kɔ fam pii a, nsu no tumi dan yɛ sukyerɛma ana ayis. Ne saa nti, ayis yɛ nsu a ɛwɔ **ɔbo** tebea mu. Yɛfrɛ ade biara a ɛwɔ ɔbo tebea mu no sɛ **adeden**. Yɛfrɛ ade biara a ɛwɔ nsu tebea mu no sɛ **nsu-nsu** ana **likwid**. Sɛ obi noa nsu a egu bika anasɛ kyɛnse bi mu a, nsu no fi ase huru ma ɛdan yɛ huruhuro: eyi ne nsu no **mframa** tebea. Yɛfrɛ ade biara a ɛwɔ mframa tebea mu no sɛ **gas**. Sɛ yɛkɔ so noa saa mframa a yɛanya yi a, mframa atoms no mu tumi tetew ma yenya atoms no mu nneɛma nketewa bi a yɛfrɛ wɔn patikils na wɔyɛ ɛlɛktrons, protons ne neutrons. Eyi ma yenya ade ko no **plasma** tebea.

Sɛ ɔtomfo de dade hyɛ ogya mu a, dade no dɔ yiye ma ɛdan yɛ kɔkɔɔ. Sɛ dade no hyɛ ogya no mu kyɛ yiye a, ebedu bere bi no, dade no nnan yɛ bɛtɛɛ. Tempirekya a ɛwɔ sorosoro no tumi nnan dade ma ɛyɛ te sɛ nsu mpo.

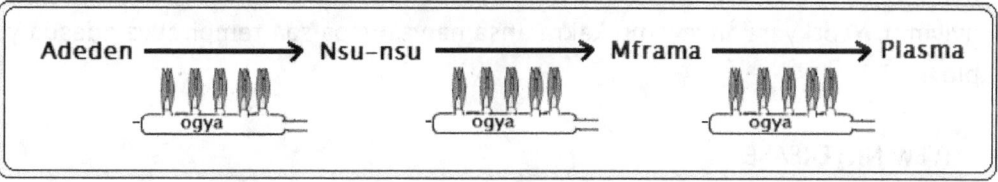

Adekyerɛ 26-5: Ɔkwan a ɔhyew fa so ma nneɛma sesa.

TEMPIREKYA YƐ ƆKWAN A YƐFA SO SUSUW BIRIBI HO WIRIDUDU ANASƐ ƆHYEW TEBEA. **VOLUM** YƐ ƆKWAN A YƐFA SO KYERƐ ADE BIARA TENABEA DODOW.

Ne saa nti, yebetumi annan dade ama ayɛ **nsu-nsu** anasɛ ama anya **likwid** tebea. Saa ara nso na sɛ yɛde ogya kɔ so noa saa dade a adan ayɛ nsu-nsu yi a, ebedu tempirekya bi no, saa dade nsu-nsu yi betumi adan ayɛ mframa, na akyiri yi adan ayɛ plasma. Ɛyi kyerɛ sɛ wiase nneɛma nyinaa wowɔ saa tebea anan yi bi.

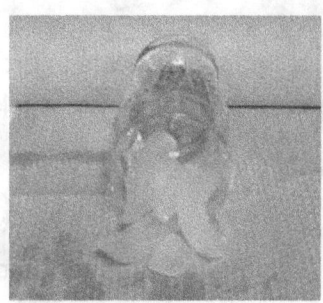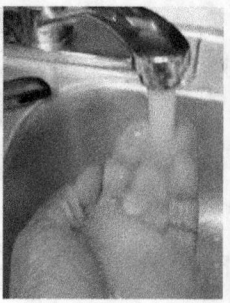

Adekyerɛ 26-6: Nsu tebea anan no mu abiɛsa bi na yɛakyerɛ wɔ ha yi: ayis (adeden), nsu ne mframa tebea.

TEMPIREKYA AHOROW A NNEƐMA SESA

Yɛfrɛ tempirekya a ade bi dan fi ɔbo tebea mu kɔ nsu-nsu tebea mu no sɛ saa ade ko no **nan-bere tempirekya**. Saa ara nso na yɛfrɛ tempirekya a nsu bi dan yɛ mframa no sɛ ade ko no **huru-bere tempirekya**. Yɛfrɛ tempirekya a ɛwɔ fam koraa a nsu bi dan kɔ ɔbo tebea mu no sɛ ade ko no **sukyerɛma-bere tempirekya** anasɛ ne **ayis-bere tempirekya**. Yɛbɛsan de nsu ayɛ mfatoho. Tempirekya a nsu dan yɛ ayis no yɛ ohunu digri selsius. Yɛkyerɛw saa nsu ayis-bere tempirekya yi sɛ 0°C. Tempirekya a nsu fi ase huru no yɛ 100 digri selsius. Yɛkyerɛw saa nsu huru-bere tempirekya yi sɛ 100°C.

Ade biara wɔ ne huru-bere tempirekya ne ne ayis-bere tempirekya. Saa nsonsonoe a ɛdeda nneɛma nan-bere tempirekya, huru-bere tempirekya ne ayis-bere tempirekya mu yi boa yɛn ma yetumi kyerɛkyerɛ nsonsonoe a ɛdeda kompawunds ahorow mu; ɛsan boa ma yetumi yeyɛ kompawunds ne molekuls nyiyimu. Yɛbɛkyerɛ ɔhyew mu kakra ansa na yɛabɛtoa saa tempirekya adesua yi so bio.

ƆHYEW NKYERƐASE

Ɔhyew yɛ ahoɔden. Yɛaka dedaw sɛ atoms bebree nkabom na ɛyɛ **matta** ana **ade**. Yenim nso fi yɛn Kɛmistri adesua mu sɛ ade biara mu atoms ntena faako dinn wɔ ade ko no mu; mmom, bere biara no, wɔpopo wɔn ho, kyinkyim wɔn ho, tutu amirika de wɔn ho pempem wɔn ho wɔn ho wɔ ade ko no mu.

Saa atoms yi amirika a ɛma wɔn ho mpopoe, wɔn ho nkyinkyim-ho, ne wɔn ho wɔn ho mpempem-ho no ma atoms no nya ahoɔden bi a yɛfrɛ no **kinetik ahoɔden**. Ne saa nti, yɛwɔ kinetik ahoɔden ahorow abiɛsa wɔ ade biara mu a egyina atoms a wɔwɔ ade ko no mu no suban ne wɔn nneyɛe so. Saa kinetik ahoɔden yi yɛ:

Atoms no ho mpopoe = mpopo-ho kinetik ahoɔden
Atoms no nkyinkyim ho = nkyinkyim-ho kinetik ahoɔden
Atoms no mpempem-ho nsesae = mpempem-ho nsesae kinetik
    ahoɔden.

Atoms mpopo-ho kinetik ahoɔden no ne wɔn nkyinkyim-ho kinetik ahoɔden no ma ade ko no nya potenshial ahoɔden nanso wɔmma ade ko no ho nnyɛ hyew biara. Mmom, atoms mpempem-ho nsesae kinetik ahoɔden no na ɛma ade ko no ho yɛ hyew. Ne saa nti, yɛka se ɛyɛ atoms a wɔwɔ ade bi mu no mpempem-ho nsesae no nkutoo na ɛma saa ade ko no tempirekya nya nkɔso. Bere biara a yɛde ade bi bɛto ogya mu no, atoms a wɔwɔ saa ade no mu no kanyan wɔn ho yiye ma wɔn amirikatu nya nkɔso pii. Saa amirikatu nkɔso yi ma atoms no mpempem-ho nso nya nkɔso yiye. Eyi na ɛma ade ko no tempirekya nya nkɔso mmoroso no.

Sɛ yɛka ɔhyew a, na yɛkyerɛ **nimdeɛ** a ɛfa ahoɔden dodow a ɛwɔ ade bi a adɔ mu ho. Esiane sɛ yesusuw ahoɔden wɔ **Joules** mu no nti, yesusuw ɔhyew nso wɔ Joules mu. Yɛbɛyɛ dɛn na yɛahu ɔhyew dodow a ɛwɔ ade bi a adɔ mu? Yɛbɛkae sɛ, yɛde tempirekya na ɛkyerɛ ade bi mu ɔhyew **tebea**.

Ade bi a ne tempirekya wɔ soro no adɔ sen nea ne tempirekya wɔ fam. Ne saa nti, tempirekya kyerɛ ade bi mu ɔhyew tebea (sɛ ɛwɔ soro, sɛ ɛwɔ fam, ana mfinimfini baabi) nanso tempirekya nkutoo nntumi nnkyerɛ yɛn ade bi mu ɔhyew **dodow**. Yɛde mfatoho a edi so yi bɛkyerɛkyerɛ nsononsonoe a ɛdeda tempirekya ne ɔhyew mu.

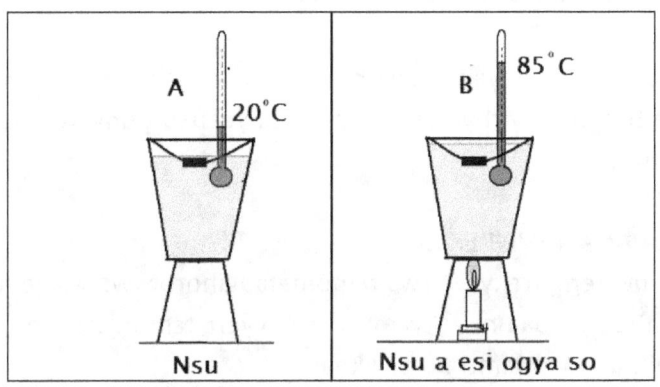

Adekyerɛ 26-7: Ɔhyew ma ade biara tempirekya nya nkɔso.

Yɛnfa no sɛ yɛde nsu lita du (10 L) a ne tempirekya yɛ 20°C agu bokiti bi mu (Adekyerɛ 26-7A). Saa nsu yi betumi agu bokiti yi mu asi hɔ akyɛ yiye a ne tempirekya rensesa. Nanso, sɛ yɛsɔ ogya wɔ bokiti no ase pɛ a (Adekyerɛ 26-7B), yebehu sɛ nsu no tempirekya refi ase akɔ soro 21° C. .. 22° C ... 85°C ne akyi mpo.

Sɛ yɛde yɛn nsa ka nsu no bere biara a, yebetumi ahu sɛ nsu no redɔ. Ne saa nti, ɔhyew ma ade bi tempirekya kɔ soro. Eyi ma yetumi de tempirekya kyerɛ nsu no mu ɔhyew tebea ana sɛnea nsu no adɔ afa bere biara.

Afei yɛnfa no sɛ yɛwɔ nsu bokiti ahorow abien a wɔn mu nsu dodow nnyɛ pɛ (5 litas ne 10 litas) nanso wɔn tempirekya yɛ pɛ (85°C). Ɔhyew dodow a ɛwɔ 10L bokiti no mu no dɔɔso sen ɔhyew dodow a ɛwɔ bokiti ketewa no mu no efisɛ ehia ɔhyew bebree de ama 10L bokiti no tempirekya akodu 85°C, sen nea ehia ama 5L bokiti no. Ne saa nti, ɔhyew dodow a ɛwɔ bokiti abien yi mu bere biara no gyina nsu a ɛwɔ mu no volum dodow nso so. Tempirekya nnte sa; tempirekya nnyina ade ko no dodow so koraa.

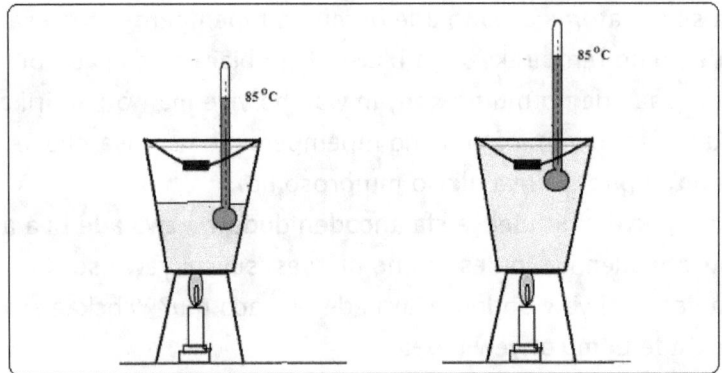

Adekyerɛ 26-8: Ɔhyew ahoɔden dodow gyina ade a adɔ no dodow ne ne tempirekya so. Tempirekya mmfa ade no dodow ho hwee.

Ɛno nti, sɛ yɛka ɔhyew ahoɔden dodow a, ehia sɛ yehu nsu no nso dodow anasɛ ne volum nso ka ho. Eyi ma yɛkyerɛ ɔhyew ase sɛ nimdeɛ a ɛfa ade bi a adɔ mu ahoɔden dodow ho.

> Ɔhyew yɛ nimdeɛ a ɛfa ade bi a adɔ mu ahoɔden dodow ho

Ne tiatwa mu no, tempirekya yɛ ɔhyew tebea ho nsusuw nanso ɛnnkyerɛ yɛn ɔhyew dodow a ɛwɔ ade pɔtee bi mu. Akyiri yi, yɛbɛhwɛ sɛnea yesusuw ɔhyew ahoɔden dodow a ɛwɔ ade bi mu.

SƐNEA YESUSUW ƆHYEW TEBEA ANA TEMPIREKYA

Tɛmometa na yɛde susuw tempirekya. Yɛwɔ tɛmometas ahorow wɔ wiase a wɔn mu biara wɔ nkyekyɛmu a ɛsono. Saa nkyekyɛmu yi na ɛkyerɛ tɛmometas mu nsonsonoe. Yɛfrɛ tɛmometa biara nkyekyɛmu no sɛ **skeel**.

Tɛmometas skeels abiɛsa na ɛwɔ hɔ. Eyi ne:

–Selsius ana sentigrade tɛmometa skeel

–Kelvin tɛmometa skeel

–Farenheit tɛmometa (rankine) skeel

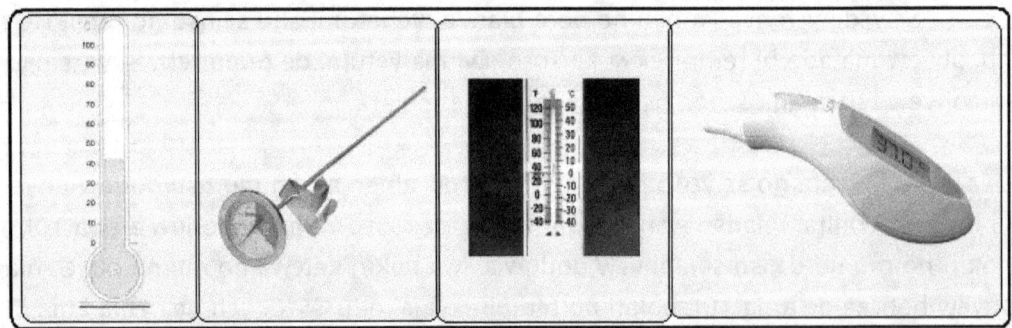

Adekyerɛ: 26-9 Tɛmometas ahorow

Skeel na ɛkyerɛ nkyekyɛmu a tɛmometa bi wɔ. Skeel biara nkyekyɛmu ketewa koraa no yɛ **digri**. Yɛkyerɛw digri sɛ ohunu ketewa a ɛwɔ soro (º). Esiane sɛ tɛmometa skeels no nnyɛ pɛ no nti, wɔn digris nso nnyɛ pɛ.

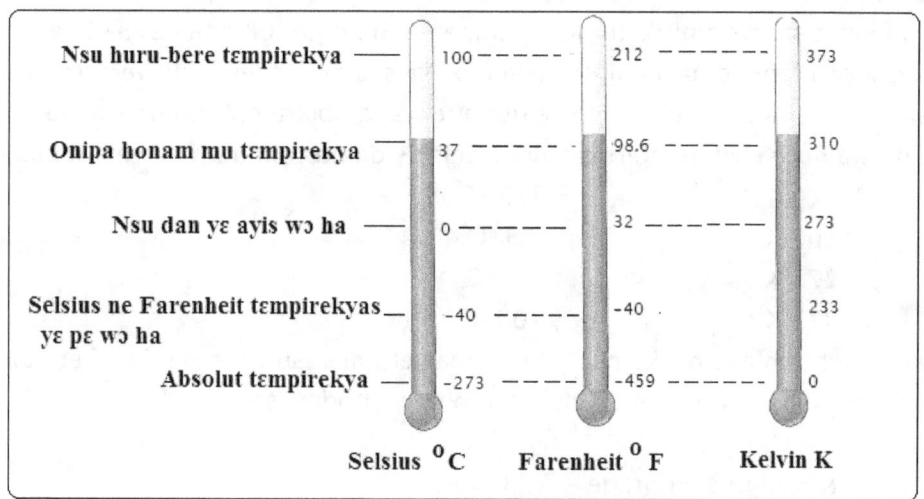

Adekyerɛ 26-10: Tempirekya skeels ahorow: Selsius, Farenheit ne Kelvin

Kan tetefo de nsu na efii ɔhyew adesua ase. Ne saa nti, mfiase tɛmometas no mu biara digri a ɛwɔ fam koraa no yɛ tempirekya a nsu dan yɛ ayis. Mfiase tɛmometas pii mu tempirekya a ɛwɔ soro no nso yɛ bere a nsu dan yɛ huruhuro ana mframa.

Selsius ana sentigrade tempirekya skeel

Yɛde agyinamude lɛtɛ C (yɛfrɛ no 'sii' a ɛyɛ Ɔ a adan n'ani) na egyina hɔ ma sentigrade tempirekya skeel biara. Yetumi nso frɛ saa skeel yi sɛ selsius.

Sentigrade ana selsius tɛmometa skeel no wɔ digris ɔha (100º) nkyekyɛmu. Mpɛn pii no, sentigrade skeel no fi ase fi 0ºC kosi 100ºC nanso ɛsɛsɛ yehu sɛ etumi sian kɔ fam twa ohunu ho, san twa mu kɔ soro twa ɔha digris nso ho. Sentigrade tempirekya a nsu dan yɛ huruhuro no yɛ 100ºC.

Esiane sɛ selsius tɛmometa yi nkyekyɛmu yɛ du-du no nti, yetumi nya saa nkyekyɛmu yi mu ntease papa. Ne saa nti, sentigrade tɛmometa na yɛde sua sayense mu nneɛma pii, san de bu sayense nkontaa. Esiane sɛ yɛde ohunu ketewa a ɛwɔ soro na ɛkyerɛ digri no nti, yɛkyerɛw sentigrade skeel no sɛ:

sentigrade = selsius = ºC.

Kelvin tempirekya skeel

Yɛde lɛtɛ K na egyina hɔ ma Kelvin tempirekya skeel no. Esiane sɛ mpɛn pii no, sayense adesua mu tempirekya nsusuw dɔɔso sen 100ºC, na pii nso yɛ ketewa sen 0ºC no nti, sayense de Kelvin tempirekya skeel taa yɛ adwuma. Kelvin tempirekya skeel no fi ase fi −273.15º C. Mpɛn pii no, yetwa saa tempirekya yi sin kyerɛw no −

273°C pɛ. Ne saa nti, saa -273°C yi kyerɛ ohunu Kelvin (0 K). Esiane sɛ Kelvin skeel no fi ase fi ohunu na ɛkɔ soro no nti, enni nyifim digri biara.

Sayense kyerɛ sɛ edu saa ohunu Kelvin tempirekya yi a, atom biara nntumi mmpopo ne ho, nntutu amirika, mmpempem foforo biara ho bio. Esiane sɛ tempirekya kyerɛ atoms amirikatu ne mpempem-ho no nti, 0K ana -273°C ne tempirekya a ɛwɔ fam koraa a ebi nni akyi bio. Ne saa nti, sayense nhwehwɛɛ kyerɛ sɛ saa tempirekya 0K ana -273°C yi yɛ tempirekya a obiara nntumi nnwudwo biribiara nntwa ho. Kelvin tempirekya bi ne selsius de ntotoho na yɛakyerɛ wɔ ha yi:

 0 K   =   -273 °C
 100 K   =   -173 °C
 273 K   =   0°C
 373 K   =   100 °C

Kelvin skeel no ho mfaso baako nso ne sɛ, ɛma yetumi susuw tempirekya bere biara wɔ nkekaho numbas mu. Yɛkyerɛ Kelvin tempirekya dodow sɛ:

K = digri sentigrade + 273 digri

Kae sɛ yɛka Kelvin a yɛnfa digri din biara nnka ho.

Asɛmmisa: Kyerɛ 27 °C dodow wɔ Kelvin skeel mu.
  Kelvin = sentigrade digri + 273
       = 27 + 273 = 300 K.
Asɛmmisa: 500 Kelvin yɛ ahe wɔ digri sentigrade mu?
  500 = °C + 273
  500 - 273 = °C
       = 227 wɔ digri sentigrade mu = 227 °C

Farenheit tempirekya skeel (Rankine skeel)

Ɛnnɛ da yi, sayense ayi Farenheit skeel afi adesua biara mu. Nanso, aman bi te sɛ Amerikafo taa de Farenheit tempirekya kɔ so yɛ nsusuw ahorow yeyɛ mashins bi a yehu bi wɔn man yi mu. Ne saa nti, yɛbɛkyerɛ saa tempirekya skeel yi mu, nanso ɛsɛsɛ ɔkenkanfo biara te ase sɛ saa Farenheit skeel yi awu wɔ amansan sayense abrabɔ mu.

Yɛde agyinamude lɛtɛ F na egyina hɔ ma Farenheit tempirekya. Farenheit tempirekya a nsuɔhyew dan yɛ huruhuro no yɛ 212. Farenheit tempirekya a ɛwɔ fam a nsu dan yɛ ayis no yɛ 32. Ne saa nti, digris dodow a ɛda Farenheit skeel no soro tempirekya ne ne fam tempirekya no mu no yɛ ɔha aduowɔtwe. (212-32 = 180). Eyi ma yɛka se Farenheit tɛmometa no wɔ nkyekyɛmu 180 ana digris 180. Yɛaka dedaw sɛ ɛnnɛ da yi, sayense mmfa saa Farenheit skeel yi nni dwuma bio.

SƐNEA YƐSESA TEMPIREKYA SKEEL BAAKO KƆ SKEEL FOFORO MU

Yɛbɛkae sɛ sentigrade tempirekya skeel no wɔ nkyekyɛmu 100, a efi ase fi ayis-bere tempirekya so kosi nsu huru-bere tempirekya mu. Saa ara nso na Farenheit skeel no nso wɔ nkyekyɛmu 180. Yetumi sesa tempirekya dodow bi fi skeel baako mu kɔ foforo mu. Ekuashin a yɛde sesa tempirekya fi **sentigrade mu kɔ farenheit** mu no yɛ:

$$ºF = ºC [180/100] + 32 = ºC [\underline{9}] + 32$$
$$\phantom{ºF = ºC [180/100] + 32 = ºC [\underline{9}] +} 5$$

Kae sɛ ehia sɛ wode sentigrade dodow no yɛ 9/5 mmɔho no wie ansa na wode 32 aka wo mmuae no ho.

KELVIN	SENTIGRADE	FARENHEIT
1000 K	1273°C	2323° F
900 K	1173°C	2143°F
500 K	773°C	1423°F
373 K	100°C	212° F
273 K	0°C	32° F
0 K	-273°C	

Adekyerɛ 26-11: Tempirekya skeels ahorow ne wɔn ntotoho.

Asɛmmisa: Sesa sentigrade tempirekya a edidi so yi kɔ Farenheit mu.
[i] 49º C   [ii] 128ºC   [iii] -48ºC   [iv] -40 ºC
Mmuae: [i] ºF = 49 (9/5) + 32   = 120.2 ºF
       [ii] ºF = 128 (9/5) + 32 = 262.2 ºF
       [iii] ºF = -48 (9/5) + 32 = -54.4 ºF
       [iv] ºF = -40 (9/5) + 32 = -40 ºF

Ekuashin a yɛde sesa tempirekya fi **Farenheit mu kɔ Sentigrade** mu no nso yɛ:

$$ºC = [ºF - 32] \, 100/180 \qquad = [ºF - 32] \, \frac{5}{9}$$

Kae sɛ ɛsɛsɛ woyi 32 fi farenheit dodow no mu ansa na wode mmuae no ayɛ 5/9 mmɔho no.

Asɛmmisa: Mashins bi a wɔyɛɛ wɔ amannɔne wɔ saa tempirekya nkyerɛw yi wɔ ho. Kyerɛ ne dodow wɔ sentigrade skeel mu.
[i] 390 °F   [ii] -90 °F   [iii] 212 °F   [iv] -40 °F

Mmuae:
  [i] °C = [390 - 32] 5/9   = 198.9 °C
  [ii] °C = [-90 -32] 5/9   = -67.8 °C
  [iii] °C = [212-32] 5/9   = 100 °C
  [iv] °C = [-40 -32] 5/9   = -40 °C

Asɛmmisa: Sesa saa tempirekya dodow yi kɔ Kelvin mu (i) 40°C (ii) -40°C (iii) 0°C (iv) 273°C (v) -273°C

  Kelvin = sentigrade digri + 273 digris
  i)   40°C = 40°C + 273°C = 313K
  ii) -40°C = -40°C + 273 °C = 233K
  iii) 0°C   = 0°C + 273°C = 273K
  iv) 273°C = 273°C + 273°C = 546k
  v)   -273°C = -273°C + 273°C = 0K

SƐNEA YƐYƐ TƐMOMETAS

Esiane sɛ ɔhyew nsesae ne likwids bi volum nsesae tu anamɔnkoro, didi nkitaho a ɛyɛ pɛpɛɛpɛ no nti, yɛtaa de likwids ahorow bi volum nsesae kyerɛ tempirekya nsesae. Yɛfa saa nimdeɛ yi kwan so de yeyɛ tɛmometas.

Likwids a yɛtaa de yeyɛ tɛmometas no bi ne merkuri ne nsa (alkɔhol bi te sɛ akpeteshi). Sɛ yɛde alkɔhol yɛ tɛmometa a, ehia sɛ yɛde kɔla kɔkɔɔ bi fra nsa no na ama yɛatumi ahu baabi pɔtee a saa nsa no tenten gyina wɔ glass tuub a yɛde bɛyɛ tɛmometa no mu.

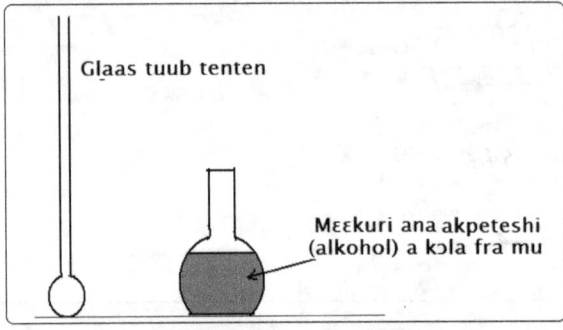

Adekyerɛ 26-12: Nneɛma a ehia ma yetumi yɛ tɛmometa.

Nea edi kan no, yɛde likwid a yɛafa no gu glass tuub tenten bi a ɛwɔ korabea ketewa bi wɔ ase mu. Saa korabea ketewa yi ma merkuri ana nsa no kakraa bi tumi taa hɔ.

Afei yɛde tuub no si ayis mu ma glaas tuub no mu merkuri ana nsa no tempirekya ne ayis no tempirekya yɛ pɛ. Sɛ yɛde nkyene kakra bi gu ayis no mu a, ɛboa ma ayis no tempirekya kɔ fam ntɛm. Sɛ ɛba no saa a, yɛyɛ lain bi wɔ glaas no ho de kyerɛ baabi a ayis tempirekya wɔ. Ɛyi ne 0 digri sentigrade.

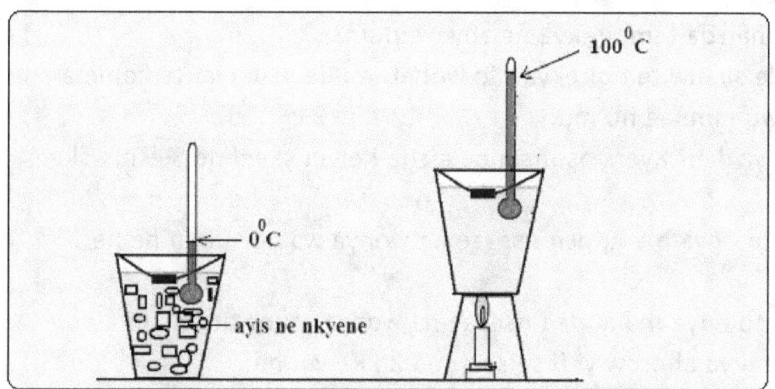

Adekyerɛ 26-13: Ɔkwan a yɛfa so yɛ tɛmometa.

Afei yɛde tuub no si bika ana kuku bi a nsu wɔ mu mu, ma yɛnoa nsu no kosi sɛ ebefi ase ahuru. Yɛfa saa tempirekya no sɛ 100 digris sentigrade. Yɛsan yɛ lain bi wɔ glass tuub no ho de kyerɛ baabi a nsu huru-bere tempirekya wɔ.

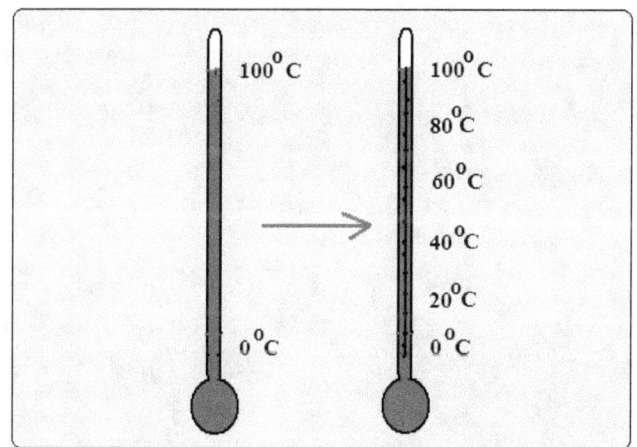

Adekyerɛ 26-14: Sentigrade ana Selsius Tɛmometa

Ɛno akyi, yesiw saa glaas tuub yi ano. Sɛ yɛkyekyɛ saa lains abien yi mu mpɛn ɔha a, yenya nkyekyɛmu ɔha a baako biara yɛ digri baako. Eyi ma yɛn sentigrade tɛmometa a efi ohunu digri kosi ɔha digri sentigrade.

Nsɛmmisa
1. Dɛn ne ade ana matta?
2. Kyerɛ mmuduru ase? Yɛyɛ dɛn na yesusuw ade bi mmuduru?
3. Kyerɛkyerɛ volum mu na kyerɛ ne yunits nso.
4. Dɛn ne ayis?
5. Kyerɛ sɛnea ade sesa fa, bere a wɔde ɔhyew ka saa ade ko no.

6. Kyerɛ tempirekya ase. Dɛn ne ayis-bere tempirekya? Nsu ayis-bere tempirekya yɛ ahe?
7. Kyerɛkyerɛ ade bi huru-bere tempirekya ase. Nsu huru bere tempirekya yɛ ahe wɔ mpoano?
8. Kyerɛ ɔhyew ase.
9. Dɛn nsonsonoe na ɛda tempirekya ne ɔhyew ntam?
10. Dɛn ade na yɛde susuw tempirekya? So wobetumi de nsu ayɛ tɛmometa ana? Kyerɛkyerɛ wo mmuae no mu.
11. Yɛde tɛmometa yɛ dɛn? Kyerɛ nsonsonoe a ɛda Kelvin skeel ne Selsius skeel ntam.
12. Sɛ wode ade bi to ogya mu a, dɛn nsesae na wonya wɔ ne suban ne ne tebea mu?
13. Sɛ wode ade bi to ogya mu a, dɛn nsesae na wonya wɔ ne atoms mu.
14. Sesa saa tempirekya ahorow yi fi selsius mu kɔ Kelvin mu.
    (i) 40°C (ii) 120°C (iii) 273°C (iv) 500°C (v) -273°C
15. Sesa saa tempirekya ahorow yi fi Kelvin mu kɔ selsius mu
    (i) 40K (i) 400K (iii) 280K (iv) 500K (v) 2000K

TIFA 27 : ƆHYEW DODOW

NKYERƐKYERƐMU

Twi	Brɔfo
Adeden-nan bere ahintaw-hyew	latent heat of fusion of a solid
Ade-huru	boiling process
Ade-wew	evaporation
Adonnɔn	saturate, saturated
Adonnɔn-nsu	water-saturated
Ahuru	vapour, foam
Ayis-a-awo	freeze-dried
Humiditi	humidity
Joule	Joule
Kalori	calorie
Kondensashin	condensation
Mframa-yɛbere ahintaw-hyew	latent heat of vaporization
Nan-bere ahintaw-hyew	latent heat of fusion
Nan-bere tempirekya	melting point temperature
Nsufɔkye	humidity
Ɔhyew-nkekaho adeyɛ	warming process
Ɔhyew-nyifim adeyɛ	cooling process
Presha adenoa-kyɛnse	pressure cooker
Spesifik ɔhyew tumi	specific heat capacity
spesifik ɔhyew tumi tebea	specific heat capacity
Sublimashin	sublimation
Wim nsufɔkye ntotoho	relative humidity
Wim nsufɔkye	air humidity

ƆHYEW DODOW

Yɛahu dedaw sɛ tempirekya boa ma yetumi hu ade bi mu ɔhyew tebea. Ɛboa nso ma yetumi susuw ɔhyew dodow a ɛwɔ biribi mu nanso tempirekya nnkyerɛ yɛn ɔhyew dodow a ɛwɔ ade ko no mu. Yɛbɛsan de oyikyerɛ a edi so yi akyerɛ ɔhyew dodow ase ne nsonsonoe a ɛda ɔhyew ne tempirekya ntam.

Yɛnfa no sɛ yɛwɔ 25L glaas bikas abien a nsu 15litas wɔ baako mu, na nsu 10 litas nso wɔ nea aka no mu. Afei, yɛnfa no sɛ yɛde tɛmometas abien sisi nsu a ɛwɔ bikas abien no mu, na yɛatumi ahu nsu no mu biara tempirekya bere biara. Ɛno akyi, yɛde saa bikas abien yi sisi bunsen ogya so ma yefi ase noa nsu no. Afei momma yɛntwɛn nkosi bere a nsu a ɛwɔ glass bikas biara mu no tempirekya bɛkɔ akodu 60ºC.

Yebehu sɛ nsu a egu 10L bika no mu no tempirekya bedu 60ºC ansa na nsu a ɛwɔ 15L bika no mu de no akodu saa 60ºC tempirekya yi. Eyi kyerɛ sɛ ɔhyew dodow a yehia ama 15L bika nsu no de akodu 60ºC no dɔɔso sen nea yehia ama 10L bika nsu no de akodu saa 60ºC tempirekya yi.

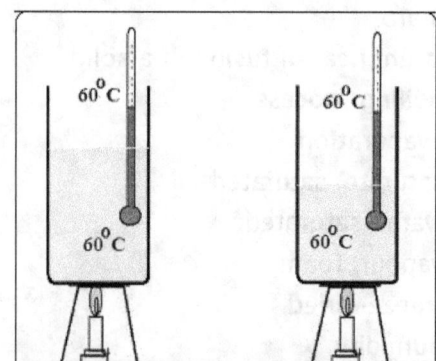

Adekyerɛ 27–1: Ɔhyew dodow a ɛwɔ ade bi mu no gyina ade ko no dodow nso so.

Sɛ nsu abien no mu biara tempirekya yɛ 60ºC na yɛde yɛn nsa to nsu no biara mu a, yebehu sɛ nsu no mu biara yɛ hyew pɛpɛɛpɛ. Eyi kyerɛ sɛ nsu abien no adɔ pɛpɛɛpɛ nanso yenim sɛ ɔhyew dodow a ɛwɔ bikas abien no mu no nnyɛ pɛ.

Eyi nnyɛ nwonwa efisɛ ɔhyew dodow (ogya dodow) a ehiaa 15L nsu no maa ne tempirekya koduu 60ºC no dɔɔso sen nea yɛde maa 10L nsu no maa ne tempirekya nso koduu 60ºC no. Sɛ yeyiyi bunsen ogya no fifi glass bikas no ase a, 15litas nsu no bedwo brɛoo asen 10litas nsu no. Eyi san kyerɛ yɛn sɛ **ɔhyew dodow** a ɛwɔ 15L nsu no mu no dɔɔso sen ɔhyew dodow a ɛwɔ 10L nsu no mu no. Nanso yɛyɛ dɛn na yesusuw ɔhyew dodow a ɛwɔ biribi mu? Nea edi kan, yɛbɛhwɛ yunits ko a yɛde kyerɛ ɔhyew dodow.

ƆHYEW YUNITS

Esiane sɛ ɔhyew yɛ ahoɔden no nti, yɛde ɔhyew yunit a ɛyɛ Joule na ɛkyerɛ ne dodow a ɛwɔ biribi mu. Nanso esiane sɛ kan tetefoɔ fii ase susuw ɔhyew ahoɔden wɔ kalori mu no nti, mpɛn pii no, yɛtaa hyia ɔhyew ahoɔden nsusuw wɔ kalori mu.

Yɛkyerɛ **kalori ase sɛ ɔhyew dodow a ɛma nsu gram baako tempirekya kɔ soro sentigrade digri baako**. Esiane sɛ kalori nso kyerɛ ɔhyew ahoɔden yunit bi no nti, kalori ne ahoɔden yunit Joule di nkitaho. Sayense kyerɛ sɛ **kalori baako yɛ 4.184 Joules.**

---
1 kalori = Ɔhyew dodow a ɛma nsu 1g tempirekya nya nkɔso 1ºC

---

1 kalori = 4.184 Joules.
Kae sɛ Joule agyinamude yɛ J. Yɛde **cal** na egyina hɔ ma Kalori.

.... *BTU ana britishfo termal yunit = 1054 Joules*

Ahoɔden yunit foforo bi wɔ hɔ a tete Engiresifo de buu nkontaa. Eyi ne britishfo termal yunit ana BTU. *Termal* no yɛ brɔfo kasa a ɛkyerɛ *ɔhyew*. Esiane sɛ

Engiresifo na wɔde Farenheit tempirekya skeel no too gua no nti, yebu btu wɔ farenheit digris ne mmuduru pɔn (lb) mu. Yɛkyerɛ Btu ase sɛ ɔhyew dodow a ɛma nsu mmuduru pɔn baako tempirekya nya nkɔso Farenheit digri baako. Yɛbɛkae sɛ mmuduru pɔn baako (1 lb) dodow wɔ Newtons mu yɛ **0.445 Newtons**. Btu baako nso dodow wɔ Joules mu yɛ **1054 Joules**.

1 Btu = ɔhyew dodow a ɛma nsu pɔn baako (1lb) tempirekya nya nkɔso 1 °F

Ɛnnɛ da yi, sayense mmfa btu nni dwuma bio. Nanso, ebinom da so yeyɛ mashins ahorow a wɔda so kyerɛ wɔn yunits wɔ btu mu.

Asɛmmisa: Sesa yunits a edidi so yi kɔ Joules mu.
470 cal. Mmuae: 470 x 4.184 joules = 1966.48 joules
20 btu   Mmuae: 20 x 1054 joules = 21 080 joules
47 btu   Mmuae: 47 x 1054 joules = 49 538 joules
56 cal   Mmuae: 56 x 4.184 joules = 234.30 joules

Sesa joules a edidi so yi kɔ kaloris mu
20 000 joules Mmuae: 20 000/4.184 cal = 4780 cal
4184 joules Mmuae: 4184/4.184 cal = 1000 cal
5000 joules Mmuae: 5000/4.184 cal = 1195 cal
8000 joules mmuae: 8000/4.184 cal = 1912 cal

SPESIFIK ƆHYEW/SPESIFIK ƆHYEW TUMI

Sayense oyikyerɛ ahorow ama yɛahu dedaw sɛ ɔhyew ahoɔden a ade bi nya no fi molekuls anasɛ atoms a ɛwɔ ade ko no mu no so. Yɛakyerɛ dedaw sɛ saa molekuls yi tutu amirika bere biara, a wɔn amirikatu mu no, wɔsan de wɔn ho pempem wɔn ho.

Yɛakyerɛ dedaw sɛ saa atoms yi amirika a ɛma wɔn ho mpopoe, wɔn ho nkyinkyim-ho, ne wɔn ho wɔn ho mpempem-ho no ma atoms no nya ahoɔden bi a yɛfrɛ no **kinetik ahoɔden**. Ne saa nti, yɛwɔ kinetik ahoɔden ahorow abiɛsa wɔ ade biara mu a egyina atoms a wɔwɔ ade ko no mu no suban ne wɔn nneyɛɛ so. Yenim saa kinetik ahoɔden yi dedaw sɛ:

Atoms no ho mpopoe = mpopo-ho kinetik ahoɔden
Atoms no nkyinkyim ho = nkyinkyim-ho kinetik ahoɔden
Atoms no mpempem-ho nsesae = mpempem-ho nsesae kinetik ahoɔden.

Yɛasan aka dedaw sɛ molekuls a wɔpempem wɔn ho wɔn ho no nkutoo nsesae na ɛma ade ko no tempirekya kɔ soro, ma ade ko no mu yɛ hyew. Mpopoho kinetik ahoɔden no ne nkyinkyim-ho kinetik ahoɔden no sesa ma yɛn potenshial ahoɔden wɔ ade ko no mu, nanso saa mpopoho kinetik ahoɔden ne nkyinkyim-ho kinetik ahoɔden a wɔsesa kɔ potenshial ahoɔden mu no mma ade ko no tempirekya nnkɔ soro biara. Ne saa nti, ɛnnyɛ ɔhyew a yɛde ka ade bi no nyinaa na ɛma ade ko no tempirekya kɔ soro.

Yɛnfa no sɛ yɛde nsu kilogram baako (1 L) a ɛwɔ bika bi mu si ogya bi so. Saa bere no ara nso, yɛde ayɔn kilogram baako to ogya foforo bi a ɛne ogya baako no yɛ pɛpɛɛpɛ mu. Yebehu sɛ ɛnkyɛ biara, ayɔn no ho bɛdɔ asen nsu no. Yebetumi de yɛn nsa ato nsu no mu, nanso ayɔn no de, yentumi nnso mu koraa. Saa ara nso na sɛ yɛde paanoo kilogram baako a ne tempirekya yɛ 90°C to baabi, na yɛsan nso de nsu kilogram baako (1 lita) a egu bokiti mu, na ɛno nso wɔ saa 90°C tempirekya yi ara si hɔ a, ɛnkyɛ biara, yebehu sɛ paanoo no ho adwo asen nsu no.

Eyi kyerɛ yɛn sɛ nneɛma ahorow bi tumi kyere ɔhyew, kora ɔhyew no bere dodow a ɛdɔɔso sen ebinom. Ne saa nti ade biara wɔ ne suban pɔtee bi a ɛkyerɛ sɛnea ɛkyere ɔhyew ne sɛnea ɛkora saa ɔhyew ahoɔden a akyere yi. Saa suban yi yɛ sonowonko ma ade biara.

Sayense ama yɛn ɔkwan bi a yɛfa so de kyere ade biara ayɔnkofa a ɛda ɔhyew dodow a egye ne ne tempirekya nsesae ntam. Yɛfrɛ saa ɔhyew suban yi sɛ ade ko no *spesifik ɔhyew tumi* tebea. Yɛkyerɛ ade biara spesifik ɔhyew tumi tebea ase sɛ ɔhyew ahoɔden dodow a ɛsesa ade ko no mass yunit baako tempirekya de kɔ soro digri baako.

> Spesifik ɔhyew tumi tebea = ɔhyew dodow a ɛsesa ade bi mass yunit baako tempirekya ma enya nkɔso digri baako

Esiane spesifik ɔhyew tumi ho mfaso a ɛwɔ no nti, sayensefo asusuw ade biara a ɛwɔ wiase spesifik ɔhyew tumi. Ne saa nti, yenim sɛ nsu gram baako hia ɔhyew ahoɔden kalori baako de ama ne tempirekya anya nkɔso digri baako. Ne saa nti, nsu spesifik ɔhyew tumi yɛ kalori baako pɛɛ gram digri sentigrade. Ayɔn gram baako hia kalori baako nkyɛmu awotwe (0.125 kaloris) pɛ na ama ne tempirekya anya nkɔso digri baako. Ne saa nti yɛka se nsu hia ɔhyew dodow bebree sen ayɔn dade de ama ne tempirekya akɔ soro.

Sɛ ade bi spesifik ɔhyew tumi dɔɔso a, na ɔhyew a ehia ama asesa ne tempirekya no nso yɛ bebree. Saa ara nso na sɛ ade bi spesifik ɔhyew tumi dɔɔso a, na saa ade no tumi kora ɔhyew mmoroso sen n'ayɔnkofo. Yehu nneɛma ahorow bi mu biara spesifik ɔhyew tumi wɔ Ɔpon 27-1 so.

Ade	Spesifik ɔhyew tumi wɔ yunits ahorow mu		
	cal/g.°C	J/g.K	J/mole
Nsu	1	4.18	75.24
Ayɔn dade	0.125	0.450	25.1
Aluminium dade	0.21	0.890	24.2
Kɔpa dade	0.093	0.39	24.5

Ɔpon 27-1: Nneɛma ahorow bi mu biara spesifik ɔhyew tumi

ƆHYEW DODOW AKONTAABU EKUASHIN

Sɛ yenim kalori ntease de a, ɛsɛsɛ yetumi de ekuashin bi kyerɛ ɔhyew dodow a ɛwɔ ade bi mu. Sayense nimdeɛ kyerɛ yɛn sɛ ɔhyew dodow a ɛwɔ ade bi mu no gyina nneɛma abiɛsa so. Eyinom ne:
- ade ko no dodow (ne mass)
- ade ko no spesifik ɔhyew tumi ne
- ade ko no tempirekya nsesae.

Ne saa nti, yɛkyerɛ ɔhyew dodow a ɛwɔ ade bi mu no ase sɛ ade ko no mass taems ne spesifik ɔhyew tumi taems ne tempirekya nsesae.

Sɛ yɛde H gyina hɔ ma ɔhyew dodow a, yetumi kyerɛ eyi ase sɛ:
Ɔhyew dodow (H) = ade ko no mass mmɔho ne spesifik ɔhyew tumi mmɔho ne tempirekya nsesae

Ɔhyew dodow (H) = ade no mass x spesifik ɔhyew tumi x ne tempirekya nsesae.

Yɛkyerɛ tempirekya nsesae ase sɛ nsonsonoe a ɛda ade ko no awiei tempirekya ne ne mfiase tempirekya mu. Esiane sɛ yetumi de Grikifo lɛtɛ · (delta) gyina hɔ ma nsonsonoe a ɛda nneɛma abien bi ntam no nti, yetumi kyerɛ tempirekya nsesae sɛ Δt (yɛka se delta t) bere a t gyina hɔ ma tempirekya.

Eyi ma yenya:
Ɔhyew dodow nsesae (ΔH) = mass x spesifik ɔhyew tumi x (awiei tempirekya - mfiase tempirekya)

$\Delta H = m.s. \Delta t$ bere a:
.. ΔH gyina hɔ ma ɔhyew nsesae a yenya
.. m gyina hɔ ma ade ko no mass wɔ gram mu
.. s gyina hɔ ma ade ko no spesifik ɔhyew tumi
.. Δt gyina hɔ ma ade ko no tempirekya nsesae.

Mfatoho asɛmmisa:
Yɛnfa no sɛ yɛde nsu 10 litas a ɛwɔ bika kɛse bi mu na ne tempirekya yɛ 25°C si ogya so noa nsu no ma ne tempirekya kodu 60°C. Kyerɛ ɔhyew dodow a ɛwɔ nsu no ne bika no mu wɔ kalori ne Joules mu?

Mmuae: Ɔhyew dodow ekuashin no kyerɛ yɛn sɛ:

$\Delta H = m. s. \Delta t$ bere a:

.. ΔH gyina hɔ ma ɔhyew dodow nsesae
.. m gyina hɔ ma ade ko no mass
.. Δt gyina hɔ ma ade ko no tempirekya nsesae
Yenim sɛ nsu 10 litas (1L = 1kg) mass yɛ 10 kg
Tempirekya sesa fi 25°C kɔ 60° C. Nsonsonoe = 60-25 = 35°C
Ɔhyew ahoɔden dodow a ɛwɔ bika no mu = 10kg x 1 x 35° = **350 kaloris**.
Nanso 1cal = 4.184Joules.
Ne saa nti, ne Joules dodow yɛ 350 x 4.184 Joules = **1464 Joules**.

SPESIFIK ƆHYEW TUMI TEBEA YUNITS

Sɛ yɛhwɛ ɔhyew ekuashin no a, yehu sɛ:

$$\Delta H = m.s.\Delta t \quad \text{ana} \quad s = \Delta H/m.\Delta t \quad \text{bere a:}$$

.. m kyerɛ mass wɔ gram ana kilogram mu
.. ΔH kyerɛ ɔhyew dodow wɔ kalori ana Joule mu
.. Δt kyerɛ tempirekya nsesae wɔ sentigrade ana Kelvin mu.
.. s yɛ spesifik ɔhyew tumi tebea.

Eyi ma yɛn:

$$S = \frac{H \text{ (kalori)}}{M \text{ (gram)}. °C} \quad \text{ana} \quad = \frac{H \text{ (Joules)}}{m \text{ (Kg)}. K}$$

Spesifik ɔhyew tumi tebea yunits (s) = kalori/g.°C ana Joules/Kg.K

Asɛmmisa
1) Kyerɛ ɔhyew nsesae a yenya bere a 50g nsu tempirekya sesa fi 20°C kɔ 85°C?
Mmuae: Ɔhyew ekuashin no ma yɛn: $\Delta H = m.s.\Delta t$
Tempirekya nsesae = 85-20 = 65.
Yehia ɔhyew de ahyɛ mu enti yɛn mmuae no yɛ nkekaho ade.
Eyi ma yɛn: ΔH = 50g x 1x (65)
= 3250 kalories ana
= 3250 x 4.184 Joules = 13598 Joules.

2) Kyerɛ ɔhyew dodow a yɛhwere wɔ kaloris ne Joules mu bere a 40 g nsu dwudwo fi 90°C kɔ 25°C?
Mmuae: Ɔhyew ekuashin no ma yɛn: $\Delta H = m.s.\Delta t$
Tempirekya nsesae = 25 -90 = - 65°C efisɛ yeyi ɔhyew adi
Eyi ma yɛn: ΔH = 40 x 1 x -(65) kalories
= -2600 cal
= -2600 x 4.184 Joules = -10878.4 Joules

ADEDEN NAN-BERE AHINTAW HYEW (latent heat of fusion) L$_f$

Sɛ yɛde adeden bi to ogya mu a, ade ko no tempirekya fi ase kɔ soro; eyi tumi ma ade ko no nnan. Sɛ yɛde ayis gu bika mu de si ogya so a, ayis no nnan yɛ nsu. Sɛ yɛde ayɔn dade ana aluminium dade to ogya fononoo mu a, emu biara tumi nan. Sɛ ade bi a ɛda ogya mu fi ase nan a, ade ko no tempirekya rennsesa bio kosi sɛ ade no nyinaa bɛnnan ayɛ nsu-nsu. Ɛno akyi ansa na ne tempirekya befi ase akɔ soro bio.

Esiane sɛ ade biara tempirekya a ɛde nnan yɛ sonowonko ma saa ade ko no nti, sayense taa de nneɛma nan-bere tempirekya yeyɛ (nneɛma mu) mpaapaemu ne nyiyimu de kyerɛ ade ko a biribi yɛ. Bio, eyi ma yetumi nya ade biara nsusuwde bi a ɛkyerɛ ɔhyew ahoɔden pɔtee a ade biara hia de annan. Yɛde din **adeden nan-bere ahintaw hyew dodow** na ɛma ɔhyew dodow a adeden pɔtee bi yunit baako hia de asesa afi n'adeden tebea mu de akɔ ne nsu-nsu tebea mu bere a ne tempirekya gyina faako.

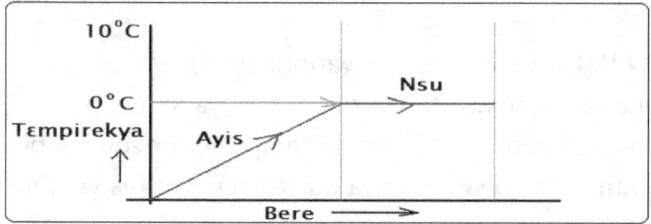

Adekyerɛ 27-2: Sɛ yɛde ɔhyew ka ayis a, ne tempirekya sesa kosi 0°C; eyi akyi no ne tempirekya nnsesa bio kosi sɛ ayis no nyinaa bɛdan ayɛ nsu.

| Adeden nan-bere ahintaw hyew yɛ ɔhyew dodow a ɛma adeden bi yunit baako nnan fi n'adeden tebea mu kɔ ne nsu-nsu tebea mu bere a ne tempirekya gyina faako |

Yehu nneɛma bi nan-bere ahintaw hyew ahoɔden wɔ Ɔpon 27-2 so.

Ade	Adeden Nan-bere ahintaw hyew dodow	
	J/Kg	kal/g
Nsu	335 x 10³	80
Metane	58.4 X 10³	14
Etane	95.1 x 10³	23
Propane	80 x 10³	19
Metanol	99 x 10³	24
Etanol	109 x10³	26
Gliserol	201 x10³	48
Benzene	127 x10³	31
Formik asid	276 x10³	66
Stearik asid	199 x10³	48
Miristik asid	199 x10³	48
Palmitik asid	164 x 10³	39
Parafin($C_{25}H_{52}$)	200-220 x10³	48-53

Ɔpon 27-2: Nneɛma ahorow bi adeden nan-bere ahintaw hyew dodow

Esiane sɛ bere a ade bi rennan no, ɛkɔso hia ɔhyew nanso ne tempirekya nnsesa no nti, yetumi ka se saa ɔhyew a ade no gye no akohintaw wɔ baabi. Eno nti, yɛfrɛ saa ɔhyew yi sɛ ahintaw-hyew.

Bere biara a yedwudwo ade bi no, saa ɔhyew dodow yi ara nso na saa adeden no yi adi, tow gu na ɛma ɛsan de sesa fi ne nsu-nsu tebea mu kɔ n'adeden tebea mu bio.

Nsu nan-bere ahintaw ɔhyew dodow yɛ 80 kal/g ana 335 kJoule pɛɛ kg. Eyi kyerɛ sɛ ayis kilogram baako hia ɔhyew ahoɔden 335 kilojoules de asesa afi ne ayis tebea mu annan abɛyɛ nsu. Yetumi nso ka se nsu-ayis gram baako hia 80 kaloris ɔhyew ahoɔden de asesa afi ne ayis tebea mu adan ayɛ nsu.

NSU-MFRAMA YƐBERE AHINTAW HYEW (latent heat of vaporization) Lv

Bere biara a yɛde ade bi a ɛwɔ nsu-nsu tebea mu besi ogya so no, ne tempirekya fi ase kɔ soro. Eyi bɛkɔ so akosi sɛ ade ko no tempirekya bedu baabi a ade ko no befi ase adan ayɛ mframa. Sɛ ade ko no nya du saa tempirekya yi a, ne tempirekya begyina faako ara akosi sɛ ade no nyinaa bɛdan ayɛ mframa.

Yebetumi de nsu ayɛ mfatoho. Sɛ yɛde nsu gu bika bi mu de si ogya so a, nsu no tempirekya befi ase akɔ soro, ama emu ayɛ hyew akosi sɛ nsu no tempirekya bedu 100º C. Ɛno akyi, nsu no tempirekya rennsesa bio kosi sɛ nsu no nyinaa bɛdan ayɛ mframa na awew wɔ bika no mu.

Ade	Nsu-Mframa-yɛbere ahintaw hyew tebea	
	Joules/Kg	kal/g
Nsu	22.6×10^5	540
Hidrogyen	4.48×10^5	107
Naitrogyen	1.99×10^5	48
Etanol	9.1×10^5	216
Merkuri	2.8×10^5	70
Lɛɛd	8.6×10^5	204
Kɔpa	48.2×10^5	1150
Ayɔn dade	61.2×10^5	1460

Ɔpon 27-3: Nneɛma bi mu biara mframa-yɛbere ahintaw-hyew tebea.

Esiane sɛ ade biara wɔ ne tempirekya sonowonko pɔtee a ɛdan yɛ mframa no nti, ade biara san wɔ ɔhyew sonowonko pɔtee bi a ehia de adan afi nsu tebea mu akɔ ne mframa tebea mu.

Yɛfrɛ ɔhyew dodow a ɛsesa ade bi yunit baako de fi ne nsu-nsu tebea mu kɔ ne mframa tebea mu bere a ne tempirekya gyina faako no sɛ ne **nsu-mframa yɛbere ahintaw hyew dodow.**

Esiane saa nimdeɛ yi ho mfaso bebrebe no nti, sayense asusuw ade biara mframa-yɛbere ahintaw ɔhyew dodow. Nsu mframa-yɛbere ahintaw ɔhyew dodow yɛ 540 kaloris pɛɛ gram ana 2.26 MegaJoules pɛɛ kilogram (2.26 x 10^6 Joules /kg).

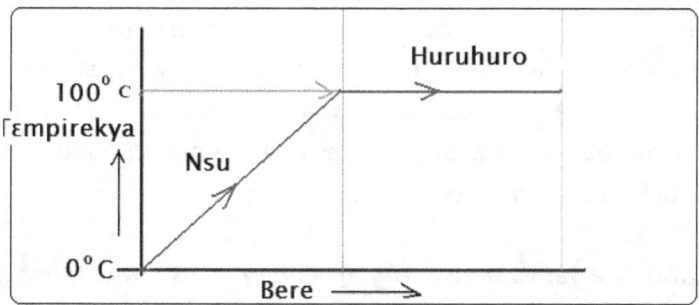

Adekyerɛ 27-3: Sɛ yɛnoa nsu a, ne tempirekya nya nkɔso kosi sɛ ebedu 100ºC; ɛno akyi yi ne tempirekya nnsesa bio kosi sɛ nsu no nyinaa bɛdan ayɛ huruhuro ana mframa.

Eyi kyerɛ sɛ, bere biara a yebefi ase anoa nsu no, sɛ ne tempirekya no du 100ºC a, nsu gram baako biara behia ɔhyew dodow a ɛyɛ 540 kaloris de adan ayɛ mframa. Yetumi nso ka se, nsu kilogram baako biara behia 2.26 MegaJoules ɔhyew ahoɔden de adan akɔ mframa tebea mu.

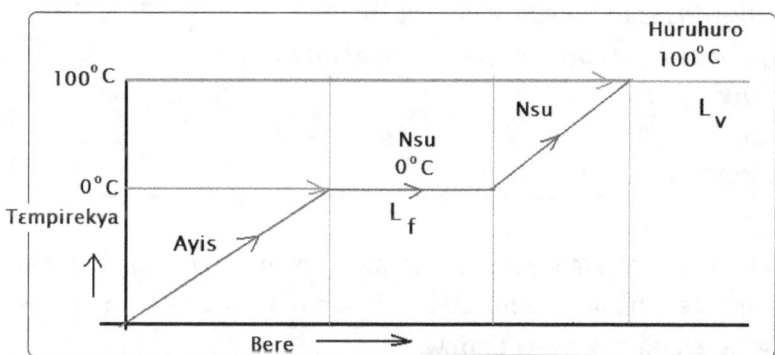

Adekyerɛ 27-4: Sɛnea nsu tempirekya sesa fa, fi ayis kosi huruhuro so.

Yɛbɛkae bio sɛ, bere a nsu redan akɔ mframa tebea mu no, nsu no tempirekya nnsesa, na mmom egyina 100ºC ara akosi sɛ nsu no nyinaa bɛdan ayɛ mframa. Esiane sɛ tempirekya nnsesa nanso yɛda so de ɔhyew rema nsu no nti, yɛka se saa ɔhyew a nsu no regye no nyinaa 'ahintaw.' Eno nti na yɛfrɛ saa ɔhyew yi nso sɛ ahintaw ɔhyew no.

SƐNEA YEBU AHINTAW HYEW HO NKONTAA

Ɔhyew dodow a ade bi gye bere a ɛdan afi tebea baako mu akɔ tebea foforo mu no gyina ade ko no mass ne n'ahintaw-ɔhyew so. Ne saa nti, sɛ ade bi redan afi n'adeden tebea mu akɔ ne nsu-nsu tebea mu a, ɔhyew dodow a ɛhwere no gyina ne mass ne n'adeden nan-bere ahintaw ɔhyew dodow so. Yɛkyerɛ eyi sɛ:

Ɔhyew dodow = mass x adeden nan-bere ahintaw ɔhyew dodow
    Ɔhyew nsesae ΔH = $m \times L_f$
    Ɔhyew nsesae ΔH = mass x 80 kal/g
                   = $m \times L_f$

Kae sɛ bere biara a yɛsesa ade bi afi adeden tebea mu akɔ nsu-nsu tebea mu no, yebehia ɔhyew dodow bi de ahyɛ ade ko no mu. Ne saa nti, ɔhyew nsesae no yɛ nkekaho dodow. Sɛ yɛresesa ade bi afi nsu-nsu tebea mu akɔ adeden tebea mu a, yeyi ɔhyew fi ade ko no mu. Sɛ ɛba no saa a, ɔhyew nsesae no yɛ nyifim dodow. Yɛde asɛmmisa mfatoho edi so bɛkyerɛ saa nimdeɛ yi mu.

Mfatofo: A. Kyerɛ ɔhyew dodow a yenya bere a 40g ayis nnan kɔ nsu-nsu tebea mu wɔ 0º C.

Ɔhyew nsesae = (ɔhyew nsesae fi ayis kɔ nsu mu)
    = ayis mass x ayis adeden nan-bere ahintaw hyew
    = $m \times L_f$
    = 40g x 80
    = 3200 kal

B. Kyerɛ ɔhyew dodow a yenya bere a 40g nsu dan yɛ ayis wɔ 0 ºC.

Ɔhyew nsesae = (ɔhyew nsesae fi nsu kɔ ayis mu)
    = ayis mass ayis adeden nan-bere ahintaw hyew
    = $m \times (-L_f)$
    = 40g x (- 80)
    = -3200 kal

Saa ara nso na yebu mframa-yɛbere ahintaw hyew dodow a ade bi hia de asesa afi ne nsu-nsu tebea mu akɔ ne mframa-tebea mu no sɛ ade ko no mass taems ne mframa yɛbere ahintaw hyew dodow.

Yɛkyerɛ eyi sɛ:
    Ɔhyew nsesae ΔH = $m \times L_v$
    Ɔhyew nsesae ΔH = mass x 540 cal/g

Kae sɛ bere biara a yɛsesa ade bi afi nsu-nsu tebea mu akɔ mframa tebea mu no, yɛde ɔhyew hyɛ ade ko no mu. Ne saa nti, saa ɔhyew dodow no yɛ nkekaho. Sɛ yɛresesa mframa akɔ nsu-nsu tebea mu nso a, yeyi ɔhyew fi ade ko no mu. Sɛ ɛba no saa a, ɔhyew dodow no nya nyifim nsɛnkyerɛnne.

Mfatoho: A. Kyerɛ ɔhyew dodow a yenya bere a 40g nsu dan yɛ huruhuro wɔ 100 ºC.
Ɔhyew nsesae = (ɔhyew nsesae fi nsu kɔ mframa mu)

> $= nsu\ mass \times nsu\ mframa\ y\varepsilon bere\ ahintaw\ hyew$
> $= m \times L_v$
> $= 40 \times 540$
> $= 21\ 600\ cal$
>
> B. Kyerɛ ɔhyew dodow a yenya bere a yedwudwo 40g nsu huruhuro wɔ ma ne nyinaa dan yɛ nsu wɔ 100 °C.
>
> Ɔhyew nsesae = (ɔhyew nsesae fi mframa kɔ nsu)
> $= nsu\ mass \times nsu\ huruhuro\ kɔ\ nsu\ ahintaw\ hyew\ dodow$
> $= m \times L_v$
> $= 40g \times (-540)$
> $= -21\ 600\ cal$
>
> Nsɛmmisa
>
> 1. Sɛ yɛdwudwo 20g nsu-huruhuro tempirekya fi 100°C de kɔ 20°C a, kyerɛ ɔhyew nsesae a yenya.
>
> Ɔhyew nsesae = (ɔhyew nsesae fi mframa kɔ nsu) + (nsu mu ɔhyew nsesae fi 100°C kosi 20°C)
> $= (nsu\ mass \times mframa\text{-}y\varepsilon bere\ ahintaw\ hyew\ dodow)\ +$
> $(nsu\ mass \times nsu\ spesifik\ ɔhyew \times tempirekya\ nsesae)$
> $= (m \times L_v)\ +(m \times s \times \Delta t)$
> $\Delta H = (20 \times -540) + (20 \times 1 \times (20 - 100))$
> $\Delta H = -12\ 400\ cal$

SƐNEA ƆHYEW SESA NNEƐMA

Yɛaka dedaw sɛ ade biara tumi nya tebea anan: adeden, nsu-nsu, mframa ne plasma. Tempirekya na ɛma nneɛma nyinaa sesa wɔn tebea. Sɛ yefi ase noa ayis a, ɛnkyɛ biara na adan ayɛ nsu. Sɛ yɛkɔ so noa nsu no a, ɛnkyɛ biara na afi ase huru; eyi ma nsu no nyinaa dan yɛ huruhuro. Sɛ yɛde ɔhyew ahoɔden a ehia kɔ so ma saa nsu huruhuro yi a, ɛdan yɛ plasma a ɛyɛ nsu no atoms no mu ɛlɛktrons, neutrons ne protons no nkutoo.

Yebetumi nso adwudwo ade bi plasma ama yɛanya huruhuro, ɛne ne nsu-nsu ne ayis akyiri yi. Ne saa nti, yetumi de ɔhyew sesa ade biara tebea, a ne nyinaa gyina ɔhyew dodow a yɛde ka ho anasɛ yeyi fi mu no so. Yɛbɛhwɛ akwan ahorow bi nso a ɔhyew fa so ne nneɛma didi nkitaho.

NSU – WEW (evaporation)

Sɛ osu tɔ na nsu taataa fam a, ɛnkyɛ biara na nsu no nyinaa ayera. Sɛ yɛde nsu gu kyɛnsɛ bi mu na yɛde si awia mu a, ɛnkyɛ biara na nsu no nyinaa ayera afi kyɛnsɛ no mu. Yɛkyerɛ ɔkwan a nsu anasɛ ade bi a ɛyɛ nsu-nsu tumi yera fi baabi a ogya biara nni hɔ no sɛ **ade-wew**. Yɛka se nsu no **awew**. Nsu a etu yera ana ɛwew no dan yɛ huruhuro anasɛ mframa ma etu kɔ wim. Ɛyɛ dɛn na ade bi tumi wew fi baabi?

Ade-wew yɛ nsesae bi a ɛkɔ so wɔ ade bi anim so. Ɛnyɛ ade ko no mu, na ɛnyɛ n'ase, na mmom ɛkɔ so wɔ ade ko no soro anim nkutoo mu. Yɛaka dedaw se ade biara tempirekya gyina ade ko no atoms ne ne molekuls so. Yenim nso sɛ bere biara, saa molekuls ne atoms yi wosowosow wɔn ho wɔn ho; ebi nso de amirika pempem wɔn ho wɔn ho. Eyi ma atoms ne molekuls no nyinaa nya kinetik ahooden bi a saa kinetik ahooden yi gyina molekuls yi mpempem-ho, mpoho ho ne wɔn ho nwosonwosow so.

Sɛ atom ana molekul bi a ɛwɔ nsu no mu baabi no pem molekul bi a ɛwɔ nsu no ani ho, na saa nsu no ani molekul no nya kinetik ahooden a ɛdɔɔso yiye a, etumi tu fi nsu no ani dan yɛ huruhuro ma ɛkɔ wim.

Sɛ ɛba no saa a, esiane sɛ saa molekul a etui yi afa kinetik ahooden dodow bi afi nsu no mu no nti, kinetik ahooden a aka wɔ nsu no mu no so huan ma ne dodow ano brɛ ase. Esiane sɛ nsu no mu kinetik ahooden dodow no ano abrɛ ase no nti, nsu no tempirekya kɔ fam. Eyi kyerɛ sɛ nsu-wew **ma nsu a aka no ho dwo**; ade-wew yɛ **ɔhyew-nyifim adeyɛ**; ɛma ade ko a etu fii mu no mu dwo.

Sɛ owia rebɔ dennen a, yehu sɛ akraman abuebue wɔn ano, atwetwe wɔn tɛkrɛma aba mfikyiri. Nsu a ɛwɔ wɔn tɛkrɛma so no wew, ma tɛkrɛma kinetik ahooden no so tew; eyi ma tɛkrɛma no tempirekya kɔ fam. Akraman fa saa kwan yi so de dwudwo wɔn ho. Saa ara nso na sɛ obi gyina awia mu a, ofi ase fi fifiri. Mframa ma fifiri no wew wɔ ne ho a, onii no te sɛ ne ho redwo.

Sɛ wode alkohol (ana akpeteshi) gu asaawa so de fa wo nsa ho a, wote sɛ wonsa ho redwo. Mframa no wew alkɔhol no ntɛmntɛm ma wo ho kinetik ahooden no so tew. Eyi ma wo ho dwo.

Ne saa nti, ade-wew anasɛ nsu-wew biara yɛ ɔhyew-nyifim adeyɛ.

Nsu-wew yɛ ɔhyew nyifim-adeyɛ; ɛma nsu a aka no mu dwo

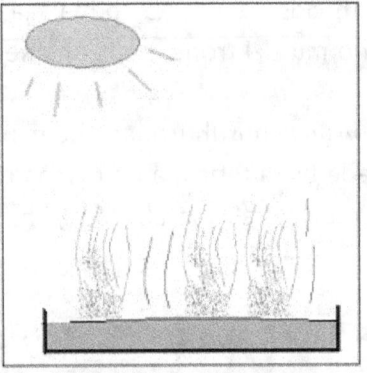

Adekyerɛ 27-5: Nsu-wew yɛ nsu-anim nkutoo ɔhyew nyifim adeyɛ

SUBLIMASHIN

Mpɛn pii no, nneɛma a wɔwowɔ nsu-nsu tebea no na wotumi wewew, nanso ɛnyɛ nneɛma a wɔwɔ nsu-nsu tebea nkutoo na wotumi wew. Ɛtɔ da bi a, nneɛma a wɔwɔ adeden tebea mu no nso tumi wewew a wɔnnan nnyɛ nsu ansa koraa.

Sɛ yɛde ayis to awia mu a, emu bi tumi wew a ɛnnsesa nnyɛ nsu ansa. Sɛ sukyerɛma tɔ wɔ baabi a ɛhɔ yɛ wiridudu mmoroso a, sukyerɛma ne ayis no bi tumi wew a wɔnnan nyɛ nsu ansa koraa. Kɛmikals bi nso wɔ hɔ a wɔnnan nnkɔ wɔn nsu-nsu tebea mu ansa na wɔawewew. Yɛfrɛ saa kwan a nneɛma bi fa so wew fi wɔn adeden tebea mu a wɔnnan nnyɛ nsu ansa yi sɛ **sublimashin**. Atoms ne molekuls a woyi saa suban yi adi no tumi nya kinetik ahoɔden a ɛdɔɔso yiye de huruw fi wɔn adeden tebea mu kɔ mframa tebea mu prɛko pɛ a enhia sɛ wɔbɛdan ayɛ nsu ansa koraa.

KONDENSASHIN

Kondensashin ne nsu-wew bɔ abira. Nsu-wew sesa ade bi fi ne nsu-nsu tebea mu de kɔ ne mframa tebea mu, bere a kondensashin sesa ade bi fi ne mframa tebea mu de kɔ ne nsu-nsu tebea mu.

Sɛ nsu bi a yɛabue so anim molekuls no bi twetwe mframa a ehuw fa so no bi molekuls benbɛn wɔn ho a, saa mframa molekuls yi de ahoɔden kɛsɛ pempem nsu molekuls no ma wotmui sesa bɛyɛ nsu molekuls.

Sɛ ɛba no saa a, yɛka se saa mframa molekuls yi de ahoɔden foforo abrɛ nsu molekuls no. Yenim sɛ saa nsu molekuls yi de wɔn ahoɔden foforo yi nso pempem nsu molekuls a aka no ma wɔn nyinaa kinetik ahoɔden nya nkɔso. Eyi tumi ma nsu no mu yɛ hyew. Ne saa nti, yɛka se kondensashin yɛ **ɔhyew-nkekaho adeyɛ**; ɛma ade ko a egyee no no mu dɔ.

Kondensashin yɛ ɔhyew-nkekaho adeyɛ; ɛma ade bi ho dɔ

Sɛ nsu rehuru na wode atere bi to huruhuro no mu a, huruhuru no tumi sesa yɛ nsu wɔ atere no so. Sɛ wokura atere no mu kyɛ a, wobehu sɛ atere no ho afi ase redɔ. Nsu kondensashin no ayi ɔhyew ahoɔden bebree adi de ama atere no ama ɛho adɔ. Sɛ wode wo nsa ka nsu huruhuro no a, ɛhye wo yiye kyerɛ sɛ huruhuro no de ɔhyew ahoɔden rema wo nsa a egyina ne mu no.

Wim kondensashin - Wim Nsufɔkye (humiditi)

Nsu huruhuro dodow bi wɔ wim bere biara. Yɛfrɛ nsu huruhuro dodow a ɛwɔ wim bere biara no sɛ **wim nsufɔkye (humiditi)**. Yɛkyerɛ wim nsufɔkye dodow ase sɛ nsu mass dodow a ɛwɔ mframa volum dodow bi mu.

Wim nsufɔkye (humiditi) = $\dfrac{\text{Nsu mass a ɛwɔ wim}}{\text{Mframa volum dodow}}$

Nanso nsu dodow a mframa biara betumi akura no gyina saa mframa no tempirekya so. Mpɛn pii no, bere a mframa bi tempirekya rekɔ soro no, na nsu dodow a etumi kura no nso redɔɔso.

Ne saa nti, sɛ yɛnkyerɛɛ tempirekya ko a yɛde susuw wim bi nsufɔkye dodow a, ɛyɛ den sɛ yebetumi de ayeyɛ ntotoho de akyerɛ nsufɔkye dodow nsesae pɔtee bi.

Eyi nti na mpɛn pii no, wim nsakrae sayensefo a yɛfrɛ wɔn meteorologyifo no de wim nsufɔkye ntotoho bi bu wɔn nkontaa.

Yɛkyerɛ saa **wim nsufɔkye ntotoho (relativ humiditi)** yi ase sɛ nsu huruhuro dodow a ɛwɔ wim tempirekya pɔtee bi mu a yɛde nsu huruhuro dodow a saa wim no betumi akura wɔ saa tempirekya no mu no akyɛ mu.

Wim nsufɔkye ntotoho:

= <u>Nsu huruhuro dodow wɔ tempirekya bi</u>

Nsu huruhuro dodow a saa wim no tumi kura wɔ saa tempirekya no

Sɛ mframa bi kura nsufɔkye a ebetumi akura nyinaa a, yɛka se mframa no **adonnɔn-nsu**. Wim nsufɔkye a adonnɔn nsu no nsufɔkye ntotoho yɛ 100% efisɛ saa wim no kura nsu dodow a ebetumi akura nyinaa.

ADE-HURU

Sɛ yɛde nsu si ogya so a, ɛnkyɛ biara emu fi ase yɛ hyew ma huruhuro fi ase tutu fi nsu no mu. Ɛnkyɛ biara nsu no fi ase wew. Saa nsu wew yi nni nsu no soro ana ani nkutoo na mmom ɛyɛ ade a ɛkɔ so wɔ nsu no mu baabiara. Sɛ nsu-wew fi nsu no mu nyinaa a, yɛka se nsu no **rehuru**. Ne saa nti adehuru yɛ nsu-wew a efi ade bi mu nyinaa, na ɛnyɛ ade no soro ana anim

nkutoo. Sɛ yɛde nsu si ogya so a, yenya ahuru nkakrankakra bi wɔ nsu no mu, nanso mpɛn pii no, saa ahuru yi sɛe anasɛ emu pae ma ɛyera. Yenya ahuru a ɛnsɛe bere a ahuru bi mu presha ne nsu presha etwa saa ahuru no ho hyia wɔ nsu no mu no yɛ pɛpɛɛpɛ nkutoo. Presha a ɛwɔ nsu bi mu bere biara no yɛ presha ahorow abien: presha a nsu dodow no ma ne atmosfiɛ presha nkabom. Sɛnea ɛbɛma yɛn adesua yi anya ntease no nti, yɛbɛfrɛ saa presha ahorow abien nkabom yi sɛ **nsu presha**.

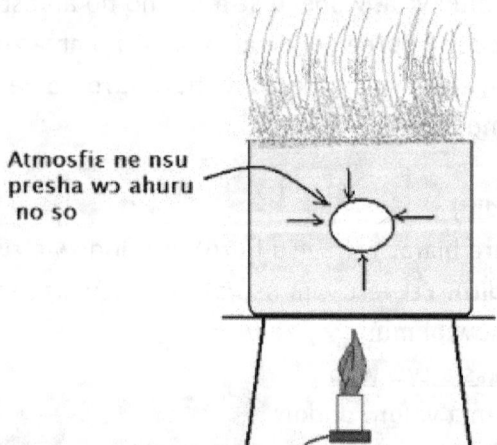

Adekyerɛ 27-6: Ehia sɛ nsu presha no yɛ pɛpɛɛpɛ sɛ ahuru bi mu de ansa na yɛanya ahuru a ɛnsɛe (yɛfa no sɛ nsu presha = atmosfiɛ ne nsu presha nkabom).

Ahuru biara a ebefi ase na ne mu presha yɛ ketewa sen nsu presha a etwa ne ho hyia no mu bɛpae. Sɛ nsu no nnuu tempirekya a ɛma ehuru yɛ a, ahuru biara a ebefi ase sɛ ɛreyɛ no mu bɛpae efisɛ ne mu presha yɛ ketewa sen nsu presha a atwa ne ho ahyia no. Ehia sɛ nsu no du ne huru-bere tempirekya mu ansa na yɛatumi afi ase anya ahuru a edi mu na ɛrempae; efisɛ saa bere yi nkutoo na ahuru biara a yenya no mu presha ne nsu presha a etwa ne ho hyia no fi ase yɛ pɛpɛɛpɛ.

Yɛbɛkae sɛ saa nsu presha yi gyina nsu dodow a ɛwɔ biribi so ne atmosfiɛ presha so. Yenim nso sɛ atmosfiɛ presha yɛ presha a wim mframa de pia yɛn wɔ asase so ha yi no. Ne saa nti wim presha (anasɛ atmosfiɛ presha) nso gyina baabi a ade bi si wɔ asase so no so.

Sɛ yegyina bepɔw tenten bi so a, atmosfiɛ presha wɔ fam kakra efisɛ presha so huan bere a yɛkɔ soro. Mpoano asase tratraa so presha yɛ Atmosfiɛ baako (1 atm) ana 760mm merkuri. Obon donkudonku bi mu atmosfiɛ presha dɔɔso sen saa mpoano atmosfiɛ presha yi kakra.

Sɛ yɛnoa nsu bi wɔ ade bi mu a, bere biara a yɛde presha fofora bɛka saa nsu a yɛnoa yi presha mfiase no ho no, ebehia sɛ nsu molekuls no ma wɔn amirikatu no nya nkɔso sɛnea ahuru no mu presha no bɛkɔ so ne nsu presha fofora a atwa ne ho ahyia no ayɛ pɛ ama yɛanya ahuru a emu mpaapae ansa na nsu no ahuru.

Sɛ yɛkɔ so yɛ saa ma nsu presha no kɔ soro a, ebehia sɛ nsu no tempirekya nso kɔ soro ma nsu molekuls no kinetik ahoɔden no nya nkɔso (molekuls amirikatu ntɛmntɛm) ma ahuru presha no ne nsu presha fofora no yɛ pɛ ansa na nsu no atumi ahuru.

Yetumi fa saa kwan yi so ma nsu bi tempirekya twam wɔ 100°C ma ɛdɔ mmoroso a enntumi nnhuru. Yebetumi de **presha-adenoa kyɛnse (pressure cooker)** dwumadi ayɛ mfatoho.

Presha adenoa-kyɛnse yɛ kyɛnse bi a ne mmua so no kyere denneenen. Sɛ yefi ase noa ade bi te sɛ nsu wɔ mu na nsu no tempirekya du 100° C a, esiane sɛ kyɛnse no mmua-so no kyere denneenen nti, huruhuro biara nntumi mmpue nnfi mu kosi sɛ kyɛnse no mu presha no bɛdɔɔso asen atmosfiɛ presha.

Sɛ kyɛnse no mu tempirekya du 100°C a, esiane sɛ huruhuro a efi ase no nntumi mmpue no nti, ɛma kyɛnse no mu nsu presha no nya nkɔso. Saa nsu presha nkɔso mmoroso yi mma yennya ahuru biara efisɛ ɛsɛsɛ ahuru presha no nya nkɔso fofora ne nsu presha fofora no yɛ pɛ ansa na yɛanya ahuru.

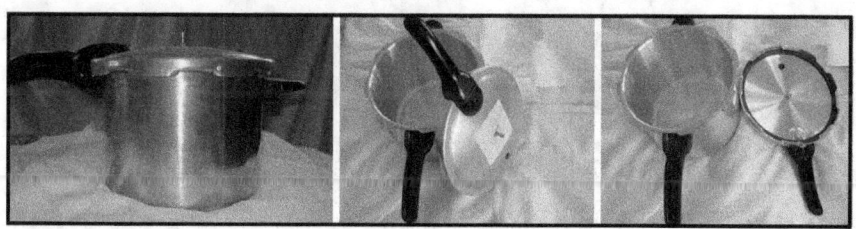

Adekyerɛ 27-8: Presha-adenoa kyɛnse. Hwɛ sɛnea ne ti no kata kyɛnse no so denneenen.

Saa nsu presha yi ma ahuru presha no kɔ soro kosi sɛ etwa mu wɔ 100°C a ɛyɛ nsu huru-bere tempirekya wɔ atmosfiɛ baako presha mu ansa na yɛanya ahuru.

Saa kwan yi na yɛfa so nya nsu huruhuro a ne tempirekya twa mu wɔ ɔha digri sentigrade.

Saa ara nso na sɛ yeyi atmosfiɛ presha so wɔ baabi a, yetumi ma nsu huru wɔ tempirekya bi a ennu 100º C koraa no. Sɛ yɛde nsu si ogya bi so wɔ bepɔw tenten bi so a, nsu no befi ase ahuru ansa na nsu no tempirekya adu 100º C. Saa ara nso na esiane sɛ atmosfiɛ presha a ɛwɔ ade bi a yɛnoa wɔ obon donkudonku bi mu dɔɔso no nti, nsu tempirekya twa mu wɔ 100º C ansa na ahuru.

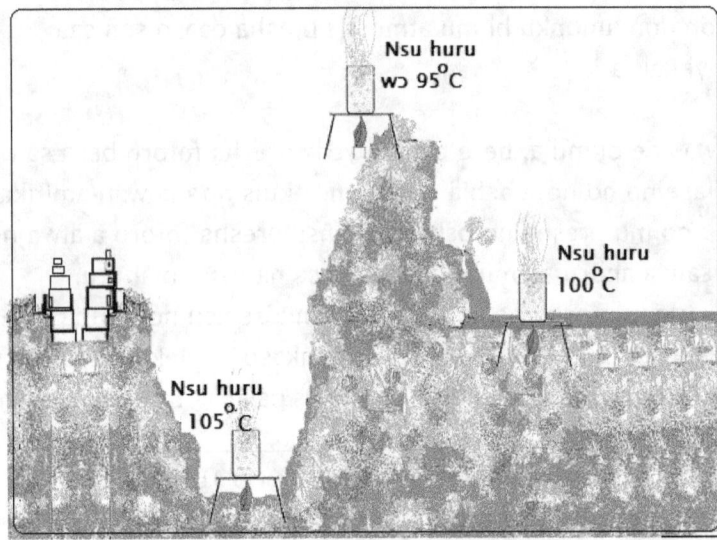

Adekyerɛ 27-9: Nsu huru-bere tempirekya ne presha nsesae di nkitaho. Nsu huru bere tempirekya yɛ ketewa wɔ bepɔw so; ɛdɔɔso sen 100ºC wɔ obon donkudonku bi mu.

Ne saa nti, ɛnyɛ tempirekya nkutoo na ɛkyerɛ bere a ade bi behuru na mmom presha a ɛwɔ ade ko no so no nso ka ho.

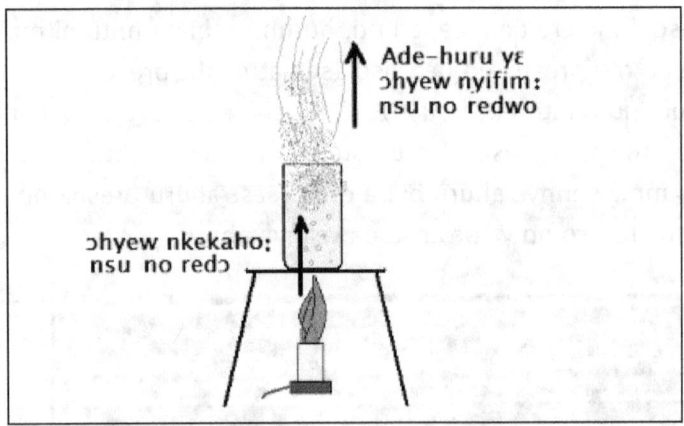

Adekyerɛ 27-10: Ade-huru yɛ ɔhyew-nyifim adeyɛ.

Sɛnea yɛakyerɛ sɛ ade-wew ma ade bi ho dwudwo no, saa ara nso na ade-huru ma ade ho dwudwo. Sɛ yɛde nsu si ogya so wɔ baabi a presha yɛ 760 mm merkuri, na tempirekya no du 100º C a, nsu no fi ase huru nanso tempirekya no nnsesa. Saa ɔhyew fofora a yɛde ma nsu no kɔ he? Huruhuro molekul biara a efi nsu no mu no de ahoɔden a ɛdɔɔso sen nsu a aka no de na efi kyɛnse no mu.

282

Esiane sɛ saa huruhuro yi reyi ahoɔden afi nsuɔhyew no mu no nti, ɛma nsu no mu 'dwo.' Ne saa nti, saa ɔhyew foforo yi kosi nsu a ɛrehuru wɔ kyɛnse no mu no anan mu na ama nsu no tempirekya agyina faako. Ne saa nti yehu **ade-huru sɛ ɔhyew nyifim adeyɛ**.

ADE-HURU TEMPIREKYA BA FAM BERE BIARA A PRESHA BA FAM

Oyikyerɛ a edi so yi ma yehu sɛ, yebetumi ayi nsu presha so yiye ama ahuru wɔ tempirekya bi a ɛwɔ fam koraa (bere a ɛredan ayis no mpo) mu. Saa nimdeɛ yi so na yɛfa yeyɛ friigyis ne mframa-dwudwo mashins nyinaa.

Mfiase no, yɛde nsu a ne tempirekya yɛ bɛyɛ sɛ dan-mu tempirekya (25°C) gu vakuum adaka bi mu. Vakuum pɔmp bi wɔ saa vakuum adaka yi mu a ɛtwetwe presha fi adaka no mu. Sɛ yefi ase pɔmpe ma adaka no mu presha fi ase ba fam a, ebedu bere bi no, nsu presha no ne ahuru presha bi bɛyɛ pɛ ama nsu no afi ase ahuru. Sɛ nsu no huru a, ebehuan nsu no tempirekya no so.

Sɛ yɛkɔ so yi presha fi vakuum adaka no mu a, nsu molekuls a wɔn kinetik ahoɔden nnɔɔso pii (wɔyɛ nyaa) no nso tumi fi ase huru. Eyi ma nsu no tempirekya kɔ so huan, ma nsu no huru-bere tempirekya kɔ so ba fam kosi sɛ ebefi ase abɛn 0°C na nsu no afi ase ayɛ ayis.

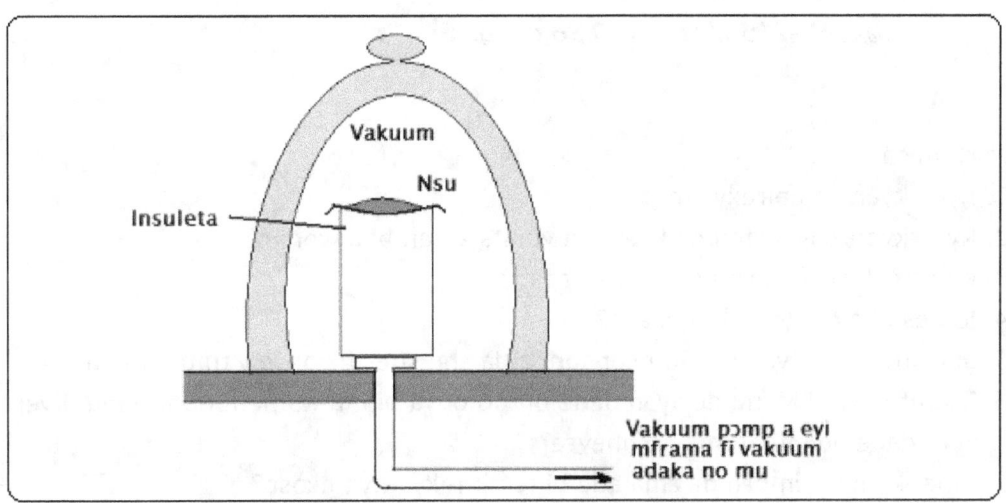

Adekyerɛ 27-11: Ade biara huru-bere tempirekya gyina ne presha so.

Sɛ yɛde kɔfee si saa nsu yi anan mu a, yebetumi afa saa kwan yi so anya kɔfee a ehuru bere a kɔfee nsu no nyinaa adan ayis mpo. Eyi ma yetumi nya kɔfee kristals bi a yebetumi de ayɛ pawda. Saa ɔkwan yi na yɛfa so nya **kɔfee ayis-a-awo (freeze-dried coffee)**. Yebetumi nso de nnɔbae ahorow mu nsu asisi nsu no anan mu wɔ vakuum adaka yi bi mu ama yɛanya saa nnɔbae mu nsu yi pawda. Sɛ akyiri yi, yɛde nsu ka saa pawda yi ho a, ɛma yenya nnɔbae-mu-nsu akɔnnɔ akɔnnɔ bi de kumkum osukɔm.

Saa ayis-a-awo nnuan yi yɛ pawda a nsu biara nni mu enti, yetumi kora wɔn mfe pii a nsesae bɔne biara mma mu. Yetumi fa saa kwan yi so kora nnɔbae pii.

ƆHYEW NNTUMI NNYERA MMARA

Yɛbɛkae sɛ ahoɔden nntumi nnyera mmara no kyerɛ yɛn sɛ: obiara nntumi nsɛe ahoɔden, obiara nntumi mmɔ ahoɔden foforo. Ahoɔden sesa fi tebea baako mu kɔ foforo mu pɛ.

Mfatoho asɛmmisa:
Obi de 90g dade bi a ne tempirekya yɛ 373 K too 150g nsu bi a ne tempirekya yɛ 277 K na ɛwɔ tɛrmɔs flask bi mu. Awiei no, nsu no ne dade no tempirekya yɛɛ 294 K pɛpɛɛpɛ wɔ flask no mu. Sɛ tɛrmɔs flask no anhwere ɔhyew biara a, hwehwɛ dade no spesifik ɔhyew tumi.

Mmuae: Ɔhyew nntumi nnyera mmara no ma yehu sɛ:

.. ɔhyew a dade no hweree + ɔhyew a nsu no nyae = 0

.. $m_{dade} \times S_{dade} \times (-t_{dade}) + m_{nsu} \times s_{nsu} \times t_{nsu} = 0$

.. $(90g) S_{dade} -(373-294) + 150 \cdot 1 (294-277)$

.. $S_{dade} (90)(-79) + 150(17) = 0$

.. $S_{dade} \; 7110 + 2550 = 0$

.. $S_{dade} = -2550/7110 = 0.36 \; cal/g.°C$.

Nsɛmmisa

1. Kyerɛkyerɛ tempirekya mu.
2. Kyerɛkyerɛ ɔhyew mu na kyerɛ ne yunits abien bi a wonim.
3. Kaloris dodow ahe na ɛyɛ Joule baako?
4. Joules ahe na ɛyɛ kalori baako?
5. Spesifik ɔhyew yɛ dɛn? So nsonsonoe da ɛne spesifik ɔhyew tumi mu ana?
6. Ɔtomfo Kwasi Manu de ayɔn dade bi too ogya bi mu wɔ ne fononoo mu. Kyerɛ dade no mu atoms no nneyɛɛ?
7. Kinetik ahoɔden bɛn na ɛma ade bi tempirekya nya nkɔso?
8. Kinetik ahoɔden bɛn na wɔma ade bi potenshial ahoɔden nya nkɔso?
9. Kyerɛ sɛnea akpeteshi (nsa = etanol) bi a ne tempirekya yɛ 25°C sesa fa bere a yefi ase noa ma ne tempirekya kodu 90 °C. Yɛnfa no sɛ nsa-ethanol huru wɔ bɛyɛ 90°C.
10. Kyerɛ sɛnea presha ma nsu huru-bere tempirekya sesa fa.
11. Sɛ osu tɔ na nsu taataa fam a, ɛnkyɛ biara nsu no nyinaa yera. Kyerɛ ase.
12. Sɛ obi de nsu si ogya so a, ɛnkyɛ biara nsu no fi ase fi huruhuro. Kyerɛ ase.
13. Sɛ wodwudwo 25g aluminium bi ho ma tempirekya sesa fi 100°C kodu 20°C a, kyerɛ ɔhyew dodow a ɛhwere (Al spesifik ɔhyew tumi yɛ 880J/kg°C).
    (Mmuae= -0.42kcal)

14. Hwehwɛ ɔhyew dodow a yɛhwere bere a yedwudwo 20g nsu huruhuro bi ho afi 100°C akɔ 20°C. (Lf= 540cal/g; nsu spesifik ɔhyew tumi = 1 cal/g).
(Mmuae: −12kcal)

15. Sɛ yɛde 150g ayis blok bi (tempirekya 0°C) fra 300g nsu (tempirekya 50°C) a, kyerɛ wɔn awiei tempirekya (Mmuae: 6.7°C).

16. Wo nuabarima bi a ɔyɛ 60kg dii fufuu bi a ɛyɛ 2500 Cal (2500 x 1000 cal) nyinaa. Sɛ ne nipadua no koraa aduan no mu ɔhyew nyinaa a, kyerɛ ne honam mu tempirekya nsesae. (nnipadua spesifik ɔhyew tumi= 0.83cal/g) Mmuae: 50°C

TIFA 28: ɔHYEW AKWANTU
NKYERƐKYERƐMU

Twi	Brɔfo
Afifide-dan	greenhouse
Absopshin (kyere-kura)	absorption
Adantam-kondukta/semi-kondukta	semi-kondukta
Ahabanmono	green
Akutu kɔla	orange (colour)
Blu	blue
Frekwensi	frequency
-adantam frekwensi	medium frequency
-nyaa frekwensi	low frequency
-ntɛmntɛm frekwensi	high frequency
Gamma rei	gamma ray
Hertz	Hertz
Indigo	indigo
Infra-red (infra-kogyan)	infra-red
Insuleta	insulator
Kondukshin	conduction
Kondukta bɔne	poor/bad conductor
Kondukta papa	good conductor
Konvekshin	convection
Kogyan	red
Owia konstant	solar constant
Ɔhyew ahoɔden	heat energy
Pik frekwensi	peak frequency
Radiant ahoɔden	radiant energy
Radiashin	radiation
Reflekshin (pam-kɔ-n'akyi)	reflection
Saikil	cycle
Sorosoro frekwensi	peak frequency
Ultra-vayolet	ultra-violet
Vayolet	violet
Weivlenf adantam	medium wavelength
Weivlenf atenten	long wavelength
Weivlenf ntiatia	short wavelength
Weivlenf	wavelength
X-rei	x-ray

ƆHYEW YƐ DƐN NA ETU KWAN ?

Ɛyɛ dɛn na ɔhyew fi baabi kɔ baabi foforo? Yɛnfa no sɛ obi de dade ayɔn teateaa bi to ogya mu. Sɛ bere kakraa bi akyi, onii no de ne nsa ka dade no a, adɛn nti na etumi hye no? Anasɛ sɛ obi gyina fononoo bi a ogya wɔ mu anim a, adɛn nti na otumi te ogya no hyew? Bio nso, ɛyɛ dɛn na ɔhyew tumi fi owia ho wɔ sorosoro bɛhyehye yɛn wɔ asase so?

Yɛfrɛ saa akwan a ɔhyew fa so tu fi baabi kɔ beae foforo bi no sɛ ɔhyew akwantu. Ɔhyew ahoɔden mmara kyerɛ sɛ ɔhyew tu fi beae bi a ɛhɔ yɛ hyew kɔ baabi a ɛhɔ adwo. Ɔhyew nntumi nntu nnfi baabi a adwo nnkɔ baabi a ɛyɛ hyew da gye sɛ yɛde fɔɔso bi apia no.

Sayense kyerɛ sɛ ɔhyew fa akwan abiɛsa so na etu kwan. Eyi ne
-kondukshin
-konvekshin ne
-radiashin.

ƆHYEW KONDUKSHIN

Yɛnfa no sɛ yɛde ayɔn dade teateaa tenten ato ogya bi mu. Yenim sɛ ayɔn dade yɛ adeden nti emu molekuls no toatoa so, didi so sɛnea yehu wɔ Adekyerɛ 28-1 so no.

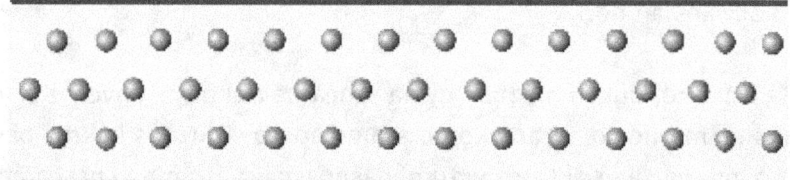

Adekyerɛ 28-1: Adeden mu molekuls no toatoa so

Sɛ yɛde ogya ka dade no ano baako a, molekuls a wɔwɔ saa ano no fi ase popo wɔn ho biribiri mmoroso. Saa mpopoe yi ma wɔn tempirekya kɔ soro. Yɛka se wɔanya ɔhyew ahoɔden. Saa ɔhyew ahoɔden yi bi nso ka molekul a edi so no ma ɛno nso atoms no ho mpopoe kɔ soro. Eyi ma saa molekul yi nso tempirekya nya nkɔso. Ɔhyew fa saa kwan yi so fi molekuls a wɔwɔ dade no ano baako no mu kɔ molekuls a wɔwɔ dade no mu no nyinaa mu.

Bio, sɛ wofa adeden biara a, yenim dedaw sɛ emu molekuls no benbɛn wɔn ho wɔn ho. Ne saa nti, sɛ ɔhyew ka molekul baako na saa molekul no ho yɛ hyew a, etumi de saa ɔhyew no bi ma molekul a etoa ne so no. Saa molekul no nso tumi yɛ hyew ma ɛde ɔhyew no bi ka molekul foforo a ɛtoa ne so no ho.

Eyi ma ɔhyew no fi molekul a edi kan no so tu kwan fa saa adeden no mu fi ano baabi a ɛyɛ hyew no kɔ adeden no awiei baabi a ɛdwo, ma ɛhɔ nso yɛ hyew. Saa kwan a ɔhyew fa molekuls a ɛbenbɛn wɔn ho wɔn ho mu de fi beae bi kɔ baabi foforo no din de **kondukshin**.

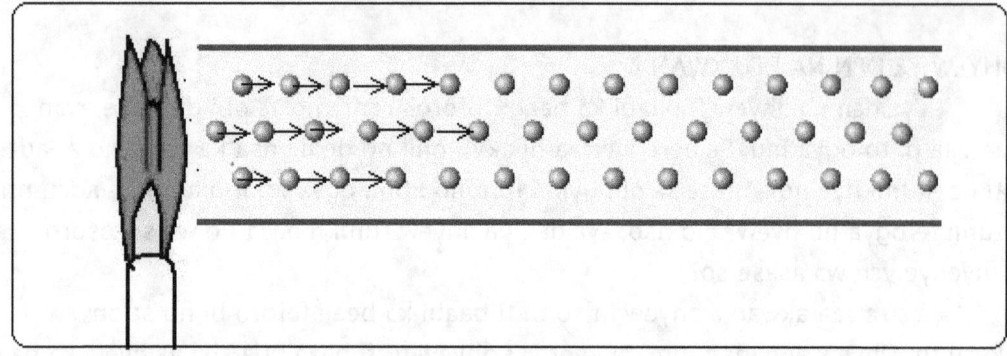

Adekyerɛ 28-2: Kondukshin: sɛnea ɔhyew tu kwan fa adeden mu

Kondukta papa, kondukta-adantam ne kondukta-bɔne, insuleta

Adeden biara wɔ ne kondukshin suban. Sɛ adeden no tumi ma ɔhyew fa mu yiye a, yɛfrɛ adeden no **kondukta-papa**. Adeden nnade a ɛyɛ kondukta papa no bi ne kɔpa, ayɔn, aluminium ne dwetɛ (silva).

Sɛ adeden no mma ogya ho kwan mma ɛmmfa mu yiye pii nanso ensiw no kwan a, yɛka se ɛyɛ **kondukta-adantam** anasɛ **semi-kondukta**. Kondukta-adantam no bi ne silikon ne gyɛmanium.

Sɛ adeden no mma ɔhyew biara mmfa mu koraa a, yɛka se ɛyɛ **kondukta-bɔne** ana **insuleta**. Ebi ne rɔba, glaas ne plastiks bi. Yɛde insuletas bɔ nneɛma pii ho ban fi ogya akwansian ho.

Ade biara kondukshin suban gyina sɛnea ne ɛlɛktrons ahyehyɛ wɔn ho wɔ ade ko no atoms no mu no so. Sɛ ade ko no atoms no wɔ ɛlɛktrons kakraa bi wɔ ne shɛɛl a etwa to no mu, na saa ɛlɛktrons yi tumi pasepase wɔ atom no shɛɛl a etwa to no mu a, atom no tumi yɛ kondukshin.

Mɛtals pii wɔ ɛlɛktrons baako ana abien pɛ wɔ wɔn shɛɛl a etwa to no mu. Saa ɛlɛktrons yi tumi pasepase mɛtal no mu ma mɛtal no tumi nya kondukta papa suban. Eyi ma ɛlɛktrisiti ne ɔhyew tumi fa saa mɛtals no mu. Mɛtal a ɛyɛ kondukta papa yiye koraa wɔ wiase nyinaa no ne silva. Kɔpa ne edi silva akyi; ayɔn ne aluminium na wodidi so.

Esiane sɛ dua yɛ insuleta no nti, wɔtaa de yɛ adenoa nkyɛnse nsa a wokura mu de si ogya so. Sɛ kyɛnse no adɔ dɛn koraa a, bere biara na kyɛnse no dua-nsa no ho adwo. Eyi ma yetumi so mu ma yetoɛ adenoa-kyɛnse biara fi ogya so.

Nsu-nsu nneɛma ahorow ne mframa pii yɛ ngoo konduktas. Nneɛma pii a mframa hyehyɛ mu te sɛ ntakra, atentrehu ne nnwi nso yɛ insuletas. Saa ara na dɔte nso yɛ insuleta. Eyi nti, na bere biara, sɛ owia bɔ sɛ dɛn koraa a, na dɔte adan mu adwudwo no.

ƆHYEW KONVEKSHIN

Yɛbɛkae sɛ nsu-nsu ne mframa nneɛma molekuls mu twetwe yiye fi wɔn ho wɔn ho sen molekuls a wɔwɔ adeden mu. Ne saa nti, ɔhyew nntumi mmfa kondukshin kwan so nntu kwan mmfa nsu ne mframa mu. Mmom, ɔhyew fa ɔkwan foforo a yɛfrɛ no konvekshin so na ɛde tu kwan fa nsu ne mframa mu.

Bio, yɛbɛkae sɛ kondukshin ɔhyew akwantu no fi molekuls (ana atoms) a adodɔ na wɔpempem wɔn ho wɔn ho de ɔhyew fi molekul baako ho kɔma foforo ho mu. Konvekshin nnte sa. **Konvekshin yɛ ade bi mass no nyinaa akwantu.**

Yɛnfa no sɛ yɛnoa nsu bi wɔ bokiti bi mu. Sɛ ɔhyew no fi ase ka nsu molekuls a wɔwɔ bokiti no mu no ase pɛɛ a, saa molekuls no fi ase nya ahoɔden a ɛma wofi ase tutu amirika ntɛmntɛm. Eyi ma wɔtwetwe wɔn ho fi wɔn ho wɔn ho mu.

Saa ɔhyew ahoɔden yi nso ma nsu molekuls no mu fi ase yɛ hare (wɔn densiti sesa.) Ne saa nti, saa molekuls yi tutu akwan fi nsu no ase ba nsu no soro wɔ bokiti no mu.

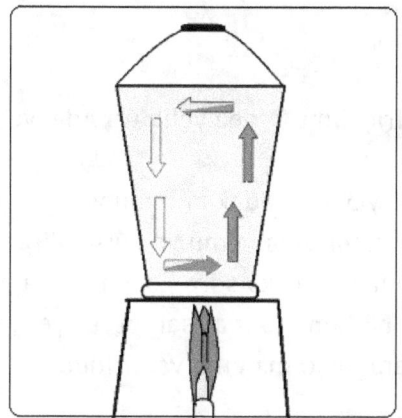

Adekyerɛ 28-3: Konvekshin karent wɔ nsu a esi ogya so mu.

Sɛ ɛba saa a, nsu molekuls a wɔn mu yɛ duru no fi soro (wɔ bokiti no mu) sian kɔ fam, ma wokosi molekuls a wɔn mu ayɛ hare nti wɔaba soro no anan mu. Ɔhyew ahoɔden foforo ma saa molekuls foforo yi nso mu yɛ hare ma wɔn nso foro kɔ soro bio. Eyi ma nsu molekuls no mass no nyinaa didi akɔneaba, ma wɔn a wɔn mu yɛ duru no kɔ ase na wɔn a wɔn mu yɛ hare no kɔ soro. Saa ayɛde a ɛma nsu molekuls no nyinaa sesa bere biara ma ebi fi bokiti no mu ase kɔ soro na ebi nso sian ba fam yi din de **konvekshin karent.**

Sayensefo de din karent ama saa adeyɛ yi efisɛ molekuls no sen fa nsu no mu te sɛnea ɛlɛktrisiti karent fa ɛlɛktrik sɛɛkuyit bi mu no pɛpɛɛpɛ. Eyi ma ɛyɛ te sɛnea obi nunu nsu no mu. Eyi ma nsu a ɛwɔ bokiti no mu no nyinaa dɔ efisɛ nsu mass molekuls no nyinaa tutu akwan fa nsu no mu baabiara a wɔnntena faako. Sɛnea yɛaka dedaw no, esiane sɛ nsu mass dodow no yɛbea te sɛnea wɔresen afi beae bi akɔ baabi foforo no nti, sayensefo taa frɛ saa konvekshin yi sɛ konvekshin karent. Eyi kyerɛ konvekshin a ɛresen.

Yehu saa konvekshin karent yi bi nso wɔ mframa mu. Sɛ mframa a ɛbɛn asase so wɔ fam no yɛ hyew a, emu bɛyɛ hare ma etu kwan kɔ soro. Mframa foforo a adwo fi soro ana nkyɛn baabi besi saa mframa a adɔ yi anan mu, ma ɛno nso dɔ ma etu kwan kɔ soro. Sɛ mframa no du soro baabi a ne densiti ne mframa foforo a ehyia wɔ soro hɔ no densiti yɛ pɛ a, egyina hɔ a ɛnkɔ baabiara bio. Sɛ wopɛ sɛ wohu eyi a, sɔ ogya wɔ adiwo baabi na hwɛ sɛnea owusiw no kɔ soro fa. Sɛ owusiw no du baabi wɔ soro a ɛne mframa a ehyia no densiti yɛ pɛ a, owusiw no gyina faako.

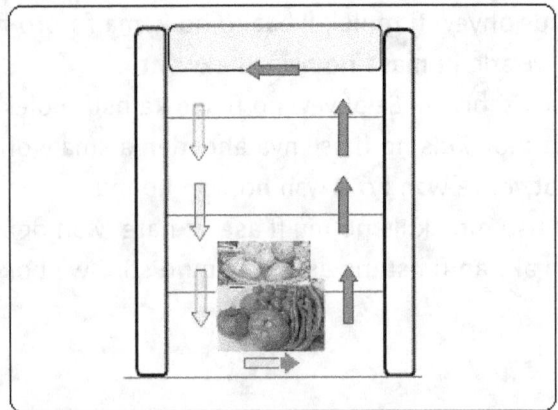

Adekyerɛ 28-4: Esiane sa frigyi no soro dwo sen ase no nti, emu mframa no yɛ konvekshin karent ma mframa hyew no fi fam kɔ soro; eyi ma soro mframa a adwo no nso sian ba fam bedwudwo nnɔbae no.

Yenya saa konvekshin karent yi bi nso wɔ frigyi mu sɛnea yehu wɔ Adekyerɛ 28-4 so no.

Esiane sɛ frigyi no mu baabi a adwo yiye no wɔ ayis-adaka no mu wɔ soro no nti, yenya mframa a adwo yiye wɔ frigyi no soro; saa mframa yi mu yɛ duru. Mframa a adɔ kakra no mu yɛ hare, enti etu fi frigyi no mu fam ma ɛkɔ soro kosi mframa a adwo no anan mu. Eyi ma mframa a adwo no sian ba fam bio ma ɛsan bɛyɛ hyew, ma ɛsan fi ase tu kɔ soro bio. Eyi ne ɔkwan a frigyi biara fa so ma emu yɛ wiridudu.

Konvekshin karent ma yenya mframa pa

Konvekshin karent tumi ma yenya mframa pa a emu adwo. Wɔn a wɔte po ana asubɔnten kɛse bi ho no tumi hu sɛ awia du a, asase so yɛ hyew sen po ana asubɔnten nsu no.

Sɛ awia rebɔ na wiase ayɛ hyew yiye, na wode wo nsa kɔka po nsu ana asubɔnten bi mu nsu a, wohu sɛ nsu no adwo. Eyi ma mframa a adɔ no fi asase so kosi mframa a adwo no anan mu wɔ nsu no so. Eyi pia mframa a adwo no fi nsu no so de ba asase so ma yenya mframa a adwo wɔ asase so. Eyi na ɛma awia bere biara mu no, wɔn a wogyina po no ano no te sɛ mframa a adwo fi po no so reba no.

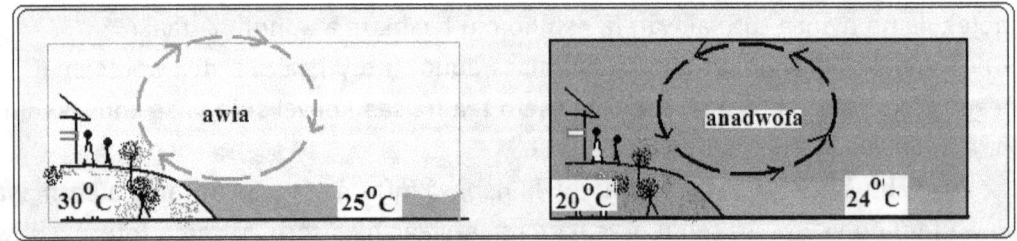

Adekyerɛ 28-5: Mframa konvekshin karent

Sɛ ade sa na owia nni hɔ bio a, asase so fi ase dwo ntɛmntɛm sen po nsu. Eyi ma asase so tempirekya no fi ase ba fam ntɛmntɛm kyɛn po nsu no. Ne saa nti, nsu no bɛyɛ hyew sen asase so tempirekya. Sɛ ɛba no saa a, mframa fi asase no so mmom na ɛbɔ kɔ po ana asubɔnten no so.

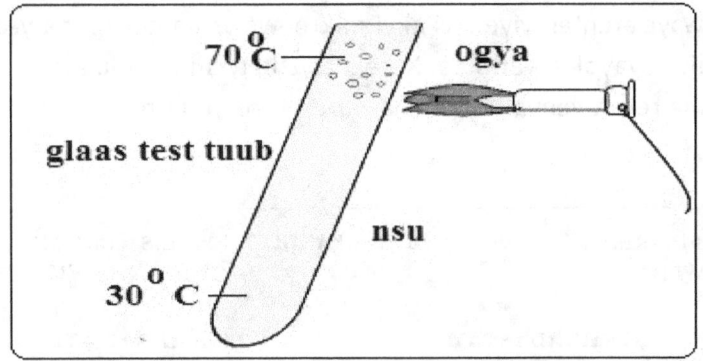

Adekyerɛ 28-6: Test tuub mu oyikyerɛ: nsu a adɔ (emu yɛ hare) no tena soro a enntumi mma fam.

So konvekshin karent ma mframa a adɔ (mframa a emu yɛ hare) ana nsu a adɔ (nsu a emu yɛ hare) fi soro ba fam ana? Dabida.

Mframa a emu yɛ hare no tena soro bere biara; mframa a emu yɛ duru no ba fam. Saa ara nso na nsu a emu yɛ hare no tena soro na nsu a emu yɛ duru no tena fam ara nen. Sɛ wopɛ sɛ wogye ho akyinye a, fa nsu kakra bi gu test-tuub bi mu. Kyea tuub no kakra na fa ogya (bunsen ogya ana kanderɛ) hye tuub no ano. Nsu no befi ase ahuru ama nsu a ɛwɔ soro no adɔ. Nsu a ɛwɔ tuub no ase no de, ne tempirekya begyina nea ɛwɔ no ara.

Eyi kyerɛ sɛ nsu molekuls a emu yɛ hare fi ogya no ho no tena soro hɔ ara. Konvekshin karent nntumi mma nsu molekuls a emu yɛ hare no nnkɔ tuub no ase. Sɛ obi gye wo akyinnye a, wobetumi de ayis kakra agu test-tuub no mu. Nsu a ɛwɔ soro no behuru a, ayis a ɛwɔ ase no rennnan.

ƆHYEW RADIASHIN

Owia ahoɔden a efi soro ba asase so no fa wim baabi a wɔfrɛ hɔ *spees* ansa na adu asase so. Saa spees yi yɛ beae bi a biribiara nni; mframa o, nsu o, hwee nni hɔ. Sayensefo kyerɛ baabi a mframa, nsu ana birbiara nni no sɛ *vakuum*.

Esiane sɛ biribiara nni spees, na ɛyɛ vakuum no nti, owia so ɔhyew ahoɔden nntumi mmfa kondukshin ana konvekshin kwan so mmfa hɔ na abedu yɛn asase yi so. Nanso, esiane sɛ yɛte owia ahoɔden wɔ yɛn asase yi so no nti, ɛsɛsɛ yehu sɛ ɔkwan foforo bi wɔ hɔ ka kondukshin ne konvekshin ho a, owia ahoɔden fa so de wura spees yi mu de bedu asase so. Saa ɔkwan yi din de *radiashin*.

Yɛfrɛ owia ɔhyew ahoɔden a ɛnam saa radiashin kwan yi so bedu yɛn asase so yi sɛ *radiant ɔhyew ahoɔden*.

Radiant ɔhyew ahoɔden yi wɔ ɛlɛktromagnetik suban a ɛkyerɛ sɛ ɛwɔ ɛlɛktrik ne magnetik kyaagyes. Ɛsan yɛ weivs kyerɛ sɛ ɛte sɛ asorɔkye a emunumunum.

Ɛlɛktromagnetik weivs gu ahorow pii a wɔn nkyekyɛmu gyina wɔn mu biara atenten so.

Saa ɛlɛktromagnetik weivs yi bi ne radio weivs, mikroweivs, infra-red weivs (kogyan-akyi weivs), hann weivs, ultra-vayolet weivs, X-reis ne gamma reis. Sɛnea yɛaka dedaw no, ɛlɛktromagnetik weivs yi bi yɛ atenten; ebi nso yɛ ntiantia. Wɔn mu nyinaa no, radio weivs na wɔyɛ atenten yiye. Eyi akyi mikro-weivs na edi so, na yɛaba infra-red, hann weivs ne ultra-vayolet weivs so. X-reis a yɛde twa nnipadua mu fotos wɔ ayaresabea no ne gamma reis a yenya fi atoms a wɔrehwere mu no na wɔyɛ ntiantia koraa.

REDIO WEIVS	MIKRO WEIVS	INFRA-RED WEIVS	HANN WEIVS	ULTRA-VAYOLƐT WEIVS	X-REIS	GAMMA REIS
WEIVSAIZ ATENTEN		WEIVSAIZ ADANTAM		WEIVSAIZ NTIANTIA		

Adekyerɛ 28-7: Ɛlɛktromagnetik weivs ahorow.

Yehu ɛlɛktromagnetik weivs yi mu bi fi wɔn a wɔyɛ atenten so kosi wɔn a wɔyɛ ntiantia so wɔ Adekyerɛ 28-7 so.

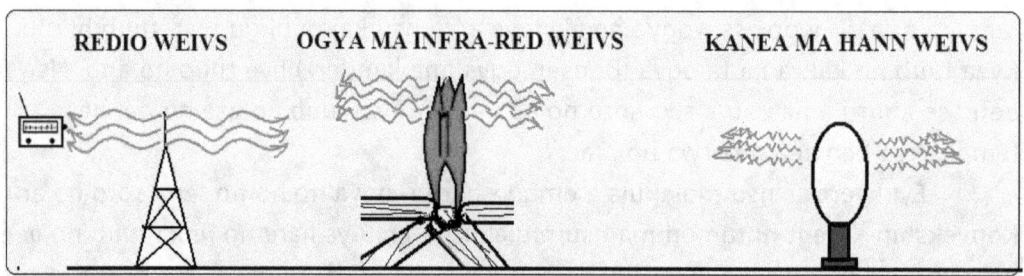

Adekyerɛ 28-8. Radio weivs na wɔyɛ atenten yiye; ogya ma infra-red weivs a wɔyɛ adantam; kanea ma hann weivs a wɔyɛ ntiantia kakra.

Sɛ yɛka se saa weivs yi mu bi yeyɛ atenten ne ntiantia a, na yɛkyerɛ dɛn? Yɛnfa no sɛ wokura hama tenten bi ano baako mu. Sɛ wofi ase wosow hama no a, hama no mu fi ase ponpono ma yenya asorɔkye ana weivs. Sɛ wowosow hama no nkakrankakra bi a, wonya weivs a wɔn mu yɛ atenten, kyerɛ sɛ weivs no mmenmmɛn wɔn ho. Sɛ wode ahoɔden kɛse wosow hama no a, weivs no mu bɛyɛ ntiantia, a wɔbobɔ wɔn ho, wɔn ho yiye, na wɔbenbɛn wɔn ho koraa. Yɛfrɛ sɛnea asorɔkye ana weivs yi bobɔ ho fa no sɛ "**weivs mmɛnho tebea**" ana **weivlenf**. Ne saa nti, weivlenf kyerɛ saa ɛlɛktromagnetik weivs yi asorɔkye mmobɔho tebea.

Sɛ weivlenf no mu twetwe fi wɔn ho wɔn ho mu a, yɛka se **weivlenf no yɛ atenten** ana yɛfrɛ wɔn **weivlenf atenten**. Sɛ weivlenf no benbɛn wɔn ho wɔn ho a, yɛka se **weivlenf no yɛ ntiantia** ana yɛfrɛ wɔn **weivlenf ntiantia**.

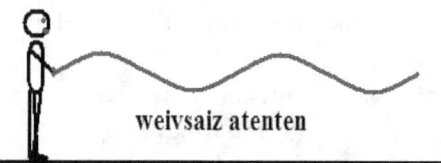 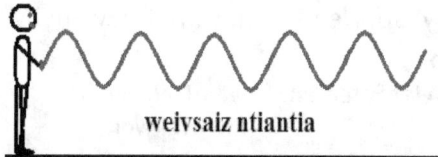

Adekyerɛ 28-9: Weizsaiz atenten ne weivlenf ntiantia

WEIVLENF NE FREKWENSI

Yɛahu sɛ ɛlɛkromagnetik weivs yi te sɛ asorɔkye a emunumunum na ɛyeyɛ biribi te sɛ mmepɔw ahorow pii a wodidi so. Yɛasan akyerɛ sɛ weivlenf yi kyerɛ yɛn sɛnea asorɔkye yi mu mmepɔw bi benbɛn wɔn ho fa. Afei, ehia sɛ yɛkyerɛ sɛnea yesusuw saa asorɔkye mmɛnho tebea ana weivlenf yi mu biara.

Yesusuw weivlenf bi sɛ ne tenten a efi ne mu bepɔw baako so kosi bepɔw a edi n'anim no so. Esiane sɛ weivs yi munumunum bere biara no nti, yetumi kyerɛ sɛ weivlenf atenten no kɔ nyaa, bere ko a weivlenf ntiantia no kɔ ntɛmntɛm.

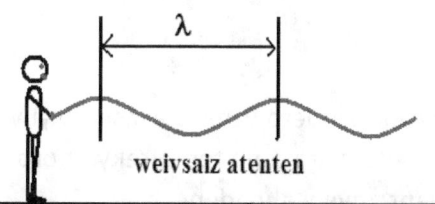 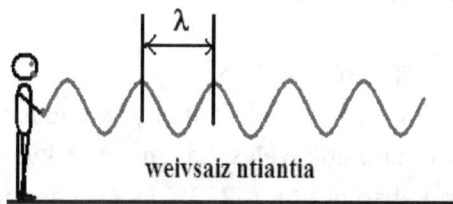

Adekyerɛ 28-10: Yesusuw weivlenf biara sɛ ne tenten a efi ne mu bepɔw baako so kosi nea ewɔ n'anim no so. Yɛde Grikifo lɛtɛ λ, (lambda) na egyina hɔ ma weivlenf.

Yɛfrɛ weiv biara tenten fi bepɔw baako so kɔ nea ɛwɔ n'anim pɛɛ no so no sɛ **saikil baako.** Sɛ ɛte saa de a, na ɛsɛsɛ yetumi kyerɛ weiv saikils dodow a wobetumi atwa mu wɔ baabi pɔtee sekond baako biara mu.

Mpɛn pii no, yɛte wɔ radio so sɛ akenkanfo ka frekwensi ho nsɛm. Frekwensi ne weivlenf didi ntotoho yiye.

Frekwensi kyerɛ weivlenf bi saikils dodow a wotwa mu wɔ baabi pɔtee sekond baako biara mu. Sɛ weivlenf bi saikils kakraa bi twa mu wɔ baabi pɔtee sekond baako biara mu a, yɛka se weivlenf no wɔ **"nyaa frekwensi"** ana **"low frekwensi."**

Sɛ weivlenf bi saikils pii twa mu wɔ baabi pɔtee sekond baako biara mu a, yɛka se weivlenf no wɔ **"ntɛmntɛm frekwensi"** ana **"high frekwensi."** Eyi ma yehu sɛ weivlenf atenten a wotwa mu nyaa wɔ baabi bere pɔtee biara no wɔ **nyaa frekwensi** ana **'low frekwensi.'** Weivlenf ntiantia a wotwa mu pii wɔ baabi pɔtee bere biara mu no wɔ **ntɛmntɛm frekwensi** ana **'high frekwensi.'**

Ne saa nti, yɛka se radio weivs wɔ weivlenf atenten ne nyaa frekwensi. Ultra-vayolet weivs, X reis ne gamma reis a wɔwɔ weivlenf ntiantia no wɔ ntɛmntɛm frekwensi.

Yesusuw frekwensi dodow sɛ saikils dodow a wotwa mu fa baabi pɔtee sekond baako biara mu. Yɛde sayenseni bi a wɔfrɛ no Hertz din na ato saa frekwensi yunit yi so. Ne saa nti, yɛfrɛ frekwensi yunit a ɛyɛ 1 saikil pɛɛ sekond no sɛ Hertz baako.

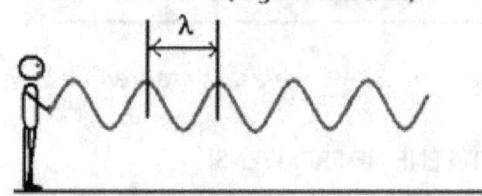

Adekyerɛ 28-11: Weivlenf atenten wɔ nyaa frekwensi (low frekwensi); weivlenf ntiantia wɔ ntɛmntɛm frekwensi (high frekwensi).

| Yesusuw frekwensi wɔ Hertz mu. Hertz baako yɛ saikil baako pɛɛ sekond. |

Yɛfrɛ frekwensi no baabi a ɛwɔ bepɔw no mpampam pɛɛ no so no sɛ ne 'sorosoro frekwensi' anasɛ ne 'pik frekwensi."

RADIANT AHOƆDEN

Yɛbɛkae sɛ radiant ɔhyew ahooden a efi owia so beto yɛn wɔ asase so yi yɛ ɛlɛktromagnetik weivs. Sayense san kyerɛ yɛn sɛ ade biara a ne tempirekya boro ohunu absolut, 0 K (-273°C) so no nso ma radiant ɔhyew ahoɔden.

Nimdeɛ fofro nso a ehia sɛ yɛte ase no kyerɛ sɛ ade biara radiant ɔhyew ahoɔden no pik frekwensi (sorosoro frekwensi) ne ne absolut Tempirekya yɛ adamfo proposhinal.

| Radiant ɔhyew ahoɔden Pik Frekwensi α Tempirekya (wɔ Kelvin mu) |

Yɛkyerɛw saa ekuashin yi sɛ:
    Pik frekwensi α Tempirekya (wɔ Kelvin mu)
Eyi kyerɛ sɛ bere a ade bi tempirekya rekɔ soro no, na ne pik frekwensi nso renya nkɔso. Sɛ ɛte saa de a, na owia a ne tempirekya wɔ sorosoro (efisɛ owia so yɛ hyew yiye) no ma ɛlɛktromagnetik weivs a wɔn pik frekwensi nso wɔ sorosoro yiye.

Eyi yɛ nokware turodoo: owia radiant ɔhyew ahoɔden no pik frekwensis yɛ ntɛmntɛm frekwensis a wɔbɛn hann weivs frekwensis. Akyiri yi yebesua hann weivs ho nsɛm. Seesei de, nea ehia a ɛsɛsɛ yɛte ase no ne sɛ hann ɛlɛktromagnetik weivs nkutoo ne weivlenf a nnipa hu.

Yetumi nya kɔlas asɔn (kogyan, akutu kɔla, akokɔsrade, ahabanmono, blu, indigo ne vayolet) fi hann weivs mu a wɔn weivlenf fi bɛyɛ 700 sian besi 400 nanomitas. Owia ɔhyew radiant ahoɔden ahorow yi tebea benbɛn kogyan ne akokɔsrade weivs.

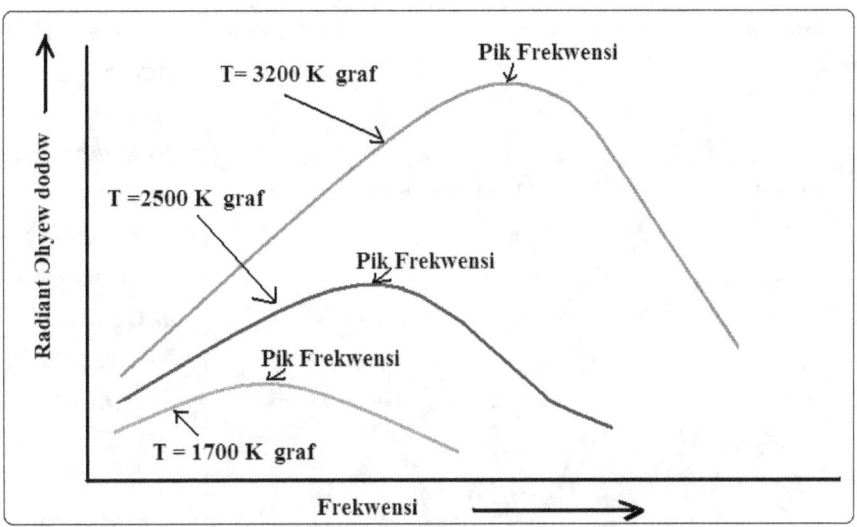

Adekyerɛ 28-12: Radiashin ne frekwensis ahorow bi graf. Radiant ɔhyew ahoɔden biara pik frekwensi no ne ne Tempirekya yɛ adamfo proposhinal.

Esiane sɛ yɛn asase yi so nnyɛ hyew papa bi no nti, radiant ɔhyew ahoɔden a ɛma no frekwensis wɔ fam koraa. Saa asase so radiant ɔhyew ahoɔden yi ma yɛn nyaa frekwensis (low frekwensis) a wɔwɔ hann weivs frekwensi no ase wɔ infra-kogyan weivs no mu ne ase. Yɛfrɛ asase ɛlɛktromagnetik weivs a ɛma no sɛ *asase radiashin*.

Sɛ yɛde ade bi to ogya mu na yegyaa no ma ɛdɔ yiye, hyerɛn kɔɔ a, ɛma hann weivs. Saa hann weivs yi na yehu sɛ kanea wɔ bɔlb bi a ɛhyerɛn mu no. Yɛbɛkae sɛ kanea bɔlb yɛ tungsten filament (waya dade) a ɛlɛktrisiti ɔhyew ama adɔ kɔkɔɔkɔ hyerɛnn; eyi na ɛma yɛn hann weivs a aniwa tumi fa so de hu nneɛma no. Aniwa nntumi nnhu nneɛma a wɔwɔ infra-red ne ultra-vayolet weivlenf mu. Saa ara nso na aniwa nntumi nnhu radio weivs, X-reis ne gamma reis.

Ɛsɛsɛ yɛte ase sɛ, ɛwom sɛ owia ma weivlenf ntiantia de, nanso ɛsan ma ɛlɛktromagnetik weivs ahorow pii de ka ho. Saa ɛlɛktromagnetik weivs fofor a owia ma no bi ne infra-red weivs a wɔyɛ atenten kakra sen hann weivs no. Infra-red weivs yi tumi ma nneɛma ho dɔ yiye. Sɛ obi gyina fononoo ana ogya a ɛdɛw bi anim a, ɔte sɛ wo honam redɔ. Ɛyɛ saa infra-red weivs yi ɔhyew ahoɔden na ɔte no. Ne saa nti, ebinom frɛ infra-red weivs sɛ **ɔhyew radiashin**.

Radiant ahoɔden kyere (absopshin) ne ne pam (reflekshin)

Sɛnea nneɛma pii ma ɛlɛktromagnetik radiashin no, saa ara nso na wotumi kyere radiant ɔhyew ahoɔden. Ade biara a ɛyɛ tuntum no tumi kyere ɔhyew ahoɔden sen nea ɛyɛ fitaa.

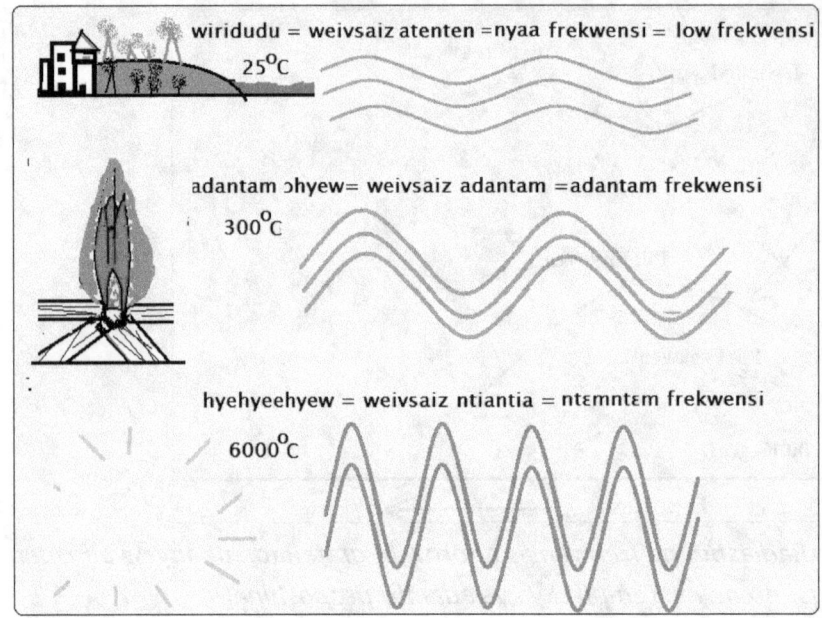

Adekyerɛ 28-13: Ade a ɛyɛ hyew yiye no frekwensis yɛ ntɛmntɛm frekwensis (ɛwɔ soro-soro). Ade a adwo no ma nyaa frekwensis (ɛwɔ fam-fam)

Saa ara nso na ade bi a ɛyɛ tuntum no tumi hwere radiant ahoɔden ntɛm sen ade bi a ɛyɛ fitaa. Sɛ wogye akyinye a, nnoa nsu na susuw kyɛfa pɔtee bi na fa gugu kuku abien a baako ho yɛ tuntum na nea aka no ho yɛ fitaa mu. Afei fa tɛmometa abien a sisi kuku abien no mu na twɛn kakra.

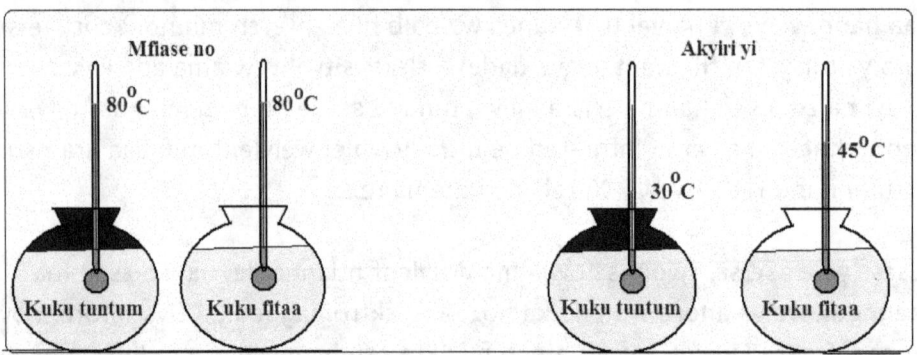

Adekyerɛ 28-14: Ade tuntum kyere ɔhyew ahoɔden sen ade fitaa. Ade tuntum hwere ɔhyew ahoɔden ntɛm nso sen ade fitaa.

Ɛnkyɛ biara wobehu sɛ tɛmometa a esi kuku tuntum no mu no bɛkɔ fam ntɛm asen nea ɛwɔ kuku fitaa no mu no.

Yebetumi nso de nsu a emu biara volum ne tempirekya yɛ pɛ (bɛyɛ 20°C) agugu kuku fitaa ne kuku tuntum mu de asisi owia mu. Sɛ yɛde tɛmometa sisi kuku abien no mu a, yebehu sɛ kuku tuntum no mu nsu no mu bɛyɛ hyew ntɛm asen kuku fitaa no mu nsu no. Ne saa nti, sɛ yepenti frigyi ho fitaa a, ɛnhwere ahoɔden pii sɛ nea yepenti ho tuntum no. Saa ara nso nti na adan fitaa mu dwo sen adan a wɔapenti ho tuntum mu no.

Radiant ɔhyew ahoɔden bi tumi fa nneɛma bi mu. Ebi nso de, enntumi mmfa ade biara mu. Ne saa nti, sɛ ɛlektromagnetik weivs ahorow bi pem ade bi a, wonntumi nnhyɛn mu na mmom, wɔsan kɔ wɔn akyi bio. Sɛ radiant ahoɔden tumi fa ade bi mu, na ade ko no kyere no kura a, yɛfrɛ no **absopshin**. Ne saa nti, absopshin kyerɛ '**kyere ade bi na kura.**' Sɛ radiant ahoɔden bi pem ade bi na ɛsan n'akyi kɔ ne fibae bio a, yɛfrɛ no **reflekshin**. Ne saa nti, refleskhin kyerɛ '**pam fi wo ho.**'

Ɔhyew absopshin ne ɔhyew reflekshin bɔ abira. Ade a etumi kyere radiant ahoɔden pii (absopshin bebree) no mpam radiant ahoɔden mmfi ne mu (ne reflekshin yɛ kakraa bi pɛ). Saa ara nso na nea ɛma reflekshin pii no wɔ absopshin tebea kakraa bi pɛ.

Ɔhyew Absopshin pii = Ɔhyew reflekshin kakraa bi pɛ na ɛtow gu

Ade bi a ɛmma reflekshin biara no kyere radiant ahoɔden. Bio nso, baabi a ɛyɛ tumm no kyere radiant ahoɔden; baabi a ɛyɛ fitaa no pam (anasɛ ɛreflekte) radiant ahoɔden.

Sɛ wobue ɔdan bi ano to hɔ na wogyina akyiri baabi na wohwɛ ɔdan no mu a, ɛda adi sɛ wonnhu biribiara wɔ ɔdan no mu efisɛ hann weivs a wɔkɔ ɔdan no mu reflekte kɔ baabiara wɔ ɔdan no mu. Eyi kyerɛ sɛ hann weivs no nyinaa pempem ɔdan no mu ɔfasu baako ho kɔ foforo ho, san fi foforo no ho kɔpempem foforo ho ara kosi sɛ hann weivs no mu biara nntumi mmpue mma mfikyiri bio.

Sɛ hann weivs no anntumi ampue amma mfikyiri bio a, yehu ɔdan no mu sɛ ɛyɛ tumm. Saa ara nso na wopenti adaka bi mu fitaa na woyɛ tokuru ketewa bi de to ho, na woto adaka no mu a, wonntumi nnhu hwee wɔ adaka no mu. Adaka no mu yɛ tumm efisɛ adaka no mu reflekte weivs no fi ɔfasu baako ho de kɔ ɔfasu foforo ho a emu biara nntumi mmpue mma mfikyiri bio.

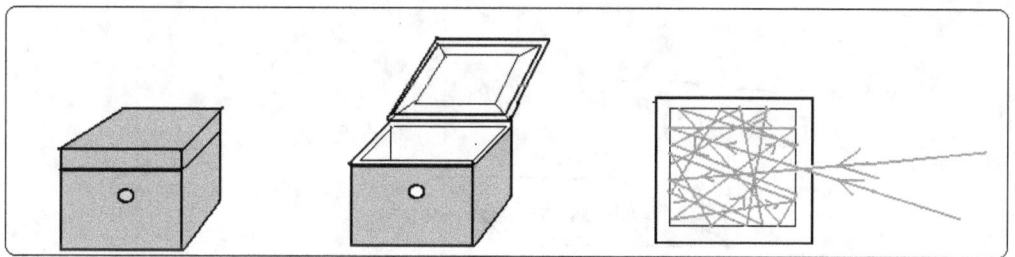

Adekyerɛ 28-15: Adaka no mu yɛ fitaa nanso yehu mu tumm. Radiashin a ɛkɔ adaka no mu nntumi mmpue bio efisɛ adaka no mu kyere weivs no mu pii.

Afifide-dan yɛ ɔdan bi a wɔde glaas ayɛ na akuafo taa duadua nnuaba wɔ mu de bobɔ ho ban na nnuaba no atumi afifi yiye. Yenim sɛ afifide-dan mu yɛ hyew bere biara. Saa ɔhyew yi fi glaas a wɔde yɛ afifide-dan no suban so. Sɛ owia bɔ a, owia radiant ɔhyew ahoɔden weivs a efi mfikyiri na wɔn weivlenf yɛ ntiantia no tumi wurawura afifide-dan glaas no mu ntɛmntɛm ma ɔdan no mu fi ase yɛ hyew.

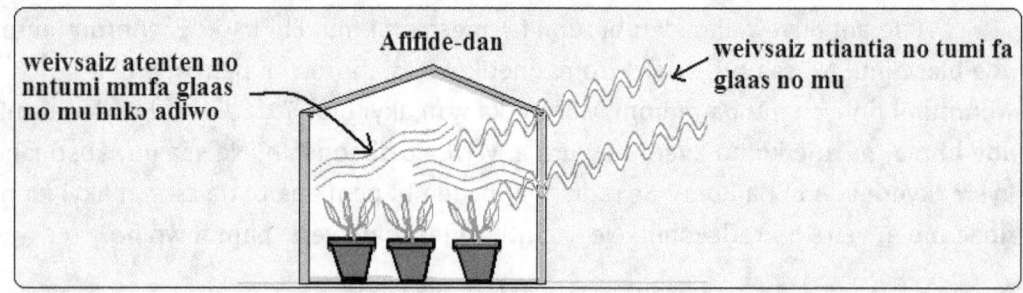

Adekyerɛ 28-16: Weivlenf ntiantia no tumi fa glaas no mu nanso Afifide-dan glaas no mma weivlenf atenten no mmpue nnkɔ adiwo. Eyi ma ɔdan no mu yɛ hyew.

Afifide-dan no mu nso, dɔte ne afifide a wɔwɔ mu no ma weivs ahorow bi a wɔn weivlenf yɛ atenten. Saa weivlenf atenten yi nntumi mmpue mmfi glaas no mu mma mfikyiri. Eyi ma saa radiashin a wɔn weivlenf yɛ atenten no ka afifide-dan no mu ma ɔdan no mu yɛ hyew mmoroso yiye.

Sayensefo kyerɛ sɛ owia tempirekya yɛ 6000°C. Esiane sɛ owia yɛ kɛse no nti, ɛtow radiant ɔhyew ahoɔden pii gu yɛn asase yi so. Owia ahoɔden a yenya wɔ asase so no yɛ owia ahoɔden no mu kakraa bi pɛ, a ɛyɛ bɛyɛ emu nkyɛmu ɔpepem mu kakraa bi pɛ. Nanso saa ahoɔden yi bi na ɛma nnɔbae fifi na wonyin. Saa ahoɔden yi bi nso na ɛma yɛn ho hyehye yɛn awia bere mu no.

Sayensefo kyerɛ sɛ, sekond baako biara, owia ahoɔden a edu asase so wɔ ade biara anim area skwɛɛ mita baako a ɛne no yɛ 90° so no yɛ 1400 Joules. Ne saa nti, owia hwie radiant ahoɔden 1400 joules sekond baako biara gu asase mita skwɛɛ biara a ɛne no yɛ 90 digri angle no so. Yɛfrɛ saa owia radiant ahoɔden a ɛyɛ **1400 joules** yi sɛ **owia konstant**.

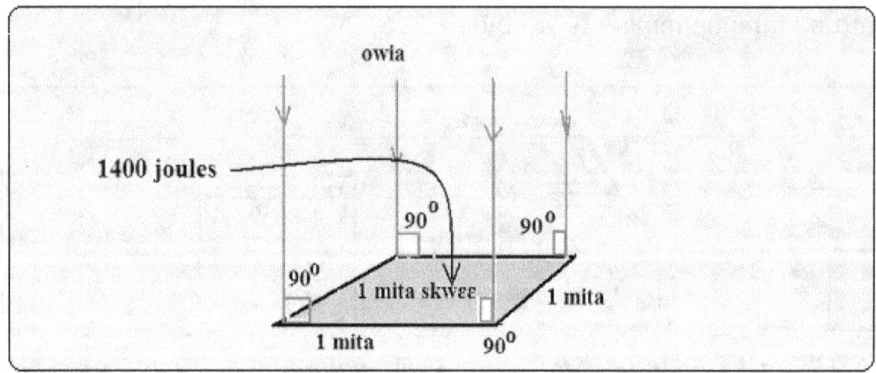

Adekyerɛ 28-17: Owia ahoɔden a ɛba asase mita skwɛɛ baako biara a ɛne no yɛ 90 digri angle so sekond baako biara no yɛ 1400 Joules.

Baabi a owia ne asase so nnyɛ 90 digri angle no, owia ahoɔden a egu saa beae no so no sua sen 1400 joules. Saa owia radiant ahoɔden yi yɛ ahoɔden bebree a sɛ yɛde kɔ ɛlɛktrisiti pawa mu a, ɛyɛ 1.4 kilowatt pɛɛ skwɛɛ mita (1kW/m²).

Sɛ yetumi kyere saa owia ahoɔden yi a, ebetumi ama ofi biara mu nnipa anya wɔn ɛlɛktrisiti dodow a wohia da biara wɔ wɔn nkwa nna nyinaa mu. Eyi nti na sayensefo ne engyineafo ani abere dennennen sɛ wɔbɛhwehwɛ akwan a yebetumi akyere saa owia ahoɔden yi bi, de atumi asosɔ akanea, ayɛ faktoris nnwuma, aka lɔres ne kaars, de bi ayeyɛ yɛn mfuw mu nnwuma ne nea ɛkeka ho nyinaa no.

Nsɛmmisa

1. Dɛn ne kondukshin? Kyerɛkyerɛ mu.
2. Dɛn ne konvekshin? Kyerɛkyerɛ mu.
3. Dɛn ne radiashin? Kyerɛkyerɛ mu.
4. Wo nua bi gyina ogya fononoo bi anim a ɔreto brodo. Ne ho hyehye no. Kyerɛ ɔkwan a ɔhyew fa so bedu ne nkyɛn hyehye no.
5. Owia ɔhyew fa kwan bɛn so na ɛbɛto yɛn wɔ asase so ha?
6. Dɛn ne vakuum?
7. Kyerɛ kondukta papa ase? Ma mfatoho abiɛsa.
8. Kyerɛ semi-kondukta ase kyerɛ w'adamfo bi.
9. Ɔkwan bɛn na frigyi fa so de dwudwo nnɔbae a wɔde hyehyɛ mu no ho?
10. Adɛn nti na frigyi mu baabi a edwo yiye no wɔ soro?
11. Obi ama wo test tuub ne bunsen ogya. Yɛ nkonyaa bi kyerɛ no sɛnea wobetumi ama nsu ahuru wɔ tuub no soro, bere a nsu a ɛwɔ ase no adwo koraa.
12. Dɛn ne ɛlɛktromagnetik weivs?
13. Kyerɛ weivlenf ase.
14. Dɛn nsonsonoe na ɛdeda weivlenf atenten ne ntiantia ntam?
15. Wo nena akɔtɔ mashin bi a wɔakyerɛw ho 50Hertz. Kyerɛ no ase.
16. Dɛn nti na bere biara a wogyina akyiri baabi no wontumi nnhu ɔdan bi a wɔabue ano no mu?
17. Kyerɛ absopshin ase? Dɛn na ɛne no bɔ abira?
18. Dɛn adeden na wɔde yɛ afifide-dan? Dɛn weivlenf na etumi fa mu? Dɛn weivlenf na enntumi mmfa mu?
19. Sɛ wode sare si afifide-dan a, weivlenf bɛn na ebetumi afa mu?
20. Wo nua ketewa bi ate sɛ obi ka frekwensi wɔ radio so. Kyerɛ frekwensi ase kyerɛ no.
21. Owia konstant no yɛ dɛn? So yebetumi anya owia ahoɔden a ɛbɛma yɛde asosɔ akanea ana? Kyerɛkyerɛ wo mmuae no mu.

TIFA 29: ƆHYEW EXPANSHIN: SƐNEA ƆHYEW MA NNƐEMA YEYƐ ATENTEN, AKƐSE ANA ƐMA WONYA NTRƐTRƐWMU

Nkyerɛkyerɛmu

Twi	Brɔfo
Ani ntrɛwmu tɛtrɛtɛ	surface area
Ani-tɛtrɛtɛ koefishient	coefficient of area expansion
Ayɔn dade	iron (metal)
Ayɔn stiil	steel
Brass	brass
Dade	a very loose term for metal
Expanshin	expansion
Glaas	glass
Kɔpa	copper
Merkuri	mercury
Mɛtal-nta	bi-metallic strip
Mframa-dwudwo mashin	air conditioner
Ntrɛtrɛwmu	expansion
Sika kɔkɔɔ	gold
Tenten-yɛ koefishient	coefficient of linear expansion
Turpentin	turpentine
Volum ntrɛtrɛwmu koefishient	coefficient of volume expansion

Ade biara a yɛde ogya bɛka no sesa ne tebea. Sɛ ɛyɛ adeden a, etumi nnan bɛyɛ nsu-nsu. Sɛ ɛyɛ nsu-nsu a, ɛyɛ huruhuro ana mframa. Sɛ ɛyɛ mframa nso, ɛsesa bɛyɛ plasma a ɛyɛ ɛlɛktrons, protons ne neutrons. Mpɛn pii no, ehia ɔhyew dodow bebree na yɛatumi de asesa ade bi tebea. Nanso, obi betumi abisa se, na sɛ yɛde ɔhyew kakraa bi ka ade bi, na ne tempirekya kɔ soro kakraa bi pɛ nso a, dɛn na yenya? Ne saa nti, yɛbɛhwɛ sɛnea ade bi sesa bere a ne tempirekya nsesae yɛ ketewa bi pɛ.

ƆHYEW MA NNEƐMA YƐ ATENTEN : tenten-yɛ koefishient

Sɛ yɛde adeden bi to ogya mu a, ne tenten nya nkɔso. Saa tenten nkɔso yi gyina dade no tebea ne ɔhyew dodow a yɛde kaa saa adeden no so. Sɛ yɛde ɔhyew pii na ɛkaa ade ko no a, adeden no tenten tumi nya nkɔso pii sen sɛ yɛde ɔhyew ketewaa bi pɛ na ɛkaa no. Eyi kyerɛ yɛn sɛ adeden no tenten nsesae no gyina tempirekya so. Adɛn nti na nneɛma tenten nya nkɔso bere a yɛde ɔhyew ka wɔn no?

Yɛbɛkae sɛ bere a ade bi renya ɔhyew no, na molekuls no nya ahoɔden a ɛma wɔde pempem wɔn ho wɔn ho ahoɔden kɛse so. Bere a ɔhyew no redɔɔso no, na ahoɔden a wɔde pempem wɔn ho no nso dodow rekɔ soro. Saa ahoɔden a molekuls yi de pempem wɔn ho, wɔn ho yi piapia molekuls no fi wɔn ho wɔn ho. Saa ntetewmu yi ma ade ko no yɛ tenten.

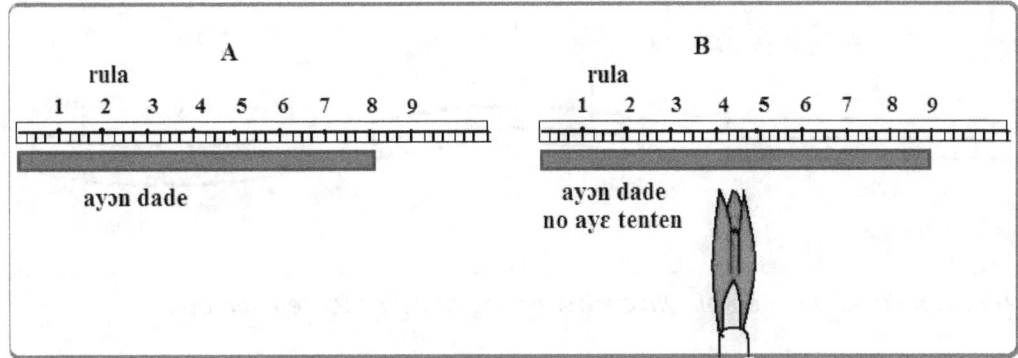

Adekyerɛ 29-1: Sɛ yɛde ayɔn dade to ogya mu a, ayɔn dade no yɛ tenten.

Sɛ ɔhyew ma nneɛma nyinaa atenten nya nkɔso de a, so nneɛma nyinaa atenten nya nkɔso a ɛyɛ pɛpɛɛpɛ bere a yɛde ogya pɛpɛɛpɛ reka wɔn ana? Dabida.

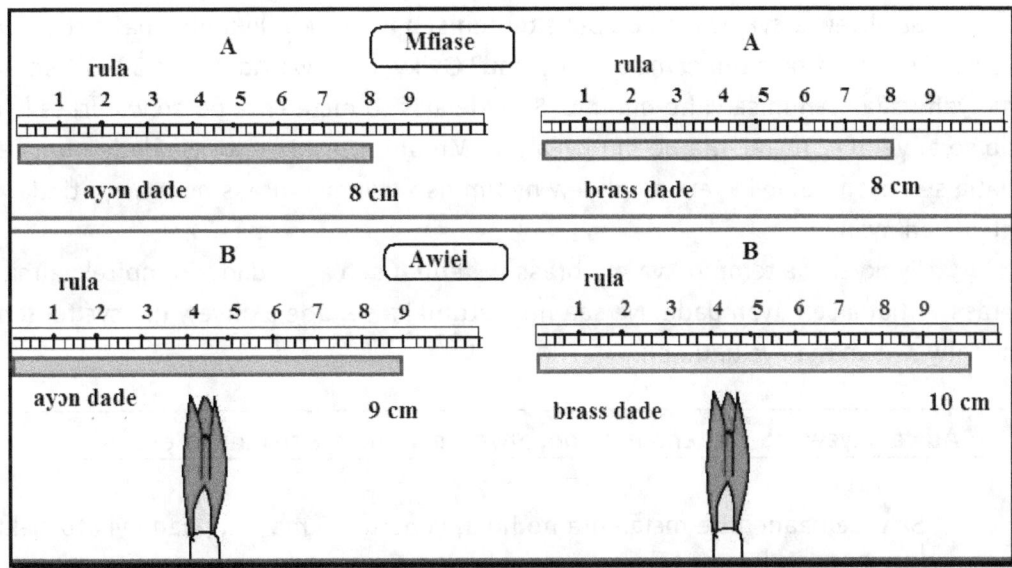

Adekyerɛ 29-2: Sɛ yɛde ayɔn dade ne brass dade a wɔn atenten yɛ pɛ gu ogya mu a, brass no yɛ tenten sen ayɔn dade no.

Sayense kyerɛ yɛn sɛ, nneɛma bi mu tumi twe sen bi bere a yɛde ɔhyew a ɛyɛ pɛ rema wɔn. Yebetumi de ayɔn dade ne brass dade a wɔn tenten yɛ pɛ te sɛ ebia 8 sentimitas ato ogya mu. Bere kakra bi akyi no, sɛ yɛsan susuw nnade abien no a, yebehu sɛ brass dade no mu atwe sen ayɔn dade no. Eyi kyerɛ yɛn sɛ, ɔhyew a ɛyɛ pɛ tumi ma nneɛma bi mu tumi twe sen ebi.

Yebetumi ayɛ mfatoho fofro de akyerɛ nokware a ɛwɔ saa nimdeɛ yi mu ne ho mfaso. Yɛnfa no sɛ yɛama weldafo awɛlde ayɔn dade bi ne brass dade bi a wɔn atɛnten yɛ pɛ atetare wɔn ho wɔn ho sɛnea yehu wɔ Adekyerɛ 29-3A so no. Yɛfrɛ saa dade foforo yi sɛ **mɛtal-nta**.

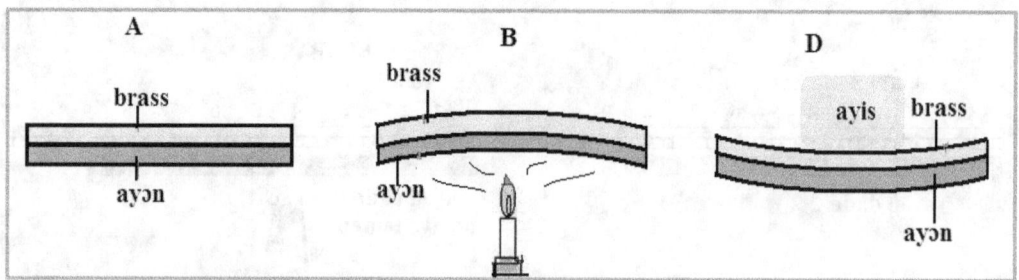

Adekyerɛ 29-3: Ebi sen bi. Ɔhyew ma nnade bi yeyɛ atenten sen ebi.

Sɛ saa mɛtal-nta yi tempirekya yɛ dan-mu tempirekya a, mɛtal-nta no yɛ teateaa sɛnea yehu wɔ Adekyerɛ 29-3A so no. Nanso, sɛ yɛde mɛtal-nta yi to ogya mu a, yebehu sɛ ɛnkyɛ biara na emu akyea sɛnea yehu wɔ Adekyerɛ 4-3B so no. Eyi ma yehu sɛ brass no ayɛ tenten asen ayɔn no, kyerɛ sɛ ɔhyew a ɛyɛ pɛ ma brass yɛ tenten sen ayɔn.

Sɛ ɔhyew a ɛyɛ pɛ ma ade bi yɛ tenten sen ne yɔnko de a, dɛn na ɛbɛba bere a yeyi ɔhyew nso fifi saa nneɛma abien yi mu? Oyikyerɛ a ɛwɔ Adekyerɛ 29-3D so no ma yehu saa asɛmmisa yi ho mmuae. Sɛ yɛde ayis to mɛtal-nta no so wɔ brass kyɛfa no so a, yehu sɛ mɛtal-nta no mu kyea bio. Mmom, seesei de, brass dade no na ɛyɛ tiatia sen ayɔn no. Eyi kyerɛ sɛ, ɔhyew nyifim nso dwudwo brass no ma ɛyɛ tiatia ntɛm sen ayɔn no.

Eyi kyerɛ sɛ tempirekya ma brass yɛ tenten sen ayɔn dade; tempirekya ma brass yɛ tiatia sen ayɔn dade. Ne saa nti, yetumi ka se, ade a ɔhyew ma ɛyɛ tenten pii no, ɔhyew san ma ɛyɛ tiatia pii.

Ade a ɔhyew ma ɛyɛ tenten pii no, ɔhyew san ma ɛyɛ tiatia nso pii.

Sɛ yɛde paane tare mɛtal-nta no ho a, yebetumi ama saa paane yi ato ɛlɛktrik sɛɛkuyit bi mu asiw karɛnt bi ano, anasɛ abue sɛɛkuyit no mu ama karɛnt afa mu bere biara a ade bi tempirekya bɛsesa. Sayense de saa nimdeɛ yi yeyɛ **tɛmostats** wɔ frigyi ne mframa-dwudwo mashins ahorow mu, ma wɔn tempirekya gyina faako. Yɛbɛkae sɛ tɛmostat yɛ ade bi a ɛboa mashin biara ma ne tempirekya gyina faako a ɛnnsesa.

Esiane sɛ ɔhyew ahoɔden ma nneɛma bi tumi yɛ tenten sen bi no nti, sayense ayɛ nhwehwɛmu de akyerɛ sɛnea nnade ahorow pii atenten nsesae ne ɔhyew didi nkitaho. Ne saa nti, yɛwɔ numba bi a yɛde kyerɛ sɛnea ade biara tenten-yɛ nsesae ne ɔhyew ahoɔden di nkitaho. Yɛfrɛ saa numba yi sɛ ade ko no *tenten-yɛ koefishient*.

Saa tenten-yɛ koefishient yi na ɛkyerɛ yɛn ade bi suban bere biara a yɛde ɔhyew bɛka saa ade ko no.

Yɛde Grikifo lɛtɛ alfa (α) na egyina hɔ ma ade bi tenten-yɛ koefishient.

Ekuashin a yɛde susuw ade bi tenten bere a ne tempirekya sesa

Ne tiatwa mu no, dade ana ade biara tenten nsesae bere a ne tempirekya sesa no gyina nneɛma abiɛsa bi so. Eyi ne:
- ade ko no mfitiase tenten
- ade ko no tenten-yɛ koefishient
- ade ko no tempirekya nsesae (awiei tempirekya - mfiase tempirekya).

Yɛnfa no sɛ yɛwɔ dade bi a ne tenten yɛ L na ne tempirekya nya nkɔso fi T_{mfiase} kɔ T_{awiei} (ana delta T = ΔT). Yɛkyerɛ ne tenten a enya no sɛ:

$$\Delta L = \alpha L_o \Delta T \quad \text{bere a:}$$

... ΔL (delta L) yɛ dade no tenten nsesae
.. α yɛ ade ko no tenten-yɛ koefishient
... L_o yɛ ne mfitiase tenten
... ΔT (delta T) yɛ ne tempirekya nsesae wɔ Kelvin mu.

Sɛ yɛdandan ekuashin no a, yenya

$$\alpha = \frac{\Delta L}{L_o \Delta T}$$

Ne saa nti, yetumi ka se ade biara tenten-yɛ koefishient yɛ ade ko no tenten nsesae a enya pɛɛ ne yunit tenten pɛɛ degree tempirekya nsesae.

Tenten-yɛ koefishient yɛ ade bi tenten nsesae pɛɛ ne yunit tenten pɛɛ digri Tempirekya nsesae

---

Yɛakyerɛ nneɛma bi tenten-yɛ koefishients wɔ Ɔpon 29-1 so. Esiane sɛ atenten abien yunits no twitwa wɔn ho wɔn ho mu no nti, yɛkyerɛ tenten-yɛ koefishient yunits sɛ **pɛɛ digri selsius**.

Ade	Tenten-yɛ koefishient
Brass	1.9×10^{-5} pɛɛ digri sentigrade
Kɔpa	1.7×10^{-5} pɛɛ digri sentigrade
Ayɔn stiil	1.1×10^{-5} pɛɛ digri sentigrade
Ayɔn	1.0×10^{-5} pɛɛ digri sentigrade
Aluminium	2.2×10^{-5} pɛɛ digri sentigrade
Glaas	9.0×10^{-6} pɛɛ digri sentigrade
Sika kɔkɔɔ	1.4×10^{-5} pɛɛ digri sentigrade

Ɔpon 29-1: Nneɛma ahorow bi tenten-yɛ koefishient.

Yɛde asɛmmisa edi so yi bɛboa akyerɛ tenten yɛ koefishient mu.

Asɛmmisa: Ɔtomfo Kofi Mɛnsa de brass dade bi a ne tenten yɛ 1mita hyɛɛ fononoo bi mu. Bere a brass no tempirekya kɔɔ soro selsius digris du no, ohuu sɛ brass no tenten ayɛ 1.00019 mitas. Hwehwɛ brass no tenten-yɛ koefishient.

Yenim sɛ: $\alpha = \dfrac{\Delta L}{L_o \Delta T}$ bere a

.. α yɛ ade bi tenten-yɛ koefishient
.. ΔL yɛ ade ko no tenten nsesae
.. L_o yɛ ade ko no mfitiase tenten
.. ΔT yɛ ade no tempirekya nsesae.

$$\alpha = \dfrac{0.000\,19\,m}{(1.0\,m) \times (10\,°C)} = 1.9 \times 10^{-5} \text{ pɛɛ digri Selsius}$$

2. Wɔyɛɛ ayɔn stiil tape bi wɔ Kyaina baabi a ɛhɔ tempirekya yɛ 20°C. Sɛ wɔde tape no susuw ade wɔ Moskow da bi a ɛhɔ tempirekya yɛ -15°C a, kyerɛ mfomso dodow a yenya wɔ tape no mu.

Yenim sɛ $\alpha = \dfrac{\Delta L}{L_o \Delta T}$ ana $\dfrac{\Delta L}{L_o} = \alpha \Delta T = 1.1 \times 10^{-5} (-35°C)$

Esiane sɛ nsonsonoe a yenya no yɛ nsesae no nkyɛmu mfitiase tenten no nti, eyi ma yɛn:

$$\dfrac{\Delta L}{L_o} = 3.9 \times 10^{-4} = 3.9 \times 10^{-2}\% = -0.039\%$$

Nimdeɛ a ɛfa dade biara tenten-yɛ koefishient ho hia yiye. Ɛngyineafo a wɔyeyɛ adan ne brigyi ahorow no hia saa nimdeɛ a ɛfa nnade biara tempirekya nsesae ho yi ansa na wɔde asisi adan ana wɔde ayeyɛ brigyis ahorow, anyɛ saa a, ɔhyew mmoroso betumi ama nnade yi atenten asesa, ama apoapoa saa adan ana brigyis yi mu ama abubu agu fam mpo.

ƆHYEW MA NNEƐMA NTRƐWMU SESA – Anim area ntrɛwmu koefishient

Mpɛn pii no, nneɛma pii mu piw anasɛ wɔn mu trɛw. Yɛde saa nneɛma yi bi sisi adan, de yeyɛ mfiri ne mashins ahorow. Sɛ ɔhyew ka ade bi a ɛwɔ ntrɛwmu kɛsɛ a, ehia sɛ yetumi hu ɔkwan a ɛfa so de sesa; ehia sɛ yehu ade ko no ntrɛwmu de ka ne tenten ho.

Yɛwɔ ekuashin a yɛde susuw ade biara ntrɛwmu ne ne tenten. Sɛ ade no mu piw dɛn koraa a, yɛwɔ ekuashins a yɛde susuw n'anim ntrɛwmu ne ne kɛsɛ.

Sɛ yɛde ogya ka ade biara a ɛyɛ kɛsɛ ana ketewa a, n'anim area ntrɛwmu a ebenya no gyina nneɛma abiɛsa bi so. Eyi ne:

– ade ko no suban
– ade ko no mfiase anim area
– ade ko no tempirekya nsesae.

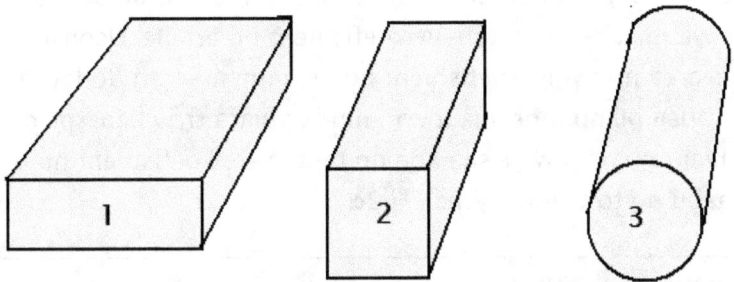

Adekyerɛ 29-4: Nneɛma ahorow bi anim area (1 = rektangle anim area = tenten x ntiatiamu) (2 = skwɛɛ = tenten x tenten) (3= sɛɛkel =π r^2 bere a r yɛ radius na π yɛ 3.14)

Sɛ yɛde ɔhyew ka nnade ahorow a yehu wɔ Adekyerɛ 4-4 so no emu biara a, n'anim-tratraa no benya ntrɛwmu a egyina saa nneɛma abiɛsa a yɛakyerɛ no so. Sɛnea yehuu wɔ tenten-yɛ koefishient adesua mu no, ade biara wɔ n'anim ntrɛwmu koefishient a egyina ade ko no suban so. Ne saa nti, ade ko no suban bɛkyerɛ yɛn saa ade no anim ntrɛwmu koefishient.

Yɛnfa no sɛ yɛde ɔhyew ka dade bi ma n'anim area no nya ntrɛwmu a ɛsesa fi A_{mfiase} kodu A_{awiei}. Yɛkyerɛ saa ntrɛwmu yi sɛ anim area nsesae anasɛ delta A (· A) :

$$A_{awiei} - A_{mfiase} = A_{nsesae} = \Delta A$$

Ekuashin a edi so yi na yɛde kyerɛ dade bi ntrɛwmu ana n'anim area nsesae bere biara a ne tempirekya sesa:

$$\Delta A = \gamma A_o \Delta T \quad \text{bere a:}$$

.. ΔA yɛ anim area nsesae
.. γ (gamma) yɛ anim area ntrɛwmu koefishient
.. A_o (A ohunu) yɛ ade ko no mfiase anim area
.. ΔT yɛ tempirekya nsesae.

Sɛnea yehu no, yɛde Grikifo lɛtɛ, γ gamma na egyina hɔ ma anim area ntrɛwmu koefishient. Yetumi kyerɛw saa ekuashin yi sɛ:

$$\gamma = \frac{\Delta A}{A_o \Delta T}$$

Ne saa nti, yɛkyerɛ **anim-area koefishient** ase sɛ ade bi ntrɛwmu nsesae pɛɛ yunit **anim-area pɛɛ digri tempirekya nsesae.**

Anim-area ntrɛwmu koefishient yɛ ade bi anim-area ntrɛwmu nsesae pɛɛ yunit anim-area pɛɛ digri tempirekya.

Esiane sɛ anim area yunits no twitwa mu no nti, anim area ntrɛwmu koefishient yunits no nso yɛ **pɛɛ digri sentigrade** te sɛ tenten-yɛ koefishient de no ara pɛpɛɛpɛ.

Yehu sɛ saa ekuashin a yɛde hwehwɛ ade bi anim area nsesae bere a enya ɔhyew yi te sɛ nea yenya ma ade bi tenten-yɛ koefishient no ara pɛ. Nsonsonoe a ɛda wɔn ntam no yɛ anim-area ntrɛwmu koefishient no ne anim area no dodow ara pɛ. Engyineafo kyerɛ sɛ, mpɛn pii no, nneɛma a wɔn mu baabiara trɛw pɛpɛɛpɛ no anim area ntrɛwmu koefishient no dodow yɛ saa ade no tenten-yɛ koefishient no mmɔho abien. Eyi twa akontaabu no to tiae ma yɛn: $\gamma = 2\alpha$

> Ne saa nti, mpɛn pii no $\gamma = 2\alpha$

ƆHYEW MA VOLUM SESA – Volum ntrɛtrɛwmu koefishient

Ɛnyɛ adeden nkutoo na enya nkɔso ana ntrɛwmu bere biara a enya ɔhyew ahoɔden. Nneɛma a wɔwowɔ nsu-nsu ana mframa tebea nso tumi nya ntrɛtrɛwmu bere biara a wɔkyere ɔhyew ahoɔden. Nanso sɛ yɛde ɔhyew ka ade bi a ɛwɔ nsu-nsu ana mframa tebea a, yenya volum nsesae. Sɛ yɛde nsu gu kuku bi mu ma ɛyɛ ma tɛnn, na yɛde kuku no si ogya so a, nsu no fi ase hwiehwie gu fi kuku no mu. Yɛka se nsu no volum anya nkɔso ama ayɛ bebree. Saa ara nso na likwids ana mframa biara volum dɔɔso bere biara a wɔn mu biara tempirekya kɔ soro. Yenya saa nkɔso yi kosi bere ko a nsu ana likwid no befi ase ahuru.

Sɛnea yehu maa adeden biara tenten-yɛ ne anim area-ntrɛwmu no, sɛ ade bi volum nya nkɔso a, ne ntrɛtrɛwmu dodow no gyina nneɛma abiɛsa bi so. Eyi ne:
– ade ko no suban
– ade ko no mfiase dodow (ne mfiase volum)
– ade ko no tempirekya nsesae.

Ade bi suban na ɛma yɛn ne **volum-ntrɛtrɛwmu koefishient**. Saa volum ntrɛtrɛwmu koefishient yi yɛ sonowonko ma ade biara. Nsu wɔ ne de, nsa wɔ ne de; mframa biara nso wɔ ne de.

Adekyerɛ 29-5: Sɛ yɛde nsu si ogya so a, ne volum dodow nya nkɔso.

Sɛnea yɛakyerɛ ama adeden tenten ne anim area no, yɛwɔ kwan a yɛfa so de susuw ade biara volum nsesae bere a enya ɔhyew ahoɔden. Sɛ ade bi mfitiase volum (Volum ohunu) sesa kɔ Volum foforo (Volum awiei) mu bere a enya ɔhyew bi ma ne tempirekya sesa fi T ohunu kɔ Tempirekya foforo (T awiei) mu a, yɛkyerɛ ne volum nsease sɛnea edi so yi.

Yenim dedaw sɛ:
Volum nsesae ana (delta V) = ΔV = Volum awiei – Volum mfiase
Tempirekya nsesae ana delta T = ΔT = Tawiei – Tmfiase

Ekuashin a yɛde kyerɛ ade bi volum ntrɛtrɛwmu no yɛ:
Volum nsesae: $\Delta V = \beta V_o \Delta T$ bere a:
... ΔV kyerɛ volum ntrɛtrɛwmu nsesae
... β kyerɛ ade ko no volum ntrɛtrɛwmu koefishient
... V_o kyerɛ ade ko no mfiase volum
... ΔT kyerɛ ade ko no tempirekya nsesae.

Sɛnea yehu no, yɛde Grikifo lɛtɛ beta, β na egyina hɔ ma ade biara volum ntrɛtrɛwmu koefishient. Sɛ yɛdandan saa ekuashin yi kakra a, yenya:

$$\beta = \frac{\Delta V}{V_o \Delta T}$$

Eyi kyerɛ sɛ ade bi **volum ntrɛtrɛwmu koefishient**, β yɛ ade ko no volum nsesae pɛɛ **yunit volum pɛɛ ne digri tempirekya nsesae**.
Sɛnea yehu fi saa ekuashin yi mu no, volum yunits no twitwa mu ma yenya volum ntrɛtrɛwmu koefishient a ɛyɛ **pɛɛ digri sentigrade**.

Ɔpon 29-3 kyerɛ nneɛma ahorow bi volum ntrɛtrɛwmu koefishient dodow.

Ade	Volum ntrɛtrɛwmu koefishient
Mframa	3.7×10^{-3} pɛɛ digri sentigrade
Merkuri	1.8×10^{-4} pɛɛ digri sentigrade
Turpentin	9.7×10^{-4} pɛɛ digri sentigrade
Petro	9.6×10^{-4} pɛɛ digri sentigrade
Asetone	1.5×10^{-4} pɛɛ digri sentigrade
Etanol	1.1×10^{-4} pɛɛ digri sentigrade
Gliserin	4.9×10^{-4} pɛɛ digri sentigrade

Ɔpon 29-3: Nneɛma ahorow bi volum ntrɛwmu koefishient dodow.

Mpɛn pii no, yɛfa no sɛ ade bi a emu baabiara trɛw pɛpɛɛpɛ no volum ntrɛtrɛwmu koefishient no yɛ saa ade ko no tenten-yɛ koefishient no mmɔho abiɛsa. Eyi ma yenya: $\beta = 3\alpha$.

Ne saa nti mpɛn pii no, yebu no sɛ $\beta = 3\alpha$

Mfatoho asɛmmisa:
Merkuri densiti wɔ $0°C$ yɛ 13600 kg/m^3. Ne volum ntrɛtrɛwmu koefishient yɛ $1.82 \times 10^{-4}/°C$. Hwehwɛ merkuri densiti wɔ $50°C$.

Mmuae: Yenim sɛ densiti $(d) = \text{mass/volum} = m/V$
Eyi ma yɛn mass $= \text{densiti} \times \text{Volum} = d \times V$
Esiane sɛ merkuri mass nnsesa no nti:
.. mass $_{t\,0°C}$ = mass $_{t\,50°C}$ = $d_0 V_0 = d_{50} V_{50}$ bere a:
.. d_0 yɛ merkuri densiti wɔ $0°C$
.. d_{50} yɛ merkuri densiti wɔ $50°C$
.. V_0 yɛ merkuri volum wɔ $0°C$
.. V_{50} yɛ merkuri volum wɔ $50°C$

Eyi ma yɛn:

.. $d_{50} = \dfrac{d_0 \cdot V_0}{V_{50}} = \dfrac{d_0 \cdot V_0}{V_0 + \Delta V}$ efisɛ $V_{50} = V_0 + \Delta V$

..anasɛ $d_{50} = d_0 \times \dfrac{1}{(1 + \Delta V/V_0)}$

.. nanso $\dfrac{\Delta V}{V_0} = \Delta T = (1.82 \times 10^{-4})(50) = 0.00910$

Yenim sɛ: $d_{50} = d_0 \times \dfrac{1}{(1 + \Delta V/V_0)} = \dfrac{(13600 \text{ kg/m}^3) \times 1}{1 + 0.0091}$

$d_{50} = 13\,477 \text{ kg/m}^3$

Nkaebɔ

1. Ade bi a ɔhyew ma ne tenten, T sesa no nsesae yɛ:

    $\Delta L = \alpha L_0 \Delta T$ bere a:

    ... ΔL (delta L) yɛ ne tenten nsesae
    .. α yɛ ade ko no tenten-yɛ koefishient
    ... L_0 yɛ ne mfitiase tenten
    ... ΔT (delta T) yɛ ne tempirekya nsesae wɔ Kelvin mu.

2. Ade bi a ɔhyew ma n'anim area, A sesa no nsesae yɛ:

    $\Delta A = \gamma A_0 \Delta T$ bere a:

    .. ΔA yɛ anim-area nsesae
    .. γ (gamma) yɛ anim area ntrɛwmu koefishient
    .. A_0 (A ohunu) yɛ ade ko no mfiase anim area
    .. ΔT yɛ tempirekya nsesae.

3. Ade bi a ɔhyew ma ne volum, V sesa no volum nsesae no yɛ:

$$\Delta V = \beta V_0 \Delta T \qquad \text{bere a:}$$

... ΔV kyerɛ volum ntrɛtrɛwmu nsesae

... β kyerɛ ade ko no volum ntrɛtrɛwmu koefishient

... V_0 kyerɛ ade ko no mfiase volum

... ΔT kyerɛ ade ko no tempirekya nsesae.

4. Mpɛn pii no, yɛfa no sɛ:
   ... anim area ntrɛwmu koefishient, $\gamma = 2\alpha$
   ... volum ntrɛwmu koefishient, $\beta = 3\alpha$

Nsɛmmisa:

1. Ɔtomfo bi de ayɔn dade bi ahyɛ ogya mu. Kyerɛ sɛnea ɛsesa fa.
2. Dɛn ne tenten-yɛ koefishient?
3. Dɛn ne anim-area ntrɛwmu koefishient. So tenten-yɛ koefishient ne anim-area ntrɛwmu koefishient wɔ ntotoho bi ana?
4. Kyerɛ volum ntrɛtrɛwmu koefishient ase? Kyerɛ nkitaho a ɛda ɛne tenten-yɛ koefishient ntam.
5. Sɛ wofa kɔpa dade ne ayɔn dade a wɔn tenten yɛ pɛ na wode wɔn hyɛ ogya fononoo mu a, wɔn mu nea ɛwɔ he na ne tenten bɛyɛ kɛsɛ? (Hwɛ wɔn mu biara tenten-yɛ koefishient no wɔ Ɔpon 4-1 so.)
6. Yɛnfa no sɛ wowɔ Kɔpa dade bi a ne tenten yɛ 80cm wɔ 15°C. Kyerɛ ne tenten bere a ne tempirekya bedu 308 K. (Cu $\alpha = 1.7 \times 10^{-5}$ /°C. (mmuae = 2.7×10^{-4} m)
7. Sɛ yɛde 50cc merkuri gu glaas bi mu wɔ 18°C a, ɛyɛ ma du baabi a yɛakyerɛw hɔ X. Sɛ yɛde merkuri no ne glaas no tempirekya kɔ 38°C a, kyerɛ merkuri no dodow a ɛbɛboro baabi a yɛakyerɛw X wɔ no so.
   (Fa no sɛ α glaas = 9.0×10^{-6} /°C; na β glaas = 3α; ɛna α merkuri = 182×10^{-6} /°C. Fa no sɛ tumpan no mu nso nya ntrɛwmu)
   (mmuae = 0.15 cc)
8. Dade bi a ne tenten yɛ 3m mu twe 0.091 sentimitas bere a ne tempirekya nya nkɔso 60 digris sentigrade. Kyerɛ ne tenten-yɛ koefishient.
   (mmuae: 5.1×10^{-6}/°C.)
9. Adu Kwasi de ayɔn dade bi a ɛyɛ 5.0cm x 10 cm x 6.0 cm ahyɛ ogya bi mu ama ne tempirekya asesa afi 15°C akɔ 47°C. Sɛ saa dade no tenten-yɛ koefishient yɛ 0.000010/°C, kyerɛ ne volum nsesae. (mmuae: 0.29cm³)
10. Hwehwɛ 100 cm³ merkuri volum nsesae bere a ne tempirekya sesa fi 283K kɔ 308 K. Fa no sɛ merkuri volum ntrɛtrɛwmu koefishient yɛ 0.00018/°C.
11. Sika kɔkɔɔ densiti yɛ 19.30g/cm³ wɔ 293 K. Ne tenten-yɛ koefishient yɛ 14.3 10^{-6}/°C. Hwehwɛ sika kɔkɔɔ densiti wɔ 90°C. (mmuae: 19.2 g/cm.

TI FA 30 : ƆHYEW AKWANTU NE NE NSESAE -ƆHYEW DINAMIKS- TERMODINAMIKS 1

Nkyerɛkyerɛmu

Twi	Brɔfo
Absolut ohunu	absolut zero
Ademude ahoɔden	internal energy
Adiabatik	adiabatic
Mframa dwudwo mashin	Air conditioner
Nsuɔhyew huruhuro turbain	steam turbines
Nuklea reakta	Nuclear reactor
Ɔhyew dainamiks	Termodinamiks
Ɔhyew pɔmp	heat pump
Ɔhyew nsesae	heat change
Plasma	plasma
Termodinamiks	Thermodynamics

NHYƐNMU

Termodinamiks yɛ Grikifo nsɛmfua abien a aka abɔ mu: "*thermo*" a ɛkyerɛ ɔhyew ne "*dinamiks*" a ɛkyerɛ akwantu nsesae. Ɛno nti, termodinamiks yɛ nimdeɛ a ɛfa ɔhyew akwantu nsesae ne sɛnea ɔhyew yɛ adwumaden ma yɛn ho. Nimdeɛ abien a termodinamiks gyina so no kyerɛ sɛ:
-ahoɔden nntumi nnyera
-ɔhyew tu kwan fi baabi a adɔ na ɛkɔ baabi a adwo. Ɔhyew nntumi mmfi baabi a adwo nnkɔ baabi a ɛhɔ yɛ hyew da gye sɛ yɛde fɔɔso bi pia no.

Termodinamiks adesua ho hia yiye efisɛ ɔhyew engyins nyinaa, fi nsuɔhyew turbains so kosi nuklea reaktas so mu biara yɛbea gyina termodinamiks nimdeɛ so.

Yɛfa termodinamiks nimdeɛ so na yetumi yɛ friigyis, mframa dwudwo mashins ne ɔhyew pɔmps nyinaa. Yebesua termodinamiks mmara a edi kan no mu wɔ saa Tifa yi mu. Yɛbɛkyerɛ termodinamiks mmara a ɛto so abien no mu wɔ Tifa a edi so no mu.

TEMPIREKYA HO NIMDEƐ NKAEBƆ

Yɛakyerɛ tempirekya ase dedaw sɛ ɔkwan a yɛfa so de hu ade bi mu ɔhyew ana ne wiridudu tebea. Bere a ade bi tempirekya rekɔ soro no, na ade ko no ho reyɛ hyew anasɛ ɛregye ɔhyew ahoɔden. Bere a ade ko no tempirekya rekɔ fam no, na ade ko no mu reyɛ wiridudu anasɛ ɛrehwere ɔhyew ahoɔden.

Sayense kyerɛ yɛn sɛ sorosoro tempirekya biara nni hɔ a yenntumi nsusuw, nanso fam tempirekya de, yenntumi ntwa **absolut ohunu** 0K (-273°C) mu.

Yenim dedaw sɛ tempirekya gyina molekuls a ɛwɔ biribi mu no so. Yɛbɛkae sɛ molekuls a wɔwɔ ade bi mu no mpempem-ho nsesae ahooden na ɛma ade bi ho dɔ ma ne tempirekya kɔ soro. Yenim nso sɛ ɔhyew na ɛma molekuls a wɔwɔ ade bi mu no wosowosow wɔn ho. Sɛ nsu tempirekya kɔ fam pii a, ɛdan yɛ ayis. Sɛ yɛde ayis no gu kyɛnse bi mu, na yɛde si ogya so a, ayis molekuls no fi ase wosowosow wɔn ho, tetew wɔn ho fi wɔn ho wɔn ho mu. Eyi ma ayis no dan yɛ nsu wɔ ohunu digri selsius tempirekya so.

Sɛ yɛkɔ so de ɔhyew ka nsu no a, molekuls no kyere ɔhyew ahooden no bi ma wɔde tetew wɔn ho, wɔn ho mu bio koraa ma wɔdan yɛ huruhuro wɔ 100 digri selsius tempirekya. Sɛ yɛkɔ so de ɔhyew ka nsu a adan huruhuro no a, ebedu baabi no, nsu-huruhuro molekuls no atoms no nyinaa fi ase hwere wɔn ɛlɛktrons ma nsu huruhuro no dan yɛ **plasma**. Yehu plasma wɔ nsoroma ahorow so wɔ mmeaemmeae a tempirekya yɛ ɔpepem pii digris selsius ne akyi no mu. Yɛbɛkae sɛ tempirekya tumi kɔ sorosoro koraa a yennim baabi a n'awiei wɔ.

Sɛnea yɛaka no, biribiara nntumi nnyɛ awɔw nsen absolut ohunu. Kae sɛ bere a tempirekya rekɔ fam no, na molekuls no ho awosoawosow no nso rekɔ fam. Ne saa nti, sɛ yedwudwo plasma a, yenya huruhuro. Sɛ yedwudwo huruhuro a, yenya nsu. Sɛ yedwudwo nsu a, yenya ayis. Ayis molekuls benbɛn wɔn ho wɔn ho yiye; eyi ama wɔayeyɛ nkabom a ɛma wɔn ho yɛ den. Eyi na ɛma ɛyɛ adeden no.

So yebetumi adu tempirekya bi a, molekuls no nntumi nwosowosow wɔn ho koraa ana? Yiw, sɛ yedu tempirekya a ɛwɔ fam koraa a ɛyɛ 0 K no a, molekuls biara nwosowosow wɔn ho bio.

Ade	Ne Tempirekya
Owia mfinimfini	20 000 000 K
Nsoroma-hyew so	50 000 K
Plasma	20 000 K
Owia so	6 000 K
Ayɔn dade nan-bere	1 800 K
Tin nan-bere	480 K
Nsu huru-bere	373 K
Oxigyen huru-bere	90.2 K
Helium huru-bere	4.2 K
Absolut ohunu	0 K

Ɔpon 30-1: Nneɛma ahorow bi tempirekya dodow

Yɛfrɛ absolut tempirekya skeel no sɛ Kelvin skeel. Sayenseni Kelvin a oyii termodinamiks adi no na ɔkyerɛɛ saa tempirekya skeel yi. Kelvin skeel no fi ase fi ohunu Kelvin (a ɛyɛ -273.15 digri selsius); ne saa nti, nyifim tempirekya biara nni Kelvin skeel mu. Ɔpon 30-1 kyerɛ nneɛma ahorow bi tempirekya dodow.

Owia mfinmifni yɛ hyew yiye. Nokwasɛm mu, reakshins pii ma elements ahorow nya nkabom wɔ owia mu. Ne titiriw hidrogyen atoms keka bobɔ mu ma yenya helium atoms ne nea wɔkeka ho

ADEMUDE AHOƆDEN (*internal energy*)

Ahoɔden a ɛdɔɔso yiye wɔ ade biara mu. Sɛ yɛfa ade bi te sɛ nhoma a yɛrekan yi a, pepa a wɔde yɛɛ no mu biara yɛ atoms ne molekuls bebree a wɔwosowosow wɔn ho bere biara. Esiane sɛ molekul biara ne molekuls a atwa ne ho ahyia no didi nkitaho no nti, saa nhoma yi molekuls no wowɔ potenshial ahoɔden. Yɛkyerɛ potenshial ahoɔden ase sɛ ahoɔden a 'ahintaw.'

Sɛ yɛde ogya ka saa nhoma yi a, ɛbɛdɛw, ahyew asesa saa potenshial ahoɔden yi abɛyɛ kemikalahoɔden, a ɛbɛsan asesa ama ɔhyew ahoɔden a yebetumi de ayɛ adwuma. Yenim nso sɛ atoms a saa pepa molekuls yi wowɔ no nso mu biara wɔ ne nukleus a ahoɔden pii wɔ mu. Saa ahoɔden yi na ɛmaa Eyinstein buu akontaa de kyerɛɛ sɛ ahoɔden a ɛwɔ ade biara mu no dodow yɛ:

$$E = mc^2$$ bere a:

.. E yɛ saa ade no mu ahoɔden
.. m yɛ ade ko no mass
.. c yɛ hann spiid a ɛde nam vakuum ana mframa mu.

Yɛfrɛ saa ahoɔden a ɛwɔ ade biara mu no sɛ **ademude ahoɔden**. Yɛn adesua a ɛfa termodinamiks ho no fa saa ademude ahoɔden yi nsesae ho. Yɛde ade bi mu tempirekya nsesae na ɛboa de kyerɛ saa ade ko no mu ademude ahoɔden nsesae.

TERMODINAMIKS MMARA A EDI KAN

Kan tetefo susuw sɛ ɔhyew yɛ ade bi a etu fi biribi a ɛyɛ hyew mu kɔ ade foforo bi mu. Wɔde din **kalorik** na ɛmaa saa ɔhyew ade ko a saa bere no na wogye di sɛ etu fi biribi mu no. Bɛyɛ afe 1900 mu na sayensefo de too gua se ɛnyɛ nokware sɛ kalorik bi tu fi ade bi mu kɔ foforo mu, na mmom ɔhyew ahoɔden na ɛsen fi baabi kɔ baabi foforo. Ne saa nti, obiara gyae saa kalorik nnaadaasɛm no akyi kwan di.

Ɛnnɛ da yi, yenim sɛ ɔhyew yɛ ahoɔden a ɛsen fi baabi kɔ baabi foforo, a egyina molekuls a wɔpempem wɔn ho wɔn ho so no nsesae so.

Kae sɛ ahoɔden biara nntumi nnyera mmara no kyerɛ sɛ **obiara nntumi mmɔ ahoɔden foforo; Obiara nntumi nnhwere ahoɔden; Ahoɔden sesa fi tebea baako mu kɔ foforo mu.**

Yetumi sesa saa mmara yi kakraa bi pɛ ma yenya termodinamiks mmara a edi kan. Saa mmara yi kyerɛ sɛ:

Sɛ ade bi gye ɔhyew fi ade foforo bi hɔ a, ade foforo no nso hwere ɔhyew a ɛyɛ pɛpɛɛpɛ sɛ ɔhyew a ade ko no nyae no anasɛ

sɛ ade bi hwere ɔhyew de ma ade foforo bi a, ade foforo no nso nya ɔhyew dodow a ɛyɛ pɛpɛɛpɛ sɛ ɔhyew a ade ko hweree no.
Eyi kyerɛ sɛ:

    ɔhyew a efi ade baako mu = ɔhyew a foforo no nya

Sɛ yɛde nkuruwa abien a baako mu nsu tempirekya yɛ 80°C na nea aka no nso mu nsu tempirekya yɛ 25°C sisi adaka bi a insuleta wɔ ho yiye mu a, ɛrenkyɛ biara kuruwa a adɔ no befi ase ahwere ɔhyew ahooden ama ne tempirekya akɔ fam.

Kuruwa a adwo (25°C) no befi ase akyere ɔhyew ahooden a efi kuruwa a adɔ no mu no bi akosi sɛ nkuruwa abien no nyinaa mu biara tempirekya bɛyɛ pɛpɛɛpɛ (ebia 45°C; Adekyerɛ 30-1).

Adekyerɛ 30-1: Ɔhyew ahooden dodow a kuruwa a adɔ (80°C) no hweree no pɛpɛɛpɛ na kuruwa a adwo (25°C) no agye.

    Nhwehwɛmu bɛkyerɛ sɛ ɔhyew ahooden a kuruwa baako no hweree no dodow pɛpɛɛpɛ na akɔ kuruwa a na adwo no mu.
Eyi kyerɛ sɛ ɔhyew ahooden biara nntumi nnyera. Obiara nso nntumi nnyɛ ɔhyew ahooden foforo. Ɔhyew ahooden a afi kuruwa a edi kan no mu no yɛ pɛpɛɛpɛ sɛ nea akɔ kuruwa a ɛto so abien no mu no; biribiara annyera.

    Kae sɛ, sɛ yɛka ade a yɛkyerɛ molekuls, atoms ana ade biara a ɛyɛ matta sɛnea yɛakyerɛ dedaw no. Ne saa nti, saa mmara yi nso fa nneɛma nyinaa ho ne titiriw engyins, motos, pɔmps ne mfiri ahorow nyinaa.

    Sɛ ade bi gye ɔhyew ahooden pɔtee bi a, ɛde saa ɔhyew ahooden foforo no yɛ dɛn? Termodinamiks kyerɛ sɛ, bere biara a ade bi begye ɔhyew ahooden afi foforo bi hɔ no, ɛde saa ahooden no yɛ nneɛma abien:

    1.- ɛde ka n'ankasa ademude ahooden ho ma n'ademude ahooden no dodow nya nkɔso

    2.- ɛde yɛ adwuma wɔ baabi foforo.

Sɛ ɛte saa de a, na ehia sɛ yɛsan kyerɛ termodinamiks mmara a edi kan no mu bio sɛ:
ɔhyew a ade biara nya no yɛ pɛpɛɛpɛ sɛ n'ademude ahooden nkɔso a enya ne adwuma a ade ko no yɛ wɔ baabi foforo.

> **Termodinamiks mmara 1:** ɔhyew a ade bi nya no = n'ademude ahoɔden nkɔso + adwuma foforo a ade ko no yɛ.

Ne saa nti, yenya ɔhyew nsesae mmara a ɛkyerɛ sɛ:

ɔhyew nsesae = ademude ahoɔden nsesae + adwuma foforo

Yɛkyerɛw saa ekuashin yi sɛ:

ΔH = Δ ademude ahoɔden + W   bere a:

.. ΔH yɛ ɔhyew no nsesae
.. Δ ademude ahoɔden (kyerɛ sɛ ade no ademude ahoɔden nsesae)
.. W kyerɛ adwuma a ɔhyew foforo no yɛ.

Yɛnfa no sɛ yɛde kyɛnse bi a hwee nni mu si ogya so. Ɔhyew ahoɔden a yɛde ka saa kyɛnse no ma kyɛnse no ho dɔ; eyi ma kyɛnse no ademude ahoɔden nya nkɔso.

Sɛ yɛde nsu ngu bokiti bi mu a, yenim sɛ bokiti no ne nsu no wɔ ademude ahoɔden pɔtee bi. Afei momma yɛnfa bokiti ne nsu no nsi ogya so, na yɛnkata so. Sɛ nsu no fi ase huru a, yehu sɛ ɔhyew ahoɔden no fi ase pia bokiti ti no, ma ne so fi bokiti no so.

Yɛka se ɔhyew ahoɔden no ama nsu no adɔ; eyi ama bokiti ne nsu ademude ahoɔden no anya nkɔso. Bio nso, ɔhyew ahoɔden no apia kyɛnse no ti, ama so kɔ soro. Sɛ ɛba no saa a, yetumi ka se ɔhyew ahoɔden no bi ayɛ mekanikal adwuma, kyerɛ sɛ apia kyɛnse no ti no afi baabi a anka ɛwɔ no akɔ baabi foforo.

Kae sɛ bere biara a fɔɔso bi bepia ade bi atwa kwan no, yɛka se saa fɔɔso no ayɛ adwuma. Yɛbɛkae nso sɛ adwuma yɛ fɔɔso taems kwantenten a saa fɔɔso no apia ade bi de atwa.

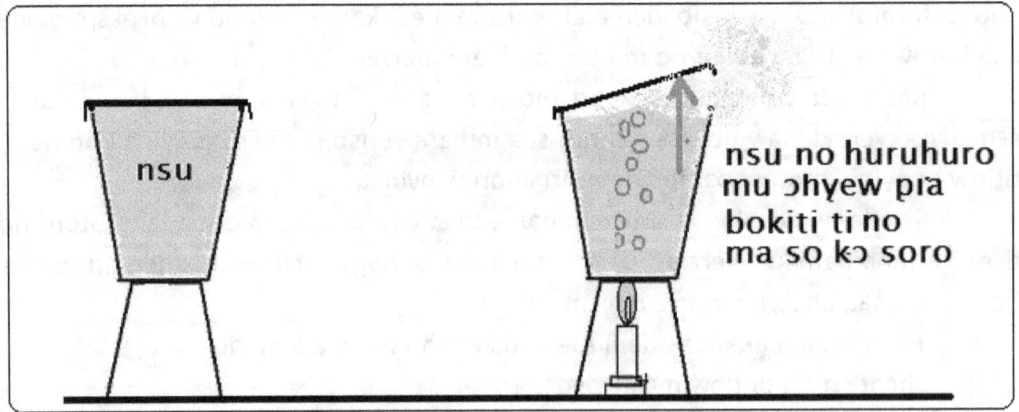

Adekyerɛ 30-2: Ɔhyew ahoɔden ma bokiti ne nsu no ademude ahoɔden nya nkɔso san yɛ adwuma ma bokiti ti no so.

Ne saa nti, termodinamiks kyerɛ yɛn sɛ:

Ɔhyew dodow a yɛde maa bokiti no = nsu ne bokiti no ademude nsesae + adwuma a ɔhyew no yɛe de maa bokiti ti no so.

Asɛmmisa:

1). Mashin bi nya 500 cal ɔhyew ma ɛyɛ 400 J adwuma. Hwehwɛ n'ademude ahoɔden nsesae.

Yenim sɛ: ɔhyew nsesae = ademude ahoɔden nsesae + adwuma

(Δ H) = Δ ademude ahoɔden (ΔE) + W

(500 cal)(4.184J/cal) = E + 400 J

Δ E = (500 cal)(4.184J/cal) − 400 J = 1.69 kJ

2). Mashin bi a yɛde 420 J adwuma ahyɛ mu no san nya 300 cal ɔhyew ahoɔden. Hwehwɛ n'ademude ahoɔden nsesae.

Yenim sɛ: ɔhyew nsesae = ademude ahoɔden nsesae + adwuma

(ΔH) = Δ ademude ahoɔden (ΔE) + W

Δ E = (300 cal) (4.184 J/cal) − (−420 J) = 1.68kJ

3). Yeyi 1200 cal ɔhyew ahoɔden fi mframa bi mu, nanso ne volum nsesa. Hwehwɛ n'ademude ahoɔden nsesae.

Yenim sɛ: ɔhyew nsesae = ademude ahoɔden nsesae + adwuma

(Δ H) = Δ ademude ahoɔden (ΔE) + W

Δ E = (−1200 cal) (4.184 J/cal) − 0 = −5.02kJ.

MEKANIKAL AHOƆDEN A ƐMA ƆHYEW AHOƆDEN

Saa nsu a egu bokiti a yɛakata so mu na ɔhyew ma ne ti so yi yɛ mfatoho a ɛkyerɛ sɛ yetumi sesa ɔhyew ahoɔden de kɔ mekanikal ahoɔden mu. Afei, momma yɛnhwɛ mfatoho foforo a ɛkyerɛ yɛn sɛ yebetumi nso asesa mekanikal ahoɔden ama yɛanya ɔhyew ahoɔden. Sayenseni Joule (a wɔde ahoɔden yunits too no no) na ɔyɛɛ saa oyikyerɛ yi.

Nea edi kan, ɔde waya kyekyeree pol bi a ɔde nnade ntrantraa bi abobɔ mu ho sɛnea yehu wɔ Adekyerɛ 30-3 so no. Afei ɔde nnade duruduru abien bi faa pulleys abien bi so, de sensɛn saa waya a efi pol no ho no so. Eyi nti, bere biara a ɔbekyim pol no nsa no, waya abien a ekura nnade duruduru yi mu no ma nnade no so.

Nea edi so, ɔde saa nnade ntrantraa a ɛtetare pol no ho no hyɛɛ tank a nsu bi wɔ mu mu. Saa tank yi nso yɛ adaka bi a ɔde foom (insuleta) ahyehyɛ ho nyinaa sɛnea entumi nnhwere ɔhyew ahoɔden biara. Joule de tɛmometa hyɛɛ tank no mu sɛnea obetumi asusuw nsu no mu tempirekya bere biara.

Joule kyerɛɛ sɛ bere biara a okyim waya no, ɛma nnade no so kɔ soro; kyerɛ sɛ wonya potenshial ahoɔden. Sɛ Joule gyaa pol no mu a, nnade abien no de spiid sian kɔ fam. Sɛ ɛba no saa a, nnade ntrantraa no kyim wɔn ho wɔ nsu no mu. Saa nnade yi ntwitwaho no ma nsu no mu fi ase dɔ. Joule kyerɛɛ sɛ nnade duruduru no potenshial ahoɔden a wɔhwere no na ɛma saa nnade ntrantraa no kyim wɔn ho: eyi na ɛma nsu no tempirekya nya nkɔso no. Ne saa nti, nnade duruduru abien no potenshial ahoɔden a wonyaa no, a ɛsesa bɛyɛ mekanikal ahoɔden yi na ɛsan sesa

315

kɔyɛ ɔhyew a ɛma nsu no tempirekya nya nkɔso no. Eyi kyerɛ mu pefee sɛ yetumi sesa mekanikal ahoɔden kɔyɛ ɔhyew ahoɔden.

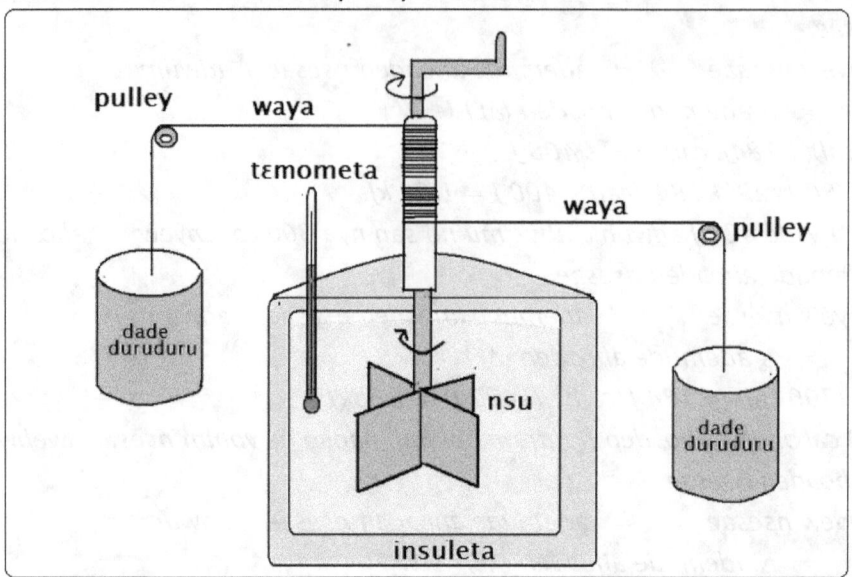

Adekyerɛ 30-3: Joule oyikyerɛ a ɛkyerɛ sɛnea mekanikal ahoɔden sesa kɔyɛ ɔhyew ahoɔden

Nanso dɛn na eyi kyerɛ yɛn wɔ termodinamiks mmara a edi kan no ho? Sɛ yesusuw potenshial ahoɔden a ahwere no a, yebehu sɛ ɛne nsu no ɔhyew ahoɔden a enyaa no yɛ pɛpɛɛpɛ. Ahoɔden biara nyeraa yɛ; mekanikal ahoɔden dodow a yɛde hyɛɛ mu no pɛpɛɛpɛ na asesa akɔyɛ ɔhyew ahoɔden.

Termodinamiks mmara a edi kan no fa ɔhyew nsesae ne adwuma a ade ko no de saa ɔhyew no bi yɛ no ho. Nanso ɛnyɛ ɛno nkutoo. Sɛnea yɛahu no, sɛ yɛde adwumaden ahoɔden hyɛ ade bi mu a, etumi ma ade ko no nso ademude ahoɔden nya nkɔso. Sɛ wode wo nsa twitwiw wo ho a, wo honam ho fi ase yɛ hyew. Ahoɔden a wode twitwiw wo nsa ho no ma wo honam mu molekuls no ademude ahoɔden nya nkɔso; ɛsan ma wo honam nso yɛ hyew. Sɛ wode pɔmp bi pɔmpe kaar taye a, pɔmp no ho yɛ hyew. Adɛn nti? Efisɛ adwumaden a wode hyɛ ade biara mu no ma saa ade no ademude ahoɔden nya nkɔso; ɛsan ma saa ade no tempirekya nso kɔ soro.

Obi betumi abisa se, sɛ yetumi yɛ adwuma no ntɛmntɛm sɛnea yɛnnhwere ahoɔden biara sɛ ɔhyew a, dɛn na ɛba. Osuahu kyerɛ sɛ, ɛno de ahoɔden a yɛde hyɛ ade ko no mu no nyinaa sesa kɔyɛ ade ko no ademude ahoɔden nkutoo. Anyɛ saa de a, ahoɔden a yɛde hyɛ ade biara mu no ma ade ko no ademude ahoɔden nya nkɔso; ɛsan ma ade ko no ho dɔ, kyerɛ sɛ ɛma yenya ɔhyew dodow bi nso. Eyi ne termodinamiks mmara a edi kan no nkyerɛase.

Nsɛmmisa

1. Yɛnfa no sɛ yɛde 100 Joules ɔhyew ama ade bi a ɛnyɛ adwuma biara.   Saa ade no ademude ahoɔden bɛsesa dɛn?

Mmuae: Yɛbɛkae sɛ termodinamiks mmara a edi kan no kyerɛ sɛ:

ɔhyew nsesae = ademude ahooden nsesae + adwuma a yenya

100 Joules = ademude ahooden nsesae + 0

Ade no ademude ahooden benya 100 Joules ahooden.

2. Yɛde ogya ma afiri bi 200Joules ɔhyew ahooden. Afiri no de 80 Joules tu fi baabi kosi beae foforo bi. Kyerɛ ademude ahooden a ade no nyae.

Ɔhyew nsesae = ademude ahooden nsesae + adwuma a yenya fi mu

200 J = ademude ahooden nsesae + 80 J

Ademude ahooden nsesae = 120 J

ADWUMA A ADE BI YƐ

Sɛ pɔmp bi yɛ adwuma de piapia mframa fi baabi kɔ beae foforo bi a, yesusuw adwuma a pɔmp no yɛ no sɛ:

$$\Delta W = P\Delta V$$ bere a:

.. ΔW yɛ adwuma no nsesae

.. P yɛ mframa ana ade ko no presha

.. ΔV yɛ mframa volum nsesae ana ade ko no mu volum nsesae.

Ɛsɛsɛ yɛte ase sɛ bere biara a ade bi bɛyɛ adwuma no, ɛma yɛn mfaso; eyi ma **adwuma nsesae na ·W no yɛ** positif. Bere biara a yɛyɛ adwuma wɔ ade bi so anasɛ yɛyɛ adwuma ma ade bi no, yɛhwere ahooden; eyi ma adwuma nsesae · W no nya nyifim nsɛnkyerɛnne.

Asɛmmisa:

Yɛnfa no sɛ nsu 1kg sesa kɔyɛ huruhuro wɔ tempirekya 100°C ne presha 101kPa ma ɛfa 1.68m³ volum. Kyerɛ adwuma dodow a ɛyɛ.

Yenim sɛ adwuma $\Delta W = P\Delta V$

1kg water = 1000L = 1000 cc = 0.001 m³

Volum nsesae $\Delta V = 1.68 m^3 - 0.001 m^3 = 1.68 m^3$

$\Delta W = P\Delta V = (101 \times 10^3 N/m^2)(1.68 m^3) = 169 kJ$

ISOVOLUM ana KONSTANT VOLUM ADEYƐ

Sɛ yɛma mframa bi yɛ adwuma bi wɔ bere a ne volum nnsesa a, yɛka se ɛyɛ isovolum adeyɛ. Sɛ ɛba no saa a, yenim dedaw sɛ:

$$\Delta W = P \Delta V$$

Esiane sɛ volum nsesae yɛ ohunu no nti, eyi ma yɛn:

$$\Delta W = P \Delta V = 0$$

Eyi ma Termodinamiks mmara a edi kan a ɛyɛ:

$$\Delta H = \Delta E + \Delta W$$ no sesa bɛyɛ:

$$\Delta H = \Delta E + 0$$

Ne saa nti, ɔhyew biara a yɛde ma ade bi wɔ isovolum adeyɛ mu no nyinaa ma ademude ahooden no nkutoo na enya nkɔso a yennya adwumayɛ biara mmfi mu.

ISOTERMAL ANA KONSTANT TEMPIREKYA ADEYƐ

Isotermal adeyɛ yɛ nea yenya bere a yedi dwuma bi a ade ko no tempirekya nnsesa koraa. Sɛ yenya mframa papa adeyɛ bi a ɛkɔ so wɔ tempirekya pɔtee bi a ɛnnsesa so, na mframa molekuls no nnyɛ reakshin biara a, yɛfrɛ no sɛ isotermal. Fi termodinamiks mmara a edi kan no mu, yenim sɛ:

$$\Delta H = \Delta E + \Delta W$$

Esiane sɛ tempirekya nnsesa no nti, ademude ahoɔden no nnya nsesae biara. Ne saa nti ademude ahoɔden nsesae no yɛ ohunu.

$$\Delta E = 0$$

Sɛ yɛde eyi hyɛ termodinamiks mmara a edi kan no mu a, yenya:

$$\Delta H = 0 + \Delta W \quad \text{anasɛ:}$$
$$\Delta H = \Delta W$$

Yenim fi mframa papa mmara so sɛ:

$$P_1 V_1 / T_1 = P_2 V_2 / T_2$$

Sɛ yenya adeyɛ bi wɔ isotermal kwan so a, esiane sɛ tempirekya nnsesa no nti:

$$P_1 V_1 = P_2 V_2 \qquad \text{efisɛ } T_1 \text{ ne } T_2 \text{ yɛ pɛ.}$$

Sɛ yɛde eyi frafra termodinamiks mmara a edi kan no mu a, yetumi kyerɛ saa nimdeɛ yi sɛ:

$$\Delta H = \Delta W = P_1 V_1 \ln(V_2/V_1)$$

Yɛfrɛ saa ekuashin yi sɛ **mframa papa isotermal expanshin ekuashin.**

Asɛmmisa: Kyerɛ adwuma dodow a yenya bere a mframa papa bi mu nya ntrɛtrɛwmu fi 3.0 litas wɔ 20 atmosfiɛ presha mu kɔ 24 litas volum dodow mu bere a ne tempirekya nnsesa.

Mmuae: Yenim sɛ adwuma dodow ΔW nsesae = $P_1 V_1 \ln(V_2/V_1)$

$$\Delta W = (20 \times 1.01 \times 10^3 \, N/m^2) \times (3 \times 10^{-3} m^3) \, [2.3 \log(24/3)]$$
$$= 12.6 \, kJ$$

ADIABATIK ANA KONSTANT ƆHYEW ADEYƐ

Sɛ yedi dwuma bi wɔ baabi a ɔhyew biara nntumi nnkɔ anasɛ ɔhyew biara nntumi mmfi a, yɛka se dwumadi no yɛ **adiabatik**. Ne saa nti, sɛ yepiapia gas bi so de kɔhyɛ baabi, anasɛ yɛma gas bi mu trɛtrɛw fi baabi a ɛwɔ de kɔ baabi foforo, bere a ɔhyew biara nntumi nnkɔ hɔ anasɛ ɔhyew biara nntumi mmfi baabi a yedi saa dwuma no wɔ no a, yɛka se dwumadi no yɛ **adiabatik**.

Bere a yedi adiabatik dwuma bi no, tempirekya gyina faako a ɛnnsesa koraa. Yetumi fa akwan abien so nya adiabatik dwumadi. Nea edi kan, yetumi nya adiabatik dwumadi wɔ adaka bi a yɛde foom ana insuleta akyekyere ho dennennen de abɔ ho ban afi ɔhyew biara kyere ana ne hwere ho. Nea ɛto so abien, sɛ yetumi di dwuma bi ntɛmntɛm yiye, na ɔhyew nnya kwan nnkɔ ade ko no mu a, ɛno nso ma adiabatik dwumadi.

> **Adiabatik :** ɔhyew biara nnkɔ hɔ, ɔhyew biara mmfi hɔ; tempirekya gyina faako wɔ baabi a yedi dwuma no.

Sɛ yɛfa adiabatik kwan bi so di dwuma bi a, esiane sɛ ɔhyew biara nntumi mmfi ade no mu, na ɔhyew biara nntumi nkɔka ade ko no ho no nti, ɔhyew nsesae yɛ ohunu. Termodinamiks mmara a edi kan no ma yɛn:

ɔhyew nsesae (ΔH) = $\Delta E + W$

Esiane sɛ ɔhyew nsesae yɛ ohunu no nti, yenya:

$0 = \Delta E + W$ anasɛ

$-W = \Delta E$

Ne saa nti, adiabatik dwumadi ma yɛn ademude ahoɔden nsesae nkutoo.

Eyi san kyerɛ yɛn sɛ adiabatik dwumadi biara yɛ pɛpɛɛpɛ sɛ ademude ahoɔden nsesae. Sɛ ɛte saa de a, na sɛ yɛfa adiabatik kwan so de pia gas bi hyɛ biribi mu a, adwuma a yɛyɛ de pia gas no ne ade ko no ademude ahoɔden nkɔso bɛyɛ pɛ. Sɛ ɛba no saa, yɛn dwumadi no ma mframa ko no tempirekya kɔ soro, kyerɛ sɛ gas no mu yɛ hyew.

Sɛ yɛde baisikil pɔmp pɔmpe mframa kɔ baisikil taye mu a, yehu sɛ pɔmp no ho dɔ. Sɛ yɛma gas a yɛapia ahyɛ taye no mu no fi taye no mu ba adiwo a, taye no ho dwo. Gas efi baabi ketewaa (tokuru ketewaa) bi mu hwete ba mfikyiri baabi no yɛ adwuma; saa adwuma yi ne ade ko no ademude ahoɔden nsesae yɛ pɛ. Eyi ma ade ko no ho dwo.

KOMPRESHIN NE EXPANSHIN

Esiane sɛ kasafua **kompresa** wɔ yɛn fitafo dwumadi kasa mu dedaw no nti, yɛbɛkyerɛ kompresa ne kompreshin ase. Sɛ yepiapia mframa bi de kɔhyɛ baabi ketewa a yɛka se **yɛkompres** mframa ko no.

Ne saa nti, **kompresa yɛ afiri a epiapia mframa de kɔhyɛ baabi fofro a ɛhɔ volum yɛ ketewa.** Kompreshin yɛ saa dwumadi yi din.

Sɛ yɛakyerɛ kompreshin ase de a, ɛsɛsɛ yɛkyerɛ **expanshin** nso ase efisɛ kompreshin ne expanshin bɔ abira. Sɛ yɛma mframa fi baabi a ɛyɛ ketewa ba mfikyiri ana beae bi a ɛyɛ kɛse a, yɛka se mframa no mu atrɛtrɛw anasɛ mframa no anya **expanshin**.

Gas a yɛkɔmprɛs no mu sesa yɛ hyew.

Gas a emu trɛtrɛw no mu sesa yɛ wiridudu.

Sɛ wopɛ sɛ wohu eyi mu yiye a, huw mframa gu wo nsa akyi. Nea edi kan no bue w'ano kɛse na huw mframa gu wo nsa akyi. Mframa a efi w'ano a abue kakraa no mu no yɛ hyew efisɛ efi baabi a abue hahraa. Afei yɛ w'ano ketewaa na huw mframa gu wo nsa akyi. Sɛ woyɛ saa a, wobɛte sɛ mframa a egu wo nsa akyi no adwo. Mframa no refi tokuru ketewa mu aba mfikyiri. Sɛ edu mfikyiri a, emu trɛtrɛw kɔ baabiara. Yɛka se mframa no fi baabi a ɛyɛ ketewa rekɔ baabi a emu retrɛtrɛw; ɛrenya expanshin. Eyi na ɛma mframa no mu dwo no.

Mframa a efi tokuru ketewa bi mu na emu trɛtrɛw no mu dwudwo efisɛ enya expanshin. Mframa a efi baabi a ɛyɛ kɛse kɔ baabi ketewa no mu sesa yɛ hyew, efisɛ enya kompreshin.

Mfatoho Asɛmmisa:

1. Mframa bi a ɛfa adiabatik kwan so nya ntrɛtrɛwmu yɛ 5J adwuma. Hwehwɛ n'ademude nsesae.

Yenim sɛ: ɔhyew nsesae   = ademude ahoɔden nsesae + adwuma

   (Δ H)   = Δ ademude ahoɔden (ΔE) + W

Esiane sɛ ɔhyew nsesae wɔ adiabatik adeyɛ mu yɛ ohunu no nti:

   0 = Δ ademude ahoɔden + W

   0 = E + 5J

   Δ E = -5J

2. Fitani Mɛnsa de adwuma 80 J fa adiabatik kwan so pɔmpe mframa bi de hyɛ taye bi mu. Kyerɛ ademude ahoɔden a mframa no nya.

Yenim sɛ: ɔhyew nsesae   = ademude ahoɔden nsesae + adwuma

   (Δ H)   = Δ ademude ahoɔden (E) + W

Esiane sɛ ɔhyew nsesae wɔ adiabatik adeyɛ mu yɛ ohunu no nti:

   0 = Δademude ahoɔden + W

   0= E + (-80J) (nyfim efisɛ yɛde adwuma hyɛ mu)

   E = 80 J.

PISTON-SILINDA DWUMADI WƆ ƆHYEW ENGYINS MU

Mpɛn pii no, engyins pii dwumadi gyina piston bi a epiapia mframa fa silinda bi mu de kɔhyɛ baabi foforo so (hwɛ Tifa 6). Saa piston-silinda mashins yi dwumadi mu wɔ nkyekyɛmu anan. Ne saa nti, yɛtaa frɛ wɔn sɛ saikil-anan engyins.

Yɛnfa no sɛ yɛreka afiri bi afi Nkran akɔ Kumase. Nea edi kan no, (1) sɛ ofirikani no sɔ kaar no a, petro no sɔ gya ma ɛdɛw. Eyi yɛ ogya a ano yɛ den yiye na ɛde ɔhyew pii ma ɔhyew engyin no.

Nea ɛto so abien, (2) saa ogya yi ma afiri no tu kɔ n'anim; eyi ma yenya adwuma.

Nea ɛto so abiɛsa, (3) saa ɔhyew a ɛho nni mfaso yi fi engyin no mu.

Nea etwa to (4), engyin no saa piapia mframa foforo bio san de kɔhyɛ engyin no mu ma saikil no fi ase bio.

Ne saa nti, yenya adwuma ahorow abien. Emu baako yɛ mframa no expanshin. Nea aka no yɛ mframa no kompreshin. Nkyekyɛmu abien a wɔwɔ expanshin ne kompreshin ntam no yɛ presha nsesae a ɛmma yennya volum nsesae biara. Sɛ yɛanya volum nsesae nso de a, na yennya adwuma biara (efisɛ P x V = 0). Yɛfrɛ ɔhyew a ɛho mma yɛn mfaso biara no sɛ kwasanpa hyew.

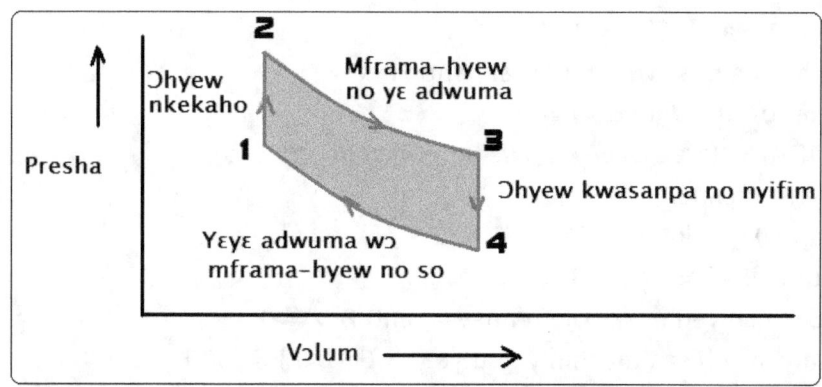

Adekyerɛ 30-4: Piston-silinda dwumadi wɔ Ɔhyew engyins mu.

Yetumi de ɔhyew engyin bi mu piston-silinda mframa Presha ne ne Volum nsesae yɛ graf bi a ɛkyerɛ ne dwumadi (Nnekyerɛ 30-4 ne 30-5). Sɛ yɛde ɔhyew ka engyin no ma yenya presha nkɔso a, emu volum nnsesa (A-B). Eyi akyi, sɛ piston no pia mframa so wɔ silinda no mu a, silinda no mu presha nnsesa nanso ne volum sesa (BC). Eyi ma mframa expanshin a ɛyɛ adwuma dodow bi a egyina ne volum nsesae so ($\Delta W = P\Delta V$).

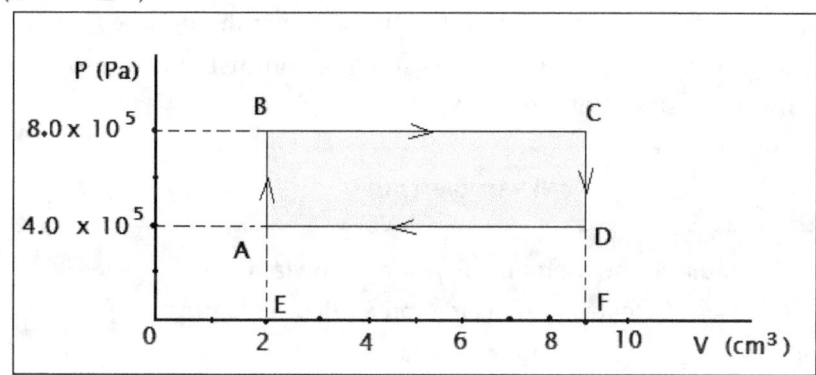

Adekyerɛ 30-5: Piston-silinda dwumadi graf

Ɛno akyi, silinda no mu presha sesa nanso volum nnsesa (CD). Esiane sɛ volum nnsesa no nti (·V yɛ ohunu); yennya adwuma biara. Eyi akyi, yenya kompreshin a ɛma volum no sesa bio ma ɛyɛ ketewa nanso presha nnsesa (DA). Eyi nso ma yenya dwumadi nanso ɛyɛ nyifim dwumadi. Awiei no, presha nya nkɔso nanso volum nnsesa; ɛha nso yennya dwumadi biara efisɛ volum nnsesa. Eyi ma saikil no bedu ne mfiase tebea no mu ma yetumi fi saikil no ase bio.

Yebu adwuma a saa piston-silinda yi yɛ no sɛ beae (ABCD) a ɛwɔ graf no mu baabi a yɛde peaw ahorow no akyerɛ no. Sɛ mframa no mu retrɛtrɛw a, saa dwumadi yi wɔ positif nsɛnkyerɛnne; sɛ mframa no mu rekyekye (kompreshin ana emu reyɛ ketewa) a, saa dwumadi yi wɔ nyifim nsɛnkyerɛnne. Yebetumi akyerɛkyerɛ dwumadi yi mu sɛnea edi so yi:

1. Mfiase dwumadi BC = area a ɛwɔ BCDFEA
   $[(9.0-2.0) \times 10^{-6} m^3] (8 \times 10^5 N/m^2) = 5.6 J$

2. Dwumadi CD = area CD = 0
   -Ɛha yenim sɛ volum nnsesa, enti ·P·V = 0
   Enti dwumadi dodow = 0.
3. Dwumadi DA = -(area DFEA). Eyi yɛ kompreshin enti ɛwɔ nyifim nsɛnkyerɛnne.
   $[(9.0-2.0) \times 10^6 m^3](4 \times 10^5 N/m^2) = -2.8 J$
4. Awiei dwumadi AB = area AB = 0
   -Ɛha nso yenim sɛ volum nnsesa, enti P·V = 0

Adwuma dodow a yenya fi saa mashin yi mu yɛ = 5.6 -2.8 J = 2.8 J

WIM MFRAMA NE TERMODINAMIKS

Termodinamiks mmara a edi kan yi ho wɔ mfaso pii ma adwumayɛfo ahorow. Meteorologyi taa gyina saa termodinamiks mmara yi ntease foforo bi so de susuw, san de kyerɛ yɛn wim nsesae. Wim nsesae mmara a ɛfa termodinamiks ho no kyerɛ sɛ **bere biara a ɔhyew ana presha nya nkɔso no, wim mframa tempirekya nso nya nkɔso.**

Sɛ Ɔhyew ↑ ana Presha↑, wim Tɛmpirekya nso ↑

Ne saa nti, wim tempirekya nsesae gyina ɔhyew ne presha dodow a enya ana ɛhwere no so. Saa ɔhyew yi fi owia radiashin, asase radiashin, nsu-huruhuro kondensashin ne mframa/asase nkitaho so.

Ɔhyew fibae	Nkyerɛkyerɛmu
Owia radiashin	Radiant ahoɔden ana ɔhyew a efi owia ho
Asase radiashin	Ɔhyew a efi asase mu (titiriw volkanos mu)
Nsu-huruhuro kondensashin	Nsu-huruhuro a ɛdan yɛ nsu wɔ wim
Asase so ɔhyew	Asase so dɔte yɛ hyew sen wim mframa

Ɔpon 30-2 : Akwan a wim mframa fa so nya ɔhyew

Yɛbɛkae sɛ owia hwie radiashin a ɛyɛ radiant ɔhyew ahoɔden gu yɛn asase yi so bere biara. Ɔhyew dodow bi nso fi asase mu pue ba wiase da biara. Wɔn a wɔakɔ nkomena (mines) mu no nim sɛ ntokuru no mu yɛ hyew yiye sen asase so. Yenim sɛ saa ɔhyew yi fi asase mfinimfini volkanos a ɛyɛ ogya kɔkɔɔ a anan na ɛyɛ hyew yiye no mu. Sɛ nsu-huruhuro fi asase so na ɛsesa kɔyɛ nsu wɔ soro a, ɛhwere ɔhyew ahoɔden de ma mframa. Yenim nso sɛ awia-bere biara, asase so tumi dɔ sen wim. Ne saa nti, sɛ mframa bɔ fa asase so a, etumi kyerɛ saa asase so ɔhyew yi bi ma ne tempirekya kɔ soro.

Asase radiashin tumi ma mframa a ɛfa asase so no mu yɛ hyew. Mpɛn pii no, saa mframa yi foro kɔ wim sorosoro kɔhwere ɔhyew ahoɔden a enya fii asase so no. Saa ara nso na sɛ wim awo yiye na osu tɔ wie a, nsu huruhuro a efi fam no tumi hwere ahoɔden. Bio, mframa a ɛbɔ fa baabi a ɛhɔ adwo yiye no tumi hwere ɔhyew ahoɔden.

Akwan a Wim mframa fa so de hwere ɔhyew

Asase so radiashin a ɛkɔ wim-sorosoro
Osutɔ huruhuro a ɛdan huruhuro wɔ mframa a awo yiye mu
Mframa a ɛfa baabi a adwo yiye

Ɔpon 30- 3 :Akwan a wim mframa fa so hwere ɔhyew

Saa akwan a yɛakyerɛ yi ma wim mframa tempirekya sesa. Nanso yɛbɛkae sɛ ɛnyɛ ɔhyew nkutoo na ɛsesa wim mframa tempirekya; presha nsesae nso boa ma wim mframa tempirekya sesa.

Ɛtɔ da bi a, wim ɔhyew dodow yɛ ketewa bi pɛ. Sɛ ɛba no saa a, yetumi ka se ɔhyew nsesae biara a yenya saa bere no yɛ ketekete koraa a entumi mmu wim tempirekya ho dwɛ. Sɛ ɛyɛ saa a, ɛte sɛnea yɛanya adiabatik adeyɛ: kyerɛ sɛ ɔhyew nsease dodow no sua yiye a yetumi bu ne dodow no sɛ ohunu. Eyi ma wim mframa tempirekya no begyina presha nkutoo so.

Sɛ ɛba no saa a, yɛn termodinamiks meteorogyi mmara no sesa bɛkyerɛ yɛn sɛ: **bere biara a wim presha nya nkɔso no, mframa tempirekya nso nya nkɔso; bere biara a wim presha ba fam no, mframa tempirekya nso ba fam.**

Sɛ Presha ↑ wim Tɛmpirekya nso ↑
Sɛ Presha ↓ wim Tɛmpirekya nso ↓

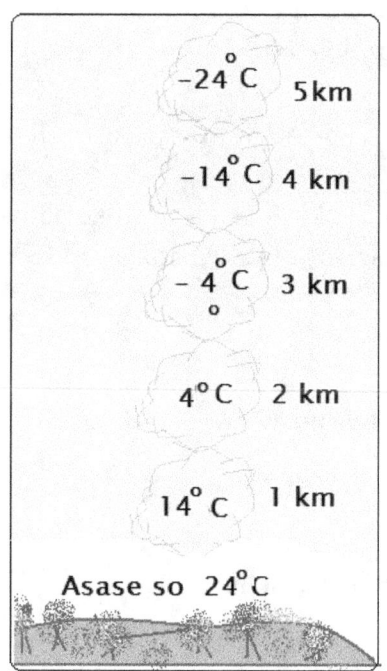

Adekyerɛ 30-6: Mframa-kotoku (parsel) biara a awo na ɛnam adiabatik kwan so nya ntrɛtɛwmu no tempirekya so huan 10ºC bere biara a etwa kwan 1 kilomita baako kɔ soro. (1km wɔ soro = -10ºC).

Meterologyifo kyerɛ sɛ saa wim mframa adiabatik adeyɛ yi tumi ma mframa dodow bi keka bobɔ mu te sɛ mframa bi a obi ahyɛ da akyere de ahyɛ kotoku bi mu. Saa mframa a ɛhyehyɛ saa nkotoku mu yi dodow tumi yɛ pii ma ɛyɛ kuw bi a ɛne mframa foforo biara mframfra.

Ɛtɔ da bi a, saa mframa-nkotoku yi bi mu tumi yɛ atenten a ebi tenten dodow yɛ fi mitas pii kosi kilomitas du mpo. Yɛfrɛ saa **mframa-nkotoku** yi sɛ **parsels.** Sɛ saa mframa-kotoku ana parsel yi bi fa bepɔw bi ho foro bepɔw no a, presha a ɛwɔ mu no nso dodow kɔ fam; eyi ma mframa no mu trɛtrɛw (nya expanshin).

Saa expanshin yi ma mframa no mu dwudwo koraa. Kae sɛ presha kɔ fam a, tempirekya nso kɔ fam. Bio nso, bere a yɛkɔ soro no, na presha nso so rehuan. Ne saa nti, saa mframa a emu awo yi tempirekya so huan 10°C bere biara a enya soro akwantu 1 kilomita (hwɛ Adekyerɛ 30-6).

Mframa a awo kɔ soro 1 kilomita, ne Tempirekya ba fam 10°C

Yenim nso sɛ bere a yɛkɔ soro no, na tempirekya so rehuan. Wɔn a wɔatena baabi a mmepɔw wowɔ, te sɛ Akwapim ne Kwahu nkurow so no nim yiye sɛ ɛhɔnom dwo sen Nkran a ɛda fam tamaa wɔ mpoano no.

Asɛmmisa: Sɛ mframa-kotoku (ana parsel) bi a ne tempirekya yɛ 10°C fa adiabatik kwan so nya ntrɛtrɛwmu bere ko a ɛnam Kwahu mmepɔw so de kɔ soro pɛɛ tenten kilomita abien a, kyerɛ ne tempirekya a enya.
Mmuae: Yenim sɛ kilomita baako biara no, mframa-kotoku no hwere 10°C. Ne saa nti, sɛ ɛkɔ soro vetikal kilomita abien a, ɛbɛhwere 20°C.
Ne saa nti: 10°C - 20°C = -10°C.
Asɛmmisa: Yɛnfa no sɛ wimhyɛn bi a emu tempirekya yɛ 20°C na ɛnam 6 kilomitas fi soro bɛhwe fam mpofrim. Kyerɛ ne mu tempirekya a ebenya wɔ asase so.
Mmuae: Yenim sɛ kilomita biara a ɛde besian afi soro no, ebenya 10°C. Sɛ ɛba no saa a, nsesae a 6 kilomita bɛma no yɛ 60°C.
Ne saa nti: yenya 20°C + 60°C = 80°C.

Ɛsɛsɛ yetumi te ase sɛ bere biara a mmepɔw bi so mframa a adwo koraa twa kwan begyina asase tratraa bi so no, saa mframa a adwo yi fa adiabatik kwan so ma asase tratraa a ɛda fam no so yɛ hyew.

Nkaebɔ
1. Ɔhyew nsesae (ΔH) = Δademude ahoɔden (ΔE) + Δadwuma ($\cdot W$)
    $$\Delta H = \Delta E + \Delta W$$
2. Isotermal mframa-papa adeyɛ ekuashin:
    $$\Delta H = \Delta W = P_1 V_1 \ln(V_2/V_1)$$
    Yɛfrɛ eyi sɛ mframa-papa isotermal expanshin ekuashin.
3. Isovolum ana konstant volum adeyɛ:

$$\Delta W = P \Delta V = 0$$

Eyi ma Termodinamiks mmara a edi kan no bɛyɛ:

$$\Delta H = \Delta E + \Delta W$$
$$\Delta H = \Delta E + 0$$

4. Adiabatik : (1) Yɛ adwuma bi ntɛmntɛm sɛnea ɔhyew nnya kwan na akɔ mu

   (2) Yɛ adwuma wɔ baabi a ɔhyew nntumi nnkɔ anasɛ ɔhyew nntumi mmfi.

4B. Adiabatik adeyɛ:

   Ɔhyew nsesae (ΔH) $= 0 = E + \Delta W$
   $$0 = \Delta E + \Delta W$$
   $$\Delta E = -\Delta W$$

5. Bere biara a wim presha nya nkɔso (ana nyifim) no, wim mframa tempirekya nso nya nkɔso (ana nyifim).

Nsɛmmisa

1. Dɛn ne ademude ahoɔden?
2. Ɔkwan bɛn so na ademude ahoɔden fa so de nya nkɔso?
3. Kyerɛ mmara a ɛma ɔhyew ahoɔden, ademude ahoɔden ne adwuma didi nkitaho.
4. Kyerɛ adiabatik ase.
5. Ɛyɛ dɛn na yenya adiabatik adeyɛ?
6. Kyerɛ termodinamiks mmara a edi kan no ase kyerɛ wo nua ketewa bi.
7. Dɛn ne 'mframa-kotoku' ana 'parsel' wɔ meteorogyi kasa mu?
8. Sɛ mframa presha nya nkɔso a, dɛn nsesae na mframa tempirekya nya?
9. Kyerɛ akwan a wim mframa fa so ma emu yɛ hyew.
10. Kyerɛ sɛnea ɛyɛ na wim mframa mu dwudwo.
11. Sɛ mframa bi reforo Kwawu bepɔw na emu tempirekya sesa aduonu digris a, kyerɛ ne soro akwantu tenten dodow.
12. Hwehwɛ saikil baako biara adwuma dodow a yenya fi tɛrmodainamik adeyɛ a yehu wɔ Adekyerɛ 30-7 so no mu. (mmuae 2.1kJ)

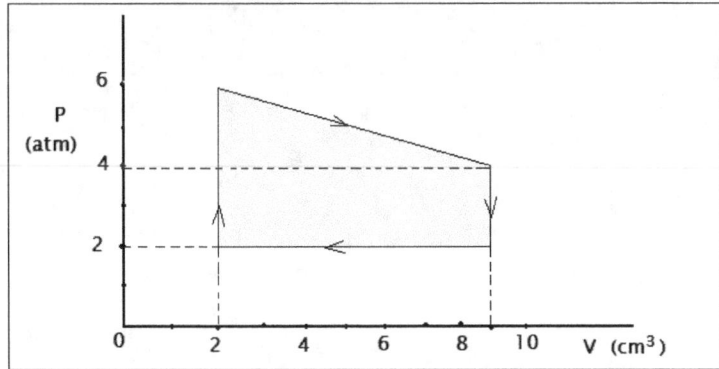

Adekyerɛ 30-7:Termodinamik saikil a ɛfa asɛmmisa 12 ho.

13. Hwehwɛ adwuma a yenya bere a yɛfa isotermal kwan so kɔmpress mframa bi fi 30 litas kɔ 3.0 litas wɔ presha a ɛyɛ 1 atmosfiɛ mu. (mmuae: 7.0kJ)

14. Kompresa bi fa isotermal kwan so yɛ adwuma 36 J de pia mframa bi. Hwehwɛ ɔhyew dodow a efi mframa no mu bere a yɛyɛ saa kompreshin yi. (mmuae: 8.6 kal).

TIFA 31: TERMODINAMIKS MMARA A ƐTO SO ABIEN NE ƐNTROPI

Nkyerɛkyerɛmu

Twi	Brɔfo
Adiabatik	adiabatic
Adwumaden ahoɔden	mechanical energy
Adwumaden	mechanical work
Ɛxɔst paip	exhaust pipe
Ɛntropi	entropy
Friigyi	fridge
Kabureta	carburetor
Kondensa	condenser
Kwasanpa ahoɔden	useless energy
Mfaso ahoɔden	useful energy
Mframa-dwudwo mashin	Air-conditioner
Nsu huruhuro engyin	steam engine
Nsu huruhuro turbin	steam turbine
Nsu huruhuro	water vapour
Ɔhyew akwantu nsesae	heat dynamics, thermodynamics
Ɔhyew engyin	heat engine
Ɔhyew sink	heat sink
Ɔhyew tank	Heat reservoir
Ɔhyew-korabea-a-adɔ	heat reservoir/heat tank
Ɔhyew-korabea-a-adwo	heat sink
Pɔmp	pump
Petro-mframa mfrafrae	petro-air mixture
Saikil-anan ɔhyew engyin	4-cycle heat engine
Spaak plug	spark plug
Turbin	turbine
Termodinamiks	thermodynamiks

NHYƐNMU

Yɛakyerɛ wɔ Tifa 30 mu sɛ nimdeɛ ahorow abien na yegyina so de kyerɛ termodinamiks mmara ne ne dwumadi. Yɛahu mmara a edi kan no wɔ Tifa a atwa mu no mu. Yɛbɛkyerɛ mmara a ɛto so abien no mu wɔ ha ne sɛnea saa mmara yi boa adasamma ma wotumi de yeyɛ mfiri.

Termodinamiks mmara a ɛto so abien no kyerɛ baabi a ɔhyew fi ne baabi a ɛkɔ. Saa mmara yi kyerɛ sɛ ɔhyew fi baabi a ɛhɔ adɔ kɔ baabi a ɛhɔ adwo bere biara. Ɛsan kyerɛ sɛ ɔhyew ankasa rennfa ne tumi mmfi baabi a adwo nnkɔ baabi a ɛhɔ yɛ hyew da.

> Termodinamiks mmara #2: Ɔhyew fi baabi a adɔ kɔ baabi a adwo. Ɔhyew mmfa n'ankasa tumi mmfi baabi a adwo nnkɔ baabi a ɛhɔ yɛ hyew da.

Sɛ yɛde dade bi a adɔ to dade bi a adwo ho a, ɔhyew fi dade a adɔ no ho kɔ nea adwo no ho ma ɛno nso tempirekya nya nkɔso kosi sɛ nnade abien no nyinaa benya tempirekya baako. Sa ara nso na sɛ yɛde dade bi a adɔ to nsu mu a, nsu no mu tempirekya nya nkɔso efisɛ ɔhyew ahoɔden fi dade a adɔ no mu kɔ nsu no mu.

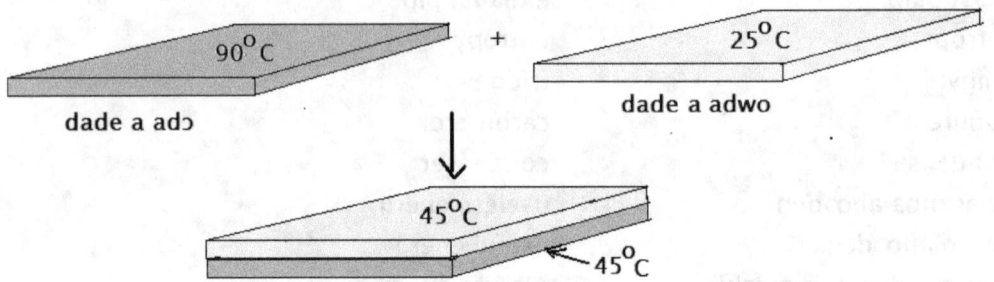

Adekyerɛ 31-1: Sɛ yɛde dade a adɔ to dade a dwo so a, ɔhyew ahoɔden fi dade a adɔ no ho kɔ dade a adwo no ho kosi sɛ wonya tempirekya koro.

Dade no hwere ahoɔden ma nsu no; nsu no gye ahoɔden a dade no hwere no. Ɛha nso, nsu no tempirekya nya nkɔso kosi bere a ɛne dade no tempirekya yɛ pɛ. Ɔhyew ahoɔden afi baabi a adɔ akɔ baabi a adwo.

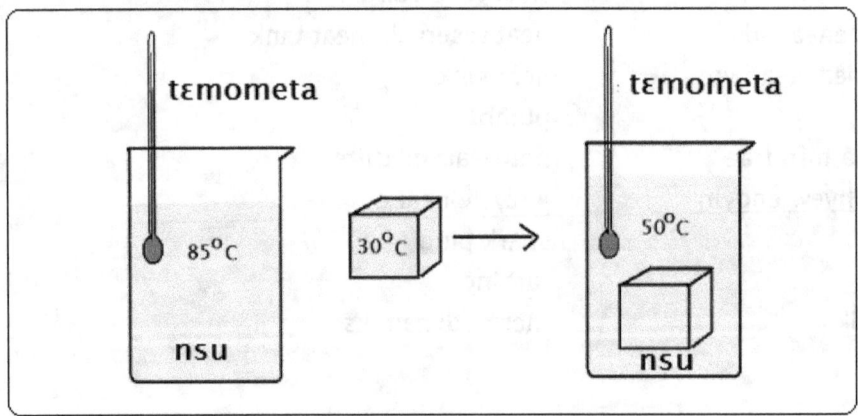

Adekyerɛ 31-2: Sɛ yɛde dade a adɔ to nsu wiridudu mu a, ɔhyew ahoɔden fi dade a adɔ no ho kɔ nsu no mu kosi sɛ wɔn nyinaa tempirekya bɛyɛ pɛ

Kae sɛ eyi nnkyerɛ sɛ ɔhyew renntumi mmfi baabi a adwo nnkɔ baabi a adɔ. Mframa dwudwo mashins ma mframa a adwo tu fi baabi a adwo kɔ ɔdan a emu yɛ hyew yiye mu ma ɔdan no mu dwudwo. Saa ara na friigyi mu nso, ɔhyew fi baabi a adwo kɔ friigyi no mu baabi a adɔ ma friigyi no mu dwudwo. Nanso, kae sɛ, ɛnyɛ ɔhyew no ankasa na ɛde ne tumi fi baabi a adwo kɔ baabi a ɛyɛ hyew; yɛde fɔɔso bi pia mframa a adwo no ansa na atumi akɔ baabi a ɛyɛ hyew no. Ne saa nti, friigyi ne mframa dwudwo mashins nnkwati termodinamiks mmara a ɛto so abien no da. Nneɛma nyinaa di saa mmara yi so, kyerɛ sɛ ɔhyew ahoɔden mmfa ne tumi mmfi baabi a adwo nnkɔ baabi a ɛyɛ hyew da.

ƆHYEW MASHINS NE ƆHYEW ENGYINS

Ɛnyɛ den koraa sɛ yɛbɛsesa adwumaden ahoɔden akɔ ɔhyew ahoɔden mu. Sɛ wode wo nsa twitwiw wo ho a, wo honam ho tumi dɔ. Saa ara nso na sɛ wotwe dade bi fa abotan bi so a, dade no tumi dɔ ma ɛpa gya mpo. Yenim dedaw fi yɛn mekaniks ahoɔden adesua mu sɛ nsa ntwitwiwho (frikshin ana ntwiwho) ahoɔden na ɛsesa kɔyɛ ɔhyew ahoɔden no. Ɛyi kyerɛ sɛnea adwumaden ahoɔden sesa kɔyɛ ɔhyew ahoɔden.

Ne saa nti, engyineafo kyerɛ sɛ yetumi sesa adwumaden nyinaa kɔ ɔhyew ahoɔden mu. Sɛ ɛte no saa de a, so yebetumi asesa ɔhyew ahoɔden nyinaa nso akɔ adwumaden (mekanikal) ahoɔden mu ana?

Yenim sɛ, sɛ yɛde nsu gu bokiti bi mu, de ne ti bua so de si ogya so a, bere a nsu no fi ase huru no, nsu huruhuro no tumi ma bokiti no ti no so. Yenim bio sɛ ɛyɛ ogya no mu ɔhyew ahoɔden no na ɛma huruhuro a ɛma bokiti ti no so. Ne saa nti, yɛka se saa ɔhyew ahoɔden yi ayɛ mekanikal adwuma. Nea yɛpɛ sɛ yehu no ne sɛ, so ɔhyew ahoɔden a efi ogya no mu no nyinaa na asesa akɔyɛ mekanikal adwuma, de apagya bokiti no ti no so no ana? Dabida.

Sɛ yɛde yɛn nsa ka bokiti no a, yebehu sɛ bokiti no ho adɔ. Ɔhyew ahoɔden no bi ama bokiti no ankasa nso tempirekya akɔ soro. Sɛ yɛde yɛn nsa ka nsu no nso a, yehu sɛ nsu no nso adɔ; ɔhyew ahoɔden no bi ama nsu no tempirekya akɔ soro yiye ma ɛbi adan huruhuro mpo. Ne saa nti, engyineafo kyerɛ yɛn sɛ yebetumi asesa ɔhyew ahoɔden no mu bi akɔ adwumaden mu, nanso yenntumi nnsesa ɔhyew ahoɔden **nyinaa** nnkɔ adwumaden ahoɔden mu.

Saa nimdeɛ yi ho hia yiye efisɛ ɛboa kyerɛ yɛn mfaso dodow a yenya fi ɔhyew engyins biara mu. Ɔhyew engyin yɛ afiri bi a ɛsesa ɔhyew ahoɔden de yɛ adwumaden ma yɛn. Sɛ wofa afiri de tu kwan a, engyin a ɛka afiri no yɛ ɔhyew engyin. Wimhyɛn engyins yɛ ɔhyew engyins. Trens pii da so de ɔhyew engyins yeyɛ nnwuma.

Bɛyɛ mfe ahassa ni na sayensefo yɛɛ ɔhyew engyins a edi kan koraa de sesaa ɔhyew ahoɔden kɔɔ adwumaden mu. Saa engyins a edii kan yi mu bi de nsu-huruhuro mu ɔhyew ahoɔden na ɛyeyɛɛ adwumaden. Yɛfrɛ saa engyins yi sɛ **nsu-huruhuro engyins** (ana **stiim-engyins**). Esiane sɛ ɔhyew a yɛde ma ade bi no sesa ade ko no ademude ahoɔden no nti, saa ɔhyew engyins yi sesa ade bi ademude ahoɔden ma yenya adwuma.

> Ɔhyew engyin yɛ afiri bi a ɛsesa ademude ahoɔden de yɛ adwuma.

Ɛnnɛ da yi, engyineafo ayeyɛ ɔhyew engyins ahorow pii a ɛboa yɛn wɔ yɛn daa dwumadi mu. Saa ɔhyew engyins yi mu biara sesa ɔhyew ahoɔden de yɛ adwumaden ma yɛn. Ebi tumi twe kaars ne bɔs ahorow; ebi nso twe katapila ahorow, ebi ka wimhyɛn; ebi tutu fam ne nea ɛkeka ho. Ne nyinaa mu no, yehu sɛ ɔhyew engyin biara mu dwumadi dodow gyina tempirekya so. Yetumi nya adwumaden ahoɔden bere a ɔhyew ahoɔden refi baabi a adɔ akɔ baabi a adwo. Osuahu ahorow akyerɛ sɛ adwuma dodow a ɔhyew engyin bi yɛ no gyina tempirekya nsonsonoe a ɛda saa mmeae abien yi ntam no so. Kae nso sɛ ɛnye saa ɔhyew ahoɔden a yɛde hyɛ biribi mu no nyinaa na etumi sesa yɛ adwuma; emu kakraa bi pɛ na etumi sesa yɛ adwuma. Sɛ ɛte saa de a, obi betumi abisa se saa ɔhyew ahoɔden a aka no, ɛhe na ɛkɔ?

Ansa na yebebua saa asɛmmisa yi no, ɛsɛsɛ yehu sɛ ɔhyew engyin biara mu wɔ mmeae abien bi a ɛkora ɔhyew ahoɔden ahorow abien bi. Eyinom ne ɔhyew engyin no mu:

-baabi a tempirekya wɔ soro yiye,
-baabi a tempirekya wɔ fam.

Yɛfrɛ baabi a ɔhyew engyin kora ɔhyew ahoɔden sɛ **ɔhyew-korabea**. Ne saa nti, ɔhyew engyin biara wɔ **ɔhyew-korabea-a-adɔ yiye**, ne **ɔhyew korabea-a-adwo**. Ansa na ɔhyew engyin biara bɛyɛ adwumaden no, ehia sɛ ɔhyew-korabea-a-adɔ yiye no tempirekya dɔɔso sen ɔhyew-korabea-a adwo no tempirekya koraa. Sɛnea ɛbɛyɛ na yɛn adesua yi rennyɛ den no nti, yɛbɛfrɛ ɔhyew-engyin no mu ɔhyew-korabea-a-adɔ yiye no sɛ *ɔhyew resevowa ana ɔhyew tank*. Yɛbɛfrɛ ɔhyew-korabea-a-adwo no nso sɛ *ɔhyew sink*.

Yɛbɛkyerɛkyerɛ ɔhyew engyin yi mu kakra. Yɛde kaar petro engyin bɛyɛ mfatoho. Kaar afiri biara hia petro. Yenim sɛ petro te sɛ kerasin; etumi dɛw ntɛmntɛm. Sɛ kaar petro no dɛw a, ɛma ogya ne ɔhyew ahoɔden pii. Saa ɔhyew ahoɔden yi na ɛma kaar no tu fi baabi a esi na ɛkɔ n'anim no.

Nanso, ɛyɛ dɛn na saa ɔhyew ahoɔden yi sesa bɛyɛ adwumaden ahoɔden a ɛma kaar no tu kɔ n'anim?

Sɛ obi sɔ kaar engyin bi a, yehu nea edidi so yi:
-1 kaar no petro no hyew ma yenya mframa a adɔ yiye wɔ ɔhyew-tank no mu. Eyi ma
  yenya petro mframa ahorow pii a wɔn mu biara tempirekya wɔ sorosoro yiye.
-2 saa petro a ɛrehyew yi sesa saa ɔhyew yi bi kɔ adwumaden ahoɔden mu
-3 saa adwumaden ahoɔden yi bi ma afiri no tayes no bunkam fa frikshin
  (ntwiwfam fɔɔso) a ɛwɔ fam no so ma kaar no fi ase kɔ n'anim
-4 saa ɔhyew yi bi ma kaar no kɔ n'anim; ebi nso pue fi kaar no ɛxɔst paip no mu;
  ebi nso dwudwo kaar no engyin no mu (ne nea ɛkeka ho).

Ne saa nti, ɔhyew ahoɔden a efi petro no mu no kakraa bi pɛ na ɛyɛ adwuma de pia kaar no kɔ n'anim. Petro no ɔhyew ahoɔden no mu pii fa ɛxɔst paip no mu yera kwa a ɛho mma mfaso biara.

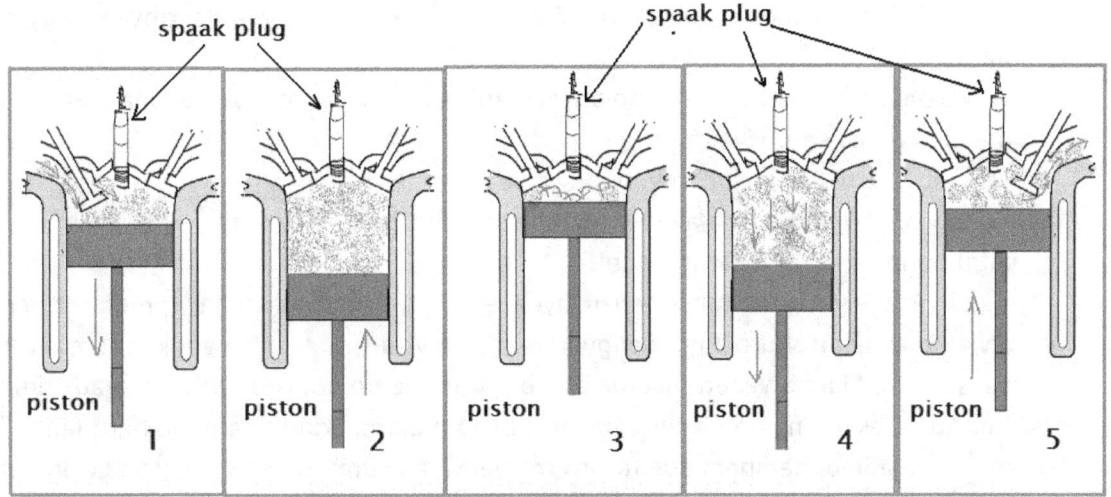

Adekyerɛ 31-3: Kaar petro saikil-anan ɔhyew engyin dwumadi.

Yɛfrɛ saa kaar engyin yi sɛ saikil-anan ɔhyew engyin efisɛ yenya saikil anan a,na yɛabefi ase bio. Yehu saa kaar petro engyin yi bi wɔ Adekyerɛ 31-3 so. Saikil-anan ɔhyew engyin biara wɔ nea edidi so yi:

1.-dade dennen silinda adaka bi a ɔkwan biara nna ho. Saa silinda adaka yi mu na nneɛma nyinaa kɔ so (petro no hyew).

2.-spaak plug bi a ano a ɛsɔ no hyɛ saa silinda adaka yi mu. Spaak plug no adwuma ne sɛ ɛpa gya ma petro-mframa no hyew.

3.-piston bi a epia petro-mframa mfrafrae ahorow no kɔ silinda adaka no mu

4.-kabureta a ebue na ɛto silinda adaka no mu. Kabureta no na ɛma petro-mframa mfrafrae no kɔ dade silinda adaka no mu.

Momma yɛnhwɛ ɔkwan a saa saikil-anan ɔhyew engyin yi fa so de sesa petro-ɔhyew ahoɔden ma yenya mekanikal adwuma (hwɛ Adekyerɛ 31-3).

1. Nea edi kan, kabureta no mu bue ma petro ne mframa a afrafra fi kabureta no mu sen kɔ silinda no mu. Saa petro-mframa mfrafrae yi presha pia piston no ma ɛkɔ fam.

2. Nea ɛto so abien: pɔmp bi pia piston no kɔ soro; eyi ma piston no pia mframa ne petro a afrafra no. Yɛka se saa piston dwumadi yi yɛ adiabatik adeyɛ efisɛ ɔhyew biara nnkɔ silinda no mu, ɔhyew biara mmfi mu nso.

3. Saa petro-mframa mfrafrae yi ma spaak plug no pa gya ma ɛsɔ petro-mframa mfraframu no; eyi dɛw mpofirim ma silinda no mu tempirekya kɔ soro ntɛmntɛm

4. Saa ɔhyew sonowonko yi fa adiabatik adeyɛ kwan so ntɛmntɛm pia piston no ba fam ma kaar no tu. Yɛfrɛ saa bere yi sɛ **Pawa bere**.

5. Nea etwa to, mframa a ahyew awie no bi pue kɔfa ɛxɔst paip no mu fi adi. Eyi bue paip bi mu ma mframa fi mfikyiri kɔhyɛn kaar no mu bio. Saa mframa yi ne petro foforo bɛfra ma saa mframamu yi kɔfa kabureta no mu ma saikil no fi ase bio.

Seesei a yɛahu sɛnea petro-engyin biara yɛ adwuma fa yi, bɔ mmɔden na kɔ fitani bi adwuma mu na w'ankasa fa w'aniwa kɔhwɛ sɛnea ɛte fa.

Eyi nti, termodinamiks mmara a ɛto so abien no ma yehu sɛ ɔhyew engyin biara:

-1: wɔ ɔhyew-korabea a yɛfrɛ no ɔhyew tank a emu tumi dɔ yiye na ɛma n'ademude ahoɔden no kɔ soro yiye

-2: sesa saa ɔhyew ahoɔden yi bi de yɛ adwumaden

-3: tow ɔhyew ahoɔden a aka no gu; ɛde saa ahoɔden a aka yi fa   ɔhyew-sink (ɛxɔst paip) no mu tow gu mfikyiri baabi.

Afei a yɛahu ɔkwan a petro ɔhyew engyin fa so yɛ adwuma yi, momma yɛnhwɛ ɔkwan a nsu-huruhuro ɔhyew engyin nso fa so yɛ adwuma. Nea edi kan, ɛsɛsɛ yɛte ase sɛ, bere biara a yebetumi ama ade bi akyim ne ho no, yebetumi anya adwuma afi mu. Ade a ekyim ne ho no tumi pia afiri bi kɔ n'anim, etumi ma dade bi tu fam, etumi ma ade bi pempem ade foforo ma yenya adwuma sɛnea yehu wɔ faktoris pii mu no. Mpɛn pii no, ade a edi kan a ekyim ne ho no din de **turbin**. Nsu-huruhuro engyin bi na yehu wɔ Adekyerɛ 31-4 so no.

Nsu-huruhruro engyin biara mu ade a edi kan ne nsu a wɔnnoa ma ne tempirekya kɔ soro yiye. Yɛbɛkae wɔ yɛn dwumadi a adi kan no mu no sɛ bere biara a yebetumi ama presha a yɛde nnoa nsu bi akɔ soro yiye no, ɛma saa nsu no huruhuro tempirekya nso kɔ soro.

Saa nsu huruhuro a ne tempirekya ne presha wɔ sorosoro yi de ahoɔden kɛse sian bepia turbain bi ma ekyim ne ho. Saa turbain nkyinkyimho yi ma yenya mekanikal adwuma (ma mashin bi pam ade, ana dade bi tutu fam ne nea ɛkeka ho). Sɛ nsu-huruhuro no pia turbain no wie a, na ahwere ne mfiase ɔhyew-ahoɔden kɛse no bi. Saa nsu-huruhuro a ahwere ne mu ɔhyew yi bi yi sian ba fam begu baabi a ɛsan bɛdan nsu (wɔ kondensa no mu). Ɛno akyi, ehia sɛ yɛde pɔmp bi pɔmpe (piapia) saa nsu yi ma ɛforo kɔ ɔhyew-tank no mu bio, ma yɛnnoa na ɛsan dan huruhuro bio. Eyi ma yetumi fi saa huruhuro engyin adeyɛ yi ase bio.

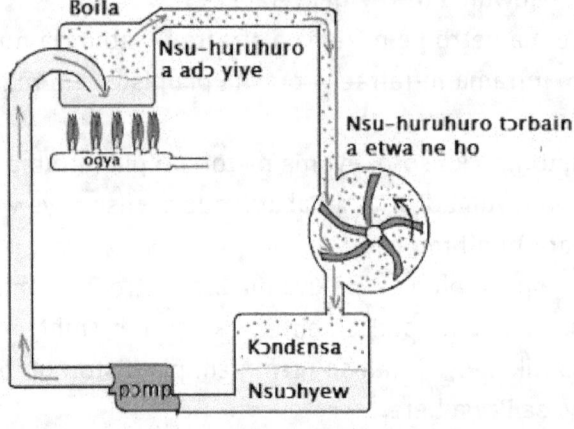

Adekyerɛ 31-4: Nsu-huruhuro ɔhyew engyin

Sɛnea yehu wɔ ha no nso, nsu-huruhuro a aka no ne nsuɔhyew no bi a esian ba kondensa no mu no mma yɛn mfaso biara.

Termodinamiks mmara a ɛto so abien yi kyerɛ sɛ ɔhyew engyin biara nni hɔ a etumi sesa ɔhyew ahoɔden a enya no nyinaa de yɛ adwuma nkutoo. Ɔhyew ahoɔden no mu bi na ɛsesa de yɛ adwuma; ɔhyew a aka no ɛtow gu. Obi betumi abisa se saa ɔhyew ahoɔden yi mu ahe na engyin no de yɛ mfaso-dwuma, na ahe nso na ɛtow gu?

KARNOT EKUASHIN NE ƆHYEW ENGYIN MFASO

Sayenseni Karnot na ɔkyerɛɛ ekuashin a wɔde kyerɛ mfaso dodow a yenya fi ɔhyew engyin biara mu. Karnot kyerɛɛ sɛ mfaso dodow koraa a obiara betumi anya afi ɔhyew engyin biara mu no gyina tempirekya nsonsonoe a eda engyin biara Ɔhyew tank no ne Ɔhyew sink no ntam.

Yetumi de tempirekya nsonsonoe kyerɛ saa Karnot nimdeɛ yi sɛ:

$$\text{Ɔhyew engyin mfaso} = \frac{T_{tank} - T_{sink}}{T_{tank}} \quad \text{bere a....}$$

...T_{tank} yɛ Kelvin tempirekya a ɛwɔ ɔhyew-tank no mu
...T_{sink} yɛ Kelvin tempirekya a ɛwɔ ɔhyew-sink no mu

> Ɔhyew engyin mfaso gyina tempirekya nsonsonoe a ɛda ɔhyew tank no ne ɔhyew sink no mu so.

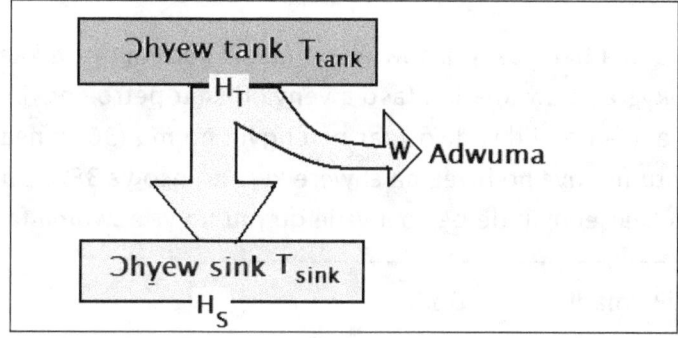

Adekyerɛ 31-5: Ɔhyew engyin biara hwere ɔhyew dodow bi.

Yetumi nso de ɔhyew dodow kyerɛ Engyin Mfaso a yenya no sɛ nsonsonoe a ɛda ɔhyew dodow (H) a ɛwɔ ɔhyew tank no ne ɔhyew sink no ntam. Yetumi kyerɛw saa ekuashin yi sɛ:

Engyin Mfaso: $\quad \dfrac{Adwuma}{H\ \text{ɔhyew tank}} = \dfrac{H\ \text{ɔhyew tank} - H\ \text{ɔhyew sink}}{H\ \text{ɔhyew tank}}$

Asɛmmisa: Yɛnfa no sɛ nsu-huruhuro ma turbain bi kyim ne ho yɛ adwuma. Nsuɔhyew tank no mu tempirekya yɛ 450K (177°C). Nsu a efi turbain no mu no tempirekya yɛ 300K (27°C). Kyerɛ adwumadi mfaso a yenya fi saa ɔhyew turbain yi mu.

Mmuae: Karnot ekuashin no kyerɛ yɛn sɛ:

$$\text{Ɔhyew engyin mfaso} = \frac{T_{tank} - T_{sink}}{T_{tank}} \quad \text{bere a}$$

...T $_{tank}$ yɛ Kelvin tempirekya a ɛwɔ ɔhyew-tank no mu
...T $_{sink}$ yɛ Kelvin tempirekya a ɛwɔ ɔhyew-sink no mu

Engyin mfaso = 450-300/450 = 1/3 = 33%.

Eyi kyerɛ sɛ mfaso a yenya fi saa nsu huruhuro engyin yi mu no yɛ 33%.

Afei yɛnfa no sɛ yebetumi ama nsu-huruhuro no tempirekya akɔ soro bɛyɛ 600K bere a nsu a efi turbain no mu yɛ 300 K. Sɛ ɛba no saa a yehu sɛ:

$$\text{Ɔhyew engyin mfaso} = \frac{T\ 600 - T\ 300}{T600} \text{ bere a}$$

....T $_{tank}$ yɛ Kelvin tempirekya a ɛwɔ ɔhyew tank no mu
... T $_{sink}$ yɛ Kelvin tempirekya a ɛwɔ ɔhyew-sink no mu

Ɔhyew engyin mfaso = 600-300/600 = ½ = 50%

Eyi dɔɔso sen mfiase de no a na ne tempirekya yɛ 450 K no. Yebetumi de adwuma agyina hɔ ama saa ɔhyew ne tempirekya nsesae yi bi:

$$\text{Adwuma mfaso} = \frac{\text{Adwuma a yɛde hyɛɛ ade bi mu} - \text{Adwuma a yenyae}}{\text{Adwuma a yɛde hyɛɛ ade ko no mu}}$$

Engyineafo abubu nkontaa bi de akyerɛ adwuma mfaso a yetumi nya fi kaar petro ɔhyew engyins mu. Wɔkyerɛ sɛ dwumadi mfaso a yenya fi kaar petro engyin mu no yɛ 26% pɛ. Yɛde adwuma a aka no bi dwudwo kaar no engyin no mu (36%); nea efi adi fi ɛxɔst paip no mu a yentumi nnyɛ ho hwee na ɛhwere kwa no nso yɛ 38%. Ɔpon 31-1 kyerɛkyerɛ sɛnea petro kaar engyin de petro a yɛde gu mu no yɛ adwuma fa.

Petro engyin ɔhyew dwumadi	Dodow
Nsu dwudwo wɔ kaar engyin no mu	= 36 %
Engyin ana mashin mfaso	= 26%
Exɔst paip ahoɔden a yɛhwere	= 38%
Nyinaa Dodow	100%

Ɔpon 31-1: Sɛnea petro engyin hwere emu ɔhyew ahoɔden

Sɛ yɛkyekyɛ kaar no dwumadi mfaso 26% a yenya no mu nso a, yehu sɛ kaar no de 3% yɛ aselerashin; ɛde 6% bunkam fa ne taye frikshin so; ɛde 7% yɛ adwuma de tia mframa frikshin a ɛnam kaar no ho no so sɛnea yehu wɔ Ɔpon 31-2 so no.

Yehu sɛ yenya kaar petro biara mu mfaso baako nkyɛmu anan pɛ. Nea aka no hwere kwa sɛnea termodinamiks mmara a ɛto so abien no kyerɛ no.

Dwumadi mfaso	Dodow
Nea yɛde yɛ aselerashin	= 3%
Taye Ntwiwfam fɔɔso / frikshin fɔɔso	= 6 %
Mashin no gyina faako, ana ɛkɔ na egyina	= 4%
Mframa frikshin	= 7%
Pawa transmishin hwere	= 3%
Nneɛma a ɛkeka ho	= 3%

Ɔpon 31-2: *Kaar-petro engyin dwumadi mfaso nkyekyɛmu.*

ƐNTROPI

Termodinamiks mmara a edi kan no kyerɛ yɛn sɛ obiara nntumi mmɔ ahooden, obiara nntumi nnyɛ ahooden. Yetumi ka se saa mmara yi kyerɛ yɛn ɔhyew ahooden **dodow** ho nimdeɛ. Termodinamiks mmara a ɛto so abien no kyerɛ yɛn sɛ ahooden tumi sesa fi tebea baako mu kɔ tebea foforo mu. Ne saa nso nti, yetumi ka se saa mmara yi kyerɛ yɛn ahooden **tebea ne ne suban** ho nsɛm. Ɛsan kyerɛ yɛn sɛ, bere biara a ahooden dodow bi sesa fi tebea baako mu kɔ tebea foforo mu no, saa ahooden yi bi sesa fi *mfaso ahooden* mu kɔ *kwasanpa ahooden* mu bere a ɛyɛ adwuma no.

Eyi ma yehu sɛ bere biara a yɛde ahooden bi bedi dwuma no, emu pii sɛe kwa. Sɛ ɛte saa de a, na yetumi kyerɛ kwasanpa ahooden ase sɛ ahooden a ɛho nni yɛn mfaso biara. Ne saa nti, kwasanpa ahooden ne mfaso ahooden bɔ abira. Mfaso ahooden nkutoo na yenya mfaso fi mu. Sɛ nsuɔhyew-huruhuro fi soro baabi begugu turbain bi so na epia no ma etwa ne ho yɛ adwuma a, nsuɔhyew no mu nea ebegugu turbain no ase no nni adwuma mfaso biara mma yɛn bio. Saa ara nso na ɔhyew ahooden a efi petro kaar engyin ɔhyew-tank mu kɔ ɔhyew-sink no mu no ho nni adwuma mfaso papa biara mma yɛn bio; eyi nti na ɛsen fa ɛxɔst paip no mu kɔ mfikyiri no. Ne saa nti, yetumi ka se, bere biara wɔ yɛn wiase asetra yi mu no, *mfaso ahooden sesa kɔ kwasanpa ahooden* mu.

Bere biara a obi si ɔdan no, ɔkyekyere ahooden de hyɛ ɔdan no mu. Eyi ma ɔdan no nya ademude ahooden bi. Sɛ onipa ko no wie dan no pɛ, mframa, owia ne nsu fi ase sɛe dan no. Ɔdan no ho fi ase paapae; ɔfasu no ho fi ase waawae; emu dɔte no bi fi ase poroporow begu fam; emu abo no mu bi fi ase fifi ɔdan no ho begugu fam. Saa nimdeɛ a ɛfa ahooden nsesae ho, na ɛma mfaso ahooden sesa kɔ kwasanpa ahooden mu yi din de **entropi**.

Ne saa nti, entropi susuw sɛnea nneɛma sɛe, sɛnea nneɛma a yɛhyɛ da hyehyɛ ma edi pim no mu san kyekyɛ, sɛnea nea yɛasiesie san ba ne sɛe mu bio; eyi nyinaa kyerɛ ɛntropi.

Ɛntropi mfatoho atwa yɛn ho ahyia. Onipa nyin du baabi a, na wafi ase rebɔ akokora ana abrewa. Dua nyin kodu baabi a, efi ase wu, porɔw. Ne saa nti, **ɛntropi mmara kyerɛ sɛ wiase nneɛma nyinaa mu biara entropi nya nkɔso bere biara.**

Ɛntropi kyerɛ sɛ bere ma nneɛma nyinaa sɛe. Sɛ wosesaw dɔte boa ano gu baabi a, ɛnkyɛ koraa na mframa ne nsu ama dɔte no ahwete bio. Abɔde nyinaa hia ahoɔden da biara de atra wiase. Sɛ wonya saa ahoɔden yi pɛ, na saa ahoɔden yi nyinaa afi ase asan ahwete bio. Ne saa nti, nneɛma a ɛwɔ wiase sɛe anasɛ wɔn ɛntropi kɔ soro dabiara.

Ɛntropi mmara: wiase ɛntropi rekɔ soro bere biara

Yɛyɛ dɛn na yesusuw ɛntropi dodow? Sayensefo ama yɛn ekuashin bi a ɛkyerɛ yɛn sɛ ɛntropi dodow biara nsesae gyina ɔhyew ahoɔden nsesae ne tempirekya so. Yɛkyerɛw saa ekuashin yi sɛ:

$\Delta S = \Delta H / T$ bere a

... ΔS (delta) S yɛ ɛntropi nsesae
... ΔH (delta H) yɛ ɔhyew ahoɔden nsesae
... T yɛ Kelvin tempirekya.

Sɛnea yɛahu no, ɛntropi agyinamude yɛ S. Yɛkyerɛkyerɛ saa ɛntropi ekuashin yi mu sɛ ɛntropi (S) nsesae dodow a ɛwɔ ade bi mu no yɛ pɛpɛɛpɛ sɛ ɔhyew ahoɔden dodow nsesae nkyɛmu ne Kelvin tempirekya a yɛfaa so de saa ɔhyew no hyɛɛ mu no. Yɛbɛkae sɛ saa ekuashin yi kyerɛ nsesae. Ne saa nti yɛka ɛntropi dodow nsesae ne ɔhyew dodow nsesae na ɛnyɛ ɛntropi dodow ana ɔhyew dodow kɛkɛ.

Asɛmmisa: (1) Sɛ 20g ayis a ɛwɔ 0°C sesa yɛ nsu bere a ne tempirekya nnsesa a, kyerɛ saa 20g no ɛntropi nsesae.

Mmuae: Ɔhyew dodow a yehia $\Delta H = mL_f = (20g)(80cal/g) = 1600$ cal

Yenim sɛ: $\Delta S = \Delta H / T = 1600cal/273K = 5.86cal/K = 25J/K$

(2) Yɛde mframa bi a ne tempirekya yɛ 20°C na edi mframa-papa mmara so ahyɛ adaka bi mu ma yɛde piston bi pia saa mframa no nkakrankakra sɛnea ne tempirekya nnsesa. Bere a yɛyɛ saa kompreshin mpiapia yi, yɛyɛ adwuma 730J wɔ mframa no so. Kyerɛ mframa no ɛntropi nsesae.

Yenim sɛ $\Delta H = E + W$

Esiane sɛ dwumadi no yɛ isotermal no nti, ademude ahoɔden nnsesa

Ne saa nti $\Delta H = 0 + W$ anasɛ $\Delta H = W = -730J$ (Esiane sɛ yɛkɔmprɛs mframa no nti, ɛyɛ nyifim; adwuma a yɛyɛɛ wɔ mframa no so no yɛ nyifim; mframa no annyɛ adwuma papa bi amma yɛn)

Afei yebetumi akyerɛw yɛn ɛntropi ekuashin no: $\Delta S = \Delta H / T$

$\Delta S = -730J/293K = -2.49 J/K$

Nsɛmmisa

1. Kyerɛ Termodinamiks mmara a ɛto so abien no mu.

2. Ɔhyew engyin yɛ dɛn? Kyerɛ ɛho mfaso a yenya.
3. Dɛn ne nsu-huruhuro engyin?
4. Dɛn ne ɔhyew sink ne ɔhyew tank (ɔhyewresevowa)?
4. Karnot ekuashin no kyerɛ dɛn? Ɛho mfaso bɛn na yenya?
5. Dɛn ne kabureta? Ne dwumadi yɛ dɛn?
6. Piston yɛ dɛn? Kyerɛ ne dwumadi wɔ ɔhyew engyin mu.
7. Kyerɛ spaak plug nso dwumadi
8. Dɛn ne ɛxɔst paip? Ne dwumadi nso ɛ?
9. Kyerɛkyerɛ eyinom nso dwumadi:
    i) turbain (ii) kondensa (iii) pɔmp (iv) boila
10. Kyerɛkyerɛ ɛntropi ase kyerɛ w'adamfo bi.
11. Dɛn ne kwasanpa ahoɔden ne mfaso ahoɔden?
12. Dade tratraa bi akyɛ nsu tank bi mu. Nsu a ɛwɔ tank no fa baako mu no tempirekya yɛ 360K; kyɛfa baako no nso mu nsu tempirekya yɛ 287K. Sɛ ɔhyew nsesae a ɛnam dade tratraa a akyɛ tank no mu no yɛ 35cal/sekond a, kyerɛ ɛntropi nsesae sekond biara wɔ (i) tank a adɔ no mu (ii) tank a adwo no mu (iii) dodow wɔ tank abien no mu. (mmuae: -0.41J/K; 0.51J/K ; 0.10J/K.
13. Hwehwɛ ɛntropi nsesae bere a 5g nsu a ne tempirekya wɔ 100°C sesa yɛ huruhuro wɔ 100°C bere ne presha nnsesa. (7.24cal/K ana 30.3J/K)

HANN AHOODEN

TIFA 32: HANN TEBEA

Nkyerɛkyerɛmu

Twi	Brɔfo kasa
Ɛlɛktromagnetik asorɔkye	electromagnetic waves
Ɛlɛktromagnetik weivs	electromagnetic waves
Infra-kogyan (infra-red) reis	infra-red rays
Mframa weivs	air waves
Po asorɔkye	sea waves
Ultra-vayolet reis	ultra-violet rays

ƐLƐKTROMAGNETIK WEIVS

Sɛ obi fa abaa bi na ɔde ano baako si ɔtare bi mu de di nsu no mu akɔneaba a, onya nsu asorɔkye ana nsu weivs a emu trɛtrɛw fi abaa no ho kɔ akyiri. Sɛ obi fa dade teateaa bi na ɔde srasra no ti nwi mu a, abaa no nya kyaagye bi a yɛfrɛ no ɛlɛktrik kyaagye; sɛ afei ohinhim saa dade yi wɔ wim a ɛma mframa asorɔkye a efi dade no ho kɔ akyiri wɔ wim fi baabi a ohinhim dade no. Saa mframa asorɔkye yi te sɛnea yehu wɔ nsu mu no ara pɛ; ne saa nti, yɛfrɛ ɛno nso sɛ mframa weivs.

Saa mframa weivs yi san wɔ ɛlɛktromagnetik suban efisɛ ɛlɛktrik kyaagye biara a wohinhim no ma ɛlɛktrik karent bi wɔ wim baabi a wohinhim no no. Yenim nso sɛ ɛlɛktrik karent biara a ennyina faako no ma magnet kyaagye fɔɔso nhyehyɛɛ bi de twa ne ho hyia. Sayense nimdeɛ kyerɛ sɛ ɛlɛktromagnetik weiv biara nso tu kwan a ɛwɔ anikyerɛbea pɔtee bi. Ɛlɛktrisiti ne magnetisim adesua ama yɛate ase sɛ ɛlɛktrik kyaagye fɔɔso nhyehyɛɛ, magnet kyaagye fɔɔso nhyehyɛɛ ne wɔn ɛlɛktromagnetik weiv yi mu biara anikyerɛbea ne ne yɔnko yɛ 90 digri angle. Yɛakyerɛ saa ɛlɛktrik kyaagye fɔɔso nhyehyɛɛ, magnet kyaagye fɔɔso nhyehyɛɛ ne wɔn ɛlɛktromagnetik weiv no mu biara anikyerɛbea wɔ Adekyerɛ 32-1 so.

Hann ahoɔden nkutoo ne ahoɔden a yetumi de yɛn aniwa hu. Yetumi hu owia hann, soro hann ne wim hann. Sɛ yɛde dade bi to ogya mu na ɛdɔ kɔkɔɔkɔ nso a, yetumi hu ne hann sɛ ɛhyerɛn. Nanso saa hann yi fi he?
Tete sayense mpanyinfo yeyɛɛ osuahu ahorow de kyerɛɛ sɛ hann yɛ ahoɔden te sɛ ɔhyew, ɛlɛktrisiti, mekanikal ne dede ahoɔden ara pɛ. Nanso Sayenseni bi a wɔfrɛ no Maxwell na odii kan kyerɛɛ sɛ hann san yɛ ɛlɛktromagnetik weivs.

Sayense kyerɛ sɛ yenya hann fi ade bi mu ɛlɛktrons a wɔanya aselerashin so. Ade biara mu ɛlɛktrons a wɔanya aselerashin no tumi ma ɛlɛktromagnetik weivs bi a yenim wɔn weivlenf ne frekwensi. Maxwell kyerɛɛ sɛ hann yɛ ɛlɛktromagnetik weivs a wɔwɔ weivlenf ne frekwensi pɔtee bi. Maxwell ne sayenseni a odii kan buu akontaa de kyerɛɛ sɛ saa hann weivs yi atenten yɛ fi bɛyɛ 380 kosi bɛyɛ 700 nanomitas.

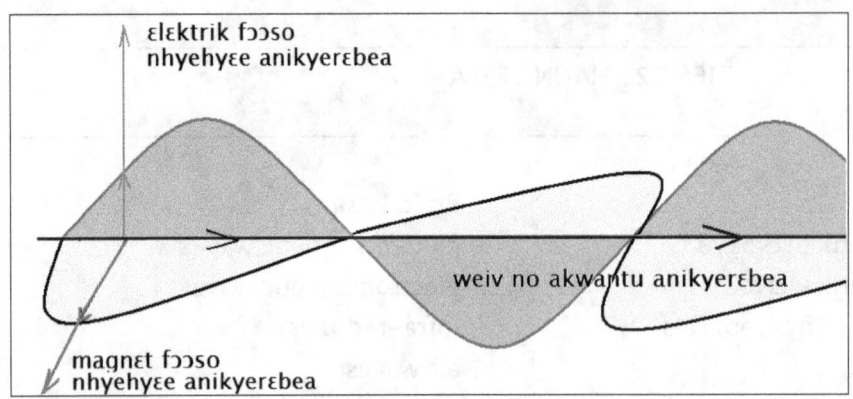

Adekyerɛ 32-1: Elɛktromagnetik weiv biara wɔ elɛktrik fɔɔso nhyehyɛe ne magnetik fɔɔso nhyehyɛe. Wɔn mu biara ne elɛktromagnetik weiv akwantu anikyerɛbea yɛ 90 digri angle.

Ɔsan kyerɛɛ sɛ saa hann yi fi elɛktrons a wɔn mpopoho dodow fi bɛyɛ 3.8 x 10^{14} kosi 7.0 x 10^{14} mpompoho pɛɛ sekond so. Saa elɛktrons mpopoho yi nkutoo na aniwa mu kɛtɛ a yɛfrɛ no retina no tumi kyere, ma yetumi de hu ade. Elɛktrons mpopoho ahorow a ɛkeka eyinom ho no, nea ɛdɔɔso ne nea esua sen eyi no de, aniwa nntumi nnhu mu biara koraa. Afei momma yɛnhwɛ saa elɛktromagnetik weivs yi suban ne wɔn tebea kakra.

Adekyerɛ 32-2: Elɛktromagnetik weis te sɛ asorɔkye a emunumunum.

Yɛakyerɛkyerɛ elɛktromagnetik weivs mu dedaw ama yɛahu sɛ wiase elɛktromagnetik weivs yɛ bebree. Saa weivs yi bi ne radio weivs, mikro weivs, infra red weivs, hann weivs, ultra-vayolet weivs, X-reis ne gamma reis sɛnea yehu wɔ Adekyerɛ 32-3 so no.

Yɛfrɛ reis bebree nkabom sɛ weiv.

REDIO WEIVS	MIKRO WEIVS	INFRA-RED WEIVS	HANN WEIVS	ULTRA-VAYOLƐT WEIVS	X-REIS	GAMMA REIS
WEIVSAIZ ATENTEN		WEIVSAIZ ADANTAM			WEIVSAIZ NTIANTIA	

Adekyerɛ 32-3: Elɛktromagnetik weivs dodow a yɛwɔ wɔ wiase.

Esiane sɛ elɛktromagnetik weivs te sɛ asorɔkye anasɛ hama a yehinhim no nti, emu baabi foro kɔ soro te sɛ bepɔw so, na baabi nso sian ba fam te sɛ obon bi mu (Adekyerɛ 32-2). Yesusuw saa weivs yi atenten sɛ fi bepɔw baako mpampam so kosi fofor a edi so no mpampam so pɛɛ sɛnea yehu wɔ Adekyerɛ 32-4 so no. Yɛfrɛ saa nsusuwde yi, kyerɛ sɛ fi bepɔw baako mpampam so de kosi nea edi so no mpampam so no sɛ saa weiv no **weivlenf**. Esiane sɛ weivlenf kyerɛ ade bi tenten no nti, yesusuw no wɔ nanomitas, mikromitas, millimitas, mitas ne nea ɛkeka ho mu. Yɛde Grikifo lɛtɛ • (lambda) na egyina hɔ ma weivlenf.

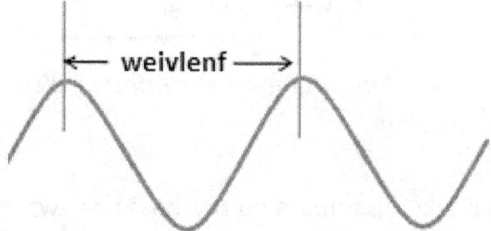

Adekyerɛ 32-4: Yesusuw weivlenf sɛ weiv baako tenten fi bepɔw baako mpampam kosi nea edi so no mpampam.

Yɛahu dedaw sɛ weivlenf no bi mu twetwe yiye; ebi nso benbɛn wɔn ho wɔn ho. Sɛ weivlenf no mu twetwe yiye fi wɔn ho wɔn ho a, yɛka se wɔyɛ weivlenf atenten. Sɛ weivlenf no benbɛn wɔn ho wɔn ho a, yɛka se weivlenf no yɛ ntiantia.

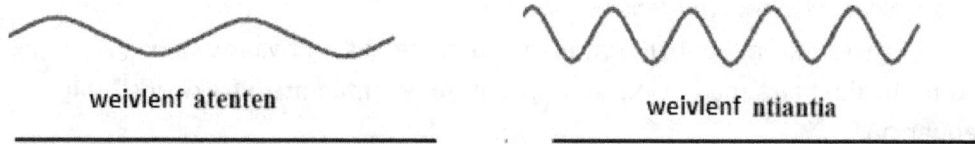

Adekyerɛ 32-5: Weivlenf atenten ne weivlenf ntiantia

Ne saa nti, sɛnea weiv biara mu trɛw na yɛde kyerɛ ne weivlenf. Yenim sɛ radio weivs yɛ weivlenf atenten; mikro-weivs nso yɛ weivlenf atenten nanso wɔnnyɛ atenten te sɛ radio weivs. Bere a yesian fi radio weivs so ba gamma reis so no, na ɛlɛktromagnetik weivs no weivlenf reyɛ ntiantia. Ne saa nti, X-reis ne gamma reis na wɔyɛ ntiantia koraa. Ɛlɛktromagnetik weivs a wɔhyɛ mfinimfini no te sɛ infra-red reis ne hann weivs no wowɔ weivlenf a wɔyɛ adantam (hwɛ Adekyerɛ 32-3).

HANN WEIVLENF NE FREKWENSI

Yɛahu sɛ ɛlɛkromagnetik weivs yi te sɛ asorɔkye a emunumunum a ɛwɔ anikyerɛbea pɔtee bi. Yɛakyerɛ nso sɛ weivlenf yi kyerɛ yɛn sɛnea weivs yi benbɛn wɔn ho fa. Afei momma yɛnkyerɛ sɛnea yesusuw saa asorɔkye yi akwantu tebea.

Yɛaka se yɛfrɛ weivlenf bi sɛ weiv bi tenten a efi ne mu bepɔw baako sorosoro atifi so kosi bepɔw a edi n'anim no nso atifi saa ara. Esiane sɛ saa weivs yi retu kwan bere biara no nti, eyi kyerɛ yɛn sɛ weivlenf atenten no kɔ nyaa, bere ko a weivlenf ntiantia no kɔ ntɛmntɛm.

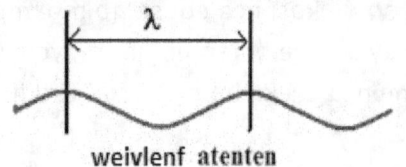 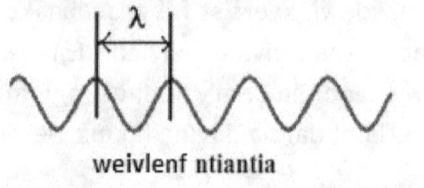

Adekyerɛ 32-6: Weivlenf atenten kɔ nyaa; weivlenf ntiantia kɔ ntɛmntɛm. Yɛde Grikifo lɛtɛ λ (lambda) na egyina hɔ ma weivlenf.

Yɛfrɛ weiv biara tenten fi bepɔw baako apampam so pɛɛ kosi nea ɛwɔ n'anim pɛɛ no nso apampam so a etwa mu wɔ baabi pɔtee no sɛ **saikil baako**. Sɛ ɛte saa de a, na ɛsɛsɛ yetumi kyerɛ weivs saikils dodow a wotumi twa mu wɔ baabi pɔtee sekond biara.

Mpɛn pii no, yɛte wɔ radio so sɛ akenkanfo ka frekwensi ho nsɛm. Frekwensi ne weivlenf didi ntotoho yiye. Frekwensi kyerɛ weivlenf bi saikils dodow a etwa mu fa baabi pɔtee sekond baako biara mu. Sɛ weivlenf bi mu twetwe yiye, a ɛno nti saikils kakraa bi pɛ twa mu fa baabi pɔtee sekond baako biara mu a, yɛka se weivlenf no wɔ **"nyaa frekwensi" (low frequency)**.

Sɛ weivlenf bi benbɛn wɔn ho a ɛno nti saikils pii twa mu fa baabi pɔtee sekond baako biara mu a, yɛka se weivlenf no wɔ **"ntɛmntɛm frekwensi" (high frequency)**.

Weivlenf atenten a wotwa mu nyaa wɔ baabi bere pɔtee biara mu no wɔ **nyaa frekwensi (low frequency)**. Weivlenf ntiantia a wotwa mu wɔ baabi bere pɔtee biara mu no wɔ **ntɛmntɛm frekwensi (high frequency)**.

weivlenf atenten = nyaa frekwensi
(low frequency)

weivlenf ntiantia = ntɛmntɛm frekwensi
(high frequency)

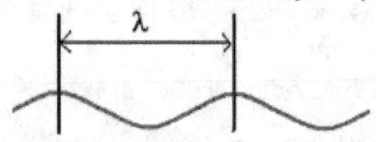 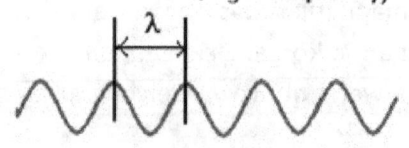

Adekyerɛ 32-7: Weivlenf atenten wɔ nyaa frekwensi (low frequency); weivlenf ntiantia wɔ ntɛmntɛm frekwensi (high frequency).

Eyi ma yɛka se radio weivs wɔ weivlenf atenten ne nyaa frekwensis. Ultra-vayolet weivs, X-reis ne gamma reis a wɔwɔ weivlenf ntiantia no wowɔ ntɛmntɛm frekwensis. Weivlenf atenten de nyaa frekwensi na etu kwan; weivlenf ntiantia de ntɛmntɛm frekwensi na etu kwan.

> **Weivlenf atenten ma yɛn nyaa frekwensi**
> **Weivlenf ntiantia ma yɛn ntɛmntɛm frekwensi**

Yesusuw frekwensi sɛ saikils dodow pɛɛ sekond. Yɛde sayenseni bi a wɔfrɛ no Hertz din na ato saa frekwensi yunit yi so. Ne saa nti, yɛfrɛ frekwensi yunit a ɛyɛ 1 saikil pɛɛ sekond no sɛ Hertz baako.

> **Yesusuw frekwensi wɔ Hertz mu. Hertz baako yɛ saikil baako pɛɛ sekond.**

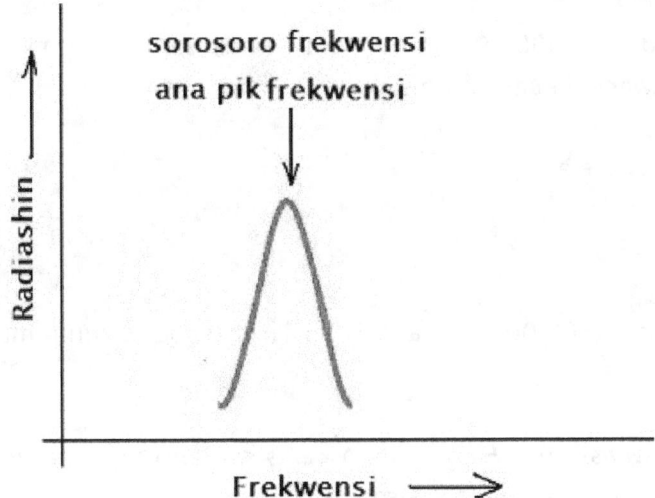

Adekyerɛ 32-8: Sorosoro frekwensi ana pik frekwensi

Yɛfrɛ frekwensi no beae a ɛwɔ bepɔw no atifi pɛɛ no sɛ ne **sorosoro frekwensi** anasɛ **"pik frekwensi."** Yetumi de pik frekwensi di ade bi ho adanse de yi n'adi fi nneɛma ahorow mu.

Esiane sɛ weivlenf ne frekwensi bɔ abira no nti, wodi atamfo proposhinal nkitaho. Yɛkyerɛw eyi sɛ:

$$\text{Weivlenf } (\lambda) = \frac{K}{\text{frekwensi}} \quad \text{anasɛ}$$

$$\text{Weivlenf } (\lambda) = \frac{v}{\text{frekwensi } (f)} \quad \text{bere a:}$$

... λ yɛ weivlenf
.. f yɛ frekwensi
.. v yɛ spiid a saa weiv no de tu kwan.

Yetumi twa eyi tiatia ma yenya:

$$\lambda = \frac{v}{f}$$

> .. anasɛ $v = f\lambda$

Ne saa nti, ade biara weivlenf taems ne frekwensi dodow yɛ saa weiv no spiid. Yenim hann spiid wɔ mframa ne vakuum mu. Yɛtaa frɛ saa hann spiid yi dodow sɛ **hann spiid konstant.**

Weivlenf taems frekwensi dodow yɛ weiv no spiid.

Mframa mu hann spiid a ɛyɛ 300 000 km/sekond no nnsesa da. Yetumi kyerɛw hann weivlenf ne frekwensi ekuashin no sɛ:

$$\lambda = \frac{v}{f} \text{ km/s} \quad \text{bere a:}$$

.. λ yɛ hann bi weivlenf
.. f yɛ weiv no frekwensi
.. v yɛ hann spiid a ɛyɛ konstant (300 00 km/s ana 3.0×10^8 m/s) wɔ vakuum mu.

Asɛmmisa:
Radio Diasɛmpa kasa wɔ frekwensi 760 kHz so. Radio weivs spiid wɔ mframa mu yɛ 300 000 km/s. Kyerɛ Radio Diasɛmpa weivlenf a ɛde yɛ adwuma.

Mmuae: Yenim sɛ $v = f\lambda$ bere a:
.. V yɛ weivs no spiid = 3.0×10^8 m/s
.. f yɛ radio no frekwensi = 760×10^3 Hz
.. λ yɛ weivlenf a yɛhwehwɛ no.
Ne saa nti: 3.0×10^8 m/s = 760×10^3 Hz $\times \lambda$
Eyi ma λ = **395 m.**

Asɛmmisa: Radar afiri bi a ɛkyere kaars a wɔkɔ spiid mmoroso no ma weivlenf bi a ɛyɛ 0.034 m. Wɔn spiid yɛ 300 000km/s. Kyerɛ wɔn frekwensi.
Mmuae: Yenim sɛ weivs biara $v = f\lambda$
Ne saa nti: 300 000km/s = $f \times 0.034$ m
Eyi ma yɛn: $f = 3.0 \times 10^8$ m pɛɛ sekond/ 0.034 m
   = 8.8×10^9 Hz = **8.8 GHz**

Hann spiid a ɛde tu kwan fa nneɛma ahorow mu no sesa. Sɛ hann fa nsu mu a, ne spiid no so huan ba 75% ne mframa mu spiid anasɛ 0.75 V. Yɛde V gyina hɔ ma hann spiid wɔ mframa mu a ɛyɛ 300 000 km pɛɛ sekond. Sɛ hann fa glaas mu a, ne spiid so huan ba bɛyɛ 0.67% ne mframa mu spiid ana 0.67V. Esiane sɛ glaas mu gu ahorow no nti saa spiid yi sesa kakra fi 0.67 V a egyina glaas ko no suban ne tebea so. Sɛ hann fa daamɔn mu a, ne spiid no so tew ba fam ba bɛyɛ 0.41% ne mframa mu spiid anasɛ 0.41 V. Sɛ hann fa ade bi mu, na ɛsan pue fi ade no mu ba mframa mu bio a, ɛsan fa ne mframa spiid a ɛyɛ 300 000 km/s no de toa n'akwantu so.

HANN NKYERƐASE

Ne tiatwa mu no, hann yɛ ɛlɛktromagnetik weivs anasɛ hann nsatea pii a akeka abobɔ mu na wɔn mu biara wɔ ɛlɛktrik ne magnet kyaagye suban. Saa hann nsatea bebree yi mu biara ho wɔ ɛlɛktrik fɔɔso nhyehyɛe ne magnet fɔɔso nhyehyɛe. Yɛfrɛ saa hann nsatea yi mu baako biara sɛ **rei**; ne dodow yɛ reis.

Reis pii a akeka abobɔ mu yɛ weivs. Ne saa nti, yɛkyerɛ hann ase sɛ weivs a ahoɔden wɔ mu na wɔwɔ ɛlɛktrik ne magnet suban ne nhyehyɛe na wodi nkitaho de spiid baako nantew.

Hann yɛ weivs a ahoɔden wɔ mu na wɔwɔ ɛlɛktrik ne magnet suban ne nhyehyɛe na wodi nkitaho de spiid baako nantew.

HANN SUBAN YƐ PATIKILS NE WEIVS

Ɛsiane sɛ hann nso tumi ma yenya patikils bi a yɛfrɛ wɔn fotons no nti, besi nnɛ da yi, sayense nntumi nnkyerɛ sɛ hann reis yɛ **patikils** ana **weivs**. Sayensefo bi kyerɛ sɛ hann reis yɛ weivs. Ebinom nso se saa reis yi yɛ patikils bebree a akeka abobɔ mu. Ɛsɛsɛ yehu sɛ saa akyinnyegye yi nnsesa sayense adesua a ɛfa hann ho no biara koraa. Yɛbɛkɔ so aka se hann reis yɛ weivs ne patikils de atoa yɛn hann adesua no so.

EMUKRENN NNEƐMA NE EMUASIW NNEƐMA (transparent and opaque)

Yɛakyerɛ dedaw sɛ hann yɛ weivs a ahoɔden wɔ mu na wɔwɔ ɛlɛktrik ne magnet suban ne nhyehyɛe na wodi nkitaho de spiid baako nantew. Yɛasan akyerɛ sɛ hann weivs yi fibae yɛ ɛlɛktrons a wɔwɔ atoms no mu mpopoho dodow pɔtee bi.

Hann weivs tumi fa nneɛma bi te sɛ glaas ne nsu mu. Yɛfrɛ nneɛma a hann tumi fa mu krennen no sɛ **emukrenn** (transparent) nneɛma (Adekyerɛ 32-9A).

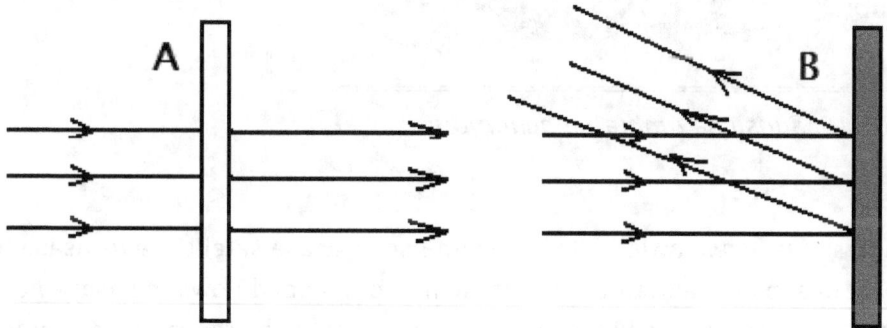

Adekyerɛ 32-9: Hann weivs tumi fa nneɛma bi mu (A) emukrenn; ebinom nso de hann nntumi mmfa mu koraa (B) emuasiw.

Nneɛma ahorow bi nso bi te sɛ nhoma, brikisi ne nnua siw hann weivs kwan a wɔmma wonntumi mmfa mu koraa. Yɛfrɛ saa nneɛma yi sɛ **emuasiw** (opaque) nneɛma. Sɛ hann weivs bi hyerɛn gu emuasiw nneɛma yi bi so a, hann weivs no ɛlɛktrons no de wɔn kinetik ahoɔden no nyinaa ma saa emuasiw ade ko no. Eyi ma emuasiw ade no kinetik ahoɔden nya nkɔso, a ɛkyerɛ sɛ n'ademude ahoɔden nya nkɔso. Eyi ma saa nneɛma yi ho yɛ hyew kakra.

Weivlenf atenten nso nntumi mfa glaas mu. Ɛlɛktromagnetik weivs bi te sɛ infra-red weivs ne ultra-vayolet weivs nntumi mmfa glaas mu. Sɛ infra-red weivs bi hyerɛn gu glaas so a, ɛnyɛ glaas no ɛlɛktrons no nkutoo na wɔwosowosow wɔn ho, na mmom glaas no mu atoms ne molekuls no nyinaa nso wosowosow wɔn ho. Eyi ma glaas no ademude ahoɔden nya nkɔso; eyi ma glaas no ho yɛ hyew. Eyi nti, yɛtaa frɛ infra-red weivs sɛ *ɔhyew weivs*.

SUNSUMA

Sɛ obi gyina owia mu a, ohu ne sunsuma sɛ egyina ne ho baabi te sɛ ebia n'anim, n'akyi ana ne nkyɛnmu. Baabi a obi hu ne sunsuma no yɛ baabi a owia reis no nntumi nnu. Mpɛn pii no, sunsuma no ano-ano no nnyɛ tumm sɛ sunsuma no mfinimfini. Hann reis no kakra bi tumi du sunsuma no ano-ano ma ɛhɔ yɛ hann kakra sen sunsuma no mfinimfini. Yɛfrɛ sunsuma no ano-ano, baabi a hann reis kakra bi tumi hyerɛn no sɛ **'penumbra'**. Sunsuma no mu baabi a ɛyɛ tumm a hann reis biara nntumi nnu no din de **'umbra'**. Eyinom yɛ latin sayense nsɛmfua a wiase amansan nyinaa agye ato mu a, ɛsɛsɛ yɛn nso yetumi fa de ka yɛn kasa ho.

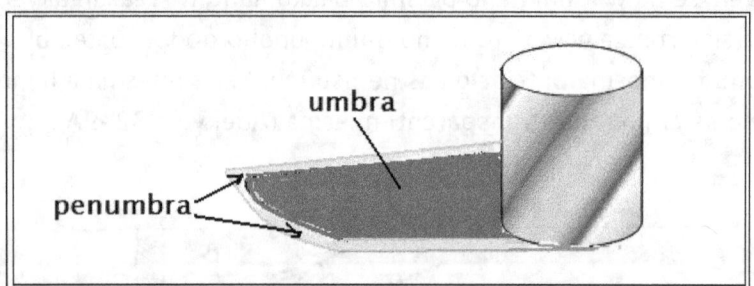

Adekyerɛ 32-10: Sunsuma umbra ne penumbra

OWIA EKLIPSE

Yenim sɛ asase twa owia ho hyia; ɔsram nso yɛ asase satelit a etwa asase ho hyia. Sɛ ɛtɔ da bi a, ɔsram akwantu a ɛfa asase ho no ma ebedu owia ne asase ntam ma ɔsram sunsuma kata nsase bi so. Sɛ ɛba no saa a, yeka se yɛanya **'owia nyerae'** ana **'owia eklipse'**.

Sɛ yenya owia eklipse a, wiase so nnipa ahorow bi hu owia no; ebinom nso de, wonnhu hwee koraa, wɔn wiase nyinaa yɛ tumm kosi sɛ asase ne ɔsram befi saa lain baako no so na eklipse no to atwa.

Yɛakyerɛ saa owia nyerae yi wɔ Adekyerɛ 32-11 so. Sɛnea yehu no, ɔsram abegyina asase ne owia ntam. Eyi ama ɔsram sunsuma atow agu asase so. Sɛ ɛba no saa a, nnipa bi a wɔwɔ asase **mmeammeae A** so no nya owia eklipse no turodoo a ɛma wɔn wiase nyinaa so yɛ tumm. Yɛka se saa nnipa yɛ wɔ **ɔsram umbra** no mu.

Nnipa a wɔn nsase wɔ **mmeammeae B** so no behu hann kakra efisɛ wɔn nsase wɔ ɔsram sunsuma no ano-ano a hann kakra tumi fa. Yɛka se saa nnipa yi wɔ **ɔsram penumbra** no mu. Nnipa a wɔn nsase wɔ mmeammeae bi te sɛ D no de wonnhu eklipse no ho hwee koraa efisɛ ɔsram sunsuma biara renkata wɔn so.

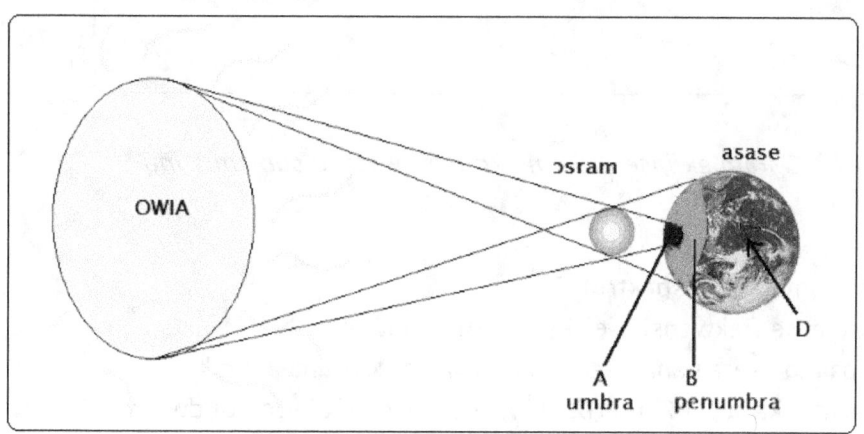

Adekyerɛ 32-11: Owia eklipse: ɔsram sunsuma akata nsase bi so.

Mpɛn pii no sayensefo ne dɔketafo kyerɛ sɛ enye sɛ obiara de n'aniwa bɛhwɛ owia bere a yenya owia nyerae efisɛ owia radiashin a emu bi yɛ ultra-vayolet weivs no tumi sɛe onipa aniwa.

Bio nso, saa ultra-vayolet weivs yi tumi ma honam kansa yare. Saa kansa yare taa bɔ nnipa akɔkɔɔ ne aborɔfo a wonni mɛlanin a ɛyɛ pigmɛnt tuntum wɔ wɔn honam mu pii no. Mɛlanin pigmɛnt yi a ɛwɔ honam mu no na ɛma nnipa honam yɛ tuntum no; saa mɛlanin pigmɛnt yi ara nso na ɛbɔ nnipa tuntum nyinaa ho ban fi owia weivs a ɛma honam kansa no ho.

ƆSRAM EKLIPSE

Sɛnea yɛwɔ owia eklispe no, sa ara nso na yɛwɔ ɔsram eklipse. Bere biara a yɛn wiase asase yi akwant a ɛde twa owia ho hyia no bedu beae bi a ɛma ebegyina owia ne ɔsram ntam no, yenya 'ɔsram nyerae' ana 'ɔsram eklipse'. Sɛ yenya ɔsram eklipse a, ɔsram behintaw asase sunsuma mu koraa a ɛmma nnipa a wɔwɔ asase so kyɛfa bi te sɛ mmeammeae A no nnhu ɔsram no ho baabiara. Wɔn a wɔwɔ asase so mmeammeae B no kɔ so hu ɔsram no. Yɛakyerɛ saa ɔsram eklipse yi wɔ Adekyerɛ 32-12 so.

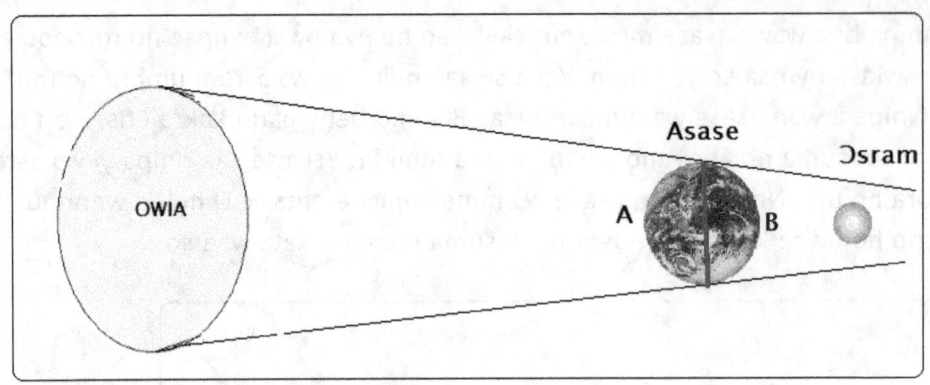

Adekyerɛ 32-12: Ɔsram eklipse: Ɔsram akohintaw asase sunsuma mu

Nsɛmmisa:

1. Dɛn ne ɛlɛktromagnetik spektrum?
2. Kyerɛ weivlenf ne frekwensi ase? Kyerɛ wɔn yunits nso.
3. Fa simma baako kyerɛ hann ase. So hann yɛ patikils ana asorɔkye?
4. Onipa-Pa Radio kasa wɔ 770 kHz so. Kyerɛ weivlenf a wɔde di dwuma.
5. Dɛn ne Hertz?
6. Kyerɛkyerɛ saa nsɛmfua yi mu kyerɛ obi a ɔnkɔɔ sukuu da:
    (i) owia nyerae (ii) ɔsram nyerae (iii) umbra (iv) penumbra
7. Da bi awia ketekete no, sum duruu wɔ Nkran asase so ma owia yerae wɔ wim bɛyɛ kakraa bi ne akyi, nanso Lagos de na wɔda so hu ade. So wobetumi anya eyi ho nkyerɛase bi ana?

TIFA 8 : SƐNEA HANN MA YENYA KƆLAS AHOROW

Nkyerɛkyerɛmu

Twi	Brɔfo
Absopshin	absorptin
Ahabanmono	green
Akokɔsrade	yellow
Akutu-kɔla	orange (colour)
Anuanom kɔlas	complementary colours
Blu	blue
Daye	dye, pigment
Filament-bɔlb kanea	filament bulb electric light
Foto saman	negative of a photograph
Glaas kiwb	glass cube
Indigo	indigo
Kɔla-adansedifo	colour receptors
Kɔla-onifuraeni	colour defective (blind) person
Kogyan	red
Koon	cone (in the retina the eye)
Magyenta	magenta
Mfiase nkekaho kɔla	primary additive colour
Mfiase nyifim kɔla	primary subtractive colour
Nua-penti kɔla	complementary colour
Pigmɛnt	pigment, dye
Prisim	prism
Radiashin graf	radiation curve
Reflekshin	reflection
Sayan	cyan
Sodium-mframa kanea	sodium vapour lamp
Tungsten waya	tungsten wire
Transmishin	transmission
Vayolet	violet

ƐLEKTROMAGNETIK SPEKTRUM

Yɛn aniwa ma yehu kɔlas pii wɔ yɛn wiase asase yi so. Nhwiren pii ma yɛn kɔlas a emu bebree yɛ fɛ yiye. Akokɔnini kɔkɔɔ ntakra ma yɛn kɔlas pii te sɛ kogyan, akokɔsrade ne tuntum. Saa ara nso na sɛ yɛhwɛ soro bere a owia rekɔtɔ a, yehu wim kɔlas ahorow bi te sɛ blu, fitaa ne akokɔsrade a ɛyɛ fɛ yiye. Nanso saa kɔlas yi nyinaa fi he?

Sayense kyerɛ sɛ saa kɔlas yi mmfi nhwiren, ntakra ana wim nsesae ahorow biara mu. Mmom, saa kɔlas yi fi hann a ɛtow gu saa nneɛma yi so no mu ne sɛnea onipa biara aniwa hu saa hann yi fa mu. Ne saa nti, sɛ yɛka se ahaban bi kɔla yɛ ahabanmono a, saa kɔla no mmfi ahaban no mu na mmom efi hann a egugu ahaban no so no mu, ne sɛnea yɛn aniwa kyerɛ yɛn sɛnea ehu saa ahaban no fa.

Esiane sɛ kɔla biara tebea fi hann a atwa yɛn ho ahyia ne obiara aniwa mu no nti, nnipa nyinaa nnhu kɔlas biara pɛpɛɛpɛ. Nnipa bi a wɔn aniwa to wɔn hintidua kakra a yɛfrɛ wɔn **kɔla-anifuraefo** no nnhu kɔlas nyinaa sɛ wɔn a wɔnnyɛ kɔla-anifuraefo. Ɛnyɛ sɛ saa nnipa yi nnhu kɔlas koraa na mmom wohu kɔlas bi te sɛ kogyan, ahabanmono ne blu sɛ kɔlas foforo. Ne saa nti, din kɔla-onifuraeni no nnyɛ din papa nanso esiane sɛ ɛno na yetumi de kyerɛ saa aniwa yi ho hintidua no ase no nti, yɛde bɛkyerɛ saa nnipa yi aniwa ho dɛm nimdeɛ yi ase kosi sɛ yebenya din papa a ɛfata de ama wɔn.

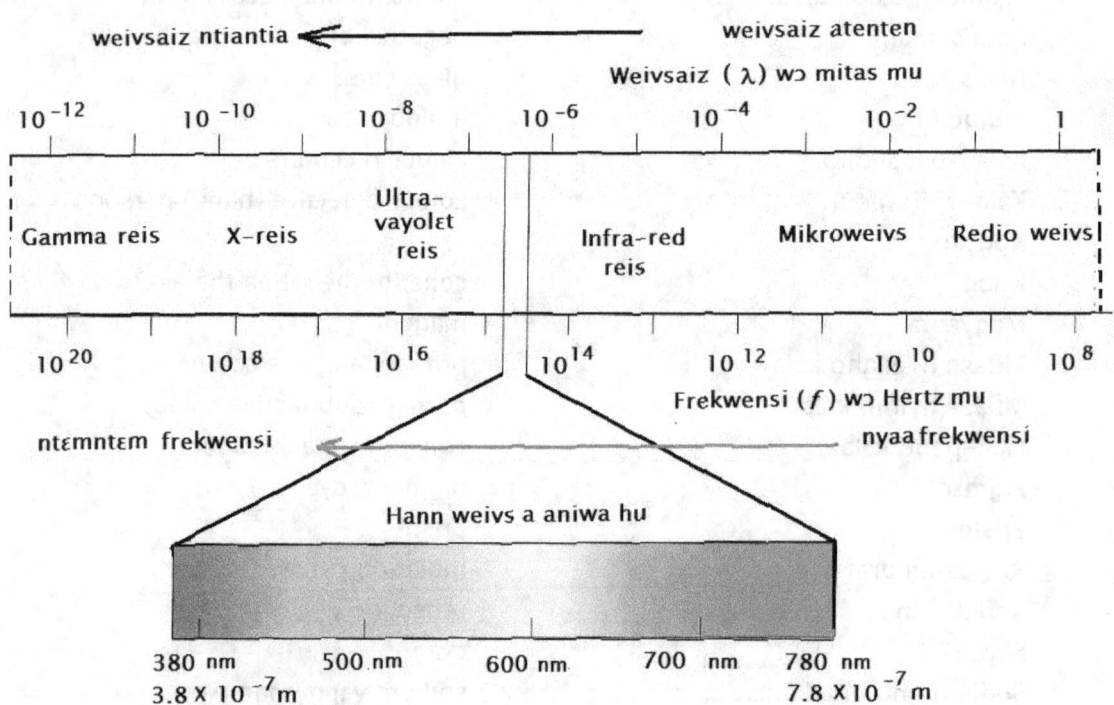

Adekyerɛ 33-1: Elɛktromagnetik spektrum a ɛkyerɛ nea aniwa tumi hu.

Sayense nimdeɛ kyerɛ sɛ kɔla biara a ɔdasani aniwa tumi hu no gyina hann a ɔrehwɛ no frekwensi so. Onipa dasani aniwa tumi hu frekwensis a wɔn weivlenf fi bɛyɛ 780 nanomitas kosi 380 nanomitas pɛ. Frekwensis nyaa a wɔn weivlenf yɛ atenten, na wɔboro eyinom so, te sɛ efi infra-red (>780 nm) so kosi radio weivs so no de, nokwasɛm ni, yɛn aniwa nntumi nnhu emu biara. Saa ara nso na frekwensis ntɛmntɛm a wɔn weivlenf yɛ ntiantia na wofi ase fi vayolet akyi (<380 nm) de kokɔ fam no nso, yenntumi nnhu ho hwee.

Sɛ yɛhwɛ wiase ɛlɛktromagnetik weivs sɛnea yɛakyerɛ wɔ Adekyerɛ 33-1 so no a, yehu sɛ hann weivs hyɛbea a efi bɛyɛ 380nm kosi 780 nanomitas no yɛ ketekete koraa wɔ mu.

Bio nso, yehu hann a ɛwɔ frekwensis a ɛsono no sɛ kɔlas ahorow. Yehu hann weiv a ne frekwensis yɛ nyaa na ne weivlenf yɛ atenten (bɛyɛ 780 nanomitas) no sɛ kogyan. Sɛ yesian ba fam koraa a, yehu hann a ne frekwensi yɛ ntɛmntɛm na ne weivlenf yɛ ntiantia (bɛyɛ 380 nm) sɛ vayolet a ɛbɛn blu kɔla. Fi kogyan kɔla so besi saa vayolet kɔla yi so, yenya kɔlas bebree wɔ ntam a wɔtoatoa so na wɔsesa fi baako mu kɔ fofro mu (Adekyerɛ 33-2).

Sɛ osu tɔ a, yetumi hu saa kɔlas yi nyinaa a wɔbobɔ mu sɛ nyankontɔn. Nanso esiane sɛ saa kɔlas yi benbɛn na ɛsesa fi baako mu kɔ fofro mu na yenntumi nnkyerɛ wɔn nyinaa no nti, yɛakyekyɛ wɔn mu akuwkuw asɔn sɛnea yebetumi anya mu ntease papa. Eyinom ne: **Kogyan, Akutu-kɔla, Akokɔsrade, Ahabanmono, Blu, Indigo ne Vayolet**. Yehu saa kɔlas yi mu bi wɔ Adekyerɛ 8-2 so.

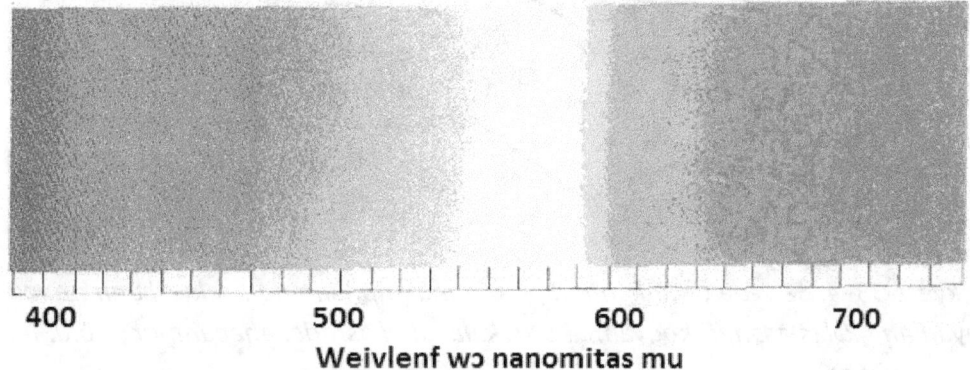

Adekyerɛ 33-2: Hann mu kɔlas a aniwa tumi hu

Sɛ yɛkeka saa kɔlas yi nyinaa bobɔ mu a, yenya kɔla fitaa. Ne saa nti owia kɔla fitaa a yehu no yɛ saa kɔlas yi nyinaa nkabom. Yɛbɛyɛ dɛn ayi saa nimdeɛ yi adi? Yebetumi de glaas prisim ayi saa nimdeɛ yi adi turodoo.

GLAAS PRISIM NE HANN

Glaas prisim yɛ glass kiwb a yɛasinsen no te sɛ piramid (Adekyerɛ 33-3). Sɛ yɛde hann fa tokuru ketewaa bi mu na yɛsan de fa prisim yi mu a, prisim no tumi kyekyɛ owia hann no mu ma yenya kɔlas a yehu wɔn nyankontɔn mu no nyinaa. Yɛakyerɛ dedaw sɛ saa kɔlas yi yɛ kogyan, akutu-kɔla, akokɔsrade, ahabanmono, blu, indigo ne vayolet. Saa kɔlas asɔn yi weivlenf fi ase fi bɛyɛ 780 nm (kogyan) so kosi bɛyɛ 380 nm (vayolet).

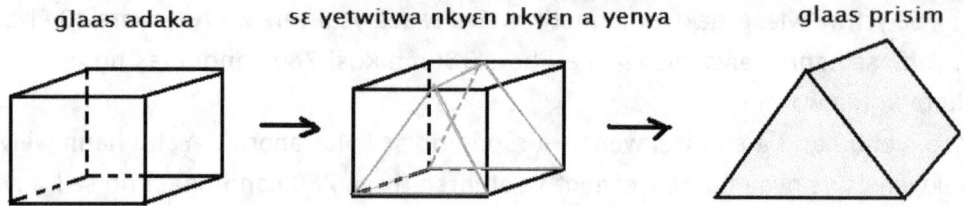

Adekyerɛ 33-3: Sɛ yetwitwa glaas prisim bi nkyɛnnkyɛn mu, sew ho tromtrom a, yenya glaas prisim.

Sɛ yetumi kyekyɛ hann mu na yenya kɔlas asɔn de a, na ɛkyerɛ sɛ bere biara a yɛde saa kanea kɔlas yi bɛsan abobɔ mu no nso, yebetumi anya hann bio. Yɛbɛfrɛ saa hann yi sɛ hann fitaa wɔ yɛn adesua yi mu.

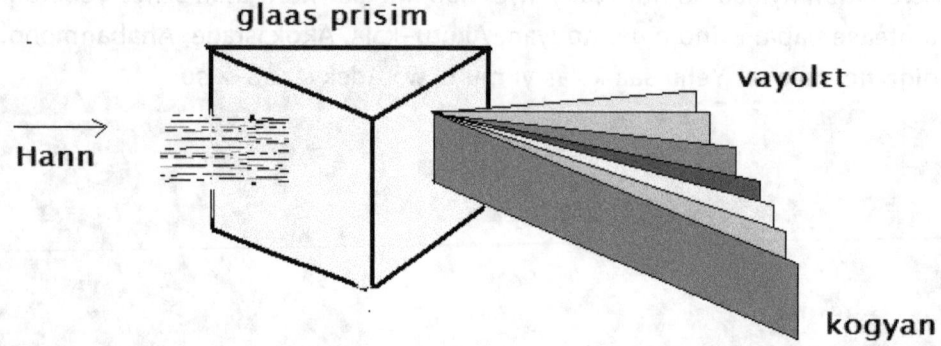

Adekyerɛ 33-4: Sɛ yɛde owia hann fa prisim mu a, prisim no kyekyɛ hann no mu ma yenya hann kɔlas asɔn (fi kogyan, akutu-kɔla, akokɔsrade, ahabanmono, blu, indigo kosi vayolet so).

HANN REFLEKSHIN

Sɛ yɛka sɛ ade bi **reflekte** hann a, yɛkyerɛ sɛ bere biara a hann reis bi bɛhyerɛn agu ade ko no so no, saa ade no san pam hann reis no mu bi, yi wɔn adi ma wɔsan kɔ wɔn akyi fibae no bio. Wiase mu nneɛma nyinaa reflekte hann gye akanea ne lasers ahorow pɛ. Yɛfrɛ saa kwan a ade bi fa so de pam hann frekwensis a ɛhyerɛn gugu so, na eyiyi wɔn adi ma wɔsan kɔ wɔn akyi bio no sɛ **reflekshin**.

Mpɛn pii no, nneɛma bebree reflekte hann reis a egugu so no mu frekwensis no mu kakraa bi pɛ; nneɛma pii ma hann frekwensis no bi fa wɔn mu. Sɛ hann frekwensis bi fa ade bi mu na yɛanhu saa hann frekwensis no bio koraa a, yɛka se ade ko no **akyere saa hann frekwensis no amene wɔn.**

Yɛfrɛ ɔkwan a ade bi fa so de kyere hann frekwensis bi mene wɔn no sɛ **absopshin**. Ne saa nti, reflekshin ne absopshin bɔ abira. Reflekshin kyerɛ sɛnea ade bi pam hann frekwensis fi ade ko no mu ma wɔsan ba mfikyiri bio; absopshin kyerɛ sɛnea ade no kyere hann frekwensis no mene wɔn mma yennhu wɔn bio.

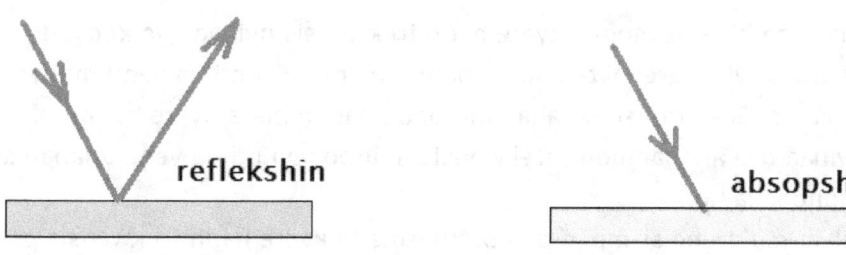

Adekyerɛ 33-5: Reflekshin ne absopshin.

Reflekshin = kyere na pam fi wo ho. Absopshin = kyere na mene

Hann reflekshin ne absopshin na wɔma yehu ade bi kɔla. Ade biara frekwensis (kɔlas) a ɛpam fi hann mu no na yehu sɛ saa ade ko no kɔla. Yenim sɛ nhwiren ahorow pii wowɔ kɔlas bebree te sɛ blu, kogyan, akokɔsrade ne nea ɛkeka ho, nanso nhwiren nni kɔla biara; mmom ɛreflekte hann frekwensis pɔtee bi a yehu no sɛ ne kɔlas. Ne saa nti, nhwiren biara kɔla a yehu no yɛ hann frekwensis a nhwiren no reflekte anasɛ ɛpam fi ne so no.

Sɛ yɛde ahaban a ne kɔla yɛ ahabanmono si hann fitaa mu a, ɛreflekte ahabanmono frekwensi nkutoo; ahaban no mene kɔlas a aka no nyinaa frekwensis ma ɛka ahabanmono de nkutoo. Eyi nti na yehu ahaban no sɛ ahabanmono no.

Sɛ nhwiren bi reflekte (pam) kogyan frekwensi nkutoo fi hann frekwensis a ɛhyerɛn gugu ne so no mu a, yehu nhwiren kɔla no sɛ kogyan. Sɛ yɛhyerɛn kɔlas ahorow gu nhwiren bi so a, nhwiren no ma yenya kɔlas foforo bi.

Yɛnfa no sɛ yɛde hann fa prisim mu ma yenya kɔlas asɔn ahorow no. Sɛ yɛde nhwiren kogyan bi to saa kɔlas mmaako mmaako yi mu a, nhwiren no kɔla sesa yɛ brawono ne tuntum gye bere a ɛwɔ kogyan kɔla no mu nkutoo na ɛkɔ so yi kogyan kɔla adi. Eyi kyerɛ yɛn sɛ, kogyan nhwiren no mene kɔlas ahorow yi gye kogyan kɔla no nkutoo; sɛ nhwiren no pam anasɛ ɛreflekte saa kogyan kɔla yi nkutoo a, ɛma yehu nhwiren no sɛ ɛyɛ kogyan.

ADE BIARA MU ATOMS TEBEA NA WƆREFLEKTE HANN

Nneɛma fa kwan bɛn so na wɔreflekte hann frekwensis ma yenya kɔlas? Yenim dedaw sɛ ade biara yɛ atoms ahorow a wɔn mu biara wɔ ɛlɛktrons. Atoms biara mu ɛlɛktrons a wowɔ akyirikyiri shɛɛls no mu no na wɔma yenya kɔlas. Sɛ yɛhyerɛn hann gu ade bi so a, hann frekwensis ma saa ade ko no mu ɛlɛktrons a wowɔ atom no akyirikyiri shɛɛls no mu no fi ase popo wɔn ho biribiri. Eyi ma saa ɛlɛktrons no yi wɔn ankasa ɛlɛktromagnetik reis frekwensis bi adi. Saa frekwensis a woyi adi no kɔlas na yehu ma ɛkyerɛ yɛn sɛ ade bi te sɛ mogya yɛ kɔkɔɔ, anasɛ ete sɛ gyabiriw a ɛyɛ tuntum no.

Ne saa nti, sɛ hann hyerɛn gu ade bi so a, ade ko no kyere hann frekwensis no bi; ɛna ne ɛlɛktrons no nso yi frekwensis bi adi pam wɔn fi ade ko no mu. Sɛ ade bi kyere hann frekwensis no mu bi, na ɛreflekte ebi a, yehu frekwensis a ɛpam no sɛ ade ko no kɔla. Ade bi te sɛ mogya kyere hann frekwensis nyinaa gye kogyan frekwensis nkutoo; eyi na ɛreflekte anasɛ ɛpam fi ne mu. Eyi nti na yehu mogya sɛ ɛwɔ kogyan kɔla no. Saa ara nso na ahabanmono ahaban biara kyere hann frekwensis nyinaa gye ahabanmono frekwensis nkutoo; eyi nti na yehu ahaban sɛ ɛwɔ ahabanmono kɔla no.

Ne tiatwa mu no ne sɛ mpɛn pii no, nneɛma bi kyere hann frekwensis pɔtee bi, ma wɔreflekte kɔla frekwensis ahorow bi nso. Saa kɔlas dodow a ade ko no reflekte anasɛ ɛpam no nkabom na yehu, ma ɛkyerɛ yɛn saa ade ko no kɔla.

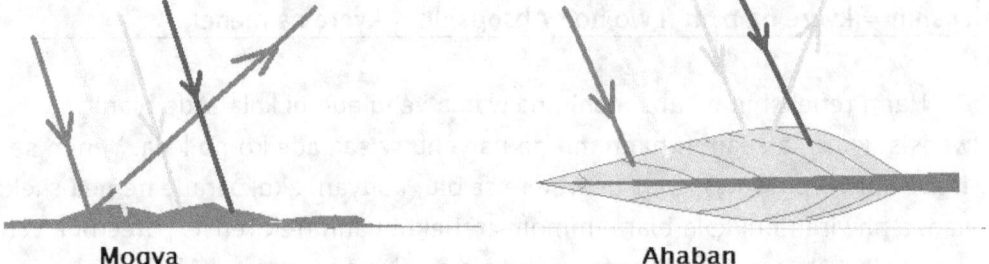

Adekyerɛ 33-6: Mogya reflekte kogyan frekwensis nkutoo; ahabanmono ahaban reflekte ahabanmono kɔla frekwensis nkutoo.

SƐNEA YEHU KƆLAS AHOROW WƆ AKANEA MU

Ɛsono filament bɔlb kanea na ɛsono fluoresent kanea. Filament bɔlb kanea reflekte hann mu nyaa frekwensis (kogyan, akutu-kɔla a wɔwɔ weivlenf atenten) sen ntɛmntɛm frekwensis (blu, vayolet a wɔwɔ weivlenf ntiantia). Yɛka se ɛkyere kura saa kogyan ne akutu kɔlas yi. Ne saa nti, sɛ wohwɛ ade bi wɔ filament bɔlb kanea mu a, wobehu sɛ ɛma kogyan kɔlas no mu piw sen sɛnea ɛte wɔ mfikyiri ana owia hann mu.

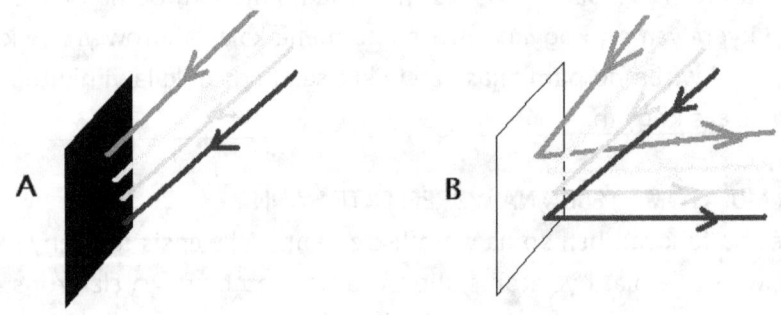

ade no akyere amene hann frekwensis no nyinaa – tuntum

ade no reflekte hann frekwensis no nyinaa – fitaa

Adekyerɛ 33-7: Sɛ ade bi kyere frekwensis nyinaa na antumi anreflekte biara a, yehu no sɛ tumm. Sɛ ade no reflekte hann kɔlas no nyinaa a, yehu no sɛ fitaa.

Fluoresent tuub kanea nnte sa. Fluoresent tuub kanea reflekte hann mu ntɛmntɛm frekwensis (blu, vayolet a wɔwɔ weivlenf ntiantia) sen nyaa frekwensis (kogyan, akutu-kɔla a wɔwɔ weivlenf atenten). Yɛka se ɛkyere kura saa blu ne vayolet kɔlas yi. Ne saa nti, sɛ wohwɛ ade blu bi wɔ fluoresent tuub kanea mu a, wobehu sɛ ne blu kɔlas mu piw sen kogyan kɔlas wɔ fluoresent tuub kanea mu.

Sɛ ade bi kyere hann frekwensis nyinaa, na antumi anreflekte frekwensi biara a, yehu saa ade no sɛ tuntum. Sɛ ade bi reflekte hann frekwensis a egu so no nyinaa a, yehu saa ade no sɛ fitaa; a ɛkyerɛ hann kɔlas no nyinaa nkabom.

SƐNEA HANN FA GLAAS MU – TRANSMISHIN

Hann weivs frekwensis pii tumi hyɛn glaas mu, pue wɔ glaas no akyi san toa wɔn akwantu so. Yɛfrɛ saa ɔkwan a hann fa so de hyɛn glaas mu no sɛ **transmishin**. Sɛ yehu glass bi sɛ blu a, na ɛkyerɛ sɛ saa glass no tumi kyere, mene hann frekwensis a ɛfa mu no nyinaa gye blu frekwensis nkutoo. Saa blu frekwensi a ɛhyerɛn gu glass no so no san pue fi mu ma yetumi hu glass no sɛ blu.

Mpɛn pii no, engyineafo de **pigmɛnts** ana **dayes** a wɔwɔ kɔlas bi hyehyɛ glaas mu. Dayes yɛ nnɔbae, nnua ne ntin ahorow mu kompawunds bi a wɔwɔ kɔlas bi na yetumi yiyi de ma nneɛma fofro de sesa wɔn kɔlas nso.

Dayes pam frekwensis bi, wɔkyere frekwensis bi nso mene wɔn. Frekwensis a daye bi nntumi nnkyere no na yehu sɛ ne kɔla no. Sɛ daye bi a ɛwɔ glaas bi mu kyere na ɛmene (absopshin) hann mu frekwensis bi a, daye no mu molekuls a wɔakyere saa hann frekwensis no wosowosow wɔn ho ma wonya kinetik ahoɔden. Saa kinetik ahoɔden yi ma glass no ho yɛ hyew. Ne saa nti, hann frekwensis a enntumi mmfa glass bi mu no ma saa glass a frekwensis no hyɛn mu no ho yɛ hyew.

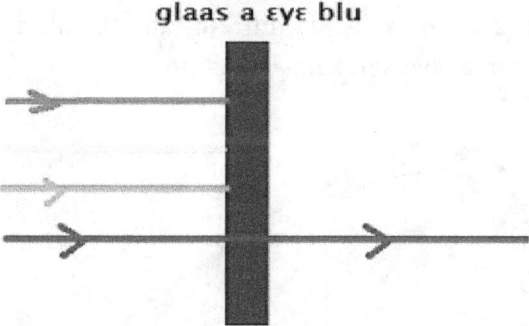

Adekyerɛ 33-8: Glaas a ɛyɛ blu no kyere hann frekwensis nyinaa mene wɔn gye nea ɛyɛ blu no nkutoo. Eyi nti na yehu glaas no sɛ blu no.

Sɛ hann frekwensis nyinaa tumi fa glaas bi mu a, ɛno de glaas no nntumi mma kɔlas biara. Yehu saa glaas yi sɛ emukrenn glaas. Glaas a yɛde yeyɛ mfɛnsere ahorow no te saa; hann frekwensis nyinaa tumi fa mu pɛpɛɛpɛ eyi nti na wonni kɔlas biara no.

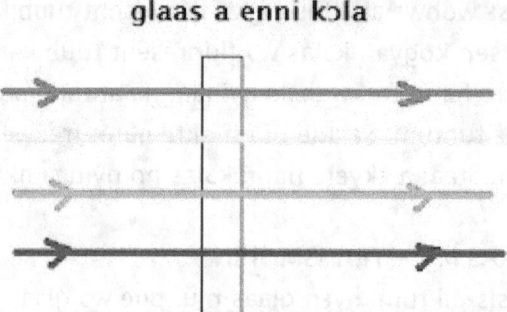

Adekyerɛ 33-9: Hann frekwensis nyinaa tumi fa mfɛnsere glaas mu pɛpɛɛpɛ enti enni kɔla biara.

OWIA HANN FREKWENSIS NO HYERƐN TEBEA – RADIASHIN GRAF

Sɛ ade sa anasɛ sum duru wɔ baabi a, yehia kanea na yɛde ahu ade. Eyi ma kaneayɛfo yɛ nhwehwɛe de susuw hann frekwensis mu de kyerɛ nea ɛma yetumi de hu ade yiye. Hann frekwensis a yɛde hu ade yiye no nso yɛ nea ɛhyerɛn yiye. Sɛ yɛde prisim kyekyɛ (owia) hann weivs mu a, yebetumi asusuw sɛnea kɔlas a yenya no mu biara hyerɛn fa. Saa graf a yenya, na ɛkyerɛ yɛn hann frekwensis ahorow yi mu biara hyerɛn dodow yi din de **radiashin graf**. Yehu owia hann radiashin graf wɔ Adekyerɛ 33-10 so.

Sɛ yɛhwɛ saa owia radiashin graf yi a, yehu sɛ nsonsonoe deda owia hann frekwensis no hyerɛn dodow mu; frekwensis no nyinaa hyerɛn dodow nnyɛ pɛpɛɛpɛ. Yetumi ka se ebinom hyerɛn sen ebinom. Frekwensis a ɛhyerɛn yiye no yɛ wɔn a wɔwɔ akokɔsrade-ahabanmono kɔlas no mu. Ne saa nti, aniwa tumi hu akokɔsrade-ahabanmono kɔlas nneɛma yiye sen kɔlas a aka no.

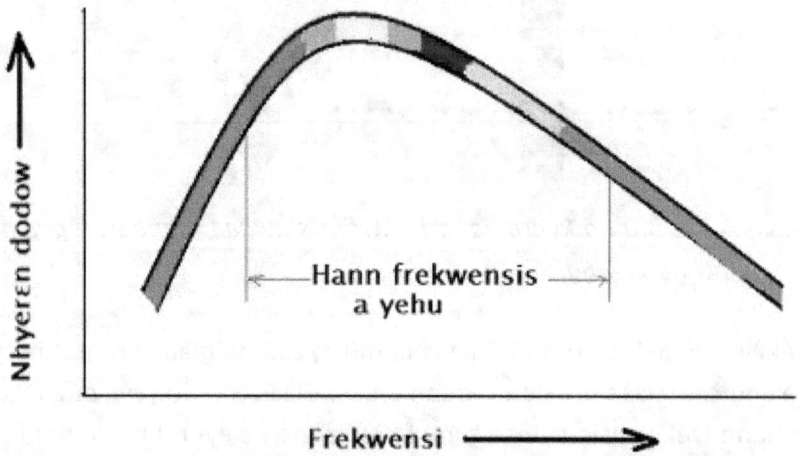

Adekyerɛ 33-10: Hann frekwensis mu biara hyerɛn dodow.

Eyi nti na sɛ sum duru a, sodium-mframa kanea a wɔma kɔlas a ɛyɛ akokɔsrade no ma yehu nneɛma yiye sen kanea a yenya fi filament-bɔlb mu no.

Yɛbɛkae sɛ filament-bɔlb kanea yɛ tungsten waya a adɔ yiye na ɛhyerɛn wɔ glaas adaka bi mu; ɛno na ɛma yɛn kanea no.

MFIASE NKEKAHO KƆLAS (primary additive colours)

Yɛbɛkae sɛ hann frekwensis ma yɛn kɔlas bi a wɔn nyinaa nkabom san ma yenya hann fitaa. Yɛbɛkae nso sɛ, kɔlas a yehu no gyina yɛn aniwa so. Onipa biara aniwa nkosua mu wɔ kɛtɛ bi a ɛsɛw mu na yɛfrɛ no **retina**. Saa retina yi mu wɔ kɔla-adansedifo bi a yɛfrɛ wɔn **koons**. Saa koons yi na wɔkyere frekwensis ahorow, di ho adanse de kyerɛ yɛn ti mu adwene, ma ɛkyerɛ yɛn kɔla ko a ade bi yɛ. Sayense nhwehwɛmu kyerɛ sɛ saa koons yi akyekyɛ kɔla frekwensis nyinaa mu ama anya kɔlas nkuwkuw abiɛsa pɛ; saa nkuwkuw abiɛsa yi nkutoo ho adanse na saa koons yi tumi di.

Koons yi mu kuw a edi kan no hu nyaa frekwensis no sɛ **kogyan**. Koons no mu kuw a ɛto so abien no hu hann mu adantam-frekwensis no sɛ **ahabanmono**. Koons no mu kuw a ɛto so abiɛsa no hu ntɛmntɛm frekwensis no sɛ **blu**.

Ne saa nti, yɛn aniwa de saa kɔlas abiɛsa yi pɛ na edi wiase kɔlas nyinaa ho adanse ma yɛn adwene. Sɛ yɛde kanea kogyan, ahabanmono ne blu hyerɛn baabi ma wɔfrafra a, saa kones yi ma yɛn aniwa hu saa kanea mframframu yi sɛ **fitaa**. Esiane sɛ kɔlas abiɛsa yi pɛ tumi ma yehu wiase kɔlas nyinaa no nti, yɛfrɛ saa kɔlas abiɛsa yi: kogyan, ahabanmono ne blu sɛ **mfiase-nkekaho kɔlas**.

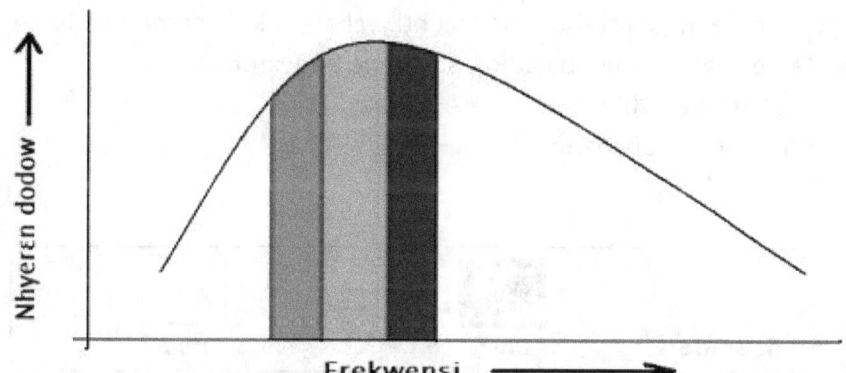

Adekyerɛ 33-11: Mfiase-nkekaho kɔlas yɛ kogyan, ahabanmono ne blu.

> Yɛn aniwa de kɔlas abiɛsa pɛ na edi wiase kɔlas nyinaa ho adanse ma yɛn adwene. Yɛfrɛ saa kɔlas abiɛsa yi: kogyan, ahabanmono ne blu sɛ mfiase-nkekaho kɔlas.

SƐNEA HANN KƆLAS FRAFRA

Sɛ yetumi de akanea mu kɔlas abiɛsa pɛ frafra de nya kɔla fitaa de a, dɛn kɔlas na yenya bere a yɛde saa **mfiase-nkekaho kɔlas** yi mu abien bi frafra?

Osuahu kyerɛ sɛ akanea a ɛyɛ kogyan ne ahabanmono frafra ma yenya **akokɔsrade**. Sɛ yɛde kogyan ne blu akanea frafra a, yenya kɔla bi a yɛfrɛ no

magyenta. Nea etwa to, sɛ yɛde ahabanmono ne blu akanea frafra a, yenya kɔla foforo bi a yɛfrɛ no **sayan**. Yɛkyerɛ saa nkekaho yi sɛ:

Kogyan + ahabanmono	= akokɔsrade	(KAA)
Kogyan + blu	= magyenta	(KBM)
Ahabanmono + blu	= sayan	(ABS)

(Yebetumi de saa lɛtɛs KAA, KBM ne ABS yi akae saa nimdeɛ yi.)

Adekyerɛ 33-12: Akokɔsrade, magyenta ne sayan.

Yetumi kyerɛkyerɛ eyi mu sɛ:

Akokɔsrade nni blu	(AK–B)
Magyenta nni ahabanmono	(M–AH)
Sayan nni kogyan.	(S–K)

Bɔ mmɔden na fa kwan bi so sua eyi yiye na ma ɛnka wo tim. Anwonwasɛm ne sɛ, bere biara a yɛde akokɔsrade ne blu frafra no, yenya kɔla fitaa. Bere biara a yɛde magyenta ne ahabanmono bɛfrafra no, yenya fitaa. Saa ara nso na sɛ yɛde sayan ne kogyan frafra a, yenya fitaa. Ne saa nti, yɛka se akokɔsrade ne blu bɔ abira, magyenta ne ahabanmono bɔ abira; sayan ne kogyan bɔ abira.

Akokɔsrade + blu	= fitaa
Magyenta + ahabanmono	= fitaa
Sayan + kogyan	= fitaa

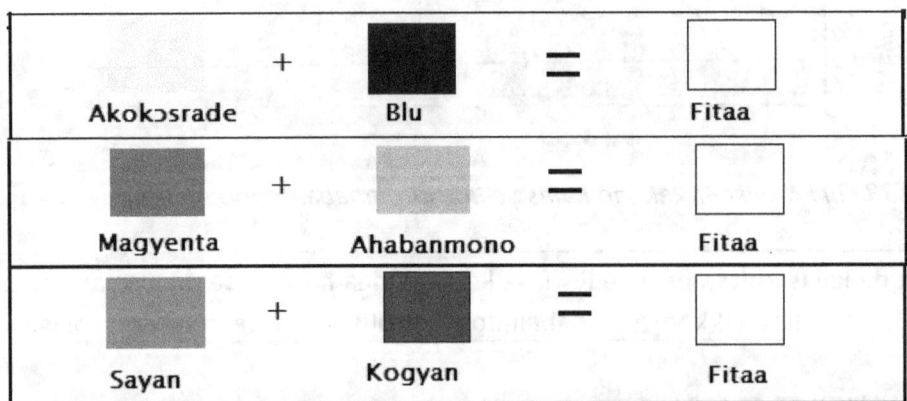

*Adekyerɛ 33-13: Kanea ne hann mu **anuanom kɔlas**.*

Sɛ yɛde kanea kɔlas abien bi frafra ma yenya fitaa a, yɛfrɛ saa kɔlas abien no sɛ **anuanom** kɔlas. Kɔla biara wɔ ne nua kɔla a ɛfra ma yenya fitaa. Ne saa nti, akokɔsrade ne blu yɛ anuanom kɔlas; magyenta ne ahabanmono yɛ anuanom kɔlas; saa ara nso na sayan ne kogyan yɛ anuanom kɔlas.

Wɔn a wɔyɛ sini ne kɔnsɛt no taa de saa nimdeɛ yi frafra kɔlas ma wonya kanea kɔlas ahorow wɔ wɔn dwumadi mu.

(Anuanom kɔlas: Sɛ wokae sɛ **sayan** ne **kogyan** din sesɛ; **magyenta** nso ne **ahabanmono** mu wowɔ **ma ne ha** a, wobetumi akae sɛ nea aka no a wɔyɛ **akokɔsrade ne blu** a wɔn mu biara din lɛtɛs no sono no nso yɛ anuanom; eyi betumi ama aka wo ti mu).

PENTI KƆLAS NE HANN KƆLAS

Sɛ yɛde penti kogyan, blu ne ahabanmono frafra a, yenntumi nnya kɔla fitaa. Mmom yenya kɔla bi a ɛyɛ brawono. Adɛn nti ne yennya fitaa? Ɛsono sɛnea hann kɔlas frafra ne sɛnea penti kɔlas frafra.

Penti biara yɛ daye patikils nketenkete bi a wɔkyere kɔlas pɔtee bi. Yɛfrɛ kɔla a daye bi tumi kyere no sɛ ne **nua-penti kɔla**. Daye kogyan kyere kɔla sayan. Ne saa nti, penti kogyan ne penti sayan yɛ **anuanom kɔlas**. Eyi kyerɛ sɛ penti kogyan biara te sɛ penti fitaa a yɛayi sayan afi mu. Saa ara nso na penti blu nua kɔla yɛ akokɔsrade. Ne saa nti, penti blu ne penti akokɔsrade yɛ anuanom kɔlas. Penti blu yɛ ne ho te sɛnea yɛayi ne nua kɔla akokɔsrade afi mu enti ɛreflkete kɔlas nyinaa gye ne nua akokɔsrade nkutoo a ɛkyere de hintaw. Eyi ma yehu kɔla no sɛ blu. Ne saa nti, sɛ yeyi akokɔsrade kɔla fi penti fitaa mu a, yenya blu.

Penti Kogyan kyere sayan de hintaw = anuanom kɔlas
Penti Blu kyere akokɔsrade de hintaw = anuanom kɔlas
Penti Ahabanmono kyere magyenta de hintaw = anuanom kɔlas

Esiane sɛ penti kogyan kyere sayan de hintaw no nti, ɛma yehu kogyan kɔla sɛ kogyan. Saa ara nso na sɛ yeyi akokɔsrade kɔla fi fitaa mu a, yenya blu. Edi so sɛ, bere biara a yebeyi magyenta afi penti fitaa mu no, yenya ahabanmono.

Adekyerɛ 33-14: Kogyan, ahabanmono ne blu yɛ nyifim mfiase kɔlas.

Fitaa – sayan = kogyan
Fitaa – magyenta = ahabanmono
Fitaa – akokɔsrade = blu

Ne saa nti, sɛ yɛba penti mu a, yɛfrɛ magyenta, sayan ne akokɔsrade sɛ **nyifim mfiase kɔlas**.

Akokɔsrade, Magyenta, Sayan = Nyifim mfiase kɔlas

Sɛ yɛhwɛ samina ahuru mu a, yehu saa nyifim mfiase kɔlas yi nkutoo sɛ wodi mu ahensɛm. Eyi kyerɛ sɛ mfiase nkekaho kɔlas no bi ayiyi wɔn ho afi samina ahuru no mu. Foto biara kɔlas nso gyina saa **nyifim mfiase kɔlas** yi so. Sɛ hann weivs hyerɛn gu foto so a, eyi hann frekwensis bi fi kɔlas a ɛreflekte no bi mu. Sɛ yɛfa penti, foto ne printa a, yehu sɛ magyenta ne sayan ne akokɔsrade tumi frafra ma yɛn kɔlas a yehu wɔ **foto saman** mu no.

Magyenta + sayan + akokɔsrade = foto saman

Sɛ yɛde tuntum ka ho a, na yɛanya kɔlas nyinaa. Ne saa nti, yehia penti kɔla tuntum de aka magyenta, sayan ne akokɔsrade ho ansa na yɛatumi anya wiase penti kɔlas ahorow nyinaa.

Magyenta + sayan + akokɔsrade + tuntum = kɔlas ahorow nyinaa.

Adekyerɛ 33-15: Tuntum, sayan, magyenta ne akokɔsrade tumi ma yetintim wiase kɔlas nyinaa.

Obiara nntumi nnkwati tuntum mma onya kɔla papa da. Eyi nti na komputa kɔla printa inki yɛ saa kɔlas abiɛsa (sayan, magyenta ne akokɔsrade nkutoo) yi no. Saa kɔlas abiɛsa yi nkabom ne tuntum ma yetumi nya wiase kɔlas ahorow nyinaa ma yɛde tintim nhoma mu fotos ma wodi mu. Kae tuntum ho mfaso wɔ wo wiase abrabɔ nyinaa mu.

Nsɛmmisa
1. Kyerɛ ɔkwan a aniwa fa so tumi de hu kɔlas.
2. Hann mu kɔlas yɛ kuw ahe? Bobɔ wɔn din
3. Dɛn ne reflekshin? Ɛne dɛn na ɛbɔ abira?
4. Dɛn kɔla na ahaban a ɛyɛ kogyan yi adi? Kyerɛkyerɛ mu. Mogya nso ɛ?
5. Kyerɛkyerɛ hann mfiase nkekaho kɔlas mu? Bobɔ wɔn din.
6. Kyerɛkyerɛ hann kɔlas a yenya bere a yɛde saa kɔlas yi frafra:

(i) kogyan + ahabanmono; (ii) kogyan + blu; (iii) blu + ahabanmono
7. Kyerɛkyerɛ hann kɔlas na yenya bere a yɛde saa kɔlas yi frafra:
   (i) Blu + akokɔsrade (ii) Magyenta + akokɔsrade
8. Sɛ Kwaku Mɛnsa de penti kɔlas kogyan, blu ne ahabanmono frafra a, dɛn kɔla na onya? Adɛn nti na kɔla a onya no nnyɛ fitaa?
9. Kyerɛ penti mu nyifim-mfiase kɔlas. Bobɔ wɔn din

TIFA 34: HANN REFLEKSHIN

Nkyerɛkyerɛmu

Twi	Brɔfo
Konkav ahwehwɛ	concave mirror
Konvex ahwehwɛ	convex mirror
Ahwehwɛ mu-mfoni	mirror image
Mpuamu ahwehwɛ	curved mirror
Ahwehwɛ nkyeamu senta	center of curvature (of a mirror)
Ahwehwɛ tratraa	flat mirror; plane mirror
Akses panyin	prinicpal axis
Fokus panyin	principal focus
Fokus panyin	prinicpal focus
Insidens angle (nsiso angle)	angle of incidence
Insident rei (nsiso rei)	incident ray
Mfoni papa	real image
Mfoni saman	negative of a photograph
Mfoni sunsum	virtual image
Mfoni	image
Mpuamu radius	radius of curvature (of a mirror)
Mpuamu senta	center of curvature
Normal	normal
Optikal akses	optical axis
Reflekshin angle (mfimu angle)	angle of reflection
Reflekted rei (mfimu rei)	reflected ray

HANN A EFI BAABI KƆ BAABI FOFORO

Hann weivs ntena faako; mmom bere biara no, na hann nam akwantu so refi baabi akɔ baabi foforo. Sɛ yɛbue ɔdan bi mu a, hann weivs bɔ hyɛn mu ntɛmntɛm. Hann weivs akwantu ho wɔ mfaso yiye wɔ yɛn daa asetra mu. Hann weivs akwantu na ɛma yetumi hu yɛn anim wɔ ahwehwɛ mu. Ɛno ara nso na ɛboa ma yetumi yeyɛ optikal mfiri bi te sɛ sini ne kameras a yɛde twitwa fotos yi. Yɛde optikal instrumɛnts bi te sɛ teleskops tumi hu wim, kyerɛ nsakrae a ɛreba yɛn asase yi so. Yɛfa hann weivs akwantu so yeyɛ lasers a dɔketafo de yeyɛ sɛɛgyiri (ɔperashins ahorow) na ebinom nso de twitwa nneɛma adeden mu wɔ faktoris pii mu no.

Mpɛn pii no, yɛkyerɛ hann weivs sɛ hann reis ana hann nsatea dodow pii a akeka abobɔ mu. Ne saa nti, hann weiv biara mu ketewa koraa no yɛ ne rei baako anasɛ nsatea baako. Sɛ hann weiv bi refi beae bi akɔ baabi foforo a, yɛde ne rei baako anasɛ wɔn dodow kakraa bi na ɛkyerɛ saa akwantu yi.

FERMAT MMARA A ƐFA HANN REIS HO

Esiane sɛ hann akwantu ho wɔ mfaso pii no nti, ehia sɛ yenya ɛho adesua mu nimdeɛ a ɛfata. Ne saa nti, yɛbɛkyerɛ hann weivs akwantu mu nimdeɛ yi mu bi wɔ ha.

Hann reis fa akwan nteantea so na wofi beae bi kɔ baabi foforo. Nanso bere ahe na wɔde fi beae bi kɔ baabi foforo. Yenim hann spiid wɔ mframa (vakuum) mu dedaw sɛ ɛyɛ 300 000 km pɛɛ sekond. Sɛ hann reis nam mframa mu na wohyia akwanside bi te sɛ ahwehwɛ ana nsu a, wɔn spiid no sesa. Dɛn nsesae na ɛba wɔ saa hann spiid akwantu yi mu?

Yenim sɛ ade biara spiid gyina kwantenten a etwa ne bere dodow a ɛde twa saa kwan no so. Sayenseni bi a a wɔfrɛ no Fermat na bɛyɛ afe 1650 mu ɔkyerɛɛ saa bere a hann reis de fa nneɛma mu no ho nsɛm bi a, ɛnnɛ da yi, saa mmara yi kura ne din. Fermat kyerɛɛ sɛ hann rei a ɛfa ade biara mu no fa ɔkwan a ɛbɛma wakodu baabi a ɛrekɔ no ntɛmntɛm koraa so.

> **Fermat mmara:** Hann rei biara fa ɔkwan a ɛbɛma wakodu baabi a ɛrekɔ no ntɛmntɛm koraa so.

Akyiri yi yebehu sɛnea hann spiid sesa bere a ɛfa nneɛma ahorow mu. Nanso, ɛnfa ho sɛ hann reis fa ahwehwɛ ana lens mu, saa Fermat mmara yi yɛ nokware a hann rei biara di so.

AHWEHWƐ MU NSISO (INSIDENT) REIS NE MFIMU (REFLEKTED) REIS

Afei a yɛahu sɛnea bere ho hia yiye ma hann rei biara no nti, yɛbɛtoa yɛn hann reis akwantu no so. Yɛde ahwehwɛ na ebefi ase akyerɛ yɛn hann weivs adesua akwantu yi mu. Ahwehwɛ yɛ ade bi a wɔatwitwiw anim yiye ama ayɛ torotoro, krennenn nti ɛma yetumi hu nneɛma a esisi n'anim no wɔ ne mu.

Adekyerɛ 34-1: Sɛ ade bi gyina ahwehwɛ anim a, reis fi ade no ho baabiara nam kwan teateaa so kɔhyɛn ahwehwɛ no mu ma ɛsan ba n'akyi bio; eyi na ɛma yehu ade no.

Sɛ obi gyina ahwehwɛ anim a, hann reis bi fi ne ho baabiara kɔka ahwehwɛ no anim san n'akyi ba onipa no ho bio. Saa hann reis yi na ɛkɔ yɛn aniwa mu ma yehu onipa no ho baabiara no. Sɛ yɛhwɛ obi wɔ ahwehwɛ mu a, yehu sɛ onipa n'anim nnsesa; ne ho ntade ne ne ntama nyinaa kɔlas nso yɛ pɛpɛɛpɛ kyerɛ sɛ hann reis akwantu no nnsesa onipa no ho nneɛma biara.

Yɛde lains nteanteaa na egyina hɔ ma reis. Yɛtaa san yɛ peaw ketewa bi wɔ saa lean teateaa yi mu de kyerɛ rei no anikyerɛbea. Yɛde ade ketewa krokrowaa bi bɛto ahwehwɛ bi a esi hɔ anim na yɛahwɛ sɛnea yɛkyerɛ saa reis yi fa (Adekyerɛ 34-2).

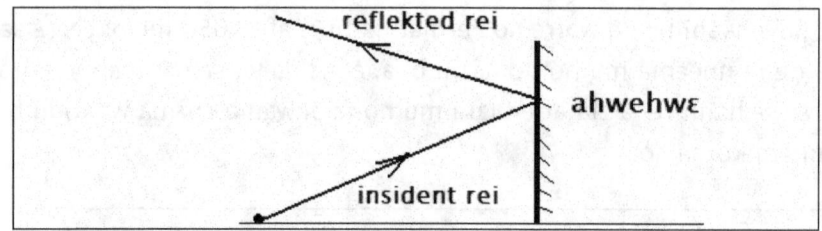

Adekyerɛ 34-2: Insident rei ne reflekted rei.

Nea edi kan no, yɛyɛ hann reis bi fi ade no ho kosi ahwehwɛ no mu. Yɛfrɛ saa hann rei yi sɛ **nsiso rei** anasɛ **insident rei**. Sɛnea yehu wɔ Adekyerɛ 9-2 so no, saa insident rei yi ani kyerɛ ahwehwɛ no so. Sɛ rei no du ahwehwɛ no so a, ɛnntena ahwehwɛ no mu, na mmom ahwehwɛ no pam no fi ne mu ntɛmntɛm ma ɛsan ba mfikyiri bio a ɛnam ɔkwan foforo bi so. Esiane sɛ saa insident rei yi fi ahwehwɛ no mu a, ɛfa ɔkwan foforo so na epue no nti, ɛyɛ rei foforo koraa a ɛno nso wɔ ne din. Yɛfrɛ saa hann rei a ahwehwɛ no pam ba mfikyiri no sɛ **mfimu rei** ana **reflekted rei**.

Sɛnea ɛbɛma yɛn hann adesua yi anya ntease papa no nti, yɛbɛkyerɛ lain teateaa foforo bi a yɛdrɔɔ fi ahwehwɛ no mu baabi a saa insident rei ne reflekted rei yi hyia no, na ɛsan ne ahwehwɛ no anim yɛ pependikula anasɛ 90 digri angle. Yɛbɛfrɛ saa lain foforo yi sɛ **normal**. Saa normal lain yi wɔ insident rei ne reflekted rei yi mfinimfini a ɛkyɛ wɔn angle no mu abien pɛpɛɛpɛ sɛnea yehu wɔ Adekyerɛ 34-3 so no.

Ehia sɛ yɛkae sɛ yɛn na yɛayɛ saa normal lain yi aka reis abien yi ho sɛnea ɛbɛma yɛn adesua yi anya ntease papa. Akyiri yi yɛbɛkyerɛ saa normal lain yi ho mfaso.

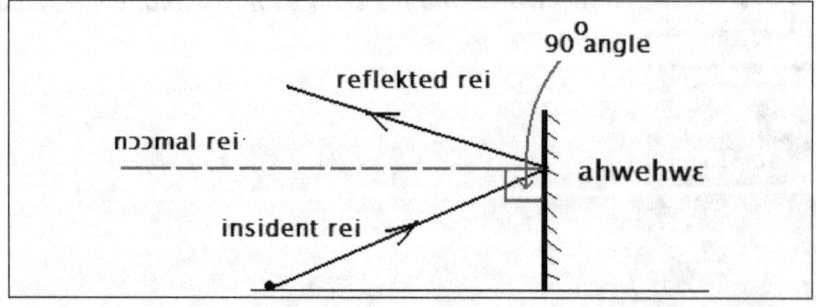

Adekyerɛ 34-3: Normal rei no ne ahwehwɛ no yɛ pependikula (90° angle)

Ne saa nti, sɛ hann reis bi fi ade bi ho kɔ ahwehwɛ mu a, yetumi kyerɛ reis ahorow abien bi ne wɔn normal lain baako. Eyinom yɛ:

-rei a efi ade ko no ho kosi ahwehwɛ no so = insident rei/nsiso rei
-rei a efi ahwehwɛ no mu fi adi = reflekted rei/mfimu rei
-lain bi a ɛne ahwehwɛ no yɛ 90 digri angle = normal

HANN RELFLEKSHIN MMARA

Yɛwɔ mmara ahorow bi a edidi hann reis a wɔkɔ ahwehwɛ bi mu na wɔsan fi mu no so. Yɛfrɛ saa mmara yi mu nea edi kan no sɛ '**hann reflekshin mmara**'. Saa hann reflekshin mmara 2 yi kyerɛ yɛn sɛ, bere biara a hann rei bi besi ahwehwɛ bi so no;

1. -insident rei ne reflekted rei no mu biara ne normal lain no yɛ angle a ɛyɛ pɛpɛɛpɛ,
2. -insident rei, normal rei ne reflekted rei no nyinaa gyina ahwehwɛ no anim kyɛfa baako pɛ mu (kyerɛ sɛ hwehwɛ no anim anasɛ n'akyi nkutoo).

Sɛ yɛhwɛ Adekyerɛ 34-4 a, yehu sɛ insident rei no ne reflekted rei no mu biara ne normal no yɛ angle bi. Yɛfrɛ angle a ɛda insident rei no ne normal lain no ntam no sɛ **insidens angle**. Yɛfrɛ angle a ɛda reflekted rei no ne normal lain no ntam no sɛ **reflekted angle**. Hann reflekshin mmara no kyerɛ yɛn sɛ angle a saa reis abien yi mu biara ne normal no yɛ no dodow yɛ pɛpɛɛpɛ. Ne saa nti, insidens angle no ne reflekted angle no dodow yɛ pɛpɛɛpɛ.

Insidens angle = reflekted angle.

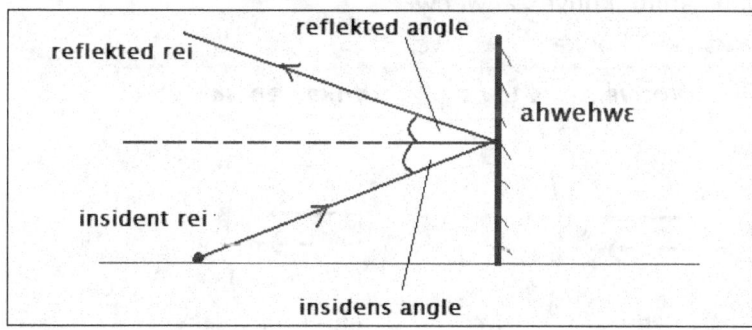

Adekyerɛ 34-4: Nsiso rei (insidens rei) ne mfimu rei (reflekted rei) no ne normal no yɛ angles pɛpɛɛpɛ

Asɛmmisa
Ankaa ketewa bi da ahwehwɛ tratraa bi a egyina hɔ anim. Ne insidens angle no yɛ 35°. (i) Kyerɛ ne reflekted angle. (ii) Kyerɛ angle dodow a ɛda reflekted rei no ne ahwehwɛ no ntam.
Mmuae: Yɛakyerɛ saa asɛmmisa yi mu wɔ ase ha.

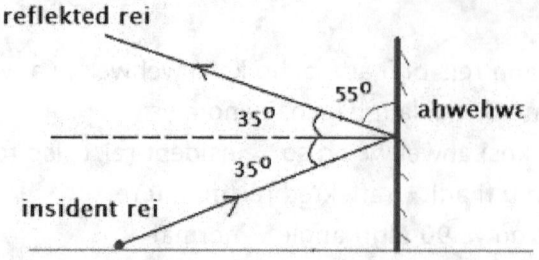

Hann reflkeshin mmara: insidens angle = reflekted angle = 35º.
Esiane sɛ normal no ne ahwehwɛ no yɛ 90º angle no nti, angle a ɛda reflekted rei no ne ahwehwɛ no ntam no yɛ 90º - 35º = 55º.

AHWEHWƐ AHOROW NE HANN REIS SUBAN

Yɛakyerɛ dedaw sɛ ahwehwɛ yɛ ade bi a wɔatwitwiw anim yiye ama ayɛ krennenn, torotoro nti ɛma yetumi hu nneɛma a esisi anim no wɔ ne mu. Yetumi fa akwan ahorow bi so de yɛ ahwehwɛ. Yetumi nnan dwetɛ de gu glaas akyi ma esiw hann a ɛfa glaas no mu no kwan ma ɛdan ahwehwɛ. Ade biara a yebetumi atwitwiw anim yiye no tumi dan yɛ ahwehwɛ. Ahwehwɛ biara nso reflekte hann, kyerɛ sɛ hann reis biara a ɛkɔ mu no san fi adi fi mu ba mfikyiri bio. Nsonsonoe deda ahwehwɛ ahorow anim a ɛma yenya ahwehwɛ nkyekyɛmu bi. Eyinom yɛ:
-ahwehwɛ tratraa ne
-mpuamu ahwehwɛ (anasɛ ahwehwɛ a emu apua).

Mpuamu ahwehwɛ nso mu gu ahorow abien:
-nea emu apua ba anim: konvex ahwehwɛ
-nea emu apua kɔ akyi: konkav ahwehwɛ.

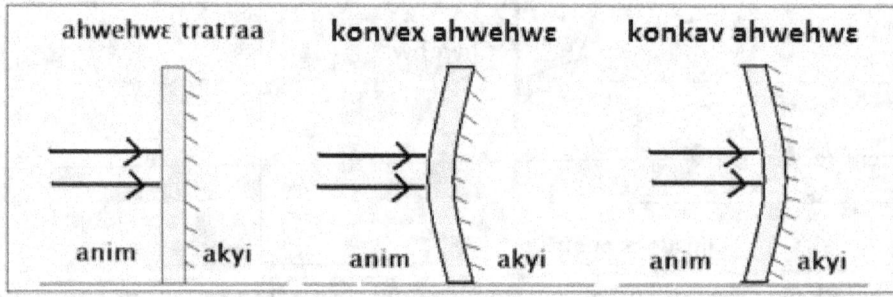

Adekyerɛ 34-5: Ahwehwɛ tratraa ne mpuamu ahwehwɛ (konvex ahwehwɛ ne konkav ahwehwɛ).

Yehu saa ahwehwɛ ahorow yi bi wɔ Adekyerɛ 9-5 so. Sɛnea ne din kyerɛ no, ahwehwɛ tratraa anim yɛ tratraa. Saa ara nso na konvex ahwehwɛ anim apua aba anim; konkav ahwehwɛ anim apua akɔ n'akyi. Sɛnea yebehu no, mfoni a yenya fi ahwehwɛ bi mu no gyina n'anim tebea so.

AHWEHWƐ TRATRAA NE MU MFONI

Momma yɛnhwɛ ahwehwɛ tratraa mu mfoni ne ne tebea. Sɛ obi gyina ahwehwɛ tratraa bi anim a, ohu ne ho sɛ mfoni bi a egyina ahwehwɛ no akyi. Saa mfoni yi te dɛn?

Nea edi kan, mfoni no gyina hɔ pintinn a ɛnkyea; ɛkɔ so gyina hɔ sɛnea ɛte wɔ ahwehwɛ no anim no pɛpɛɛpɛ a ne tenten ne ne kɛse ne onipa a ogyina anim no de yɛ pɛpɛɛpɛ. Nea ɛto so abien, kwantenten a ɛda mfoni no ne ahwehwɛ no ntam no yɛ pɛpɛɛpɛ sɛ kwantenten a ɛda onipa no ne ahwehwɛ no ntam. Ne saa nti, sɛ obi gyina ahwehwɛ bi anim 4 mitas a, ohu ne ho sɛ ogyina ahwehwɛ no akyi 4 mitas saa ara. Eyi ma onipa no hu ne mfoni no sɛ egyina hɔ 8 mitas fi ne ho. Nea ɛto so abiɛsa, mfoni a onipa no hu no nnyɛ mfoni papa a wotumi yi gu skriin bi so na wohu; ne saa nti, ɛyɛ nea yɛfrɛ no **mfoni-sunsum**.

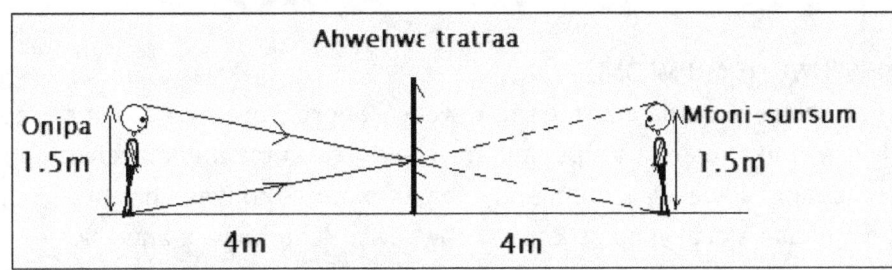

Adekyerɛ 34-6: Sɛnea yehu ade wɔ ahwehwɛ tratraa mu.

Yɛsan hu nso sɛ ahwehwɛ biara mu mfoni no adan ne ho hwɛ yɛn anim. Eyi ma nifa kodi benkum, na benkum nso kodi nifa so. Yɛfrɛ eyi sɛ **ahwehwɛ-mfoni**.

Sɛ yɛhwɛ Adekyerɛ 34-6 a, yehu sɛ yɛde hann reis abien bi pɛ na akyerɛ mfoni a yenya no. Ɛnte sa. Nokwasɛm ne sɛ, reis bebree fi onipa no ho baabiara kɔ ahwehwɛ no mu, ma wɔn mu biara mfimu reis nso fifi ahwehwɛ no anim san ba mfikyiri bio. Yɛakyerɛ saa reis yi kakraa bi a efi onipa no ti so baabi ketewa nkutoo pɛ wɔ Adekyerɛ 34-7 so.

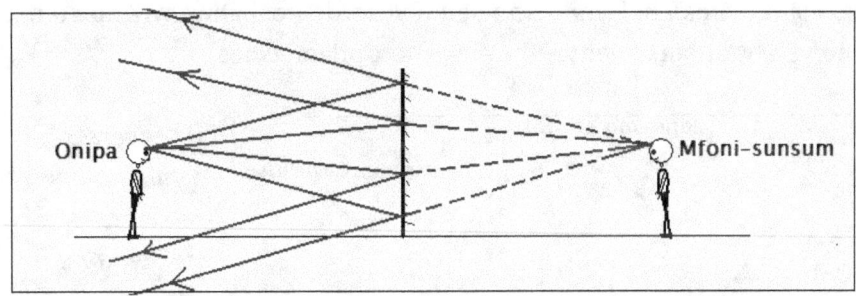

Adekyerɛ 34-7: Yenya mfoni-sunsum wɔ baabi a reflekted reis no nyinaa ntoatoaso hyia wɔ ahwehwɛ no akyi.

Sɛnea yehu no, rei biara a efi ade no ho kɔ ahwehwɛ no anim no (insident rei) san ma ne reflekted rei (mfimu rei) a ɛsan ba n'akyi bio. Sɛnea yɛaka dedaw no, saa insident reis yi mu biara ne ahwehwɛ no yɛ n'ankasa insidens angle a ɛne ne reflekted angle no nso dodow yɛ pɛpɛɛpɛ.

Sɛ yɛtoatoa reflekted reis no nyinaa so wɔ ahwehwɛ no akyi a, yenya mfoni no gyinabea ne ne tebea pɛpɛɛpɛ. Ne tiatwa mu no ne sɛ, bere biara a ade bi si ahwehwɛ tratraa bi anim no:

1.-yehu ne mfoni sɛ egyina hɔ pintinn a ɛnsesa ne tenten ana ne kɛse wɔ ahwehwɛ no akyi
2.-kwantenten a ɛda ade ko no ne ahwehwɛ no ntam no yɛ pɛpɛɛpɛ sɛ nea ɛda mfoni no ne ahwehwɛ no ntam no
3.-ade ko no mfoni no mma yɛn mfoni-papa na mmom ɛma yɛn mfoni-sunsum bi a yenntumi nnyi nngu skriin biara so
4.-yenya mfoni bi a nifa yɛ benkum na benkum nso yɛ nifa; yɛfrɛ saa mfoni yi sɛ ahwehwɛ mfoni.

MPUAMU AHWEHWƐ NE MU MFONI

Ɛnyɛ ahwehwɛ biara na ɛyɛ tratraa. Ahwehwɛ ahorow bi wɔ hɔ a wɔn mu apua. Yɛfrɛ ahwehwɛ a emu apua no sɛ mpuamu ahwehwɛ. Yɛwɔ mpuamu ahwehwɛ ahorow abien. Yɛfrɛ mpuamu ahwehwɛ a anim apua aba anim no sɛ **konvex ahwehwɛ**. Yɛfrɛ ahwehwɛ a emu apua akɔ akyi no sɛ **konkav ahwehwɛ**. Yehu konvex ahwehwɛ ne konkav ahwehwɛ yi bi wɔ Adekyerɛ 34-5 so.

Esiane sɛ ɛsono hann mmara a edi ahwehwɛ tratraa ne mpuamu ahwehwɛ so no nti, yɛbɛkyerɛkyerɛ nsɛmfua ahorow bi a ɛfa mpuamu ahwehwɛ yi ho ansa na yɛakɔ yɛn anim.

Yɛde mpuamu ahwehwɛ **radius (R)** ne ne **mpuamu senta** na ebefi ase akyerɛ saa nimdeɛ yi mu. Mpuamu ahwehwɛ biara te sɛ sɛɛkel bi kyɛfa. Ne saa nti, yehu **mpuamu radius no sɛ saa sɛɛkel yi radius** anasɛ **radius a yenya, bere a yɛfa ahwehwɛ no sɛ ɛyɛ sɛɛkel no**; saa sɛɛkel yi mfinimfini na ɛma yɛn ahwehwɛ no mpuamu senta.

Ne saa nti, kwantenten a efi mpuamu senta no so kosi ahwehwɛ ɔfasu no so no ma yɛn ahwehwɛ no mpuamu radius (R).

Sɛ yɛdrɔɔ lain teateaa bi fi mpuamu senta yi so de kosi ahwehwɛ no so ma ɛne ahwehwɛ no yɛ 90° angle a, yenya ahwehwɛ no **optikal akses**.

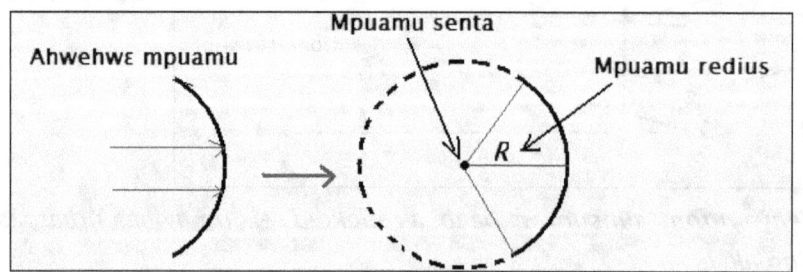

Adekyerɛ 34-8: Mpuamu ahwehwɛ te sɛ sɛɛkel a ɛwɔ ne senta ne ne radius.

Yɛfrɛ baabi a hann reis pii a wofi ahwehwɛ no mu behyia no sɛ **fokus (F)**. Yɛbɛkyerɛ saa nsɛmfua **fokus** yi wɔ yɛn anim kakra, wɔ yɛn lens adesua no mu. Seesei de, nea ehia sɛ yehu no ne sɛ bere biara a hann rei bi nam optikal akses no nkyɛn na ɛne no yɛ paralel no, bere a saa rei yi refi ahwehwɛ no mu no, ɛbɛsan abɛfa ahwehwɛ no fokus no mu.

Ahwehwɛ fokus tumi yɛ **fokus papa** anasɛ **fokus sunsum**. Fokus papa yɛ baabi a yetumi de skriin bi si na yenya mfoni papa. Fokus sunsum yɛ baabi a yenya mfoni-sunsum nkutoo. Konvex ahwehwɛ biara wɔ fokus sunsum a ɛwɔ ahwehwɛ no akyi. Konkav ahwehwɛ biara wɔ fokus papa a ɛwɔ ahwehwɛ no anim.

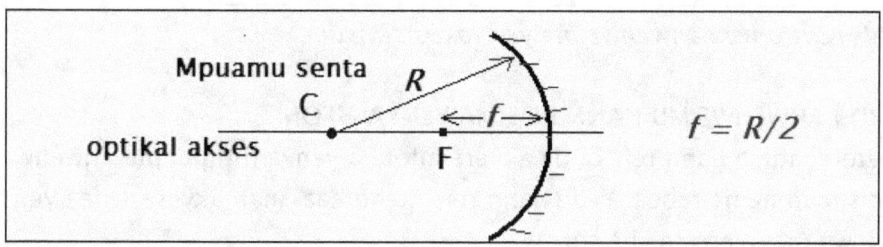

Adekyerɛ 34-9: Fokus tenten no tenten yɛ mpuamu radius no mu nkyɛmu abien (C = mpuamu senta, R = mpuamu radius, f = fokus tenten, F= fokus panyin)

Yɛfrɛ kwantenten a ɛda ahwehwɛ mpuamu biara fokus ne ahwehwɛ no ɔfasu no so pɛɛ no sɛ ne *fokus tenten (f)*. Nsusuwho pii akyerɛ sɛ fokus tenten no dodow yɛ mpuamu radius (R) no mu nkyɛmu abien.

$$f = -R/2$$

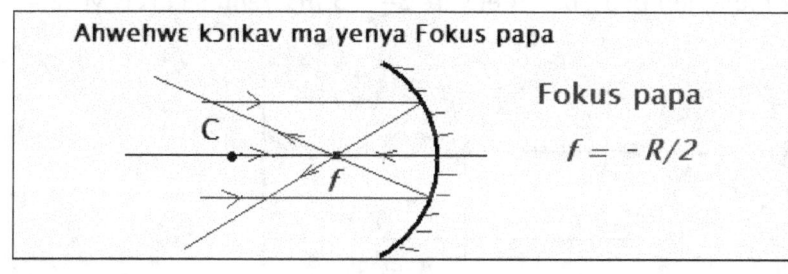

Adekyerɛ 34-10: Konkav ahwehwɛ ma yɛn fokus papa.

Ne tiatwa mu no, ɛsɛsɛ yehu sɛ:

Mpuamu radius yɛ kwandodow a efi mpuamu ahwehwɛ bi senta kosi ne ɔfasu no ho pɛɛ.

Mpuamu senta (C) yɛ mpuamu ahwehwɛ no mfinimfini, bere a yɛfa no sɛ yɛatoa mpuamu ahwehwɛ no so abɛyɛ te sɛ sɛɛkel no.

Fokus (panyin) yɛ baabi a paralel reis a wɔnam optikal akses no nkyɛn no nyinaa behyia bere a wofi ahwehwɛ no mu.

Optikal akses yɛ lain teateaa a efi mpuamu ahwehwɛ bi senta kosi ahwehwɛ no ɔfasu no anim pɛɛ na ɛne ahwehwɛ no anim yɛ 90° angle.

Fokus tenten yɛ kwantenten a efi mpuamu ahwehwɛ bi fokus panyin no so kosi ahwehwɛ no ɔfasu no so pɛɛ.

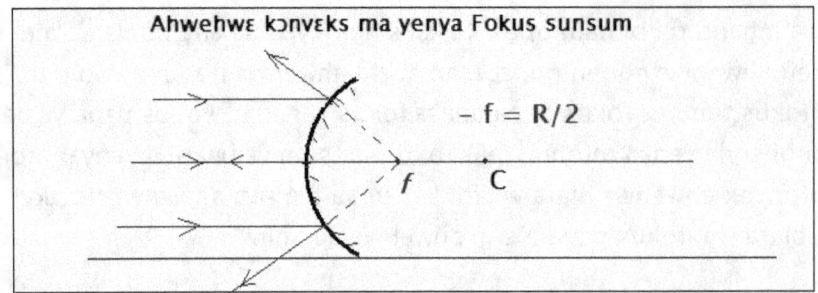

Adekyerɛ 34-12: Konvex ahwehwɛ ma yɛn fokus sunsum.

SƐNEA YƐDRƆƆ AHWEHWƐ MU HANN REIS MA YENYA MFONI

Yebetumi adrɔɔ hann reis bi de akyerɛ mfoni a yenya fi mpuamu ahwehwɛ biara mu no suban ne ne tebea. Yɛde hann reis nteanteaa anan akyerɛ sɛnea yenya saa mfoni yi wɔ Adekyerɛ 34-13 so.

Nea edi kan yɛ optikal akses anasɛ hann rein a ɛnam optikal akses no so; saa rei yi fa fokus mpuamu senta no ne fokus panyin no mu. Nea ɛto so abien no yɛ hann rei bi a ɛne optikal akses no yɛ paralel; yenim sɛ bere a efi ahwehwɛ no mu no, ɛbɛsan abɛfa fokus panyin no mu. Nea ɛto so abiɛsa yɛ hann rei a ɛnam mpuamu senta no mu kosi ahwehwɛ no anim pɔtee na ɛne ahwehwɛ no anim yɛ 90 digri angle; yenim sɛ ɛbɛsan n'akyi abɛfa mpuamu senta no mu bio. Nea etwa to no yɛ rei bi a ebesi ahwehwɛ no mfinimfini pɛɛ wɔ baabi a optikal akses no hyia ahwehwɛ no, na optikal akses no kyɛ mu abien pɛpɛɛpɛ. Adekyerɛ 34-13 ma yehu saa reis yi sɛ:

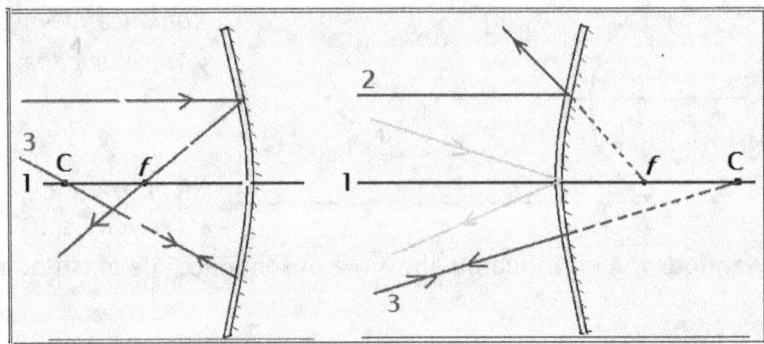

Adekyerɛ 34-13: Reis a yɛdrɔɔ de hwehwɛ mpuamu ahwehwɛ mu mfoni.

1. rei a ɛnam optikal akses so: ɛfa mpuamu senta ne fokus panyin no mu
2. rei a ɛne optikal akses no yɛ paralel: ɛsan n'akyi bɛfa fokus panyin no mu
3. rei a ɛnam mpuamu senta no mu kosi ahwehwɛ no anim pɔtee; ɛsan bɛfa n'anan mu wɔ mpuamu senta no mu bio. Saa lain yi ne ahwehwɛ no anim yɛ pependikula.
4. rei a ebesi ahwehwɛ no mfinimfini pɛɛ wɔ baabi a optikal akses no wɔ: ɛma optikal akses yi mu kyɛ abien pɛpɛɛpɛ (insident rei = reflekted rei).

KONVEX AHWEHWƐ - MPUAMU AHWEHWƐ A EMU APUA ABA ANIM

Yɛbɛkae sɛ konvex ahwehwɛ yɛ nea emu apua aba anim. Konvex ahwehwɛ biara nni fokus papa, na mmom fokus sunsum efisɛ ne fokus panyin no gyina ahwehwɛ no akyi (nifa so). Esiane sɛ ɛma fokus sunsum no nti, ɛma mfoni-sunsum nso; fokus sunsum ma mfoni sunsum. Konvex mpuamu ahwehwɛ senta no nso wɔ ahwehwɛ no akyi.

Yɛnfa no sɛ ade bi si konvex ahwehwɛ bi anim sɛnea yehu wɔ Adekyerɛ 34-14 so no. Yɛayɛ lains ahorow bi de akyerɛ baabi a yenya ade no mfoni ne mfoni no tebea.

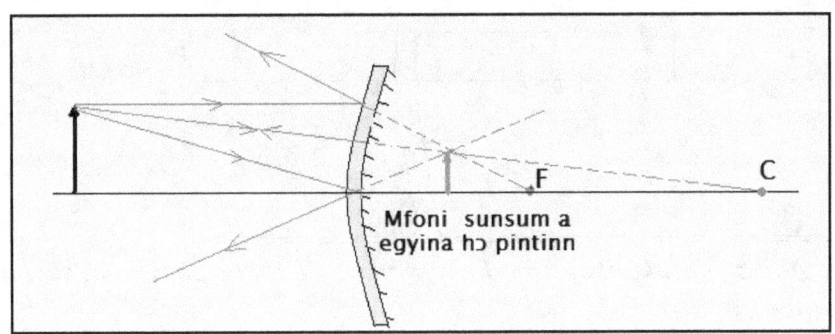

Adekyerɛ 34-14: Konvex ahwehwɛ ma fokus sunsum ne mfoni sunsum.

Lain a edi kan no fi ade no atifi a ɛne akses panyin no yɛ paralel; yenim sɛ saa lain yi fa ahwehwɛ no fokus panyin no mu. Nanso esiane sɛ saa fokus yi wɔ ahwehwɛ no akyi no nti, yehu saa lain yi ntoatoaso wɔ ahwehwɛ n'akyi. Nea ɛto so abien yɛ lain a ɛnam ade no atifi kosi ahwehwɛ no mpuamu senta no so na ɛne ahwehwɛ no yɛ pependikula; saa lain yi san bɛfa n'ankasa so. Nea ɛto so abiɛsa yɛ lain a efi ade no atifi bɛkyɛ akses panyin no mu abien wɔ ahwehwɛ no mu ma yenya insidens angle ne reflekted angle a wɔyɛ pɛ; ne reflekted rei lain yi ntoatoaso wɔ ahwehwɛ no akyi. Baabi a saa lains abiɛsa yi hyia wɔ ade no akyi no ma yɛn mfoni sunsum a egyina hɔ pintinn.

Ne saa nti, ade bi a egyina konvex ahwehwɛ biara anim no ma yɛn mfoni a:
- **ɛyɛ mfoni sunsum**
- **ɛyɛ ketewa** sen ade a egyina ahwehwɛ no anim no
- **egyina hɔ pintinn**
- **ɛyɛ mfoni sunsum na egyina konvex ahwehwɛ no ne mpuamu senta no ntam baabi.**

> **Ne saa nti, konvex ahwehwɛ ma yɛn mfoni sunsum a ɛyɛ ketewa na egyina hɔ pintinn.**

KONKAV AHWEHWƐ- MPUAMU AHWEHWƐ A EMU APUA AKƆ N'AKYI

Yɛbɛkae sɛ konkav ahwehwɛ yɛ nea anim no mu apua kɔ n'akyi. Konkav ahwehwɛ biara wɔ fokus papa a esi n'anim na ɛma yɛn fokus tenten papa (nkekaho dodow bi). Sɛ yɛde ade bi si konkav ahwehwɛ anim a, ne mfoni a yenya no gyina faako a esi wɔ ahwehwɛ no anim no so. Sɛ ade no gyina fokus panyin no akyi (benkum so) a, yenya mfoni a ɛsono. Sɛ ade no gyina fokus no ne ahwehwɛ no ntam nso a, yenya mfoni foforo.

Yebedi kan akyerɛ mfoni a yenya bere a ade bi si ahwehwɛ no fokus no akyi. Yehu saa mfoni yi wɔ Adekyerɛ 34-15 so.

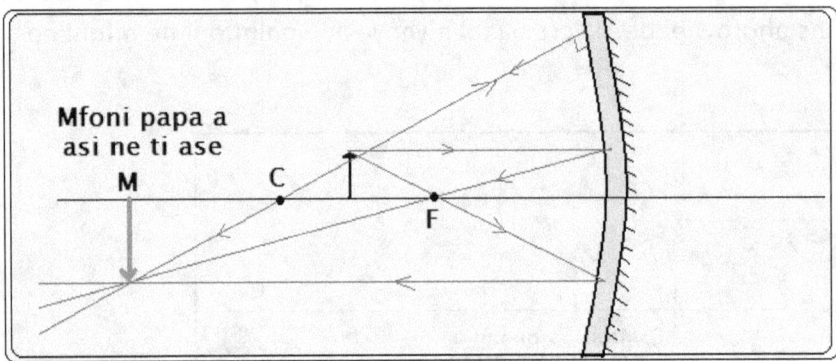

Adekyerɛ 34-15: Ade bi a esi konkav ahwehwɛ anim wɔ ne fokus panyin no akyi no yɛ mfoni papa nanso asi ne ti ase.

Nea edi kan, yetumi yɛ lain bi a efi ade no atifi, na ɛne akses panyin no yɛ paralel; yenim sɛ saa lain yi fi ahwehwɛ no mu a, ɛbɛfa fokus no so. Nea ɛto so abien, yetumi yɛ lain a efi ade no ti so de fa ahwehwɛ fokus no mu; sɛ saa lain yi refi ahwehwɛ no so a, ɛne akses panyin no yɛ paralel. Yetumi nso yɛ lain bi a efi ade no so kɔfa mpuamu senta no mu; saa lain yi ne ahwehwɛ no yɛ pependikula, a ɛsan bɛfa mpuamu senta no so bio. Baabi a saa lains abiɛsa yi hyia wɔ ahwehwɛ no anim no ma yɛn mfoni papa a asi ne ti ase.

Ne saa nti, mfoni a yenya fi konkav ahwehwɛ bi mu fi ade bi a esi ahwehwɛ no fokus akyi no yɛ:
-yɛ mfoni papa a
-asi ne ti ase.

Ade bi a esi konkav ahwehwɛ bi anim wɔ ne fokus akyi no ma yenya mfoni papa a asi ne ti ase

Sɛnea yɛaka dedaw no, sɛ ade kɔ no si fokus panyin no ne ahwehwɛ no ntam a, yenya mfoni foforo bi sɛnea yehu wɔ Adekyerɛ 34-16 so no.

Nea edi kan no yɛ lain a ɛnam ade no atifi, bɛn akses panyin no, na ɛsan ne no yɛ paralel; yenim sɛ saa lain no fa ahwehwɛ no fokus no mu. Nea ɛto so abien, yɛ lain a ɛnam fokus no mu ne ade no atifi; sɛ saa lain yi fi ahwehwɛ no mu a, ɛne akses panyin no yɛ paralel. Nea etwa to, yebetumi ayɛ lain bi a efi mpuamu senta (C) no so fa ade no atifi so kosi ahwehwɛ no anim; ɛne ahwehwɛ no anim yɛ pependikula ma ɛsan ba n'akyi (yɛannyɛ saa lain yi). Sɛ yewie a, yehu sɛ saa lains yi mu biara nhyia.

372

Ne saa nti, sɛ yɛyɛ wɔn mu biara ntoaso lain wɔ ahwehwɛ no akyi a, yenya baabi a saa lains ntoatoaso yi hyia. Eyi ma yɛn mfoni sunsum a egyina hɔ pintinn na ɛyɛ kɛse sen ade a egyina ahwehwɛ no anim no.

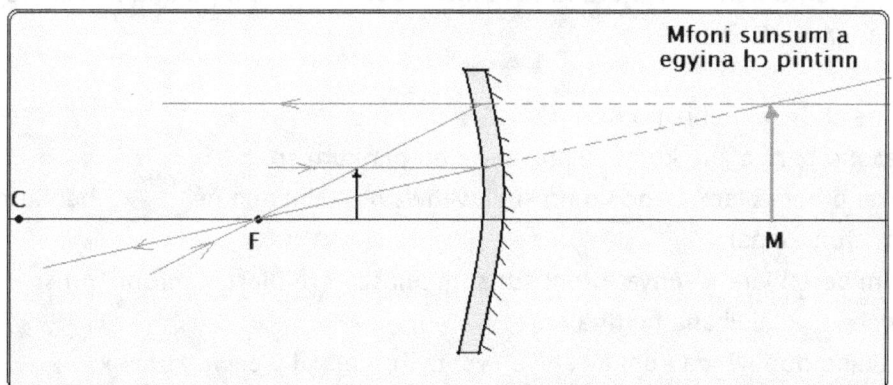

Adekyerɛ 34-16: Ade biara a esi konkav ahwehwɛ anim wɔ ne fokus panyin ne ahwehwɛ no ntam no ma yenya mfoni sunsum a egyina hɔ pintinn na ɛyɛ kɛse sen ade no.

Ne saa nti, ade biara a egyina konkav ahwehwɛ anim wɔ ne fokus panyin ne ahwehwɛ no ntam no ma yenya:
- mfoni sunsum a
- egyina hɔ pintinn na
- ɛyɛ kɛse sen ade ko a esi ahwehwɛ no anim no.

> Ade bi a esi konkav ahwehwɛ bi fokus ne ahwehwɛ no ntam no ma yɛn mfoni sunsum a egyina hɔ pintinn na ɛyɛ kɛse sen ade ko no.

MPUAMU AHWEHWƐ EKUASHIN

Esiane sɛ mpuamu ahwehwɛ di yɛn aboro, na ɛsesa nneɛma a yɛde sisi anim no mfoni no nti, ɛsɛsɛ yenya ɔkwan bi a yɛbɛfa so de akyerɛ mfoni biara a yenya fi saa ahwehwɛ yi mu no suban ne ne tebea. Sayensefo ama yɛn ekuashin bi a ɛboa yɛn yiye ma yetumi hu mfoni biara a esi mpuamu ahwehwɛ yi bi anim no tebea ne ne suban. Nanso ansa na saa ekuashin yi bedi mu aboa yɛn no, ɛsɛsɛ yebu no sɛ hann reis no fi benkum so de rekɔ nifa so. Afei nso, ɛsɛsɛ yedi nkekaho ne nyifim nsɛnkyerɛnne mmara a ɛfa saa hann reis yi ho no so efisɛ ɛsono mfoni papa, fokus papa, mfoni sunsum ne fokus sunsum nsɛnkyerɛnne a edi wɔn anim. Yɛbɛkyerɛ saa nsɛnkyerɛnne yi mu wɔ yɛn anim kakra.

Mpuamu ahwehwɛ ekuashin no kyerɛ sɛ:

$$\frac{1}{S_a} + \frac{1}{S_i} = \frac{-2}{R} = \frac{1}{f}$$ bere a...

.... S_a yɛ kwandodow a ɛda ade ko no ne ahwehwɛ no ntam

.... Si yɛ kwandodow a ɛda mfoni no ne ahwehwɛ no ntam
.... R yɛ ahwehwɛ no mpuamu radius
... f yɛ mpuamu ahwehwɛ no fokus tenten dodow.
Yɛbɛkae sɛ mpuamu ahwehwɛ biara fokus tenten dodow yɛ ne mpuamu radius no nkyɛmu abien $(f = -R/2)$.

Nsɛnkyerɛnne ahorow a ehia no ni:
.. **Sa** yɛ nkekaho bere a ade ko no si ahwehwɛ no benkum so
.. **Si** yɛ nkekaho bere biara a ade ko no si ahwehwɛ no anim ana ne benkum so (eyi ma yɛn mfoni papa)
.. **Si** yɛ nyifim bere biara a yenya mfoni sunsum anasɛ bere biara a mfoni no si ahwehwɛ no akyi ana ne nifa so)
.. **f** wɔ nkekaho dodow ma konkav ahwehwɛ, nyifim ma ahwehwɛ konvex
.. **R** yɛ nkekaho ma konvex ahwehwɛ anasɛ bere a mpuamu senta C no wɔ ahwehwɛ no nifa so
.. **R** yɛ nyifim ma konkav ahwehwɛ anasɛ bere a mpuamu senta C no wɔ ahwehwɛ no benkum so.

Ne tiatwa mu:
1. Kae sɛ mpɛn pii no, yenya nkekaho nsɛnkyerɛnne bere biara a ade bi yɛ papa (mfoni papa, fokus papa; yenya nyifim bere biara a ade bi yɛ sunsum).
2. Kae sɛ f ne R bɔ abira; sɛ baako yɛ nkekaho a, ne yɔnko no yɛ nyifim; na kae sɛ f yɛ nkekaho ma konkav ahwehwɛ biara).
3. Kae sɛ hann reis no fi benkum so wɔ ahwehwɛ no anim.

MPUAMU AHWEHWƐ MU MFONI TENTEN NE NE KƐSE

Yɛde ekuashin a edi so yi na ɛkyerɛ mpuamu ahwehwɛ biara mu mfoni bi tenten ana ne kɛse. Sayense frɛ mfoni kɛse tebea sɛ **magnifikashin**.

Mfoni no kɛse = $\dfrac{\text{mfoni no tenten}}{\text{Ade no tenten}} = \dfrac{-\text{ mfoni kwandodow fi ahwehwɛ no ho}}{\text{ade kwandodow fi ahwehwɛ no ho}}$

Yetumi twa saa ekuashin yi sin, kyerɛw no:
$$\text{Mfoni kɛse tebea (Magnifikashin)} = \dfrac{T_i}{T_a} = \dfrac{-S_i}{S_a} \text{ bere a:}$$

.. T_i yɛ mfoni no tenten ana ne kɛse tebea
.. T_a yɛ ade ko no tenten ana kɛse tebea
.. S_i yɛ kwandodow a ɛda mfoni no ne ahwehwɛ no ntam
.. S_a yɛ kwandodow a ɛda ade ko no ne ahwehwɛ no ntam.

Sɛ saa akontaa yi ma yenya nyifim mmuae a, ɛkyerɛ sɛ mfoni no asi ne ti ase. Bio nso, sɛ mfoni no si optikal akses no so pintinn a, ɛyɛ nkekaho; sɛ esi optikal akses no ase a, yɛma no nyifim nsɛnkyerɛnne.

Nsɛmmisa

1. Ade bi a ne tenten yɛ 5cm si mpuamu ahwehwɛ konkav bi anim 3cm. Ahwehwɛ no mpuamu radius yɛ 4m. Kyerɛ ade no mfoni gyinabea ne ne tenten.
(Hwɛ Adekyerɛ 9-15). Yenim fi ahwehwɛ ekuashin no mu sɛ:

$$\frac{1}{S_o} + \frac{1}{S_i} = \frac{-2}{R} = \frac{1}{f}. \quad \text{Eyi ma yɛn:} = \frac{1}{3} + \frac{1}{S_i} = \frac{2}{-4} \quad \text{a ɛma yenya } K_i = 6m$$

Eyi kyerɛ sɛ ɛyɛ mfoni papa (nkekaho numba) a egyina 6m fi ahwehwɛ no ho.

$$\text{Magnifkashin} = \frac{Ti}{Ta} = \frac{-Si}{Sa} = \frac{-6m}{3m} = -2. \quad \text{Ɛma yɛn } Ti = (-2)(5) = -0.10cm$$

2. Ade bi si mpuamu ahwehwɛ konkav bi a ne mpuamu radius yɛ 80cm anim kwantenten 25cm. Drɔɔ na san fa akontaa hwehwɛ ne mfoni gyinabea ne ne magnifikashin.
Mmuae: (hwɛ Adekyerɛ 34-16 na wobehu sɛnea yɛdrɔɔ no fa).

$$\frac{1}{Sa} + \frac{1}{S_i} = \frac{-2}{R} = \frac{1}{f}. \quad \text{Eyi ma yɛn:} \frac{1}{25} + \frac{1}{K_i} = \frac{2}{-80} \quad \text{a ɛma yɛn } K_i = -67cm$$

Saa mfoni yi yɛ mfoni sunsum (efisɛ Ki yɛ nyifim) a egyina ahwehwɛ no akyi 67cm.

$$\text{Magnifikashin} = \frac{Si}{Sa} = - \frac{(-67cm)}{25cm} = 2.7 \text{ mmɔho kɛse}.$$

Esiane sɛ eyi nkekaho no nti, mfoni no gyina hɔ pinitnn.

Nsɛmmisa

1. Kyerɛkyerɛ Fermat mmara no mu.
2. Sɛ hann bi hyerɛn gu ahwehwɛ tratraa anim a, kyerɛ nea obi behu.
3. Ahwehwɛ ahorow ahe na wonim? Bobɔ wɔn din.
4. Kyerɛkyerɛ eyi ase (i) Fokus (ii) Fokus tenten (iii) Fokus papa (iv) Fokus sunsum (v) Mpuamu senta (vi) Mpuamu radius
5. Drɔɔ hann reis a efi ade bi a esi mpuamu ahwehwɛ konkav anim ma yehu ne mfoni. Mfoni bɛn na yenya?
6. Drɔɔ hann reis a efi ade bia esi mpuamu ahwehwɛ konvex anim ma yehu ne mfoni. Mfoni bɛn na yenya?
7. Dɛn mpuamu ahwehwɛ ne radius bɛn na ɛbɛama yɛn mfoni pintinn a ne magnifikashin yɛ 1/5 sɛ ade bi a egyina ahwehwɛ no anim 15cm? (mmuae; R = +7.5cm konvex).
8. Ahwehwɛ bi ma Ɛse dɔketa bi nya ɛse bi magnifikashin 4.0 bere a ahwehwɛ no si ɛse no anim 0.60cm. Hwehwɛ ahwehwɛ no mpuamu radius. (R = -1.6cm).

TIFA 35 : HANN REFRAKSHIN

Nkyerɛkyerɛmu

Twi	Brɔfo
Insidens angle	angle of incidence
Insident rei	incident ray
Kritikal angle	critical angle
Nsiso rei	incident ray
Prisim	prism
Refrakshin	refraction
Refraktiv angle	refractive angle
Refraktiv index	refractive index
Refraktiv rei	refractive ray
Snell mmara	Snell's law

HANN SPIID A ƐDE TU KWAN

Yenim dedaw sɛ weiv biara weivlenf taems ne frekwensi dodow yɛ pɛpɛɛpɛ sɛ weiv no spiid wɔ baabi a ɛnam no. Yɛakyerɛ saa ekuashin yi sɛ:

$$v = f\lambda \quad \text{bere a:}$$

.. v yɛ weiv no spiid
.. f yɛ weiv no frekwensi
.. λ yɛ ne weivlenf.

Hann spiid a ɛde nam vakuum mu no yɛ 300 000 km/sekond. Nanso, sɛ hann retu kwan afa nneɛma ahorow bi mu a, ne spiid no sesa. Sɛ hann mframa mu a, ne spiid no ano brɛ ase ma ɛbɛyɛ 299 792 km/sekond efisɛ mframa mu molekuls siw hann spiid no ano kwan kakra. Nanso, esiane sɛ saa numbas yi benben yiye no nti, yɛtaa fa mframa spiid sɛ 300 000 km/sekond de bu yɛn nkontaa. Hann spiid a ɛde nam nsu mu no yɛ 225 000 km/s; nea ɛde nam daamɔn mu no yɛ 125 000 km/s. Adɛn nti na hann spiid a ɛde nam nneɛma ahorow mu no sesa?

Ade	Hann spiid wɔ ade no mu (km/s)
Vakuum	300 000
Mframa	299 792 ~ 300 000
Nsu	225 000
Glass	190 000
Daamɔn	125 000

Ɔpon 35-1: Hann spiid a ɛde nam nneɛma ahorow bi mu

Osuahu kyerɛ sɛ ade biara a hann fa mu no tumi siw hann spiid no ano kwan kakra. Saa hann spiid nsiwkwan yi gyina ade ko a hann refa mu no densiti so; bere a ade bi densiti reyɛ kɛse no, na hann spiid no dodow reba fam. Esiane sɛ mframa a adɔ mu yɛ hare, na ne densiti nso sua sen mframa a adwo de no nti, hann spiid yɛ ntɛmntɛm wɔ mframa a adɔ mu sen mframa a adwo mu. Yehu hann spiid a ɛde fa nneɛma ahorow bi mu wɔ Ɔpon 35-1 so.

REFRAKSHIN

Sɛ hann nam nneɛma bi a wɔn densiti nnyɛ pɛ mu, na ɛne wɔn mu biara yɛ 90° angle a, hann reis no fa ɔkwan teateaa so de hyɛn ade ko no mu a reis no mu biara nnkyea. Nanso sɛ hann reis yi nam angle a akyea kwan so fi ade bi mu akɔ foforo bi mu de a, hann reis no kyea fa kwan foforo bi so. Yɛfrɛ saa hann akwantu yi sɛ **refrakshin**. Ne saa nti, **refrakshin kyerɛ hann akwantu a ɛnam angle bi a akyea so (ɛnyɛ 90 digri) de fa nneɛma bi a wɔn densitis nnyɛ pɛ mu.**

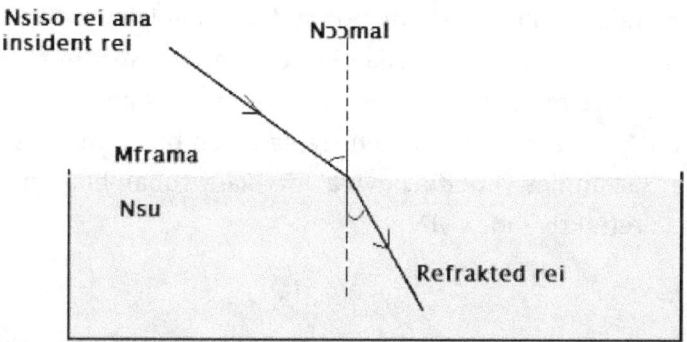

Adekyerɛ 35-1: Insident rei ne refrakted rei.

Yɛbɛkae sɛ sayenseni Fermat kyerɛɛ sɛ hann rei biara fa ɔkwan a ɛbɛma akodu baabi a ɛkɔ no ntɛmntɛm koraa so. Hann refrakshin akwantu di saa mmara yi so pɛpɛɛpɛ. Yebetumi de nsu ne mframa ayɛ mfatoho. Sɛ hann rei bi fi mframa mu kɔfa nsu mu, na ɛnam angle bi a akyea so a, hann rei no kyea (hwɛ Adekyerɛ 35-1).

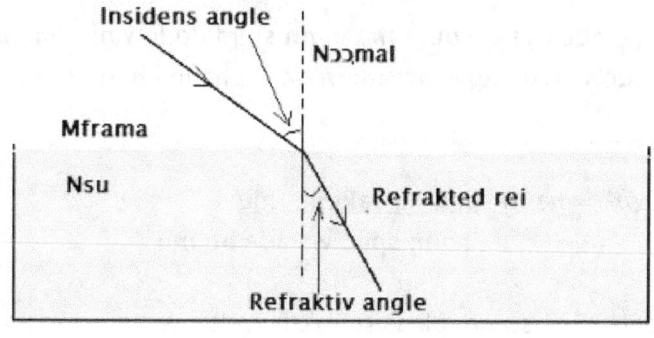

Adekyerɛ 35-2: Hann rei a efi mframa mu na ɛnam angle bi a akyea so kɔfa nsu mu no akwantu kyea; yɛfrɛ eyi refrakshin.

Yɛbɛkae sɛ normal lain no yɛ lain bi a ɛne nsu no anim yɛ pependikula; ɛnkyea. Yɛfrɛ rei a efi baabi kosi ade foforo bi so no sɛ **insident rei** ana **nsiso rei**. Sɛ nsiso rei yi fa ade ko no mu a, ɛkyea sɛnea yehu no. Saa rei a akyea wɔ ade foforo bi mu yi din de **refrakted rei**. Yɛbɛkae sɛ yɛfrɛ angle a hann rei no ne normal lain no yɛ bere a ɛhyɛn nsu no mu no sɛ **insidens angle**.

Yɛfrɛ angle a hann rei no ne normal lain no yɛ, bere a **ahyɛn** nsu no mu no sɛ **refraktiv angle**. Ehia sɛ yɛte ase sɛ eyi nnte sɛnea yehuu wɔ yɛn reflekshin adesua mu a insidens angle ne reflekshin angle no yɛ pɛ no. Ɛha de, insidens angle no ne refraktiv angle no nnyɛ pɛ koraa efisɛ hann reis no kyea bere a wɔhyɛn nsu no mu.

Insidens angle ne refraktiv angle no nnyɛ pɛ

Osuahu ahorow ama yɛahu sɛ, sɛnea refraktiv angle no kyea no gyina ade a hann reis no rehyɛn mu no densiti so, a ɛno nso gyina hann spiid a enya wɔ ade a ɛrehyɛn mu no so.

Ɛnnɛ da yi, yenim sɛ, nneɛma a wɔn densitis yeyɛ akɛse no sisiw hann spiid ano pii. Eyi ma hann spiid no ano brɛ ase. Sɛ hann spiid no ano brɛ ase wɔ ade foforo a ɛrekɔhyɛn mu no mu a, refraktiv rei no twe bɛn normal lain no ho. Nanso sɛ hann spiid no dɔɔso wɔ ade foforo a ɛrekɔhyɛn mu no mu de a, (kyerɛ sɛ ade foforo no densiti yɛ ketewa bi de a), refraktiv rei no tetew ne ho mu fi normal lain no ho.

Yɛbɛyɛ dɛn asusuw insidens angle ne ne saa refraktiv angle yi mu biara dodow? Sayenseni Snell na ɔkyerɛɛ mmara bi a yɛde hwehwɛ insidens angle bi ne ne refraktiv angle yi dodow bere biara a hann rei bi fa nneɛma abien bi a wɔn densitis nnyɛ pɛ mu. Snell kyerɛɛ sɛ, saa angles yi dodow gyina ade biara suban bi a yɛfrɛ no **refrativ index** so. Dɛn ne saa refraktiv index yi?

REFRAKTIV INDEX

Esiane sɛ hann spiid a ɛde nam nneɛma ahorow mu no nnyɛ pɛ no nti, ehia sɛ yenya dodow bi a ɛkyerɛ saa suban ne tebea yi ma ade biara. Ne saa nti, yetumi de hann spiid a ɛde nam vakuum mu ne hann spiid a ɛde nam ade foforo biara mu yɛ ntotoho ma yetumi nya dodow bi a ɛkyerɛ yɛn ade biara suban ne tebea pɔtee bi a ebetumi ama yɛde wɔn adidi nkitaho. Saa dodow a sayensefo apaw yi yɛ **refraktiv index**.

Ne saa nti, refraktiv index yɛ vakuum mu hann spiid dodow nkyɛmu ade pɔtee bi mu hann spiid dodow. Yɛde agyinamude *n* na esi hɔ ma hann **refraktiv index**.

Yɛkyerɛw eyi sɛ:

... ade bi refraktiv index *(n)* = $\dfrac{\text{hann spiid wɔ vakuum mu}}{\text{hann spiid wɔ ade no mu}}$

Sɛnea yehu wɔ Ɔpon 35-2 so no, glaas refraktiv index yɛ kɛse sen nsu de. Bere a ade bi mu repiw no, na ne refraktiv index dodow nso rekɔ soro. Nneɛma a wɔn densitis ne refraktiv indises yɛ akɛse no siw hann reis ano kwan pii; eyi ma wɔn mu hann spiid nso beba fam.

Ade	Refraktiv index	Hann spiid wɔ ade no mu (km/s)
Vakuum/mframa	1	300 000
Nsu	1.33	225 000
Nsu ayis	1.31	
Glaas (krown ne flint)	1.52–1.65	(191 000)
Daamɔn	2.42	125 000
Nufusu	1.35	
Nngo	1.47	
Kwartz	1.54	
Akpeteshi (alkohol)	1.36	
Bɔta	1.45	
Kokoo bɔta	1.46	
Nkyene	1.52	
Asetone	1.36	
Bɛnzene	1.50	
Rubi	1.76	
Aniwa mu lens	1.41	
Lɛɛd	2.6	

Ɔpon 35-2: Nneɛma ahorow bi mu biara refraktiv index (λ ~ 590 nm) (Eyi fi CRC Handbook of Chemistry and Physics mu 2010).

Asɛmmisa: Hann spiid a ɛde nam nsu mu no yɛ 225 000 km/s. Hwehwɛ nsu refraktiv index.

∴ nsu refraktiv index = n = $\dfrac{\text{hann spiid wɔ vakuum mu}}{\text{hann spiid wɔ nsu mu}}$

∴ nsu refraktiv index = n = $\dfrac{300\ 000\ km/s}{225\ 000\ km/s}$ = *1.33*

Hann refraktiv index yɛ *1.33*.

Asɛmmisa: Hann spiid a ɛde nam glaas bi mu no yɛ 191 000 km/s. Hwehwɛ glaas no refraktiv index.

∴ glaas no refraktiv index = $\dfrac{\text{hann spiid wɔ vakuum mu}}{\text{hann spiid wɔ glaas no mu}}$ = $\dfrac{300\ 000\ km/s}{191\ 000\ km/s}$

∴ glaas no refraktiv index **n glaas** = *1.57*

NTOTOHO REFRAKTIV INDEX (relative refractive index)

Yetumi de nneɛma abien a ɛsono wɔn mu biara yiye nso di nkitaho de kyerɛ wɔn **ntotoho refraktiv index**. Yɛde nkyerɛkyerɛmu a edi so yi na ɛkyerɛ ntotoho refraktiv index a ɛfa nneɛma abien bi ho.

Ntotoho refraktiv index = <u>Ade a edi kan no refraktiv index</u>
                              Ade a ɛto so abien no refraktiv index

Yɛnfa no sɛ yɛwɔ nneɛma abien bi a baako refraktiv index yɛ n_1 na nea ɛto so abien no nso de yɛ n_2. Yɛkyerɛ wɔn ntotoho refraktiv index sɛ:

Ntotoho refraktiv index = $\dfrac{n_1}{n_2}$

Asɛmmisa: *Daamɔn refraktiv index yɛ 2.5; glaas bi nso de yɛ 1.5. Fa daamɔn ne glaas yɛ nkitaho fa hwehwɛ wɔn ntotoho refraktiv index.*

Ntotoho refraktiv index = $\dfrac{n\ daamɔn}{n\ glaas} = \dfrac{2.5}{1.5} = 1.67$

Afei a yɛakyerɛ refraktiv index ase yi, momma yɛnkɔtoa yɛn Snell mmara adesua no so, na yɛnhwehwɛ sɛnea hann insidens ne refraktiv angles no sesa fa, bere a hann rei bi nam nneɛma ahorow abien bi mu.

SNELL MMARA

Snell kyerɛɛ sɛ bere biara a hann rei bi fa angle bi a akyea so de tu kwan fa nneɛma ahorow abien bi a wɔn suban nnyɛ pɛ mu no, ade a edi kan no refraktiv index taems ne **sine** insidens angle dodow yɛ pɛpɛɛpɛ sɛ ade foforo no refraktiv index taems ne **sine** refrakshin angle dodow. Yɛkyerɛ saa Snell mmara yi sɛ:

Snell mmara: n_1 x Sin (insidens angle) = n_2 x Sin (refraktiv angle)

Yɛnfa no sɛ hann rei bi fi mframa mu kɔfa nsu bi mu sɛnea yehu wɔ Adekyerɛ 35-3 mu no.

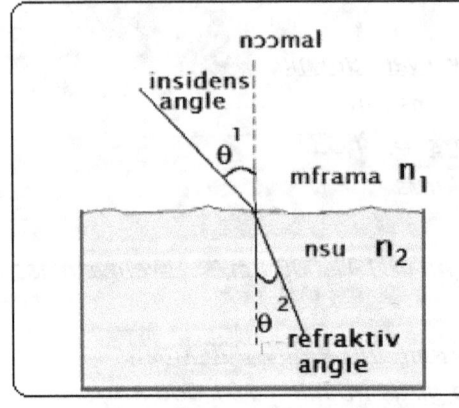

Adekyerɛ 35-3: Snell mmara kyerɛ sɛ $n_1 \sin \Theta_1 = n_2 \sin \Theta_2$

Snell mmara ma yenya:

Snell mmara = $n_1 \sin \Theta_1 = n_2 \sin \Theta_2$ bere a:
.. n_1 yɛ ade a edi kan a hann rei nam mu no refraktiv index
.. n_2 yɛ a ade a ɛto so abien a hann rei nam mu no refraktiv index
.. Θ_1 yɛ insidens angle wɔ ade a edi kan no mu
.. Θ_2 yɛ refraktiv angle wɔ ade a ɛto so abien no mu.

Yɛtaa de Grikifo lɛtɛ teta, Θ na egyina hɔ ma angle a insidens ana refrakshin rei no ne normal no yɛ no.

Bio, yɛnfa no sɛ hann reis bi fi mframa mu kɔfa glaas bi mu san pue fi adi bio (Adekyerɛ 35-4). Nea edi kan no, hann rei a efi A no fi ase kyea bere a edu glaas no mu no. Saa hann rei yi spiid a ɛde nam glaas no mu no gyina glaas no refraktiv index so. Sɛ hann rei BD no refi glaas no mu a, ɛsan fa kwan bi so DE, sɛnea yehu wɔ Adekyerɛ 35-4 mu no.

Anokwasɛm ne sɛ, esiane sɛ rei no reba mframa mu bio no nti, lain DE (ne ne ntoaso DEF) no ne hann mfiase lain AB no yɛ paralel. Ne saa nti, saa hann akwantu yi yɛ te sɛnea hann reis no werɛ afi glaas no mu akwantu no koraa a ɛma ɛyɛ te sɛnea yɛabefi yɛn hann rei no mfiase akwantu a ɛwɔ mframa mu no ase bio.

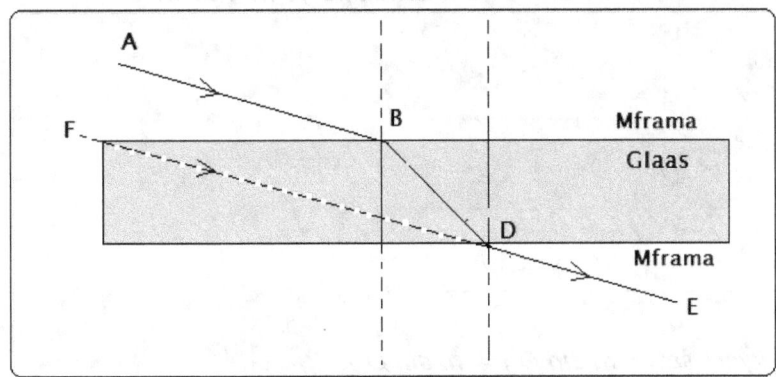

Adekyerɛ 35-4: Sɛ hann rei bi nam angle a akyea so fa glaas mu a, rei no kwan sesa. Sɛ ɛsan fi glaas no mu a, ɛsan fa kwan bi a ɛne mfiase rei no yɛ paralel so de toa n'akwantu no so.

Saa kwan ABDE yi a hann rei yi fa so fi A kosi E yi yɛ kwan a ɛma no kodu ntɛmntɛm koraa sɛnea Fermat kyerɛɛ no. Obi betumi abisa se adɛn nti na hann rei no nnfa ɔkwan teateaa bi so, mmfi A nkosi E sɛnea yɛde lain blu ntetewmu no akyerɛ wɔ Adekyerɛ 35-5 so no. Lain blu ntetewmu no kyerɛ yɛn sɛ hann rei no kwan a ɛde nam glaas no mu twe yiye; kwan a ɛde nam mframa mu no so no yɛ ketewa.

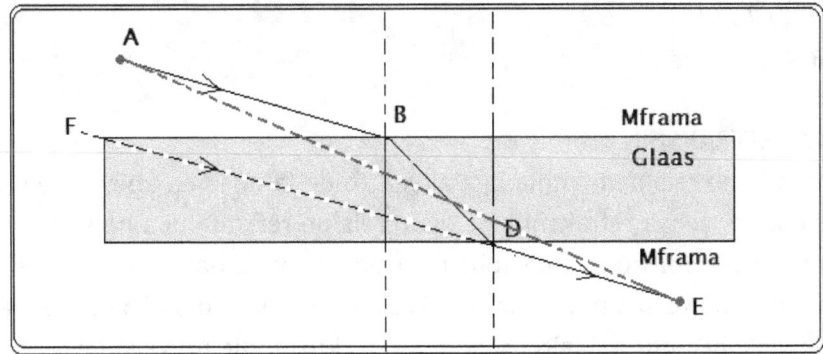

Adekyerɛ 35-5: Hann rei no kwan a ɛfa so de kodu E ntɛmntɛm koraa no yɛ ABDE na ɛnyɛ sɛnea blu-ntetewmu lain teateaa no kyerɛ no koraa.

Yenim nso sɛ hann reis no hu glaas no sɛ nsiwkwan ade a emu akwantu spiid no yɛ brɛoo (191 000 km/s.) Sɛ hann rei no hwehwɛ akodu n'awiei, E ntɛmntɛm a, so ehia sɛ ɛsɛɛ bere twa kwandodow pii wɔ glaas mu a ne spiid yɛ nyaa no na etwa kwantiatia wɔ mframa mu a ne spiid mu yɛ ntɛmntɛm no ana? Dabida. Yebetumi de geometri nkontaa akyerɛ mu nso sɛ saa kwan a hann faa so de fii A koduu E (ABDE) no na ɛyɛ ntɛmntɛm kwan yiye koraa sɛnea Ɔbenfo Fermat kyerɛe bɛyɛ mfe ahassa aduosia ni no pɛpɛɛpɛ.

Asɛmmisa: Kofi Yɛboa ahwie nngo agu nsu bi a ɛwɔ kyɛnse bi mu so ma nngo no tɛnn nsu no ani. Nngo no refraktiv index yɛ 1.45; nsu de yɛ 1.33. Sɛ yɛde kanea bi hyerɛn nsu no so 40 digris a, kyerɛ angle ko a kanea no yɛ wɔ nsu no mu.

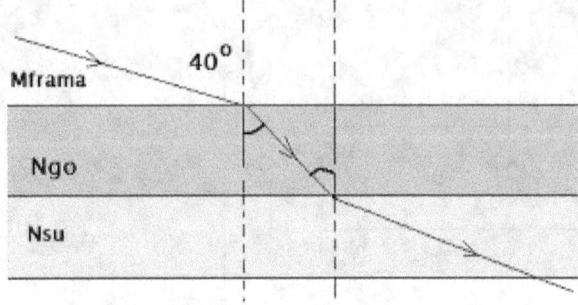

Yenim Snell mmara kyerɛ sɛ: $= n_1 \sin \Theta_1 = n_2 \sin \Theta_2$
Sɛ yefi ase fi mframa ne ngo nhyiae no a, yenya:
.. $n_{mframa} (\sin\Theta_{mframa\text{-}insidens}) = n_{ngo} (\sin \Theta_{ngo\text{-}refraktiv})$
Sɛ yedu mframa ne nsu nhyiae a, yenya:
.. $n_{ngo} (\sin \Theta_{ngo\text{-}insidens}) = n_{nsu} (\sin \Theta_{nsu\text{-}refraktiv})$
    Nanso sɛnea yehu no, $n_{ngo} (\sin \Theta_{ngo\text{-}refraktiv}) = n_{ngo} (\sin \Theta_{ngo\text{-}insidens})$ efisɛ angles abien no yɛ pɛ
Ne saa nti: yenya:
...$n_{mframa} (\sin \Theta_{mframa\ insidens}) = n_{nsu} (\sin \Theta_{nsu\text{-}refraktiv})$
.. $n_{mframa} (\sin 40°) = 1.33 ((\sin \Theta_{nsu\text{-}refraktiv})$
Eyi ma yɛn: $1.0 (\sin 40°) = 1.33 (\sin \Theta_{nsu\text{-}refraktiv})$
$(\sin \Theta_{nsu\text{-}refraktiv}) = (1.0)(0.64)/1.33$
$\Theta_{nsu\text{-}refraktiv} = 28.9°$.

NEA ENTI A YENYA REFRAKSHIN

Bere biara a hann reis nam angle bi a akyea so de fa nneɛma abien bi a wɔn densitis nnyɛ pɛ mu no, yenya refrakshin. Sɛ hann reis no refi ade bi a ne spiid yɛ ntɛmntɛm wɔ mu akɔ ade foforo bi a ne spiid yɛ nyaa wɔ mu a, hann reis no twe kɔbɛn normal lain no ho. Ne saa nti, sɛ hann reis bi refi mframa mu akɔ nsu mu a, hann reis no twetwe kɔbɛn normal lain no ho ma refraktiv angle no yɛ ketewa. Nanso sɛ hann reis no refi ade bi a ne mu hann spiid yɛ brɛoo akɔ ade bi a ne mu hann spiid yɛ ntɛmntɛm mu a, hann reis no twe wɔn ho fi normal lain no ho kakra.

Ne saa nti, sɛ hann reis bi refi nsu mu aba mframa mu a, wɔtwe wɔn ho fi normal no ho ma refraktiv angle no yɛ kɛse. Saa ara nso na hann reis bi refi glaas mu aba hann mu a, wɔtetew wɔn ho mu fi normal no ho ara nen.

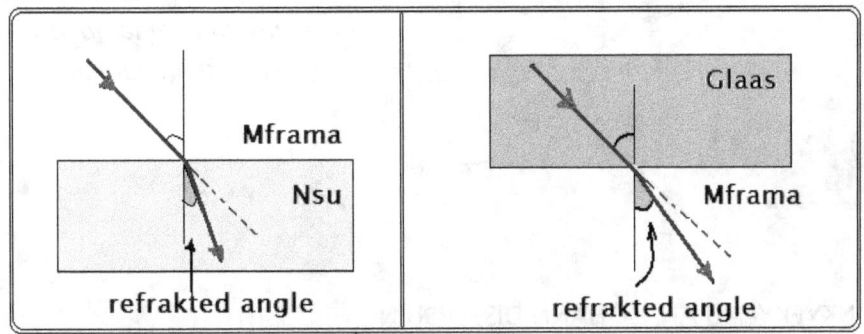

Adekyerɛ 35-6: Sɛ hann reis no rekɔ ade bi a ɛwɔ hann spiid nyaa mu a, wɔde wɔn ho bɛn normal no ho; sɛ hann spiid no rekɔ ade bi a ɛwɔ hann spiid ntɛmntɛm mu a, wɔtew wɔn ho fi normal no ho mmoroso.

Refrakshin ma yetumi kyerɛkyerɛ nsɛmnsɛm bi a ase. Sɛ ɛtɔ da bi na owia rebɔ dennenen a, ɛyɛ yɛn sɛ yehu sɛ lɔre kwan so afɔw wɔ yɛn anim baabi. Nanso sɛ yɛdu hɔ a, yehu sɛ nsu biara nni hɔ. Yɛfrɛ saa anisohude yi sɛ 'mirage'. Ne nkyerɛase fi refrakshin adesua mu. Sɛ owia bɔ dennenenn a, asase so tumi dɔ yiye. Eyi ma mframa a ɛbɛn fam pɛɛ no mu yɛ hyew, ma ne tempirekya kɔ soro yiye. Mframa a adɔ no densiti so huan; eyi ma hann spiid a ɛbɛn fam no nya nkɔso sen hann spiid a ɛwɔ dɔte ankasa mu no. Saa hann spiid ntɛmntɛm yi ma hann reis no kyea fa fam ma yenya wim omununkum refrakshin bi a ɛma ɛyɛ sɛ nsu taataa fam hɔ. Ne saa nti, ɛyɛ wim omununkum refrakshin na yehu sɛ 'miragye' anisohude nsu a egu fam wɔ yɛn anim no. Yɛfrɛ eyi sɛ 'kumafrɔte'.

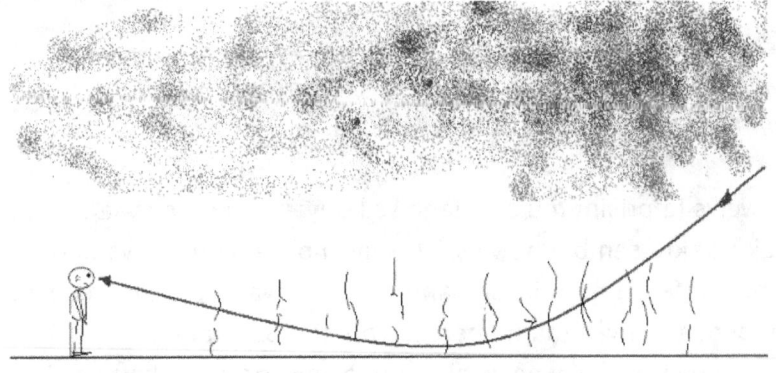

Kwan a ɛso adɔ yiye

Adekyerɛ 35-7: 'Miragye' anisohude ma yehu kwan a ɛso adɔ yiye no sɛ beae bi a nsu taataa.

Refrakshin ma nneɛma a ɛwɔ nsu mu no nso yɛ akɛse sen sɛnea yehu wɔn no. Sɛ obi hwɛ apataa bi wɔ nsu mu a, ohu apataa no sɛ ɛbɛn no sen baabi pɔtee a apataa no wɔ. Eyi nso ma ohu apataa no sɛ ɛyɛ kɛse sen sɛnea ɛte no.

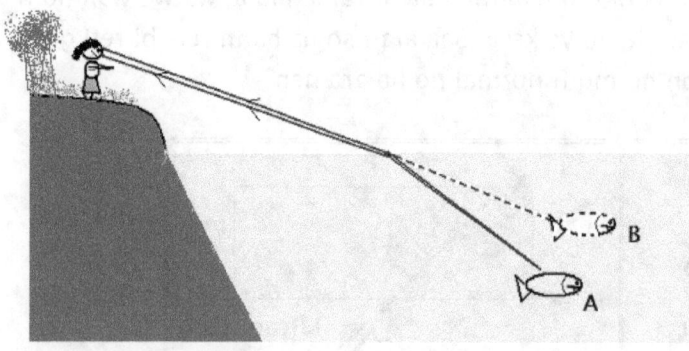

Adekyerɛ 35-8: Nsu refrakshin no ma ababaa no hu apataa no sɛ ɛbɛn soro sen baabi a ɛwɔ no.

HANN FITAA NKYEKYƐMU ANASƐ HANN DISPƐRSHIN

Yenim sɛ hann reis tumi fa emukrenn (transparent) ade biara mu san kopue fi ade ko no akyi bio. Nanso hann spiid a ɛde fa emukrenn ade biara mu no nso gyina ade ko no suban ne hann weivs no frekwensi so. Yɛakyerɛ sɛ hann spiid a ɛde fa daamɔn mu no nnyɛ ntɛmntɛm sɛ hann spiid a ɛnam glaas mu.

Sɛnea yɛaka dedaw no, hann spiid a ɛde tu kwan fa glaas mu no gyina hann frekwensi a ɛde nam mu no so. Hann weivlenf atenten (nyaa frekwensis) akwantu spiid yɛ nyaa wɔ glaas mu sen hann weivlenf ntiantia. Ne saa nti, kogyan weivs a yenim sɛ wɔn weivlenf yɛ atenten no spiid yɛ nyaa wɔ glaas mu sen blu ne vayolet weivs a wɔn weivlenf yɛ ntiantia. Momma yɛnhwɛ sɛnea yetumi yi saa nimdeɛ yi adi wɔ glaas mu. Yɛde glaas prisim bɛyɛ mfatoho.

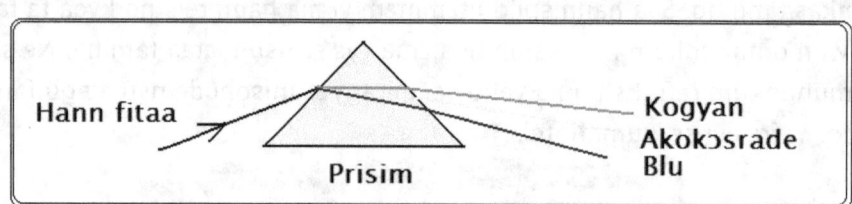

Adekyerɛ 35-9: Sɛ yɛde hann fa prisim mu a, yenya kɔlas asɔn a wofi hann nkyekyɛmu mu. Hann fitaa kyerɛ hann a enni kɔla biara.

Sɛ yɛde hann weivs fa prisim mu a, esiane sɛ kogyan weivs yɛ nyaa no nti, wɔn akwantu no ka akyi kakra sen blu ne vayolet weivs no. Sɛ hann weivs fa glaas prisim mu a, esiane prisim tebea no nti, saa hann weivs yi nya nkyeamu abien a ɛma yɛn refrakshin abien: bere a wɔhyɛn mu ne bere a wofi mu. Saa hann reis yi refrakshin mpɛn abien yi ne wɔn frekwensis akwantu a ɛnyɛ pɛ yi ma hann weiv no mu nya ntetewmu. Saa ntetewmu yi gyina frekwensi so: kogyan wɔ sorosoro, akutu kɔla di so, akokɔsrade, ahabanmono, blu, indigo ne vayolet na wodidi so (hwɛ Adekyerɛ 35-9)

Onipa a odii kan yii saa glaas prisim hann frekwensis ntetewmu yi adi ne Isaak Newton: ɔmaa glaas prisim bi so de kyerɛɛ owia so, na ɔde yii kɔlas yi adi. Yɛfrɛ glaas prisim kwan a ɛfa so de kyekyɛ owia hann mu ma yenya ne kɔlas asɔn yi sɛ **hann fitaa nkyekyɛmu** anasɛ **hann dispershin**. Saa hann dispershin yi nso na ɛkyerɛ sɛnea yenya nyankontɔn ase.

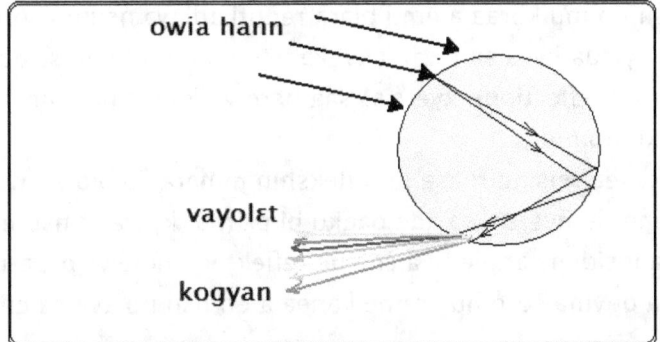

Adekyerɛ 35-10: Sɛnea nsu nkronkrowaa a wɔwɔ wim no kyekyɛ owia hann (dispershin) mu ma yenya nyankontɔn.

Sɛ osu tɔ wie na yɛda so nya nsu nkrowankrowa nketenkete bi wɔ wim a, owia hann fa saa nsu yi mu ma emu biara nya refrakshin abien sɛnea yehu wɔ Adekyerɛ 35-10 so no. Owia hann reis kyekyea mpɛn abien (refrakshin abien) wɔ saa nsu nkrowankrowa yi mu ma yenya kɔlas asɔn a woyi wɔn ho adi sɛ nyankontɔn. Saa nsu nkronkrowaa yi ɔpepem ne akyi nkabom na ɛma yenya nyankontɔn. Kae nso sɛ sika kɔkɔɔ kuku biara nnsi nyankontɔn no awiei baabiara.

ADE-NHYƐMU REFLEKSHIN (*total internal reflection*) NE KRITIKAL ANGLE

Yɛnfa no sɛ obi gyina nsu bi mu kura tɔkyelait a wasɔ na ɔde hwɛ soro wɔ n'atifi. Sɛ ɔde tɔkyelait no kyerɛ soro wɔ angle bi so a, obi a ogyina nsu no soro no tumi hu kanea no. Saa bere no ara, kanea no kakraa bi nso hyerɛn wɔ nsu no mu. Sɛ ɔkyea tɔkyelait no kakraa bi a, kanea no kwan a ɛnam so no sesa ma etwiw bɛn nsu no anim tratraa no so; saa bere yi kanea no bebree kakraa hyerɛn wɔ nsu no mu sen kan no. Sɛ ɔkɔ so kyea tɔkyelait no a, ebedu bere bi no, tɔkyelait kanea no bɛda nsu no so pɛpɛɛpɛ. Sɛ edu saa bere yi a, kanea biara rennfi nsu no mu nhyerɛn wɔ nsu no soro bio.

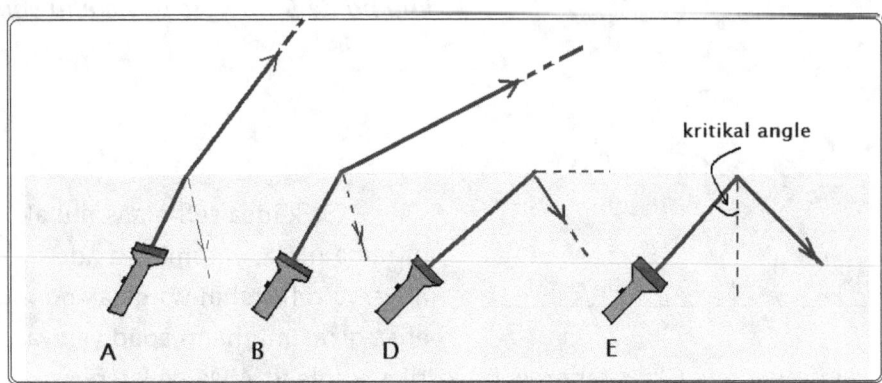

Adekyerɛ 35-11 Kanea a efi nsu mu wɔ angle a akyea no bi yɛ reflekted, ebi nso yɛ refrakted. Sɛ kanea no ne nsu no yɛ 48° digri angle a ɛyɛ nsu no kritikal angle no de a, kanea no nyinaa reflekte san kɔ nsu no mu.

Yɛfrɛ saa angle a tɔkyelait kanea no yɛ bere a ɛda nsu no so pɛpɛɛpɛ na ɛmma kanea reis biara nhyerɛn mmfi nsu no mu mma soro bio no sɛ **kritikal angle**. Sɛ yɛkyea tɔkelait kanea no kakraa bi ma etwa saa kritikal angle yi mu pɛ, kanea reis no nyinaa bɛsan wɔn akyi akɔ nsu no mu koraa a emu biara rennfi adi wɔ nsu no soro bio. Yɛfrɛ sɛnea kanea reis yi nyinaa kyea san wɔn akyi kɔ nsu no mu bio no sɛ **ade nhyɛmu reflekshin (total internal reflection)**; kyerɛ sɛ saa bere yi, kanea no nyinaa reflekshin asan akɔhyɛn ade ko no mu.

Sɛ edu saa bere yi a, kanea reis no fi ase di reflekshin mmara so bio wɔ nsu no mu. Eyi yɛ te sɛnea kanea no re-hyerɛn wɔ ade baako bi pɛ mu, kyerɛ sɛ nsu no mu pɛ. Ne saa nti, yetumi nya insidens angle bi a ɛne ne reflekted angle yɛ pɛpɛɛpɛ bio. Saa bere yi, kanea a obi a ogyina soro hu ara ne kanea a efi nsu no ase na emu atrɛtrɛw kakraa bi pɛ.

Yenya **ade nhyɛmu reflekshin** bere biara a kanea refi baabi a ɛhɔ hann spiid yɛ nyaa akɔ baabi foforo a ɛhɔ hann spiid yɛ ntɛmntɛm. Nsu mu hann spiid yɛ nyaa sen mframa mu hann spiid; ne saa nti sɛ kanea fi nsu mu rekɔ mframa mu a, yenya **ade nhyɛmu reflekshin**.

Ade nhyɛmu reflekshin : hann refi baabi a ne spiid yɛ nyaa akɔ baabi a ne spiid yɛ ntɛmntɛm.

Sɛ kanea bi refi nsu mu aba mfikyiri a, ne kritikal angle yɛ 48 digris. Eyi kyerɛ sɛ kanea reis biara a efi nsu mu na ɛbɛpem nsu no soro wɔ 48° angle no san n'akyi kɔ nsu no mu. Obiara a ogyina nsu no ase na ɔde kanea bi hwɛ soro 48° angle (anasɛ nea ɛdɔɔso sen saa) no nnhu wiase 180° na mmom ohu 48° digris mmɔho abien a ɛyɛ 96° efisɛ ɔde insidens rei ne reflekted rei no angles abien no nkabom pɛ na ehu soro.

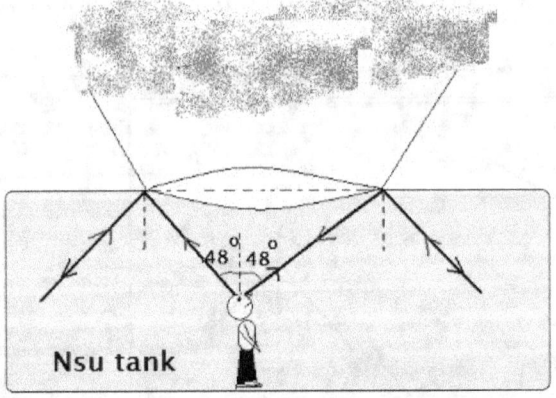

Adekyerɛ 35-12: Ade biara a esi nsu mu no de 96° angle pɛ na ehu soro

Sɛ kanea refi glaas mu akɔ mframa mu a, yetumi nya ade nhyɛmu reflekshin wɔ glaas no mu efisɛ glaas mu hann spiid yɛ nyaa sen hann spiid wɔ mframa mu. Glaas (ahorow bi) kritikal angle yɛ 43°; eyi kyerɛ sɛ kanea rei biara a efi glaas mu reba mfikyiri, na ɛdɔɔso sen 43° no nyinaa san kɔ n'akyi kɔ glaas no mu bio. Ne saa nti, sɛ kanea reis bi nam glaas prisim bi mu wɔ angle bi a ɛyɛ 43° digris (anasɛ ɛdɔɔso sen 43°) mu a, kanea reis no nyinaa san wɔn akyi kɔ prisim no mu bio bere biara a wodu prisim no ho baabi a ɛne mfikyiri baabi rehyia.

Yetumi de prisims dandan mfoni ma yenya mfoni no tebea biara a yɛpɛ. Yehu saa mfoni nhyehyɛe yi bi wɔ Adekyerɛ 35-13 so.

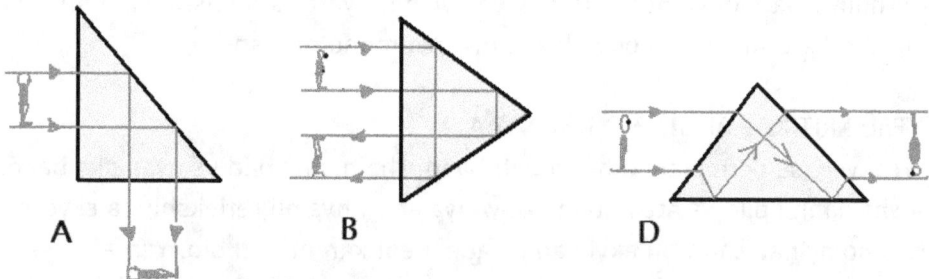

Adekyerɛ 35-13: Ade nhyɛmu reflekshin wɔ prisim mu. Hwɛ sɛnea prisim sesa onipa no ma yenya (A) nsesae 90° ne (B) nsesae 180°. D. Yennya nsesae biara.

Glaas prisim tumi kyere kanea reis nyinaa (100%) a ɛhyɛn mu; ahwehwɛ biara nntumi nnyɛ sa. Glaas ahorow bi ne aluminium ahwehwɛ tumi kyere kanea reis dodow bɛyɛ 90% pɛ. Esiane sɛ prisims tumi kyere, na wɔreflekte hann reis nyinaa a ɛhyerɛn gu wɔn so no nti, engyineafo de glaas prisims na ɛtaa yeyɛ optikal instruments ne optikal mashins.

OPTIKAL FIBƐRS

Yɛfa ade nhyɛmu reflekshin so yɛ glaas hama bi a yɛfrɛ no optikal fibɛrs. Saa optikal fibɛrs yi yɛ glaas hama ketekete koraa bi a tokuru da mu. Ɔkwan a wɔafa so ayeyɛ saa optikal fibɛrs yi ma hann biara a ɛhyɛn mu no mu kyea ma yenya ade-nhyɛmu reflekshin nkutoo. Ne saa nti, kanea biara a ɛhyɛn optikal fibɛr bi mu no nantew fibɛr no mu kosi sɛ ebepue wɔ mfikyiri baabi a yɛpɛ, a ɛnsesa koraa. Esiane sɛ hann frekwensis tumi kura nsɛm de twa kwan ntɛmntɛm no nti, yɛfa saa kwan yi so ma optikal fibɛrs de nsɛmnsɛm tutu akwan ntɛmntɛm kokɔ mmeaemmeae so.

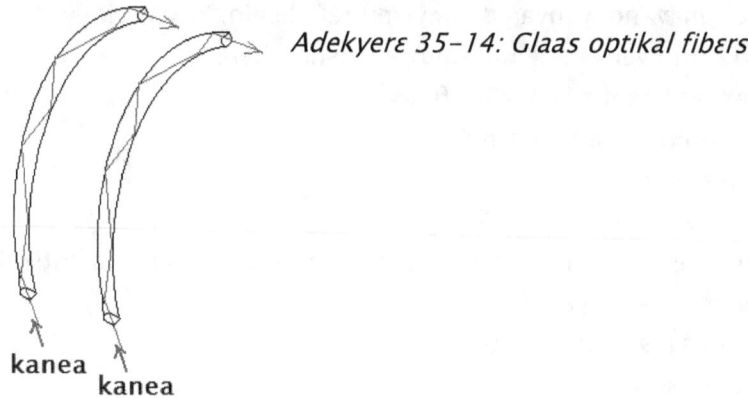

Adekyerɛ 35-14: Glaas optikal fibɛrs

Eyi nti, glaas fibɛrs yi resisi kɔpa wayas ne nnade wayas ahorow a kan tete no wɔde yeyɛ tɛlɛfon ne radio nhama no nyinaa anan mu.

Saa ara nso na dɔketafo tumi de kamera nketewa nketewa hyehyɛ sa glaas fibɛrs yi bi ano ma wotumi de hyɛn onipa yafunu mu kɔhwɛ mu yare, na wɔde yɛ ɔperashin mpo a wonnhia sɛ wɔbetwitwa onipa no mu baabiara te sɛnea na wɔyɛ kan tete no. Esiane sɛ saa optikal fibɛrs yi yɛ nketenkete koraa no nti, dɔketafo tumi de hyɛnhyɛn nnipadua mogya ntin mu de hwehwɛ mu nyarewa ne nsiwkwan nneɛma bi te sɛ kolesterol a etumi siw mogya kwan ma owumono no nso.

SƐNEA YEBU KRITIKAL ANGLE HO NKONTAA

Yɛakyerɛ sɛ bere biara a hann befi baabi ɛhɔ hann spiid yɛ nyaa akɔ baabi foforo a ɛhɔ hann spiid yɛ ntɛmntɛm no, yenya ade nhyɛmu reflekshin, a ɛkyerɛ sɛ kanea reis no nyinaa san wɔn akyi san kɔ ade a edi kan no mu bio. Yɛnfa no sɛ hann refi ade bi a ne refraktiv index yɛ n_1 mu akɔ ade foforo bi a ne refraktiv index yɛ n_2 mu.

Yɛkyerɛ eyi sɛ:

$$n_1 = \frac{\text{Hann spiid wɔ vakuum mu}}{\text{Hann spiid wɔ ade a edi kan no mu}} = \frac{V_V}{V_1}$$

Afei nso:

$$n_2 = \frac{\text{Hann spiid wɔ vakuum mu}}{\text{Hann spiid ade a ɛto so abien no mu}} = \frac{V_V}{V_2}$$

Eyi ma yɛn nkyekyɛmu a edi so yi:

$$\frac{n_1}{n_2} = \frac{\text{Hann spiid wɔ ade a ɛto so abien no mu}}{\text{Hann spiid wɔ ade a edi kan no mu.}}$$

Anasɛ: $n_1/n_2 = V_2/V_1$

Yenim dedaw sɛ ansa na yebenya nhyɛmu reflekshin no, ehia sɛ $V_2 > V_1$ anasɛ $n_1 >$ yɛ kɛse sen n_2.

Sɛ $V_2 > V_1$ a, ɛsɛsɛ $n_1 > n_2$

Ne saa nti, sɛ $n_1 > n_2$ a, yenya ade nhyɛmu reflekshin.

Eyi nti, yetumi de nneɛma abien bi refraktiv indises yeyɛ ntotoho, de kyerɛ sɛ, bere biara a n_1 yɛ kɛse sen n_2 no, yenya ade nhyɛmu reflekshin. Yɛkyerɛw eyi sɛ:

... $n_i > n_r$ no yenya ade nhyɛmu reflekshin, bere a:

.. n_i yɛ refraktiv index wɔ baabi a kanea no fi no

.. n_r yɛ refraktiv index wɔ baabi a kanea no rekɔ no.

Sɛ yɛfa Snell mmara no so a, yenim sɛ:

$$n_1 \sin \Theta_1 = n_2 \sin \Theta_2$$

Afei sɛ yɛyɛ refrakted angle no $90°$ a, insidens angle a yenya no yɛ kritikal angle. Eyi ma yɛn Snell mmara no yɛ:

$$n_1 \sin\Theta_1 = n_2 \sin 90°$$

Yenim sɛ sin $90°$ nso dodow yɛ 1.

Ne saa nti, yenya = $n_1 \sin \Theta_1 = n_2$ anasɛ

$$\sin \Theta_k = \frac{n_2}{n_1}$$

Eyi ma yetumi de hwehwɛ kanea reis biara kritikal angle Θk dodow sɛ:

$$\sin \Theta_k = \frac{n_2}{n_1}$$ bere a:

.. n_1 yɛ ade a kanea reis no refi mu no refraktiv index
.. n_2 yɛ ade a kanea reis no rekɔ mu no refraktiv index

> **Kritikal angle biara sin dodow yɛ ade a ɛrekɔ mu no refraktiv index nkyɛmu nea ɛrefi mu no refraktiv index.**
>
> $$\sin \Theta_k = \frac{n_2}{n_1}$$

Nsɛmmisa

1. Kyerɛ refrakshin ase kyerɛ wo nuabea ketewa bi.
2. Bere a Ayɛ Kwadwo reka kaar awia ketekete bi no, ɛyɛɛ no sɛ nsu taataa ɔre kwan no so wɔ n'anim. Nanso oduu hɔ no, wannhu nsu biara. Kyerɛ eyi ase.
3. Kyerɛ sɛnea yenya nyankontɔn.
4. Obi a ogyina asubɔnten bi a emu dɔ yiye maa n'ani so hwɛɛ soro. So ohuu soro nneɛma nyinaa sɛ obi foforo a ogyina nsu no ano ana? Kyerɛkyerɛ wo mmuae no mu.
5. Dɛn na yehia ansa na hann reis a efi beae bi rekɔ baabi foforo no atumi anya ade-nhyɛnmu reflekshin.
6. Hann spiid a ɛde fa nsu mu no yɛ 0.75V (V= hann spiid wɔ vakuum mu). Hwehwɛ nsu refraktiv index (Mmuae: 1.33)
7. Daamɔn refraktiv index yɛ 2.42. Sɛ hann reis bi refi daamɔn mu aapue aba mfikyiri mframa mu a, kyerɛ ne kritikal angle (Mmuae: 24.4°).
8. Hann reis bi refi glaas (n= 1.54) mu aba nsu (n= 1.33) mu. Hwehwɛ ne kritikal angle.
9. Hann reis bi fa angle 50° so hyerɛn gu glaas bi so. Kyerɛ ne mfimu (reflekted) rei no ne ne refrakted rei no angles. (Mmuae: nsiso rei=refletked rei = 50°; refrakted rei: 31°).
10. Asubɔnten bi mu dɔ 60cm. Sɛ obi gyina nsu no ano a, kyerɛ sɛnea ɛyɛ no sɛ nsu no mu dɔ fa (nsu refraktiv index = 1.33) (Mmuae = 45cm)
11. Hann spiid a ɛde fa glaas bi mu no yɛ 1.91×10^8 m/s. Kyerɛ glaas no refraktiv index (Mmuae: 1.57).
12. Obi a ogyina asubɔnten (nsu refraktiv index=1.33) bi ano hu glaas abaa tenten i a ne kyɛfa bi hyɛ nsu no mu na ɛyɛ sɛ ɛne nsu no anim yɛ 45° angle. Kyerɛ abaa no nkyeamu digri dodow ankasa (Mmuae: $\arctan 1.33 = 53°$)
13. Sɛ hann reis fi nkyene mu ba mfikyiri (mframa) mu a, ne kritikal angle yɛ 40.5°. Hwehwɛ nkyene refraktiv index (Mmuae: 1.54).

TIFA 36 : LENS NTRANTRAA

Nkyerɛkyerɛmu

Twi	Brɔfo
Akses panyin	principal akses
Anim kyɛfa	plane of lens (above or below the principal axis)
Diopta	diopter
Fokus panyin	principal focus
Fokus papa	real focus
Fokus sunsum	virtual focus
Fokus tenten	focal length
Fokus	focus
Glass blok	block of glass
Hann reis mpaapaamu lens	divergent lens, concave lens
Hann reis nhyiamu lens	convergent lens, convex lens
Konkav lens (ntam ketewa lens)	concave lens
Konvex lens (ntam-kɛse lens	convex lens
Lens ekuashin	lens equation
Lens nkabom pawa ekuashin	combined lens power equation
Lens pawa	power of a lens (in diopters)
Lens tratraa	thin lens
Lens	lens
Mfoni a asi ne ti ase	inverted image
Mfoni a egyina hɔ pintinn	erect image
Mfoni papa	real image
Mfoni sunsum	virtual image
Mpuamu radius	radius of curvature
Mpuamu senta	center of curvature
Ntam-kɛse lens	convex lens
Ntam-ketewa lens	concave lens
Plastik blok	block of plastic
Weiv anim	wave front

LENSES SUBAN NE WƆN TEBEA

Sɛ yɛfa glass blok bi na yesinsen ho, twerɛtwerɛw ho ma ɛho yɛ tromtrom sɛnea yehu wɔ Adekyerɛ 36-1 so no a, yetumi nya glass **lens**. Saa lens a yebenya no gyina sɛnea yesinsen glass no ho fa no so. Sɛ yesinsen glass no ho ma mfinimfini yɛ kɛse sen ano abien no a, yenya **ntam-kɛse lens**. Yɛfrɛ lens a ntam yɛ kɛse sen ano abien no sɛ konvex lens.

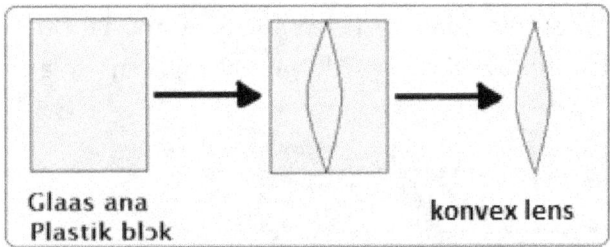

Adekyerɛ 36-1: Sɛ yesinsen glaas ana plastik blok bi ho ma ntam yɛ kɛse sen ano abien no mu biara a, yenya konvex lens.

Sɛ yesinsen glass no ho ma ntam yɛ ketewa sen ano abien no mu biara a, yenya **ntam-ketewa lens**. Yɛfrɛ lens a ntam yɛ ketewa sen ano abien no mu biara no sɛ konkav lens.

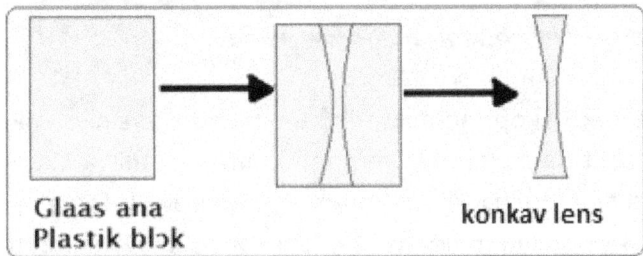

Adekyerɛ 36-2: Sɛ yesinsen glaas ana plastik blok bi ho ma ano abien no mu biara yɛ kɛse sen ntam a, yenya konkav lens.

Yebetumi afa saa kwan yi so asinsen plastik blok bi nso ho ama yɛanya plastik lens. Sɛ yɛtwerɛtwerɛw lens no ho yiye ma ɛho yɛ tromtrom a, yɛka se 'yɛapɔlishi' lens no ho.

Adekyerɛ 36-3A: Konvex lens lens (benkum) ne konkav lens (nifa)

Adekyerɛ 36-3B: Konvex lens (benkum) ma nneɛma yɛ akɛse; konkav lens (nifa) ma nneɛma yɛ nketewa.

Esiane sɛ saa lenses yi yɛ ntrantraa no nti, yɛfrɛ wɔn lens ntrantraa. Lens ntrantraa ho wɔ mfaso pii. Saa lens ahorow yi bi na yɛde yeyɛ ahwehwɛniwa a yetumi de hu ade de kenkan nhoma no.

Adekyerɛ 36-4: Yɛde lenses na ɛyɛ ahwehwɛniwa ahorow nyinaa.

Yɛsan de lenses hyehyɛ mikroskop mu ma yɛde hu nneɛma a ɛyɛ nketenkete bi koraa te sɛ mmoa nketewa (baktiria ne virus) a yentumi mmfa yɛn aniwa nkutoo nnhu wɔn no. Esiane sɛ baktiria ne virus dɔɔso na wɔn mu gu ahorow no nti, mikroskop ho hia yiye efisɛ ɛma yehu saa mmoa yi mu nsonsonoe ne wɔn nneyɛe ma yetumi hu ɔkwan a wɔfa so ma nyarewa no.

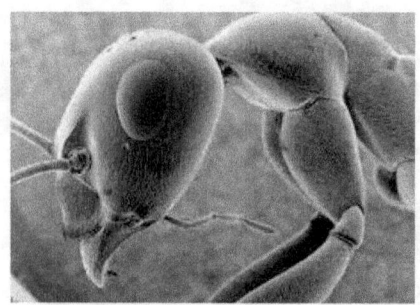 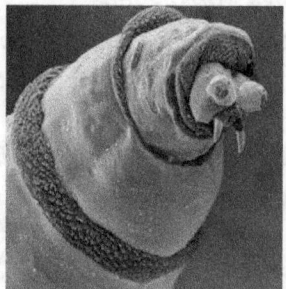

Adekyerɛ 36-4: (Benkum) Mikroskop mfoni a ɛkyerɛ ntatea bi aniwa ne ne ti. (Nifa) Ɛlɛktron mikroskop a ɛkyerɛ nkonkom anim ne ne ti. Hwɛ sɛnea mikroskop no mu lenses no ama saa nneɛma yi ayeyɛ kɛse yiye.

Yɛsan de lenses ntrantraa yeyɛ teleskops ma yɛde hu wim nsase ahorow bi te sɛ ɔsram ne mars so nneɛma nyinaa. Teleskops ma yehu mmepɔw ne dɔte ahorow a wɔwɔ wim nsase so no suban ne wɔn tebea. Kamera biara mu lenses na wɔboa ma yetumi twitwa fotos. Ɛnyɛ lenses nti a, anka sini biara nni hɔ. Ɛnnɛ da yi, lenses ahorow pii hyehyɛ komputas, ayaresabea mashins ne faktoris mfiri pii mu a wɔboa adasamma ma yɛn daadaa nwumadi nya nkɔso.

Lenses nyinaa wowɔ suban pii a ɛsesɛ, nanso nsonsonoe pii nso deda wɔn ntam. Ɛsono konvex lens ne konkav lens suban ne wɔn ho mfaso. Ne saa nti, yebesua saa lenses yi ho nimdeɛ kakra.

Adekyerɛ 36-6: Yɛde lenses na ɛyɛ ayaresabea mashins pii.

KONVEX LENS (reis nhyiamu lens)

Yɛakyerɛ dedaw sɛ konvex lens mfinimfini mu piw sen lens no ano abien no mu biara. Esiane sɛ konvex lens mu piw wɔ mfinimfini no nti, hann reis a ɛfa lens no mfinimfini no twa kwan a ɛware sen hann reis a wɔfa lens no ano abien no mu no. Ne saa nti, sɛ hann fa konvex lens bi mu a, reis a wɔwɔ ano ano no wie wɔn lens no mu akwantu no ntɛmntɛm sen wɔn a wɔwɔ mfinimfini no.

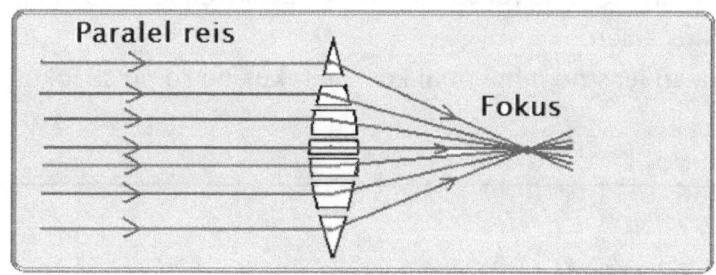
Adekyerɛ 36-7: Lens te sɛ prisim ne bloks a wɔakeka abobɔ mu.

Hann reis a wɔfa konvex lens bi mu no nyinaa kohyia wɔ lens no akyi baabi pɔtee. Kan tete Romafo a wodii kan suasuaa lens ho nsɛm no hui sɛ konvex lens tumi boaboa owia reis ano ma ɛdɔ yiye, tumi hyew nneɛma mpo wɔ lens no akyi baabi pɔtee. Wɔde din '**fokus**' maa saa faako a lens biara boaboa hann reis ano ma wokohyia no. Ne saa nti, din fokus no fi latin kasa mu a ɛkyerɛ sɛ 'ogya' na ɛkyerɛ baabi a paralel reis a efi akyirikyiri baabi bɛfa lens bi mu no nyinaa kohyia.

Yebetumi de prisims ho nimdeɛ akyerɛ konvex lens suban ase. Konvex lens biara te sɛ prisims ne bloks nketewa pii a wɔafa ɔkwan pɔtee bi so akeka abobɔ mu. Hann reis a wɔfa prisim bi mu no kyea kɔ prisim no ase baabi a ɛyɛ kɛse no. Yenim sɛ hann spiid a ɛde fa glaas lens mu no yɛ nyaa sen sɛnea ɛde fa mframa mu. Esiane sɛ konvex lens no mu piw wɔ ne mfinimfini no nti, reis a wɔnam lens no mfinimfini no ka akyi kakra wɔ saa lens akwantu yi mu. Eyi ma wɔn a wɔwɔ ano ano no twa mu ntɛmntɛm. Hann reis nkaakyifo ne ntɛmntɛmfo nyinaa kohyia wɔ lens no akyi baabi a yɛfrɛ hɔ fokus. Esiane sɛ saa lens yi suban ma paralel reis a ɛnam mu no nyinaa kohyia no nti, yɛtaa frɛ saa lens yi sɛ **hann reis nhyiamu lens** (converging lens).

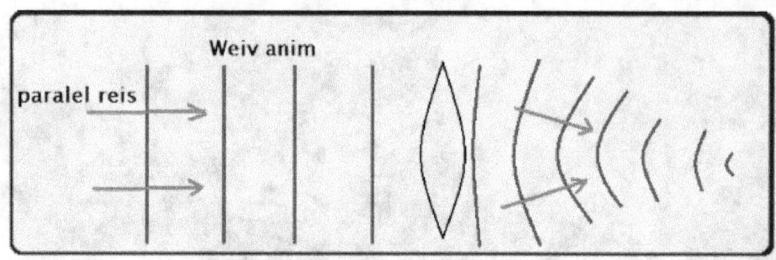

Adekyerɛ 36-8: Weiv anim no spiid yɛ nyaa wɔ glaas mu sen mframa mu. Lens no mfinimfini no yɛ tenten enti esiw weiv anim no ano kwan sen lens no ano ano.

Yehu sɛ konvex lens biara wɔ anim abien a wɔn mu biara mu apua. Sɛnea yehuu wɔ yɛn ahwehwɛ adesua mu no, sɛ yetumi de saa lens yi anim kyɛfa biara yɛ ntoatoaso a, yebenya sɛɛkels abien bi a yebetumi akyerɛ wɔn mu biara mfinimfini. Saa sɛɛkel yi mu biara mfinimfini pɛɛ yɛ saa lens no anim kyɛfa sɛɛkel no **mpuamu senta**. Esiane sɛ konvex lens biara wɔ anim abien (tumi yɛ sɛɛkels abien) no nti, yenya mpuamu sentas abien ma konvex lens biara.

Yɛfrɛ kwantenten dodow a efi lens no mfinimfini kosi ne mpuamu senta no so no sɛ ne **mpuamu radius**. Yɛfrɛ lain a ɛnam lens no mfinimfini kɔfa mpuamu senta no so no sɛ lens **akses panyin**. Sɛ reis bi ne akses panyin no yɛ paralel nam baabi a ɛbɛn akses panyin no a, wobehyia wɔ lens no **fokus** so. Esiane sɛ konvex lens wɔ anim abien no nti, wɔsan wɔ fokus abien.

Yɛfrɛ kwandodow a efi lens no mfinimfini kosi ne fokus no so no sɛ **fokus tenten**.

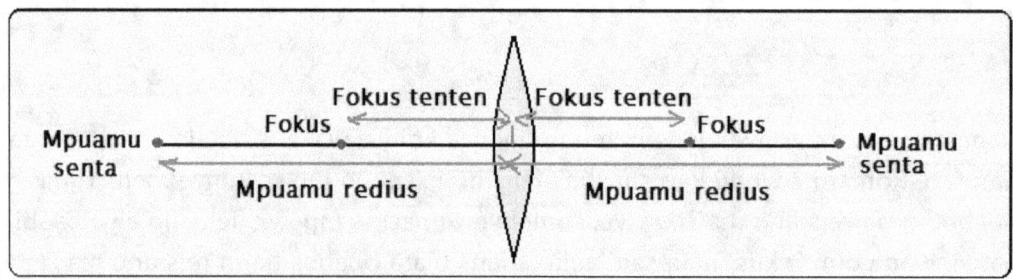

Adekyerɛ 36-9: Konvex lens lens ho adesua

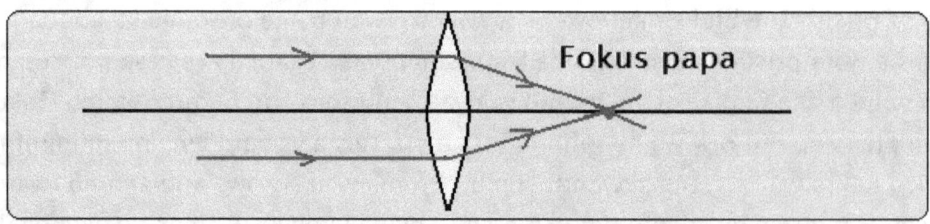

Adekyerɛ 36-10: Konvex lens lens wɔ fokus papa.

Sɛ yɛde skriin bi si baabi a paralel reis no hyia wɔ konvex lens no akyi a, yetumi nya mfoni papa a yebetumi ayi agu skriin so. Ne saa nti, yɛfrɛ konvex lens no fokus no sɛ fokus papa.

KONVEX LENS MFONI
Sɛ ade bi gyina konvex lens bi anim wɔ lens no benkum so a, konvex lenses ma yenya:
- **mfoni papa a asi ne ti ase.**

Nanso sɛ ade bi gyina lens no fokus no ne lens no ntam de a, yenya:
- **mfoni sunsum mfoni**
- **a ɛyɛ kɛse na**
- **egyina hɔ pintinn.**

> Ade biara a egyina Konvex lens anim (benkum so) no ma yenya mfoni papa a asi ne ti ase. Nanso sɛ ade no gyina fokus no ne lens no ntam de a, yenya mfoni sunsum a ɛyɛ kɛse na egyina hɔ pintinn.
> (eyi ma yɛkae konkav ahwehwɛ: kɔhwɛ saa adesua no bio)

Yebehu sɛnea yɛyɛ na yenya saa mfoni yi wɔ yɛn anim kakra.

KONKAV LENS (reis mpaapaamu lens)
Yenim dedaw sɛ konkav lens biara mfinimfini yɛ ketewa sen ano ano. Esiane sɛ konkav lens no ano ano yɛ akɛse sen mfinimfini no nti, hann reis a wɔnam ano ano no twa kwan a ɛware sen hann reis a wɔfa lens no mfinmfini no. Ne saa nti, sɛ hann reis bi fa konkav lens bi mu a, wɔn a wɔwɔ ano ano no kyeakyea wɔn ho ma wɔtetew wɔn ho fi reis a wɔnam mfinimfini no ho. Eyi mma hann reis a wɔfa konkav lens bi mu no nntumi nnhyia wɔ lens no akyi baabi pɔtee. Mmom wɔn sunsum na ebehyia wɔ lens no anim.

Yebetumi de prisims ho nimdeɛ akyerɛ saa konkav lens suban yi ase. Konkav lens biara te sɛ prisims bloks nketewa pii a wɔafa ɔkwan pɔtee bi so akeka abobɔ mu, na wɔn a wɔwɔ ano ano no yeyɛ akɛse sen wɔn a wɔwɔ mfinimfini no.

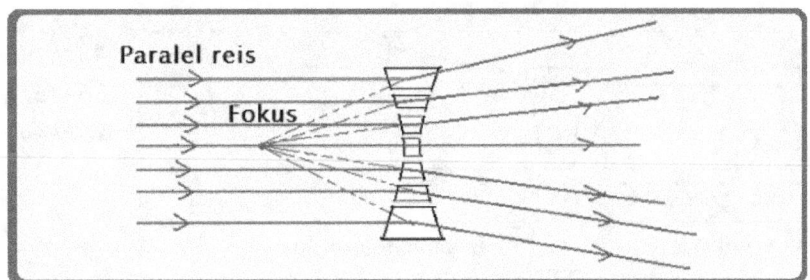

Adekyerɛ 36-12: Lens te sɛ prisim ne bloks a wɔakeka abobɔ mu. Paralel reis a wɔnam konkav lens no mu trɛtrɛw ma wɔtwetwe wɔn ho fi wɔn ho wɔn ho. Ne saa nti, saa reis yi nntumi nnhyia wɔ lens no akyi.

Yenim sɛ hann spiid a ɛde fa glaas mu no yɛ nyaa sen nea ɛde fa mframa mu. Esiane sɛ konkav lens no mu piw wɔ ano ano no nti, reis a wɔnam lens no ano no ka akyi kakra wɔ wɔn lens akwantu yi mu. Eyi ma wɔn a wɔwɔ mfinimfini no twa mu ntɛmntɛm gyaw wɔn a wɔfa lens no ano no. Ne saa nti, saa reis yi nntumi nnhyia wɔ lens no akyi; mmom wɔn mu paapae, ma wɔtrɛtrɛw wɔn ho mu. Esiane sɛ konkav lens ma paralel reis a ɛfa mu no nyinaa trɛtrɛw wɔn ho mu no nti, yɛtaa frɛ konkav lens biara sɛ reis **mpaapaamu lens** (diverging lens).

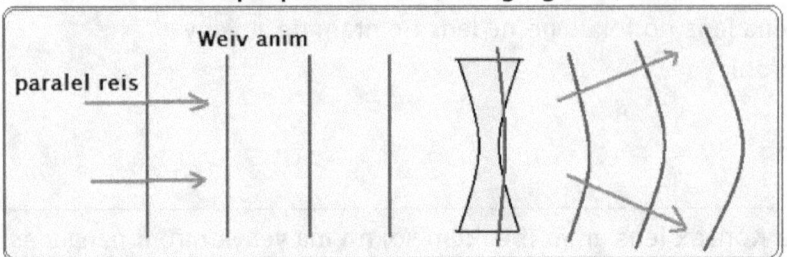

Adekyerɛ 36-13: Konkav lens ano abien no siw weiv anim no akwantu no ano, ma reis a wɔfa ano no ka akyi.

Sɛ yedi saa reis a wodi mpaapaamu yi akyi, na yɛdrɔɔ wɔn sunsum de besi lens no anim a yetumi nya konkav lens no fokus. Esiane sɛ yɛrentumi nnhu ade bi wɔ saa fokus yi so, bere biara a yɛde skriin bi besi hɔ no nti, yɛfrɛ saa fokus yi sɛ **fokus sunsum**.

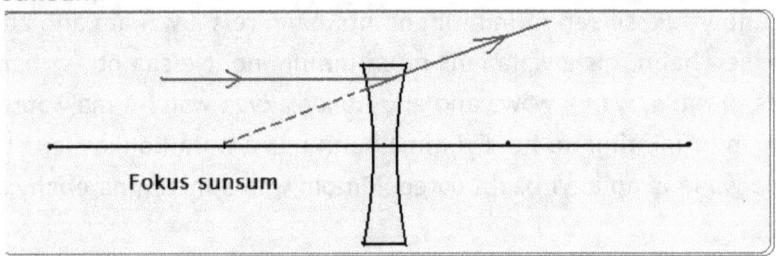

Adekyerɛ 36-14: Konkav lens biara wɔ fokus sunsum.

Konkav lens biara nso wɔ anim abien a wɔn mu biara mu apua.

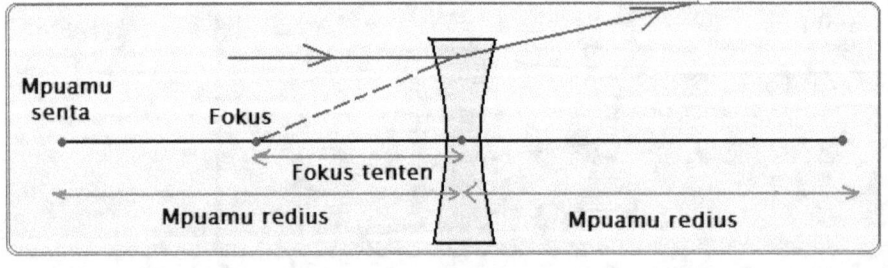

Adekyerɛ 36-15: Konkav lens ho adesua.

Sɛ yetumi de saa lens yi mu anim kyɛfa biara yɛ ntoatoaso a, yebenya sɛɛkels abien bi a yebetumi akyerɛ wɔn mu biara mfinimfini. Saa sɛɛkel yi mu biara mfinimfini yɛ lens no **mpuamu senta**.

Kwandodow a efi lens no mfinimfini kosi ne mpuamu senta no so no yɛ **mpuamu radius**. Lain a ɛnam lens no mfinimfini kɔfa mpuamu senta no so no yɛ **akses panyin**. Paralel reis a wɔbɛn akses panyin yi tetew wɔn ho fi wɔn ho bere a wɔafa lens no mu. Nanso, sɛ yɛdrɔɔ wɔn ntoatoaso a, wobehyia wɔ lens no anim baabi a yɛfrɛ no **fokus** no so. Yɛfrɛ kwandodow a efi lens no mfinimfini kosi saa fokus yi so no sɛ **fokus tenten**.

KONKAV LENS MFONI
Konkav lens biara ma yenya mfoni a:
– ɛyɛ mfoni sunsum
– ɛyɛ ketewa
– na egyina hɔ pintinn.

Konkav lens ma yenya mfoni sunsum a ɛyɛ ketewa na egyina hɔ pintinn.

Yebehu sɛnea yɛyɛ na yenya saa mfoni yi wɔ yɛn anim kakra.

LENS NTRANTRAA NE WƆN MU MFONI
Sɛ ade bi si lens bi anim a, yebetumi adrɔɔ lains ahorow bi afefa lens no mu ama yɛahu ade ko no mfoni tebea ne ne suban. Bere biara a yɛdrɔɔ lains de hwehwɛ lens mfoni no, yɛfa no sɛ hann reis a wɔrekɔ lens no so no fi benkum so na wɔkɔ nifa so. Sɛ yɛyɛ no saa a, yetumi drɔɔ lains a yehu wɔ Adekyerɛ 36-16 ne Adekyerɛ 36-18 so de kyerɛ mfoni biara a saa lenses yi ma yenya no tebea.

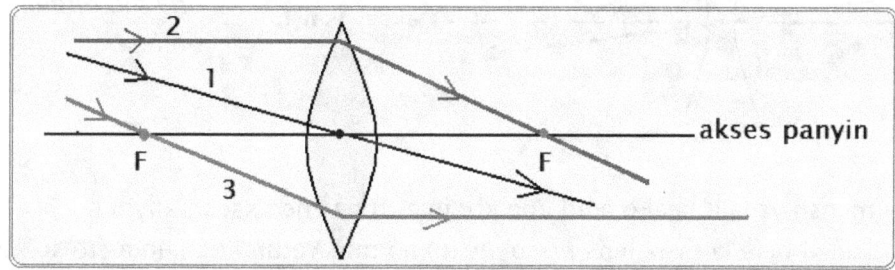

Adekyerɛ 36-16: Hann reis a yɛyɛ de fa konvex lens mu de boa kyerɛ mfoni biara suban ne tebea.

Ansa na yebefi ase no, ehia sɛ yɛdrɔɔ lain bi a ɛnam lens no mfinimfini de kyerɛ lens no akses panyin. Yɛkyerɛ biribiara a egyina akses panyin lain no so no sɛ ɛwɔ **anim kyɛfa** baako (*same plane*) mu; nea egyina lain no ase no nso wɔ **anim kyɛfa** foforo mu.

Nea edi kan, yɛdrɔɔ lain bi a ɛfi ade ko no atifi na ɛfa lens no mfinimfini pɛɛ; saa lain yi anikyerɛbea nnsesa. Nea ɛto so abien, yɛdrɔɔ lain bi a ɛbɛn akses panyin no na ɛne no yɛ paralel; saa lain yi bɛkyea akɔfa lens no fokus panyin no mu. Lain a ɛto so abiɛsa no fi fokus no so, bɛfa lens no mu, san fi lens no mu a ɛne akses panyin no yɛ paralel. Sɛ yɛfa konvex lens bi a, saa lain yi fa fokus papa no mu bɛpem lens no, san fi lens no mu a ɛne akses panyin no yɛ paralel. Sɛ yɛfa konkav lens a, saa lain yi fi benkum so de n'ani kyerɛ fokus sunsum a ɛwɔ nifa so no so, nanso bere a ɛhyɛn lens no mu no, ɛkyea ma ɛne akses panyin no bɛyɛ paralel. Ne saa nti, ne ntoatoaso na ɛde bɛfa fokus sunsum a ɛwɔ nifa no mu (Adekyerɛ 36-18).

Yɛbɛkae sɛ **konkav lens ma yenya mfoni sunsum a ɛyɛ ketewa na egyina hɔ pintinn**. Yehia saa lains abiɛsa yi mu abien pɛ de akyerɛ baabi a mfoni no wɔ. Yɛde mfatoho a edi so yi bɛkyerɛkyerɛ mu.

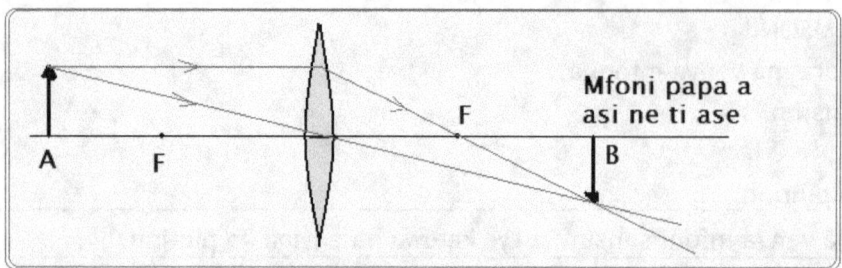

Adekyerɛ 36-17: Ade a egyina konvex lens bi anim ne ne mfoni.

Yɛnfa no sɛ ade bi gyina konvex lens bi anim wɔ ne fokus tenten no akyi. Adekyerɛ 36-17 kyerɛ yɛn saa ade yi ne ne mfoni tebea.

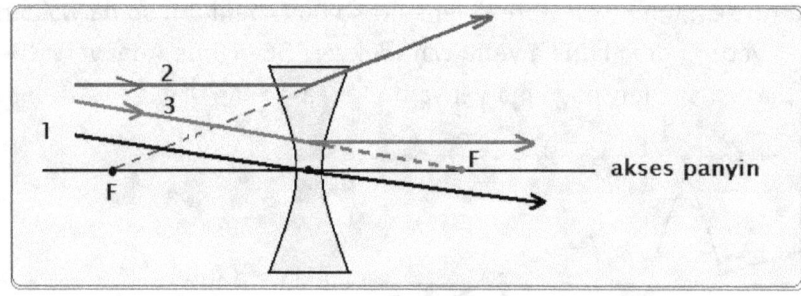

Adekyerɛ 36-18 : Konkav lens hann reis a yɛde kyerɛ ne mu mfoni tebea.

Yetumi nso yɛ lain baako a efi ade ko no atifi na ɛne akses panyin no yɛ paralel; saa lain yi bɛfa konvex lens no fokus (F) no mu. Yetumi de lain a ɛto so abien bi fi ade no atifi bɛfa lens no mfinimfini. Baabi a saa lains abien yi hyia no yɛ baabi a yenya yɛn mfoni no.

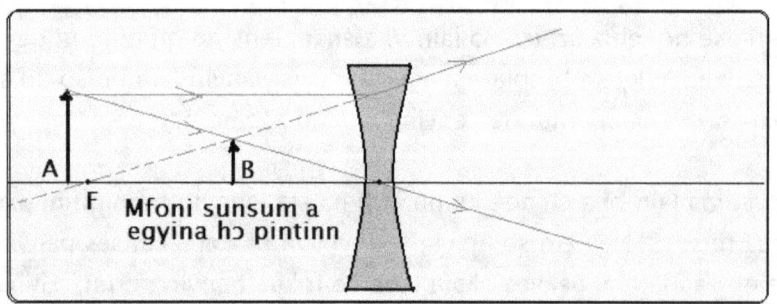

Adekyerɛ 36-19: Ade a egyina konkav lens bi anim ne ne mfoni.

Yehu sɛ yenya mfoni papa a asi ne ti ase. Yebetumi nso akyerɛ mfoni a yenya fi konkav lens biara mu. Nea edi kan no, yetumi yɛ lain bi a efi ade no atifi na ɛne akses panyin no yɛ paralel: yenim sɛ saa lain yi ntoatoaso bɛsan abɛfa konkav lens no Fokus no mu.

Nea edi so, yetumi yɛ lain bi a efi ade no atifi na ɛnam lens no mfinimfini. Faako a saa lains abien yi hyia no ma yɛn mfoni sunsum a egyina hɔ pintinn sɛnea yehu wɔ Adekyerɛ 36-19 so no.

MMARA A YƐDE BU LENS HO NKONTAA

Ehia sɛ yɛfa ade biara a egyina lain no soro no sɛ ɛwɔ anim kyɛfa baako mu ; nea egyina lain no ase no nso wɔ anim kyɛfa fofor mu. Ehia nso sɛ yebu no sɛ:
1...ade biara a esi lens no benkum so no wɔ nkekaho nsɛnkyerɛnne
2...adepapa biara kwantenten dodow yɛ nkekaho; ade sunsum biara
kwantenten dodow yɛ nyifim
3... mfoni biara a esi nifa so no kwantenten dodow yɛ nkekaho
4... mfoni papa biara kwantenten dodow fi lens no so yɛ nkekaho, mfoni   sunsum kwantenten biara fi lens no so yɛ nyifim
5... fokus tenten no dodow yɛ nkekaho ma konvex lens; fokus tenten no   dodow yɛ nyifim ma konkav lens (f yɛ + ma konvex lens; f yɛ – ma konkav lens).

LENS NKONTAA EKUASHIN

Yɛde **lens ne ahwehwɛ nkontaa ekuashin** na ɛhwehwɛ ade bi tebea, ne gyinabea ne ne mfoni. Sɛ yenim baabi a ade bi si fi lens bi ho (S_a), ne baabi a yenya ne mfoni fi lens no ho (S_i) a, yetumi hwehwɛ lens no fokus tenten (f). Sɛ yenim saa nneɛma abiɛsa yi mu abien pɛ a, yetumi de saa ekuashin yi hwehwɛ nea aka no.

$$\frac{1}{f} = \frac{1}{S_a} + \frac{1}{S_i}$$

Yɛde saa ekuashin yi bu konvex lens ne konkav lens nyinaa ho nkontaa.

Sɛnea yehuu wɔ ahwehwɛ akontaabu mu no:

Ade no kɛse mmɔho ana Magnifikashin = $\frac{S_i}{S_a}$ ana $\frac{Ti}{Ta}$ bere a:

... Ti yɛ mfoni no tenten
... Ta yɛ ade no tenten

Asɛmmisa.

1. Nhwiren bi a ne tenten yɛ 4.0cm si konvex lens tratraa bi a ne fokus tenten yɛ +12cm anim. (i) Drɔɔ na kyerɛ ne mfoni gyinabea ne ne tenten na (ii) fa akontaa so nso hwehwɛ ne mfoni gyinabea ne ne tenten.
Mmuae: Yetumi yɛ rei baako a efi ade no atifi na ɛfa fokus no mu; saa rei yi befi lens no mu paralel sɛ akses panyin no. Yetumi nso yɛ rei foforo a ɛne akses panyin no yɛ paralel; saa rei yi fi lens no mu a, ɛbɛfa lens fokus a ɛwɔ akyi no mu.

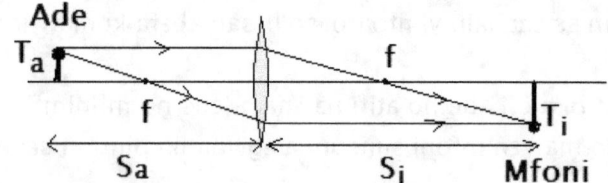

Baabi a saa lains abien yi hyia no ma yenya mfoni kɛse bi a asi ne ti ase.

Yenim sɛ: $\frac{1}{S_a} + \frac{1}{S_i} = \frac{1}{f}$. Eyi ma yɛn: $\frac{1}{20cm} + \frac{1}{S_i} = \frac{1}{12cm}$ $S_i = 30cm$

Yenim sɛ Magnifkashin = $\frac{S_i}{S_a} = \frac{(T_i)}{(T_o)} = \frac{-30cm}{20cm} = -1.5$

Ne saa nti: $\frac{T_i}{4.0cm} = -1.5$. Eyi ma yenya Mfoni no tenten $T_i = -6.0cm$

LENS PAWA

Lens biara wɔ anoden a etumi kyerɛ lens no suban. Lenses bi tumi ma yehu nneɛma bi sɛ wɔyɛ akɛseakɛse sen bi. Yɛkyerɛ lens biara tumi a ɛma yɛde hu nneɛma yiye no sɛ ne **pawa**. Lens bi a ɛma yehu ade nketewa yiye sen foforo bi no ano yɛ den anasɛ ne pawa dɔɔso. Yesusuw lens biara pawa wɔ **diopta** mu.

Yɛkyerɛ lens diopta ase sɛ baako nkyɛmu lens no fokus tenten.

$$D = 1/f \quad \text{bere a:}$$

.. D yɛ lens no diopta dodow
.. f yɛ lens no fokus tenten wɔ mitas mu.

Esiane sɛ konkav lens wɔ fokus sunsum no nti, yɛkyerɛ ne pawa wɔ nyifim (-2D, -5D ne nea ɛkeka ho) mu. Yɛkyerɛ konvex lens pawa wɔ nkekaho (+2D, +5D ne nea ɛkeka ho) mu.

Asɛmmisa

1. Lens bi fokus tenten yɛ 50cm. Kyerɛ ne pawa

Lens Pawa $D = 1/f$ Esiane sɛ $f = 50cm/100cm = 0.50m$ no nti $D = 1/0.50D = +2.00D$. Eyi yɛ konvex lens.

2. Lens bi fokus tenten yɛ -80 cm. Kyerɛ ne pawa.

Lens Pawa $D = 1/f$. Esiane sɛ $f = -80cm/100 cm = -0.80m$ no nti, $D = 1/0.80D = -1.25D$. Eyi yɛ konkav lens.

LENSES NTRANTRAA PII A YƐAKEKA ABOBƆ MU HO NKONTAA

Sɛ yɛkeka lenses ntrantraa bi bobɔ mu a, yetumi susuw wɔn nkabom no fokus tenten ne wɔn pawa. Yɛnfa no sɛ yɛwɔ lenses abien a wɔn mu biara wɔ ne fokus tenten (f_1 ne f_2). Yɛkyerɛ saa lenses abien yi nkabom fokus tenten foforo (f) no sɛ:

$$\frac{1}{f} = \frac{1}{f_1} + \frac{1}{f_2} \quad \text{bere a:}$$

.. f yɛ lens nkabom no fokus tenten foforo no

.. f_1 yɛ lens a edi kan no fokus tenten
.. f_2 yɛ lens a ɛto so abien no fokus tenten.

Yɛkyerɛ lenses ntrantraa abien bi nkabom pawa wɔ diopta mu sɛ:

$$D = D_1 + D_2$$ bere a:

.. D yɛ lenses abien no nkabom pawa
.. D_1 yɛ lens a edi kan no pawa
.. D_2 yɛ lens a ɛto so abien no pawa.

Asɛmmisa:

1. Yaw Adow de lenses ntrantraa abien a wɔn fokus tenten yɛ +9.0 cm ne -6.0cm abɔ mu. Kyerɛ saa lens nkabom yi fokus tenten.

Yenim sɛ: $\frac{1}{f_1} + \frac{1}{f_2} = \frac{1}{f}$ Eyi ma yɛn: $\frac{1}{9.0cm} + \frac{1}{(-6.0)cm} = \frac{1}{f}$

Lens nkabom no fokus tenten f = -18cm. (reis mpaapaamu lens)

NKAEBƆ (ɛsɛsɛ wohu eyi, te ase ma ɛka wo adwene mu yiye koraa).

Konkav lens ne konvex ahwehwɛ ma yenya mfoni
- sunsum
- ketewa
- a egyina hɔ pintinn.

Konvex lens ne konkav ahwehwɛ ma yenya mfoni
- papa
- a asi ne ti ase

Nanso sɛ ade ko no gyina konvex lens ne konkav ahwehwɛ no **fokus ne lens no ntam** de a, mfoni no yɛ mfoni:
- sunsum
- kɛse
- a egyina hɔ pintinn.

NSƐMMISA

1. Drɔɔ hann reis nhyiamu lens ne hann reis mpaapaamu lens. Kyerɛ wɔn mu biara din foforo abien a wonim.

2. Ade bi si konkav lens anim. Drɔɔ lains a ɛkyerɛ ne mfoni gyinabea ne ne suban.

3. Ade bi si konvex lens anim wɔ ne fokus ne lens no ntam. Drɔɔ lains fa kyerɛ ne mfoni gyinabea ne ne suban.

4. Dɛn nsonsonoe na ɛda fokus papa ne fokus sunsum mu.

5. Drɔɔ lens bi na kyerɛ ne mpuamu radius ne ne mpuamu senta.

6. Kyerɛ ekuashin a yɛde hwehwɛ ade bi a esi lens bi anim mfoni gyinabea ne ne suban bere a yenim saa lens no fokus tenten.

7. Kwasi Manu de +10.0D lens bi atare foforo bi a ne pawa yɛ -6.0D so dennennen. Kyerɛ lens nkabom no pawa ne ne fokus tenten (Mmuae: +4.0D; +25cm)

8. Ade bi a ne tenten yɛ 10cm na si konkav lens bi anim 28cm. Lens no fokus tenten yɛ -7cm. Kyerɛ mfoni a yenya no gyinabea, ne suban ne ne tenten. (Mmuae: mfoni sunsum, ketewa a egyina hɔ pintinn 5.6cm wɔ lens no anim. Ne tenten yɛ 2.0cm)

9. Yaa Tetebea aka lenses ntrantraa abien bi a wɔn fokus tenten yɛ 16cm ne -23cm abɔ mu. Kyerɛ saa lens yi fokus tenten ne ne pawa. Lens foforo bɛn na yebetumi de aka ho ama yɛanya lens nkabom bi a ne fokus tenten bɛyɛ -12cm. (Mmuae= -9.8cm).

10. Yɛpɛ sɛ ade bi mfoni nya mmɔho awotwe (8x). Yɛwɔ lens bi a ne fokus tenten yɛ +4.0cm. Kyerɛ mmeae abien bi a yebetumi anya saa mfoni yi (Mmuae: 4.5cm fi lens no ho ..mfoni papa a asi ne ti ase; 3.5cm fi lens no ho...mfoni sunsum a egyina hɔ pintinn).

11. Abena Kɔkɔ de ade bi asi konvex lens tratraa bi anim 150cm. Lens no pawa +1.0D (+100cm). Kyerɛ mfoni onya no suban, gyinabea ne ne kɛse mmɔho (magnifikashin). (Mmuae=mfoni papa, a asi ne ti ase na egyina 300cm wɔ lens no akyi. Magnifikashin = 2:1).

12. Sɛ Abena Kɔkɔ (Asɛmmisa 11) de ade no si 75cm fi lens no ho nso ɛ? (Mmuae = Mfoni sunsum a egyina hɔ pintinn na egyina lens no anim wɔ 300cm. Magnifikashin yɛ 4:1)

TIFA 37: OPTIKAL INSTRUMENTS NE OPTIKAL MASHINS

Nkyerɛkyerɛmu

Twi	Brɔfo
Ade-mmɔho tebea	magnifikashin
Ade-krennen mmɔho	resolution
Ade-nkyɛn lens	objective lens
Akroma	hawk
Akweus nsu	aqueous humour
Anim-pɛɛ adehu beae	near point of the eye
Aniwa-nkyɛn lens	eyepiece lens
Astigmatisim	astigmatism
Binokula	a pair of binoculars
Ɛko	bison
F ade	focal length of the objective lens
F aniwa	focal length of the eyepiece lens
Fokus tenten	focal length
Fovea	fovea
Hann-mfimu pupil	exit pupil
Hintidua	error, fault, mistake
Hiperopia	hyperopia
Infiniti	infinity
Instrumɛnt	instrument
Iris	iris
Kornea	cornea
Kromatik mfomso	chromatic aberration
Lens-abien mikroskop	compound microscope
Lens-baako mikroskop	simple microscope
Magnifikashin glaas	magnifying glass
Magnifikashin	magnification
Makula	macula
Mikroskop	microscope
Miopia	myopia
Nwansena	fly
Pin-tokuru kamera	pin-hole camera
Pupil	pupil
Retina	retina
Sklera	sclera
Teleskop	telescope
Vitreus nsu	vitreous humour

Instrumεnt yε ade bi a εboa adasamma ma wodi dwuma pɔtee bi. Instrumεnts boa ma yesusuw nneεma pii suban, tebea ne wɔn dodow. Optikal instrumεnts yε nea yεde ahwehwε ana lenses bi ayeyε. Ne saa nti wɔn dwumadi gyina saa lenses ne ahwehwε ahorow a εhyehyε mu no so. Mpεn pii no, optikal mashins ahorow nso de lenses ne ahwehwε didi nnwuma a aniwa nntumi nnyε wɔ faktoris pii mu.

Yεahu wɔ yεn mfiase adesua yi mu dedaw sε yεwɔ lenses ntrantraa ahorow abien. Eyi ne konvex lens ne konkav lens. Konvex lens yε reis nhyiamu lens efisε etumi boaboa hann reis nyinaa ano ma wobehyia wɔ n'akyi baabi. Konkav lens yε reis mpaapaamu lens efisε εkyekyε hann reis mu a εmma wontumi mmehyia wɔ baabiara. Mpεn pii no, konvex lens na εhyehyε optikal instrumεnts bebree mu.

Konvex lens tumi di nnwuma ahorow abien. Nea edi kan, etumi ma yenya ade bi mfoni. Nea εto so abien, etumi ma saa ade ko no mfoni a yenya no tebea yε kεse na yεahu no yiye.

KONVEX LENS ANASε MAGNIFIKASHIN GLAAS

Sεnea yεaka dedaw no, sε obi kura konvex lens wɔ awia mu a, lens no tumi boaboa owia reis no ano ma wobehyia wɔ lens no akyi baabi. Yenim sε yεfrε baabi a saa reis yi nyinaa behyia no sε lens no fokus. Sε yεde skriin bi si saa lens fokus yi so a, yebetumi ahu owia mfoni, nanso kae sε esiane sε owia ano yε hyew yiye no nti, ade biara a esi saa lens yi fokus no so no betumi ahyew.

Adekyerε 37-1: Lens ahorow a wɔde didi nnwuma sε magnifikashin glaas.

Esiane sε konvex lens tumi ma yenya mfoni wɔ n'akyi baabi no nti, yetumi de yεyε mfoni akεse de boa ma yehu nneεma yiye. Momma yεnhwε sεnea saa lenses yi boa yεn ma yenya mfoni akεse ahorow.

Yεnfa no sε yεwɔ konvex lens bi a ne pawa yε +3 dioptas (ana nea εboro so bεyε +4 ana +10 dioptas mpo). Afei momma yεnfa saa lens yi nhyε pepa bi a emu yε den mu na yεnfa nsi ɔpon bi so sεnea yehu wɔ Adekyerε 37-2 so no. Ehia sε yetwa tokuru ketewa bi wɔ pepa a lens no hyε mu no ho, sεnea hann reis betumi afa lens no mu.

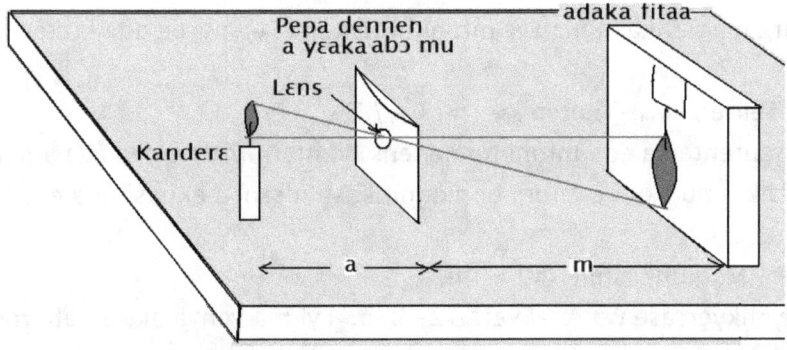

Adekyerɛ 37-2: Mfoni a konvex lens tumi ma yenya.

Sɛ yɛde kanderɛ a yɛasɔ si lens no anim, na yɛde adaka fitaa bi si lens no akyi, na yɛsesa kwandodow a ɛda lens no ne kanderɛ no ntam **(a)**, ne nea ɛda lens no ne adaka fitaa no ntam **(m)** a, yebetumi anya kanderɛ a ɛdɛw no mfoni wɔ adaka fitaa no ho. Saa kanderɛ mfoni yi yɛ kɛse sen kanderɛ no nanso asi ne ti ase. Ɛyɛ dɛn na yenya saa mfoni kɛse yi?

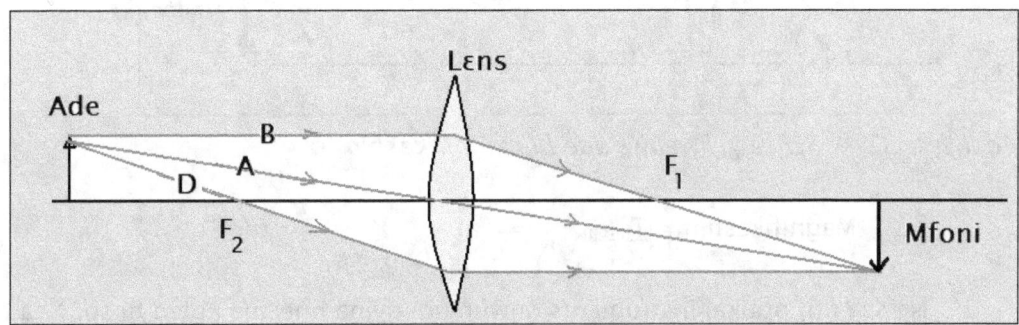

Adekyerɛ 37-3: Mfoni a yenya fi pin-tokuru konvex lens no mu.

Yɛakyerɛ dedaw wɔ yɛn lens mfiase adesua no mu sɛ yetumi de hann reis abiɛsa kyerɛ sɛnea yenya mfoni fi konvex lens biara mu. Nea edi kan, hann reis (A) a efi ade ko no atifi na ɛnam lens no mfinimfini no toa wɔn akwantu teateaa so sɛnea yehu wɔ Adekyerɛ 37-3 so no. Nea ɛto so abien, yenim sɛ hann reis biara a efi ade no atifi na ɛnam optikal akses no nkyɛn, na ɛne no yɛ paralel no hyɛn lens no mu a, ɛkyea kɔfa lens no fokus (F₁) no mu (B). Nea ɛto so abiɛsa, sɛ hann reis bi fi ade no atifi na ɛfa lens fokus (F₂) no mu kowura lens no mu a, ne reis a efi lens no mu pue no ne optikal akses no yɛ paralel (D). Yɛbɛkae sɛ lens biara wɔ anim abien enti ɛwɔ fokus ahorow abien (F₁ ne F₂) nso.

Sɛ yetumi drɔɔ saa hann reis abiɛsa yi mu abien pɛ mpo a, yetumi nya ade ko no mfoni ne baabi a esi wɔ lens no akyi. Yebetumi nso afa saa kwan yi so akyerɛ mfoni a yenya no kɛse ana ne ketewa tebea. Sɛ yɛde ade no tenten kyɛ mfoni no tenten dodow mu a, yenya mfoni no kɛse ana ne ketewa tebea. Yɛfrɛ saa mfoni yi kɛse ana ketewa tebea sɛ **ade-mmɔho** tebea anasɛ **magnifikashin**. Saa asɛmfua yi fi Romafo latin kasa mu a ɛkyerɛ ade bi kɛse mmɔho dodow. Yɛde ekuashin a edi so yi na ɛkyerɛ mfoni biara magnifikashin a ɛyɛ mfoni bi tenten (T_m) a yɛde ade ko tenten (T_a) akyɛ mu.

M = Tenten mfoni / Tenten ade = T_m / T_a

Yebetumi nso de kwantenten a ɛda mfoni no ne lens no ntam *(m)* ne nea ɛda ade no ne lens no ntam *(a)* nkyɛmu akyerɛ mfoni bi magnifikashin sɛnea ekuashin a edi so yi kyerɛ no:

Magnifikashin (M) = m/a

Yehu saa ekuashin yi nkyerɛase wɔ Adekyerɛ 12-4 so. Eyi ma yenya akwan ahorow abien a yɛkyerɛ mfoni bi magnifikashin.

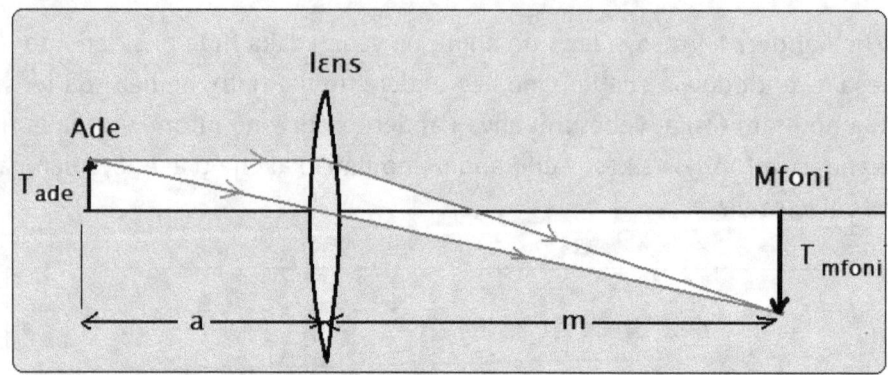

Adekyerɛ 37-4: Sɛnea yɛhwehwɛ ade bi magnifikashin

Magnifikashin = $\dfrac{T_{mfoni}}{T_{ade}}$ = $\dfrac{m}{a}$

Ne saa nti, optikal instrumɛnts nnwumadi gyina nneɛma abien bi so. Nea edi kan no yɛ konvex lens bi a ɛsesa ade ko no tebea ma ne mfoni yɛ kɛse ana ketewa. Nea ɛto so abien yɛ skriin bi a yetumi yi saa mfoni yi gu so. Momma yɛnhwɛ sɛnea lenses ahorow nhyehyɛe ma yenya optikal instrumɛnts foforo a wɔboa yɛn wɔ yɛn daadaa nnwumadi mu.

ONIPA ANIWA

Mmoadoma aniwa gu ahorow. Mmoa pii aniwa ne onipa aniwa sesɛ. Nwansena ne ntummoa wowɔ aniwa a ɛyɛ lenses dodow pii na wɔaka abobɔ mu. Yɛakyerɛ saa aniwa ahorow yi bi wɔ Adekyerɛ 37-5 so. Onipa aniwa nso yɛ optikal instrumɛnt a ɛte sɛnea yɛahu ama konvex lens yi ara pɛ. Ne saa nti, sɛnea yehu ade gyina konvex lens bi a ɛwɔ yɛn aniwa mu ne skriin bi a ɛsɛw aniwa mu no so. Onipa aniwa nkosua tebea na yehu wɔ Adekyerɛ 37-7 so no.

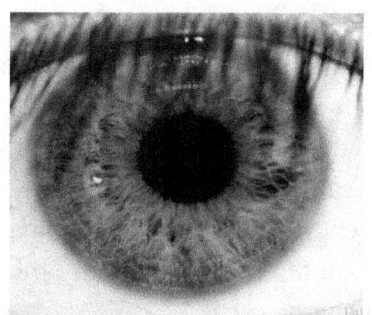 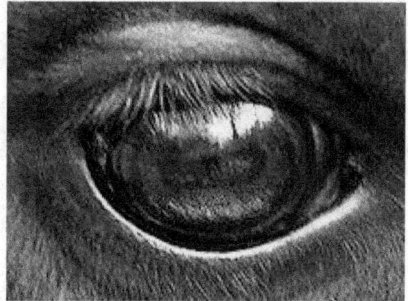

Adekyerɛ 37-5: (Benkum) Onipa aniwa. (Nifa) Ɛko aniwa (Wikipedia adaworomma)

Aniwa nkosua no yɛ krokrowaa a anim no yɛ krennenn. Yɛfrɛ aniwa anim baabi a ɛyɛ krennenn no sɛ **kornea**. Nsu bi a yɛfrɛ no **akweus nsu** hyɛ kornea no akyi pɛɛ. Saa akweus nsu yi gu lens no ne kornea no ntam a ɛsan kyɛ wɔn mu. Nam kɛtɛ bi a tokuru da mu na yɛfrɛ no **iris** bata lens no anim pɛɛ. Tokuru a ɛda saa iris yi anim no din de **pupil**.

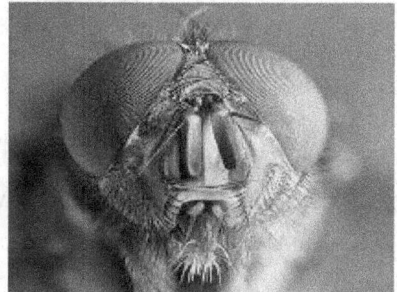 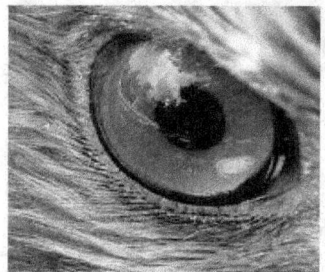

Adekyerɛ 37-6: (Benkum) Nwansena aniwa. (Nifa) Akroma aniwa (Wikipedia)

Saa iris yi tumi mmoammoa ne ho mu, twetwe ne ho fi lens no anim ma ebue pupil no mu ma hann pii hyɛn aniwa no mu. Iris yi ara nso tumi tɛɛtɛɛ ne ho mu, ma ɛyɛ tɛtrɛɛ de kata pupil no mu ma esiw hann a ɛhyɛn aniwa no mu no ano. Ne saa nti, iris no na ɛkyerɛ hann dodow a etumi hyɛn aniwa no mu.

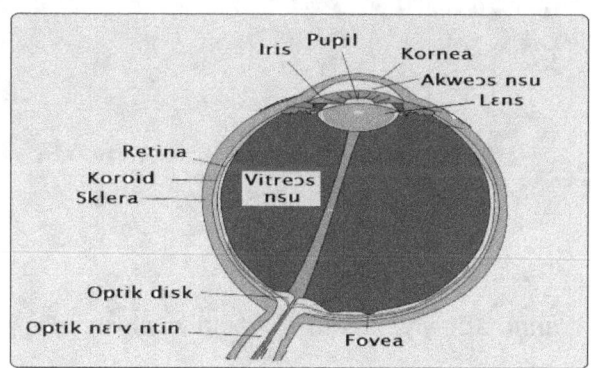

Adekyerɛ 37-7: Onipa aniwa tebea.

Yɛwɔ nsu foforo bi a emu apiw yiye na yɛfrɛ no **vitreus nsu** wɔ lens no akyi pɛɛ. Kɛtɛ bi a yɛfrɛ no **retina** sɛw lens no mu nyinaa. Retina yi dwumadi ne sɛ ɛkyere hann reis na ɛkyerɛ yɛn nneɛma ne kɔlas nyinaa tebea.

Ansa na aniwa betumi ahu ade bi tebea ne suban no, ehia sɛ hann reis fi ade ko no ho hyɛn aniwa no mu. Hann reis a ɛhyɛn aniwa no mu no fa kornea a ɛyɛ krennen no mu kosi aniwa lens no so. Aniwa lens no adwuma ne sɛ ɛbɛkyea hann reis no a kornea no akyea no kakra dedaw no na ama saa reis yi nyinaa akosi retina kɛtɛ a ɛsɛw aniwa no mu no so pɛpɛɛpɛ. Sɛ saa hann reis yi tumi kosi aniwa retina no so pɛpɛɛpɛ sɛnea ehia a, retina no de ade ko no ho nsɛm fa optik nɛrv ntin no mu ntɛmntɛm kɔma yɛn adwene ma ɛkyerɛ yɛn ade ko a yehu no.

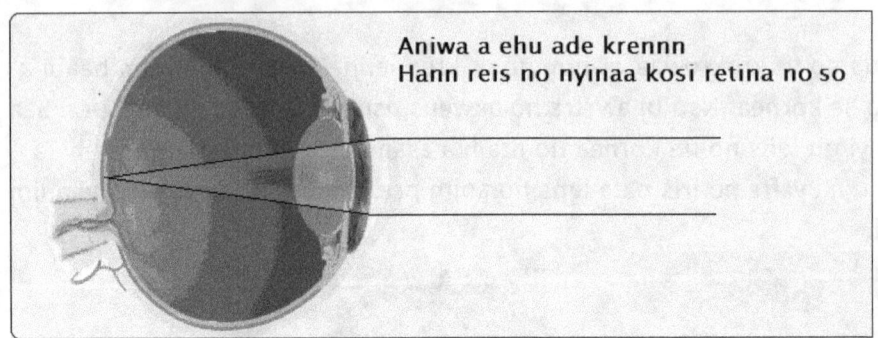

Adekyerɛ 37-8: Aniwa a hintidua biara nni ho.

Ɛtɔ da bi a, lens ne kornea no nntumi nnkyea hann reis a efi ade bi ho no yiye mma wɔn nnkosi retina no so pim efisɛ ebia na aniwa nkosua no yɛ tenten dodo ana tiatia dodo.

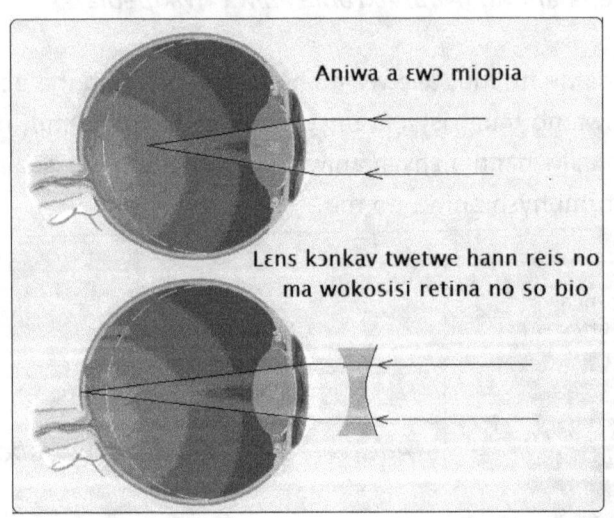

Adekyerɛ 37-9: Onipa aniwa a ɛwɔ miopia

Sɛ ɛba no saa, onii no nntumi nnhu ade yiye; n'ani so yɛ no wusiwusi. Eyi tumi ma yɛn aniwa hintidua ahorow abiɛsa bi.

Nea edi kan, etumi ba sɛ kornea ne lens no ma hann reis no hyia wɔ retina no anim wɔ vitreus nsu no mu. Mpɛn pii no, eyi kyerɛ sɛ saa aniwa nkosua no yɛ tenten dodo. Sɛ ɛba no saa a, yɛka se onii no aniwa wɔ **miopia** hintidua. Aniwa dɔketafo de konkav lens ana lens a ɛpaapaa hann reis mu twetwe reis no kɔ akyiri ma wokosisi retina no so bio na ama saa onipa yi atumi ahu ade krenn bio. Yehu eyi wɔ Adekyerɛ 37-9 so.

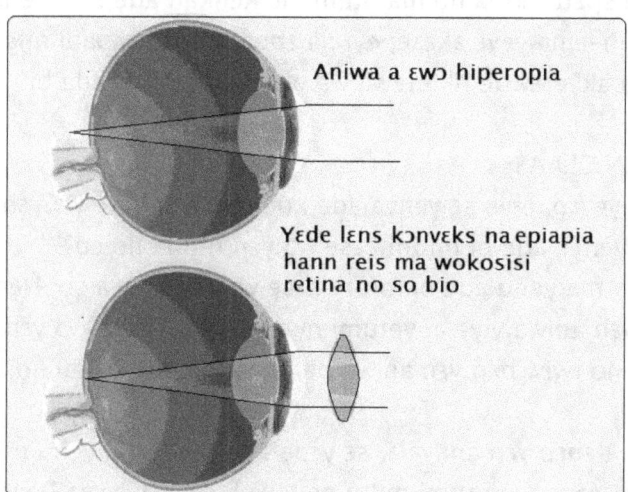

Adekyerɛ 37-10: Aniwa a ɛwɔ hiperopia

Ɛtɔ da bi nso a, kornea ne lens no ma hann reis no kosi retina no akyi. Mpɛn pii no, eyi kyerɛ sɛ saa aniwa nkosua no yɛ ketewa dodo. Sɛ ɛba no saa a, yɛka se onii no aniwa wɔ **hiperopia** hintidua. Aniwa dɔketafo de konvex lens a ɛboaboa hann reis ano no bi twetwe hann reis no ba anim ma wobesi retina no so bio na ama saa onipa yi atumi ahu ade krenn bio (Adekyerɛ 37-10).

Ɛtɔ da bi nso a, esiane sɛ kornea, lens ne aniwa nkosua no ankasa akyeakyea no nti, hann reis no mu trɛtrɛw koraa dodo ma ebi kosi retina no akyi, bere a ebi nso akosisi retina no anim. Sɛ ɛba no saa a, yɛka se onii no wɔ **astigmatisim**.

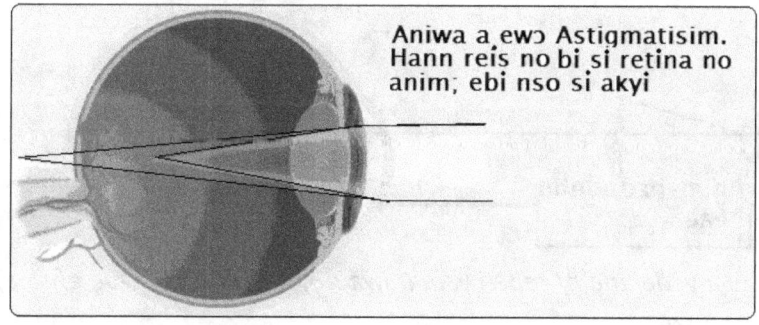

Adekyerɛ 37-11: Aniwa a ɛwɔ astigmatisim

Nnipa bebree aniwa tumi nya astigmatisim de ka miopia ne hiperopia yi mu biara ho. Sɛ ɛba no saa, aniwa Dɔketafo de lens foforo bi a wɔfrɛ no silinda na ɛka konvex lens ana konkav lens yi bi ho de yɛ spɛtɛkil ma onii no na wasan de ahu ade yiye bio.

Sɛ obi di mfe aduannan ne akyi a, n'aniwa lens no mu kyere koraa a entumi nnkyeakyea hann reis a ɛbɛn n'anim pɛɛ mma wonkosi retina no so bio. Eyi mma onii no nntumi nnhu ade a ɛbɛn no koraa no yiye bio. Mpɛn pii saa onipa yi nntumi nkenkan ade efisɛ akyerɛwde no nyinaa yɛ wusiwusi ma no. Sɛ ɛba no saa a, aniwa dɔketafo tumi de konvex lens yɛ spɛtɛkil ma no ma otumi de kenkan ade bio. Yenim dedaw sɛ konvex lens tumi ma nneɛma yeyɛ akɛse; eyi na ɛboa nnipa a wɔadi mfe aduannan ne akyi ma wotumi hu akyerɛwde nktetewa wa wotumi kenkan ade bio.

ONIPA ANIWA NE MAGNIFIKASHIN GLAAS

Ansa na yebehu ade bi yiye no, ehia sɛ yenya ade ko no mfoni kɛse wɔ yɛn aniwa retina no so. Yɛyɛ dɛn na yenya ade bi mfoni kɛse wɔ yɛn retina no so?

Yetumi fa akwan abien so ma yehu ade bi mfoni kɛse wɔ yɛn aniwa so. Nea edi kan, sɛ yɛde ade ko no bɛn yɛn aniwa yiye a, yetumi nya ne mfoni kɛse wɔ yɛn retina no so. Nanso sɛ yɛde ade no twiw bɛn yɛn aniwa pii nso a, ebedu baabi no, ade ko no fi ase ayɛ wusiwusi.

Eyi kyerɛ sɛ, baabi wɔ hɔ a ɛbɛn yɛn aniwa a, sɛ yɛde ade bi si hɔ a yehu no krenn; sɛ yɛde ade no twa mu wɔ hɔ a, yenntumi nnhu no yiye bio. Yɛfrɛ saa beae yi a ɛbɛn yɛn aniwa koraa na yehu ade bi wɔ hɔ krennen na sɛ yɛde ade bi twa mu wɔ hɔ de bɛn yɛn anim a efi ase yɛ wusiwusi no sɛ **anim-pɛɛ adehu beae**. Saa anim-pɛɛ adehu beae yi yɛ 25 sɛntimitas fi yɛn aniwa nkosua no so.

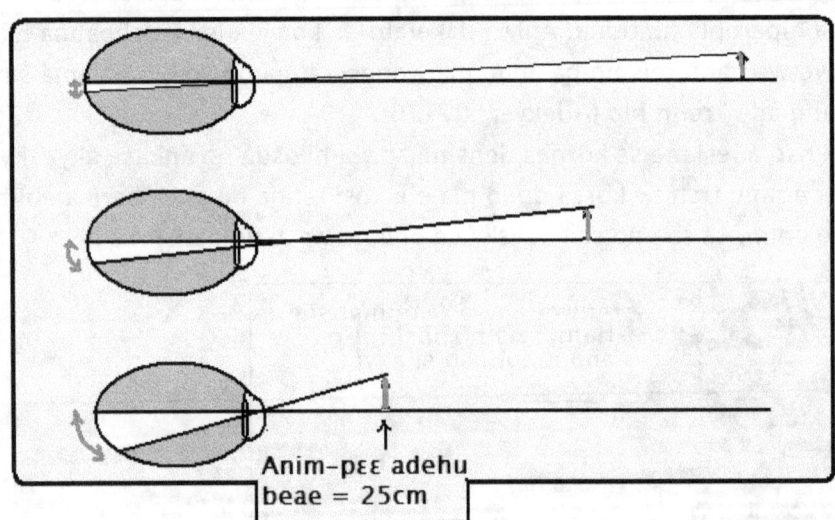

Adekyerɛ 37-12: Bere a yɛde ade bi rebɛn yɛn aniwa no, na yehu no kɛse efisɛ ɛyɛ mfoni kɛse wɔ retina no so.

Nea ɛto so abien, yetumi nso de konvex lens ma ade bi yɛ kɛse ma yenya ne mfoni sunsum kɛse wɔ akyirikyiri baabi. Sɛ ɛba no saa na yɛto yɛn aniwa de hwɛ saa mfoni sunsum a ɛwɔ akyirikyiri no a, yenya mfoni kɛse wɔ yɛn retina no so ma yehu ade ko no yiye (Adekyerɛ 37-13).

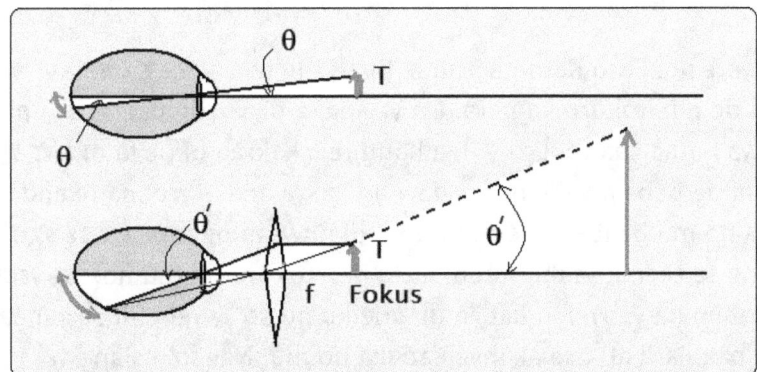

Adekyerɛ 37-13: Konvex lens ma nneɛma yɛ akɛse ma yehu no yiye.

Eyi ma yɛfrɛ konvex lens sɛ **magnifikashin glaas** ana **lens-baako mikroskop**. Yɛde ekuashin a edi so yi kyerɛ ade bi mmɔho dodow ana ne magnifikashin (M).

$$M = \frac{\text{Anim-pɛɛ adehu beae tenten}}{\text{Lens no fokus tenten}} = \frac{25cm}{f}$$

Yɛahu afi Adekyerɛ 12-4 so nso sɛ konvex lens magnifikashin yɛ lens no ne mfoni no ntam kwantenten (m) nkyɛmu ade no ne lens kwantenten (a)

Magnifikashin = m/a

Ne saa nti, sɛ yɛde ade bi si anim-pɛɛ adehu beae a ɛyɛ 25cm no a, yenya magnifikashin a ɛyɛ m/a.

Sɛ yɛde ade bi si anim-pɛɛ adehu beae no a, Magnifikashin glaas ana lens baako mikroskop biara ma yɛn ade-mmɔho a ɛyɛ:

Ade-mmɔho ana Magnifikashin = 1 + 25/f

Yetumi kyerɛw no:

Magnifikashin = 1 + D/f   bere a:

...D yɛ anim-pɛɛ adehu beae tenten

Sɛ yehu ade no wɔ akyirikyiri baabi (infiniti) de a, ekuashin no sesa bɛyɛ:

Magnifikashin = D/f

Sɛnea yɛbɛhu akyiri yi no, mikroskops ne teleskops aniwa-nkyɛn lens ne ade-nkyɛn lens no mu biara dwumadi te sɛ magnifikashin glaas.

Asɛmmisa

Sika kɔkɔɔ Dwumfo bi de konvex lens bi a ne fokus tenten yɛ 8.0cm bɛn n'aniwa yiye ma nkɔnsɔnkɔnsɔn bi yɛ kɛse sɛnea obehu no yiye. Kyerɛ baabi a ɛsɛsɛ ɔde ne nkɔnsɔnkɔnsɔn no to fi lens no ho na wahu no yiye. Kyerɛ ade-kɛse mmɔho a onya.

Mmuae: $\frac{1}{Sa} + \frac{1}{Si} = \frac{1}{f}$ *Enti* $\frac{1}{Sa} + \frac{1}{-25cm} = \frac{1}{8.0cm}$. *Yenya* **Sa = 6.1cm**

*Ade-kɛse mmɔho ana magnifikashin = Sa/Si = -25/6.1 = **4.1***

FOTO KAMERA

Sɛnea ne din kyerɛ no, Foto Kamera yɛ ade bi a yɛde twa foto. Kamera a ne yɛ nnyɛ den koraa no din de **pin-tokuru** kamera. Eyi yɛ adaka bi a yɛde paane ana pin ayɛ tokuru ketewa bi wɔ ho na saa tokuru yi ma hann reis kakraa bi pɛ fa mu kɔ adaka no mu. Yebetumi de pepa a yɛde nngo afɔw no kakra anasɛ yɛannan kanderɛ nsu agu so ahyɛ adaka no mu baabi a ɛne tokuru no di nhwɛanim ama ayɛ sɛ skriin. Saa skriin yi adwuma ne sɛ ɛbɛma yɛahu mfoni a ɛfa pin-tokuru no mu no. Sɛ yɛde ade bi si saa adaka yi anim na yɛhyerɛn kanea gu ade ko no so a, yebehu sɛ kanea reis befi ade ko no ho baabiara afi ase akɔhyɛn adaka no mu. Nanso, esiane sɛ tokuru no yɛ ketewa no nti, reis mmaako mmaako bi pɛ a wɔn mu biara wɔ anikyerɛbea a ɛsono na wobetumi awura tokuru no mu. Eyi bɛma yɛanya ade no 'foto' wɔ adaka no skriin no so.

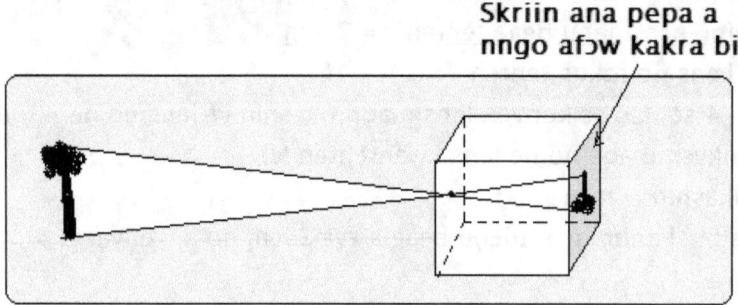

Adekyerɛ 37-13: Pin-tokuru kamera.

Esiane sɛ tokuru no yɛ ketewa na kanea reis kakraa bi pɛ na wotumi hyɛn mu no nti, foto a yenya wɔ pin-tokuru kamera no mu no nnhyerɛn papa bi. Sɛ yebue tokuru no mu kakra (te sɛ ebia yɛde dadewa hyɛn mu) a, yebehu sɛ hann reis a ɛdɔɔso kakra betumi akɔhyɛn adaka no mu, ama foto no ahyerɛn kakra, nanso foto no so bɛyɛ wusiwusi efisɛ hann reis pii no fi ase bobɔ so wɔ adaka no mu.

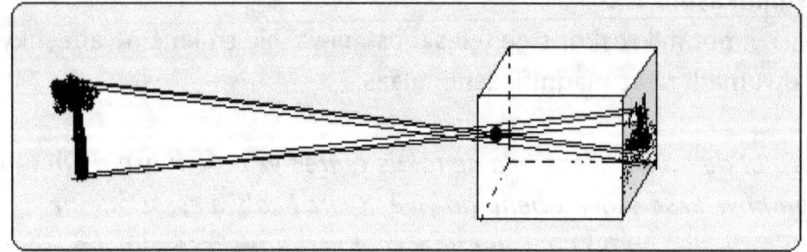

Adekyerɛ 37-14: Sɛ tokuru no yɛ kɛse a, foto no yɛ wusiwusi.

Sɛ yɛpɛ sɛ yenya foto a ɛyɛ krennen na ɛsan hyerɛn yiye a, ebehia sɛ yɛde lens bi hyɛ tokuru no ano sɛnea yehu wɔ Adekyerɛ 37-14 so no. Nanso sɛ yɛyɛ saa a, foto no bɛyɛ krennen ama ade bi a egyina baabi pɔtee a yɛbɛfrɛ no **T tenten ade** (T_a) pɛ. Saa T_a yi yɛ kwantenten pɔtee bi a ɛda ade no ne lens no ntam. Sɛ yɛpɛ sɛ yenya nnɛɛma ahorow pii fotos de a, esiane sɛ yenntumi nnsesa lens no fokus tenten no nti, ebehia sɛ yɛsesa kwantenten a ɛda lens no ne foto a ɛwɔ skriin no so no ntam.

Yɛbɛfrɛ saa kwantenten a ɛda lens no ne foto no ntam no sɛ T tenten foto (Tf). Saa skriin yi te sɛ kamera biara mu film pɛpɛɛpɛ. Bere biara a yetwa foto no, yekyim kamera no nsa sɛnea yɛbɛsesa saa kwantenten a ɛda kamera lens no ne film no ntam (Tf) na ama yɛanya foto a ɛyɛ krenn.

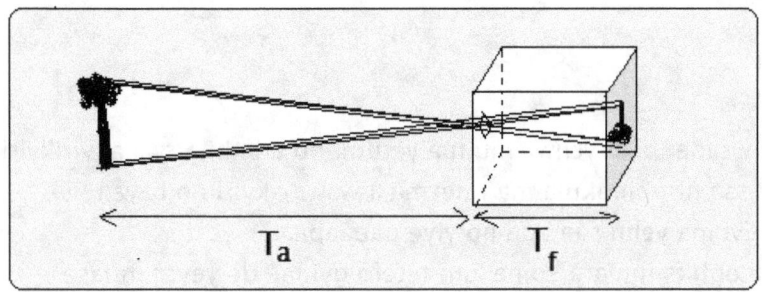

Adekyerɛ 37-15: Konvex lens tumi ma foto no yɛ krenn

Adekyerɛ 37-16: Foto kamera ne film a ewɔ mu.

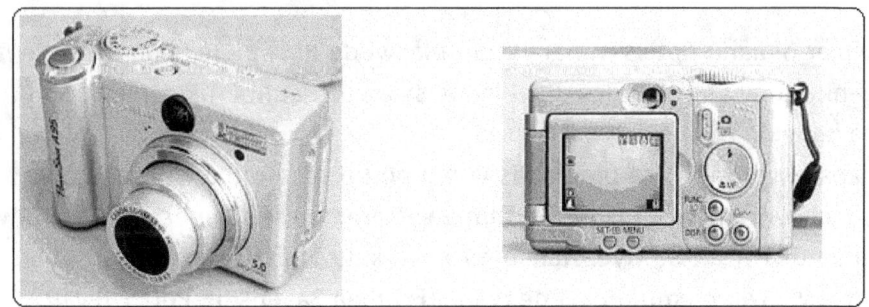

Adekyerɛ 37-17: Digital foto kameras: eyinom nnhia film bio.

Asɛmmisa

Kamera bi ma yenya anomaa bi a osi akyirikyiri baabi mfoni krenn bere a ne lens no wɔ 8cm fi film no ho. Yɛbɛyɛ dɛn na yɛama saa kamera yi ama yɛn anomaa foforo bi a osi dua bi so 72 cm fi lens no ho no foto krenn.

Mmuae: Sɛ yɛde kamera bi hwɛ ade bi a ɛwɔ akyirikyiri krennen a, hann reis a ɛba mu no yɛ paralel. Ne saa nti, kwantenten a ɛda film no ne lens no ntam no yɛ lens no fokus tenten. Ne saa nti, lens no fokus tenten yɛ 8.0cm. Sɛ ade bi si 72cm a, yɛde lens ekuashin no kyerɛ sɛ:

$$\frac{1}{S_o} + \frac{1}{S_i} = \frac{1}{f} \quad \text{Eyi ma yɛn} \quad \frac{1}{S_i} = \frac{1}{8} - \frac{1}{72} \quad \text{a ɛma yenya } S_i = 9cm$$

Ehia sɛ yekyim lens no fi film no ho 9cm (anasɛ 9-8cm) =1cm fi baabi a yehuu anomaa a odii kan no.

BINOKULAS

Binokula yɛ nhwɛade bi a yɛhwɛ mu ma yetumi hu ade bi a ɛwɔ akyirikyiri no sɛ ɛbɛn yɛn koraa. Ne saa nti, binokula ma nneɛma a wɔwɔ akyiri no bɛyɛ te sɛ wɔbenbɛn yɛn koraa. Eyi ma yehu saa ade no yiye papaapa.

Galileo osuahu optiks mmara so na kan tetefo gyinae de yeyɛɛ mfiase binokula nhwɛade ahorow no nyinaa. Saa osuahu yi kyerɛɛ sɛ ehia sɛ ade-nkyɛn lens no yɛ konvex lens, na aniwa-nkyɛn lens no yɛ konkav lens. Ade pa a wonya fii saa binokulas yi mu no bi ne sɛ mfoni biara a wonya no gyina hɔ pintinn. Mfomso a na ɛwowɔ saa binokula yi ho ne sɛ ne magnifikashin yɛ ketewa bi pɛ. Bio nso, sɛ obi hwɛ bi mu a, beae a ohu no nso yɛ kakraa bi. Eyi nti na amanfo de Kepler osuahu optiks mmara yeyɛɛ binokulas a edidii so no.

Adekyerɛ 37-18: Binokula nhwɛade

Saa Kepler osuahu optiks mmara binokulas yi de konvex lens na ɛyɛɛ aniwa-nkyɛn ne ade-nkyɛn lenses no nyinaa. Eyi kyerɛ sɛ ɛsesaa aniwa-nkyɛn lens no fi konkav de kɔɔ konvex.

Ade papa a wonya fii saa binokulas yi mu no ne sɛ mfoni a wonyaa no yɛ krenn. Bio nso, na wotumi nya magnifikashin a eye ara; kyerɛ sɛ nneɛma a wohu wɔ binokula no mu no yeyɛ akɛse yiye. Nanso mfomso kakra a na ɛwɔ binokula yi ho no ne sɛ ade biara a wɔhwɛ wɔ mu no asi ne ti ase. Eyi maa Sayenseni Porro yeyɛɛ prisims bi a ɛnnɛ da yi wɔfrɛ wɔn Porro prisims de hyehyɛɛ binokula lenses abien no ntam. Saa Porro prisims yi dwumadi ne sɛ wɔdandan nneɛma a asisi wɔn ti ase no ma wɔsan begyinagyina hɔ pintinn bio.

Adekyerɛ 37-19 ma yehu sɛnea saa prisims yi dandan nneɛma wɔ binokulas mu ma ywogyina hɔ pintinn bio no.

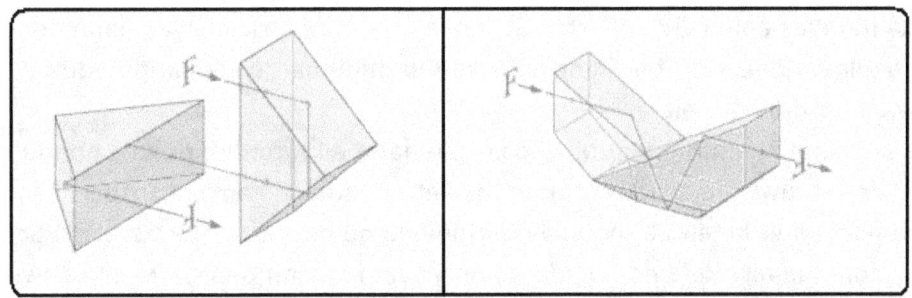

Adekyerɛ 37-19: Yɛde prisim abien a emu biara dan hann reis 180° na ɛyɛ binokula nhwɛade. Eyi ma yetumi twitwa binokula bare no so ma ɛyɛ ntiatia.

Esiane sɛ saa prisims yi di ade nhyɛnmu reflekshin mmara so nti hann reis biara mmfi binokulas no mu efisɛ angle a wɔde akyeakyea prisims no mma ho kwan. Eyi na ɛma nneɛma nyinaa yɛ krennn wɔ binokulas mu no.

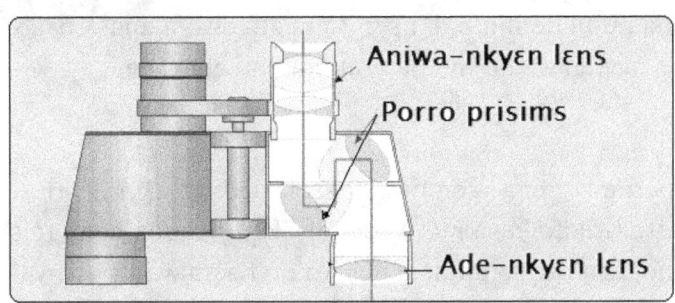

Adekyerɛ 37-20: Binokula nhwɛade a wɔde Porro prisims ayɛ.

Yɛde prisims abien a wɔadandan wɔn mu biara ho ɔha aduowɔtwe digris na ɛyɛ binokula nhwɛade. Eyi ma binokula bare no yɛ tiae, ma yetumi kura de kɔ baabiara.

Binokula biara magnfikashin gyina nneɛma abien so: ade-nkyɛn lens no fokus tenten (F_{ade}) ne aniwa-nkyɛn lens no fokus tenten (F_{aniwa}). Yɛde ekuashin a edi so yi na ɛkyerɛ ade bi a yehu wɔ binokula nhwɛade mu no kɛse ana ketewa tebea a yɛfrɛ no magnifikashin (M) no.

Magnifikashin (M): $\dfrac{\text{Ade-nkyɛn lens no fokus tenten}}{\text{Aniwa-nkyɛn lens no fokus tenten}} = \dfrac{F_{ade}}{F_{aniwa}}$

Sɛ binokula bi magnifikashin yɛ anan (4x) a, na ɛkyerɛ sɛ binokula no ma yehu ade bi te sɛnea yɛbɛn no mpɛn mmɔho anan. Ne saa nti, sɛ yɛde binokula bi a ne magnifikashin yɛ anan (4x) hwɛ anomaa bi a ogyina dua bi so wɔ 40 mitas a, yehu anomaa no te sɛnea ogyina 10 mitas fi yɛn ho.

Mpɛn pii no, yehu numbas abien wɔ binokula biara ho. Saa numbas yi bi te sɛ 7X50 ana 8X30. Numba a edi kan a ɛyɛ 7 ana 8 no kyerɛ binokula no magnifikashin. Numba a ɛto so abien a ɛyɛ 50 ana 30 no kyerɛ ade-nkyɛn lens no dayamita.

Sɛ yɛde saa numbas abien yi di nkyɛmu a, yenya dodow bi a ɛkyerɛ yɛn hann dodow a ɛrefi binokula no mu. Yɛde din **hann-reis mfimu pupil** na ɛkyerɛ hann dodow a ɛrefi binokula no mu bere biara.

Sɛ saa hann reis mfimu-pupil yi dɔɔso a, hann pii tumi fi binokula no mu bere biara, anɔpa, awia ne anadwofa mpo ma yetumi hu ade kama. Nanso sɛ hann-reis mfimu pupil yi yɛ ketewa a, hann a efi binokula no mu no yɛ kakraa bi pɛ. Sɛ ɛba no saa a, yetumi de binokula no hu ade yiye wɔ baabi a hann bebree wɔ te sɛ awia bere, nanso anadwofa de, ɛyɛ den sɛ yɛde saa binokula yi behu ade.

Sɛ yɛhwɛ binokula abien a yɛkaa ho asɛm yi a, 7X50 no hann-mfimu pupil no akontaabu dodow yɛ 50/7= 7.1. Binokula fofro a ɛka ho no a ɛyɛ 8X30 no hann-mfimu pupil no akontaabu dodow yɛ 30/8= 3.7. Ɛbɛyɛ den sɛ yɛde 8X30 binokula no ahu ade yiye anadwofa efisɛ ne hann-mfimu pupil no yɛ ketewa sen onipa aniwa pupil anadwofa bere mu. Ne saa nti, sɛ onipa pupil no mu abue yiye nanso hann kakraa bi pɛ na ɛrefi binokula no mu akowura aniwa no mu a, ɛho nntumi mma mfaso papa biara. Kae sɛ onipa pupil no mu bue bɛyɛ 7mm anadwofa anasɛ baabi a sum wɔ sɛnea hann pii betumi akɔ aniwa no mu na yɛatumi ahu ade yiye.

TELESKOPS

Teleskop yɛ optikal instrumɛnt bi a yɛde hwɛ nneɛma a wɔwɔ akyirikyiri baabi. Ne din teleskop no fi tete Grikifo kasa mu. Yɛde teleskop boaboa hann reis a yenya fi akyirikyiri baabi no ano, san de ma angle a ade ko no ne aniwa yɛ no nya nkɔso.

Sɛ onipa a ɔhwɛ teleskop no mu no aniwa tow gu ade ko a ɛwɔ akyirikyiri baabi no so a, teleskop no ma angle a ɔde rehwɛ saa ade ko no mfoni mu trɛw yiye. Eyi na ɛma yetumi hu ade a ɛwɔ akyirikyiri yiye no.

Yɛwɔ optikal teleskops ahorow abien. Eyi ne:
-refraktin teleskops
-reflektin teleskops.

Refraktin teleskops: Tetefo de glaas lenses na efii ase yeyɛɛ teleskops. Wodii kan yɛɛ refraktin teleskops ahorow abien. Eyinom ne:
  -Galileo osuahu mmara teleskops (Galileo teleskop)
  -Kepler osuahu mmara teleskops (Kepler teleskop)
Yebetwitwa saa din ahorow yi sin ayeyɛ wɔn Galileo teleskop ne Kepler teleskop.

Refraktin teleskops abien yi mu biara wɔ lenses abien. Nea edi kan a ɛyɛ ade-nkyɛn lens no yɛ lens kɛse a ɛkyere hann a efi akyirikyiri ade bi ho na ɛyɛ ne mfoni ma yenya mfoni papa. Lens a ɛto so abien a ɛyɛ aniwa-nkyɛn lens no ma ade no mfoni yɛ kɛse sɛnea yebetumi ahu no yiye. Esiane sɛ wɔde lenses na ɛyɛɛ saa teleskops yi, na lenses refrakte hann no nti, yɛfrɛ saa teleskops yi sɛ refraktin teleskops.

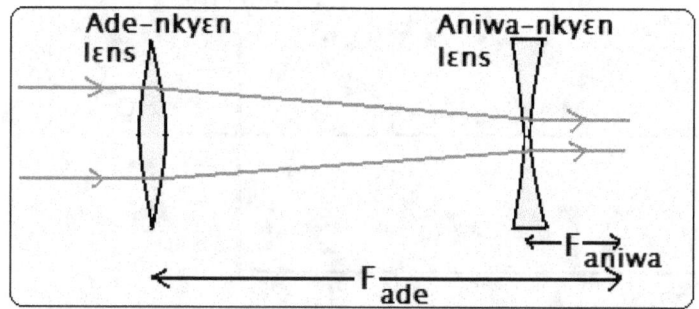

Adekyerɛ 37-21: Galileo teleskop

Galileo teleskop ne Kepler teleskop no mu biara wɔ konvex ade-nkyɛn lens. Nsonsonoe a ɛda wɔn ntam no fi wɔn aniwa-nkyɛn lens no so. Galileo aniwa-nkyɛn lens no yɛ konkav lens a ɛno nti ne fokus tenten no wɔ nyifim nnianim. Yehu saa Galileio teleskop yi wɔ Adekyerɛ 37-21 so.

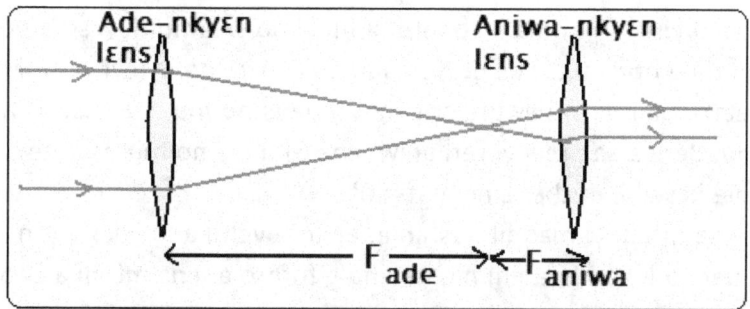

Adekyerɛ 37-22: Kepler teleskop

Kepler teleskop no de, n'aniwa-nkyɛn lens no yɛ konvex lens. Ne saa nti, Kepler teleskop no lenses abien no nyinaa yɛ konvex lenses. Yehu saa Kepler teleskop yi bi wɔ Adekyerɛ 37-22 so.

Teleskop biara mu kwantenten a ɛda ne lenses abien no ntam no yɛ lenses abien no fokus tenten dodow nkabom. Eyi kyerɛ sɛ, bere biara a reis bi fi akyirikyiri ade bi so bɛfa ade-lens no mu no, yenya saa ade no **mfoni** wɔ ade-lens no **fokus** so pɛpɛɛpɛ. Aniwa-nkyɛn lens no si baabi a ne fokus ne saa **mfoni** yi hyia pɛpɛɛpɛ. Eyi ma saa mfoni yi bɛyɛ aniwa-nkyɛn lens no 'ade' a ɛma ɛno nso mfoni wɔ akyirikyiri. Eyi ma lenses abien no fokus tenten nkabom ne kwandodow a ɛda wɔn ntam no yɛ pɛpɛɛpɛ.

Ade biara a yehu fi akyirikyiri no kɛse gyina angle a ade ko no ne yɛn aniwa yɛ no so. Ɛsan gyina angle a ade-nkyɛn lens no ne ade no yɛ no so. Yenim nso sɛ magnifikashin san gyina akwan a ɛdeda ade-nkyɛn lens no ne ade no, ne aniwa-nkyɛn lens no ne mfoni no ntam. Esiane sɛ ɛyɛ den sɛ yebehu kwantenten a ɛda ade bi a ɛwɔ akyirikyiri ne yɛn aniwa ntam so no nti, yɛde angles nsusuw na ɛkyerɛ magnifikashin. Eyi ma yɛfrɛ teleskops ade-mmɔho tebea sɛ **angle magnifikashin**.

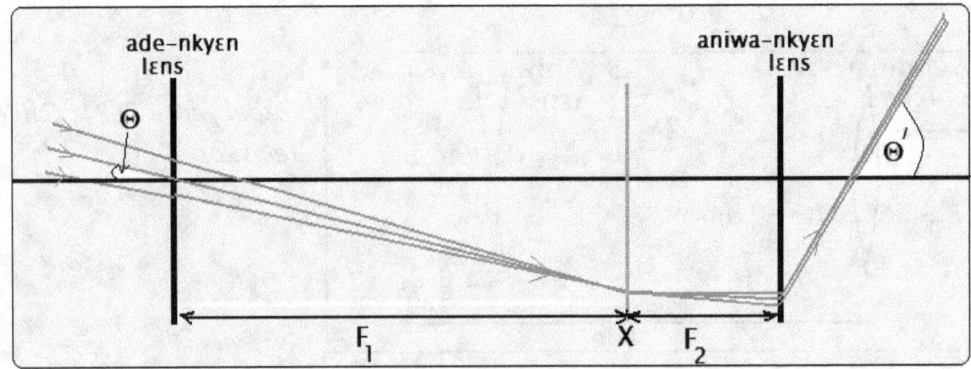

Adekyerɛ 37-23: Teleskop kyere reis a efi akyirikyiri baabi. Lenses abien no mu biara fokus behyia wɔ baabi a yɛayɛ X no.

Yɛfrɛ baabi a ɛwɔ akyirikyiri koraa a yenntumi nnkɔ no sɛ **infiniti**. Yɛnfa no sɛ paralel reis bi a efi infiniti ne optikal akses no yɛ angle bi a yɛfrɛ no Θ (eyi yɛ Grikifo akyerɛwde a yɛfrɛ no teta). Saa reis yi bewura ade-nkyɛn lens no mu, ma ɛsan bɛhyɛn aniwa-nkyɛn lens no mu. Bere a saa reis yi refi aniwa-nkyɛn lens no mu no, ɛne optikal akses no yɛ angle kɛse bi a yɛbɛfrɛ no Θ (teta)'.

Sɛ yɛpɛ sɛ yehu saa mfoni yi magnifikashin a, ehia sɛ yehu angle ko a yɛn aniwa ne ade ko no yɛ bere a lens biara nni hɔ, ne angle foforo a lens mfoni a ɛwɔ akyirikyiri no nso ne yɛn aniwa yɛ. Saa angles abien yi nkyɛmu ma yenya ade ko no magnifikashin anasɛ ne kɛse tebea. Yehu saa angles yi wɔ Adekyerɛ 37-23 so. Eyi ma yɛkyerɛ magnifikashin yi ase sɛ:

Magnifikashin = <u>Angle a aniwa ne lens akyirikyiri mfoni no yɛ</u>
                      Angle a aniwa nkutoo ne ade no yɛ.

$$= \frac{\Theta'}{\Theta}$$

Yɛaka se esiane sɛ saa mfoni yi kɛse tebea gyina saa angles abien yi so no nti, yɛtaa frɛ saa magnifikashin yi sɛ **angle magnifikashin**. Yetumi nso de lenses abien no fokus tenten kyerɛ angle magnifikashin (M).

M = – <u>**Fokus tenten** (ade-nkyɛn lens)</u> = – <u>F ade-nkyɛn lens</u>
         Fokus tenten (aniwa-nkyɛn lens)   F aniwa-nkyɛn lens

Mfomso a ɛwɔ saa refraktin teleskops yi ho no ne sɛ, esiane sɛ kanea fitaa a ɛfa lens biara mu no tumi nya nkyekyɛmu no nti, bere biara a reis bi befi nsoroma bi a ɛwɔ akyirikyiri bi so abɛfa teleskop lenses no mu no, teleskop lenses no kyekyɛ hann fitaa no mu kakra ma yenya kɔlas bi te sɛ nyankontɔn kɔlas. Eyi ma nsoroma no mfoni no ho nya kɔlas pii bi a ɛmma yennhu saa nsoroma no yiye. Yɛfrɛ saa kɔlas mmataho a saa lenses yi ma no sɛ **kromatik mfomso**. Tetefo sayensefo hwehwɛɛ ɔkwan foforo a wɔbɛfa so ayiyi saa kromatik mfomso yi afi teleskops mu. Akwan ahorow a wɔfaa so no mu baako ne sɛ wɔyeyɛ teleskops foforo bi a yɛfrɛ wɔn Reflektin teleskops.

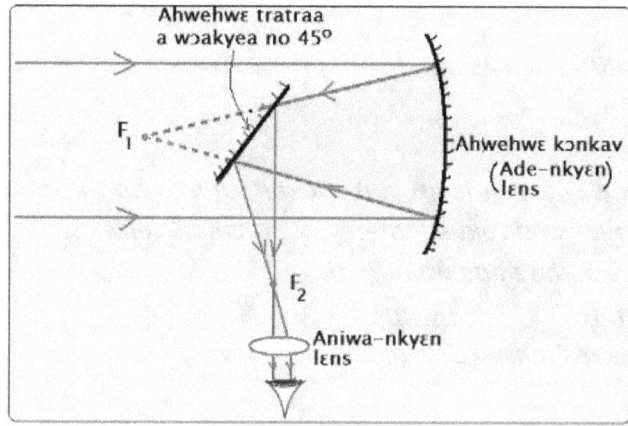

Adekyerɛ 37-24: Reflektin teleskop

Reflektin teleskops: Sayensefo baanu James Gregory ne Isaak Newton de ahwehwɛ sisii ade-nkyɛn lens no anan mu sɛnea ɛbɛyɛ na wonnya kromatik mfomso. Tete abakɔsɛm kyerɛ sɛ Newton teleskop a ɔyɛɛ no ahwehwɛ nhyehyɛɛ na egyee din yiye.

Newton teleskop no de konkav ahwehwɛ baako kyere hann reis a efi akyirikyiri, ɛna ahwehwɛ tratraa bi a ɔkyeaa no 45 digris nso kyea mfoni no ma ɛba aniwa-nkyɛn konvex lens bi so. Ne saa nti, Newton teleskop no de ahwehwɛ abien ne konvex lens baako na edi dwuma. Esiane sɛ ahwehwɛ na yɛde sisi konvex lens no anan mu no nti, yɛfrɛ saa teleskops yi sɛ reflektin teleskops. Yehu saa Newton reflektin teleskop nhyehyɛɛ yi wɔ Adekyerɛ 37-24 so.

Adekyerɛ 37-25: (Benkum) Optikal mikroskop (Nifa) Radio teleskop (eyi fi NASA)

Asɛmmisa
1. Reflektin teleskops de ahwehwɛ bi ne konvex lens baako na ɛma yehu akyirikyiri

nnɛɛma. Kyerɛ magnfikashin a yenya fi reflektin teleskop bi a n'mpuamu ahwehwɛ radius yɛ 250cm na n'aniwa-nkyɛn lens no fokus tenten yɛ 5.0cm mu.

Mmuae: Ekuashin a yɛde hwehwɛ magnifikashin ma refraktin teleskops no ara na yɛde hwehwɛ reflektin teleskops nso magnifikashin (M) =-fa/fi

M= - F (ade-nkyɛn lens)
       F (aniwa-nkyɛn lens)

F (ade-nkyɛn lens) = -R/2 = -250/2 = 125cm.

F (aniwa-nkyɛn lens) = 5.0cm

M = -125cm/5cm = 25

2. Sɛ yɛde teleskop bi hwɛ ade bi a ɛwɔ akyirikyiri a, n'ade-nkyɛn lens no fokus tenten yɛ +60cm; n'aniwa-nkyɛn lens no fokus tenten yɛ +3.0cm. Hwehwɛ saa teleskop yi ade-kɛse mmɔho bere a ɛhwɛ ade wɔ infiniti.

Magnifikashin M = - F ade-nkyɛn lens   = - 60cm = -20
                     F aniwa-nkyɛn lens   3.0cm

Mfoni no asi ne ti ase.

MIKROSKOPS

Yɛde mikroskop hwɛ nneɛma a wɔbɛn yɛn yiye. Din mikroskop no fi tete Grikifo kasa mu a ɛkyerɛ sɛ mikros (ketewa) ne scope (adehwɛ). Mikroskops ma nneɛma nketenkete a yɛnfa yɛn aniwa nntumi nnhu te sɛ mogya mu nneɛma, baktiria ne mmoammoa nketenkete yeyɛ akɛse ma yetumi hu wɔn yiye. Ɛnnɛ da yi, yewɔ mikroskops ahorow pii. Yehu emu abien a ɛyɛ optikal mikroskop ne ɛlɛktron mikroskop wɔ Nnekyerɛ 37-26 ne 37-28 so.

OPTIKAL MIKROSKOP

Yɛakyerɛ sɛ konvex lens biara tumi ma yenya nneɛma mmɔho akɛse ma yehu wɔn yiye. Ne saa nti, ebinom taa frɛ konvex lens a ɛma yenya ade bi kɛse mmɔho no sɛ **lens-baako mikroskop**. Mpɛn pii no, mikroskops a yɛde di dwuma yiye wɔ sayense laboretris mu no wɔ lenses abien. Ne saa nti, yɛtaa frɛ wɔn sɛ **lens-abien mikroskops**.

Optikal mikroskop de hann reis na edi dwuma ma yehu nneɛma nketewa sɛ akɛse. Sɛnea ne din kyerɛ no, lens-abien mikroskop biara wɔ lenses konvex abien a baako yɛ ade-nkyɛn lens na nea aka no nso yɛ aniwa-nkyɛn lens sɛnea yehu wɔ Adekyerɛ 37-27 so no.

Ade-nkyɛn lens no yɛ konvex lens a ne fokus tenten no yɛ tiatia koraa a ennu 1 sentimita mpo. ($F_{ade} < 1cm$). Yɛde ade a yɛrehwɛ no to saa konvex lens yi nkyɛn pɛɛ.

Aniwa-nkyɛn lens no yɛ konvex lens a ne fokus tenten no yɛ tiatia saa ara nanso emu twe kakra sen ade-nkyɛn lens de no ($F_{aniwa} > F_{ade}$).

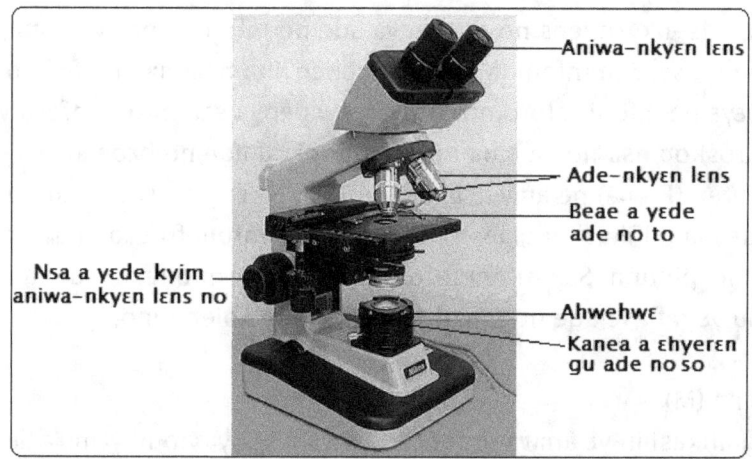

Adekyerɛ 37-26: Lens-abien optikal mikroskop

Lens-abien mikroskop biara san wɔ nneɛma a edidi so yi:

1. Mikroskop tuub bi a ɛyɛ braas tuubs abien a baako tumi hyɛn nea aka no mu. Tuub baako biara ano wɔ saa konvex lens yi mu baako. Wɔahyehyɛ saa lenses yi ama wɔn nyinaa wɔ akses baako pɛ so. Esiane sɛ tuubs abien no baako tumi hyɛn nea aka no mu no nti, yetumi sesa kwantenten a ɛda lenses abien no ntam.

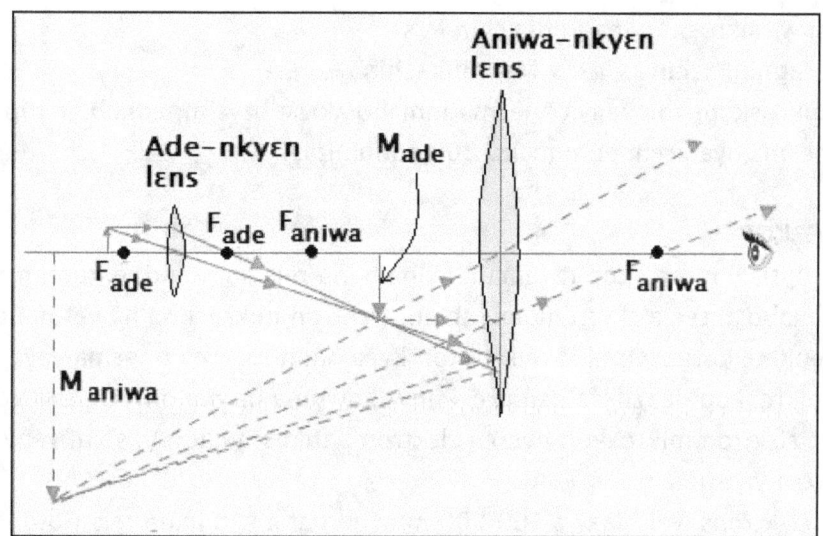

Adekyerɛ 37-27: Lens-abien Optikal mikroskop

2. Mikroskop Ɔpon bi wɔ ade-nkyɛn lens no ase; ɛno so na yɛde ade a ehia sɛ yɛhwɛ no to.

3. Ahwehwɛ tratraa bi nso wɔ saa ɔpon yi ase a kanea bata ho na ɛma yehu ade biara yiye.

Yehu sɛnea mikroskop ma yehu ade ketewa bi yiye no wɔ Adekyerɛ 37-27 so. Nea edi kan, yɛde ade ketewa bi a ɛwɔ glaas tratraa ketewa bi so to mikroskop ɔpon no so. Ehia sɛ yɛde saa ade no to ade-nkyɛn lens no fokus tenten (F_{ade}) no akyi.

Sɛ ɛba no saa a, ade-nkyɛn lens no ma yenya ade no mfoni papa (M_{ade}) a ɛyɛ kɛse kakra nanso asi ne ti ase. Saa mfoni (M_{ade}) yi na ebegyina hɔ ama **ade foforo** a aniwa-nkyɛn lens no bɛyɛ ne mfoni foforo no. Ansa na yebenya saa mfoni foforo yi no, ehia sɛ yekyim mikroskop nsa no na ɛma mfiase mfoni, M ade no bɛda aniwa-nkyɛn lens no fokus tenten (F_{aniwa}) ne aniwa-lens no ntam. Sɛ ɛba no saa a, aniwa-nkyɛn lens no bɛyɛ te sɛ magnifikashin glaas kɛkɛ a ɛma yɛn mfoni foforo M_{aniwa} a ɛyɛ kɛse yiye na egyina hɔ pintinn. Saa mfoni foforo M_{aniwa} yi yɛ mfoni sunsum a ne kɛse tebea tumi twa mu yɛ mfiase ade no mmɔho bɛyɛ mpem abien mpo.

Mikroskop magnifikashin (M)

Mikroskop magnifikashin yɛ aniwa-mfoni M_{aniwa} a yenya no nkyɛmu ade mfiase mfoni M_{ade} no sɛnea yɛde yɛn aniwa nkutoo hu. Yɛkyerɛw eyi sɛ:

$$\text{Magnifikashin (M)} = \frac{\text{Mikroksop no mu mfoni no kɛse tebea}}{\text{Ade no kɛse tebea sɛnea yɛn aniwa nkutoo hu}}$$

$$= \frac{M_{aniwa}}{ade}$$

Yenim sɛ eyi te sɛ: $= \frac{M_{ade}}{ade} \times \frac{M_{aniwa}}{M_{ade}}$

Eyi ma yɛn = Magnifikashin $_{ade-lens}$ x Magnifikashin $_{aniwa-lens}$

Ne saa nti, yesusuw mikroskop magnifikashin M sɛ:

M = Magnifikashin $_{ade-lens}$ **x Magnifikashin** $_{aniwa-lens}$

Optikal mikroskops ma yenya nneɛma mmɔho akɛse bɛyɛ mpem abien mpo; etumi nso ma nneɛma nya krennen mmɔho 200 nanomitas.

ƐLƐKTRON MIKROSKOP

Esiane sɛ optikal mikroskop dwumadi gyina hann reis so no nti, entumi mma yenya nneɛma mmɔho akɛse a ɛkyɛn mpem abien. Ɛlɛktron mikroskop na yetumi de hu nneɛma nketenkete koraa. Optikal mikroskop kyea hann reis ma nneɛma yeyɛ akɛse. Ɛlɛktron mikroskop de, ɛnnfa hann reis nnyɛ adwuma na mmom ɛde ɛlɛktrons na edi dwuma. Sɛ ɛlɛktron mikroskop hyerɛn ɛlɛktron patikils gu ade bi so a, yenya ade no mmɔho kɛse yiye.

Esiane sɛ ɛlɛktrons weivsiaz yɛ 100 000 mmɔho tiatia sen hann reis (fotons) de no nti, ɛma yehu nneɛma nketewa koraa. Yebu sɛ ɛlɛktron mikroskop tumi ma yenya nneɛma mmɔho bɛyɛ ɔpepem du (10 000 000x) mpo. Ɛlɛktron mikroskop tumi ma yehu nneɛma nketewa koraa kosi bɛyɛ 50×10^{-12} m (50 pikomitas) krenn. Yehu ɛlɛktron mikroskop bi ne mfoni bi a yenya fi mu wɔ Adekyerɛ 12-28 so.

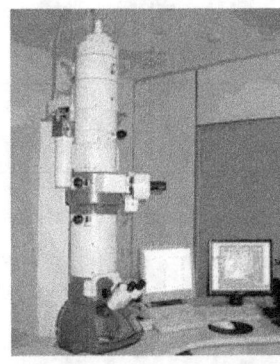 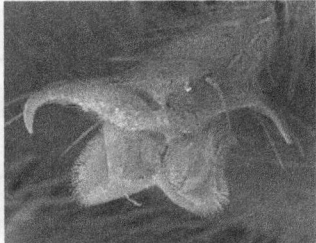 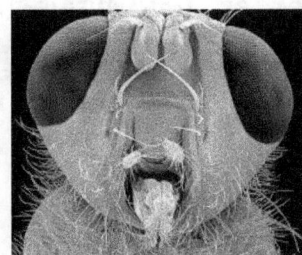

Adekyerɛ 37-28: (Nifa) Elɛktron mikroskop (Mfinimfini) Nwansena nan (Nifa) Nwansena ti ne n'anim

NSƐMMISA

1. Kyerɛ ɔkwan a pin-tokuru kamera fa so de yɛ adwuma.
2. Drɔɔ onipa aniwa na kyerɛ emu nneɛma no mu biara ho mfaso.
3. Dɛn ne (i) miopia (ii) hiperopia (iii) astigmatisim.
4. Sɛ wode ankaa bɛn w'anim nkakrankakra a, bere bɛn na ɛho efi ase yɛ wusiwusi? Adɛn nti na ɛba no saa? Yɛfrɛ saa beae yi sɛ dɛn?
5. Onii bi a ontumi nnhu ade biara a esi n'anim a ɛboro 80cm kwantenten so no hia lens bi de ahu akyirikyiri nneɛma. Dɛn lens na wobɛkyerɛ no (Mmuae: -1.3D)
6. Binokula ho mfaso ne dɛn? Kyerɛkyerɛ ne dwumadi mu.
7. Wɔakyerɛw binokula bi ho sɛ 7x 25. Saa numbas yi kyerɛ dɛn?
8. Wo Nena hwɛ soro nnomaa anadwofa bere mu. Binokulas abien yi mu nea ɛwɔ he bɛn na wobɛtɔ akɔma no (a) 7x50 ana (b) 7x 25. Kyerɛ wo mmuae no mu.
9. Dɛn ne hann reis mfimu pupil?
10. Teleskops yɛ dɛn? Kyerɛ wɔn dwumadi mu kyerɛ wo nuabea bi.
11. Mfomso bɛn na ɛwɔ refraktin teleskops ho. Wobɛyɛ dɛn ayi saa mfomso yi afi refraktin telelskops mu?
12. Kyerɛ sɛnea mikroskop yɛ adwuma fa ne ɛho mfaso.
13. Dɛn nsonsonoe na ɛda lens-baako ne lens-abien mikroskops ntam?
14. Dɛn nsonsonoe na ɛdeda ɛlɛktron mikroskop ne optikal mikroskop ntam? Ade-kɛse mmɔho ahe na wɔn mu biara ma yenya?
15. Ade-krennen mmɔho ahe na yenya fi ɛlɛktron mikroskop ne optikal mikroskop mu?
16. Yaw Barima de teleskop bi a n'ade-nkyɛn lens no fokus tenten yɛ +80cm hu ade krenn wɔ ɔsram so. Ehia sɛ aniwa-nkyɛn lens no nya kwantenten ahe na ama wahu ade bi a esi 40m. (Mmuae+ 1.6cm)
17. Mame Kɔkɔ ayɛ 'optikal instrumɛnt' bi a ɔde hwɛ nneɛma. N'ade-nkyɛn lens no fokus tenten yɛ+3.60. N'aniwa-nkyɛn lens no de yɛ -1.20cm. Sɛ ade bi si 25.0cm fi Mama Kɔkɔ anim a, kyerɛ kwantenten a ehia sɛ ɛda lenses abien no ntam na ama wahu saa ade yi yiye. (Mmuae 2.34cm).

TIFA 38: HANN WEIVS SUBAN NE WƆN TEBEA

Nkyerɛkyerɛmu

Twi	Brɔfo
Da-fam polaraise	horozontal polarization
Difrakshin	diffraction
Gyinahɔ polaraise	vertical polarization
Hann weivs	light waves
Kanea filta	light filter
Kanea sɔnwee	light filter
Nkekaho ntɛfiɛrɛns	constructive interference
Ntɛfiɛrɛns	Interference
Ntwitwamu ntɛfiɛrɛns	destructive interference
Ntwitwamu-kakra ntɛfiɛrɛns	partially destructive interference
Polarisashin	polarization

NHYƐNMU

So hann reis yɛ weivs te sɛ asorɔkye anasɛ patikils nketenkete te sɛ fotons? Obiara nntumi nnkyerɛ. Yɛwɔ nimdeɛ a ɛkyerɛ sɛ hann reis yɛ weivs. Yɛsan wɔ nimdeɛ nso a ɛkyerɛ sɛ hann yɛ patikils. Yɛbɛhwɛ saa hann suban ne tebea yi bi, na yɛn ankasa nso yɛatumi ayɛ yɛn adwene. Yɛde hann weivs ho nsɛm na ebefi ase wɔ ha.

HUYGENS MMARA A ƐKYERƐ SƐ HANN YƐ WEIVS

Sɛ wotow ɔbo de to nsu bi a egyina hɔ dinn mu a, wobehu sɛ asorɔkye ana weivs bi fi baabi a ɔbo no tɔe no trɛtrɛw wɔn ho kɔ wɔn akyi kosi sɛ wɔbɛyera. Yehu saa nneyɛe yi bi nso wɔ baabiara a yɛsɔ kanea. Sɛ yɛsɔ kanderɛ wɔ baabi a sum wɔ a, hann asorɔkye anasɛ hann weivs de amirika ntɛmntɛm tutu fi kanea no ho de hann spiid a ɛyɛ 300 000 kilomitas pɛɛ sekond trɛtrɛw wɔn ho mu de fa beae hɔ nyinaa ma sum no nyinaa yera mpofirim. Eyi ma sayense kyerɛ sɛ hann yɛ weivs a wofi beae bi trɛtrɛw wɔn ho mu kɔ baabi foforo. Yɛfrɛ hann biara anim mfiase ntrɛtrɛwmu beae no sɛ hann **weiv no anim** ana hann **weiv anim**.

Sayenseni Huygens na bɛyɛ mfe ahassa ne aduonum ni no, ɔde too gua se hann reis a efi baabi na emu trɛtrɛw fi wɔn fibea no te sɛ asorɔkye ana weivs a wɔn mu biara nso wɔ n'anim weivs nketewa bi, na wɔn nso wowɔ wɔn weivs anim nketewa foforo.

Eyi kyerɛ sɛ weiv ketewa o, kɛse o, wɔn mu biara anim san wɔ weivs foforo a wɔn mu biara anim nso san wowɔ weivs nketewa foforo. Yɛfrɛ eyi sɛ **Hugyens mmara**.

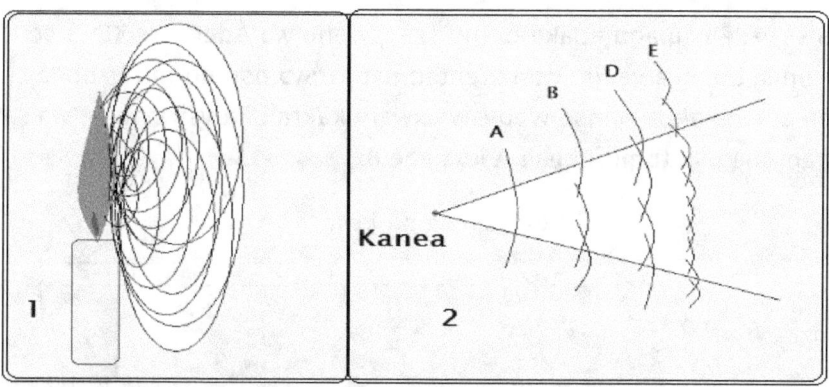

Adekyerɛ 38-1: Sɛ hann weivs bi fi kanderɛ bi ho hyerɛn wɔ dan bi mu a hann reis no mu trɛtrɛw ntɛmntɛm. Saa hann weivs yi mu biara nso wɔ n'ankasa nkyekyɛmu ne ne ntrɛtrɛw mu.

Huygens mmara mfatoho a yehu wɔ Adekyerɛ 38-1 so no ma yehu sɛ hann weivs a efi baabi no weiv anim A yi mu trɛtrɛw, san ma yɛn weiv anim nketewa bi a wɔn anim yɛ B. Saa weiv anim B yi san ma yɛn weivs anim nketewa D a wɔn mu ntrɛtrɛwmu ne dodow dɔɔso sen B na wosusua nso sen B. Eyi kɔ so ara kosi sɛ yebenya weivs anim dodow a wɔdɔɔso yiye wɔ akyirikyiri baabi na yenntumi mmu ho akontaa biara mpo bio.

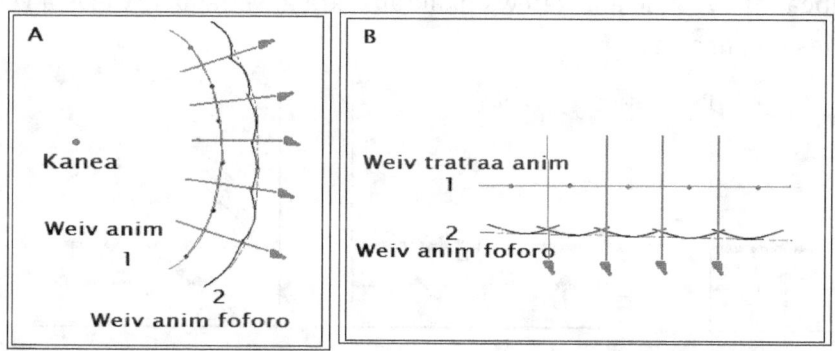

Adekyerɛ 38-2: Huygens mmara kyerɛ sɛ hann weivs no mu biara anim san wɔ weivs nketewa.

Bere a saa weivs yi mu trɛtrɛw no, na wɔrekɔ akyiri, na wɔn anim nso reyɛ teateaa. Bere a saa weivs yi bedu akyirikyiri baabi no, na weiv no anim ayɛ teateaa koraa. Ɛyi nti, yebu no sɛ owia hann weiv anim a ebedu asase so no yɛ teateaa koraa sɛnea yehu wɔ Adekyerɛ 38-2 so no.

DIFRAKSHIN – HANN WEIVS A WƆKYEKYEA

Esiane sɛ hann yɛ weivs no nti, wotumi kyea. Yɛakyerɛ dedaw wɔ yɛn akyi kakra sɛ hann reis tumi fa reflekshin ne refrakshin akwan so kyeakyea. Ɔkwan foforo a hann weivs fa so kyea no yɛ **difrakshin**. Yɛde nsu weivs ana nsu asorɔkye bɛkyerɛkyerɛ difrakshin mu ama yɛn hann difrakshin adesua yi anya ntease papa.

Yɛnfa no sɛ yɛde nsu agu adaka bi mu sɛnea yehu wɔ Adekyerɛ 38-3 so no. Afei yɛnfa no sɛ nnua abien a yenim wɔn atenten nso wowɔ nsu no mu baabi a ɛma wɔkyɛ nsu no mu abien kakra, nanso wogyaw ɔkwan kakra bi a yɛfrɛ no O, wɔ saa nnua abien yi ntam ma nsu tumi fi beae A kɔ beae B.

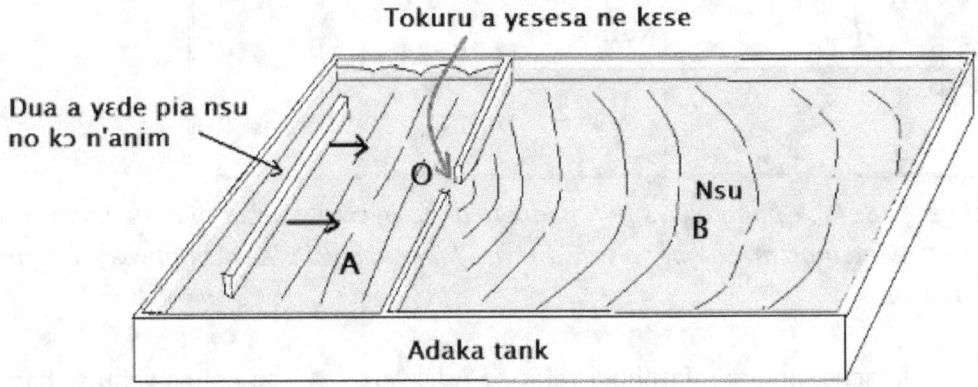

Adekyerɛ 38-3: Nsu weivs no mu trɛtrɛw fi A fa tokuru O no mu kɔ B. Bere a yɛma tokuru O yɛ ketewa no, na weivs no mu kyeakyea pii.

Sɛ yɛde dua tratraa bi pia nsu no fi A fa tokuru O no mu kɔ B a, yenya asorɔkye ana nsu weivs bi a emu trɛtrɛw wɔ adaka no kyɛfa B no mu. Sɛ yɛsesa tokuru O no tebea ma ɛyɛ kɛse ana ketewa nkakrankakra a, yebehu sɛ weivs a yenya no mu nkyeakyeae no nso sesa.

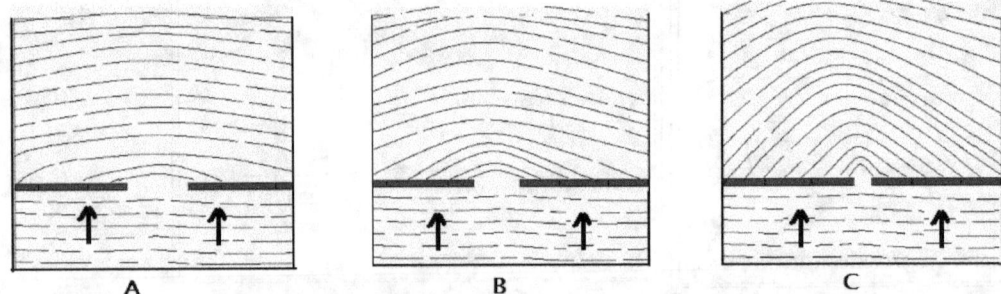

Adekyerɛ 38-4: Bere a tokuru a weivs no fa mu no reyɛ ketewa no, na weivs no kyea mmoroso. Yɛfrɛ saa kwan a weivs fa so de kyeakyea yi sɛ difrakshin.

Bere a tokuru O no reyɛ ketewa no, na nsu weivs a yenya no nso mu kyeakyea. Yehu saa pɛpɛɛpɛ wɔ hann weivs nso mu. Adekyerɛ 38-4 ma yehu nimdeɛ a yenya fi hann weivs mu a ɛte sɛ nimdeɛ a yenya fi nsu weivs mu no bi pɛpɛɛpɛ.

Sɛnea yehu no, bere a tokuru a hann weivs no fa mu no reyɛ ketewa no, na hann weivs no mu kyeakyea mmoroso. Saa nkyeakyea mmoroso yi fi mmoroso difrakshin. Ntokuru nketewa ma hann weivs no mu kyeakyea mmoroso; a ɛyɛ difrakshin mmoroso. Ne saa nti, hann weivs nkyeakyea a enfi reflekshin ana refrakshin no fi difrakshin. Eyi kyerɛ sɛ, difrakshin yɛ ɔkwan foforo a hann weivs fa so kyeakyea wɔn mu.

Yebetumi de mfatoho foforo akyerɛkyerɛ difrakshin mu. Sɛ yɛyɛ tokuru kakraa bi wɔ krataa dennen bi mu na yɛhyerɛn kanea gu krataa no so, na yɛhwɛ tokuru no sunsuma wɔ ɔfasu bi ho a, yetumi hu saa tokuro no a ne sunsuma lains no nyinaa yɛ nteanteaa wɔ ɔfasu no ho.

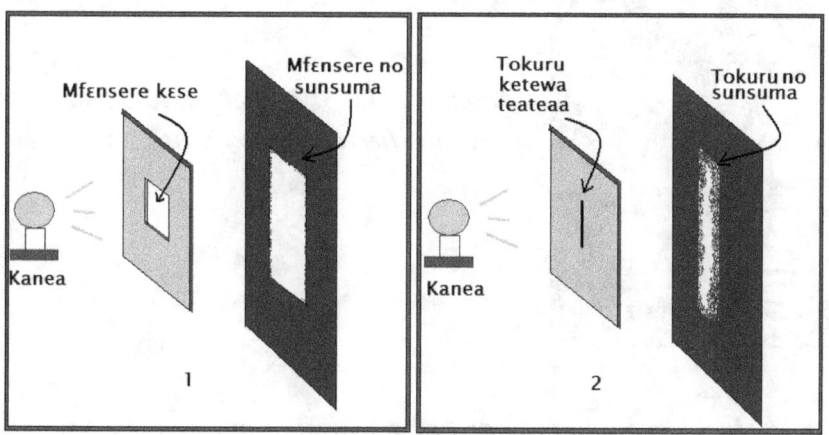

Adekyerɛ 13-5: Difrakshin wɔ tokuru kɛse ne tokuru ketewa mu.

Nanso sɛ yɛyɛ tokuru a kanea no fa mu no ketewa, teateaa koraa a, nea yehu ne sɛ tokuru no sunsuma no ayɛ wusiwusi te sɛ omununkum. Yenhu lains a ɛkyɛ hann ne sum no mu no yiye bio; ɛyɛ te sɛnea reis no akeka abobɔ mu. Hann reis no akyeakyea; sɛnea yɛaka dedaw no, kanea reis a ɛkyeakyea saa no fi difrakshin so.

Osuahu ahorow kyerɛ sɛ difrakshin a yenya bere biara no dodow gyina weivs ko no frekwensi so. Yenya difrakshin mmoroso fi weivs a wɔwɔ weivlenf atenten so. Ne saa nti, weivlenf atenten tumi kyeakyea fa mmeaemmeae yiye sen weivlenf ntiantia.

Yenim sɛ radios bi kasa wɔ weivlenf atenten a ɛyɛ AM so. Weivlenf a AM radios de di dwuma no taa fi ase fi 180-550 mitas. Esiane sɛ saa weivs yi weivlenf yɛ atenten no nti, wotumi kyeakyea fefa adan atenten ne nsiwkwan nneɛma bebree a wɔwɔ nkurow akɛse mu no ho. Eyi ma yetumi te saa radios yi yiye wɔ baabiara.

Weivlenf foforo a radios taa kasa wɔ so no yɛ FM weivs. Saa FM weivs yi yɛ weivlenf ntiantia a wɔtaa fi ase fi 2.8-3.4 mitas. Weivlenf ntiantia nntumi nkyeakyea pii mmfa adan atenten ne nsiwkwan nneɛma a wɔwɔ nkurow akɛse mu no ho yiye. Eyi nti, ɛtɔ bere bi a, yentumi nnte FM radios yiye. Mpɛn pii no, yɛte AM radios nka yiye sen FM radios.

Sɛ yɛrehwɛ nneɛma nketewa wɔ mikroskop mu a, difrakshin mmoa yɛn koraa. Sɛ ade bi kɛse ana ne ketewa ne hann weivlenf de yɛ pɛ a, difrakshin ma ade ko no yɛ wusiwusi a yennhu no yiye. Sɛ ade bi yɛ ketewa sen hann weivlenf a ɛyɛ ketewa koraa no de a, yenntumi mmfa hann mikroskop biara nnhu. Yɛakyerɛ hann mikroskop ho nsɛm wɔ tifa a ɛfa optikal instruments ho no mu.

NTƐFIƐRƐNS – HANN WEIVS A WONNTU ANAMƆNKORO –

Sɛ ɛtɔ da bi na nnipa baanu regye akyinnye, na obi foforo a saa nnipa baanu yi asɛm yi nnfa ne ho de ne ho kogye mu a, yɛka se ɔyɛ 'ntafea'.

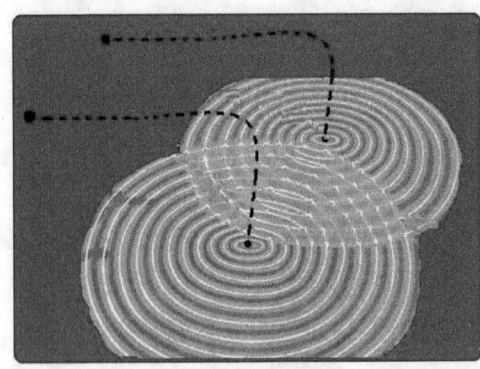

Adekyerɛ 38-5: Abo abien totɔ nsu mu a yenya intɛfiɛrɛns weivs wɔ nsu no anim.

Ne saa nti, 'ntafea' kyerɛ ade bi a ɛde ne ho kɔfrafra nnneɛma bi a ɛnfa ne ho mu. Sɛ hann weivs bi nso keka bobɔ aforoforo bi mu a, yɛfrɛ no 'ntɛfiɛrɛns,' kyerɛ sɛ wɔyɛ 'ntafea.'

Sɛ obi tow ɔbo to nsu bi a egyina hɔ dinn mu a, yenya weivs bi a wofi ase tretrɛw wɔn ho mu fi baabi a ɔbo no tɔe no. Sɛ bere a saa weivs yi mu retretrɛw no, sɛ onii no san tow ɔbo foforo de to faako a nea edi kan no tɔe no nkyɛn pɛɛ a, yehu weivs foforo bi a wofi ase ne wɔn a wodi kan no mu bi frafra. Yɛfrɛ saa weivs mfrafrae yi sɛ 'ntɛfiɛrɛns.'

Yenya saa adekyerɛ yi bi wɔ hann weivs mu pɛpɛɛpɛ. Sɛ yɛma hann weivs ahorow abien frafra a, yenya ntɛfiɛrɛns mfrafrae a egu ahorow abiɛsa. Yɛfrɛ wɔn:

-nkekaho ntɛfiɛrɛns
-ntwitwamu ntɛfiɛrɛns
-ntwitwamu-kakra ntɛfiɛrɛns

Nkekaho ntɛfiɛrɛns: Sɛ weivs abien bi hyia na wɔn mfrafrae no boa wɔn ho wɔn ho ma wɔyɛ akɛse a, yɛka se wɔayɛ **nkekaho ntɛfiɛrɛns**. Hann weivs a wotu anamɔnkoro tumi yɛ nkekaho ntɛfiɛrɛns sɛnea yehu wɔ Adekyerɛ 38-6 so no. Sɛ ɛba no saa a, weivs abien yi nya nkabom ma wɔn dodow bɛyɛ mmɔho abien, nanso saa nkabom yi mma wɔn weivlenf nnsesa; eyi ma wɔn frekwensi nso yɛ sɛnea ɛte no ara; mmom wɔn tenten a yɛfrɛ no **amplitude** no na ɛsesa. Sɛ ɛyɛ hann weivs a, nkekaho ntɛfiɛrɛns ma hann no hyerɛn yiye.

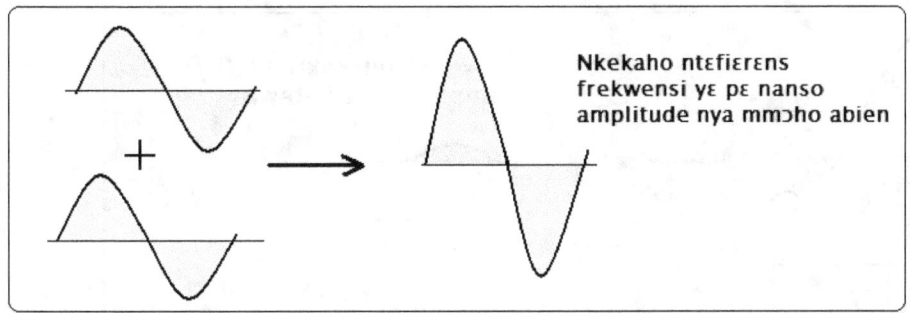

Adekyerɛ 38-6: Nkekaho ntɛfiɛrɛns: hann weivs no frekwensi nnsesa nanso wɔn sorotenten (amplitude) sesa.

Ntwitwamu ntɛfiɛrɛns: Sɛ weivs abien bi hyia na wɔn mfrafrae no ma wotwitwa wɔn ho wɔn ho mu mma yennya weivs biara bio a, yɛka se wɔayɛ **ntwitwamu ntɛfiɛrɛns**. Sɛ hann weivs bi nntu anamɔnkoro na mmom wotiatia wɔn ho wɔn ho so ma bepɔw baako tɔ obon baako mu pɛpɛɛpɛ a, saa hann weivs yi di wɔn ho dɛm mma yennya weiv biara bio koraa. Sɛ yenya saa ntwitwamu ntɛfiɛrɛns yi a, na ɛkyerɛ sɛ hann weivs no weivlenf saikil baako nkyɛmu abien na ɛka ne yɔnko no akwantu akyi pɛpɛɛpɛ. Ne saa nti, nsonsonoe a ɛda weivs abien a wɔyɛ ntwitwamu ntɛfiɛrɛns mu no yɛ weivlenf saikil baako nkyɛmu abien anasɛ weivlenf fa (1/2 weivlenf) pɛpɛɛpɛ.

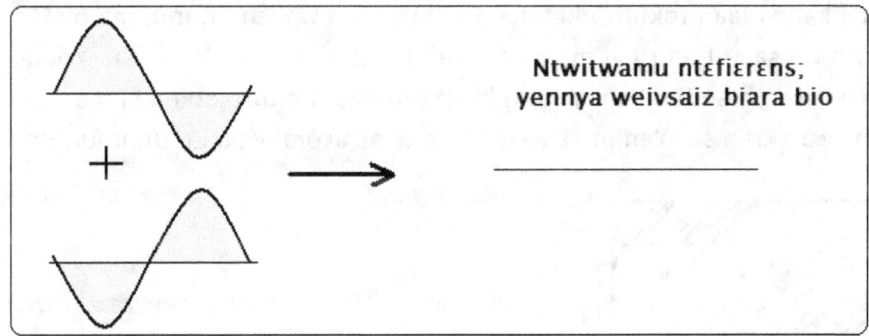

Adekyerɛ 38-7: Weivs a wɔyɛ ntwitwamu ntɛfiɛrɛns. Nsonsonoe a ɛda saa weivs abien yi akwantu mu no yɛ weivlenf fa (1/2 weivlenf).

Sɛ yɛde kanea ahorow bi hyerɛn baabi a yenya ntwitwamu intɛfiɛrɛns a, yennya hann biara gye sum nkutoo.

Ntwitwamu-kakra ntɛfiɛrɛns: Sɛ weivs abien bi hyia, na wɔn mfrafrae no ma wotwitwa wɔn ho mu kakra bi pɛ, ma ɛka bi a wɔ akyi a, yɛka se wɔyɛ **ntwitwamu-kakra ntɛfiɛrɛns**.

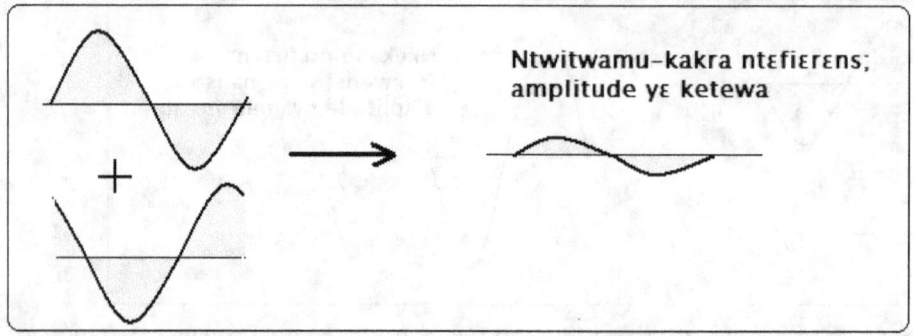

Adekyerɛ 38-8: Ntwitwamu-kakra ntɛfiɛrɛns. Nsonsonoe a ɛda saa weivlenf abien yi akwantu mu no yɛ ketewa ana kɛse sen weivlenf fa.

Ntwitwamu-kakra ntɛfiɛrɛns weivs no nntu anamɔnkoro, nanso wɔn mu baako nso nnka ne yɔnko no akwantu akyi weivlenf fa pɛpɛɛpɛ; mmom wɔn akwantu no ka akyi nkyekyɛmu ahorow a ɛso sen fa anasɛ ɛyɛ ketewa sen fa. (>1/2 weivlenf ana <1/2 weivlenf). Eyi ma wɔn ntwitwamu no bi ka ma yehu no sɛ weiv kakraa bi. Baabi a yenya ntwitwamu-kakra ntɛfiɛrɛns no, yenya kanea a ɛhyerɛn kakraa bi pɛ, kyerɛ sɛ ano abrɛ ase.

Bɛyɛ afe 1801 mu no, Engiresini Thomas Young yɛɛ oyikyerɛ bi de kyerɛɛ weiv ntɛfiɛrɛns. Ɔde kanea faa ntokuru nketenkete abien bi a wɔbɛn ho mu, ma oyii sunsuma ahorow a saa ntokuru yi ma no adi de guu skriin bi so. Yehu saa Young dwumadi yi wɔ Adekyerɛ 38-9 so. Young kyerɛɛ sɛ saa ntokuru abien yi ma sum ne hann sunsuma wɔ skriin so. Yenim sɛ weiv biara te sɛ asorɔkye a emunumunum.

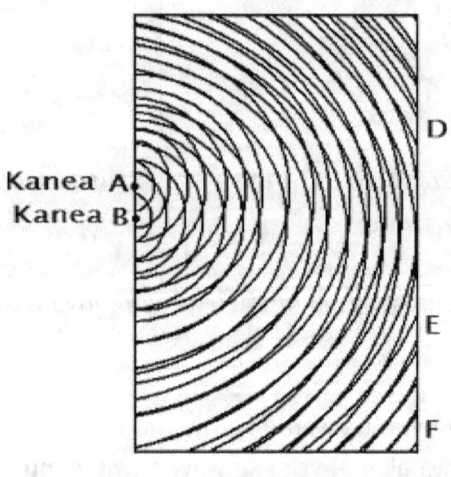

Adekyerɛ 38-9: Young oyikyerɛ a ɛma yehu sɛ weivs no deda wɔn ho wɔn ho so. Yenya sum wɔ D, E ne F.

Ne saa nti, wɔn soro te sɛ mmepɔw, na wɔn ase te sɛ abon mu. Young kyerɛɛ sɛ bere biara a weivs a wofi akanea abien no mu biara atifi pɛɛ (mmepɔw no soro) hyia pɛpɛɛpɛ wɔ bere baako mu no, yenya hann. Eyi ne lains tuntum no. Sɛ kanea abien no mu weivs no mu baako a ɛyɛ obon ne baako a ɛyɛ bepɔw bedu skriin no so bere pɛpɛɛpɛ mu a, yenya sum nkutoo efisɛ wotwitwa wɔn ho wɔn ho mu. Eyi ne baabi a lains biara nni no, kyerɛ sɛ D, E ne F wɔ Young skriin no so.

Ɛnnɛ da yi, yebetumi afa ɔkwan foforo so de ati Young adekyerɛ yi mu. Sɛ yetwitwa ntokuru nketewa nteanteaa abien bi a wɔbɛn ho wɔ dua bi mu na yɛde kanea monokromatik (kɔla baako) fa mu a, yenya hann ne sum lains nteanteaa sɛnea yehu wɔ Adekyerɛ 38-10 so no. Sɛ hann weivs abien no mu biara bepɔw so behyia na wotu anamɔnkoro a, yenya hann. Esiane sɛ saa hann weivs abien yi wɔ frekwensi baako, na wotu anamɔnkoro na wodu skriin no so bere koro mu no nti, wɔn ahoɔden no nya nkekaho ma wɔn hyerɛn mu yɛ den. Eyi ma yenya nkekaho ntɛfiɛrɛns.

Sɛ tokuru baako mu hann weiv bepɔw ne tokuru foforo mu hann weiv obon mu hyia a, yenya sum. Eyi kyerɛ hann weivs a wonntu anamɔnkoro anasɛ baako bedu skriin no so ansa na ne yɔnko no abedu. Eyi ma wotwitwa wɔn ho mu, ma yenya ntwitwamu ntɛfiɛrɛns.

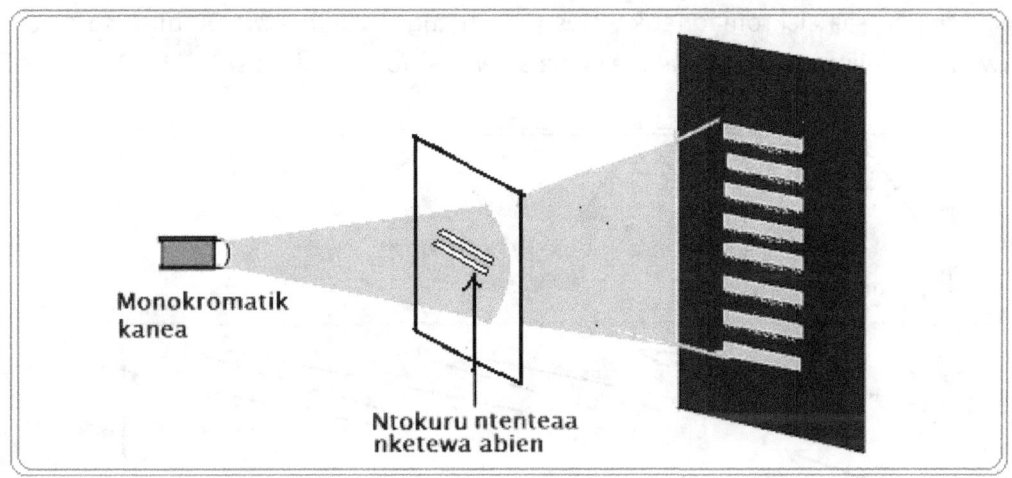

Adekyerɛ 38-10: Kanea monokromatik ne ntɛfiɛrɛns

Sɛ hann weivs a wofi tokuru abien no mu no bedu skriin no so, na nsonsonoe a ɛda wɔn akwantu no mu no yɛ weivlenf baako nkyɛmu ahorow bi a ɛnyɛ fa (1/2) a, yenya saa hann wusiwusi a ɛwowɔ mfinimfini hann no nkyɛn nkyɛn mu no bi. Eyi kyerɛ ntwitwamu-kakra ntɛfiɛrɛns.

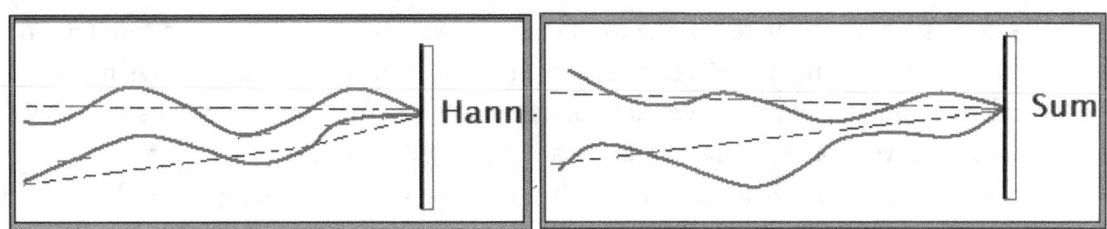

Adekyerɛ 38-11: Hann weivs no mmepɔw abien no du skriin no so bere koro mu ma yenya hann; bepɔw ne obon du bere koro mu a, yenya sum.

Ntɛfiɛrɛns ne difrakshin oyikyerɛ ahorow yi ma yehu sɛ hann weivs mmfa akwan nteanteaa so nkutoo nntu kwan na mmom wotumi fa akwan a akyeakyea so nso de tu kwan.

POLARISASHIN

Kanea weiv bi betumi akɔ soro aba fam wɔ n'akwantu mu. Ebetumi ada fam nso wɔ n'akwantu mu ayɛ ne ho te sɛ ɔwɔ a ɔweawea. Sɛ yeso hama bi ano baako mu denneennen na yehim hama no de kɔ soro ba fam a, yenya weiv bi a ɛkɔ soro ba fam. Sɛ yɛwosow hama no, hinhim no fi nifa so kɔ benkum so nso a, yebenya weiv a efi nifa so kɔ benkum so. Saa weivs yi mu biara bɛma hama no baabi a yekura no ne hama weivs no anya 90 digri angle. Yebetumi afa ɔkwan a saa hama yi hinhim no so ayɛ mfatoho de akyerɛ hann weivs nso mu.

Yenim dedaw sɛ ɛlɛktron biara a ɛwosow ne ho betumi ama yɛanya ɛlɛktromagnetik weivs. Saa weivs yi te sɛnea yɛahu ama hama a yehinhim yi de pɛpɛɛpɛ. Sɛ saa ɛlɛkromagnetik weivs yi nam angle baako a ɛyɛ 90 digri so de tu kwan a n'anikyerɛbea yɛ baako a, yɛka se weivs no yɛ '**polaraise**'.

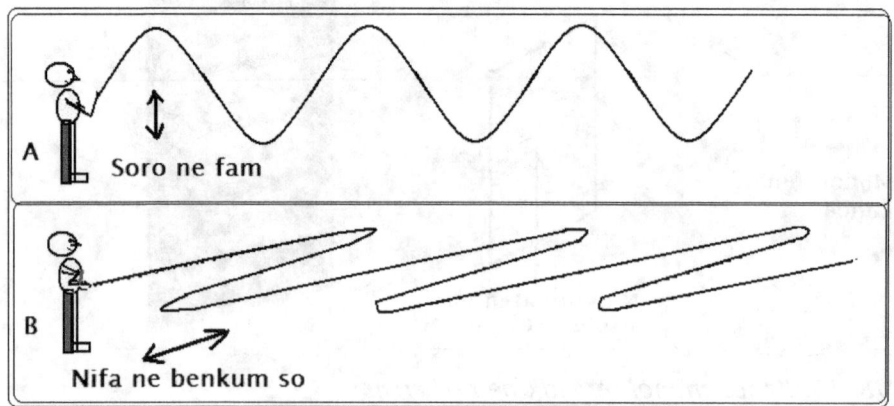

Adekyerɛ 38-12: Hama hinhim a ɛkyerɛ vetikal polaraise (soro ne fam) ne da-fam polaraise (nifa ne benkum).

Yɛwɔ polaraise weivs ahorow abien:
- **gyinahɔ polaraise** ana **vetikal polaraise** ne
- **da-fam polaraise** (ana horizɔntal polaraise)

Sɛ weivs no wɔ anikyerɛbea baako, na kwan a wɔnam so no fi soro ba fam (ana fi fam kɔ soro) na wɔn nyinaa yɛ saa aduɔkron digri no nkutoo a, yɛka se weivs no yɛ '**gyinahɔ polaraise**' anasɛ '**Vetikal polaraise**'. Ne saa nti, vetikal polaraise weivs yɛ polaraise weivs a wɔkɔ soro ba fam na wɔyɛ 90 digri angle.

Sɛ hann weivs no wɔ anikyerɛbea baako na kwan a wɔnam so no fi nifa so kɔ benkum so (anasɛ fi benkum so kɔ nifa so) na wɔn nyinaa yɛ saa aduɔkron digri no nkutoo a, yɛka se weivs no yɛ **da-fam polaraise**. Ne saa nti, da-fam polaraise weivs yɛ polaraise weivs a wɔkɔ nifa ne benkum na wɔyɛ 90 digri angle.

Akanea a yɛsosɔ anadwofa de hwehwɛ yɛn akwan wɔ sum mu no pii ma yɛn weivs a wɔnnyɛ polaraise. Tungsten filament bɔlb kanea, fluoresent tuub kanea, lantɛn ne kanderɛ akanea mu biara weivs a ɛma no nnyɛ polaraise efisɛ ɛlɛktrons mpopoho ahorow a wɔma saa akanea yi weivs yi mu biara nni anikyerɛbea baako. Mmom, saa ɛlɛktromagnetik weivs a saa akanea yi ma no wowɔ anikyerɛbea pii a wɔsan yeyɛ angles ahorow bebree.

Nanso sɛ yɛde saa kanea yi bi fa nneɛma bi te sɛ kristals mu a yetumi nya polaraise weivs. Kristal bi te sɛ **turmalin** ma yetumi nya kɔla polaraise weivs. Kristal foforo bi nso te sɛ **herapatit** (iodoquinine sulfate) tumi ma yenya polaraise kanea a enni kɔla biara.

Adekyerɛ 38-13 : Turmalin ahorow bi.

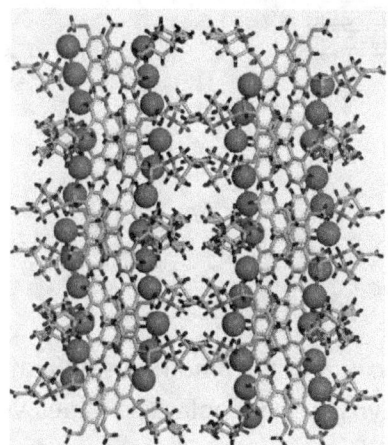

Adekyerɛ 38-14 : Herapatit anasɛ iodoquinine sulfate kristal. Yɛayi sulfate ayions no afi mu. Sfiɛs no kyerɛ ayodin atoms.

Esiane sɛ nneɛma pii kyere hann na woyiyi kanea ahorow bi nso adi totow gu no nti, akanea bi a yennhia tumi haw yɛn daadaa nnwumadi. Sɛ yɛwɔ sini dan mu rehwɛ sini a, yɛnnpɛ sɛ kanea bi a yennhia bɛhaw yɛn adwene. Sɛ obi nso retwa obi foto a, ehia sɛ oyiyi akanea bi a ɛhyerɛn na ɛho nnhia no fi baabi a ɔretwa foto no, na ama foto a ɔretwa no ayɛ fɛfɛɛfɛ. Saa ara nso na sɛ obi reka kaar anadwofa a, akanea a ɛhyerɛn fi lɔre kwan so no tumi haw n'afirika dwumadi no. Sɛnea ɛbɛyɛ na yɛayiyi saa akanea ahorow a yennhia yi afifi baabi a yɛnnpɛ no nti, yɛwɔ nneɛma a yɛde yɛ akanea nyiyim. Eyi din de **kanea-sɔnwee** anasɛ **kanea filta**.

Yetumi de kanea-sɔnwee sɔn kanea so ma yeyiyi frekwensis a yennhia no nyinaa fi kanea no mu ma ɛka nea yehia no pɛ. Sɛ yɛhwehwɛ polaraise kanea nso a, yɛde **polaraise kanea sɔnwee** na ɛsɔn polaraise kanea so.

Yɛbɛkae sɛ yɛwɔ gyinahɔ (ana vetikal) polaraise kanea ne da-fam polaraise kanea. Saa ara nso na yɛwɔ vetikal polaraise kanea sɔnwee ne da-fam polaraise kanea sɔnwee. Sɛnea saa polaraise filta yi sɔn polaraise kanea so no na yɛayi adi wɔ Adekyerɛ 38-15 so no.

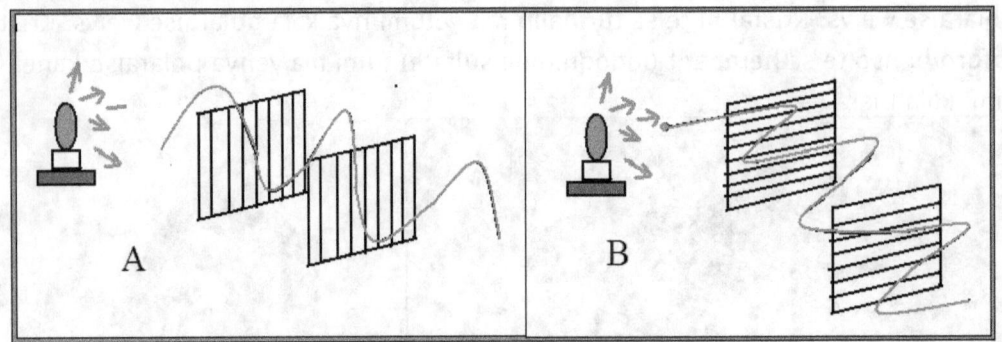

Adekyerɛ 38-15: Vetikal polaraise filta (A) ma yetumi sɔn kanea so ma yenya vetikal polaraise kanea nkutoo. Da-fam polaraise filta (B) nso ma yɛsɔn kanea so ma yenya da-fam polaraise kanea nkutoo.

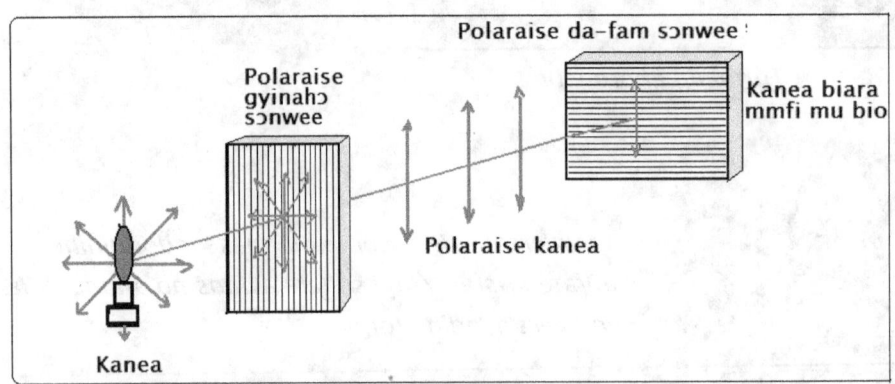

Adekyerɛ 38-16: Gyinahɔ ne da-fam polaraise sɔnwee.

Kanea ahorow pii a ɛhaw afrikafo titiriw wɔ wɔn akwantu mu no yɛ polaraise. Yetumi de polaraise sɔnwee boa saa afrikafo yi de yiyi saa ɔhaw polaraise kanea yi fi wɔn afirika dwumadi bere mu. Yenim sɛ, sɛ wode vetikal polaraise filta si daa-daa kanea bi anim a, ebetumi asɔn kanea no so ama woanya vetikal polaraise weivs nkutoo. Saa ara nso na sɛ wode da-fam polaraise kanea filta si daa-daa kanea bi anim a, ɛbɛma woanya da-fam polaraise filta nkutoo. Vetikal kanea filta remma da-fam polaraise kanea biara nnfa ne mu. Da-fam polaraise filta nso tumi sɔn kanea nyinaa so ma ɛka da-fam polaraise weivs nkutoo.

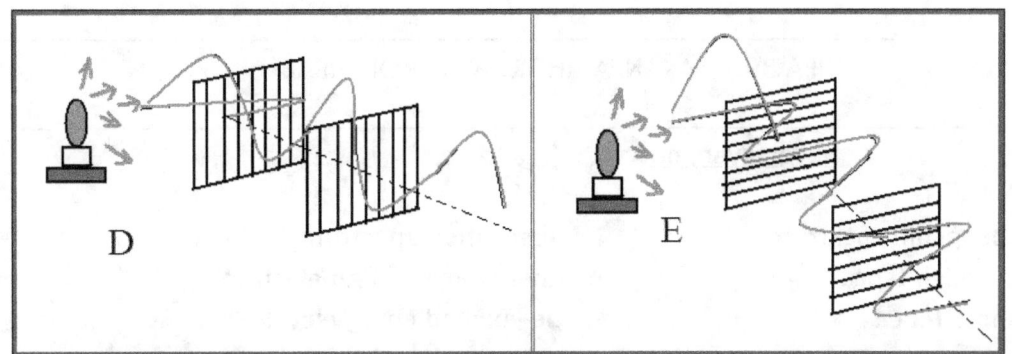

Adekyerɛ 38-17: Vetikal polaraise sɔnwee remma horizontal weivs nnfa mu (D); saa ara nso na horizontal polaraise sɔnwee siw vetikal polaraise ano ara nen (E).

Akanea a ɛhyerɛn fi mmeaemmeae na wɔhaw yɛn yiye no mu pii yɛ da-fam (horizɔntal) reis. Sɛ obi ka kaar awia ana anadwofa a, da-fam reis na ɛmma onhu kwan no so yiye no. Ne saa nti, dɔketafo ayeyɛ ahwehwɛniwa bi a wɔwɔ polaraise filtas bi. Yenim sɛ ebehia polaraise ahwehwɛniwa a esiw da-fam reis ano na ama obi a ɔka afiri bi awia ana anadwo ahu ade yiye; vetikal polaraise filta ahwehwɛniwa na etumi siw da-fam polaraise weivs yi kwan.

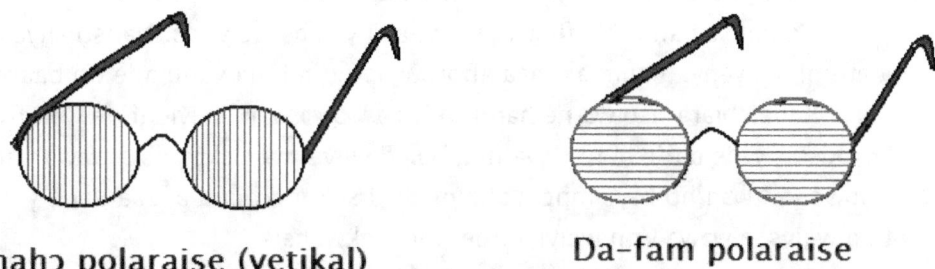

Gyinahɔ polaraise (vetikal) **Da-fam polaraise**

Adekyerɛ 38-18: Vetikal (gyinahɔ) ne da-fam (horizontal) polaraise ahwehwɛniwa.

Nsɛmmisa

1. Kyerɛ Huygens mmara no ase.
2. Dɛn ne difrakshin? Wobɛyɛ dɛn na woayi difrakshin adi?
3. Dɛn ne intɛfiɛrɛns? Intɛfiɛrɛns ahorow ahe na wonim? Kyerɛkyerɛ mu.
4. Kyerɛ polaraiseshin ase kyerɛ wo nua ketewa bi.
5. Ahwehwɛniwa bɛn na ehia sɛ afirikafo hwɛ awia ma ɛboa wɔn yiye?
6. Kyerɛ hann sɔnwee ase.
7. Kyerɛ nea enti a wogye di sɛ hann reis yɛ weivs te sɛ asorɔkye.

TIFA 39: AKANEA AHOROW NE WƆN FIBAE

Nkyerɛkyerɛmu

Twi	Brɔfo
Absopshin spektrum	absorption spectrum
Ahoɔden tebea	energy level (of an electron)
Ahotɔ tebea	de-excited energy level
Ahoyeraw tebea	excitation level (of an electron)
Kanea-yikyerɛ spektrum	emission spectrum (of an element)
Kanea basabasa	ordinary light (different frequencies)
Laser	laser
Nhyehyɛe koro kanea	laser

Yɛahu nimdeɛ a ɛkyerɛ sɛ hann yɛ weivs no wɔ Tifa 35 mu. Yɛbɛkyerɛ nimdeɛ foforo a ɛma yegye di sɛ hann yɛ patikils no nso wɔ ha.

ATOM TEBEA NE BOHR PLANƐT ATOM TEBEA

Yenim sɛ hann reis fi owia so na ɛba yɛn asase yi so. Nanso ɛnyɛ owia nkutoo na etumi ma yenya hann; akanea ahorow nso tumi ma yehu ade wɔ baabi a sum aduru. Kanea biara nso wɔ ne hann weivs a wɔwɔ wɔn weivlenf ne wɔn frekwensis ahorow. Sɛ yɛde dade bi to ogya mu, na ɛdɔ yiye ma ɛlɛktrons a wɔwɔ dade no mu wosowosow wɔn ho bɛyɛ mpem ɔha ne akyi sekond biara a, saa dade yi bɛma yɛanya radio weivs a wɔwɔ wɔn weivlenf ne wɔn frekwensis.

Sɛ yetumi ma saa dade yi dɔ yiye koraa ma ne ɛlɛktrons no wosowosow wɔn ho twa mu ɔpepem ɔpepepem sekond biara a, dade no ho bɛdɔ ahyerɛn yiye ama yɛahu no sɛ kanea. Momma yɛnhwɛ akanea bi mu hann ne wɔn suban kakra.

Yɛbɛkae afi yɛn kɛmistri adesua no mu sɛ ade biara a ɛwɔ wiase no nkyekyɛmu nkyekyɛmu mu ketewa koraa no yɛ ne atom. Bɛyɛ mfe ɔha ne akyi ni na Sayenseni Rutherford oyikyerɛ ma ɛdaa adi sɛ atom no mfinimfini yɛ baabi a positif kyaagyes bi hyehyɛ, na ɛlɛktrons a wɔwɔ negatif kyaagyes tutu amirika de twa saa nukleus no ho. Sayenseni Niels Bohr na ɔbɛkyerɛɛ atom no tebea ase yiye maa amansan nyinaa nyaa mu ntease papa.

Ansa na Bohr reyɛ ne nkyerɛkyerɛmu no, na Sayensefo pii akyerɛ dedaw sɛ ɛlɛktrons a wɔwɔ negatif kyaagye tutu amirika a emu yɛ den yiye de twitwa atom no nukleus no ho hyia. Bohr kyerɛɛ sɛ ɛlɛktrons tutu amirika twitwa nukleus no ho te sɛnea wim nsase ahorow no tutu amirika de twa owia ho no pɛpɛɛpɛ. Bohr ma ɛdaa adi sɛ ɛlɛktrons a wɔde amirika twitwa nukleus no ho hyia no mu biara nni beae pɔtee bi te sɛ ofi a ɔhyɛ mu, na mmom saa ɛlɛktrons yi mu biara wɔ '**ahoɔden tebea**' bi mu. Bohr kyerɛɛ sɛ, bere biara a saa ɛlɛktrons yi mu bi kyere ahoɔden foforo bi fi baabi te sɛ ogya ana ɛlɛktrisiti mu no, ɛlɛktron no tumi huruw fi n'ahoɔden tebea a ɛwɔ mu no kɔ ahoɔden tebea fofro mu. Mmere kakraa bi akyi no, saa ɛlɛktron yi sian ba ne fam ahoɔden tebea no mu bio. Bohr kyerɛɛ sɛ bere biara a saa ɛlɛktron bi besian afi ahoɔden tebea fofro a ɛkɔɔ mu no mu na asan aba ne de a ɛwɔ fam no mu no, eyi ahoɔden pɔtee bi adi sɛ **foton** kanea.

Bohr kyerɛɛ sɛ saa ahoɔden yi mu ketewa koraa no yɛ **kwantum** baako. Ɔsan kyerɛɛ sɛ yebetumi de ekuashin a ɛyɛ:

$$E = hf$$

ahwehwɛ frekwensi *(f)* ko so a ɛlɛktron no yi saa kanea no adi, bere a *E* yɛ ahoɔden nsonsonoe a ɛda ɛlɛktron no ahoɔden tebea abien no ntam (ahoɔden tebea a etu fii mu ne ahoɔden tebea fofro a ɛkɔɔ mu no). Yenim sɛ *h* yɛ dodow bi a ɛnnɛ da yi yɛfrɛ no Plank konstant.

Bere a Bohr reyɛ saa nkyerɛkyerɛmu yi no, na sayenseni Maxwell de fisiks mmara akyerɛ sɛ ade biara a ɛwɔ aselerashin no bɛkɔ so ahwere ɛlɛktromagnetik ahoɔden. Sɛ ɛte saa de a, sayensefo kyerɛkyerɛɛ mu de kyerɛɛ Bohr se, fisiks mmara kyerɛ sɛ ɛlɛktron a ɛde amirika aselerashin de twa nukleus no ho no bɛhwere ahoɔden a ɛwɔ no sɛ ɛlɛktromagnetik ahoɔden nkakrankakra akosi sɛ ɛbɛhwere n'ahoɔden no nyinaa. Sɛ edu saa bere no a, saa negatif kyaagye ɛlɛktron no bɛkɔ akɔbɔ positif kyaagye nukleus no mu.

Bohr buaa wɔn se dabida, ɛlɛktrons suban nnte saa efisɛ wɔyɛ nketenkete koraa. Bohr kyerɛɛ se nneɛma a wɔyɛ nketenkete koraa no nni saa Maxwell fisiks mmara yi so. Mmom, saa ɛlɛktrons yi mu biara nnhwere ahoɔden biara wɔ n'aselerashin amirikatu yi mu gye bere a ɛrefi soro ahoɔden tebea baako mu asian aba fam ahoɔden tebea fofro bi mu no nkutoo. Sɛ ɛba no saa, ɛlɛktron no hwere kwantum ahoɔden bi a yehu no sɛ kanea. Bohr san kyerɛɛ sɛ kanea kɔla a yenya no gyina saa ɛlɛktron huruw a ɛde fi baabi de sian ba fam yi so. Sayense nhwehwɛmu ama obiara ahu sɛ nea Bohr kyerɛɛ yi yɛ nokware turodoo. Ɛno nti, besi ɛnnɛ da yi, yɛfrɛ saa Bohr atom suban nkyerɛase yi sɛ **Bohr planɛt atom tebea**.

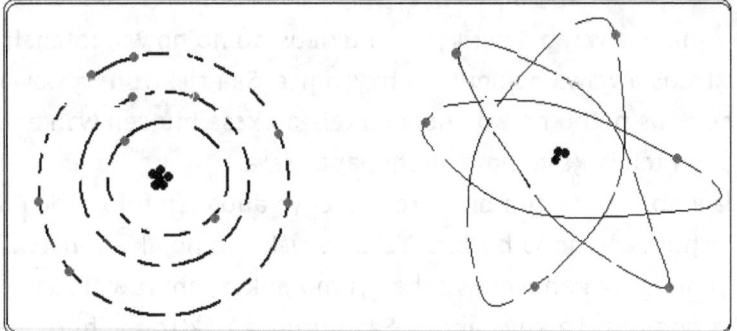

Adekyerɛ 39-1: Bohr atom planɛt tebea. Ɛlɛktrons no wɔ ahoɔden tebea 'shɛɛls' bi mu na wotutu amirika de twa nukleus no ho hyia.

Saa Bohr atom suban nkyerɛkyerɛmu yi ama obiara ate ase nnɛ da yi sɛ atom biara wɔ ne ɛlɛktrons bi a ɛsono wɔn dodow, na wɔn mu biara wɔ n'ahoɔden tebea pɔtee bi mu na ɛnam so de tu amirika de twa nukleus no ho hyia. Sɛ ɛlɛktrons bi tumi nya ahoɔden foforo bi a, ɛlɛktron no huruw fi n'ahoɔden tebea a ɛhyɛ mu no mu, kɔ ahoɔden tebea foforo mu. Akyiri yi, sɛ ɛlɛktron no refi ahoɔden tebea foforo yi a ɛwɔ soro no mu asian aba ne mfiase fam ahoɔden tebea no mu bio a, eyi ahoɔden bi adi tow gu. Yehu saa ahoɔden yi sɛ foton kanea.

Sɛ atom bi kyere ahoɔden foforo a, ne ɛlɛktron bi huruw kɔ ahoɔden tebea foforo mu.

Ɛlɛktron no wɔ ahoyeraw tebea mu

Sɛ ɛlɛktron no sian ba fam a eyi foton kanea adi

Adekyerɛ 39-2: Kwan a atom bi fa so ma foton kanea

Saa kanea a atom biara ɛlɛktrons yi adi yi wɔ frekwensis pɔtee a ɛyɛ sonowonko ma saa atom no. Eyi nti, saa kanea yi ho nsusuw ma yetumi yɛ nyiyim, ma yetumi di atom bi ho adanse. Eyi ma yetumi nso hu nsonsonoe a ɛdeda atoms nyinaa mu.

AHOƆDEN A ATOMS KYERE NE AKANEA A WƆMA

Yenim sɛ yɛwɔ elements ahorow ɔha ne akyi wɔ wiase. Element biara nso atom wɔ ne ɛlɛktrons a wɔwɔ shɛɛls dodow bi mu. Mpɛn pii no, ɛlɛktron biara wɔ n'ahotɔ ahoɔden tebea mu wɔ ne shɛɛl pɔtee bi mu. Atoms a wɔyɛ nketewa na wonni ɛlɛktrons pii no wɔ shɛɛls kakraa bi pɛ. Atoms a wɔyɛ akɛse na wɔwɔ ɛlɛktrons pii no wɔ shɛɛls pii.

Ɛlɛktrons a wɔwɔ shɛɛls a wɔwɔ akyirikyiri fi nukleus no ho no wɔ potenshial ahoɔden bebree sen ɛlɛktrons a wɔwɔ nukleus no nkyɛn pɛɛ. Saa ɛlɛktrons a wɔwɔ akyirikyiri shɛɛls mu fi nukleus no ho no wɔ ahoɔden tebea akɛse mu sen wɔn a wɔbɛn nukleus no. Ahoɔden tebea kɛse mma ahotɔ papa biara.

Sɛnea yɛaka dedaw no, sɛ ɛlɛktron bi kyere ana enya ahoɔden foforo bi a, ɛho fi ase wosowosow anasɛ ɛho fi ase popo biribiri. Yɛka se ɛlɛktron no akɔ *ahoyeraw tebea* mu. Saa ɛlɛktron yi ntena saa ahoyeraw tebea yi mu nnkyɛ; ehuruw fi saa ahoyeraw tebea yi mu ba fam baabi a enya ahotɔ. Saa huruw a ɛlɛktron yi huruw no ma eyi saa ahoɔden foforo yi adi, tow gu. Yehu saa ahoɔden yi sɛ ɛlɛktromagnetik ahoɔden a yɛfrɛ no *foton* kanea

Yɛaka dedaw sɛ yebetumi akyerɛ saa foton kanea yi frekwensi *(f)* efisɛ ɛne ahoɔden dodow *(E)* a eyi tow gu no di adamfo proposhinal nkitaho.

$$E \sim f \quad \text{anasɛ} \quad E = hf \quad \text{bere a:}$$

... yenim *h* dodow sɛ Plank konstant.

Ne saa nti, foton biara a ɛwɔ kogyan kanea mu kura ahoɔden bi a ɛne ne frekwensi di nkitaho. Saa ara nso na foton bi a ɛwɔ blu kanea mu no nso kura ahoɔden bi a ɛne ne frekwensi di nkitaho. Sɛ atom bi yi fotons pii adi a, yenya saa fotons yi nyinaa frekwensis a yebetumi de akyerɛ atom ko a ɛyɛ efisɛ emu biara kyerɛ atom bi ahoɔden tebea suban.

KANEA KƆLAS AHOROW A KƐMIKALS MA YENYA

Sɛ obi de nkyene kakra gu ogya mu a, ɛdɛw tetɛtɛtɛ ma yenya kanea hyerɛnn bi a ɛyɛ akokɔsrade kɔla. Yenim sɛ nkyene yɛ sodium ne klorine nkabom. Ɛlɛktrons a wɔwɔ sodium atom mu no kyere ɔhyew ahoɔden ma wotutu fi wɔn fam ahotɔ ahoɔden tebea mu kɔ sorosoro ahoyeraw tebea mu. Esiane sɛ ɛlɛktrons no nkyɛ wɔ saa ahoyeraw tebea yi mu no nti, sɛ wɔresian aba wɔn fam ahotɔ tebea mu bio a, woyi fotons kanea adi a yehu wɔn frekwensis sɛ akokɔsrade kɔla. Saa ara na kɔpa nso yi ahabanmono kɔlas bi adi bere biara a yɛde kɔpa waya bi bɛhyɛ ogya mu no.

Kemikal biara a ɛwɔ wiase no ɛlɛktrons wɔ frekwensis sonowonko a ne ɛlɛktrons de yi wɔn ho adi, na ɛkyerɛ saa kemikal no ɛlɛktrons no ahoɔden tebea pɔtee. Sayensefo de saa frekwensis a kemika biara ɛlɛktrons yi adi wɔ wɔn ahoyeraw ne wɔn ahotɔ tebea mu yi de kyerɛ kemikal biara tebea.

ELEMENT BIARA KANEA-YIKYERƐ SPEKTRUM (emission spectrum).

Element biara a ɛwɔ wiase no wɔ ne ɛlɛktron nhyehyɛɛ a ɛyɛ sonowonko. Saa ɛlɛktron nhyehyɛɛ yi ma element biara frekwensis ne kɔlas pɔtee bi a eyiyi adi. Yɛfrɛ saa element biara ɛlɛktrons ahoɔden tebea frekwensis yi sɛ saa element no **kanea-yikyerɛ spektrum**

Yebetumi de lenses abien ne prisim akyerɛ element bi **kanea yikyerɛ spektrum.**

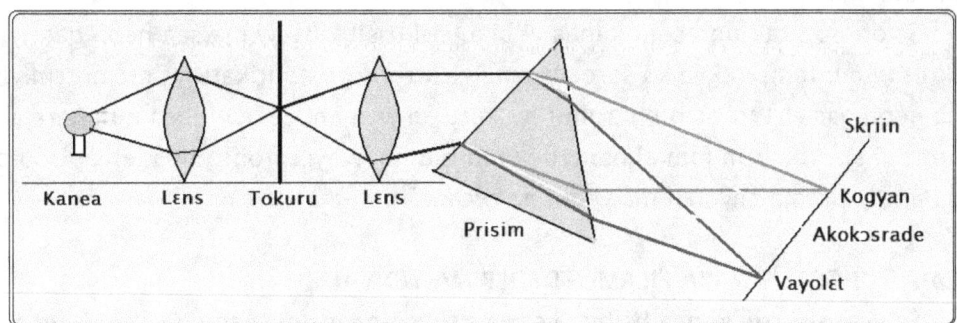

Adekyerɛ 39-3: Spektroskopi: element kanea yikyerɛ spektrum

Sɛ yɛpɛ sɛ yeyi element bi kanea yikyerɛ spektrum adi a, ade a edi kan a yɛyɛ ne sɛ yɛde kanea a element no ma no fa konvex lens bi mu. Ɛno akyi, yɛde saa kanea yi fa tokuru ketewa bi mu san de kɔfa konvex lens foforo bi mu bio ansa na yɛde reis a yenya no akɔfa glass prisim bi mu. Saa prisim yi kyekyɛ kanea no mu ma yenya ne kɔlas nyinaa.

Saa kɔlas yi nhyehyɛɛ a yehu wɔ skriin bi so no tumi kyerɛ yɛn element ko a ɛmaa saa kanea no. Saa adesua yi din de **spektrokopi**. Yɛfrɛ saa kanea kɔla lains a yenya yi sɛ **spektra lains**. Afiri a yɛde hwehwɛɛ saa kanea yi ma yehuu ne suban no nso din de **spektrokop**. Yehu barium ne ayɔn kanea-yikyerɛ spektra wɔ Adekyerɛ 39-4 ne Adekyerɛ 39-5 so.

Adekyerɛ 39-4: Barium kanea-yikyerɛ spektrum

Adeyerɛ 39-5: Ayɔn kanea yikyerɛ-spektrum

KANEA A FLUORESENT TUUBS MA YENYA

Adetɔnfo a wɔwɔ nkurow akɛse mu no taa de fluoresent tuubs akanea bobɔ wɔn nneɛma ho dawuru. Mframa adehye ahorow na ɛhyehyɛ saa fluoresent tuubs yi mu sɛnea yehuu wɔ yɛn Kɛmistri nhoma 2 adesua mu no. Saa mframa yi mu nea yenim yiye ne neon gas a ne kɔla yɛ kɔkɔɔ. Elɛktrodes hyehyɛ fluoresent tuub biara mu wɔ ano ano.

Sɛ obi sɔ saa fluoresent kanea yi bi a, ɛlɛktrisiti ɔhyew ma saa neon gas molekuls yi mu tempirekya kɔ sorosoro ma ɛlɛktrons no amirikatu yɛ ntɛmntɛm yiye. Eyi ma neon gas ɛlɛktrons no huruhuruw, tutu kɔ wɔn ahoyeraw tebea mu. Bere a saa ɛlɛktrons yi sian ba wɔn fam ahotɔ tebea mu bio no, woyi fotons ahoɔden adi, totow gu sɛ kanea kɔkɔɔ a ɛhyerɛn ma yehu, na ɛyɛ fɛ.

KANEA A TUNGSTEN WAYA FILAMENT BƆLB MA YENYA

Sɛ yɛsɔ ɛlɛktrik kanea bɔlb a, yehu sɛ ɛhyerɛn yiye ma yɛde hu ade. Nanso, ɛsono ɛlɛktrik kanea bɔlb na ɛsono fluoresent bɔlb. Elɛktrik kanea bɔlb yɛ tungsten dade a ɛlɛktrisiti fa mu na ɛma ɛdɔ yiye na ɛhyerɛn kɔɔ wɔ glaas adaka bi mu., Sɛnea yɛakyerɛ dedaw no, fluoresent tuub kanea yɛ neon gas bi ne ne mframa adehye ayɔnkofo a wɔn ɛlɛktrons di akɔneaba fi ahoyeraw tebea mu sian kokɔ wɔn ahotɔ tebea mu na wɔma fotons kanea.

Tungsten waya kanea din **filament** no kyerɛ sɛ ɛyɛ waya teateaa. Saa waya a ɛhyerɛn yi tumi ma kɔlas bi a ebi hyerɛn kɔkɔɔkɔ, na ebi nso hyerɛn fitafita ne blu kakra mpo. Ɛyɛ dɛn na yenya saa kɔlas ahorow yi?

Sɛ yɛde tungsten waya filament bɔlb yi kanea fa spɛktroskop bi mu a, yenya kɔla frekwensis pii. Eyi nkyerɛ sɛ tungsten waya tumi ma yɛn frekwensis pii na mmom ɛkyerɛ yɛn sɛ nsonsonoe da tungsten waya (**adeden**) spektra lains ne tungsten **gas** spektra lains mu. Frekwensis a yenya wɔ ha no yɛ tungsten dade spɛtral lains de. Tungsten gas bɛma yɛn spektral lains sɛnea element biara a ɛwɔ ne huruhuro tebea mu yɛ no; nanso tungsten dade (ne adeden ahorow nyinaa) spektra lains sono koraa. Sɛ element bi wɔ ne adeden (dade) tebea mu a, esiane sɛ dade no mu atoms no benbɛn wɔn ho wɔn ho no nti, ɛlɛktrons no nni ahurusi mmfa wɔn atoms no nkutoo ahoɔden tebea no mu, na mmom wotumi tutu fi wɔn atom no mu koraa kokɔ atoms foforo mu. Eyi ma yenya wɔn spektra lains kyerɛ kɔlas pii a bebree kyerɛ ɛlɛktrons ahurusi wɔ atoms ahɔho yi mu no nso de.

Tungsten dade kanea bɔlb biara hyerɛn tebea gyina ne tempirekya so. Sɛ yɛyɛ graf a ɛkyerɛ frekwensis a bɔlb bi ma, na yɛde toto sɛnea ɛhyerɛn ho a, yenya radiashin graf sɛnea yɛkyerɛɛ wɔ yɛn ɔhyew adesua mu no (Adekyerɛ 28-12). Saa radiashin graf yi tebea te sɛ dɔn. Saa dɔn yi sorosoro baabi a ɛhyerɛn yiye no ma yɛn saa graf yi pik frekwensi anasɛ ne sorosoro frekwensi. Yenim fi yɛn mfiase hann adesua yi mu sɛ saa pik frekwensi (F) yi ne tempirekya (T) wɔ Kelvin mu yɛ proposhinal.

$$\therefore F \sim T$$

Ne saa nti, yetumi susuw ade bi pik frekwensi (Adekyerɛ 32-8) de kyerɛ ne tempirekya. Sayensefo ne engyineafo taa fa saa kwan yi so de susuw fononoo ahorow mu tempirekya. Sɛ wosusuw fononoo bi anim ɔhyew ahoɔden frekwensi bere biara a, wotumi hu fononoo no mu tempirekya.

ABSOPSHIN SPEKTRUM

Sɛ yɛde spɛktroskop hwɛ kanea bi a efi ade bi a adɔ yiye mu a, yehu saa kanea no kɔlas sɛ ɛtoatoa so te sɛnea yenya wɔ nyankontɔn mu no. Yɛfrɛ eyi **ntoatoaso spektrum**.

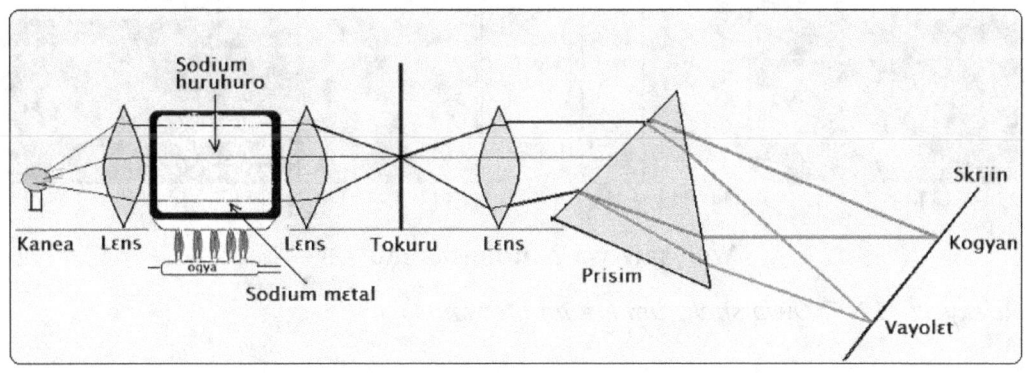

Adekyerɛ 39-5: Absopshin spektrum

Nanso sɛ yɛde gas bi si kanea no ne spɛktroskop no ntam, na yɛsan hwɛ kɔla spektrum a yenya no a, yehu sɛ kɔla spektrum no nyɛ ntoatoaso bio na mmom wɔn mu akyekyɛ ama yɛanya lains lains bi a ɛyɛ tuntum. Yɛfrɛ eyi sɛ **absopshin spektrum**. Saa lains tuntum yi din de **absopshin lains**.

Yenim sɛ atoms kyere kanea; wotumi nso ma kanea. Mpɛn pii no, atom bi kyere hann a ɛwɔ frekwensis bi a ebetumi nso asan ayi adi wɔ so no mu. Sɛ hann reis bi fa gas bi mu a, saa gas no atoms no kyere hann frekwensis no bi fi hann reis no mu. Ɛno akyi, eyi saa hann frekwensis a akyere yi adi, nanso enyi saa hann weivs yi adi a wɔn ani kyerɛ faako pɛ, na mmom eyi saa hann frekwensis yi adi a wɔwɔ anikyerɛbea pii.

Sɛ yɛhwɛ saa gas no mfiase hann frekwensi spektrum no na yɛde yeyɛ ntotoho a, yehu hann frekwensis a gas no kyeree no sɛ lain lain tuntum wɔ ne kan ntoatoaso spektrum no mu. Saa lains tuntum yi kyere saa gas no **elements ko a wɔwɔ mu no yikyerɛ spektrum** pɛpɛɛpɛ. Eyi nti na yɛfrɛ no absopshin spektrum no; kyerɛ sɛ **hann frekwensis a ɛkyeree no spektrum**.

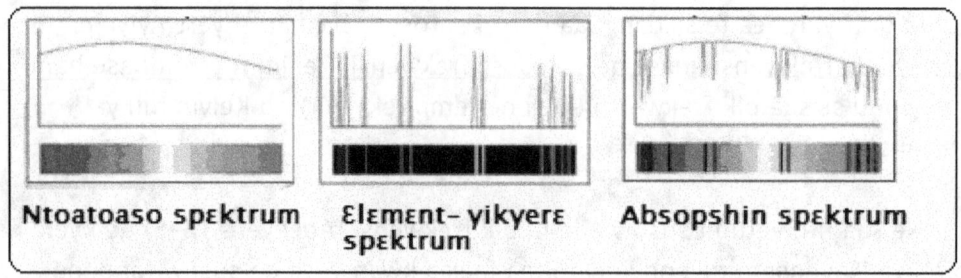

Adekyerɛ 39-6: Spektra ahorow

Yɛbɛkae sɛ owia ma yenya radiant ɔhyew ahoɔden. Sɛ yɛhwɛ owia hann spɛktroskopi a, yehu sɛ ɛnyɛ ntoatoaso spektrum koraa. Nokwasɛm ne sɛ, owia ne nsoromma nso wɔ saa **absopshin lains** yi bi. Yɛfrɛ saa owia absopshin lains yi sɛ **Fraunhofer lains**.

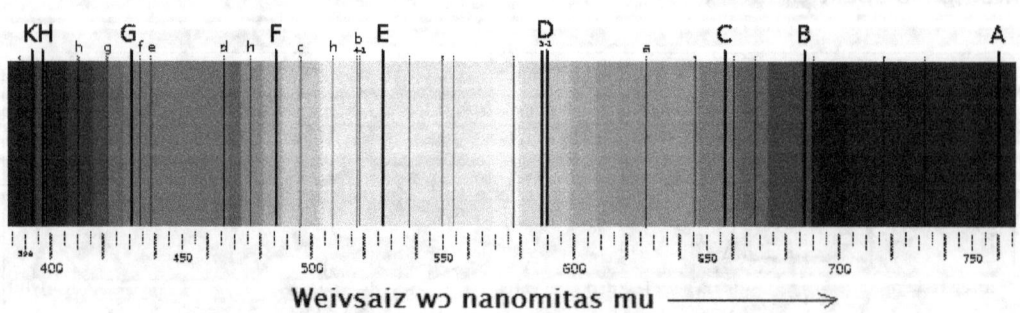

Adekyerɛ 39-7: Owia spektrum Fraunhofer lains

Yehu saa absopshin lains yi bi nso wɔ nsoromma pii spɛktroskopi mu. Eyi kyerɛ yɛn sɛ owia ne saa nsoromma yi nso ho wowɔ mframa a adwo ahorow bi a wɔkyere frekwensis yi bi bere a saa hann frekwensis yi refi wɔn ho aba asase so. Sayensefo tumi hwehwɛ saa **absopshin spektrum** yi mu bi a efi nsoromma bi ho de kyerɛ kɛmikals ne elements ko a wɔwɔ saa nsoromma no ho. Saa adesua yi kyerɛ sɛ kɛmikals a wɔwɔ owia ne nsoromma ho no te sɛnea yenya wɔ asase so yi ara pɛ.

Saa absopshin adesua yi san kyerɛ yɛn sɛ ade biara a ɛretu kwan afi yɛn ho no absopshin frekwensi no yɛ nyaa sen ade biara a egyina hɔ pim de. Nneɛma a wɔretutu akwan afi yɛn ho no spektra lains no nyinaa nso twetwe wɔn ho kɔbɛn kogyan kyɛfa mu frekwensis no ho. Sayensefo gye di sɛ, esiane sɛ yɛn yunivɛs yi mu retetew no nti, nimdeɛ a wonya fi wɔn nhwehwɛmu ahorow no mu no kyerɛ sɛ galaksis no nyinaa akwantu rema wɔn atwetwe wɔn ho afi asase so ne yɛn owia yi ho.

FLUORESENS

Ahoɔden ne frekwensi ekuashin a ɛyɛ *E = hf* no ma yehu sɛ ahoɔden dodow a yenya fi kanea bi mu no gyina kanea no frekwensi so. Yɛbɛkae sɛ *E* kyerɛ ahoɔden, na *f* kyerɛ frekwensi, bere a *h* de ɛnsesa efisɛ ɛyɛ konstant. Ne saa nti, kanea biara a ne weivlenf yɛ atenten no ma yenya nyaa frekwensis (low frequency) a wɔn ahoɔden dodow nnyɛ pii. Ultra-vayolet kanea a ne weivlenf yɛ ntiantia no ma yenya ntɛmntɛm frekwensis a wɔn ahoɔden dodow yɛ bebree. Ne saa nti, ahoɔden bebree wɔ ultra-vayolet kanea mu sen kogyan kanea mu. Eyi yɛ nokware.

Ultra-vayolet kanea yɛ reis bi a wodi hann weivs akyi wɔ n'ase, enti wɔwɔ frekwensis a ɛyɛ ntɛmntɛm ne ahoɔden pii. Ne saa nti, sɛ yɛhyerɛn ultra-vayolet kanea gugu nneɛma bi so a, ɛlɛktrons a wɔwɔ saa nneɛma no mu no bi tumi huruw fi wɔn fam ahoɔden tebea mu foro kɔ sorosoro ahoyeraw tebea ahorow bi mu. Sɛ saa ɛlɛktrons yi resian aba wɔn fam ahotɔ ahoɔden tebea mu bio a, wɔma kanea bi a yetumi hu. Yɛfrɛ saa kanea a saa nneɛma yi ma bere a yɛahyerɛn ultra-vayolet kanea agu wɔn so no sɛ **fluoresens**.

Ɛsɛsɛ yɛte ase sɛ bere a yɛhyerɛn ultra-vayolet kanea gu ade bi so no, esiane ahoɔden kɛse a ɛwɔ mu no nti, ɛlɛktrons pii tumi huruhuruw kɔ ahoyeraw tebea pii a wɔwɔ sorosoro koraa mu, ɛnyɛ nea a edi wɔn so pɛɛ no nkutoo mu. Eyi te sɛnea ɛlɛktrons no mu bi afi abansoro a ɛto so abien mu akɔ nea a ɛto so anum ne akyi mu. Ne saa nti, sɛ ɛlɛktrons no resian aba fam, na wosian abansoro no mmaako mmaako a, bere biara a wosian ba fam baako no wɔma kanea. Yehu saa kanea a wɔma yi wɔ kogyan ne akokɔsrade kɔlas a wɔn frekwensis yɛ nyaa (na wɔn weivsiaz yɛ atenten) mu. Yetumi de saa fluoresens kɔlas a ade biara yi adi yi nso kyerɛ kɛmikals a wɔwɔ ade bi mu, de yiyi wɔn adi.

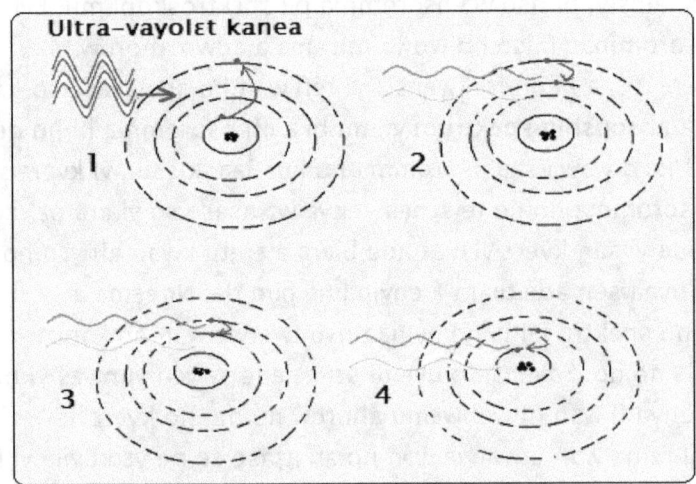

Adekyerɛ39-8: Fluoresens: ultra-vayolet kanea ma atom bi mu ɛlɛktrons nya ahooɔden kɛse de huruw ahooɔden tebea pii. Akyiri yi, saa ɛlɛktrons no sian nkakrankakra ma weivlenf atenten (kogyan, akokɔsrade)

Faktoris bi de fluoresens dayis bi keka ntama ne penti ho ma wotumi sesa wɔn kɔlas bere biara a owia hyerɛn gu saa nneɛma yi so. Kae sɛ owia hann hyerɛn ultra-vayolet reis pii gugu yɛn asase yi so da biara.

FOSFORESENS

Yɛahu sɛnea wɔyɛ fluoresent tuub mu akanea bi dedaw nanso fluoresent tuubs nyinaa nnte saa. Neon (ne mframa adehye gas ahorow) bi hyehyɛ fluoresent tuubs mu, nanso ɛlɛktrodes bi nso hyehyɛ tuub no ano abien no mu.

Yenim sɛ ɛlɛktrisiti ma neon gas no yɛ hyew ma ɛlɛktrons no huruhuruw fi wɔn ahotɔ ahoɔden tebea mu kokɔ ahoyeraw ahoɔden tebea mu. Nanso fluoresent tuubs bi san wɔ merkuri-gas ka ho hyehyɛ tuubs no mu. Wɔsan de pawda bi a wɔfrɛ no **fosfors** san srasra tuubs no bi mu nyinaa. Sɛ saa merkuri yi ne ɛlɛktrons a wotutu amirika wɔ tuub no mu no hyia a, merkuri atoms no nso tumi nya ahoɔden a ɛma wohuruhuruw kɔ wɔn ahoyeraw tebea mu. Eyi ma saa merkuri atoms yi ma ultra-vayolet kanea.

Saa ultra-vayolet kanea yi hyerɛn gu fosfors pawda a wɔde asrasra tuub no mu no so. Sɛ fosfors no kyere ahoɔden fi ultra-vayolet kanea no mu a, wofi ase ma fotons kanea bi a ɛhyerɛn ma 'kanea fitaa'. Na obi bebisa se dɛn ne saa fosfors yi?

Nneɛma bi wɔ hɔ a, bere biara a wɔbɛkyere ahoɔden foforo afi baabi no, wɔn ɛlɛktrons a wohuruhuruw kɔ wɔn ahoyeraw tebea mu no nsian mma wɔn ahotɔ tebea mu ntɛmntɛm koraa. Mmom, saa ɛlɛktrons yi tena saa ahoyeraw tebea yi mu bere kakra; ɛte sɛnea saa ɛlɛktrons yi aka wɔ wɔn ahoyeraw tebea yi mu. Mpɛn pii no, sɛ yedum saa ade no kanea no koraa a, ne atoms no kɔ so hyerɛn brɛoo kakra ansa na wɔadum nkakrankakra. Fosfors yɛ saa nneɛma yi bi; din a yɛde ma saa nneɛma yi suban ne **fosforesens**. Yɛka se elements a wɔwɔ saa tebea yi no wɔ **meta-stabil tebea** mu.

Fosforus element wɔ saa suban yi bi. Engyineafo taa de saa fosfors nneɛma yi bi srasra televishin skriins ne wɔɔkyes anim.

LASERS (Light Amplification by the Stimulated Emission of Radiation)

Kanea basabasa: Hann reis biara a yenya fi yɛn fie akanea no mu pii yɛ basabasa. Eyi kyerɛ sɛ fotons a wofi kanea no mu no wɔ frekwensis pii, wɔn ho mpopoe no nso yɛ basaa, wɔn mu biara ne ne yɔnko biara nntu anamɔnkoro. Yɛkyerɛ saa kanea a fotons yi ma no sɛ **kanea basabasa** ana **kanea a enni-nhyehyɛe papa biara**. Nimdeɛ ahorow kyerɛ yɛn sɛ saa kanea basabasa yi ano nnyɛ den koraa. Sɛ kanea basabasa hyerɛn fi baabi a, esiane sɛ fotons no mu biara nam baabi a ɛpɛ no nti, ɛnkyɛ koraa na wɔn mu atrɛtrɛw a yentumi mmfa nnhu ade biara bio. Ne saa nti, yennya kanea basabasa ho mfaso pii biara.

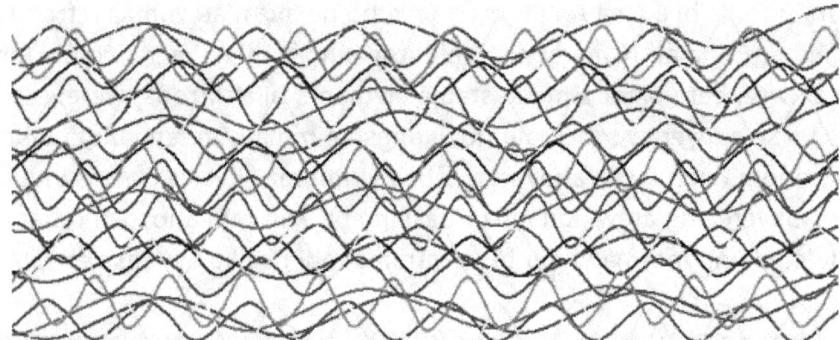

Adekyerɛ 39-9: Kanea basabasa nntu anamɔnkoro, wonni frekwensi baako, wonni anikyerɛbea pɔtee biara.

Monokromatik kanea: Yɛfrɛ kanea reis a wɔn nyinaa wɔ frekwensi baako no sɛ **monokromatik** (kyerɛ sɛ kɔla baako). Kanea a ɛyɛ monokromatik no wɔ kɔla baako.

Ɛwom sɛ kanea monokromatik wɔ frekwensi baako ne kɔla baako de, nanso wonni nhyehyɛe koro.

Ne saa nti, yenntumi nnya wɔn mu ahoɔden ho mfaso papa biara efisɛ wɔn mu trɛtrɛw bere a wɔretwetwe wɔn ho afi wɔn fibae no. Bio nso, wɔn ne wɔn ho wɔn ho nntu anamɔnkoro, nni nhyehyɛe koro. Eyi ma saa kanea yi mu yɛ mmerɛw wɔ kwandodow kakraa bi pɛ akyi fi wɔn fibae.

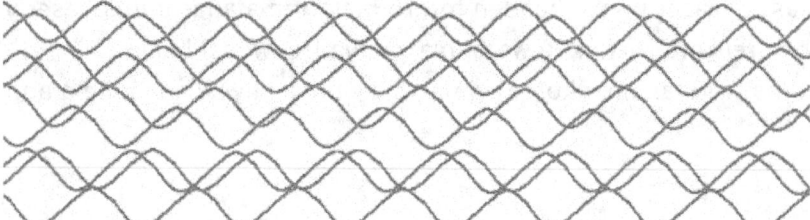

Adekyerɛ 39-19: Monokromatik reis: wɔn nyinaa wɔ frekwensi baako.

Laser ana nhyehyɛe-koro kanea: Yɛfrɛ kanea a emu fotons no nyinaa wɔ frekwensi baako, anikyerɛbea baako na wotu anamɔnkoro no sɛ **nhyehyɛe-koro** kanea.

Nhyehyɛe-koro kanea mu ntrɛtrɛw pii biara; wɔn ahoɔden nso nntumi nnsesa papa biara bere a wofi wɔn fibae kɔ akyirikyiri no. Yɛde instrumɛnt bi a wɔfrɛ no laser na ɛyɛ nhyehyɛe-koro kanea; ne saa nti, yɛtaa frɛ nhyehyɛe-koro kanea sɛ **laser**. Asɛmfua laser no yɛ nsɛmfua anum bi mu biara akyerɛwde a edi kan no nyinaa nkabom (Light Amplified by the Stimulated Emission of Radiation).

Adekyerɛ 39-20: Nhyehyɛe-koro kanea ana laser

Laser biara wɔ ade bi a ɛma no atoms a ehia no de ayɛ n'adwuma. Yɛfrɛ saa ade yi sɛ **aktiv medium**. Saa aktiv medium yi mu atoms no tumi kɔ meta-stable tebea mu. Yɛakyerɛ dedaw sɛ, bere biara a meta-stable elements bi ɛlɛktrons kyere ahoɔden ma wɔkɔ wɔn ahoyeraw tebea mu no, wonnsian mma wɔn fam ahotɔ tebea no mu ntɛm, na mmom wɔtena saa ahoyeraw tebea yi mu ma ɛkyɛ kakra ansa na wɔayi ahoɔden a wɔkyeree no atow agu ama wɔasian aba wɔn fam ahoɔden tebea no mu bio. Saa **aktiv medium** nneɛma yi mu bi yɛ mframa, ebi nso yɛ nsu-nsu anasɛ adeden.

Yɛakyerɛ ɔkwan a yɛfa so yɛ laser wɔ Adekyerɛ 39-21 so. Sɛ atoms a wɔwɔ saa **aktiv medium** yi mu no **foton baako** kyere ahoɔden a ehia a, ehuruw kɔ ahoyeraw tebea bi mu. Sɛ saa foton no resian aba n'ahotɔ tebea no mu bio a, ahoɔden a etu gu no tumi fi nea yɛfrɛ no 'nkɔnsɔnkɔnsɔn reakshin' bi ase. Eyi kyerɛ sɛ saa foton no de n'ahoɔden a ɛrehwere no ma foton foforo ma ɛno nso hwere n'ahoɔden de ma kanea foforo. Saa foton yi nso ahoɔden a ɛhweree na ɛma ɛyɛɛ kanea no boa foton foforo ma ɛno nso boa atom foforo ma ɛhwere n'ahoɔden de ma foforo.

Eyi ma yenya ntoatoaso reakshin bi a foton biara boa ne yɔnko ma yenya **nhyehyɛe-koro** kanea. Mfiase no, saa kanea yi nyinaa nni anikyerɛbea baako, nanso bere a wɔnam laser akses no so no, ahwehwɛ ahorow bi sesa wɔn mu biara anikyerɛbea nkakrankakra kosi sɛ bere a wofi ahwehwɛ a etwa to no mu no, na wɔn nyinaa wɔ nhyehyɛe-koro suban ne tebea.

Ɛsɛsɛ yɛte ase sɛ laser mmɔ ahoɔden foforo biara mma adasamma; laser yɛ ade bi a ɛsesa kanea reis mu kyɛfa ketewa bi ma wonya frekwensi baako, anikyerɛbea baako na wotu anamɔnkoro; eyi na ɛma wonya ɔhyew ahoɔden a ano yɛ den yiye no.

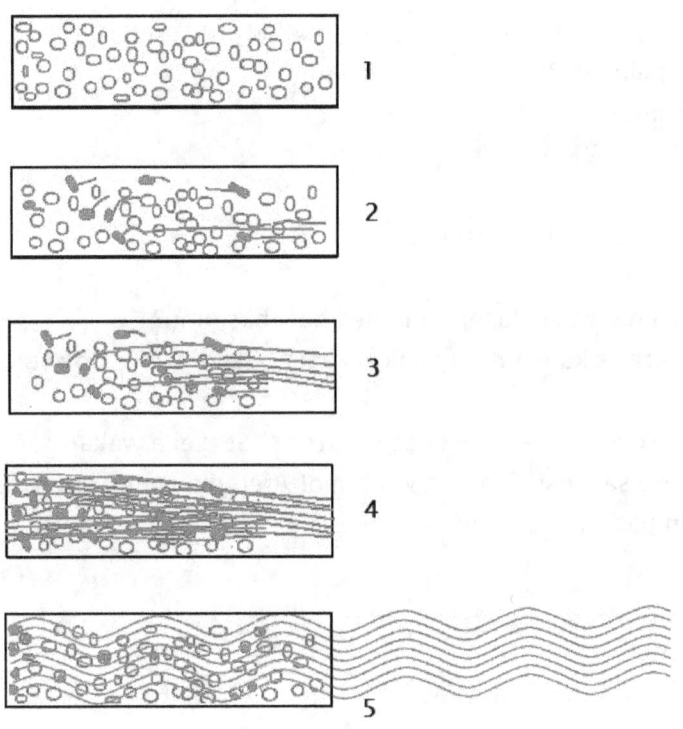

Adekyerɛ 39-21: Ɔkwan a yɛfa so yɛ laser.

Ɛnnɛ da yi, yetumi de nneɛma pii te sɛ glaas, kristals, kɛmikals ne semi-konduktas ahorow yeyɛ lasers. Ɛnnɛ lasers bi nso tumi ma kanea wɔ ultra-vayolet ne infra-red frekwensis mu; eyi ma saa lasers yi nya ahoɔden mmoroso.

LASERS HO MFASO

Lasers ho wɔ mfaso pii. Yetumi de twitwa nneɛma mu yiye sen sekan biara. Dɔketafo de lasers yeyɛ ɔperashins wɔ nnipadua mu a wonhia sɛ wobetwa honam anim baabiara. Nea ehia ne sɛ wɔde laser kanea no bɛhyerɛn afa honam no mu ama akosi nipadua no mu baabi pɔtee a wɔpɛ sɛ wotwitwa ana wɔpempam no. Sɛ laser twa honam nso a, etumi siw mogya no ano, san siw kuru no nso ano ntɛmntɛm. Yetumi de laser soa akwansosɛm de fa radio so kokɔ mmeaemmeae bi a onipa koraa nntumi nntuu ne nan nsii hɔ da. Laser kanea tumi kɔ ɔsram so san ba asase so ntɛmntɛm a emu ahoɔden nnsesa koraa. Sayense kyerɛ sɛ daakye lasers bɛboa adasamma dwumadi asen nea wɔyɛ ma yɛn nnɛ da yi mpo.

NSƐMMISA

1. Kyerɛ Bohr atom planɛt tebea no mu kyerɛ w'adamfo bi.
2. Dɛn ne atom ahoyeraw tebea? Atom ahotɔ tebea nso ɛ?
3. Dɛn ne foton?
4. Kyerɛ sɛnea wɔyɛ fluoresent kanea?

5. Kyerɛ spektroskopi ase.
6. Dɛn ne element-yikyerɛ spektrum?
7. Dɛn ne absopshin spektrum?
8. Kyerɛ spektra lains ase.
9. Dɛn ne fluoresens?
10. Kyerɛ fosforesens ase kyerɛ wo nua ketewa bi.
11. Dɛn ne kanea basabasa?
12. Laser yɛ dɛn? Wobɛyɛ dɛn na wanya laser afi kanea basabasa mu?
13. Monokromatik kanea kyerɛ sɛ kanea no nyinaa wɔ kɔla baako. Eyi yɛ nokware ana?
14. Hann yɛ weivs te sɛ asorɔkye ana patikils te sɛ ɛlɛktrons? Seesei a wakan saa nhoma yi awie yi, woyɛ sayenseni. Yɛma wo mmo! Afei, ma yenhu wo nso w'adwene a ɛfa hann patikils ne weivs ho.

---- **Awiei** ----

NNIAKYIRI

Akankasa Twi alfabet...
A b d e ɛ f g h i k l m n o ɔ p r s t u v w x y z

Akyerɛwde ahorow bi a yɛafɛm:
C, c: yɛde yɛ agyinamude ma atenten nsusuwde bi te sɛ sentimita ana tempirekya sentigrade digris. Yɛde de ketewa [c]nso gyina hɔ ma hann spiid.
Q , q: yehyia (yɛka no Kw) wɔ elements shɛɛls ne orbitals nsusuw mu.
X, J : yɛde x bu nkontaa; J nso yɛ ahoɔden yunits lɛtɛ (Joules).

TENTEN NSUSUW

10 milimitas [mm]	= 1 sentimita [1 cm]	10 sentimitas	= 1 desimita [1 dm]
10 desimitas	= 1 mita [1 m]	1000 milimitas	= 1 mita
10 mitas	= 1 dekamita [1 dam]	10 dekamitas	= 1 hektomita [1 hm]
10 hektomitas	= 1 kilomita [1 km]		

MASS NSUSUW

10 miligrams [mg]	= 1 sentigram [cg]	10 sentigrams	= 1 desigram [dg]
10 desigrams	= 1 gram [1g]	10 grams	= 1 dekagram [dag]
10 dekagrams	= 1 hektogram [hg]	10 hektograms	= 1 kilogram [kg]

VOLUM NSUSUW

10 mililitas [ml]	= 1 sentilita [cl]	10 sentilitas	= 1 desilita [dl]
10 desilitas	= 1 lita [l]	1000 kiwbik sentimitas [sm^3]	= 1 lita
10 litas	= 1 dekalita [1 dal]	10 dekalitas	=1 hektolita [hl]
10 hektolitas	= 1 kilolita [kl]	1000 mm^3	= 1 kiwbik sentimita [cm^3]
1000 kiwbik sentimita	=1 kiwbik desimita	1000 kiwbik desimita	=1 kiwbik mita

ANIM TƐTRƐƐ /ANIM AREA NTRƐWMU

10 000 skwɛɛ sentimita	=1 skwɛɛ mita [1 m^2]	1000 000 m^2	=1 skwɛɛ kilomita [km^2]
1 skwɛɛ mita	= 1 sentiare	100 sentiares	= 1 are
100 ares	= 1 hektare	10 000 skwɛɛ mitas	= 1 hektare

BERE / TAEM

60 sekonds [s]	= 1 simma [sim]	60 simma	= 1 dɔnhwerew [h]
24 dɔnhwerew	= 1 dapɛn	7 nnafua	= 1 nnansɔn
4 nnansɔn	= 1 ɔsram, 1 ɔbosom	365 nnafua	= 1 afe
52 nnansɔn	= 1 afe	8 nnafua	= 1 nnawɔtwe
40 nnafua	= 1 adaduanan		
9 akwasidae	= afe baako		

TETE NSUSUWDE BI NE WƆN METRIK MFATOHO

1 nsateakwaa / inkyi [in]= 25.4 milimita
12 nsateakwaa/12 inkyi=1 ɔnamɔn/1fut
3 ɔnamɔn/ 3 fut = 1 abasam/1 yaad
1760 abasam/1760 yaads = 1 mael
1 nsateakwaa/1 inkyi= 2.54 sentimitas
1 ɔnamɔn/1 fut = 30.48 sentimitas
1 abasam/1 yaad = 91.44 sentimitas = 0.9144 mitas
1 mael = 1.61 kilomitas
1 pɔn [lb] = 0.45 kilograms
1 galon = 3.8 litas

ROMAFO NUMBAS

Mmara a wɔde kyerɛw saa Romafo numbas yi kyerɛ sɛ, bere biara a numba ketewa bi di kɛse bi anim no, yeyi fi numba kɛse no mu (IX = 9, efisɛ yeyi baako fi du mu). Sɛ numba ketewa bi di kɛse bi akyi a , yɛde ka ho (XI = 11, efisɛ yɛde baako ka du ho.

1 = I	11 = XI	21 = XXI	2 = II	12 = XII	30 = XXX
3 = III	13 = XIII	40 = XL	4 = IV	14 = XIV	50 = L
5 = V	15 = XV	60 = LX	6 = VI	16 = XVI	70 = LXX
7 = VII	17 = XVII	80 = LXXX	8 = VIII	18 = XVIII	90 = XC
9 = IX	19 = XIX	100 = C	10 = X	20 = XX	200= CC
400= CD	500= D	600= DC	900= CM		
1000= M	1100= MC	1900 = MCM	1999 = MCMIC	2000 = MM	

GRIKIFO LƐTƐS BI A SAYENSE DE YƐ NKYERƐADE NE AGYINAMUDE AHOROW

α A	alfa	β B	beta	γ Γ	gamma
δ Δ	delta	ε E	epsilon	ζ Z	zeta
η Η	eta	φ ϑ	Theta	ι I	iota
κ K	kappa	λ Λ	lambda	μ M	mu
ν N	nu	ξ Ξ	xi	o O	omikron
π Π	pi	ρ P	rho	σ Σ	sigma
τ T	tau	υ Y	upsilon	φ Φ	phi
χ X	chi	Ψ Ψ	psi	ω Ω	omega

	Yunits bi	Nnɛ sayense yunits (SI)
Aselerashin	1 g	9.81 m/s
Ahoɔden	1 kalori	4.184 J
	1 btu	1054 J
	1 elektron volt	1.602×10^{-19} J
	1 fut pɔn	1.356 J
	1 kilowatt dɔnhwerew	3.60×10^6 J
Anim tɛtrɛɛ	1 eka	4047 m²
	1 ft² (fut skwɛɛ)	9.290×10^{-2} m²
	1 in² (inkyi skwɛɛ)	6.45×10^{-4} m²
	1 mi² (mael kwɛɛ)	2.59×10^6 m²
Bere	1 dapɛn	86 400 s
	1 afe	3.16×10^7 s
Densiti	1 g/sm	10^3 kg/m³
Fɔɔso	1 pɔn = 4.448 N	1 dyne = 10^{-5} N
Mass	1 gram	10^{-3} kg
	1 atomik mass yunit	1.66×10^{-27} kg
Pawa	1 Btu/sekond	1054 W
	1 kalori/sekond	4.184 W
	1 pɔnkɔpawa	746 W
	1 fut.pɔn/sekond	1.356 W
Presha	1 atmosfiɛ	1.013×10^5 Pa
	1 bar	10^5 Pa
	1 sm merkuri	1333 Pa
	1 pɔn/fut²	47.88 Pa
	1 pɔn/in² (psi)	6895 Pa
	1 N/m²	1 Pa
	1 torr	133.3 Pa
Spiid	1 fut/sekond	0.3048 m/s
	1 km/h	0.2778 m/s
	1 mi/dɔnhwerew (mph)	0.447 m/s
Tenten	1 fut	0.3048 m
	1 inkyi	2.54×10^{-2} m
	1 mi (mael)	1069 m
	1 hann afe	9.461×10^{15} m
	1 angstrom	10^{-10} m
Tempirekya	T selsius	5/9 (T Farenheit − 32)
	T kelvin	T selsius + 273.15
	T kelvin	5/9 (T Farenheit + 459.67)
	T kelvin	5/9 T Rankine
Volum	1 fut³ (kiwbik fut)	2.832×10^{-2} m³
	1 galon	3.785×10^{-3} m³ = 3.785 litas

1 inkyi kiwb 1.639×10^{-5} m³
1 lita 10^{-3} m³

Dodow bi ne wɔn nsiananmu

Tera	T	10^{12}	Giga	G	10^9	Mega	M	10^6
Kilo	k	10^3	Hekto	h	10^2	Deka	da	10
Deci	d	10^{-1}	Centi	c	10^{-2}	Milli	m	10^{-3}
Mikro	μ	10^{-6}	Nano	n	10^{-9}	Piko	p	10^{-12}
Femto	f	10^{-15}	Atto	a	10^{-18}			

Konstants ahorow bi.

Alfa patikil mass		6.645×10^{-27} kg
Amansan graviti konstant	G	6.673×10^{-11} N.m²/kg²
Aselerashin a efi graviti	g	9.81 m/s
Atomik mass yunit	amu	1.661×10^{-27} kg
Avogadro numba	N_A	6.02×10^{26} pɛɛ kmole
Boltzman konstant	K_B	1.38×10^{-23} J/K
Densiti merkuri (STP)		13.6×10^3 kg/m³
Densiti –nsu		1.0×10^3 kg/m³
Ɛlɛktron kyaagye nkyɛmu mass	e/m_e	1.759×10^{11} C/kg
Ɛlɛktron kyaagye	e	1.602×10^{-19} C
Ɛlɛktron mass	m_e	9.109×10^{-31} kg
Faraday	F	9.65×10^4 C/mole
Gas konstant	R	8314 J/kmole.K
Hann spiid	c	~300 000 km/s = 29 979 246 km/s) = ~3.0×10^8 m/s
Koulomb konstant	K_O	8.988×10^9 N.m²/C²
Neutron mass	m_n	1.675×10^{-27} kg
Nsu ayis bere tempirekya		273.15 K
Ɔhyew mekanikal ekwivalent		4.184 J/kal
Plank konstant	h	6.626×10^{-34} J.s
Proton mass	m_p	1.673×10^{-27} kg
Standad atmosfiɛ		1.0132×10^5 N/m²
Stefan-Boltzmann konstant	σ	5.67×10^{-8} W/m2.K4
Volum mframa wɔ STP		22.4 m³ /kmole

WIASE ELEMENTS NYINAA A EGYINA ATOMIK NUMBA SO

Element	Agyn.	At. N.	At. M	Element	Agyn.	At. N.	At. M
Hidrogyen	H	1	1.01	Strontium	Sr	38	87.62
Helium	He	2	4.00	Yitrium	Y	39	88.91
Litium	Li	3	6.94	Zirkonium	Zr	40	91.22
Berilium	Be	4	9.01	Niobium	Nb	41	92.91
Boron	B	5	10.81	Moleibdenum	Mo	42	95.94
Karbon	C	6	12.01	Teknetium	Tc	43	99
Naitrogyen	N	7	14.01	Rutenium	Ru	44	101.07
Oxigyen	O	8	16.00	Rhodium	Rh	45	102.91
Fluorine	F	9	19.00	Paladium	Pd	46	106.42
Neon	Ne	10	20.18	Silva	Ag	47	107.87
Sodium	Na	11	22.99	Kadmium	Cd	48	112.41
Magnesium	Mg	12	24.31	Indium	In	49	114.82
Aluminium	Al	13	26.98	Tin	Sn	50	118.71
Silikon	Si	14	28.09	Antimoni	Sb	51	121.75
Fosforus	P	15	30.97	Telurium	Te	52	127.60
Sulfa	S	16	32.07	Ayodine/iodine	I	53	126.90
Klorine	Cl	17	35.45	Xenon	Xe	54	131.29
Argon	Ar	18	39.95	Sesium	Cs	55	132.91
Potasium	K	19	39.10	Barium	Ba	56	137.33
Kalsium	Ca	20	40.08	Lantanum	La	57	138.91
Skandium	Sc	21	44.96	Serium	Ce	58	140.12
Titanium	Ti	22	47.87	Praseodimium	Pr	59	140.91
Vanadium	V	23	50.94	Neodimium	Nd	60	144.24
Kromium	Cr	24	52.00	Prometium	Pm	61	147
Manganese	Mn	25	54.94	Samarium	Sm	62	150.36
Ayɔn	Fe	26	55.86	Yuropium	Eu	63	151.97
Kobalt	Co	27	58.93	Gadolinium	Gd	64	157.25
Nikel	Ni	28	58.69	Terbium	Tb	65	158.93
Kɔpa	Cu	29	63.55	Disprosium	Dy	66	162.50
Zink	Zn	30	65.39	Holmium	Ho	67	164.93
Galium	Ga	31	69.72	Erbium	Er	68	167.26
Germanium	Ge	32	72.61	Tulium	Tm	69	168.93
Arsenik	As	33	74.92	Yitebium	Yb	70	173.04
Selenium	Se	34	78.96	Lutetium	Lu	71	174.97
Bromine	Br	35	79.90	Hafnium	Hf	72	178.49
Kripton	Kr	36	83.80	Tantalum	Ta	73	180.95
Rubidium	Rb	37	85.47	Tungsten	W	74	183.85

Renium	Re	75	186.1		Plutonium	Pu	94	244
Osmium	Os	76	190.2		Amerikium	Am	95	243
Iridium	Ir	77	192.22		Kurium	Cm	96	247
Platinum	Pt	78	195.08		Berkelium	Bk	97	247
Sika kɔkɔɔ	Au	79	196.97		Kalifonium	Cf	98	251
Merkuri	Hg	80	200.59		Einsteinium	Es	99	252
Talium	Tl	81	204.38		Fermium	Fm	100	257
Lɛɛd	Pb	82	207.2		Mendelevium	Md	101	258
Bismut	Bi	83	208.98		Nobelium	Nb	102	259
Polonium	Po	84	209		Lawrensium	Lr	103	260
Astatine	At	85	210		Rutherfordium	Rf	104	
Radon	Rn	86	222		Dubnium	Db	105	
Frankium	Fr	87	223		Seaborgium	Sg	106	
Radon	Ra	88	226		Bohrium	Bh	107	
Aktinium	Ac	89	227		Hasium	Hs	108	
Torium	Th	90	232		Meitnerium	Mt	109	
Protaktinium	Pa	91	231					
Yurenium	U	92	238					
Neptunium	Np	93	237					

WIASE ELEMENTS NYINAA NHYEHYƐE A EFI A KOSI Z

ELEMENT	AGYN.	AT. N.	AT. M
Aktinium	Ac	89	227
Aluminium	Al	13	26.98
Amerikium	Am	95	243
Antimoni	Sb	51	121.75
Argon	Ar	18	39.95
Arsenik	As	33	74.92
Astatine	At	85	210
Ayɔn	Fe	26	55.86
Ayodine	I	53	126.90
Barium	Ba	56	137.33
Boron	B	5	10.81
Berilium	Be	4	9.01
Berkelium	Bk	97	247
Bismut	Bi	83	208.98
Bohrium	Bh	107	
Bromine	Br	35	79.90
Oxigyen	O	8	16.00
Disprosium	Dy	66	162.50
Dubnium	Db	105	
Erbium	Er	68	167.26
Eyinstayinium	Es	99	252
Fosforus	P	15	30.97
Fermium	Fm	100	257
Fluorine	F	9	19.00
Frankium	Fr	87	223
Gadolinium	Gd	64	157.25
Galium	Ga	31	69.72
Germanium	Ge	32	72.61
Hafnium	Hf	72	178.49
Hidrogyen	H	1	1.01
Hasium	Hs	108	
Helium	He	2	4.00
Holmium	Ho	67	164.93
Indium	In	49	114.82
Iridium	Ir	77	192.22
Karbon	C	6	12.01
Kadmium	Cd	48	112.41
Kalifonium	Cf	98	251
Kalsium	Ca	20	40.08
Kɔpa	Cu	29	63.55
Klorine	Cl	17	35.45
Kobalt	Co	27	58.93
Kripton	Kr	36	83.80
Kromium	Cr	24	52.00
Kurium	Cm	96	247
Lantanum	La	57	138.91
Lawrensium	Lr	103	260
Lɛɛd	Pb	82	207.2
Litium	Li	3	6.94
Lutetium	Lu	71	174.97
Magnesium	Mg	12	24.31
Manganese	Mn	25	54.94
Merkuri	Hg	80	200.59
Mendelevium	Md	101	258
Meitnerium	Mt	109	
Moleibdenum	Mo	42	95.94
Nitrogyen	N	7	14.01
Neon	Ne	10	20.18
Neodimium	Nd	60	144.24
Neptunium	Np	93	237
Nikel	Ni	28	58.69
Niobium	Nb	41	92.91
Nobelium	Nb	102	259
Osmium	Os	76	190.2
Paladium	Pd	46	106.42
Platinum	Pt	78	195.08
Plutonium	Pu	94	244
Polonium	Po	84	209
Potasium	K	19	39.10
Praseodimium	Pr	59	140.91
Prometium	Pm	61	147
Protaktinium	Pa	91	231
Radon	Ra	88	226
Radon	Rn	86	222

Renium	Re	75	186.1
Rhodium	Rh	45	102.91
Rubidium	Rb	37	85.47
Rutherfordium	Rf	104	
Rutenium	Ru	44	101.07
Samarium	Sm	62	150.36
Sulfa	S	16	32.07
Selenium	Se	34	78.96
Serium	Ce	58	140.12
Sesium	Cs	55	132.91
Seaborgium	Sg	106	
Sika kɔkɔɔ	Au	79	196.97
Silikon	Si	14	28.09
Silva	Ag	47	107.87
Skandium	Sc	21	44.96
Sodium	Na	11	22.99
Strontium	Sr	38	87.62
Talium	Tl	81	204.38
Tantalum	Ta	73	180.95
Teknetium	Tc	43	99
Telurium	Te	52	127.60
Terbium	Tb	65	158.93
Tulium	Tm	69	168.93
Tin	Sn	50	118.71
Titanium	Ti	22	47.87
Torium	Th	90	232
Tungsten	W	74	183.85
Vanadium	V	23	50.94
Xenon	Xe	54	131.29
Yitebium	Yb	70	173.04
Yitrium	Y	39	88.91
Yurenium	U	92	238
Europium	Eu	63	151.97
Zink	Zn	30	65.39
Zirkonium	Zr	40	91.22

Abonnua 117
Absɔpshin 297,352
Absɔpshin spektrum 442-3
AC 193,203-4
Adantam 38
Ade 166-8
Ademude ahoɔden 214,312
Adiabatik 318
Adwuma 86,101-111
Afe 176
Ahabanmono 351,357
Ahenkyɛw136
Ahinasa 22-30
Ahoɔden 100
Ahwehwɛ 365-7
Akimedes 136-140
Akokɔsrade 351
Akses 45
Akshin 84
Akutu-kɔla 351
Amansan Graviti G 90-1
Ammita 192,201
Ampere 192
Angle 21. 29
Angle kɛse 22
Angle kuma 22
Aniwa 406-8
Antweri 116-7
Armakya 228-241
Aselerashin 60
Asorɔkye 339
Astigmatisim 409
Atmosfiɛ 169
Atom 86, 168-9
Atwehuan 126
Avogadro mmara 164
Axel 118,136
Axis 45
Ayɔnkodɔ fɔɔso 88-9
Ayon 172
Barr 162
Bere 40

Bernoulli 154-5
Binokula 414
Blu 351
Bohr 437
Boyle 162
Buret 256 193,203-4
Charles 162-3
Ɔhyew 100
Ɔhyew engyin 321
Ɔsram 347
Ɔsram 88
Ɔsram eklipse 346-7
Dalton 165
Dayamita 26
DC 193,203-4
Dekagon 25
Densiti 44,122-4
Difrakshin 424-7
Diopta 390
Dispershin 384
Dodekagon 25
Eklipse 346-7
Eksosfiɛ 141
Emuasiw 346-7
Emukrenn 345
Entropi 335-6
Expanshin 319
Ɛlɛktrik fɔɔso 182-4
Ɛlɛktrik potenshial 185
Ɛlɛktromagnet 234-6
Ɛlɛktromagnetik weiv 340
Ɛlɛktrostatiks 168
Ɛmf 210-2
Ɛwo 151
Farenheit 262
Filament 441
Fisiks 18
Flask 256
Fluoresens 443-4
Fokus 368,394-7
Fosforesens 444
Foto 412
Foton 438-46

Fraunhofer 442
Frekwensi 293-6, 341-3
Fulkrum 117
Galaksi 87
Galileo 60-3
Galvanomita 192,239-43
Gao 17
Gas mmara 158-60
Gay Lussak 163
Geometri 27
Ghana 17
Graf 44-5,64-5
Gyenerator 190,244-7
Gyinafaako 135,168
Gyupita 88
Hann 345
Herapatit 433
Hertz 294,343
Hidrostatik 135
Hiperopia 409
Hipotenus 29,30
Hooke 127
Huru-bere 258
Huygens 424-5
Impulse 112-3
Indigo 352
Indukshin 177
Inershia 75
Insidens angle 376-8
Insident rei 363, 376
Insuleta 175
Iodoquinine 433
Isotermal 318
Isovolum 317
Jolli 89
Joule 181,186,268,316
Kalibrashin 238
Kamera 412
Kanea ahoɔden 100
Kapasitans 188-90
Kapasitor 178,187-190
Karbureta 331
Karent 193,201-10
Kelvin 261

Kilomole 160
Kinetik ahoɔden 101-4,258
Kiwb 27,36
Kiwb ntin 20
Klusta 87
Kompass 232-8
Komponent 48-58,85
Kompresa 319
Kompreshin 128-9
Kondensashin 279
Kondukshin 286
Kondukta 175
Konkav lens 390-1, 404
Kontakt kyaagye 177
Konvex lens 390-1,404
Kosine 27
Koulomb 174-5,186
Kradoa 198
Kromatik mfomso 419
Kumase 39,40-3
Kwantum 437
Kyinkyimho 231
Kyokolet 153
Laser 445-7
Lastik 114-126
Lens 390
Leva 117
Mael 20
Magnet 228
Magnet fɔɔso 232-7
Magnifikashin 374, 406-18
Magyenta 359
Mars 88
Mashin 116
Mass 77,80,83
Matta 167
Mesosfiɛ 141
Meteorologyi 158
Meteorologyini 158
Mɛtal-nta 301
Mfimu-pupil 415
Mfoni papa 371
Mfoni sunsum 371
Mframa kotoku 323

Mikroskop 420-3
Miopia 408
Mmɔho 18
Mmuduru 77,83
Mmuduru skeel 136
Modulus 122,131-5
Mole 160
Molekul 100
Momentum 112-5
Monokromatik 431,446
Moto 239
Mpuamu senta 396
Nan-bere 258
Neptune 88
Newton 75,255
Nhyɛmu-reflekshin 386
Nkekaho 18
Nkran 40-3
Nkyɛmu 18
Nnidiso sɛɛkuyit 207
Nonagon 25
Nsu-wew 278
Ntetewmu 48,50
Ntɛfiɛrɛns 428
NTP 161
Ntwi-twiwho 178
Nufusu 151
Nukleus 169
Odwira 145
Ohm 192,200
Ohmita 192-3
Ohum 145
Ohunutenten 26
Oktagon 25
Optikal fiber 387
Parsel 323
Paskal 126,144-5
Pawa 103,205, 224
Pawa 400
Pɔnkɔ Pawa 104
Periodik Pon 171
Petro-engyin 331
Pɛɛ 41
Piramid 351-2
Piston 146
Piston-silinda 321

Pitagoras 30
Planɛt 86
Pluto 88-9
Poiseuille 153-4
Polarisashin 432
Poligon 25
Porro prisim 415
Potenshial ahoɔden 102-4
Presha 125,140
Prisim 351,411-40
Progyektil 67
Proposhinal 72-81
Protrakta 22
Pule 119
Radiashin 291-5, 376-7
Rankine 262
Reakshin 84
Reflekshin 295,352-376,416
Refrakshin 416
Refrakted rei 377-8
Refraktiv index 378-89
Rektangle 24,34
Reostat 207,223
Resistans 193,196
Resistiviti 225-7
Resultant 48,56
Retina 411
Reynolds 156
Satadua 146
Saturn 88
Sayan 359
Sekumferens 26
Semi-kondukta 288
Sɛɛkuyit 197
Sfiɛ 29,36
Shɛɛl 167=9
Siisɔɔ 117
Sine, Sin 27
Skalar 48-9
Skroo 118
Skwɛɛ ntin 20
Songhai 17
Soro pawa 19
Soro-tenten 28

Spektra 440-3
Spektroskopi 439-440
Speshyɛn 87
Spesifik graviti 122-4
Spidomita 42
Spiid 38,40-6
Srikyi 179,198
Stiim engyin 329
STP 161
Strain 122-9
Stratosfiɛ 141
Strɛss 123-9
Sublimashin 279
Sub-shɛɛl 167
Sunsuma 346
Supa-kondukta 176
Swiikyi 192
Taems 18
Tangent 28
Taye 118,128
Tempirekya 257
Tenshin 79, 128-9
Termodinamiks 322
Tɛmosfiɛ 141
Tokotoko 146
Toricelli 155
Transforma 249
Transmishin 355
Trayangle 22-30
Trigonometri 28,31
Troposfiɛ 141
Turbin 332
Turmalin 433
Umbra 346
Uranus 88
Van de Graaf 191
Vayolet 352
Vektor 48-9,58
Velositi 51-66
Venus 88
Viskositi 151-3
Volt 192
Voltage 185
Voltmita 192-3,201
Volum 35-7
Waya koil 235-6

Weivlenf 292,341
Wɛɛgye 117
Whiil 118
Young 430
Yunivɛs 86